U0254134

广东土木工程施工关键技术实例

（2014—2018）

广东省土木建筑学会　编

中国建筑工业出版社

图书在版编目（CIP）数据

广东土木工程施工关键技术实例/广东省土木建筑学会编.
北京：中国建筑工业出版社，2018.8
ISBN 978-7-112-22472-2

Ⅰ.①广… Ⅱ.①广… Ⅲ.①土木工程-工程施工-工程技术-广东 Ⅳ.①TU7

中国版本图书馆CIP数据核字（2018）第163815号

责任编辑：杨 杰
责任校对：姜小莲

广东土木工程施工关键技术实例
广东省土木建筑学会 编
*
中国建筑工业出版社出版、发行（北京海淀三里河路9号）
各地新华书店、建筑书店经销
北京科地亚盟排版公司制版
北京中科印刷有限公司印刷
*
开本：880×1230毫米 1/16 印张：25¾ 字数：812千字
2018年8月第一版 2018年8月第一次印刷
定价：**168.00**元
ISBN 978-7-112-22472-2
（32340）

编写委员会

主编单位： 广东省土木建筑学会、广东省土木建筑学会工程施工专业委员会

主　　编： 丁昌银

副 主 编： 何炳泉　梁伟雄

编　　委： 令狐延　周　文　秦夏强　苏　汉　吴瑞卿　雷雄武

郭　飞　何德华　胡　杰　魏开雄　寇广辉　陈景辉

吴如军　劳锦洪　黎　强　李慧莹

协作单位： 广州建筑股份有限公司

广州机施建设集团有限公司

中国建筑第四工程局有限公司

中建三局建设工程股份有限公司

中国建筑第八工程局有限公司

中铁广州工程局集团有限公司

中国二十冶集团有限公司

广州市第三建筑工程有限公司

广州市第四建筑工程有限公司

广州市恒盛建设工程有限公司

广州市第二市政工程有限公司

广州市第三市政工程有限公司

中建三局第二建设工程有限责任公司

中建三局第一建设工程有限责任公司

中建四局第六建筑工程有限公司

广东省六建集团有限公司

广州市胜特建筑科技开发有限公司

广东中城建设集团有限公司

前　言

2018年，广东省土木建筑学会工程施工专业委员会成立30周年。《广东土木工程施工关键技术实例》的出版，具有特别的意义。

广东一直是我国改革开放最前沿的阵地，经济发展迅猛，一直走在全国前列，GDP长期领跑全国。40年来，广东既是深化改革开放的先行地，更是探索科学发展的试验区。工程建设也不例外，建设投入空前巨大，建设规模领先全国，涌现了一大批技术一流、闻名全国的工程项目，有些项目更是在世界上也闻名遐迩。从早期的广州白天鹅宾馆，到开放后的深圳地王大厦，再到今天的港珠澳大桥；从九运会的广东奥林匹克体育中心，到亚运会的广州海心沙“亚运之舟”，再到世界大运会的深圳湾体育中心；广州西塔、广州电视塔……这些标致性的工程，无一不是建筑业的典范，其创新技术也充分体现了广东人“敢为人先”的时代精神。

服务会员、服务社会是学会的宗旨；交流学习、传承技艺是学会的使命。作为广东省土木建筑学会最早成立的专委会，一直致力于为全省同行打造交流的平台，创造学习的机会。鉴于广东省最近十几年土木工程所取得的丰硕成果，为使广大会员能快速了解全省最先进的创新技术，掌握最领先的施工工艺，同时也为了将这些倾注了无数优秀工程技术人员心血的建设科技成果得以保留和传承，2013年，第5届工程施工专委会编辑出版了《广东土木工程施工关键技术实例》（2007—2013），并同步召开了第5届广东省土木工程施工技术交流大会。今年，我们将继续召开第6届广东省土木工程施工技术交流暨工程施工专业委员会成立30周年大会。为此，我们编辑出版了这本《广东土木工程施工关键技术实例》（2014—2018）。

本《实例》收录了广东各地最近5年已完成竣工验收的典型工程项目，个别5年之前完工的、有较高技术含量的项目也拾遗录入。但遗憾的是，因篇幅所限，仍有部分优秀项目未能录入。在已经录入的这些项目中，既有房屋工程，也有市政工程；既有地铁工程，也有港口工程；既有新建工程，也有加固工程；有桥梁也有码头；有学校也有医院；有办公楼也有酒店；它们都是被推荐的优秀工程项目，能体现广东现有的技术水平，并具有较好的代表性。

当前，广东正按照“四个走在前列的要求，谋划新的发展蓝图，广州地铁、广州机场、广州港的建设正全面加速。不难预见，南粤大地将会掀起新的建设高潮，我们期望本《实例》的出版，能将所涉及到的新技术、新材料、新设备、新工艺得以快速推广、广泛使用，迅速转化为最先进的生产力；同时我们更希望因此能进一步调动广大工程技术人员学习新技术、使用新技术、总结新技术的热情，共同为广东土木建筑行业的科技创新和技术进步做出更大的贡献。

本《实例》的顺利出版，得益于工程施工专委会全体会员的鼎力支持和广大工程技术人员的踊跃参与，同时也得到了广东省住房和城乡建设厅、广州市住建委、省内各市建设局及下属单位、各建筑学会、各相关企业，各会员单位以及许多专家学者的大力支持，在此一并致谢！

广东省土木建筑学会
工程施工专业委员会主任　丁昌银
2018年8月20日

目 录

越秀金融大厦工程

吴瑞卿　赖泽荣　张元斌　吴咏陶　潘正玉

第一部分　实例基本情况表

工程名称	越秀金融大厦		
工程地点	广州市天河区珠江东路 28 号		
开工时间	2011 年 3 月 9 日	竣工时间	2015 年 8 月 27 日
工程造价	94794 万元		
建筑规模	210477m²		
建筑类型	超甲级写字楼		
工程建设单位	广州市城市建设开发有限公司		
工程设计单位	华南理工大学建筑设计研究院		
工程监理单位	广州越秀地产工程管理有限公司		
工程施工单位	广州建筑股份有限公司		
项目获奖、知识产权情况			
工程类奖：中国建设工程鲁班奖、中国钢结构金奖、全国绿色施工示范工程、广东省建设工程金匠奖、詹天佑故乡杯、广东省建设工程优质奖、广东省房屋市政工程安全生产文明施工示范工地、广州市建设工程优质奖。 科学技术奖：广东省建筑新技术应用示范工程；中国施工企业管理协会科学技术奖科技创新成果一等奖、二等奖；广东省科学技术奖二等奖、三等奖；广东省土木建筑学会科学技术奖一等奖、二等奖、三等奖。 知识产权（含工法）：6 项发明专利、16 项实用新型专利、4 项国家级工法、13 项省级工法、22 篇专业论文、1 本专业著作			

第二部分　关键创新技术名称

1. 内置式大型塔吊超高层核心筒设计与施工综合关键技术
2. 新型复合截面钢管混凝土矩形柱设计与施工技术
3. 超高层建筑施工安全防护技术
4. 超高层绿色施工技术

第三部分　实 例 介 绍

1　工程概况

越秀金融大厦位于广州市珠江新城珠江东路28号，毗邻广州银行大厦及维家思广场，定位为区域级总部的写字楼。该工程“折纸”型的创新外形设计，总用地面积10837m²，建筑总面积211343m²，建筑总高度309.4m，地下室4层，地上68层，结构形式为带加强层框架核心筒+巨型斜撑框架结构体系（图1、图2）。

图1　项目完成图

图2　项目侧面图

2　工程重点与难点

2.1　超厚砂层深基坑支护与土方开挖

本工程基坑占地面积约为9224m²，开挖深度为18m，粉砂层达4.4m。基坑止水帷幕效果直接影响基坑及周边建筑物。

2.2　超高空间结构定位

本工程塔楼建筑高度达309.4m，受到测量仪器精度的限制及环境的影响，超高空间结构定位难度大。

2.3　大体积混凝土浇筑

地下室底板面积约9000m²，塔楼区域厚度为2m，部分区域厚达7.8m，其他区域为1m，属超厚超大体积混凝土施工。

2.4　高性能混凝土超高层泵送

本工程混凝土一次泵送高度达307.4m，塔楼混凝土强度为C60～C80，混凝土总泵送量约为29000t。

2.5 超高复杂空间钢结构安装

本工程钢结构最大板厚为100mm，最大构件吊装重量为45.2t，总用钢量达2.8万t。

2.6 大型设备机组吊装

本工程多台设备机组需从地面最高吊至295.40m的机房内，最大尺寸为长4324mm×宽2108mm×高2678mm，运输重量10350kg。

2.7 超高层垂直运输的规划与管理

钢构件约9000件，7000多个吊次，钢筋1.42万t。经过分析，高峰期每月约1050吊次；且高峰期在场施工人数将达2200人，垂直运输需求量大。

3 技术创新点

3.1 内置式大型塔吊超高层核心筒设计与施工综合关键技术

3.1.1 核心筒灵活平台提模系统设计与施工技术

在经济飞速发展的今天，超高层建筑如雨后春笋般不断涌现，结构形式也越趋复杂，目前国内应用较广的上述几种超高层建筑核心筒竖向结构施工工艺有附壁式爬模系统、整体钢平台电动升板机提模系统、大吨位长行程油缸整体（钢平台）顶升模板系统等，但在灵活性、通用性和安全性等方面均不同程度存在缺陷，仍有待改良优化，以提高工效、降低成本、确保安全。

针对超高层建筑长条形核心筒竖向结构的特点，创新研发出采用"蛙式"液压顶提装置作为爬升动力系统的灵活平台提模系统，该提模系统与常规的液压爬模系统和大吨位长行程油缸整体顶升不同，是爬模技术的一项重大变革，系统最大的优势在于其灵活性，它以核心筒的单个筒体为单位设置，各个平台可实现同步或分开顶升，使核心筒结构可流水施工，大大提高了施工的灵活性，也保证了顶提过程的稳定性和安全性（图3、图4）。

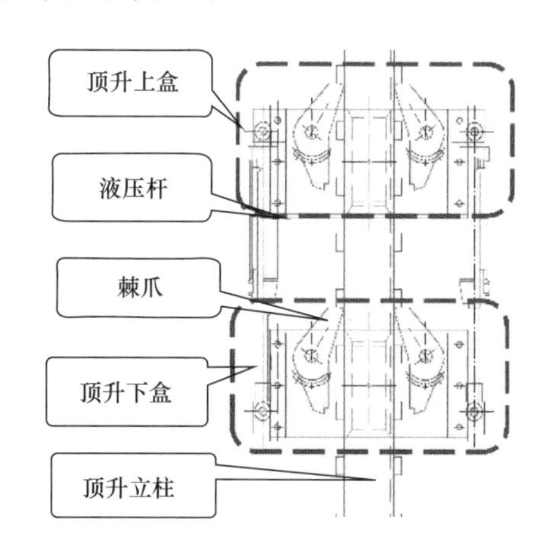

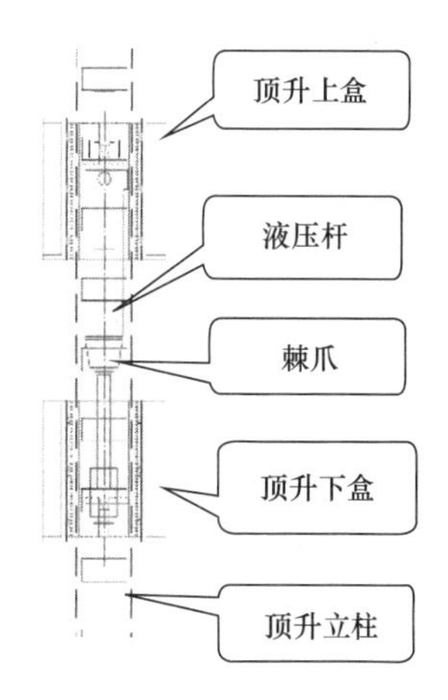

图3 "蛙式"液压顶提装置图

1. 液压系统性能参数

油缸型号：HSG125-90

额定最大压力：20MPa

缸筒直径：125mm

活塞杆直径：90mm

油缸行程：210mm

单行程爬升高度：150mm

油缸工作提升力：200kN

自锁装置：双向液压锁

油缸同步误差：≤5mm

图4 顶提装置

同步控制：分流集流阀（同步阀）

活塞伸出速度：约 250mm/min

2. 顶提施工原理（图 5）

进行上部平台顶升时，先把下部平台固定在剪力墙结构上作为顶升的支撑点，顶升下盒的棘爪顶紧顶升立柱梯档上缘，然后液压杆伸长，将顶升上盒（连同上部平台）向上顶抬一级；顶升时上盒的棘爪滑过顶升立柱的梯档后收回顶紧梯档上缘，回收液压杆，把顶升下盒向上提升一级，棘爪滑过梯档，并回收卡紧在上一级梯档上缘；重复动作，伸长液压杆，把顶升上盒向上顶抬，再回收液压杆，把顶升下盒提上一级。如此往复，完成整个上部平台向上顶升一个结构楼层高度。

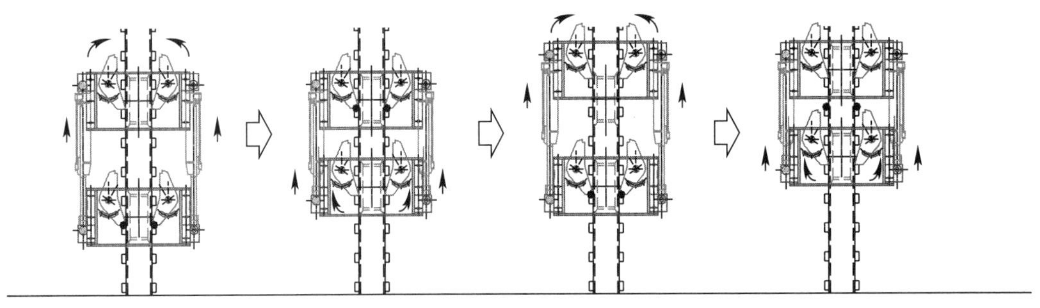

下部平台

图 5　上部平台顶升过程“蛙式”液压顶提装置工作示意图

上部平台完成顶升后，桁架梁固定在剪力墙上，作为下部平台提升的支点。通过控制器把棘爪方向逆转，顶升上盒和下盒的棘爪均顶紧顶升立杆梯档的下缘，然后松开下部平台与墙体结构的连接，回收液压杆，使顶升立柱带动下部平台向上提升一级；顶升立柱的梯档滑过顶升上盒的棘爪，然后使该棘爪顶紧梯档下缘，伸长液压杆，顶升下盒向下运动，棘爪滑过顶升立柱梯档，并顶紧在下一级的梯档下缘，重复回收液压杆，使顶升立柱带动下部平台提升一级。如此往复，完成下部平台提升（图 6、图 7）。

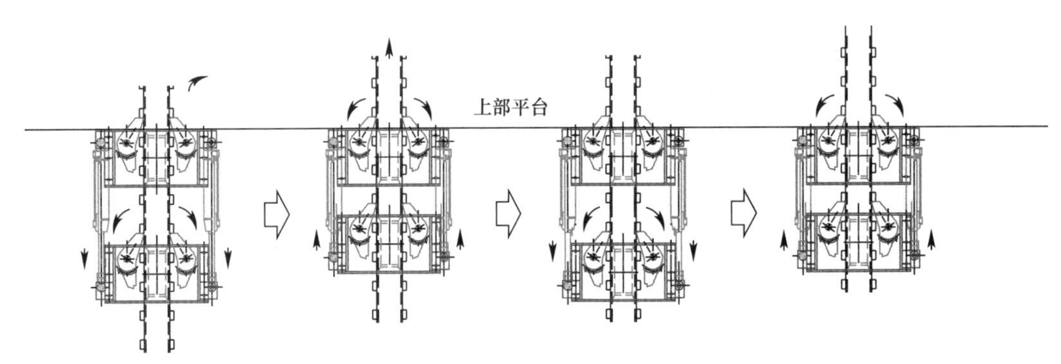

图 6　上部平台顶升过程“蛙式”液压顶提装置工作示意图

固定下部平台

顶升上部平台

固定提升下部平台

图 7　灵活平台提模系统顶升过程图

下部平台只有一层，由纵、横向桁架和钢横梁组成，顶升立柱垂直固定在下部平台上，穿过“蛙式”液压顶提装置，与上部平台相连。下部平台具有2大主要功能：一是作为上部平台顶升时的支点；另一个是安装有下挂梯和楼梯，是连接施工电梯与爬模架、爬模架上下层的交通枢纽（图8）。

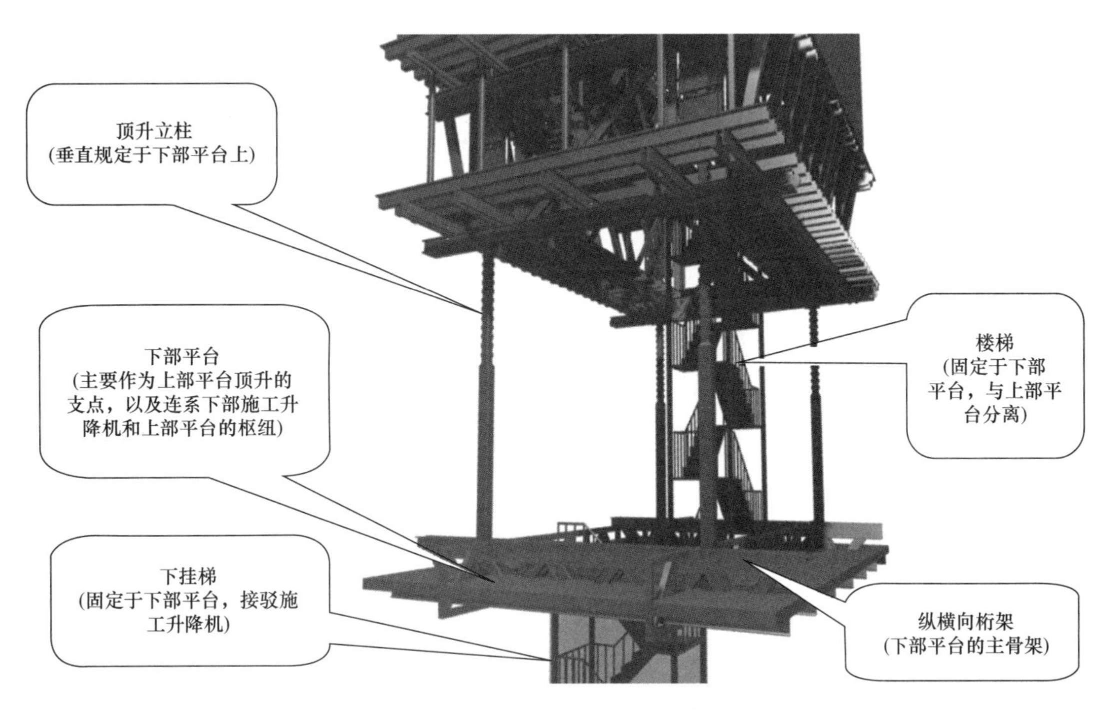

图8　灵活平台提模系统下部平台的构造示意图

灵活平台提模系统（已授权发明专利“建筑用提模系统”，专利号ZL201110150815.4，4项实用新型专利）的应用与改进，是爬模技术的一项重大变革，系统最大的优势在于其灵活性，它以核心筒的单个筒体为单位设置，各个平台可实现同步或分开顶升，使核心筒结构可流水施工，大大提高了施工的灵活性，也保证了顶提过程的稳定性和安全性。同时也解决了超高层项目主体结构施工受到高度因素制约的难题，极大促进了结构施工速度，实现了主体结构3天/层施工速度。2017年3月22日，广东省土木建筑学会在广州市组织的“超高层建筑若干施工关键新技术”科技成果鉴定会，由周福霖院士组成的专家组一致认为该成果达到国际领先水平，同时“超高层核心筒灵活平台提模系统设计与施工”已获得国家级工法。

3.1.2　内置式大型塔吊新型附着装置设计技术

随着国内经济飞速发展，超高层建筑如雨后春笋般纷纷涌现，伴随高度的节比攀升，建筑物的结构形式也从传统的钢筋混凝土结构向钢结构发展。大型塔吊的使用成为了影响超高层项目施工进度与安全的重要因素之一。内置式塔吊以其起重能力强、使用成本低（大大减小了标准节投入）、安全性高、适应范围广、能随结构施工进度同步攀升等特点，正逐渐成为超高层项目必不可少的施工设备。

附着装置（牛腿或连接耳板）是支撑架与主体结构连接的主要构件，也是塔吊荷载通过支撑架传递给主体结构的主要通道，是大型塔吊爬升过程必不可少的一环。内置式大型塔吊附着装置的牛腿传统的做法是采用直接预埋或焊接方式与主体结构连接（焊接是先在主体结构上预埋钢构件，然后在混凝土强度满足要求后，将牛腿焊接到预埋钢构件上成为一个整体），见图9。

图9　传统大型塔吊附着

这种工艺存在以下问题：①预埋件体积大、锚筋多，而超高层建筑混凝土墙钢筋直径大且密，使得预埋难度大；②牛腿与埋件焊接时产生高温对混凝土影响的质量，焊接施工需时较长，使塔吊每次爬升时间增多，影响项目的施工进度；③预埋构件一旦位置有偏差，将无法纠正；④预埋件埋入结构内，不能循环利用，造成材料浪费（图 10）。

图 10　传统附着施工图片

创新研发出牛腿采用高强度螺栓固定在墙面上新型附着装置，该附着装置由牛腿、钢垫板、钢套管、高强度螺栓、螺帽几部分组成，改变了传统附着装置预埋件体积大、锚筋多、预埋难度大、现场焊接量大、焊接高温影响埋件周边混凝土质量，以及预埋件埋入结构内不能循环利用等缺点，提高了预埋精度和安装效率，实现了牛腿重复使用，有效减少了大型塔吊附着装置的材料损耗（图 11～图 15）。

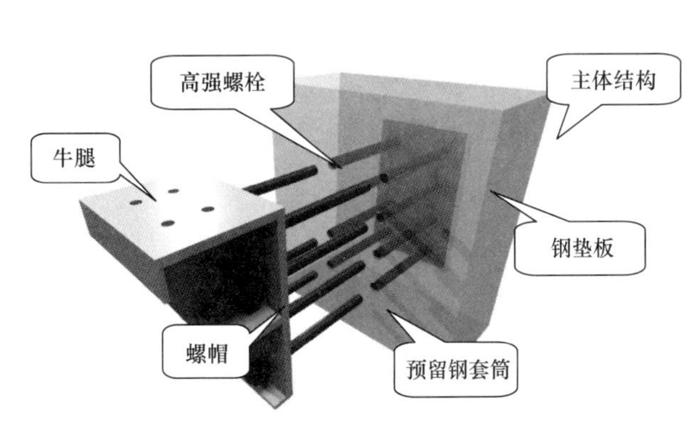

图 11　大型塔吊新型附着

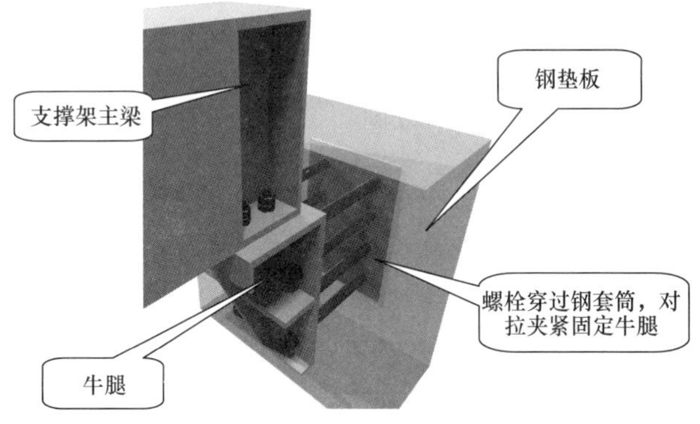

图 12　新型附着装置与塔吊支撑架构件连接示意图

图 13　牛腿、钢垫板实物图

图 14　高强度螺栓实物图

与传统的附着装置不同，该新型附着装置（已授权发明专利“内爬式塔吊与建筑结构的连接装置及利用其的施工方法”，专利号ZL201310015540.2）牛腿采用高强度螺栓收紧固定在墙面上，避免了大型钢板预埋件的埋置及现场大量焊接。施工时，在主体结构内预埋钢套筒，然后利用高强度螺栓穿过钢套筒预留孔，拧紧螺栓两端的螺帽，把正面的牛腿和背面的钢垫板对拉夹紧固定在墙体上。提高了预埋精度和安装效率。新型附着装置实现了牛腿重复使用，有效减少了大型塔吊附着装置的材料损耗。2017年3月22日，广东省土木建筑学会在广州市组织的“超高层建筑若干施工关键新技术”科技成果鉴定会，由周福霖院士组成的专家组一致认为该成果达到国际领先水平。同时“大型塔吊新型附着装置设计与安装施工”已获得广东省省级工法。

图15 钢套筒实物图

3.1.3 内置式大型塔吊支撑架安装与拆除技术

超高层建筑施工中，内置式大型塔吊为完成爬升作业，三道支撑架需要循环使用，施工时附着支撑架常采用在原位解体后通过人力搬运至楼层卸料平台处（需要在结构墙体预留孔洞），利用塔吊吊运至上部相应楼层（占用塔吊有效使用时间），再由人力搬运至安装位置备用，这种做法劳动强度大、占用塔吊使用时间长，影响塔吊有效使用时间和工程施工工期（图16）。

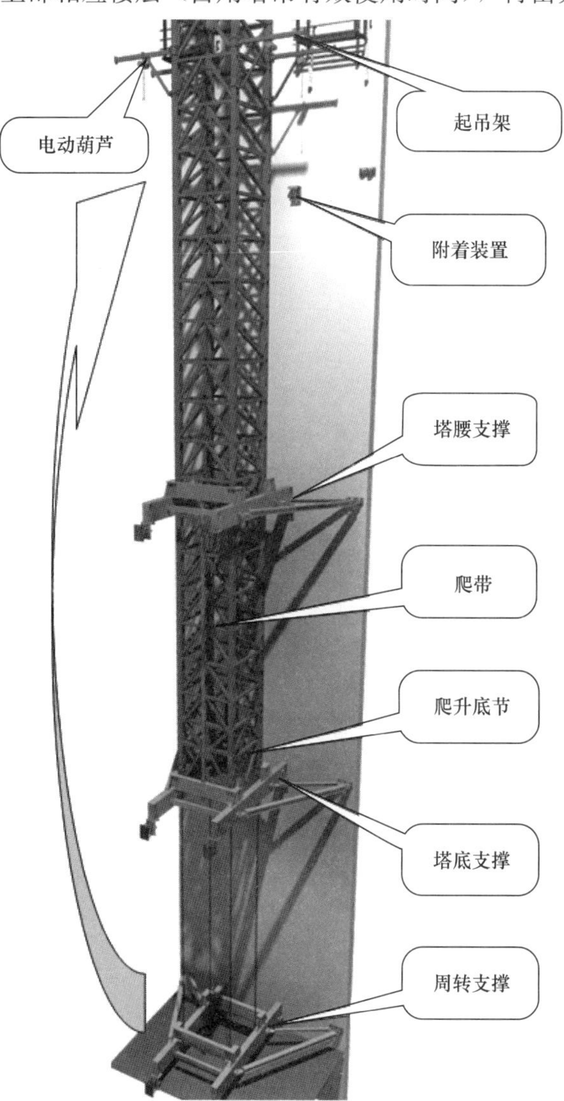

图16 三道支撑架需要循环使用示意图

为此，创新设计了可进行塔吊支撑架的安装、运输、拆除的附着于塔吊标准节立柱上的起吊架，整个架体由前臂、后臂、斜撑、立杆、活动吊板、上支座、下支座等部分组成，该起吊架附着于塔身标准节上，摆脱了传统塔吊爬升施工中，支撑架的安装、运输、拆除对塔吊的依赖和占用，降低支撑架构件运输的劳动强度，提高了爬升施工的效率。同时，避免了利用塔吊辅助安装时需要的二次运输，大大降低了劳动强度，提高了安装施工的灵活性和效率，有效减小了塔吊爬升对结构施工的影响，使塔吊应用于主体结构施工的效率最大化，加快了施工进度（图17）。

起吊架采用螺栓把上、下支座夹紧固定在塔身上。用于固定的螺栓紧贴塔吊标准节的立柱，在左右两侧收紧上、下支座和钢垫板，使支座能夹紧标准节的立柱而不需要对塔吊结构造成任何破坏。

起吊架安装在顶部支撑架的上方约5m的位置（并低于爬模，以确保起吊架与爬模架没有干涉），以便周转支撑架拆除后能利用起吊架及安装在其上的电动葫芦安装到顶部。支撑架构件的拆除、运输及重新安装，均利用安装在起吊架上的2个5t的电动葫芦完成。

起吊架可以在后臂端板上吊挂电葫芦以进行物料的垂直提升，最大能承受10t左右的重物；同时该整体能绕塔身标准节立柱旋转，实现物料在水平面内向各个角度的移动，在狭窄空间内就能完成将支撑架运至相应位置的所有操作（图18）。

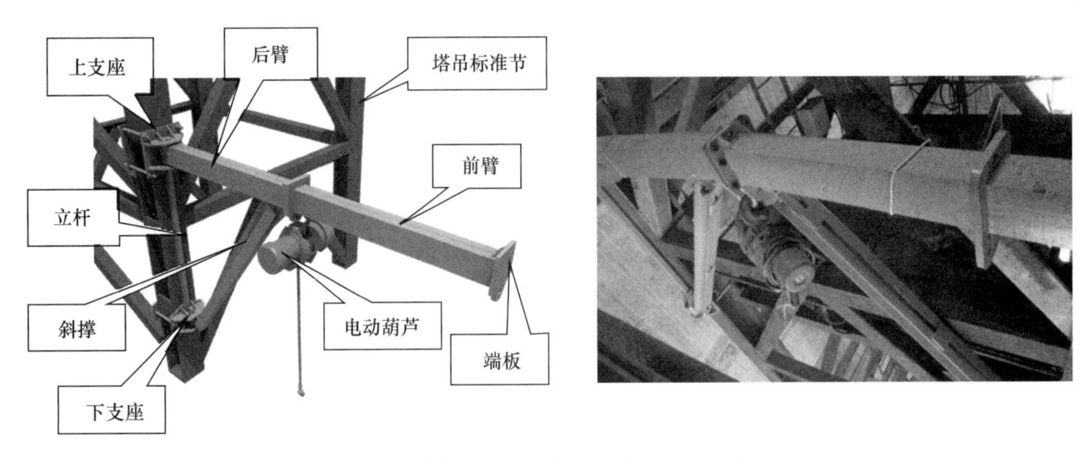

图 17　附着于塔吊标准节立柱上的起吊架

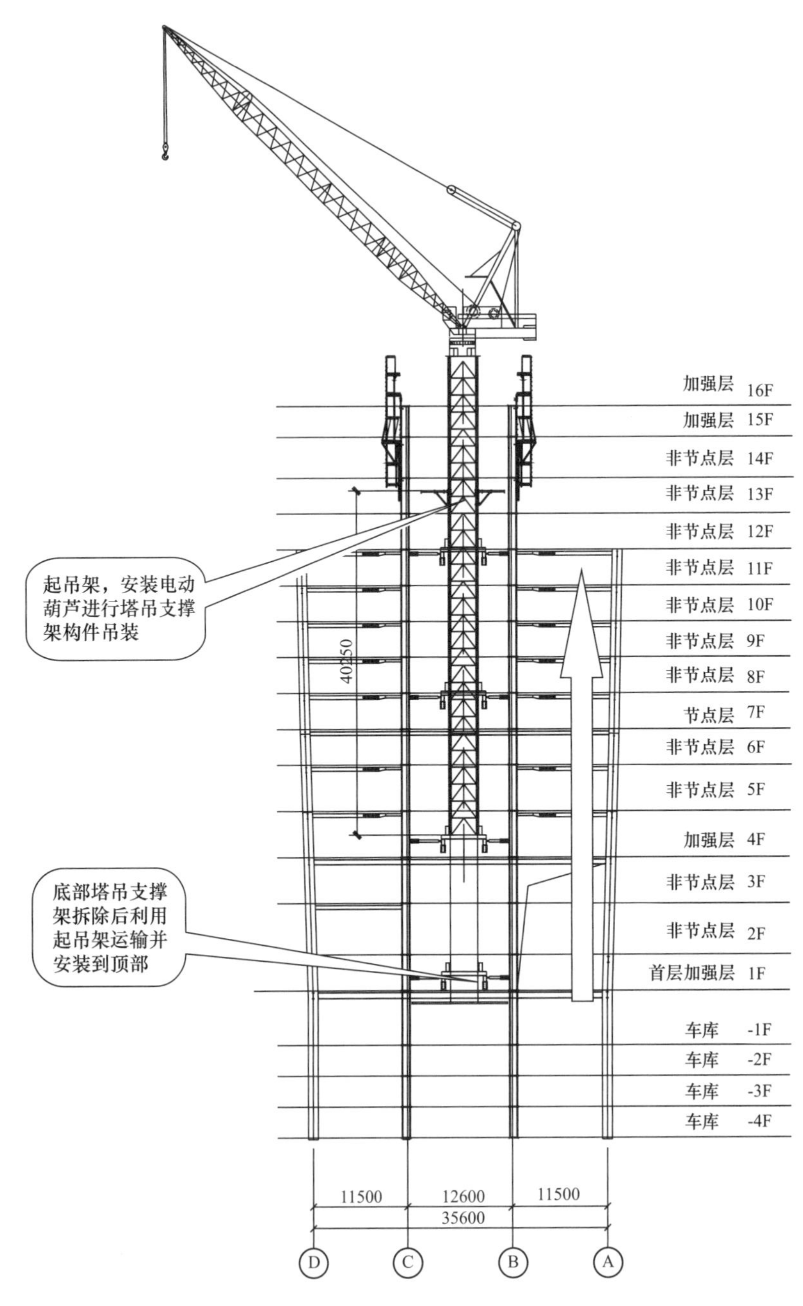

图 18　起吊架安装位置立面示意图

该创新设计了一套安装于塔吊标准节立柱上的起吊架（已授权发明专利“用于内爬式塔吊附着的起吊架”，专利号 201310154569.9），通过使用附着于塔身标准节上的起吊架，摆脱了传统塔吊爬升施工中，支撑架的安装、运输、拆除对塔吊的依赖和占用，降低支撑架构件运输的劳动强度，提高了爬升施工的效率。2017 年 3 月 22 日，广东省土木建筑学会在广州市组织的“超高层建筑若干施工关键新技术”科技成果鉴定会，由周福霖院士组成的专家组一致认为该成果达到国际领先水平。同时“大型塔吊新型附着装置设计与安装施工”已获得广东省省级工法。

3.1.4 基于三维仿真的控制技术

为确保核心筒灵活平台提模系统整个施工过程的安全性，运用有限元分析软件，建立空间三维模型，模拟核心筒施工过程以及塔吊使用过程各种荷载作用下核心筒结构及塔吊受力性能，验算各核心筒结构及塔吊的承载力和刚度、以及整个爬架系统的稳定性（图 19～图 22）。

对内置式大型塔吊新型附着装置进行限元仿真受力分析，安全合理地设计灵活平台提模系统，结合现场加载试验，验证灵活平台提模系统设计的合理性，确定合理的安装控制方法（图 23～图 26）。

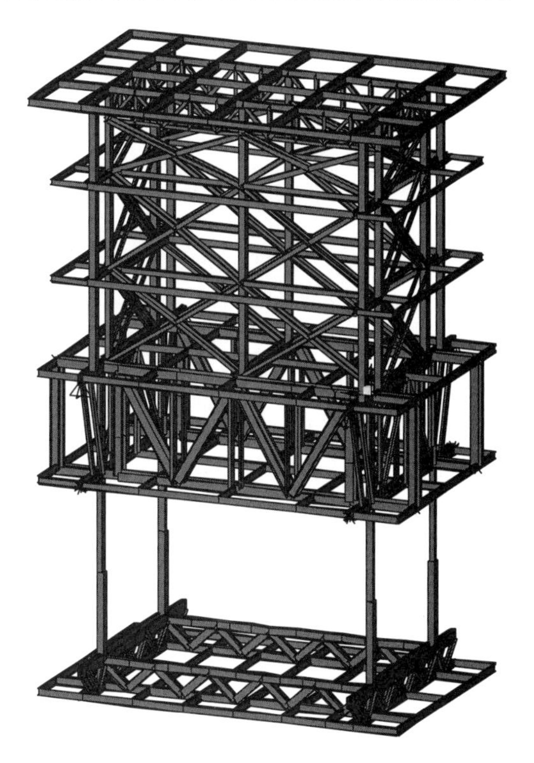

图 19　力学模型图

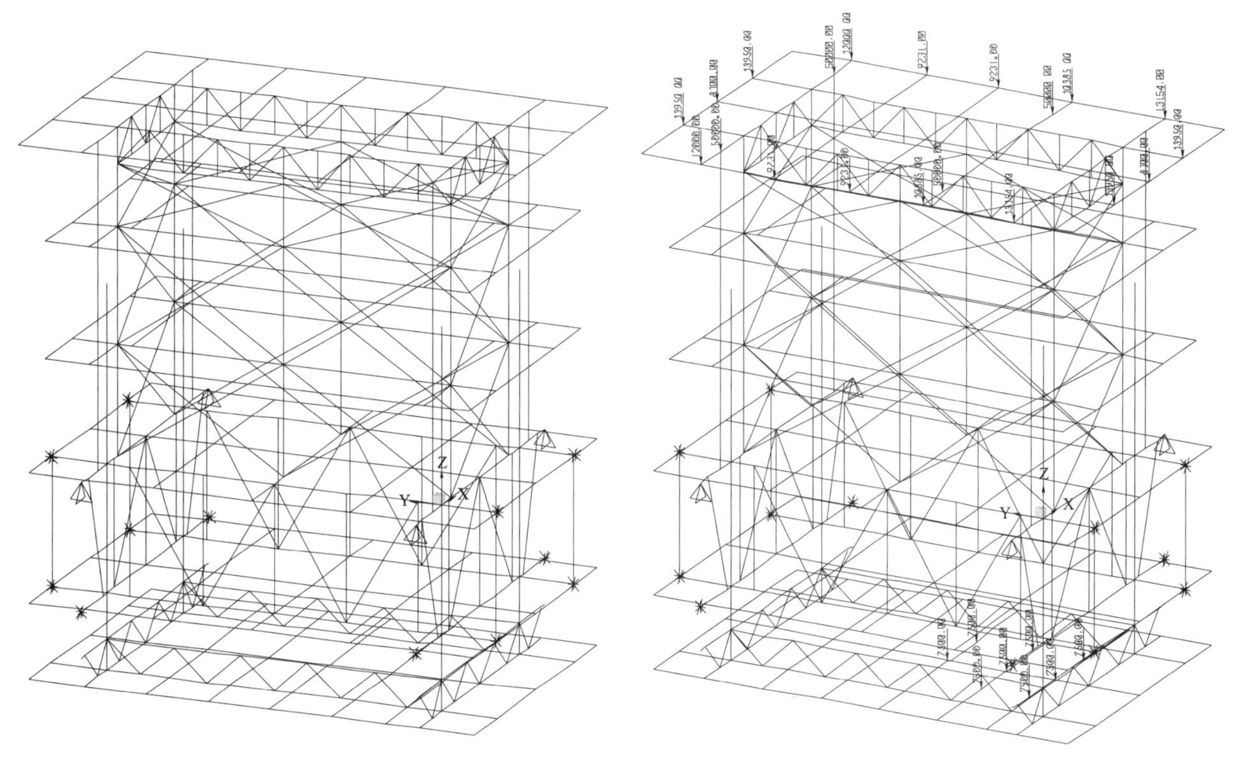

图 20　第 1 阶段荷载施加示意图

3.2 新型复合截面钢管混凝土矩形柱设计与施工技术

采用带加强层框架核心筒加巨型斜撑框架结构，研发了性能优异的新型复合截面钢管混凝土矩形柱，有效提高了结构的抗震和防火性能，减少柱截面尺寸（从 3.2m×2.0m 减少为 3.0m×1.8m）和节约用钢量达 1200t。

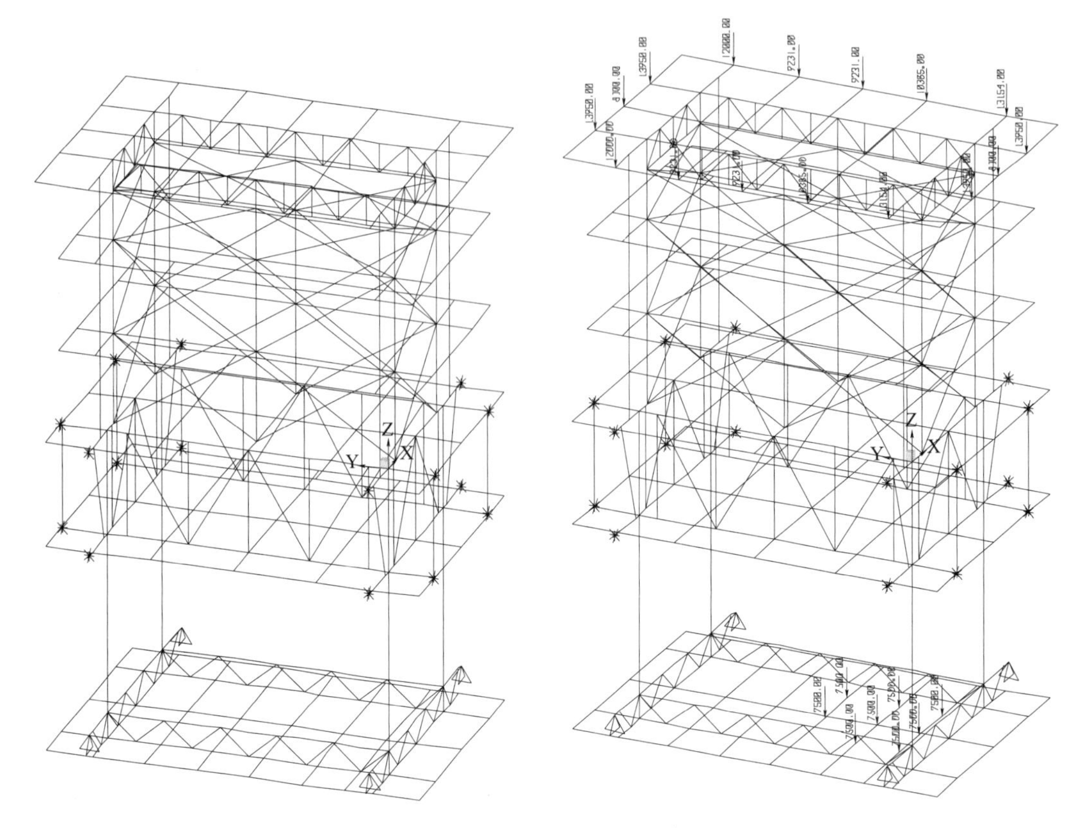

图 21　第 2 阶段荷载施加示意图

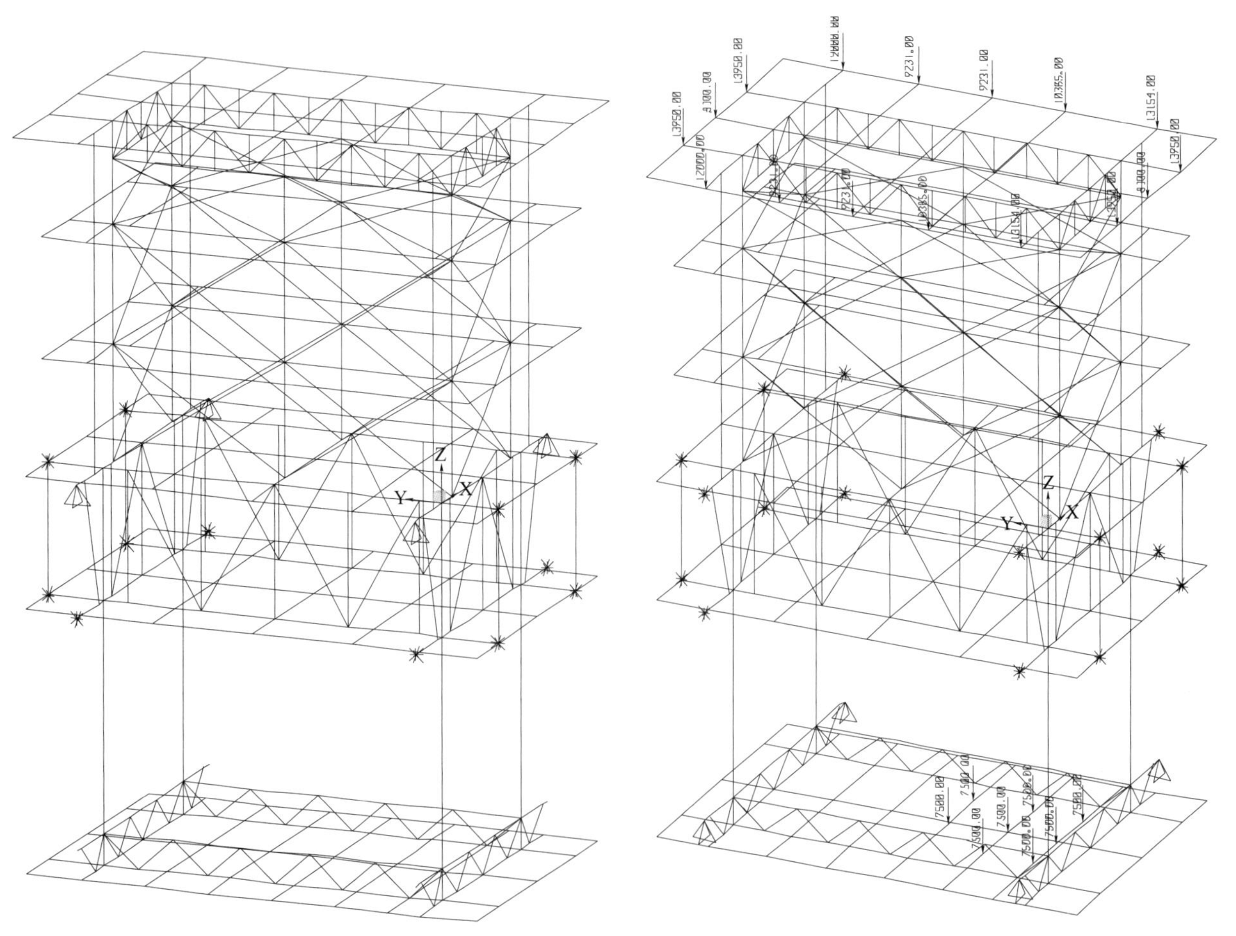

图 22　第 3 阶段荷载施加示意图

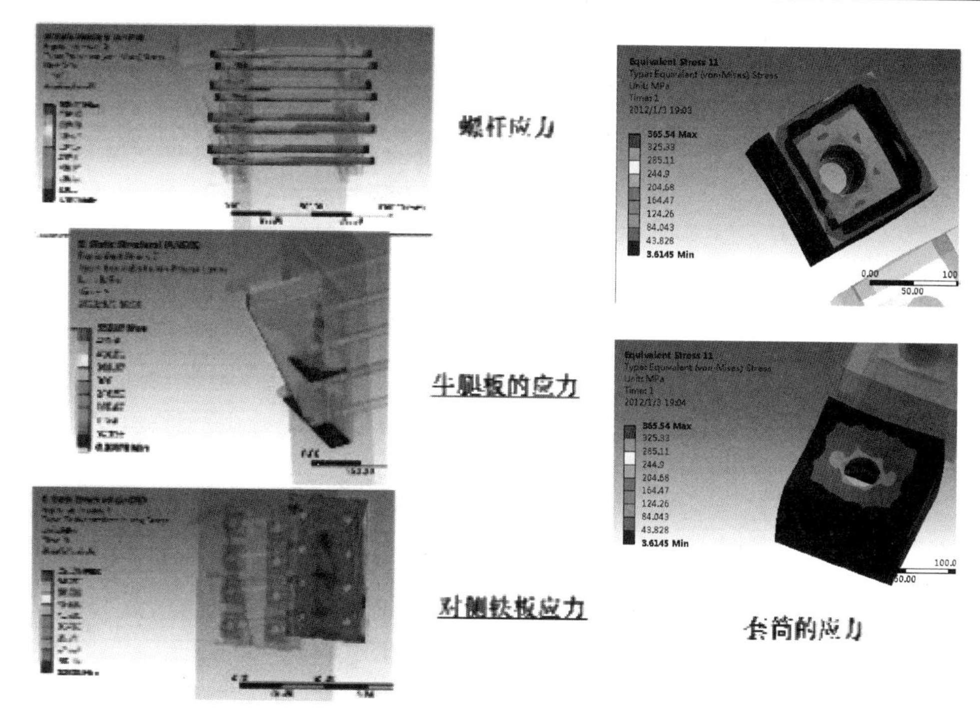

图 23　新型附着装置受力分析

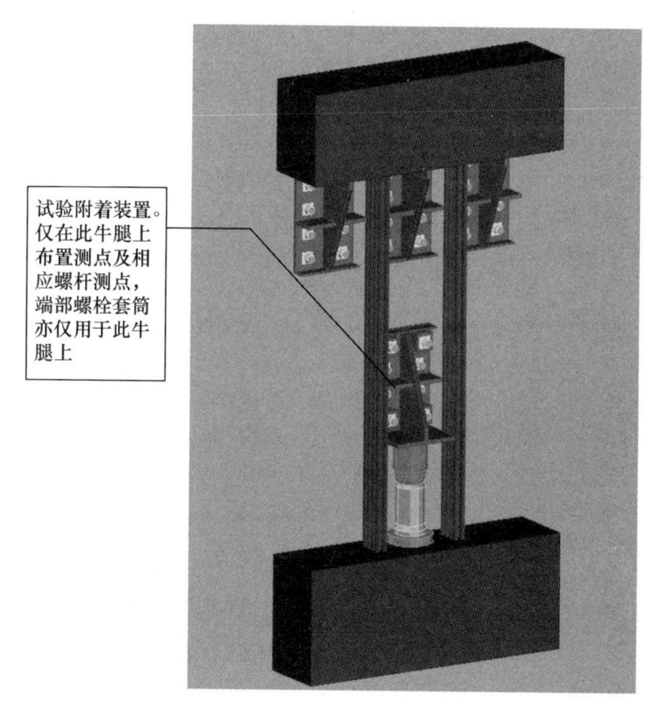

图 24　反力试验装置示意图

3.2.1　新型复合截面钢管混凝土矩形柱设计

目前，钢管混凝土柱以其较高的承载力和侧向抗压能力而得到在超高层建筑广泛应用，如广州西塔、广州新电视塔，深圳京基 100、平安国际金融中心，上海环球金融中心等。超高层钢管混凝土柱多采用圆形、矩形截面，难以适应超高层结构变化多端、柱距大而对钢管混凝土柱的承载力要求。如果单一增加构件截面或厚度来满足结构需求，将引发材料浪费、吊装设备型号提高等经济损失。

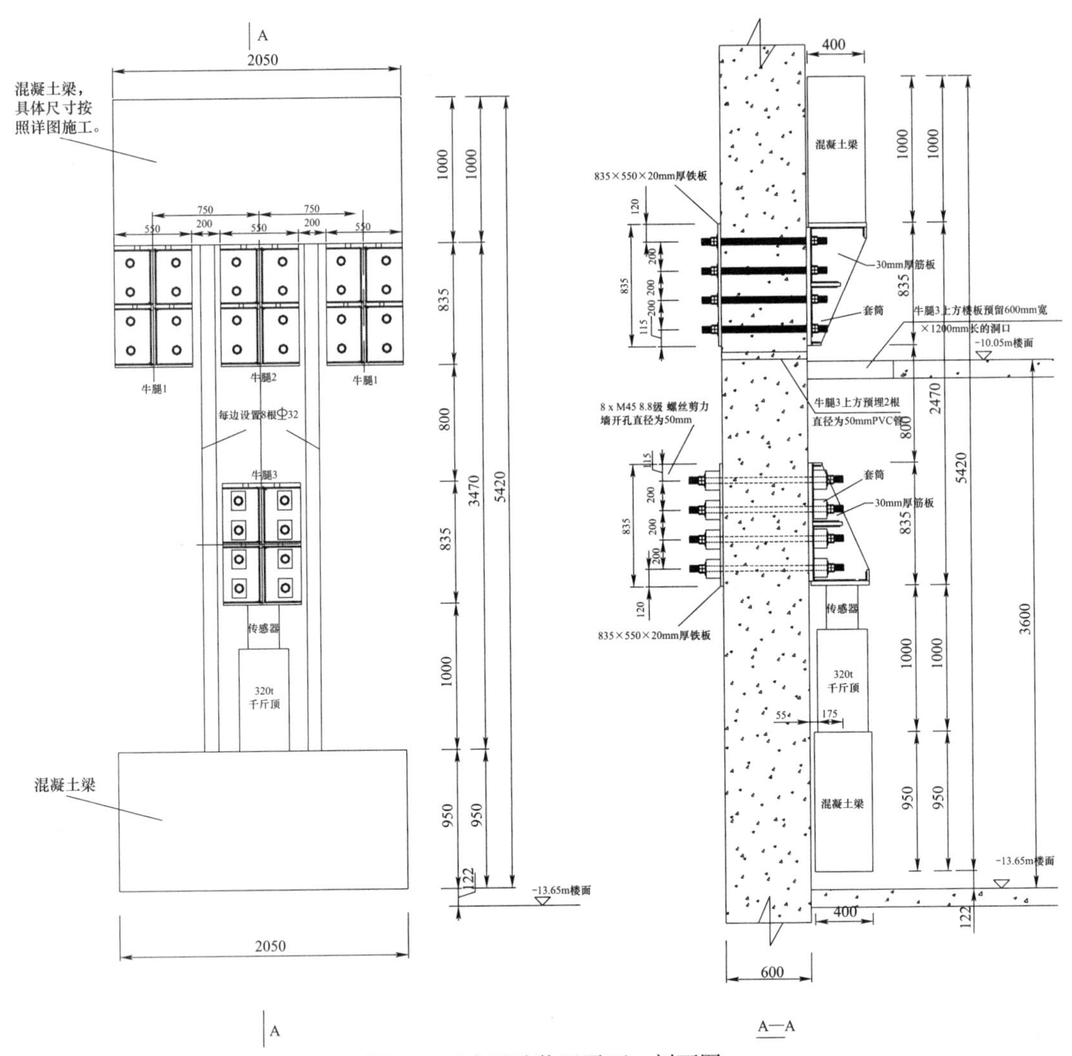

图 25　反力试验装置平面、剖面图

图 26　附着装置现场加载试验

研发了新型复合截面钢管混凝土矩形柱，（已授权发明专利“复合大截面钢管混凝土柱”，专利号 ZL201220161936.9），该复合柱区别于目前的单一截面形式钢管柱，复合柱采用“内圆外方”复式（双）钢管的日字形矩形柱，内填高强度混凝土，利用钢管的套箍效应可以提高巨型日字柱极限承载力，保证巨型日字柱的竖向刚度及延性，实现芯柱承载竖向荷载，外框柱起保护和提高抗倾覆、抗水平力作用，有效提高了结构的抗震和防火性能，提高抗震性能目标，做到中震弹性，大震不屈服。有效解决了钢柱选型截面超大、超厚，钢构安装焊接困难、巨型钢管柱的混凝土温度控制和裂缝控制难、柱子占用较大使用面积的难题。

项目在设计阶段的原角柱设计截面为 3.2m×2.0m×0.07m 的日字工形钢管柱，分段重量达 49.6t，在吊装时需采用 M1280D 的内爬塔吊进行吊装，在采用新型复合截面钢管混凝土矩形柱后，修改截面为 3.0m×1.8m×0.04m×0.05m×0.04m＋2×ϕ0.8m（图 27），分段重量仅为 42.7t，采用 M900D 塔吊能够满足施工要求，将原厚达 70mm 的钢板修改为 50mm，减少厚板施工难题，同时将原用钢量为 7682t 减少至

6482t，节约用钢量达 1200t（图 27、图 28）。

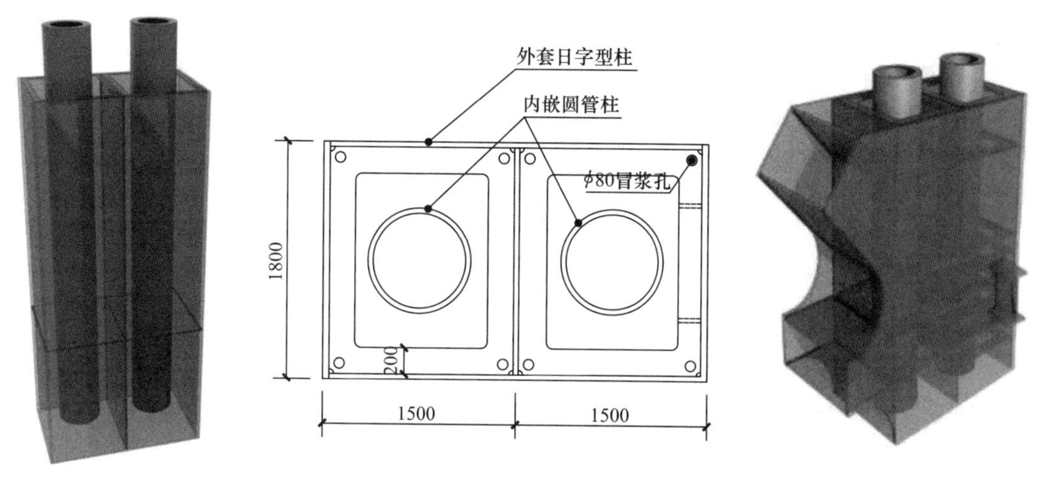

图 27　复合日字形柱模型

图 28　复合截面钢管混凝土矩形柱

3.2.2　新型复合截面钢管混凝土矩形柱混凝土施工技术

针对新型复合截面钢管混凝土矩形柱截面大的特点，通过改变内外钢管的混凝土浇筑顺序，将每个内钢管制作为比其对应的分外钢管高出一段，使得在浇筑内钢管和外钢管之间的混凝土后，内钢管能形成烟囱效应，加快内部混凝土的散热，减少混凝土的内外温差，确保大截面钢管柱混凝土的质量（图 29）。

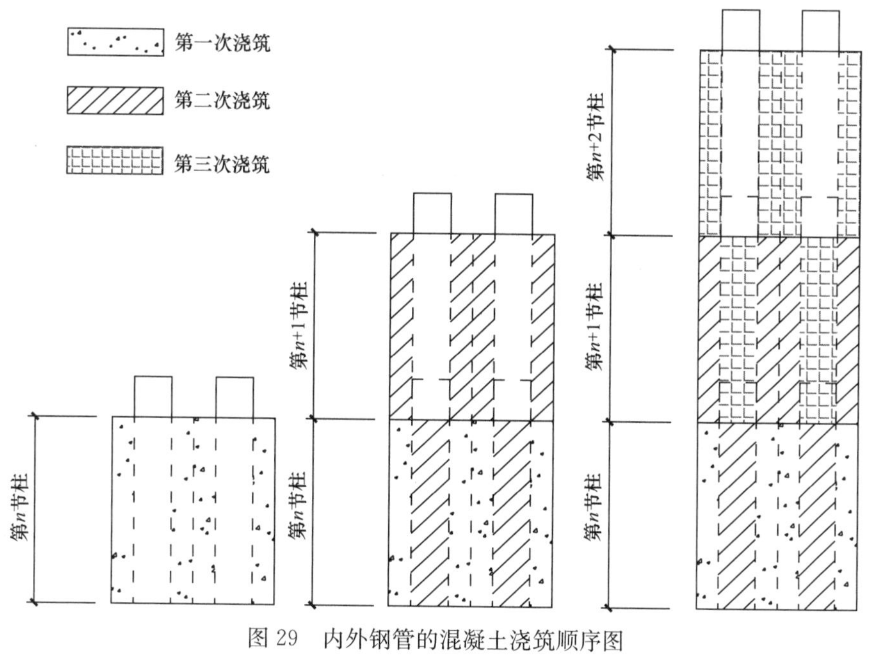

图 29　内外钢管的混凝土浇筑顺序图

超高层建筑采用钢-混凝土组合结构，外框架钢柱和楼层钢梁安装一个节区就进行钢柱混凝土的浇筑，此时楼层板混凝土还未浇筑，施工人员通道和操作平台缺乏，混凝土泵管在钢梁面布设，钢柱混凝土只能利用塔吊配合吊斗或布设布料杆进行浇筑，采用塔吊配合吊斗浇筑方式需占用塔吊（钢结构安装也要依赖塔吊），影响施工进度；而采用布设布料杆又不能满足全层钢柱的浇筑，需要多次转位或设置多台布料杆，泵管也要跟着转位，操作安全性差，也影响了施工进度。

采用顶升作业法时，由于是超高层施工，混凝土连续不断地向上顶升时压力不断加大，造成需要的顶升动力选择非常困难。同时，顶升作业如果中间出现停滞便会造成混凝土冷缝出现，从而无法向上顶升作业；中间出现混凝土空洞的质量事故时需要设置止回阀；每次顶升作业后需要等待混凝土终凝达到强度等级后才能够拆除顶升设备和止回阀等，对设备要求高。拆卸浇灌口的连接管卡及栅形阀门的胶皮时，容易造成混凝土浆液喷出伤人，尤其是眼睛；施工人员要站在侧面作业，戴上护目镜，打入钢筋后即可拆下短管钢管头上的管卡子，移动水平管进行下一根钢管柱的施工，工艺繁杂。

为此，钢管柱混凝土采用针式浇筑的创新工艺，改变以往钢管柱需待柱内混凝土浇筑完成才能进行上节柱吊装的施工方法，在浇筑钢管柱混凝土时同步安装上部钢管柱，加快施工进度，节约施工成本（图 30、图 31）。

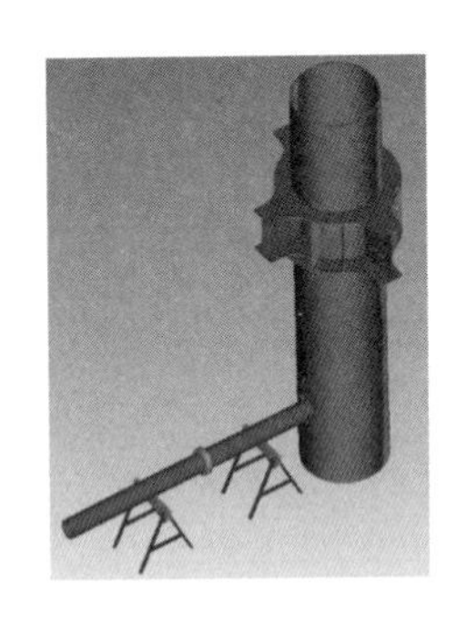

图 30　钢管柱混凝土采用针式浇筑

为确保施工质量，通过现场 1∶1 模拟试验来验证施工工艺。见图 31。

针对新型复合截面钢管混凝土矩形柱的特点，通过改变内外钢管的混凝土浇筑顺序，确保大截面钢管混凝土柱的质量（已授权发明专利“大截面钢管混凝土柱的施工方法”，专利号 ZL201210112219.1）。同时，钢管柱混凝土采用针式浇筑的创新工艺（钢管柱在加工时预先开设浇筑口，待楼面结构施工或铺设完成后，以楼面作为浇筑平台浇筑钢管柱内混凝土，减少高空搭设操作平台的风险），改变以往钢管

现场模拟柱支模示意图

模拟柱浇筑完成示意图

图 31　钢管柱混凝土针式浇筑 1∶1 模拟（一）

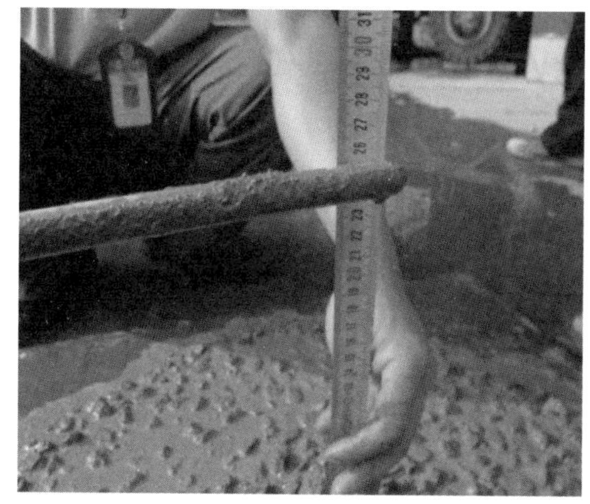

坍落度检测情

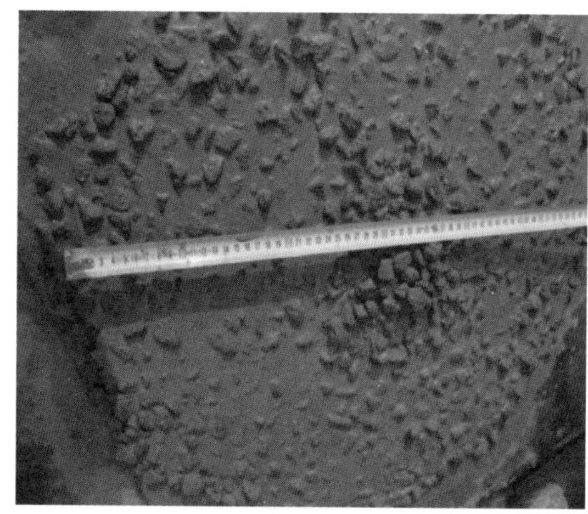

混凝土扩展度检测示意分布情况

混凝土自由下落情况

混凝土骨料流淌

图 31 钢管柱混凝土针式浇筑 1∶1 模拟（二）

柱需待柱内混凝土浇筑完成才能进行上节柱吊装的施工方法（已授权发明专利“钢管混凝土针式混凝土浇筑施工方法”，专利号 ZL201220651349.8），在浇筑钢管柱混凝土时同步安装上部钢管柱，加快施工进度，节约施工成本。2017 年 3 月 22 日，广东省土木建筑学会在广州市组织的“超高层建筑若干施工关键新技术”科技成果鉴定会，由周福霖院士组成的专家组一致认为该成果达到国际领先水平，同时“大复合截面钢管混凝土柱施工”已获得国家级工法。

3.2.3 施工过程中核心筒不同超前施工层数分析与控制技术

采用计算机进行全过程的施工模拟计算，对核心筒超前外框架施工层数作出合理选择，拟定实际施工方案。细致分析各施工段施工过程和施工结束时刻的结构内力和变形规律，研究施工模拟主要效应影响。通过比较一次性整体加载计算与施工模拟计算、考虑找平措施与否和考虑收缩徐变与否等施工模拟计算探讨施工过程、找平措施和收缩徐变对结构计算结果的影响，针对伸臂桁架与内核心筒和外钢管混凝土柱的接合时间对主体结构和伸臂桁架的受力进行分析，选取核心筒超前外框架 4 层、8 层、12 层和 16 层共计 4 种施工方案进行施工模拟，探讨不同超前层数对结构变形和内力的影响，以选取最为适合的施工方案，确保结构和施工安全（图 32、图 33）。

3.3 超高层建筑施工安全防护技术

在超高层建筑施工中，临边、洞口、空中安全防护是施工管理中的安全管理的重点，常用基本均由普通的扣件式钢管脚手架形式搭设，其存在问题有：①可承受力弱；②抗冲击性能差；③灵活性差；④不能够适应建筑中的复杂多变外形等的要求；⑤耗费的钢材多，材料不能多次重复利用，造成浪费；⑥耗费工时多；⑦效率低。

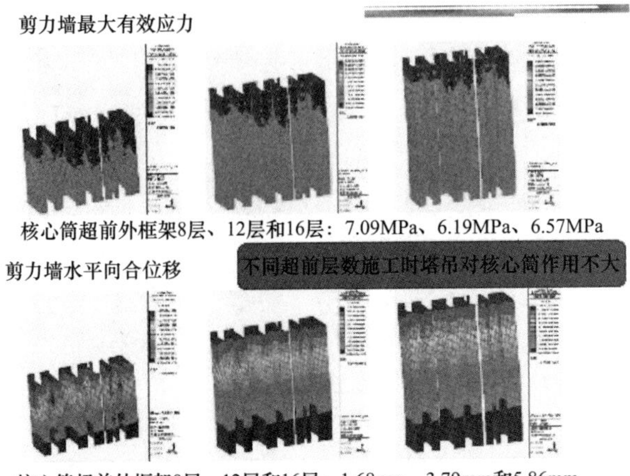

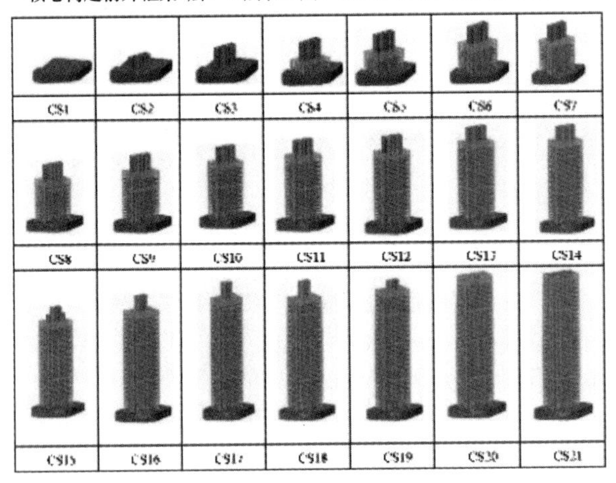

图 32　示意图

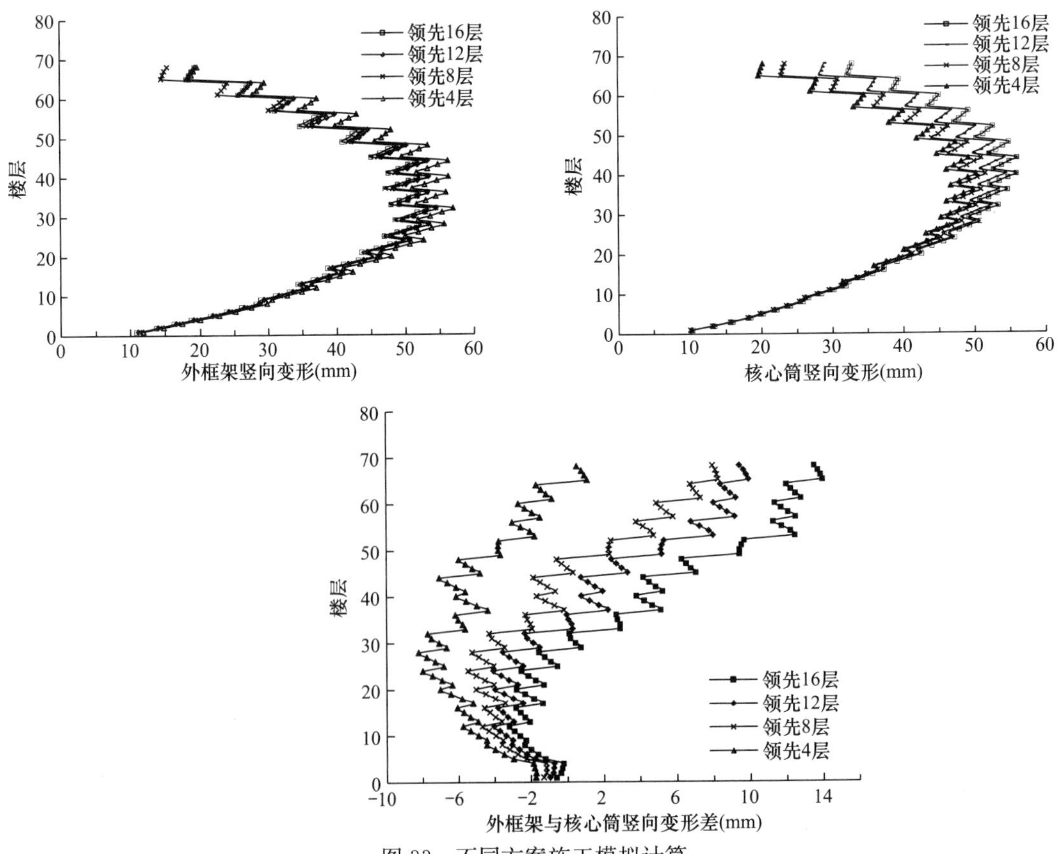

图 33　不同方案施工模拟计算

针对超高层建筑施工安全防护特点，研发了系列创新的装配式安全防护设施，具有美观、强度高、耐冲击、周转次数多、装拆简单等优点，提高了超高层施工的安全性，以“四节一环保”为目标，全面实行绿色施工，通过了“全国建筑业绿色施工示范工程”验收。

3.3.1 工具式安全平挡

工具式安全平挡通过设置万向转角连接件，可满足不同角度、形状的防护平挡搭设要求。万向转角连接件包括内衬管、连接耳板和钢托板，内衬管套插入钢管立柱内并固定，钢托板围绕内衬管外壁被焊接在内衬管外壁上，连接耳板的内端焊接在内衬管外壁上，连接耳板与需要连接的主横梁一一对应，主横梁设置连接孔，供钢管龙骨穿过，上铺脚手板形成安全防护棚，有效解决了常规采用扣件式钢管搭设浪费人工和材料的问题（图 34、图 35）。

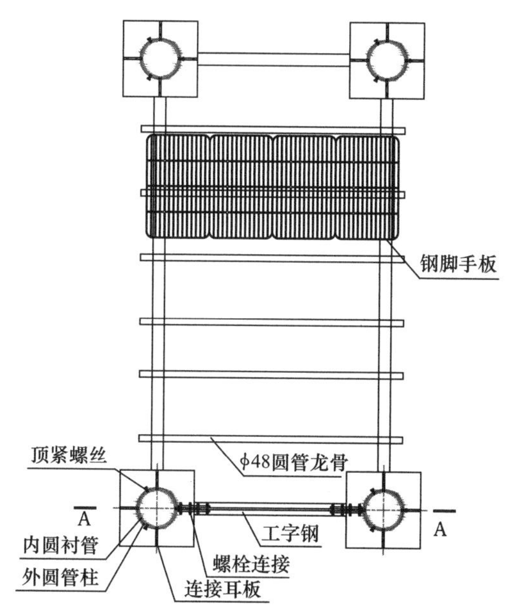

图 34　工具式安全平挡

3.3.2 新型防护栏杆

采用槽钢与钢管组成立杆，立杆采用膨胀螺丝固定，立杆顶部、中部处焊接较大直径的钢管，可允许普通直径的钢管直穿固定形成护栏内立杆，在转角、转向处设置转角连接件，组成满足各种形状要求的安全围护装置，可重复使用（图 36）。

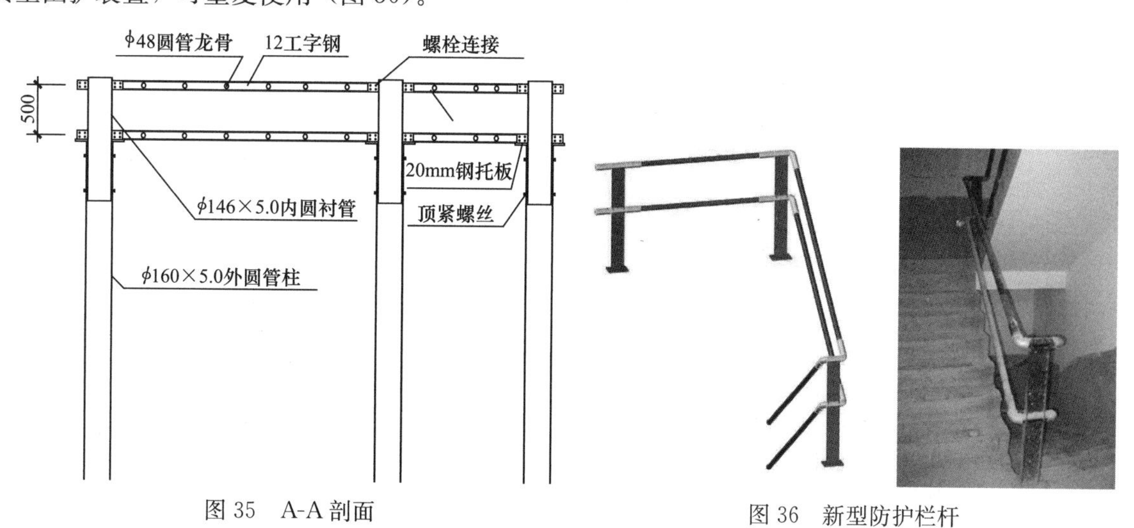

图 35　A-A 剖面

图 36　新型防护栏杆

3.3.3 抱箍式操作平台及安全平挡

根据超高层超大截面边柱的特点，设计形状合适的操作平台，利用抱箍件并通过螺栓连接，将安全平台固定在边柱上，有效解决了外框柱焊接施工操作和防护问题。安全平挡包括平台骨架、立杆、围栏、斜撑杆、连梁、抱箍件、调节花篮螺栓、拉索钢丝绳、抗浮钢丝绳、平台面板。抱箍件分为上、下抱箍件，下抱箍件与平台主梁连接，上抱箍件与连梁连接；拉索钢丝绳通过调节花篮螺栓将平台主骨架和主杆连接，将平台自重和荷载传递到结构柱上；抗浮钢丝绳将平台主骨架连接到平台下一层的结构柱上，防止高空风作用下平台向上浮动。抱箍式操作平台及安全平挡通过连接板连接固定，操作简单方便，吊装一次到位，可多次循环使用、安装便捷、安全性高（图 37、图 38）。

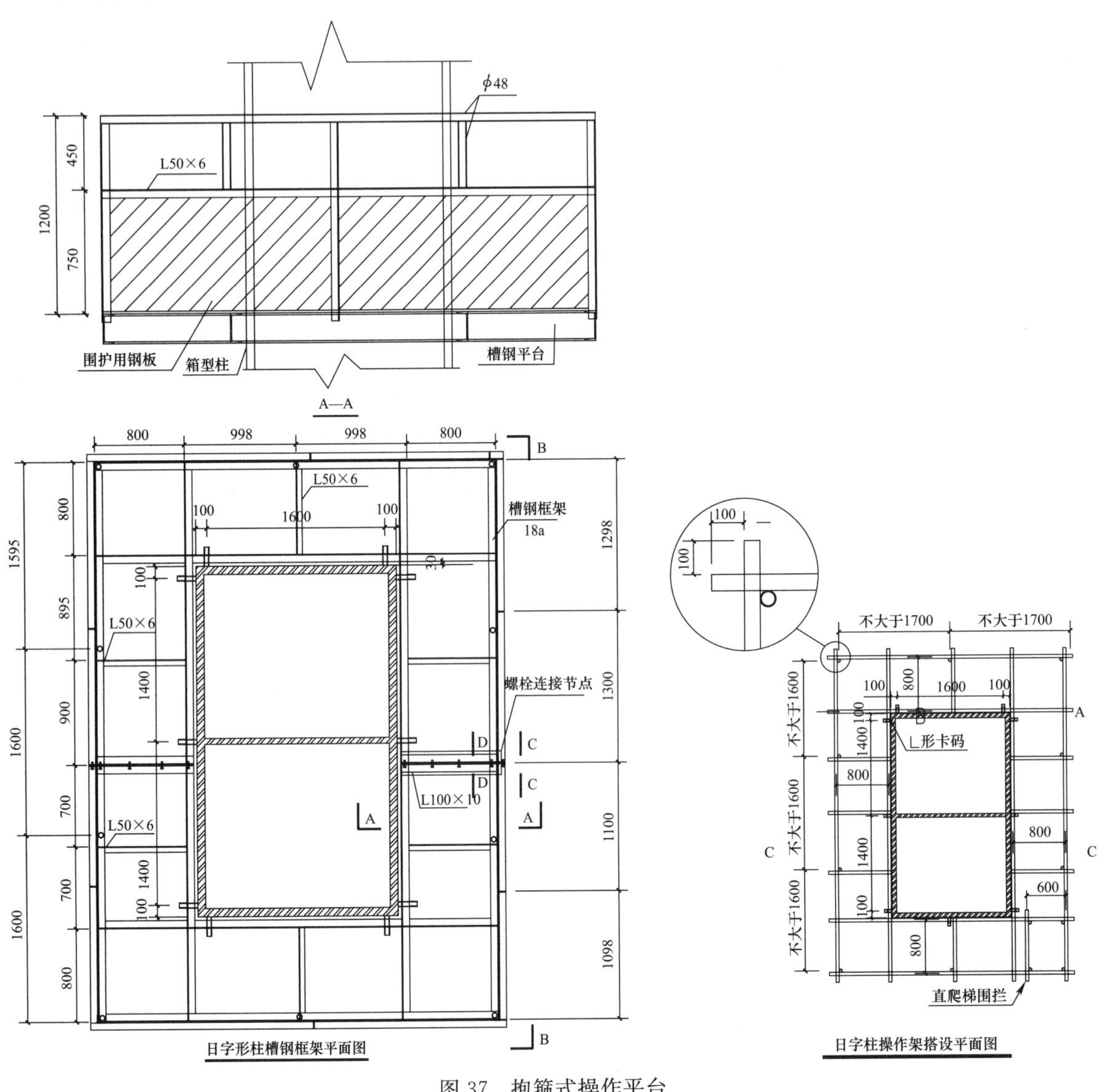

图 37　抱箍式操作平台

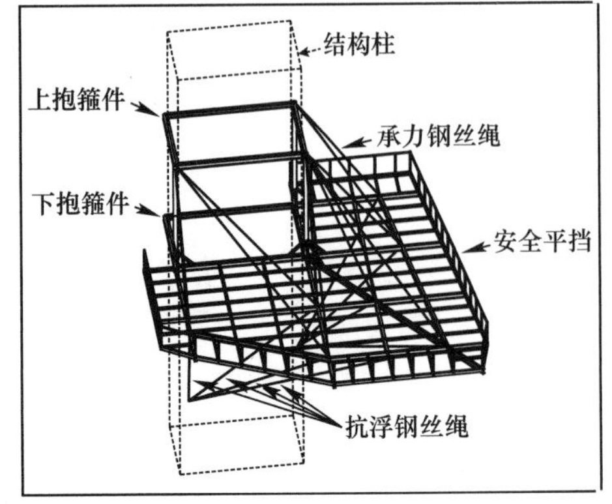

图 38　抱箍式安全平挡

3.3.4 外墙悬空可翻转工作平台

根据超高层核心筒先行施工，外筒钢结构落后于核心筒一定高度的特点，创新设计外墙悬空可翻转工作平台，保证塔吊安装、泵管维修和测量等的施工安全。外墙悬空可翻转工作平台通过墙体连接件、操作平台和推拉件组合成一个呈三角形的工作平台，利用设置在墙体连接件的滑槽和推拉件，使用时将平台展开为水平使用状态，不需用时则将操作平台合于墙体上，可多次循环使用、安装便捷、安全性高（图39）。

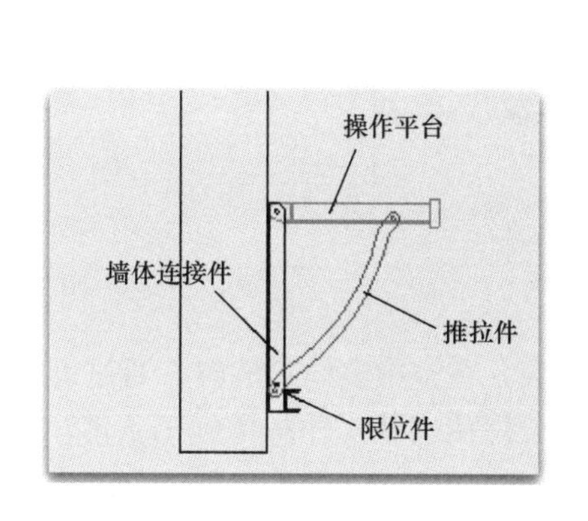

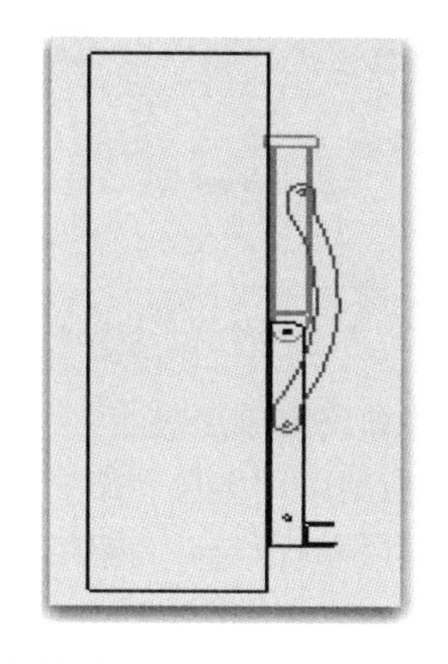

图39 外墙悬空可翻转工作平台

本工程以“四节一环保”为目标，全面实行绿色施工，2016年5月，通过了“全国建筑业绿色施工示范工程”验收。

上述创新的装配式安全防护施工技术形成“超高层钢-混凝土组合结构装配式安全防护施工”获得广东省省级工法。

3.4 超高层绿色施工技术

3.4.1 超高层外挑楼板创新模板系统设计与施工技术

钢-混凝土组合结构—筒中筒结构的超高层建筑，采用核心筒先行施工，外筒钢结构落后于核心筒一定高度的施工流程，外筒钢结构外挑楼板施工时，如果没有一个可以自身承受混凝土和施工荷载的模板系统，就需要搭设高支模系统进行施工；而超高层建筑高度高达较大，外围亦没有设置脚手架，外挑楼板支模高度有3～4个楼层高度，且上下层存在交叉作业，故支模搭设和拆除就存在很大的安全隐患，且施工难度非常大。

为此，创新研发了外挑楼板模板支承创新系统（倒T形），采用倒T形悬挑钢梁作为钢筋桁架模板的支撑构件，利用其强度及刚度，满足外挑楼板的施工要求，无需搭设临时支撑；外挑楼板模板支承系统无需设置外侧梁，增大了外光的向内照射的深度；可节约材料、重量轻、强度高、耐腐蚀、拼装便捷。该技术形成“超高层建筑外挑楼板模板的设计与施工”获得广东省省级工法（图40）。

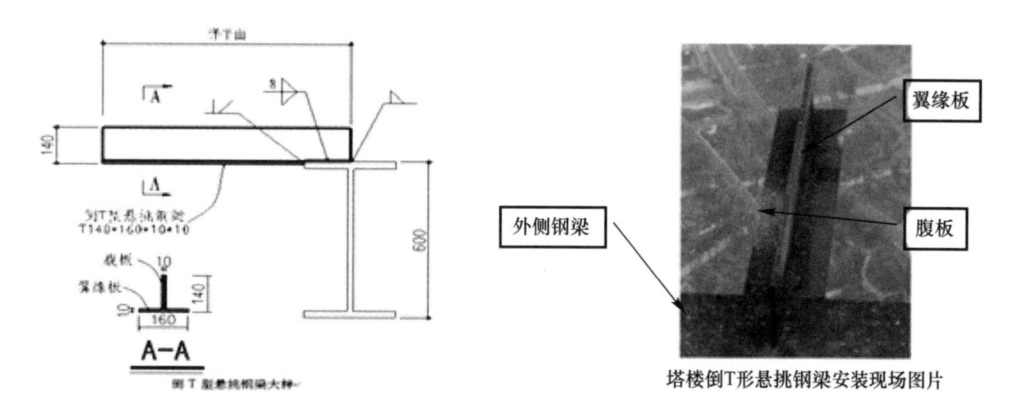

图40 超高层外挑楼板创新模板系统（一）

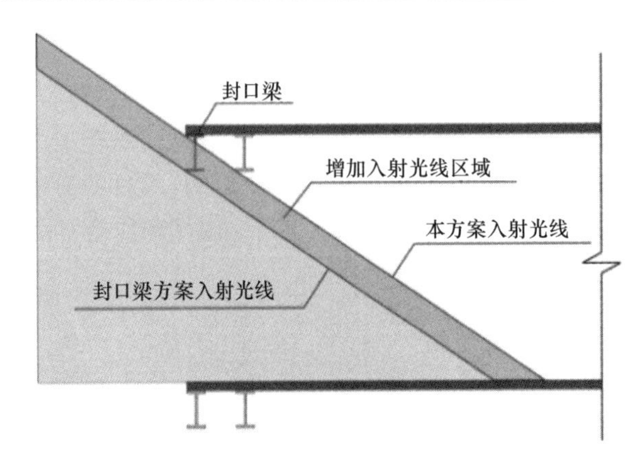

图 40　超高层外挑楼板创新模板系统（二）

3.4.2　大型钢桁架现场叠放拼装和安装施工技术

针对在施工场地狭窄的特点，钢桁架采用多层胎架进行拼装，在空中整体安装时，通过设置就位胎架及桁架间隙连杆，确保钢桁架安装过程的稳定，为钢结构桁架焊接安装工序提供施工条件。具有节约用地、拼装质量可靠，高空作业工作量少，塔吊作业次数少，施工效率和安全性高，减少场地占用量等优点。该技术形成“超高层大型钢桁架现场叠放拼装和安装施工”获得广东省省级工法（图 41、图 42）。

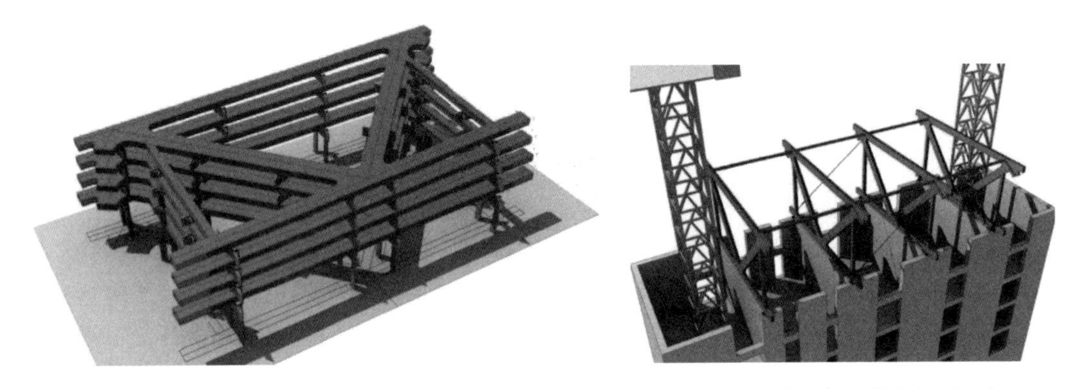

图 41　多层胎架　　　　图 42　就位胎架及桁架间隙连杆

3.4.3　新型组合塑料模板和套扣式钢管支撑体系施工技术

针对核心筒内楼板混凝土施工时，采用常规模板的支撑体系时，模板周转次数少、强度不足、在十字交叉梁处的支撑龙骨互相交叉及存在稳定性的安全隐患等问题，研发了新型组合塑料模板和套扣式钢管支撑体系，组合塑料模板采用模块化设计，设计了新型的塑料型材连接件，组装便捷，实现了标准化、装配化施工。套扣式钢管支撑采用直插式套筒替代对接扣件，横杆接头替代立杆与横杆连接的直角扣件，一扣即成；应用不同的可调支撑系统，有效解决楼面十字梁位置梁板的模板支撑布置问题。该技术形成“新型组合塑料模板和高效模板支撑施工”获得广东省省级工法（图 43）。

图 43　新型组合塑料模板和套扣式支撑体系

3.4.4　BIM 技术在实现楼层净空最大化中的应用

综合运用 BIM＋5D 技术，进行工序优化、物料跟踪、工况模拟、技术交底、施工进度和成本控制，解决了设计各专业 4.5 万个碰撞点，实现了对项目的动态和精细化管理。为工程优质快速施工建造提供了保障。

（1）工序优化

在可视化 5D 模拟施工作用下，根据工程项目相关技术和指标要求，通过软件实际的尺寸及标高测量功能，全面复核建筑物内结构、机电综合管线以及各专业的布置情况，对各专业系统提出最佳优化布局方案，对各专业的施工工艺起到可行性分析和指导施工作用。

（2）工况模拟

利用BIM软件的5D虚拟施工（三维模型加项目的发展时间）将空间信息与时间信息整合在一个可视的5D模型中，根据施工的组织设计模拟实际施工，更直观、精确地反映各个建筑各部位的施工工序流程，对实际施工进度与进度计划进行动态管理，有效地协调各专业的交叉施工，从而来确定合理的施工方案来指导施工。

（3）物料跟踪

自主研究开发一套“物料跟踪系统”软件，用于监控钢结构构件从深化、下单、生产、验收、发车、到场、安装的情况。通过该系统，项目各参建单位以及现场的管理人员能即时在电脑上跟踪了解钢结构构件的深化、下单、生产、验收、发车、进场、安装等实时情况，与现场实际的总体施工计划做比较，避免因为钢结构构件的生产延误、验收整改、发车缺货等情况的发生而导致施工进度的滞后，从而使每个环节的运作更加合理。

（4）施工进度控制

利用BIM的虚拟施工进度技术，把进度计划同步链接到虚拟施工进度模拟过程里，将空间信息与时间信息整合在一个可视的5D模型中，直观、精确地反映各个建筑各部位的施工工序流程，对相关施工班组进行工序交底和各专业施工流程编排，减少各专业交叉施工中的相互影响。避免出现因完成墙体砌筑后无法进行管道安装需拆除墙体，或因安装了管道后无法进行墙体砌筑需拆除管道而形成的二次施工情况发生，达到现场管理的控制要求，并让管理者可以随时观看任意时间施工进度情况，通过储存在数据库中的信息，能实时了解各施工设备、材料、场地情况的信息，以便提前准备相关材料和设施，及时而准确地控制施工进度，从而进行施工精细化管理工作。

（5）成本控制

在进行结构和建筑模型建模时，可有意识地按施工分区在相关模型构件标注墙体厚度、混凝土强度等级等数据信息，在导出数据量清单时便能快速有效地按功能类别筛选统计。这样做减轻了造价预算人员在繁琐的图纸算量中耗费大量的时间和精力，从而更合理地分析材料的损耗情况和实际成本使用情况，并根据统计数据估算出模板需求量，使本项目造价预算人员可以更好地监控施工班组的实际材料及损耗数量、询价以及评估风险等工作（图44）。

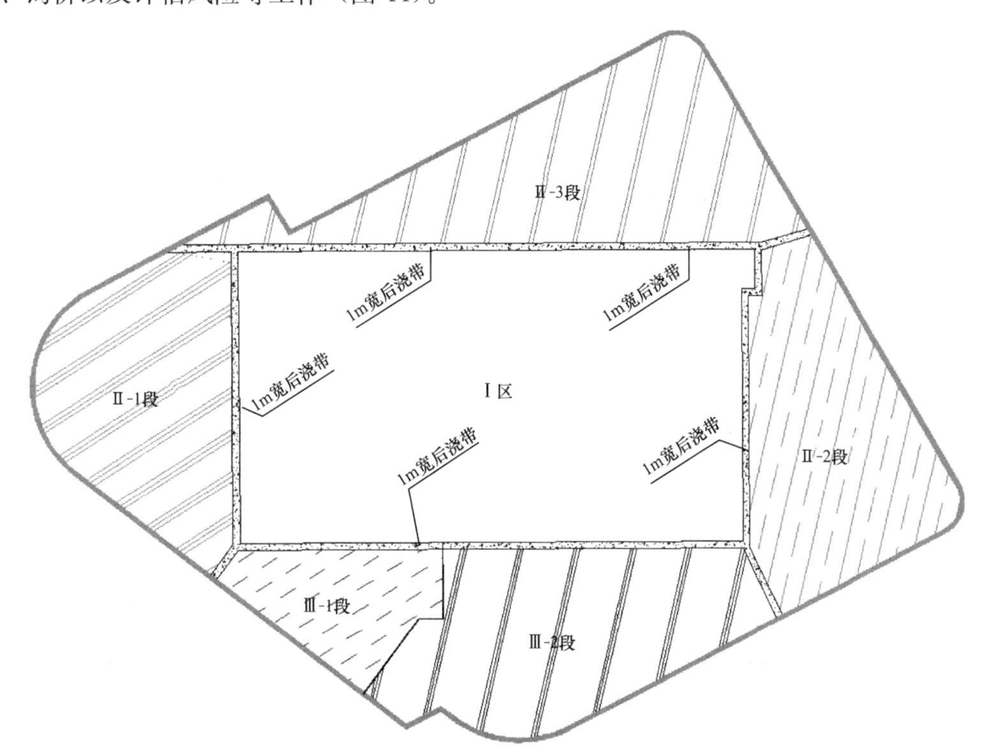

图44　地下室结构混凝土、砖墙导出计量表（一）

12	负4层体积(m³)										
13	区号	梁	柱	楼板	墙	合计	楼板面积(m²)	合计(墙柱)	合计(梁板)	墙柱模板	梁板模板
14	Ⅰ	198.14	236.48	701.95	414.94	1551.51	2780.40	651.42	900.09	2224.32	4726.68
15	Ⅱ-1	11.61	11.77	286.74	250.32	560.44	1164.00	262.09	298.35	931.2	1978.8
16	Ⅱ-2	13.04	22.45	312.21	241.97	589.67	1115.80	264.42	325.25	892.64	1896.86
17	Ⅱ-3		26.07	402.8	398.67	827.54	1332.80	424.74	402.8	1066.24	2265.76
18	Ⅲ-1		8.34	122.66	61.44	192.44	439.60	69.78	122.66	351.68	747.32
19	Ⅲ-2	13.81	19.14	338.09	260.24	631.28	1150.40	279.38	351.9	920.32	1955.68
20	合计	236.6	324.25	2164.45	1627.58	4.52.88	7983.00	1951.83	2401.05	6386.4	13571.1
21											
22	负3层体积(m³)										
23	区号	梁	柱	楼板	墙	合计	楼板面积(m²)	合计(墙柱)	合计(梁板)	墙柱模板	梁板模板
24	Ⅰ	179.08	216.76	682.59	416.54	1494.97	2780.40	633.3	861.67	2224.32	4726.68
25	Ⅱ-1	15.58	10.95	291.19	210.68	528.4	1164.00	221.63	306.77	931.2	1978.8
26	Ⅱ-2	8.03	19.02	287.21	149.45	463.71	1165.80	168.47	295.24	892.64	1896.86
27	Ⅱ-3	5.79	27.42	400.62	237.06	670.89	1332.80	264.48	406.41	1066.24	2265.76
28	Ⅲ-1		7.85	126.59	49.44	183.88	439.60	57.29	126.59	351.68	747.32
29	Ⅲ-2	13.97	17.46	345.15	215.94	592.52	1150.40	233.4	359.12	920.32	1955.68
30	合计	222.45	299.46	2133.35	1279.11	3934.37	7983.00	1578.57	2355.8	6386.4	13571.1

32	负2层体积(m³)										
33	区号	梁	柱	楼板	墙	合计	楼板面积(m²)	合计(墙柱)	合计(梁板)	墙柱模板	梁板模板
34	Ⅰ	185.10	213.65	688.44	348.86	1436.05	2780.40	562.51	873.54	2224.32	4726.68
35	Ⅱ-1	14.48	11.88	301.59	191.71	519.66	1164.00	203.59	316.07	931.2	1978.8
36	Ⅱ-2	66.56	20.94	322.15	124.41	534.06	1115.80	145.35	388.71	892.64	1896.86
37	Ⅱ-3	7.82	27.45	366.07	187.61	588.95	1332.80	215.06	373.89	1066.24	2265.76
38	Ⅲ-1	1.49	6.83	134.56	40.22	183.1	439.60	47.05	136.05	351.68	747.32
39	Ⅲ-2	15.78	17.50	342.39	194.15	569.82	1150.40	211.65	358.17	920.32	1955.68
40	合计	291.23	298.25	2155.2	1086.96	3831.64	7983	1385.21	2446.43	6386.4	1371.1
41											
42	负1层体积(m³)										
43	区号	梁	柱	楼板	墙	合计	楼板面积(m²)	合计(墙柱)	合计(梁板)	墙柱模板	梁板模板
44	Ⅰ	114.13	382.45	972.78	627.20	2096.56	2780.40	1009.65	1086.91	2780.4	4726.68
45	Ⅱ-1	104.21	16.54	363.06	283.96	767.77	1164.00	300.5	467.27	1164	1978.8
46	Ⅱ-2	125.92	26.35	377.74	916.26	1446.27	1115.80	942.61	503.66	1115.8	1896.86
47	Ⅱ-3	221.06	38.56	511.18	280.72	1051.52	1332.80	319.28	732.24	1332.8	2265.76
48	Ⅲ-1	76.86	11.21	182.16	66.91	337.14	439.60	78.12	259.02	439.6	747.32
49	Ⅲ-2	155.19	27.34	468.77	215.67	866.97	1150.40	243.01	623.96	1150.4	1955.68
50	合计	797.37	502.45	2875.69	2390.72	6566.23	7983	2893.17	3673.06	7983	13571.1

图 44　地下室结构混凝土、砖墙导出计量表（二）

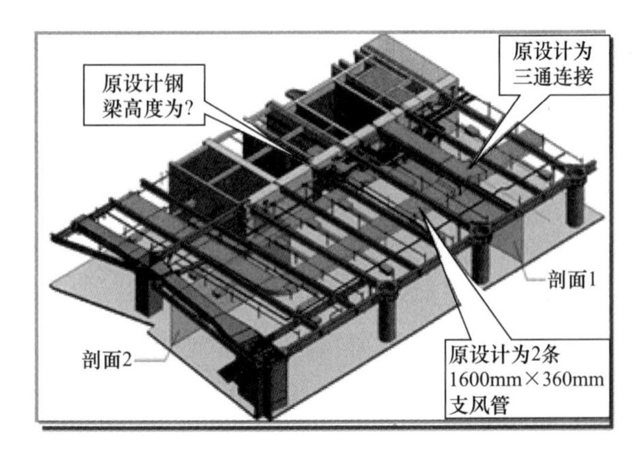

图 45　原设计方案

（6）BIM 技术在实现楼层净空最大化中的应用（图 45～图 47）

针对如何实现建筑物楼层净空最大化，应用 BIM 技术，通过对工程的钢筋混凝土结构、钢结构、建筑、幕墙、机电综合管线等专业进行建模，建模过程中根据工程的楼层建筑完成净高要求，分析影响楼层净空高度的各种因素，对各专业系统进行合理的优化布置，有效增大了建筑物楼层完成的净空高度（4.2m 结构楼层高度，净空高度达 3.0m），大大提升建筑物的空间感和舒适度。该技术形成“新型组合塑料模板和高效模板支撑施工”、“大型建筑项目施工 BIM 应用技术”，均获得广东省省级工法。

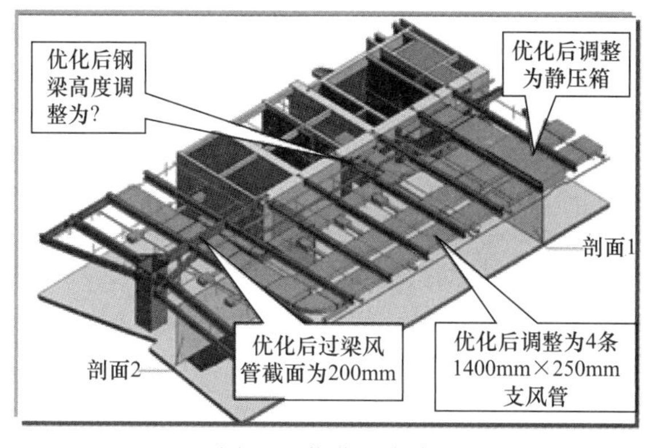

图 46 优化后方案

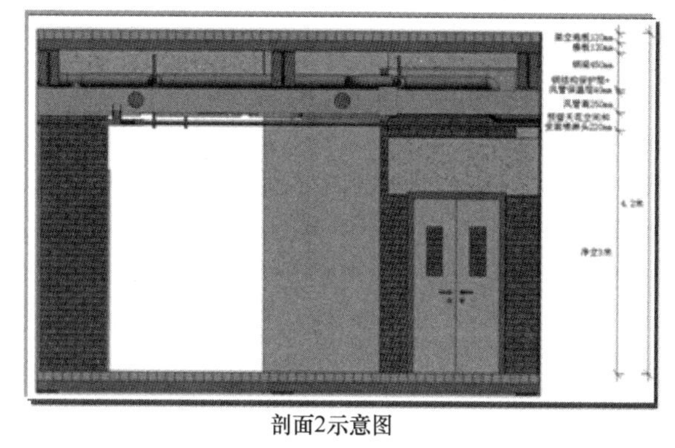

图 47 BIM 技术在实现楼层净空最大化中的应用

4 社会和经济效益

4.1 社会效益

本项目设计新颖，建筑规模大，技术多样复杂，社会影响大，工程整体技术水平要求高。通过本成果关键技术的应用，克服了施工工期短，施工难点多的难题，按期、保质、保量、安全地完成该工程施工，保证该项目按期优质投入使用，项目通过绿色建筑三星级工程及美国 LEED-CS 金级认证，项目获得：中国建设工程鲁班奖（国家优质工程）、中国钢结构金奖、广东省建设工程金匠奖、广东省建设工程优质奖、第八届广东省土木工程詹天佑故乡杯；全国建筑业绿色施工示范工程和广东省建筑业新技术应用示范工程等多项国家级和省级奖项，受到业内和社会的一致好评。

4.2 经济效益

1. 内置式大型塔吊超高层核心筒设计与施工综合关键技术

（1）灵活平台提模系统提高了施工效率。实现平均 3 天一层的施工速度，大大缩短了结构施工工期，这给业主和施工单位都会带来直接的经济效益。

（2）节省材料，回收再用。以 600m^2 的核心筒面积计算，整套灵活平台提模系统（含模板）均为钢结构（总重约 100 多 t），平台梁、立柱等结构可重复使用；桁架等主受力构件，通过改造后可重复使用，或采取回收再利用；钢模板等从首层到 68 层采用一套钢模板完成，项目结束后可回收再利用；“蛙式”液压顶提装置、附墙装置等均可回收再使用。与传统的木模板、钢管支顶相比，节约成本 200 多万元。

（3）本项目设计的大型塔吊新型附着装置，实现了牛腿重复使用。以财富中心项目为例，为配合塔吊的爬升施工，仅需配备 4 套牛腿周转使用，每个牛腿重量约 300kg，则 2 台塔吊 16 次的爬升施工，共节约塔吊附着装置所用的钢材约 30t，这是直接经济效益。

（4）避免了大型塔吊的爬升施工对塔吊自身或相邻塔吊的依赖，而且利用起吊架可直接在安装塔吊的井道内完成支撑架拆除、运输和重新安装的全过程，避免了利用塔吊辅助安装时由于作业半径小于塔吊最小半径而需要进行二次运输，大大降低了劳动强度，提高了安装施工的灵活性和效率（采用传统的焊接牛腿工艺，焊接耳板所需时间大约为 1 天，焊接完成后还需等待焊缝检测，一般所需时间大概为 1.5 天，而现在的牛腿安装仅需 3 小时），也增加了塔吊用于结构施工的有效时间，最大限度地减小了塔吊爬升对结构施工的影响，缩短了施工工期。

2. 新型复合截面钢管混凝土矩形柱设计与施工技术

（1）新型复合截面钢管混凝土矩形柱设计技术

1）节材：大截面钢管混凝土柱可以有效地提高柱子的极限承载力和抗倾覆能力，达到减少钢柱尺寸、增加有效建筑使用面积、减少混凝土用量、减少钢柱钢板厚度、节约钢材以及降低了构件安装机械配置的目的。以财富中心为计算例子，原设计单节大截面钢管柱重达 49.6t，而在应用大截面钢管混凝土柱后，每节柱的重量仅为 42.7t，共节约钢材约 1200t；原需要采用两台 M1280D 塔吊修改为两台 M900D 即能够满足要求，机械投入大大减少。

2）节能：大截面钢管混凝土柱由于柱子重量减轻，柱子连接仅需进行水平缝焊接连接，以财富中心为例，将每节柱从原来需要的焊缝 14.4m 减少仅需 12.1m，每米的焊缝约需耗电 10 度，项目节约电量约 2720 度。

3）减耗：原钢管柱需采用钢管脚手架分次搭设，造成钢管的损耗，而在采用抱箍式操作平台后，将原来需要采用的钢管约 160t，减少至仅需采用钢材 4t＋10t 的钢管脚手架。

（2）新型复合截面钢管混凝土矩形柱混凝土施工技术

1）节材：超高层钢管混凝土针式浇筑减少了钢管柱混凝土浇筑时的操作平台搭设工序，直接利用已经铺设好的楼面作为浇筑平台，以财富中心为计算例子，20 根钢管柱，钢结构方案 2 层一吊，则需要搭设的平台至少为 728 个平台，总搭拆浇筑操作平台体积为 65400.96m^3，节约总造价约 523.2 万元。同时减少了高空搭设需要的塔吊台班辅助吊运、浇筑混凝土时的布料机或塔吊配合等措施，机械投入大大减少。

2）节能：由于不需要采用布料机或塔吊辅助进行浇筑，直接减少辅助设备的功率损耗，按常规的布料机（功率为 7.5kW）计算，财富中心的钢管混凝土柱总混凝土量约 13402.6m^3，按泵送混凝土的台班为 25m^3/h 计算，总需耗电约为 4020 度。

3）减耗：原钢管柱需采用钢管脚手架分次搭设，造成钢管的损耗，而在采用针式浇筑后，不需要另外搭设平台，将原来需要采用的钢管约 1160.8t，减少为 0。

3. 超高层建筑施工安全防护技术

1）防护栏杆根据结构施工过程建筑物的楼梯与楼梯平台、平常的临边、洞口的情况，设计了立柱（工字钢与钢管焊接而成）、垫板转角连接件、直连接件、立杆；能构建成各种不同形状和大小的栏杆，满足设计要求，同时在楼梯进行砌砖、临边洞口有幕墙等永久性的防护施工时，可将这种新型的防护栏杆拆除留置下次使用，实现循环利用。

2）工具式安全平挡，整个结构连接方便，减少了扣件和钢管的投入，节约钢材用量；减少了人工的劳动强度，提高了安装效率；立柱和万向转角连接件等可以多次重复使用，实现环保效果。

3）外墙悬空可翻转工作平台通过墙体连接件、操作平台和推拉件组合成稳定可靠的工作平台，该工作平台能满足上述工况要求。当需要使用时则将操作平台展开为水平状态，不需要使用时则将操作平台折至墙体上，不会影响其他施工的进行。该外墙悬空翻转工作平台具有结构简单，便于安装拆卸，可以循环利用，造价低廉等特点。

4）高空抱箍式操作平台，避免因搭设悬挑架在高空作业的风险，并且该操作平台只需预制构件到场直接利用塔吊拼装，提高了安装效率和实现超高层建筑结构的循环利用。

5）抱箍式高空防护平台，应用于财富中心项目钢结构平台的四个巨型角柱，整个连接结构基本通过连接板连接固定，操作简单方便，吊装一次到位，解决了高空结构外框柱的防护平台的施工麻烦，可以重复使用，损耗小。

4. 超高层绿色施工新技术

（1）超高层外挑楼板创新模板系统设计与施工技术

1）钢筋桁架模板体系通过模块化设计，最大限度涵盖目前常用的建筑模数，组装便捷，实现了标准化、装配化施工。

2）倒 T 形悬挑钢支撑梁，充分发挥倒 T 形钢的截面特性，利用其强度及刚度，满足外挑楼板的施工工况要求，具有节约材料、绿色施工等特点。

3）外挑楼板模板系统（倒 T 形）中，倒 T 形悬挑钢支撑梁与主体钢结构同步安装，待钢结构件安装后顺次进行钢筋桁架模板铺设、楼板钢筋绑扎、混凝土浇筑，全过程无需搭设临时支撑。节省了木方和人工，施工安全度高、高空风险小。具有良好的经济效益和社会效益。

4）常规外挑楼板需在外侧设置结构梁，用以支承钢筋桁架模板的荷载；但该梁却影响到建筑的使用功能（遮光-挡住外面的光线）和外幕墙埋件的安装，本外挑楼板的模板系统可以增大外光的向内照射的深度和便于幕墙埋件的安装，提高了建筑物的适用性。

（2）大型钢桁架现场叠放拼装和安装施工技术

1）传统胎架拼装一榀桁架的占地，通过 4 层胎架的实现，能拼装叠放 4 榀钢桁架，理论上能节约场地占用达 75%，大大降低了施工单位租借施工场地的费用。

2）在地面拼装，施工拼装效率得到有效的提高，缩短工期，有效节约人工成本。

3）减少塔吊占用，提高拼装效率，实现绿色施工；通过利用 BIM 技术及电脑预拼装技术，提高桁架的整体拼装精度；通过高空稳定技术，有效控制桁架移位情况，为后续焊接安装工序提供施工条件，提高施工安全性，保证安装质量。

（3）新型组合塑料模板和高效模板支撑体系施工技术

1）新型的组合塑料模板通过模块化设计，最大限度涵盖目前常用的建筑模数，在不同模数之间采用新型的锁销连接件拼接，组装便捷，实现了标准化、装配化施工。

2）高效模板支撑是由立杆承载钢管和横杆组成，立杆每隔 0.6m 焊有一个套扣，横杆内用强力焊封住管口，外半圆和立杆的圆度相符合，紧密相扣。纵横向横杆两端各焊一个特殊设计的插头套插在立杆的套扣上，形成一个整体性强的体系。用直插式套管替代对接扣件，横杆接头替代立杆与横杆连接的直角扣件，具有安装简捷、安全可靠、使用方便、拆卸快速，且便于管理、文明施工等特点。

3）针对楼面十字梁结构特点，运用不同组合的可调支撑系统，有效解决楼面十字梁（特别是高低梁）位置梁板支撑布置的实际问题，节省了木方和人工，也确保了施工安全。具有很好的经济效益和社会效益。

4）纵横向支撑间距设置多种特定规格，实现了模数化和装配化施工，并总结出了支撑平面排布的原则和措施，提高了施工效率（扣件式钢管支撑体系施工每工日 43m^3，而采用本体系的套扣式支撑则每工日施工架体为 70m^3），加快了施工进度。

（4）BIM 技术在实现楼层净空最大化中的应用技术

1）通过 BIM 软件的模拟碰撞系统进行各构件之间的碰撞检测，提前找出各构件碰撞点，向设计单位提出复核。碰撞检测是 BIM 软件技术配合工程项目顺利开展的其中一项重要体现。摒弃现今传统工程项目做法，由具备结构、机电等丰富施工经验的工程师，使用电子图纸叠放的平面图纸形式来辅助所作出大方向的机电等碰撞预测等方式，从而直观、精确地进行碰撞检测定位并生成报告，例如：机电管线之间、机电专业与结构专业之间的碰撞等。财富中心项目 BIM 的应用从 2011 年 3 月至今，对各专业施工设计图纸建模复核后检测发现并协助设计解决了 23589 个碰撞点，其中地下部分 14568 个碰撞点、地上部分 9021 个碰撞点，都得到了业主、监理单位的一致肯定，直接为业主节约费用约 2000 万元。

2）通过对各专业深化图纸作综合建模后所提出的优化布局措施方案，有效地保证了在 4.20m 的楼层建筑净空高度实现 3m 净空的要求，推广应用前景广阔。按照在广州市中轴线核心区域内的项目调查计算，超高层办公楼建筑项目，为实现 3.0m 净空的使用层高，常规计算需要 4.6m 层高计算，总层高节约率达 10%，实现总投资节约达 5%以上。

5 工程图片（图 48～图 53）

图 48 越秀金融大厦-全景

图 49 越秀金融大厦-南立面

图 50　越秀金融大厦-南大堂

图 51　越秀金融大厦-商务会议室

图 52　越秀金融大厦-设备房

图 53　越秀金融大厦-直升机停机坪

中国南方航空大厦工程

邓恺坚　雷雄武　冯少鹏　杨　翔　李　泽

第一部分　实例基本情况表

<table>
<tr><td>工程名称</td><td colspan="3">中国南方航空大厦工程</td></tr>
<tr><td>工程地点</td><td colspan="3">广州市白云区白云新城云城东路西侧</td></tr>
<tr><td>开工时间</td><td>2013.3.11</td><td>竣工时间</td><td>2018.6</td></tr>
<tr><td>工程造价</td><td colspan="3">108525.58 万元</td></tr>
<tr><td>建筑规模</td><td colspan="3">194729m²</td></tr>
<tr><td>建筑类型</td><td colspan="3">现浇型钢（钢管）混凝土框架一型钢（钢管）混凝土剪力墙核心筒结构</td></tr>
<tr><td>工程建设单位</td><td colspan="3">广州南航建设有限公司</td></tr>
<tr><td>工程设计单位</td><td colspan="3">广东省建筑设计研究院</td></tr>
<tr><td>工程监理单位</td><td colspan="3">广州建筑工程监理有限公司</td></tr>
<tr><td>工程施工单位</td><td colspan="3">广州机施建设集团有限公司</td></tr>
<tr><td colspan="4">项目获奖、知识产权情况</td></tr>
<tr><td colspan="4">工程类奖：国家钢结构金钢奖、广东省粤钢奖、广东省建设工程优质奖结构奖、
广州市建设工程结构优质奖
科学技术奖：2015 年广东省土木建筑学会科学技术奖、2016 年广东省土木建筑学会科学技术奖、2017 年广东省土木建筑学会科学技术奖
知识产权（含工法）：3 项发明专利、9 项实用新型专利、7 项省级工法、4 篇专业论文</td></tr>
</table>

第二部分 关键创新技术名称

1. 超高层钢结构内设钢管钢板剪力墙施工技术
2. 预应力叠合板与28m跨度钢箱梁组合结构施工技术
3. 钢结构大型钢箱转换桁架安装施工技术
4. 高层全钢结构U形钢梁楼板施工技术
5. 大面积钢板面超厚水泥砂浆保护层施工技术
6. 超高层钢结构屋面平行十字组合钢梁塔吊基础施工技术
7. 内设钢柱双层钢板组合剪力墙内焊缝施工技术

第三部分 实 例 介 绍

1 工程概况

中国南方航空大厦是南航集团的总部办公楼，是集商务办公、大型会议、餐饮购物、文化展览等现代服务功能于一体的综合体。项目位于广州白云新城，工程总建筑面积19.48万m^2，其中地下建筑面积6.40万m^2，地上建筑面积13.08万m^2；主塔楼高度150m，地下4层，地上36层。主体结构全部采用装配式钢结构技术，总用钢量1.8万t。

本栋大楼依照建筑产业化、绿色节能、创新发展的设计理念，主塔楼采用全包钢组合构件的框架-核心筒结构体系，裙楼及地下室楼板采用空心楼盖，主体结构梁采用新型U形梁设计，楼板部分采用现浇叠合楼板，部分采用现浇钢楼层板；转换层采用大型钢箱梁结构。本项目主体结构梁、柱、墙为全装配式钢结构，地下室以上主体结构实现全装配化。其中主体结构采用的双层钢板内灌混凝土组合剪力墙技术，为广东省第一例（图1～图3）。

图1 中国南方航空大厦效果图

2 工程重点与难点

2.1 大直径钢管柱工厂加工制作难度大

工程外框钢柱共有8种规格，分别为$\phi610\times16$、$\phi925\times12$、$\phi800\times12$、$\phi1050\times16$、$\phi1050\times18$、$\phi1050\times20$、$\phi1050\times25$、$\phi1050\times30$，为了节省材料，采用定长定宽钢板，同时，对每根大直径钢管柱都采取振动时效法（VSR）进行焊接残余应力的消除，以保证本工程外框柱的加工质量。由于构件加工量多，加工难度大，精度高，工作量十分巨大。

2.2 U形梁构件制作难度大

U形梁长度为13m左右，重约4.5t，经对U形钢梁构造深入分析后可知：焊缝坡口大部分采取的是单面加衬垫板的V形坡口形式，焊缝熔敷金属填充量大，很容易产生焊接变形。若没有很好的制造工艺来指导、控制，是很难以达到本工程的高精度要求的。因此本工程U形钢梁工厂组焊，采取以下工艺原则：首先，在自制可调式专用胎架上进行钢梁的整体成型（卧式装配法），接着采取先内后外的整体对称焊接方法（多种焊接方法的组合应用）；控制U形钢梁组装外形尺寸精度。按照上述的原则，实现钢梁高精度质量目标。

2.3 钢柱吊装分段及吊装难度大

钢柱最大直径$\phi1050$，钢柱单位重量达到1.2t/m，塔楼外框柱截面种类多，钢柱截面自下而上变化。所以，钢柱根据塔吊性能进行分段吊装是钢结构工程的重难点之一。另外，钢柱分段重量重，塔楼

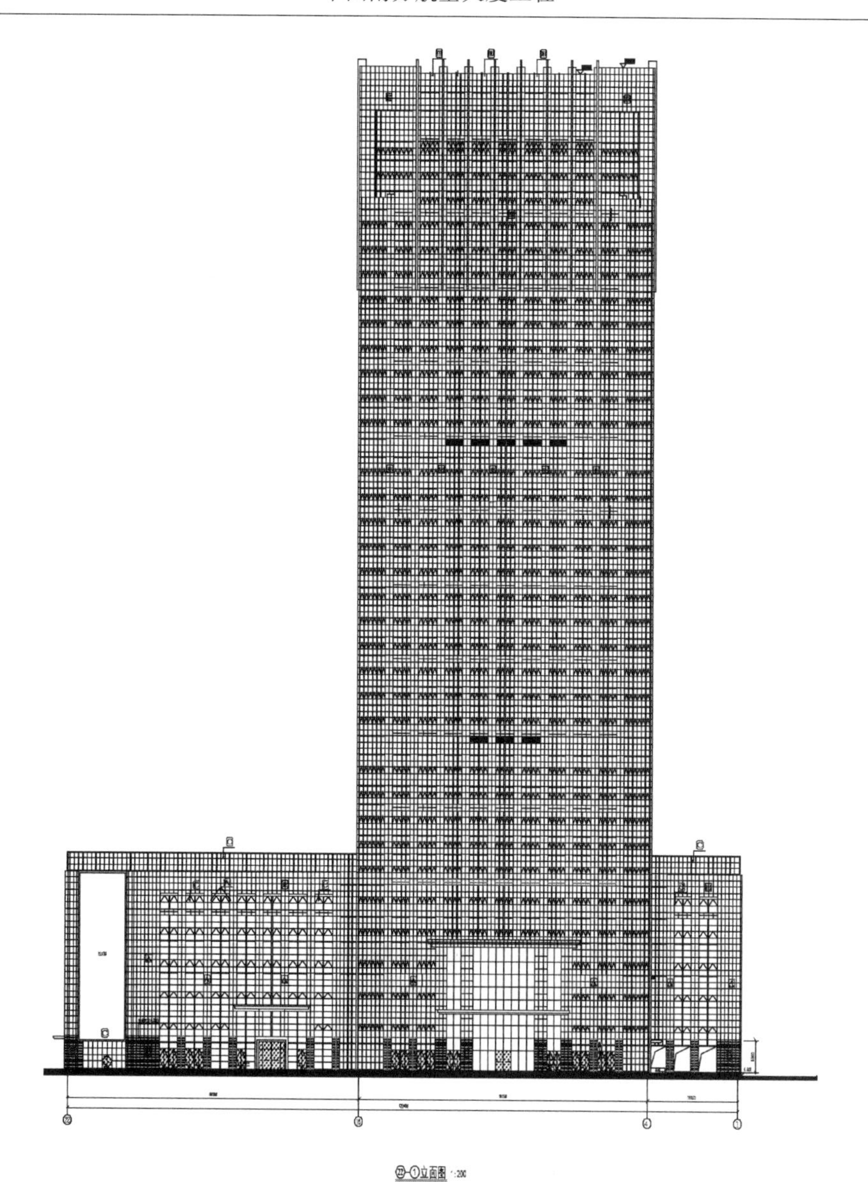

图 2 中国南方航空大厦立面图

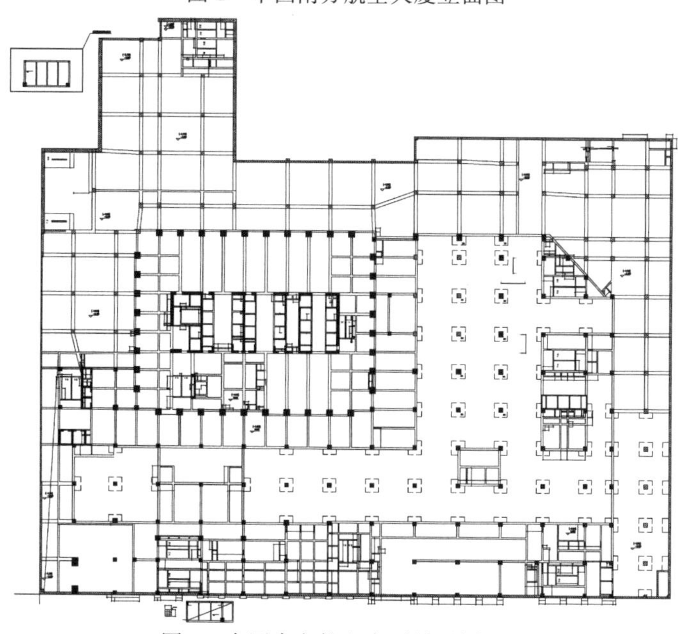

图 3 中国南方航空大厦首层剖面图

高度达到150m，钢柱分段多导致吊次增加，如何合理安排钢柱吊装又是工程重难点之一。因此，对钢柱进行分段吊装，1～7层钢柱按两层一吊进行分段，7层以上钢柱按三层一吊进行分段，钢柱吊装时在钢柱顶设置四个吊点，钢柱对接处设置临时连接耳板。钢柱当天吊装当天形成稳定单元体系，钢柱矫正精度采用缆风绳和钢柱精度调节器，确保钢柱的吊装精度。

2.4 复杂节点的处理

由于钢板墙、钢柱和钢梁结构的特殊性，存在以下节点：各柱脚节点，各钢柱与钢梁连接节点，各柱牛腿、钢梁与钢梁连接节点，钢骨梁与混凝土连接节点。每个节点因受力需要设计为不同的构造，因此构造的焊接设计、组装、焊接方法都是需要严格的顺序和特殊的方法，难度较大。因此本项目通过计算机辅助软件及结构放样，进行详细的工艺设计：包括节点受力分析、焊接剖口、焊接手段、装配顺序等。辅助采用电渣焊，小型跟踪焊机焊接内部手工无法焊接的部位，保证节点焊接的质量。

2.5 厚板焊接

本工程有大量使用厚钢板，工程最大板厚为42mm，当厚板焊接时，容易产生焊接变形、层状撕裂，焊后残余应力较大。钢板间的拼焊和对接焊缝等级要求较高，基本为全熔透一级焊缝，对焊接工艺和焊工要求很高。另外构件结构复杂，大量T、K形接头导致焊缝应力集中，焊缝拘束度大，易出现层状撕裂，故对厚钢板检验要求，焊缝设计和焊接过程温度、顺序控制要求不同于一般工程。因此本项目根据“焊缝等级可达、变形控制、层状撕裂预防和残余应力消减”的原则，在工程构件焊接前对各复杂节点做焊接工艺评定，制定具体的焊接方案，应用合理的焊接坡口形式和节点形式优化保证构件质量；另外对于焊后应力的消除将采用“VSR振动时效法”、超声冲击与锤击等方法对构件进行焊后消应。

3 技术创新点

3.1 超高层钢结构内设钢管钢板剪力墙施工技术

工艺原理：为方便钢板剪力墙焊接安装施工，把剪力墙内栓钉改横肋条以增加剪力墙内有效净距。

技术优点：不影响混凝土与钢板之间的咬合作用，不影响钢板剪力墙的整体承载力，但可以增加剪力墙内部3倍净距，方便内部焊接作业施工。

鉴定情况及专利情况：该项创新技术被专家组评定为国内领先技术，钢板剪力墙施工方法已获得国家发明专利授权。

3.2 钢结构大型钢箱转换桁架安装施工技术

工艺原理：采用后焊节点施工工艺，卸除桁架承载后产生的变形。

技术优点：后焊节点技术施工工艺简单，便于操作，而且材料用量少，符合国家绿色节能及可持续发展的要求。

鉴定情况及专利情况：该项创新技术被专家组评定为国内领先技术，超大钢箱转换桁架施工方法已申请发明专利。

3.3 超厚砂浆层组合施工技术

工艺原理：利用砂浆机械喷涂及人工二次抹压工艺使厚度为7cm的砂浆保护层施工成型，并且研发了一种新型的空间架立结构作为砂浆保护层的骨架，保证保护层紧贴钢板面。

技术优点：机械施工与人工作业有机结合，采用砂浆代替防火涂料，材料环保且经济，由于砂浆的化学特性，保护层兼具抗腐蚀功能。

鉴定情况及专利情况：该项创新技术被专家组评定为国内先进技术，超厚砂浆保护层施工技术已申请发明专利。

3.4 屋面塔吊安装技术

工艺原理：在屋面剪力墙上端加装十字钢梁与平衡钢梁以满足屋面塔吊对基础的弯剪力要求。

技术优点：基础安装方便，基础梁可以重复利用，而且安装屋面塔吊可以减少标准节的应用，节约钢材，而且有利于安全管理。

鉴定情况及专利情况：该项创新技术被专家组评定为国内领先技术，屋面塔吊安装施工技术已申请发明专利。

4 工程主要关键技术

4.1 内置钢管双层钢板组合剪力墙施工技术

4.1.1 概述（图4～图8）

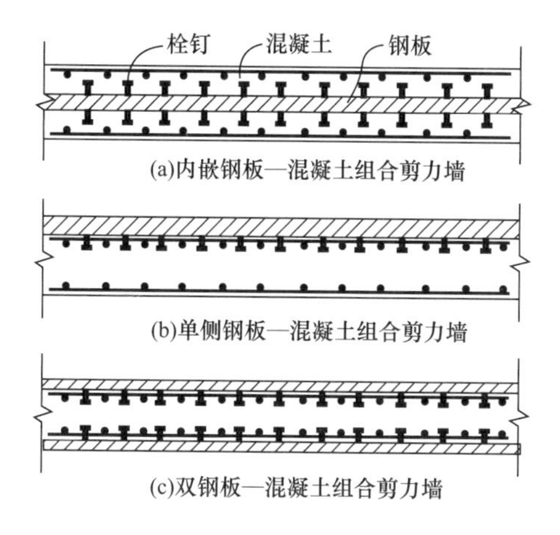

图4 传统双层钢板剪力墙构造

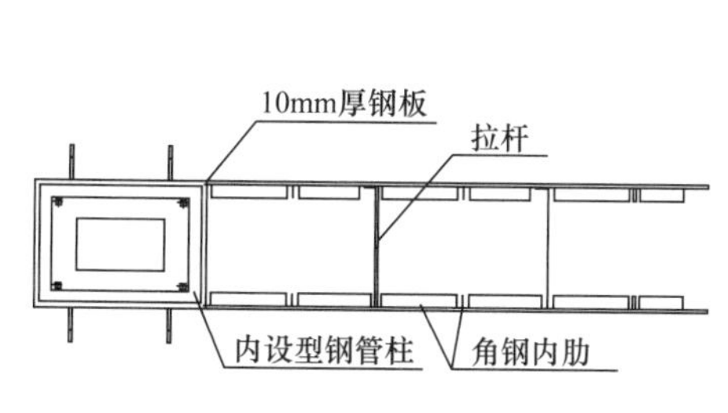

图5 钢板剪力墙基本构造

图6 钢管钢板组合剪力墙实物单元

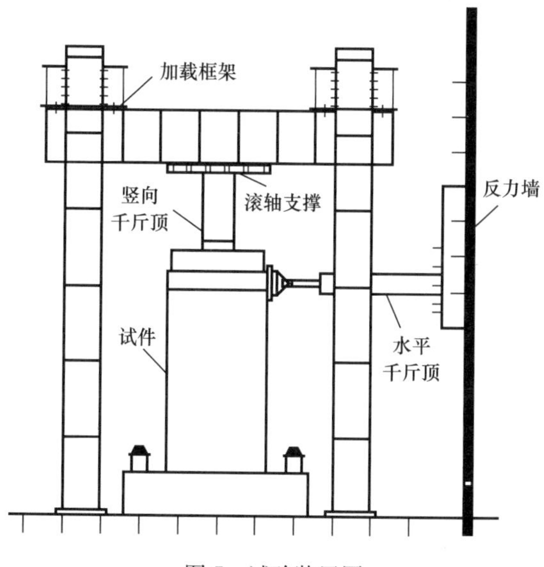

图7 试验装置图

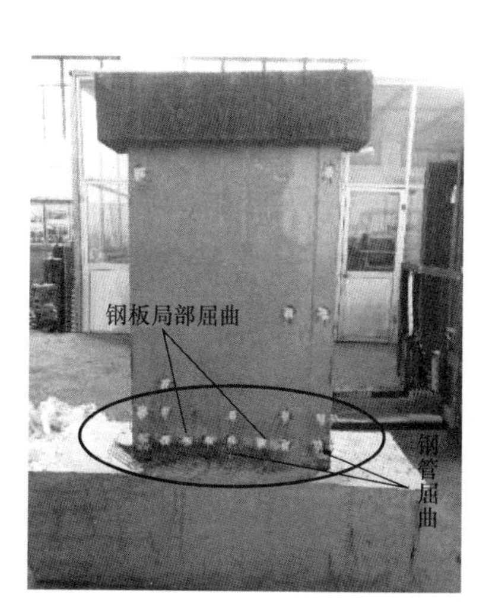

图8 室内试验

内置钢管双层钢板组合剪力墙是由钢管柱、钢板剪力墙及内灌混凝土组成，钢管柱对混凝土起到套箍作用，有效提高混凝土的抗压强度，钢板与混凝土相互结合，充分发挥混凝土抗压，钢板抗拉的优点，从而大大减小了核心筒剪力墙的厚度，减轻墙体自重，减小结构地震力的同时节省基础造价。

传统的混凝土外包钢板结构一般是通过在钢板内设栓钉来加强混凝土与钢板的连接效果。该种做法使钢板内腔空间变小，不利于工人的焊接操作，本项目经过与设计院的沟通，采用腔内设角钢肋，有效提高腔内空间，提高焊接质量。该设计成果委托华南理工大学进行了相关试验，证实其受力性能达到工程应用的要求。

4.1.2　关键技术

1. 施工工艺流程（图 9）

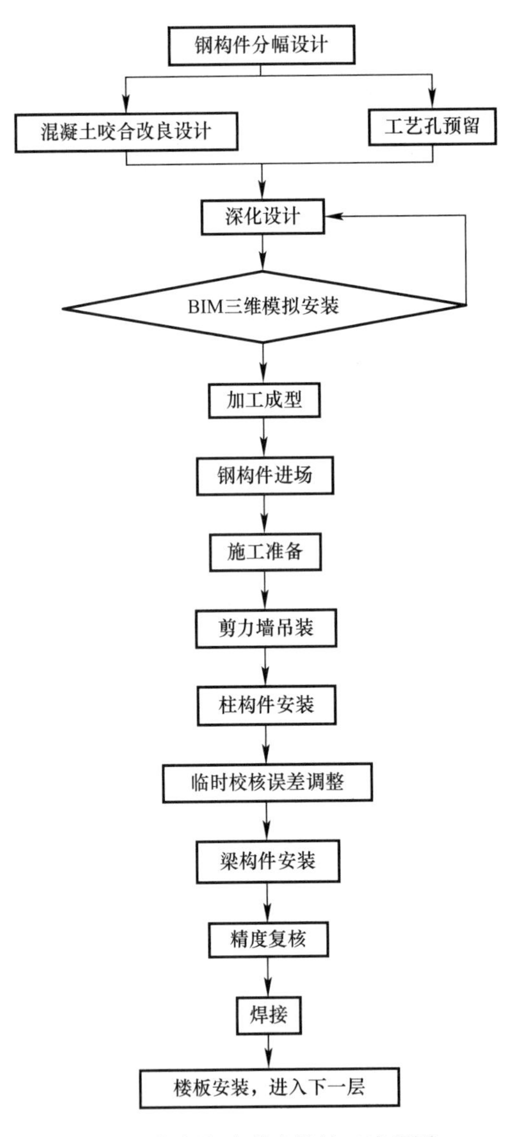

图 9　钢板组合剪力墙施工流程图

2. 钢板剪力墙吊装安装工艺（图 10）

为了减小钢板墙核心筒拼装施工时造成的误差，除采用传统的 GPS 定位、激光测量技术外，在安装过程中，项目采用了对角平行安装施工技术，即在同一节钢板墙安装中，利用两台塔吊在核心筒对角同时安装构件，以保证核心筒不会在安装钢构件过程中造成重心偏移变形。

图 10　对角平行安装施工

3. 内灌混凝土施工工艺（图 11）

由于钢板剪力墙一次安装 2～3 层，内灌混凝土时浇筑高度大，因此采用在层间设置工艺口的形式，以减小混凝土浇筑高度，混凝土浇筑完成后，应对工艺口进行回装。回装要求：是采用反面贴铁衬垫的方式来单面焊成型，贴条宽度宜在 30～40mm 之间，回装钢板厚度、强度及材料必须与腹板材质一致；回装钢板四边必须是 45°的斜口，并确保满焊焊接和焊接检测合格。

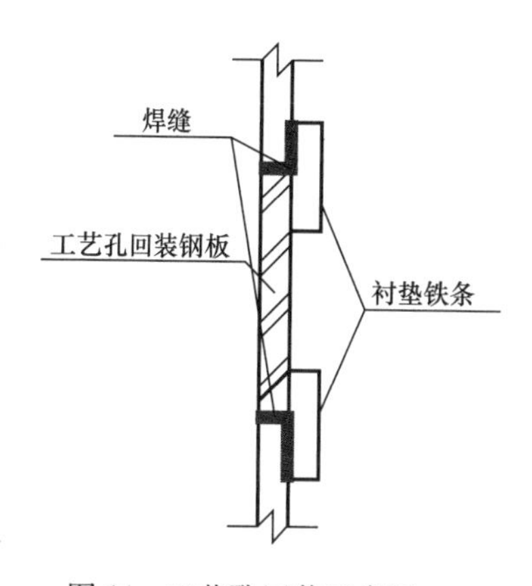

图 11　工艺孔回装示意图

4. 大面积钢板防腐技术

为有效提高钢板剪力墙的防腐效果，项目采用在钢板上喷射砂浆作为保护层，由于钢板面积较大，为提高砂浆的粘结效果，首先在钢板上设置固定钢钉，并进行挂网后再进行砂浆喷涂，并分两次进行砂浆施工，其中第一次采用砂浆机械喷涂，第二次采用人工砂浆批荡（图 12、图 13）。

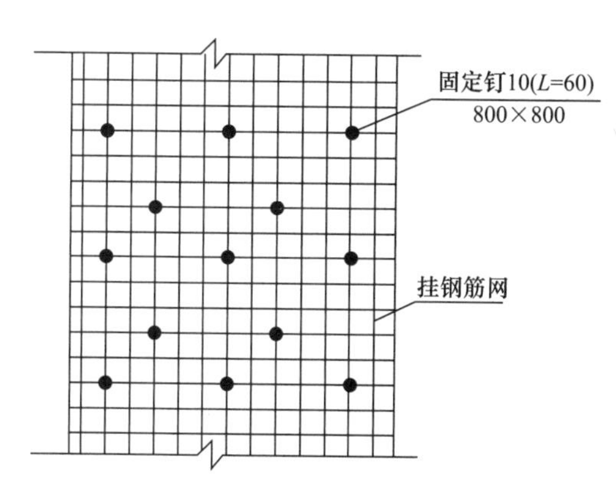

图 12　防火层固定钉布置图

图 13　钢丝网挂设效果

4.2 U形钢组合梁技术施工技术

4.2.1 概述（图14）

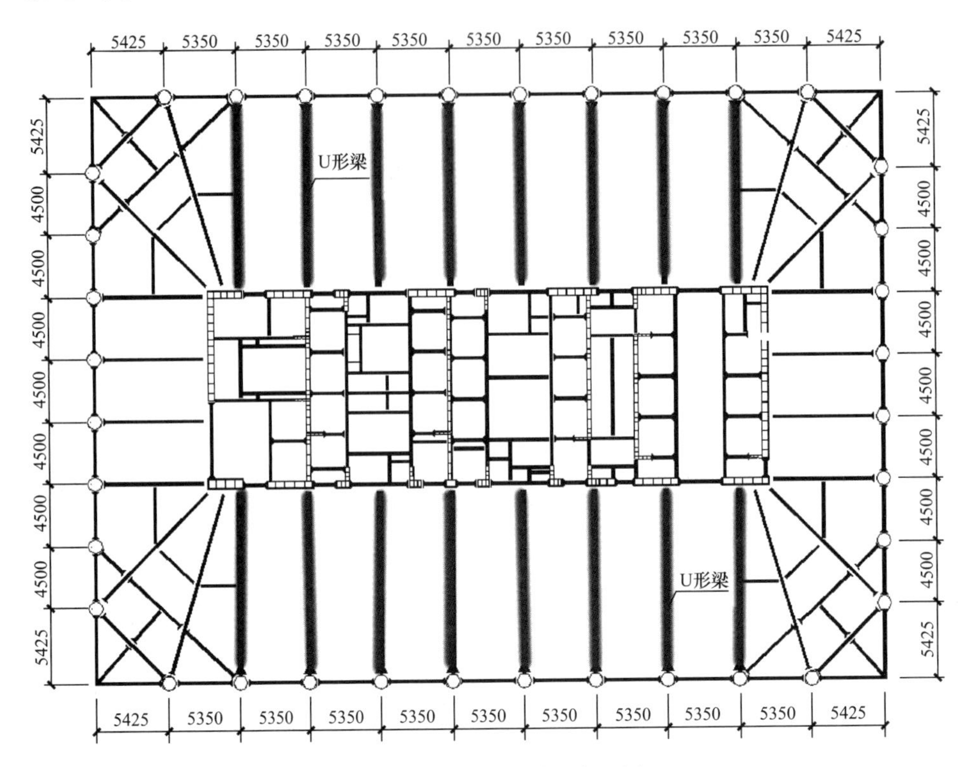

图14　U形组合梁平面布置图

为满足业主对塔楼层数、层高及建筑使用空间的要求，塔楼14m跨的框架梁限高470mm，为了实现此结构高度，提供合理的结构强度、刚度、延性，减轻结构自重，在塔楼范围采用局部填灌混凝土的宽扁U形钢组合梁，在保证承载能力的情况下，极大提高施工速度，同时有效增加建筑物使用净空。

4.2.2 关键技术

1. 施工工艺流程（图15）

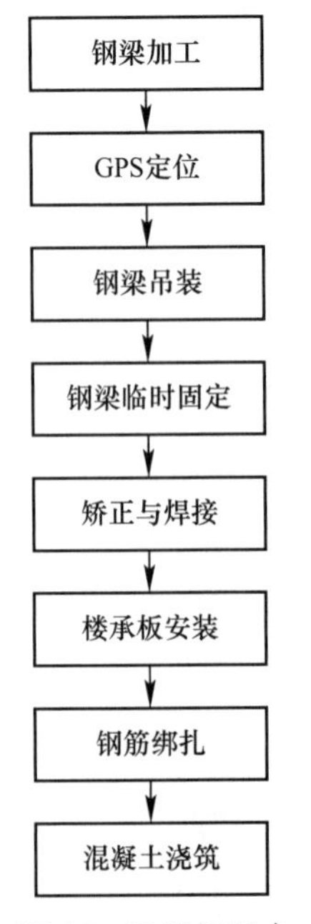

图15　U形钢组合梁施工工艺流程图

2. U形钢组合梁安装施工（图16、图17）

1）测量控制

钢梁吊装前必须先利用激光投射仪测量两端连接点是否对中、螺栓孔尺寸与位置是否对应，从而评估钢梁安装后施工水平，并对连接口及钢梁进行调整；测量控制点分别设置在钢板墙和钢管柱上，建立相应的测量控制网；平面控制点经自检并进行误差调整后，采用3台套的GPS定位仪组成测量控制网对控制点的三维坐标再次复测核实，以确保控制点的定位精度。

2）钢构件吊装施工

为便于安装施工防止钢梁变形，钢梁吊装采用4点吊装方案，起吊点设置在梁两端1/4L处；起吊前应再次检查钢梁吊耳、钢缆、锁扣及吊钩是否有破损等情况；在钢梁吊装到位时先用钢板及螺栓固定，然后校正后三边焊接，最后盖上封板后焊接第四边。

3）施工控制要点

因为U形梁跨度约14.5m，与钢管混凝土柱刚接，与剪力墙铰接，梁端受力较大。故在U形梁靠近钢管混凝土柱一侧梁端做水平加腋，以传递梁端荷载。同时，因为钢管混凝土柱直径为1050mm，节点形式改为内加强板，节点大样如图所示。

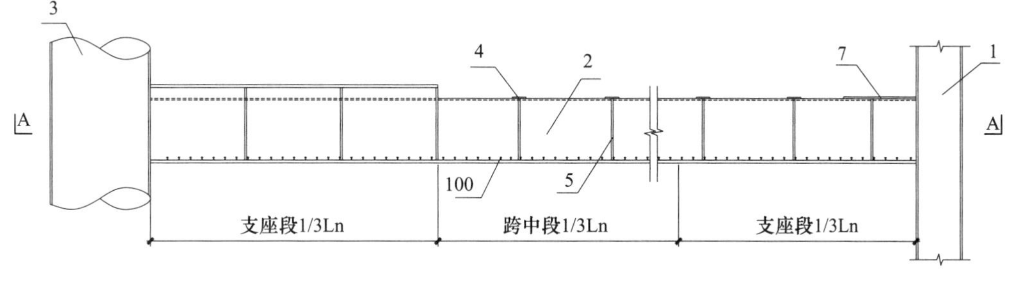

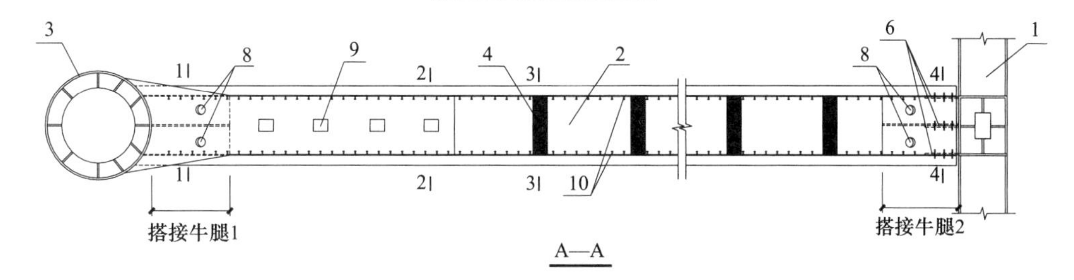

图 16 U 形钢组合梁连接示意图

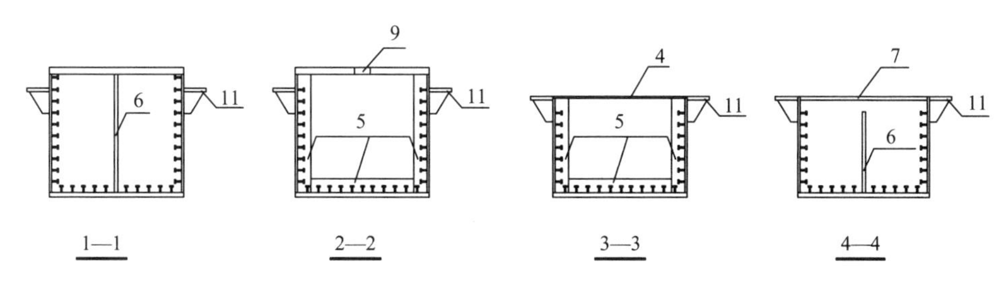

图 17 U 形钢组合箱梁连接大样

4.3 钢结构大型钢箱转换桁架安装施工关键技术

4.3.1 概述

由于建筑（16-19）轴×(J-S) 轴范围首层为新闻发布中心，上 2 层、3 层中空，大开洞范围为 28m×32m，建筑限制 4 层楼盖梁高为 2.6m，局部 2.2m。大跨度构件上部须支承上部 5～7 层，其中 5、6 层为商业，7 层裙房屋面有 0.6m 的覆土。转换构件采用双向钢-混凝土组合桁架（共 4 榀），桁架高度 2.6m，端部高度 2.2m（图 18）。

4.3.2 关键技术

1. 施工工艺流程（图 19）

2. 高大桁架高空分段安装施工技术

1）操作平台搭设

采用钢管脚手架进行平台搭设，平台宽度为桁架宽度的两倍且不小于 2m；支架立杆横纵间距、步距应经验算达到要求；钢桁架腹板焊接平台及钢梁两侧应设置人行通道（图 20）。

2）钢箱转换桁架节安装施工（图 21）

钢箱转换桁架节吊装采用 4 点吊装方案，起吊点设置在桁架节两端 1/4*L* 处；起吊前应再次检查钢吊耳、钢缆、锁扣及吊钩是否有破损等情况；在钢构件吊装到位时先进行校正，然后用钢板及螺栓固定，待桁架整体安装完成并拆卸千斤顶后再进行焊接施工；千斤顶拆卸应在钢箱转换桁架焊接前进行，拆卸顺序应按照“由中间开始，逐步向四周辐射”的原则拆卸。

3）钢结构的焊接

焊接前应对整体位置进行调整。焊前应预热，焊后立即在焊缝两侧各 100mm 的范围内进行后热处理，并外包石棉布进行保温。

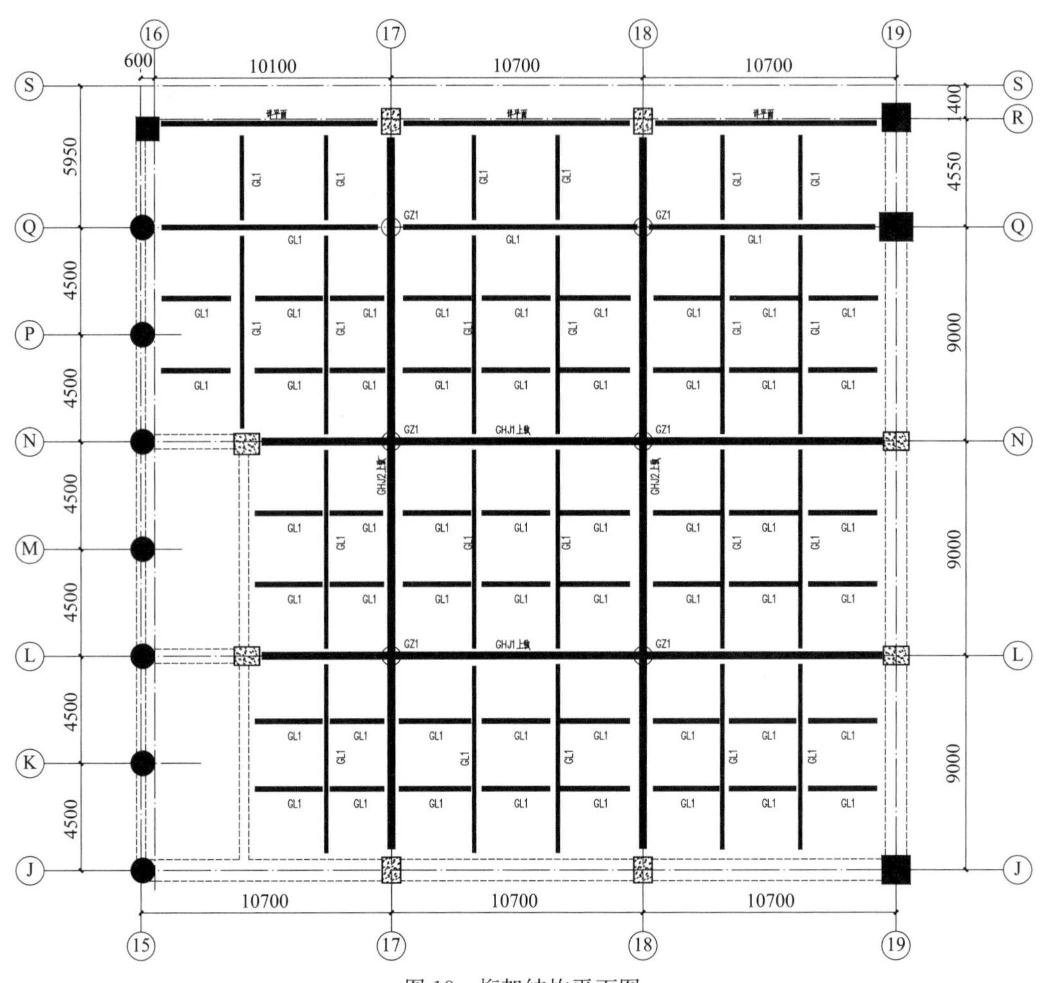

图 18　桁架结构平面图

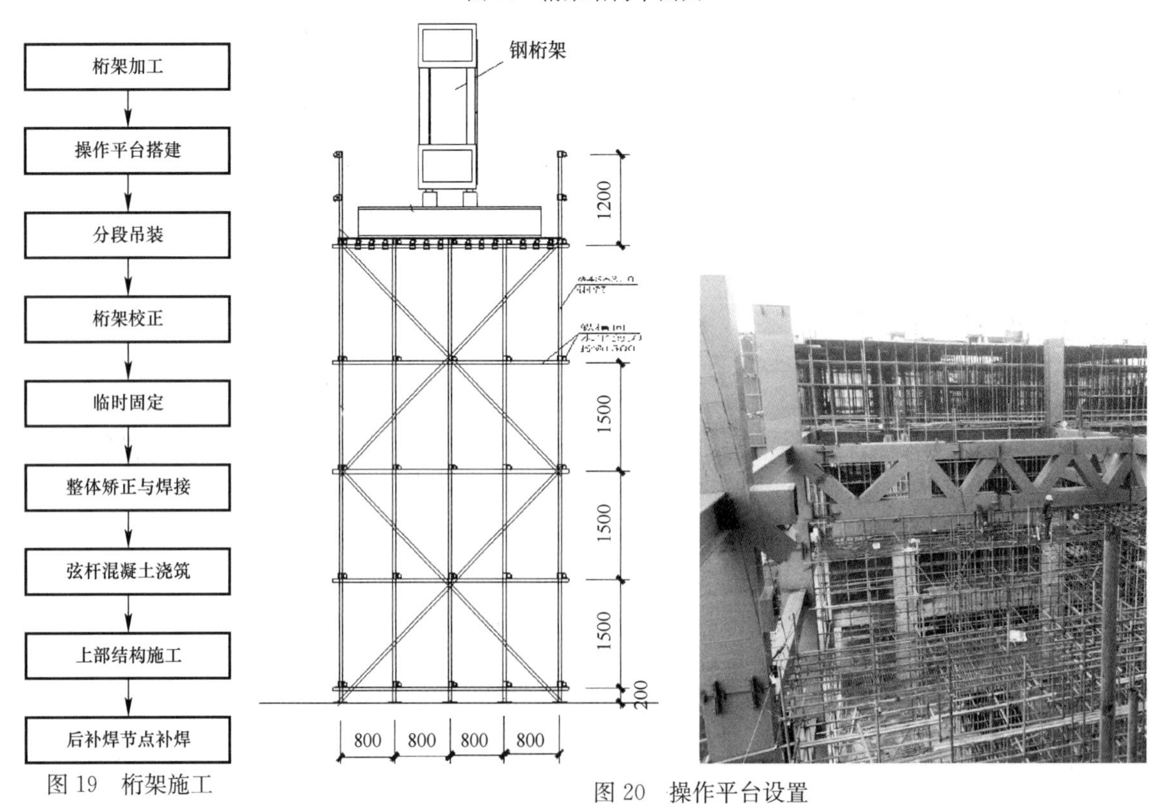

图 19　桁架施工工艺流程图

图 20　操作平台设置

图 21 钢箱转换桁架安装及调整

4）混凝土浇筑

钢桁架弦杆浇筑采用边浇筑边振捣方式，并从相邻浇筑孔观察浇筑情况；在钢桁架浇筑时，人工用木槌敲击弦杆上部，根据声音判断混凝土是否密实；钢管内的混凝土浇筑工作应连续进行，保证混凝土连续供应。

5）后补焊接节点施工

为减少钢箱转换桁架对立柱的不良侧压力，应在钢箱转换桁架端部下弦杆设置一个后补焊接缺口，缺口长度为200mm；后补焊接节点应在上部结构施工完成后相隔 28 天方可补焊施工；补焊钢板应与钢箱转换桁架采用相同材质、厚度的钢板，焊口采用单面焊接（图 22）。

图 22 后补焊接节点设置

4.4 预应力叠合板与 28m 跨度钢箱梁组合结构施工

4.4.1 概述

本工程裙楼屋面层 3～11 轴×C～G 轴处采用大跨度箱梁，大跨度箱梁跨度为 28.75m，箱梁宽度为 0.8m,。每条大跨度箱梁总重量为 23.17t。钢梁截面为 800×1700×16×30，跨中变截面为 800×2000×16×30。钢梁上铺设叠合板。

4.4.2 关键技术

1. 施工工艺流程（图 23）

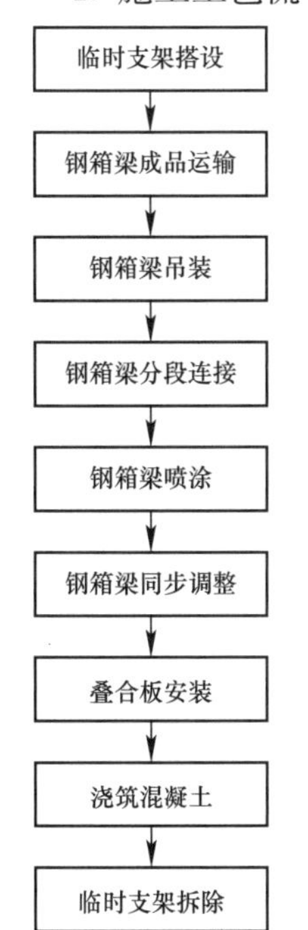

图 23 工艺流程图

2. 高大跨度钢梁高空分节安装技术

1）临时支撑（图 24～图 26）

支撑架架体沿着钢箱梁方向搭设一个 3.2m 宽支撑架，支架立杆横纵间距均为 0.8m，横杆步距 1.5m；支架立杆下端设木垫板，支架顶部满铺钢网片。为了便于钢箱梁安装焊接，钢箱梁接缝位置两侧 800mm 位置横桥向各放置两根并排 I40a 工字钢作为临时支墩。

2）钢箱梁的吊装与固定

根据工程特点对钢箱梁进行分段编号，按照编号的顺序进行吊装。单根梁一般可从一端顺次向另一端的顺序进行吊装。每条钢箱梁分四段安装，钢箱梁分段最大重量为 7.1t，采用 C7050 塔吊来进行吊装，每个分段共计 2 个吊点，并且在出厂前已经焊接并经过着色探伤检验合格，吊具选用 ϕ36.5 钢丝绳可以承载 11.7t 拉力，选用 7/8 卸扣承载重量为 6.5t。

3）钢箱梁分段吊装

吊装前在分段上系设好 2 根防风缆，以控制分段在空中的姿态。当分段挂钩与钢梁顶板两个吊点挂好结束后，安全员对其进行检查验收，合格后，再由吊装指挥员指挥吊车司机将分段缓慢起升。在达到预定起升高度时（超过临时支架顶表面 1m 以上），指挥塔吊缓慢转动吊臂到预定安装位置上方后，塔吊缓慢落钩将

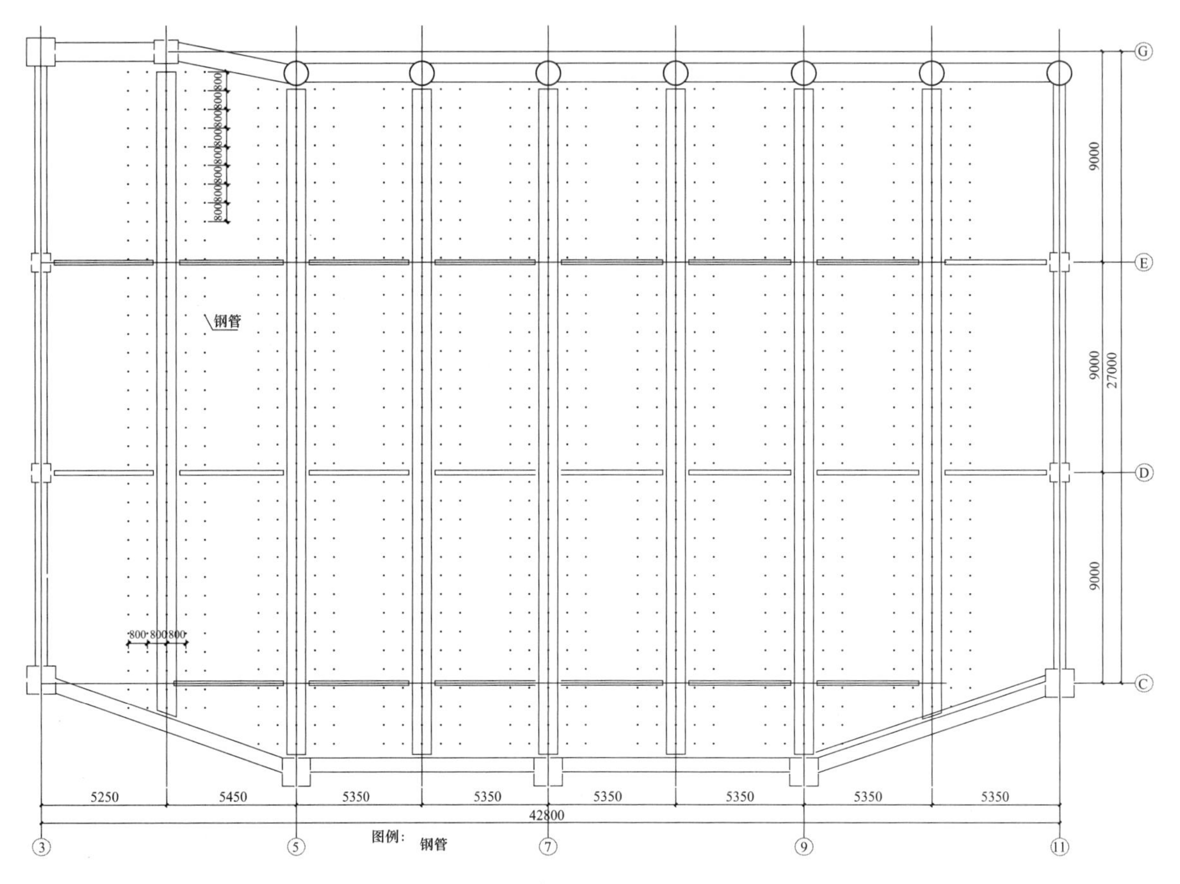

图 24　临时支撑平面布置图

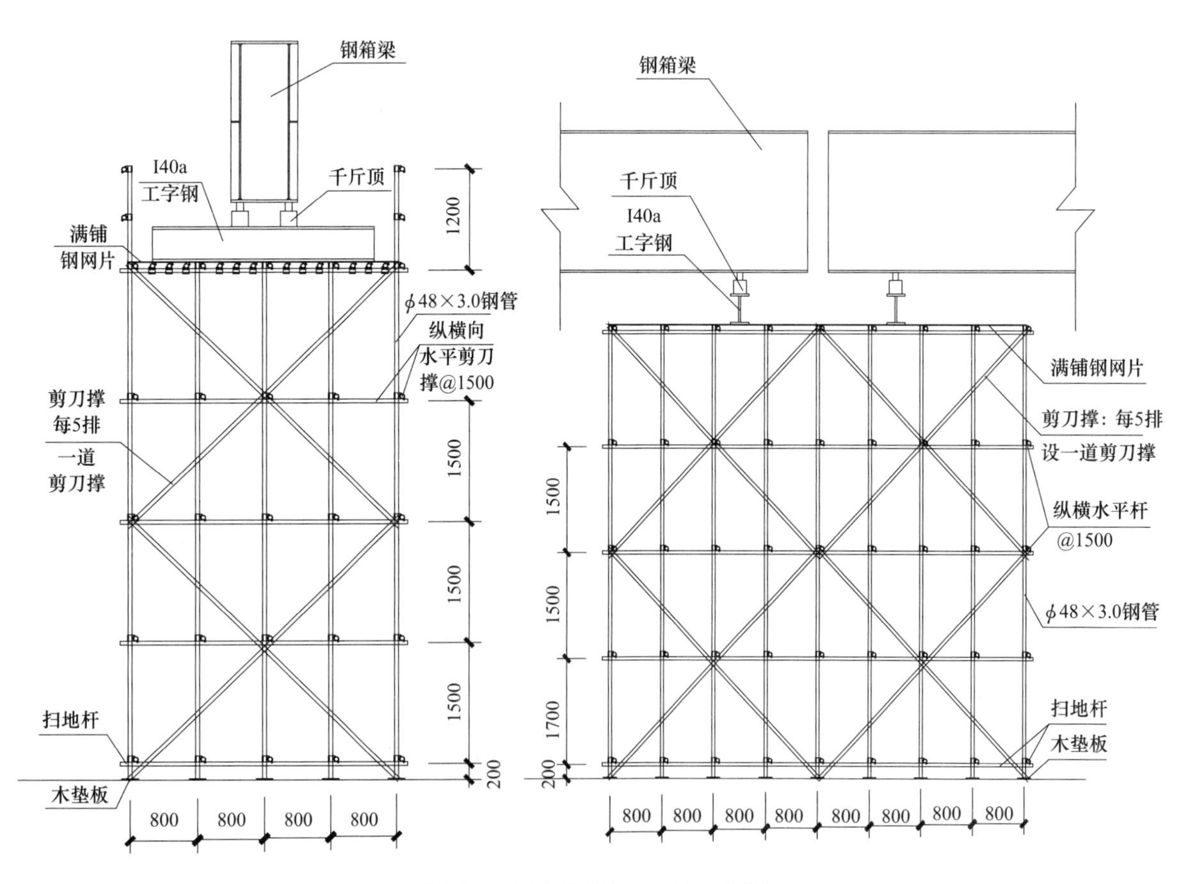

图 25　临时支撑架剖面图及立面图

分段吊运至临时支架顶面5cm左右停下，然后人工参照事先放出钢梁底板边线、中心线将钢梁初步定位后吊车再继续落钩至安装位置；钢箱梁吊装至既定位置后，若位置与设计位置存在误差，需对钢梁吊装位置进行细部精确调整，调整按照先平面位置再高程的顺序进行（图27）。

图26 钢箱梁临时支撑

图27 钢箱梁分段吊装现场施工图

4）钢箱梁的连接

当一跨钢箱梁拼装完毕后，测量复核无误后，对其进行焊接。钢箱梁构件制作加工时在钢箱梁分段拼接处预留方形工艺孔，以便构件拼装时确保暗柱每条边焊接完整（图28）。

5）钢箱梁整体同步调整

当钢箱梁水平和垂直方向都调整完之后，要对钢箱梁进行整体同步调整，即整体释放，卸除支撑于梁底的千斤顶，使得临时支撑的受力减小，结构受力增大，最终结构产生整体下挠的变形。由于每一榀钢箱梁分为四段进行吊装，因此在每段钢箱梁焊接处两端各设置两个千斤顶，总共12个千斤顶操作（图29）。

图28 钢箱梁工艺孔留设

图29 钢箱梁整体同步调整

3. 预应力叠合板安装施工技术（图30）

预应力叠合楼板的主要施工工序如下：吊装大跨度箱形钢梁→在叠合板的支撑梁上焊接支撑桁架→吊装预应力叠合板预制板→预制底板拼缝处吊模→预设水电管线、清理板面及梁槽内杂物→布置叠合板拼缝处抗裂钢筋→布置叠合板支座负筋和板面负筋→浇注叠合板现浇层的混凝土→养护。

图30 叠合板吊装现场施工图

4.5 钢结构屋面平行十字组合钢梁塔吊基础施工技术

近年来装配式塔吊基础不断出现，在既有结构上安装塔吊基础亦开始崭露头角，不过在既有超高层钢结构屋面上安装塔吊基础却未有所见，由于是超高层建筑，所以其设计及施工工艺都需要特别注意。本项目通过研究出一种塔吊基础结构体系，成功使塔吊植根于既有超高层钢结构钢板剪力墙之上，运用结构力学原理初步设定各个构件的截面，接着利用有限元软件验算各个构件及连接节点，并研制出一套在超高层钢板剪力墙上安装塔吊基础的施工技术，最终成功让中小型塔式起重机 SYT80 取代大型塔式起重机 QTZ250 的运输吊装工作，明显缩减了大型机械设备的租赁费用，满足了施工进度，保证安全使用（图 31～图 36）。

图 31　屋面平行十字组合塔吊基础完成图

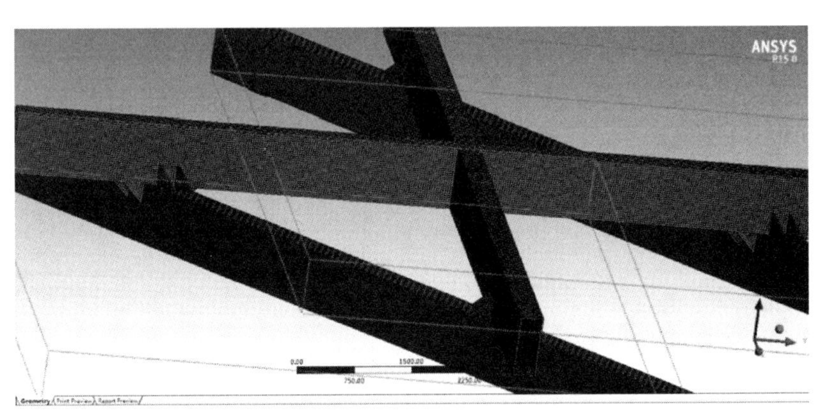

图 32　塔吊基础建模运算

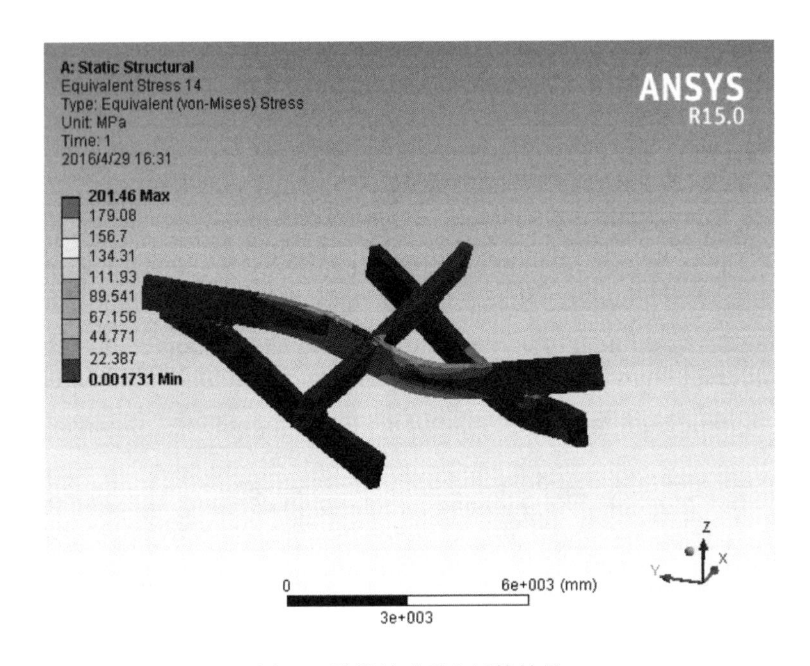

图 33　塔吊基础受力运算结果

通过本项目的研究工作，针对如何解决超高层屋面钢板剪力墙上设置塔吊基础的受力和稳定性问题研究出一套“超高层屋面上装组合钢梁塔吊基础施工关键技术”，该关键技术利用有限元软件 SAP2000 对组合钢梁基础进行内力分析，通过有限元软件 Ansys 对十字钢梁与平行底架梁的连接节点进行研究，并应用于实践，成功实现了在超高层钢结构屋面设置组合钢梁塔吊基础，顺利解决了钢板剪力墙上设置塔吊的安全性及适用性问题，大大节约了大型塔式起重机的租赁费用，同时组合钢梁可进行回收及利用，避免了传统现浇式钢筋混凝土塔式起重机基础存在的问题及不足，符合国家的绿色施工要求，为将来类似工程施工提供经验与借鉴。

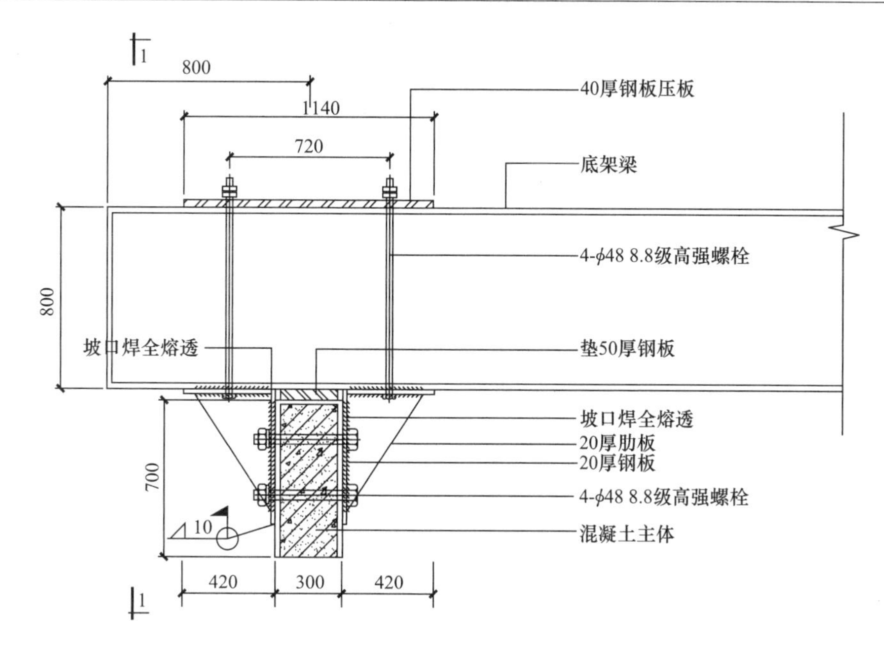

图 34　平行钢梁与剪力墙连接

图 35　塔吊基础与剪力墙连接图

图 36　屋面钢梁基础上进行塔吊安装施工

4.6　BIM 技术应用

在项目管理过程中，我们充分利用 BIM 的各项优势进行项目的精细化管理。其中，BIM 的三维可视化特性，使得各参与方能随时在三维视图中查看项目的设计，包括整体或局部、室外或室内、单专业或多专业的模型展示，从而可以从更加全面、精确的角度分析设计成果，把控设计效果，使设计可以保持极高的完成度，同时有效支持设计的评审（图 37）。

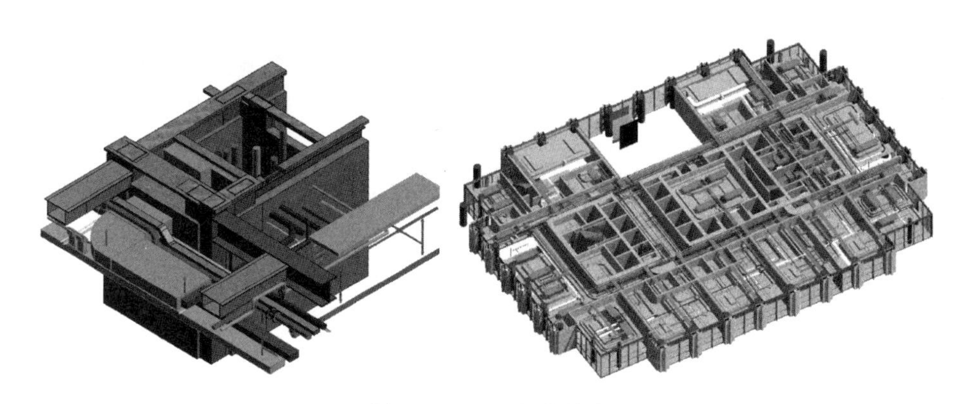

图 37　BIM 可视化技术

通过 BIM 5D 手机移动端记录质量安全问题。利用手机移动端文字记录、拍照、选取图片等功能可以完整地记录某处发生的质量或安全问题，并利用平面模型将问题进行直接定位，并跟踪该问题的状态是进行中还是已完成，做到质量安全整改到位，责任到人。同时，利用网页直接查看质量安全问题的统计记录，并可在质量安全例会当中直接讨论分析，得出结论。大大节约了记录时间与沟通时间、成本，提高了工作质量与效率，如图 38、图 39 所示。

图 38　5D 现场管理技术

项目施工过程中难免出现误差情况，如何有效消除误差是施工过程中的重要工作。传统的全站仪测量方式一般只局限于点对点的测量，在大局的把控明显存在许多不足之处。为了实现施工精细化管理，我们创新性利用 3D 全景扫描仪进行全景扫描。通过实景扫描数据与三维模型进行对比，可以准确有效地找出误差，从而落实修正，如图 40 所示。

图 39　现场质量安全管理（一）

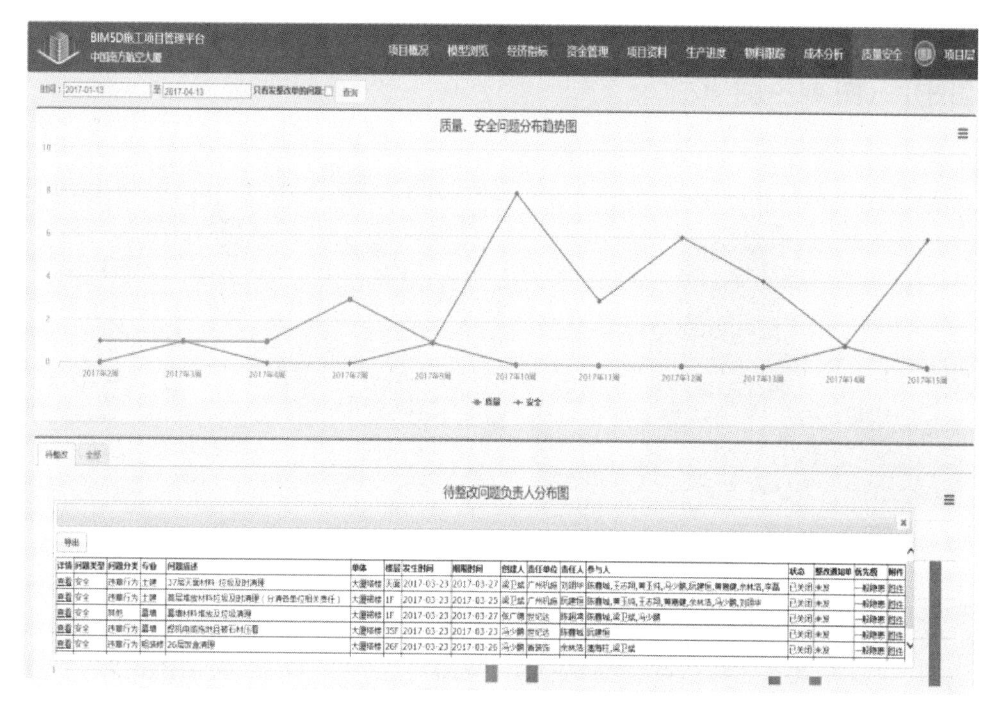

图 39 现场质量安全管理（二）

图 40 三维实景扫描

5 社会和经济效益

5.1 社会效益

多项创新技术在中国南方航空大厦工程中的成功应用，是钢结构行业内的一个重大突破，其中通过优化改进，钢板的焊缝连接合格率达到100%，获得了业内的一致好评，并且多次组织接待了兄弟单位的参观交流，为企业赢得了信誉和口碑。

5.2 经济效益

由于多项创新技术成功应用于中国南方航空大厦工程中，有效提高了施工效率，快速完成了钢结构安装，提高了安装精度和焊接质量，节约了原材料的投入和减少周转材料的使用，取得经济效益约500多万元。

6　工程图片（图 41～图 46）

图 41　结构安装立面图

图 42　钢板剪力墙安装精度校正

图 43　钢板剪力墙砂浆喷涂

图 44　U 形钢箱组合梁安装

图 45　高大钢箱转换桁架高空分节安装

图 46　高大钢箱梁及屋面叠合板安装

蔡屋围京基金融中心二期工程

令狐延　刘光荣　谭　翔　秦　瑜　段东东

第一部分　实例基本情况表

工程名称	蔡屋围京基金融中心二期		
工程地点	深圳市罗湖区蔡屋围		
开工时间	2007.12.28	竣工时间	2011.10.28
工程造价	160000万元		
建筑规模	232993m^2		
建筑类型	钢构框架-混凝土核心筒结构		
工程建设单位	深圳市京基房地产股份有限公司		
工程设计单位	深圳华森建筑与工程设计顾问有限公司		
工程监理单位	上海市建设工程监理有限公司		
工程施工单位	中国建筑第四工程局有限公司		
项目获奖、知识产权情况			

工程类奖：
1. 2012～2013年度中国建筑工程鲁班奖
加1项：中国土木工程詹天佑奖
2. 中建总公司优质工程金质奖（中建杯）
3. 中国钢结构金奖
4. 广东省建设工程“金匠奖”
5. 广东省建设工程优质奖
6. 广东省AA级安全文明标准化诚信工地
7. 广东省安全生产文明施工示范工地
8. 深圳市优质工程金牛奖
9. 深圳市优质结构工程奖
10. 绿色低碳建筑奖
11. LEED金奖
12. 中国质量协会QC小组二等奖

科学技术奖：
国家科技进步二等奖；中国建筑工程总公司科学技术二等奖；中建总公司科技推广示范工程奖

知识产权（含工法）：
获1项国家级工法，5项中建总公司级工法，2项中建四局级工法，14项专利，并发表了6篇论文，出版了1本论文集

第二部分　关键创新技术名称

1. 整体顶升模板技术
2. 液压爬升模板技术
3. 超高泵送混凝土技术
4. 压电陶瓷监测技术
5. C120 高强度高性能混凝土
6. 施工模拟计算技术

第三部分　实 例 介 绍

1　工程概况

蔡屋围京基金融中心由深圳京基集团开发，位于深圳市罗湖区，地处金融、文化中心区，与中国人民银行、深圳大剧院、市公安局相邻。是集甲级写字楼、超五星级豪华酒店、大型商业、高级公寓、住宅为一体的大型综合建筑群。本工程高 441.8m，地下 4 层，地上 100 层，建筑面积为 23.3 万 m^2。结构形式为框架核心筒结构，由 16 根超大截面钢管混凝土柱与核心筒剪力墙结构共同组成，共设置 5 道腰桁架和 3 道伸臂桁架来提高整体稳定性（图 1）。

图 1　立面效果图

2　工程重点与难点

2.1　高强度高性能混凝土超高泵送

本工程混凝土强度高，泵送混凝土最大高度达 427.33m。混凝土强度高达 C80。

2.2　箱型钢管柱混凝土施工

主塔楼外框柱为箱型钢管柱，最大截面尺寸为 2700mm×3900mm；内浇 C60、C80 高强度混凝土，管柱内设有水平及竖向加劲钢板，大直径钢筋。超大箱型钢管混凝土柱的泵送技术、浇筑方法及裂缝控制都是箱型钢管柱混凝土施工过程中的重点难点。

2.3　构件加工制作分段与运输

矩型柱节点截面尺寸较大，最大为 2700mm×3900mm，部分钢柱分段点落在牛腿部位，需在高空焊接，同时由于超宽、超重，对钢结构的市内运输管理工作有较高要求，因此要做好构件的分段与运输工作。

2.4　厚板焊接和残余应力消减

节点部位板厚集中在 40～130mm，且焊缝大多为全熔透的焊接，焊接变形大且焊缝较密集，焊接残余应力大，同时部分节点的焊接可达性需重点考虑。

2.5　超高空、临边悬空施工

钢结构在安装外筒角柱、顶拱作业时，具有超高空临边施工、安装风险大及防护难度大的特点，因此超高空、临边悬空作业安全是施工难点或重点。

3 技术创新点

3.1 整体顶升模板技术

（1）顶模系统适合用于超高层建筑核心筒的施工，顶模系统可形成一个封闭、安全的作业空间，模板、挂架、钢平台整体顶升，具有施工速度快、安全性高、机械化程度高节省劳动力等多项优点。

（2）与爬模系统相比较，顶模系统的支撑点低，位于待施工楼层下2～3层，支撑点部位的混凝土经过较长时间的养护，强度高、承载力大、安全性好，为提高核心筒施工速度提供了保障。

（3）采用钢模可提高模板的周转次数，模板配制时充分考虑到结构墙体的各次变化，制定模板的配制方案，原则是每次变截面时，只需要取掉部分模板，不需要在现场做大的拼装或焊接。

（4）与爬模相对比，顶模系统无爬升导轨，模板和脚手架直接吊挂在钢平台上，可方便实现墙体变截面的处理，适应超高层墙体截面多变的施工要求。

（5）精密的液压控制系统、电脑控制系统，使顶模系统实现了多油缸的同步顶升，具有较大的安全保障。

（6）顶模系统钢平台整体刚度大，承载力大，测量控制点可直接投测到钢平台上，施工测量方便。

（7）大型布料机可直接安放在顶模钢平台上，材料可大吨位（由钢筋吊装点及塔吊吊运力而确定）直接吊运放置到钢平台上，顶模系统可方便施工，提高效率，减少塔吊吊次，是爬模等其他类似系统所无法比拟的。

（8）对于墙体变化部位采用预埋件加三角架的处理方法，解决了超高层建筑平面结构变化大的难题，保证顶模系统能施工至最顶层，具有一定的技术难度及可借鉴性。

（9）采用液压爬模施工电梯平台解决人员上下顶模系统问题，具有一定的开创性和可借鉴性。

针对超高层核心筒结构的特点，在满足质量、安全的同时，为缩短施工工期，一般的施工顺序流程是，先施工核心筒墙体竖向结构，后施工核心筒水平结构及外框钢柱、外框梁板结构。

顶模工艺为大吨位（单个液压油缸额定顶升荷载300t）长行程（顶升有效行程5m）液压油缸整体系统顶升，低位支撑（支撑箱梁及伸缩牛腿设置在核心筒施工楼层下2～3层），电控液压自顶升，其整体性、安全性、施工工期方面均具有较大的优势，更适用于超高层混凝土核心筒竖向结构施工。

3.2 液压爬升模板技术

（1）爬模技术在高层和超高层建筑中均有使用，本技术特别结合超高层建筑的特点，如处于高空，风力大，墙体变截面较多，墙体中有钢结构构件伸出，现场对塔吊的依赖性较大等要求，对爬模系统的模板设计、墙体变截面施工、施工测量、混凝土养护、爬模系统风荷载等特点，采取了针对的技术措施。

（2）架体爬升遇到墙体截面变化时，本技术根据截面变化数据进行爬升行程设计，利用在导轨的导向固定座上加装经过计算设计的加高件，实现了爬架在变截面情况下的使用，解决了爬架的斜向爬升，具有一定的开创性。

超高层导轨式液压爬模施工工法是指，依靠附着在混凝土结构上的底座，当新浇筑的混凝土脱模，钢筋安装完成后，以液压油缸为动力，以导轨为爬升轨道，将爬升装置向上爬升至预定位置，合模浇筑混凝土，反复循环作业的施工工艺。

3.3 超高泵送混凝土技术

（1）本技术在广州西塔项目的基础上，根据深圳京基金融中心项目的实际情况，确定了超高泵送混凝土的技术指标，并且做到了“每车检验、先检后用、次品退场”，确保超高泵送工作顺利进行。

（2）泵机设备生产单位在广州西塔工程的基础上，对泵机进行了大量改进，改善了薄弱部位，加强了泵送系统的密封效果，增加了设备的安全冗余，使设备具有充足的能力承受超高的泵送压力，并能长时间有效工作。设备生产单位同时派出3人维修小组常驻现场，负责使用过程中设备性能的监测和维修保养，进一步保证设备有良好的工作状态。

(3) 根据本项目的具体情况，在超高泵送过程中，项目技术人员联合设备供应厂家技术人员，共同制定了科学合理的管道布置方案，增加了截止阀、弯管，加强了管道固定措施，保证了整个管道系统阻力最小，最有利于超高泵送。

(4) 本工程 200m 以上 C30、C40 在进行泵送时，项目部也按高强度混凝土的泵送性能要求，做了大量试验，改善了混凝土配合比，以确保普通混凝土能顺利泵送。

3.4 混凝土裂缝控制技术

(1) 为了最大限度地降低混凝土的中心最大绝热湿升，决定增大混凝土的粉煤灰掺量，充分利用粉煤灰混凝土的后期强度，采用了 90 天强度作为强度评定依据。经过多次试配及专家论证，确定了优化后的 C50S10 混凝土配合比总的胶凝材料用量为 400kg/m^3，其中水泥用量仅为 200kg/m^3。

(2) 考虑到底板厚度大面积大，混凝土流淌范围广，为尽可能消除施工冷缝，项目部采用缓凝技术使混凝土的初凝时间达 20h，保证了大面积施工的连续性和混凝土的完整性。

3.5 压电陶瓷监测技术

(1) 该监测技术可以对复杂的钢管混凝土构件进行连续性的监测，克服和超声波监测技术的弱点，而且在模拟试验中监测结果与现场实际质量情况一致，证明了该监测方法的是有效的。

(2) 该技术以各频段接收到的能量为分析对象，重点分析能量的均方差，并以该指标来确定应力波在传递过程中是否经历了混凝土内部或与钢板之间的缺陷。

3.6 C120 高强度高性能混凝土

(1) 以微珠等复合粉体技术，及萘系-氨基磺酸系-沸石超细粉复合减水剂，配制出 C120 且保塑 3h 以上的超高性能混凝土。

(2) 在线测定了 C120UHPC 的耐火性能，得到了荷载作用下，不同温度及不同受温时间的高韧性及高脆性的 UHPC 耐火性能。

(3) 掺入聚丙烯纤维抑制 C120UHPC 自收缩开裂，并提高收缩性能、耐火性能及断裂韧性。

(4) 进行了 C120 混凝土的结构性能试验，比较了 C120 高韧性混凝土与普通 C120 的结构性能差异。

3.7 施工模拟计算技术

为保证混凝土浇筑过程中混凝土的侧压力对钢管柱壁不会产生过大的侧压力，需要模拟混凝土浇筑过程中对钢板产生的侧压力，项目部采用有限元分析，确定了每次浇筑高度不应超过 8m，保证了钢结构的使用安全。

4 工程主要关键技术

4.1 整体顶升模板技术

4.1.1 概述

顶模系统由模板系统、钢平台系统、挂架系统、支撑系统、液压系统、电控系统等六大系统组成。

墙体混凝土施工时，预先在核心筒墙体上预留搁置小牛腿用的预留洞口，支撑系统通过可伸缩的小牛腿支撑于墙体的预留洞上，支撑钢管柱及液压油缸分别与上下两道钢梁钢接，油缸通过顶升与回收动作实现整个顶模系统的自爬升，一次顶升的高度为一个施工层高（施工层高不得大于油缸的最大顶升高度，一般不超过 4.8m，留 0.2m 作为安全储备）。通过支撑钢柱顶升钢平台，进而带动模板和挂架系统的整体顶升，模板和挂架都不需人力进行周转，整个过程可最大限度地降低人工作业量，提高了施工功效，降低人工作业的强度和安全风险。

4.1.2 关键技术

(1) 整体思路

平台桁架的安装方法是："地面拼装、空中组对"，即平台桁架分段制作、运输到现场后，在地面拼装成榀或拼装成片，然后吊装到空中组对、焊接。内外挂架在地面拼成单元，然后分片或分块吊装。

（2）流程图（图 2、图 3）

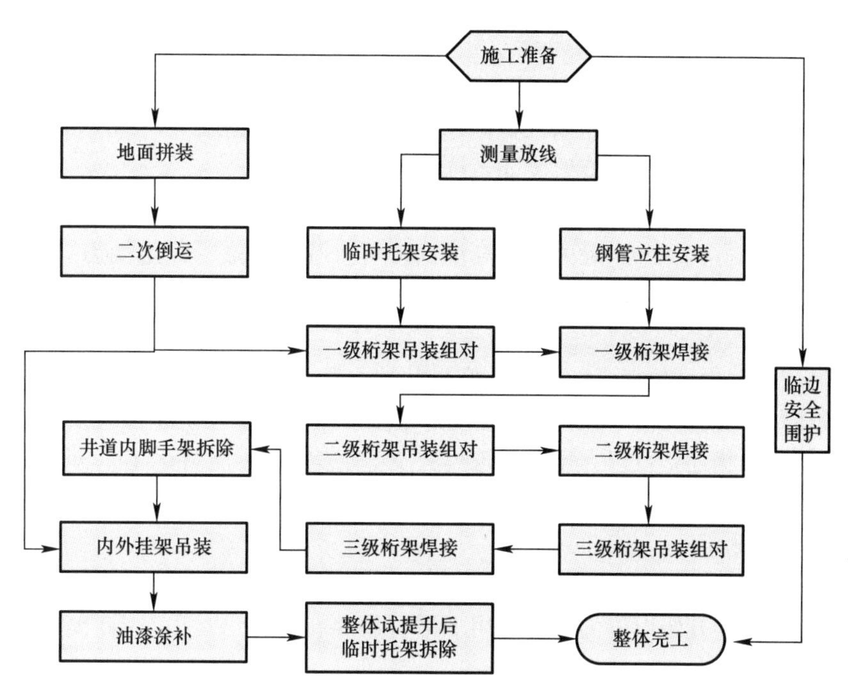

图 2　顶模安装流程图

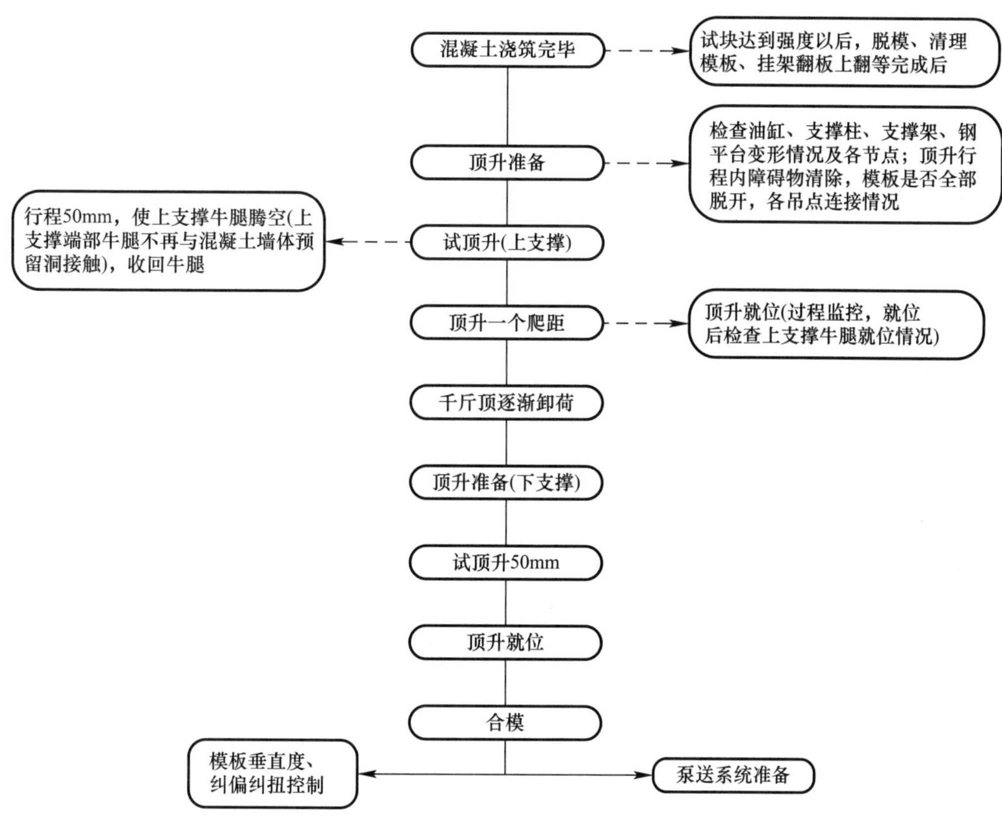

图 3　液压流程图

(3) 施工关键技术

1) 电控制系统

顶模系统的控制系统由油泵、油管、溢流阀、安全阀、比例换向阀、单向阀、平衡阀、开度仪、控制电路、控制主板等组成受控制的液压系统，可以实现油缸顶升高度的精确控制和所有油缸的联动顶升，也可以手动单独顶升。实现了四个支撑油缸的同步误差在 3mm 以上时会自动进行调整，当同步误差在 15mm 以上时，系统会自动停止报警，待问题处理后，通过手动调平，再进行正常顶升。具有故障及误操作自动锁定等功能，能最大限度地保证系统的安全。

2) 长行程大吨位油缸的使用

顶模系统采用 4 个长行程（一次最大顶升高度 5m），大吨位油缸（额定能力 300t）作为动力系统，从而可以保证平台支撑点位尽可能减少，可以保证顶升过程一次性完成而不需要多次转换，可以保证顶模系统有足够的承载能力。

3) 适合于超高层变截面墙体施工的移动式模板及脚手架

超高层建筑墙体竖向变截面（一般由下至上逐步截面减薄），本系统将模板及脚手架均用可水平滚动的滚轮与钢平台挂架梁相连，可以方便地实现模板及脚手架系统的水平移动，对于超高层建筑的变截面墙体施工尤为有利。

4) 钢平台上的直接测量

顶模钢平台由 H 型钢加工制作而成桁架结构平台，形成整体，具有较大的刚度和稳定性，桁架平台刚度大，水平位移小，在 6 级以下的风力作用下平台位移在 2mm 以下，因此测量控制点可以直接投测到钢平台上。

5) 机械化程度高

顶模系统的顶升动力及小牛腿收缩动力均为液压系统提供，大钢模板、钢制挂架系统、混凝土布料机、现场施工用设备均随系统整体顶升，机械化程度高，可大大减少人力劳动强度，可以提高施工效率，加快施工进度。

6) 液压施工电梯平台

采用液压爬模施工电梯平台解决人员上下顶模系统问题，施工人员通过施工电梯到达液压施工电梯平台，再通过液压施工电梯平台上架设的爬梯进入顶模系统的最下层平台，顶模系统顶升后，液压平台相应随后爬升。

4.1.3　工程现场照片（图 4～图 13）

图 4　顶模支撑钢柱

图 5　液压油缸

4.2　液压爬升模板技术

4.2.1　概述

本工程 77～100 层单片墙长 13.500m，厚 1m，高度为 90m，施工难度较大，项目部经过多方案比较，最终确定采用液压爬升模板技术来进行单片墙爬模的施工。

图 6　支撑箱梁

图 7　伸缩油缸

图 8　钢平台桁架安装焊接

图 9　顶升钢柱安装

图 10　钢模板安装

图 11　下挂架安装

爬模装置是利用已达到一定强度（10MPa 以上）的剪力墙作为承载体，通过自身的液压顶升系统和上、下两个换向盒，分别提升导轨和架体，实现架体与导轨的互爬，再利用后移装置实现模板的水平进退。顶升系统是以液压推动缸体内活塞往复运动，使活塞杆伸出或收缩，油缸上、下两端同防坠爬升器连接，以此将液压能转换成机械能，带动爬模装置沿导轨自动爬升。

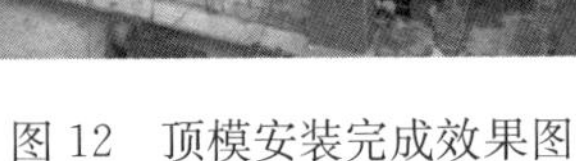

图 12　顶模安装完成效果图

图 13　钢筋接长

4.2.2　关键技术

（1）流程图（图 14）

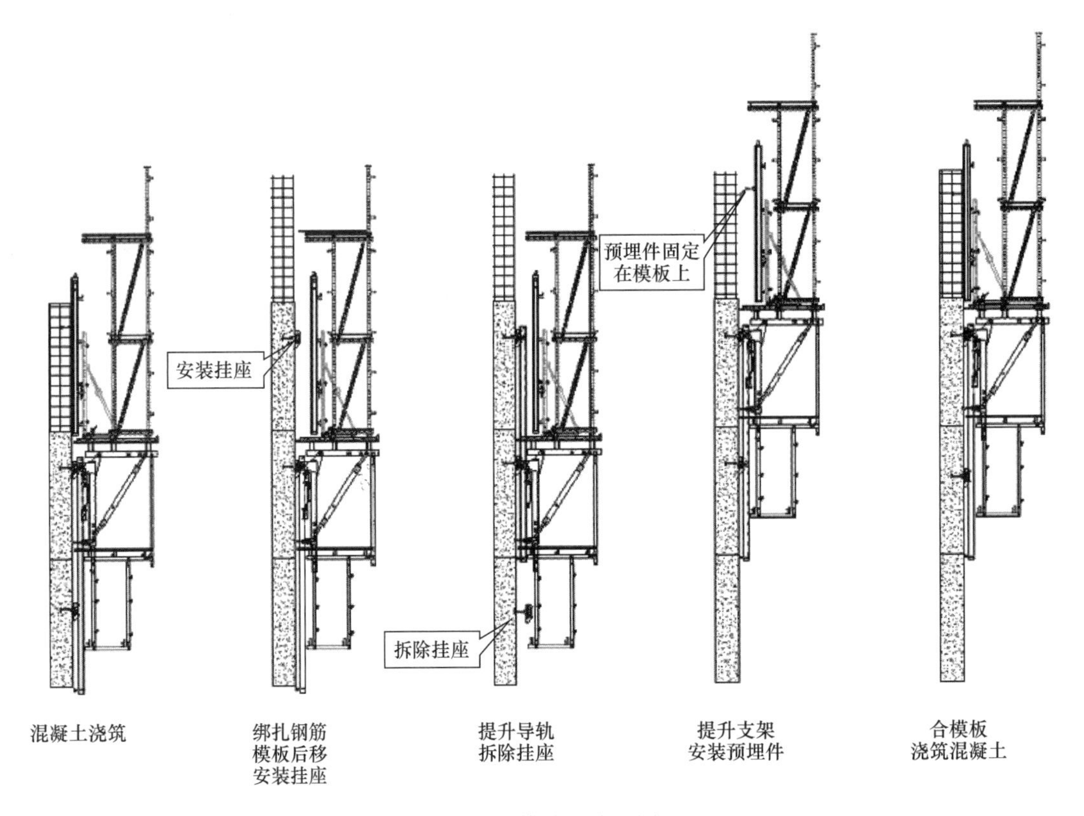

图 14　爬模施工流程图

混凝土浇筑完后→绑扎钢筋→拆模后移→安装附墙装置→提升导轨→爬升架体→模板清理刷脱模剂→埋件固定模板上→合模→浇筑混凝土

（2）关键技术

1）对牛腿等钢结构构件的特殊设计

本技术应用中对于墙体的牛腿等钢结构构件，在爬模设计时一并考虑，考虑该构件突出墙体混凝土表面的距离不能超过模板的可移动距离（400～600mm），同时应考虑在钢结构构件下部的模板应设计成可拆卸活动模板，即保证爬模架爬升时，仅需拆除该活动模板，而无需将模板退至最后。

2）对墙体变截面部位的处理

当墙体变截面时，采用增加钢垫板的方法实现墙体变截面时架体爬升时的过渡，而且在架体爬升时，采用电动葫芦将架体适当倾斜，以实现架体的缓慢过渡。架体的倾斜角度应征得架体设计人员的同意。

3）施工测量措施

在本工程施工中，每超过10层或50m进行一次测量控制点的转换，每超过5层应进行一次标高控制点的转换，该做法比传统的高层测量施工要求更高，更有利于控制模板系统的垂直度和建筑物的垂直度。

4）对混凝土养护的要求

由于超高层建筑处于高空，风力很大，模板爬升后混凝土墙体处于高风力环境中，因此本工程施工中在模板下口悬挂防火地毯，以保证拆除模板后的混凝土处于良好的保湿环境中，起到了很好的养护效果。该方法优于普通的浇水养护，又能避免采用脱模剂养护带来的不利后果。

5）对于架体立网的处理

在超高层建筑中，架体的立网应采用10～30mm网眼的钢板网，而不能采用密目安全网，以确保架体所受风力最小，对架体的安全受力非常有利，同时又能防止临边坠物，有较好的临边防护效果。

4.2.3 工程现场照片（图15～图24）

图15 爬模安装前的准备

图16 安装爬模机位

图17 安装爬模导轨滑轮及支座

图18 安装爬模施工平台

图 19　液压顶升系统和防坠爬升器

图 20　爬模提升导轨

图 21　安装爬模围护栏杆

图 22　安装爬模架体立网

图 23　采用防火地毯养护混凝土

图 24　超高层液压爬模

4.3　超高泵送混凝土技术

4.3.1　概述

本工程 C80 混凝土最高需泵送至 401.98m，C60 混凝土需泵送至 427.33m，研究中的 C120UHPC 需泵送到 417m 高度的泵送。混凝土强度高，泵送高度大，混凝土采用一次泵送，难度较大。

混凝土的超高泵送，需根据混凝土的设计情况，通过优化混凝土配合比、严格控制混凝土进场质量、选择合适的泵送设备及泵送管道、进行管道优化布置、选择合适的布料系统、选择合适的浇筑方法，才能进行顺利的超高泵送。

4.3.2 关键技术

(1) 混凝土超高泵送指标要求

根据广州西塔项目及深圳京基项目高性能混凝土的施工经验，C60 以上强度的混凝土应达到以下指标方可顺利实现 100m 以上的超高泵送：

坍落度≥250mm；

扩展度≥600mm；

倒筒时间≤8 秒；

温度≤32℃。

(2) 泵送阻力的计算

为了更合理和科学地选择超高泵送的设备，应对混凝土的泵送压力进行科学合理的计算。结合混凝土泵送施工规程和深圳蔡屋围京基金融中心现场实际，对超高压泵送压力从理论和实践两方面进行综合计算。

(3) 泵送设备的选择

京基金融中心项目选用湖南中联重科生产的 HBT90.40.572RS 超高压混凝土泵，其液压系统最大压力 32MPa，混凝土出口压力可达 40MPa，理论泵送高度为 800m，完全可以满足本工程的泵送要求。

该泵机在满足泵送压力的前提下，还解决了泵送设备柔性换向控制技术、工况适应性控制技术、超高压冗余控制技术、节能控制技术、分配阀的自补偿密封技术、关键部件结构有限元分析技术、远程智能实时控制技术难题，保证了泵机具有良好的工作状态。

(4) 泵管的选择和密封

由于超高层建筑一般均使用高性能混凝土，其黏度非常大，泵送压力很大。混凝土输送管宜采用 45Mn2 钢，调质后内表面高频淬火，硬度可达 HRC45～55，寿命比普通管可提高 3～5 倍。随着楼层升高，管径及壁厚均作相应的调整。由于混凝土弯管处一般承受的压力和管壁摩擦力均较大。因此，弯管宜采用耐磨铸钢，厚度不小于 12mm。

高层泵送时输送管道冲击大、压力高，从泵出料口到高度 200m 楼层之间采用壁厚达 12mm 的高强度耐磨输送管。高度 200m 以上采用 10mm 壁厚的 125AG 高强度耐磨输送管，平面浇筑和布料机采用 125B 耐磨输送管。使用过程中应经常检查管道的磨损情况，及时更换已经磨损的管道。

超高压和高压耐磨管道密封，采用密封性能可靠的 O 形圈端面密封形式。可耐 100MPa 的高压。普通耐磨管道的密封采用外箍式，装拆方便（图 25）。

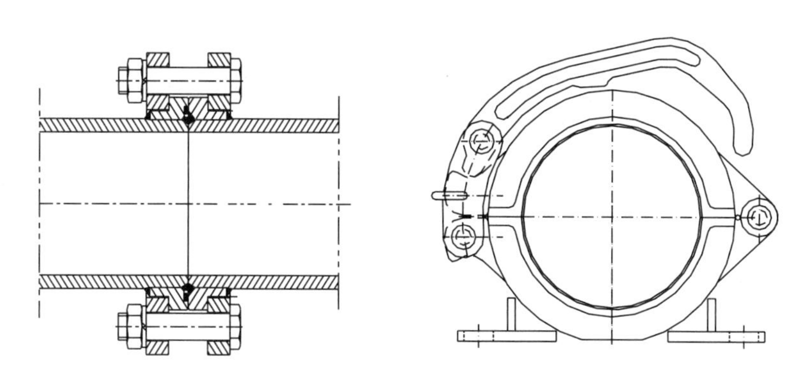

图 25 管道密封卡

(5) 混凝土管道布置

地面水平管道的折算长度应为垂直泵送高度的 1/5～1/4，即地面管道长度至少为 84～105m。在地面管道需安装截止阀，由于布置竖向立管的2、3楼处无结构楼板，因此，在四楼垂直向上的管道也可安装截止阀。垂直管道在楼层设置了两道弯管，减缓混凝土自重对管道的冲击，分别设置在42～45层和77层楼面（主要考虑到核心筒在77层楼面结构变化较大，竖向立管需布置一段水平管，方能继续满足变化后的核心筒墙体施工）。

输送管长度按顶模平台爬升步距或楼层高度模数确定。有利于顶模时管道加节、管道维护，由于各高度种类较多，故混凝土管长度规格相对较多。

（6）输送管的固定

为防止泵管在泵送过程中晃动影响泵送效果，对所有超高压泵管均应采用钢结构支撑固定在地面或混凝土墙体上，在弯管处应加密固定支架并在下部加入混凝土支墩。垂直管道可随电梯井或穿越楼面布设，每两节混凝土输送管至少用一个固定管夹固定，固定管夹可用地脚螺栓固定于墙体或混凝土墩上（图26）。

（7）管道截止阀

每台泵送管路设置2个液压截止阀，主要有两个作用：泵出口10m左右处安放一个，用于停机时泵机故障的处理；当运行一段时间后，眼镜板、切割环等磨损后便于保养和维修以及管路的清洗和拆卸。水平至垂直上升处安放一个：减少停机时垂直混凝土回流压力的冲击，本工程竖向截止阀布置核心筒四层楼板上。截止阀液压动力由液压泵站提供（图27）。

图26　竖向管道的固定节点

图27　液压截止阀

（8）混凝土泵送施工

泵水：根据管路长短，首先泵一至两料斗清水以润湿管路、料斗、混凝土缸。泵水首先泵入废浆箱，随后用塔吊吊回地面。

泵砂浆：在泵机出口处管路中放入一只海绵球，将砂浆倒入料斗，管路长度小于150m时，用1∶2水泥砂浆（1份水泥，2份黄砂，体积比），管路长度大于150m时，采用1∶1水泥砂浆。砂浆必须充分搅拌，砂浆用量每200m管路约0.5m^3。

泵送混凝土料：在料斗内，砂浆余料还处在搅拌轴以上时，加入混凝土料，开始正常泵送。

（9）管路清洗

当管路中残留混凝土量满足施工现场要求时，停止供料。ϕ125输送管混凝土残留量约为12.3L/m。泵送即将结束，将靠近泵机的水平截止阀关上，防止上部的混凝土回流，然后打开最靠近泵机的检修口，塞入一个海绵球，然后加入2～4个湿的水泥纸袋（主要起增强泵管的密封性的效果），封闭检修口，反泵将料斗部位管内的混凝土清洗干净，然后开启泵机泵水，将海绵球及其后面的水泥纸袋一起向前推进，直至最终将管内混凝土全部泵出，此时管道内仅剩下清水，管道也干净了。残留的混凝土应投入废浆箱内，并用塔吊吊回地面。泵送结束后，任何情况下都应将混凝土缸、S阀、料斗、输送管清洗干净。

（10）泵送系统的正常工作保证

HBT90CH 超高压泵采用两台柴油机分别驱动两套泵组。应用双动力功率合流技术，平时两套泵组同时工作，当一组出故障时可切断该组，另一组仍维持 50%的排量继续工作，避免施工过程中断造成损失，既可同时工作以提高工作效率，也可单独作业，即使 1 台发生故障仍有备用发动机继续工作，大大提高了施工过程的可靠性。

4.3.3 工程现场照片（图 28～图 31）

图 28 超高压输送泵

图 29 混凝土泵管布置

图 30 混凝土出管

图 31 混凝土振捣

4.4 混凝土裂缝控制技术

4.4.1 概述

本工程大底板混凝土为 4.5m 厚 C50 混凝土，内部配有大量钢筋，混凝土总工程量达到 13231m^3，属于大体积高强度混凝土。项目部采取了优化配合比、延长初凝时间、合理组织施工工序、早期裂缝反压、表面保温、温度测量及控制等措施，降低了混凝土中心温度，控制了混凝土里表温差。有效地控制了混凝土内部及表面有害裂缝的出现。

4.4.2 关键技术

（1）配合比试验和优化

根据本工程特点，经项目部与设计、监理、混凝土公司反复沟通，决定充分利用粉煤灰混凝土的后期强度，增加粉煤灰的掺量，减少水泥的用量，采用混凝土的 90 天强度来进行混凝土的试配、评定和验收。

考虑到膨胀剂在干燥的环境中，将会使混凝土收缩，起不到膨胀的作用，反而对混凝土有害，因此，取消了膨胀剂的使用。考虑到本工程底板尺寸大，混凝土坍落度大，混凝土在施工过程中流淌长度大，极易在浇筑过程中形成施工冷缝，因此，对于混凝土的初凝时间，试配时按 20h 考虑。考虑到泵送距离较短，采用 140～160mm，以尽量减少用水量，试配的总用水量为 $163kg/m^3$，水灰比为 0.41。经过多次试配，确定了优化后的 C50S10 混凝土配合比，实现了 C50 混凝土的最优化配制，见表 1。

混凝土配合比　　**表 1**

名称	水	水泥	砂 1	砂 2	石 1	掺合料 1	掺合料 2	外加剂
品种规格	饮用水	P. O42. 5	中砂	细砂	5～25mm	Ⅰ级粉煤灰	S95 矿渣粉	STS-SP1 缓凝高效减水剂
产地/品牌	深圳	TAIHEIYO (SAIKI0)	东莞	安托山	安托山	妈湾电厂	广东韶钢	安托山公司减水剂
材料用量（kg/m^3）	163	200	606	151	1050	100	100	10.4
比例	0.82	1	3.03	0.76	5.25	0.5	0.5	0.0520

（2）钢筋支架的做法

由于钢筋较多较重，为保证底板上部配筋和中间分布钢筋的位置准确及施工安全，项目部根据现场情况并通过计算决定采用型钢支架体系。型钢支架体系顶部采用［16a 槽钢做型钢横梁，下部双向间距 3000mm 采用［8 号槽钢做立杆，高度方向不大于 1500mm 采用∟50×5 角钢来作为纵横向的水平拉结。斜向采用⌀14 钢筋做拉结，保证所有立杆侧向稳定。底部采用∟75×7 的角钢 350mm 长来做垫脚。钢筋支架做法如图 32 所示。

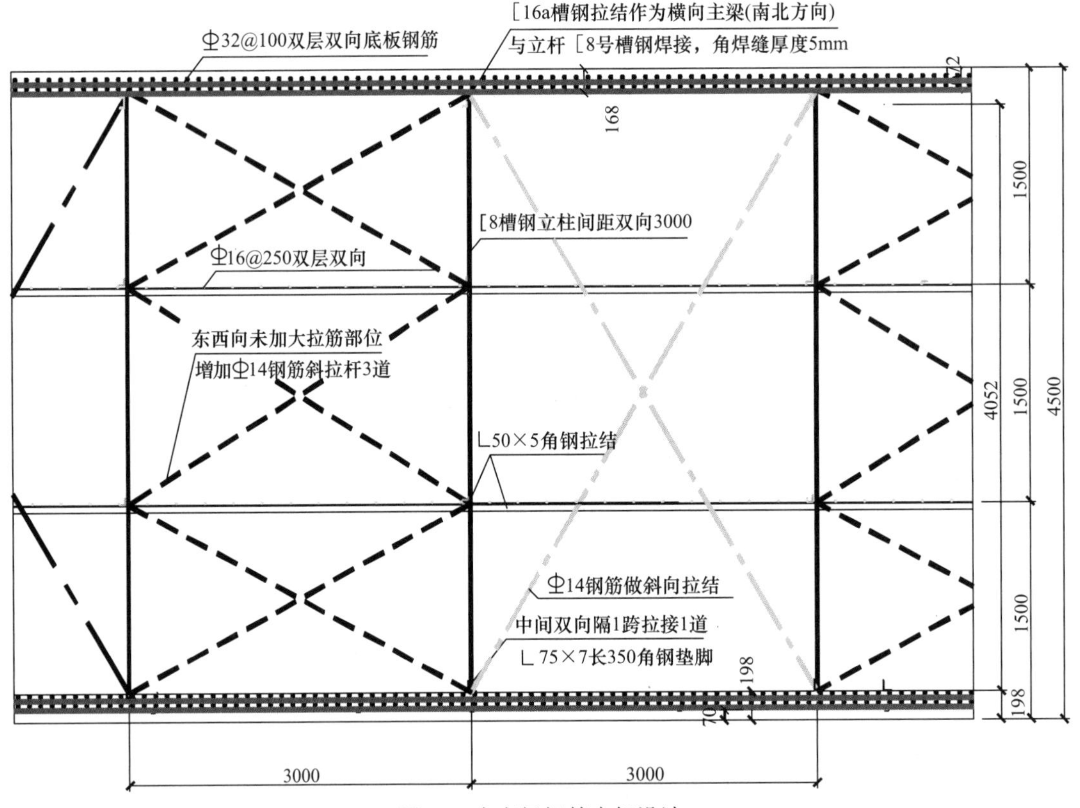

图 32　大底板钢筋支架设计

（3）浇筑及振捣

浇筑方法采用“斜向分层，薄层浇筑，循序退浇，一次到底”连续施工的方法。为了保证每一处的混凝土在初凝前就被上一层新的混凝土覆盖，采用斜面分层式浇捣方法，混凝土一次自然流淌，坡度约为 1∶10。分层浇捣使新混凝土沿斜坡一次到底，使混凝土充分散热，从而减少混凝土的热量，混凝土振捣后产生的泌水沿斜坡排走，保证了混凝土的质量。由于底板厚度达到 4.5m，因此，除了安排人员在顶部振捣外，尚另需安排人员在底板中部进行中下部混凝土的振捣，以确保混凝土内部振捣充分。

（4）初期收缩裂缝的处理

混凝土在浇筑初期，由于内部大量水分散发，混凝土会产生初期的收缩裂缝，在混凝土接近初凝时，采用磨光机对混凝土表面进行磨压，封闭混凝土的早期裂缝，防止混凝土表面出现收缩裂缝。

（5）表面养护

在混凝土浇筑过程中，已经浇筑到设计标高的地方，采用磨光机压光后立即用塑料薄膜覆盖，并在塑料薄膜上加盖两层干麻袋，最上面再覆盖一层塑料薄膜。第一层薄膜保证混凝土表面有充足的水分，第二层薄膜可以增加麻袋层的保温效果，也可以起到防雨的作用。

（6）测温

测温点在平面上应能反映不同浇筑时间、不同厚度的混凝土内部温度情况，因此，按照浇筑速度和底板厚度情况，在现场布置了 11 个测温点，对于每个测温点，应根据底板厚度确定每个点位在竖向需布置的测温点数量，以便尽可能准确地掌握混凝土的内部温度情况。选用电子便携式测温仪，测温时把测温线的探头放入测温管进行测温，记录读数后取出，测下一根管的温度。

（7）温度控制

应根据混凝土测量的情况进行及时的调整，如内外部温差小于 15℃时，可以减少表面的覆盖层厚度，以加速散热，加快施工进度，如内外部温差大于 25℃，就应该及时增加一层或数层麻袋，以保证混凝土安全。

4.4.3　工程现场照片（图 33～图 40）

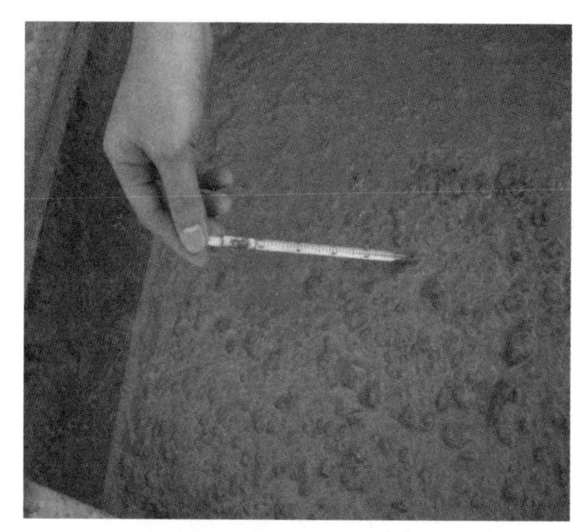

图 33　混凝土温度监测

图 34　混凝土坍落度检测

图 35　大底板混凝土浇筑

图 36　混凝土面层收光

图 37　大底板混凝土覆盖养护（一）

图 38　大底板混凝土覆盖养护（二）

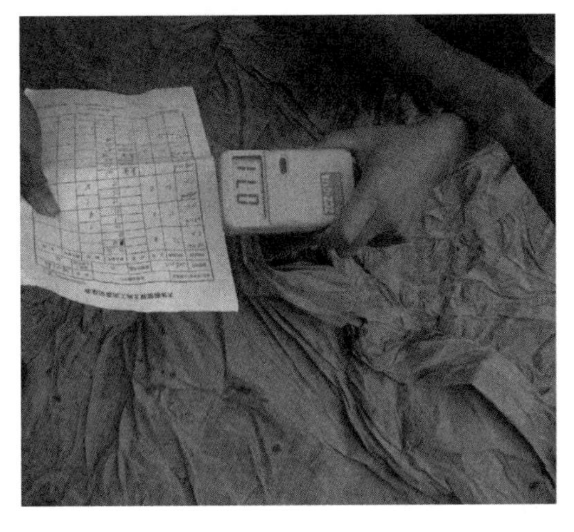

图 39　混凝土养护及测温（一）

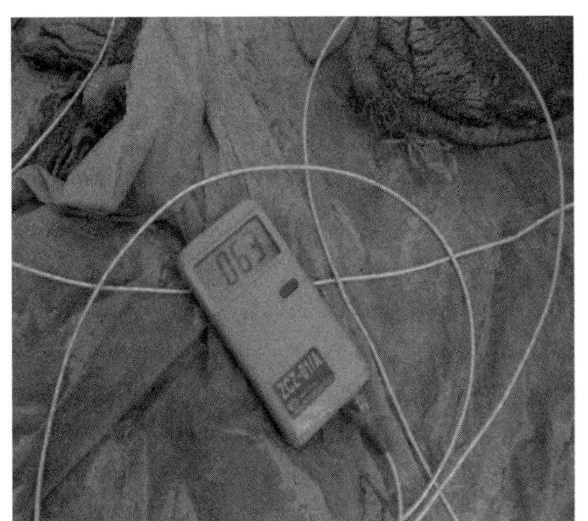

图 40　混凝土养护及测温（二）

4.5　压电陶瓷监测技术

4.5.1　概述

根据本工程钢管混凝土柱模拟试验结果，超声波在穿透内部含有大量钢筋和钢板的复杂结构时，其接收端无信号或信号紊乱，无法对混凝土的内部质量进行有效评价，因此，湖南大学等单位根据压电陶瓷材料的特点，利用其正压电效应和逆压电效应来进行这类复杂构件的质量检测。

压电陶瓷具有压电效应。当压电陶瓷沿一定方向伸长或压缩时，在其表面上会产生电荷（束缚电荷），这种效应称为压电效应。基于压电材料检测原理，通过信号源产生一定频率和幅值的信号，来激励埋设在混凝土内部一定位置的封装好的压电陶瓷智能骨料，以及钢柱外表面一定位置的压电陶瓷片，通过压电陶瓷的反压电效应在结构构件中产生应力波，应力波将在结构混凝土内部以及各界面传播。通过埋设在混凝土内部一定位置的封装好的压电陶瓷智能骨料，以及钢柱外表面一定位置的压电陶瓷片来接收该位置的应力波，由于应力波在混凝土中传播时，如果存在微裂缝、混凝土的非密实区域、空洞或者界面剥离等缺陷时，会造成应力波能量传播的损失，通过分析该应力波的特性变化，可以实现对混凝土质量的监测、混凝土性能随时间的变化情况以及混凝土与钢柱粘结界面的长期监测（图 41）。

4.5.2　关键技术

（1）监测的内容及监测时间

监测的内容包括箱型钢柱内部混凝土与钢柱壁的附着与剥离情况，以及混凝土的完整性。用于监测混凝土与钢柱壁的界面结合性能，采用在钢柱外壁的一定位置粘结压电陶瓷传感器接收从设置在钢柱混凝土内智能骨料激励器所发出的应力波的幅值的变化的方式来进行。压电陶瓷经过防水处理后粘结在钢柱外壁成阵列分布。

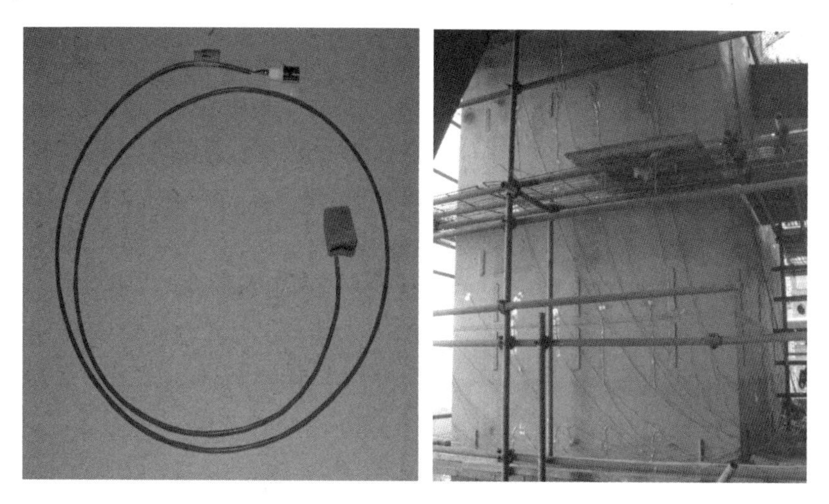

图 41　应力监测

根据浇筑混凝土时间对箱型混凝土钢柱进行检测，具体时间为：浇筑后 7 天；浇筑后第 28 天；浇筑后 3 个月；浇筑后 6 个月。

（2）测点位置设置

由于压电陶瓷具有正压电效应和反压电效应，同一个压电陶瓷智能骨料和压电陶瓷片均可以作为激励器和传感器。根据箱型钢柱截面尺寸，在同一截面高度设置 6 个智能骨料，在柱高范围内共设置 3 个测量截面，截面间距在 1.0～2.0m 之间具体调整。同时为了监测混凝土与钢柱界面性能，在钢柱外表面布置压电陶瓷片。

（3）数据分析方法

监测数据采用小波包方法进行分析，该分析方法比小波分析法更精细，可对小波分析没有细分的高频部分进一步分解，并能根据被分析信号的特征，自适应的选择相应频带，使之与信号的频谱相匹配，提高了时-频分辨率。

损伤指标代表了每组压电陶瓷传感器测得能量的离散性。由于压电陶瓷传感器的输出与传播的应力波强度有关，损伤或者剥离处接收到的能量和幅值会远远小于无损处，并且各测点能量的离散性会超过正常水平，即 RMSD 过大（图 42）。

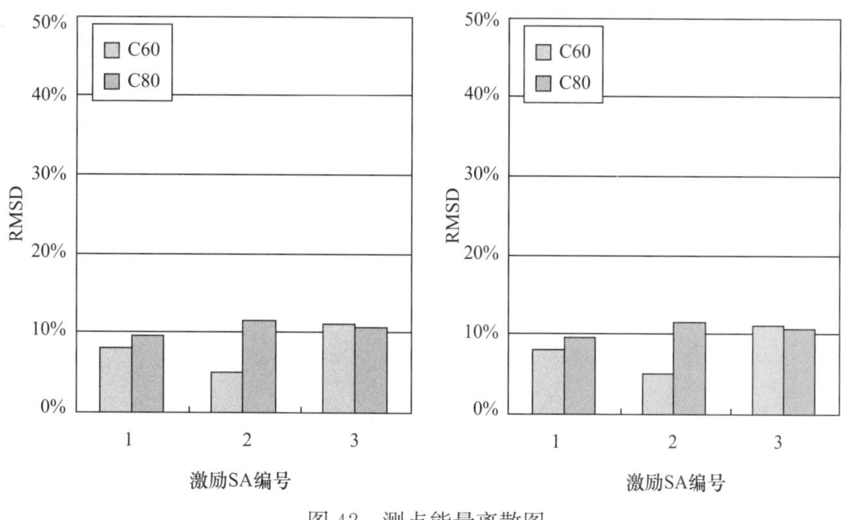

图 42　测点能量离散图

(4) 监测结果

项目部委托哈尔滨工业大学深圳研究生院及湖南大学土木工程学院，对本工程 15 层 Z1、18 层 Z2 进行了监测，监测对象为内部混凝土与钢管壁界面情况及混凝土自身缺陷情况。结果如下：

对于界面情况，分别采用内部智能骨料和外部压电陶瓷片作为激励这两种工况，对实测信号运用小波包方法分析，得出各测点在不同监测日期内能量分布情况及其变化趋势，一方面，直接从时程曲线上可以看出，响应幅值略有不同，但未出现明显衰减，另一方面，对实测信号运用小波包方法分析，计算得出各个测点在不同监测日期内能量的 RMSE 值，该均方根误差未超过 15%。根据分析原理，说明各测点接收的能量差异不大，未出现明显的能量损失。综合上述情况，可以判定该监测时间段内内部混凝土与钢管壁之间的粘结性能良好，未出现界面剥离。

对于内部混凝土自身缺陷的监测，采用内部某一智能骨料作为激励，其他智能骨料接收的工况，计算各个工况下测点能量的 RMSE 值发现，该值虽有变化，但总体的能量分布及其分布情况未出现大的变化，均保持在 15%以内。说明各个测点在监测日期内接收的能量趋于稳定，无明显变化，混凝土自身密实性良好。

4.5.3 工程现场照片（图 43～图 48）

图 43 压电陶瓷片安装布置（一）

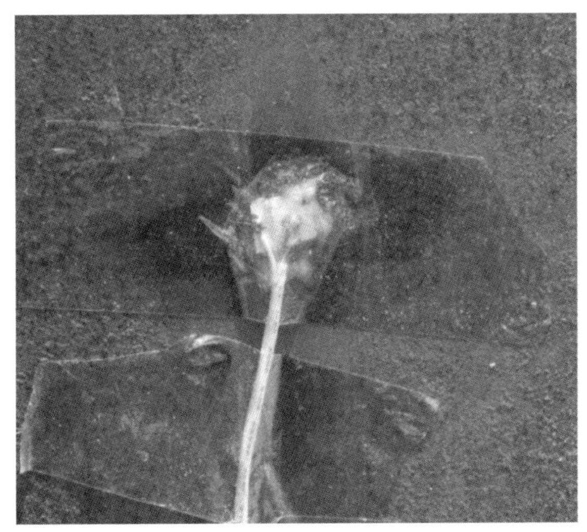

图 44 压电陶瓷片安装布置（二）

图 45 钢柱内智能骨料绑扎（一）

图 46 钢柱内智能骨料绑扎（二）

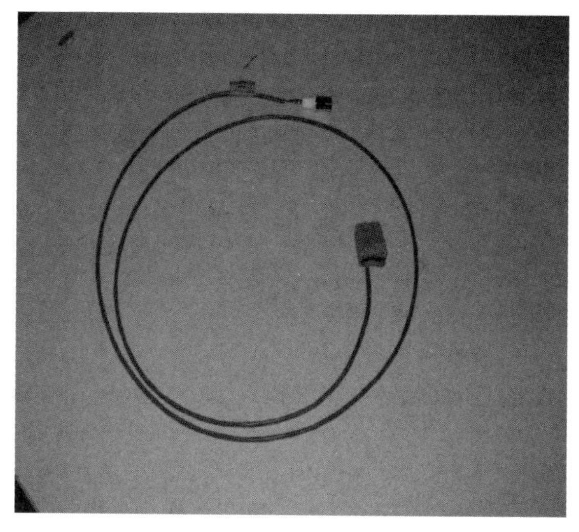
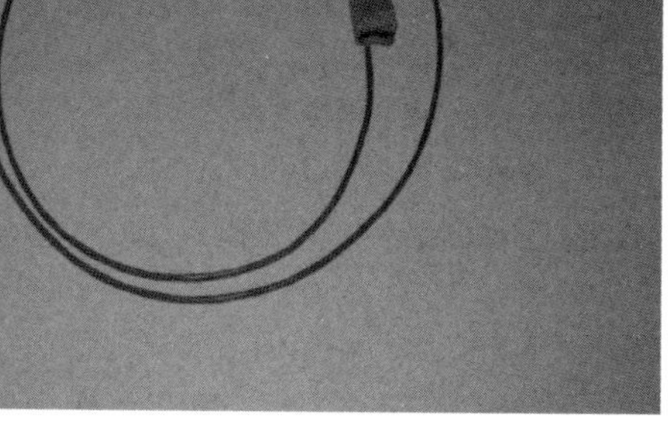

图 47　压电陶瓷片与智能骨料

图 48　LMS 数据采集系统

4.6　C120 高强度高性能混凝土

4.6.1　概述

近年来在超高层施工中，高强度混凝土得到大面积的使用，采用高强度混凝土可以节省建筑物的使用面积和提高可使用高度，节省相应的自然资源。但混凝土强度越高，其韧性较差，自收缩大，耐火性能差，超高泵送困难。本项目在相关专家的建议下，开展了 C120 超高性能混凝土及其应用技术的研究，旨在研究具有超高性能的混凝土，使其可以应用于实际工程，为该类混凝土的大量应用创造条件。

4.6.2　关键技术

（1）采用了常规材料配制高性能混凝土。国外的超高性能混凝土称作活性粉末混凝土，具有以下特点：不使用粗骨料，必须使用硅灰和纤维（钢纤维或复合有机纤维），水泥用量较大，水胶比很低。本项目采用国内混凝土生产常用的原材料进行配制，价格很低，生产的难度也不大。

（2）混凝土强度等级最高。国内目前应用于工程的最高强度等级是 C110，本项目是国内已研究并应用于工程中的最高强度等级的混凝土。

（3）各项物理力学性能和耐久性优异。本项目研究的混凝土不但具有 C120 的强度，尚具有优异的收缩性能、断裂韧性、耐火性能、耐久性能、施工性能，克服了普通高强度混凝土的明显缺陷，更适合应用于工程中。

（4）超高泵送 417m 填补了世界空白。目前国内外在 400m 以上的最高泵送记录仅为 C60 混凝土（上海环球金融中心工程 492m），C120 混凝土的最高泵送纪录是 120m（三一重工在俄罗斯联邦大厦泵送），本项目的 C120 混凝土 417m 泵送创造了新的世界纪录。

（5）超高性能混凝土的耐火测试技术有所创新。研制了混凝土高温在线测试设备和测试方法，本项目试验了混凝土在 30%荷载作用下在 200～400℃温度环境中的性能。

（6）研制了新型的高效复合外加剂。本项目研究发现，采用聚羧酸减水剂，用量过大时会导致混凝土初凝时间过长无法满足工程要求。本项目使用了专门研制的氨基-萘系-沸石粉复合减水剂，在保证混凝土强度及减水效果的情况下，可以使混凝土保持塑性在 3h 以上。

（7）海砂淡化并用来配制高性能混凝土。中国沿海地区河砂资源日渐枯竭，部分工程盲目使用海砂为建筑物质量埋下了严重隐患，本项目在研究中使用了海砂，并研究了海砂的处理方法，为海砂的无害化使用提供了技术支持。

4.6.3　工程现场照片（图 49～图 51）

图 49　C120 高强度高性能混凝土

图 50　高强度高性能混凝土浇筑

图 51　高强度高性能混凝土养护

4.7　施工模拟计算技术

4.7.1　概述

超高层建筑施工时，由于上部有塔吊、顶模和风力等施工荷载，且存在核心筒领先外部钢结构一定层数（20 层以内），因此，有必要对核心筒的施工工况进行施工模拟计算，项目部委托哈尔滨工业大学进行了施工模拟计算，同时还包含钢管混凝土浇筑的有限元分析，以及塔吊拆除结构措施的施工模拟计算。

4.7.2　关键技术

（1）通过有限元分析浇筑高度

采用有限元软件 Abaqus 对钢管混凝土的浇筑过程进行模拟分析。钢管、横向加劲肋和纵向加劲肋均采用实体单元。取钢管柱高为 4.2m、8.4m 和 12.6m 三种工况进行分析。整体结构在上部逐渐收缩，其中第 62 层西北角柱向南倾斜成 1.7°，为使分析结果更能真实地反映空钢管在混凝土浇筑时的应力变形状态，建模时将柱与重力方向的倾角同样取为 1.7°。

经过计算分析，浇筑高度不大于 8m 时，可以满足混凝土浇筑对外框钢柱产生的应力小于其设计允许值的 20%，满足设计提出的要求（图 52～图 54）。

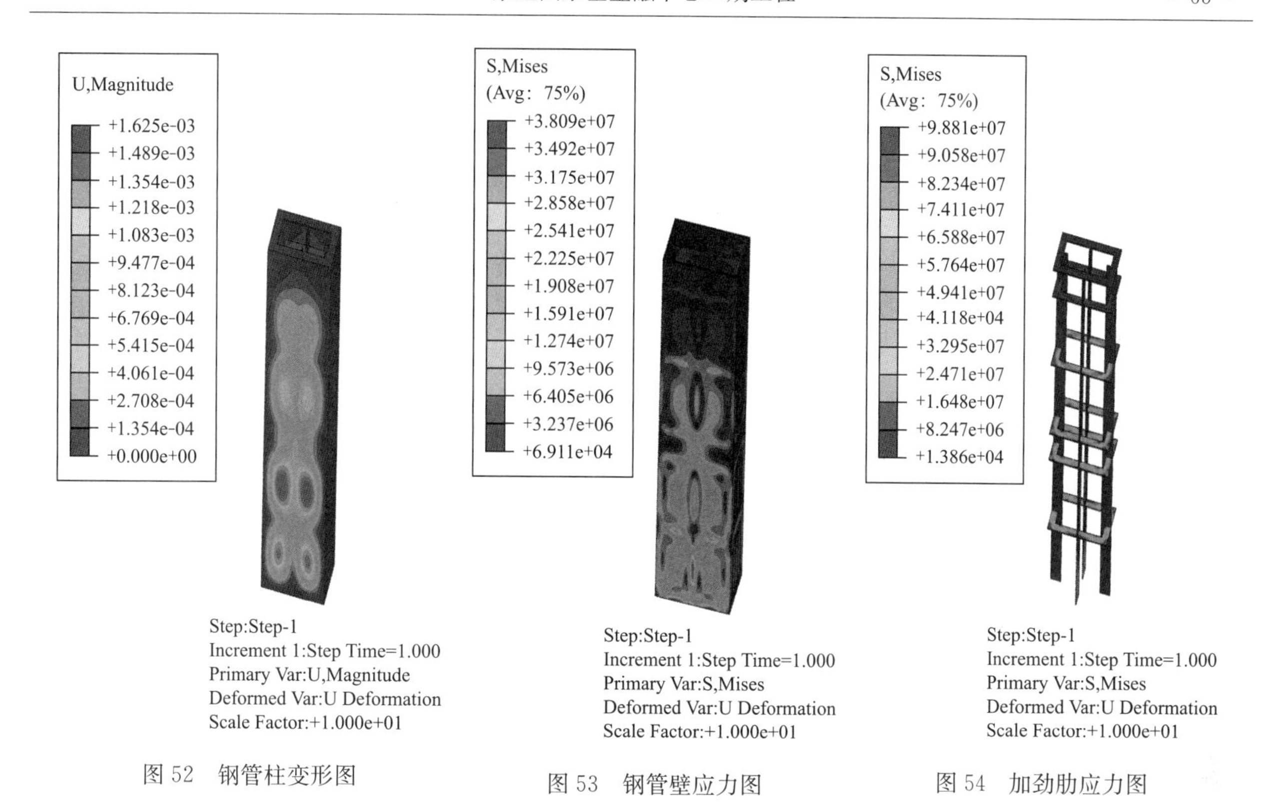

图 52 钢管柱变形图　　图 53 钢管壁应力图　　图 54 加劲肋应力图

(2) 塔吊爬升对单片墙的影响

塔吊爬升到 69F（底座在 69F，附着在 73F）的时候，用 1＃M900D 塔吊拆除 2＃M900D 塔吊，把 2＃M900D 塔吊移位安装到（A-2）轴的西侧，安装在 76F、80F、85F、90F，对应附着楼层为 80F、85F、90F、94F。2＃塔吊移位后其下钢横梁支撑点设置如下：东边继续设置牛腿，螺栓的形式设置在混凝土墙上；西边直接搁置在结构的钢梁顶上。塔吊在施工过程中逐渐爬升，整个施工过程共爬升 4 次。最小爬升距离为 16.05m，最大爬升距离为 17.5m。塔吊在使用过程中使用两部套架附着，与下部套架钢梁通过螺栓四点固定，与上部套架仅在侧向连接，故下部套架与塔吊支撑可以认为是简支，下部套架承受来自塔吊的竖向荷载和水平荷载。上部套架只起侧向支撑作用，不承受竖向荷载，仅承受水平荷载。

结构整体受力分析取 68 楼层处为嵌固部位，以上部分采用 Midas 建模分析（图 55）。

通过各种工况进行分析，顶点位移最大为 13.7mm；整体框架梁柱应力在 82.4MPa 以内；混凝土的主拉应力均在《混凝土结构设计规范》GB 50010 混凝土拉应力限值以内。

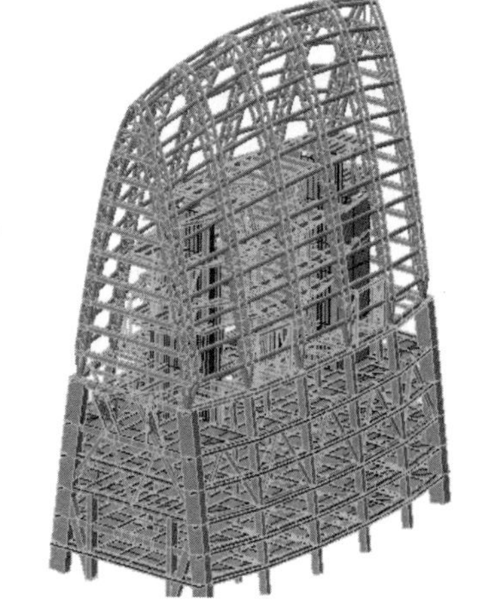

图 55 MIDAS 分析模型图

(3) 塔吊拆除结构措施验算

M900 塔吊爬升到 90 层（底座在 90F，附着在 94F）的时候，将会同步考虑塔吊拆除施工过程。施工方计划采取三步拆除方案，首先构建 M370 塔吊平台将 M900 拆除，然后构建 SDD20/15 塔吊平台将 M370 拆除，最后构建 SDD3/17 塔吊平台拆除 SDD20/15。塔吊在施工作业中，不考虑 94 层以上楼板（包括 94 层），其中 M370，SDD20/15 以及 SDD3/17 均采用 Q345 钢材制作。

通过 Midas 建模进行分析，选取 89 层为嵌固端，最大应力为 138MPa，满足设计要求。位移最大值为 10mm，皆为设计允许范围。本工程同样对顶模系统，爬模系统均进行了受力分析。通过软件进行三维仿真分析，经过科学的计算来指导施工。

5　社会和经济效益

5.1　社会效益

(1) 本工程 2011 年 10 月建成时是深圳第一高楼，中国第三高楼，世界第八高楼，是一个极具影响力工程，做好本工程为中建四局在深圳树立品牌，建立良好的社会信誉等均能起到积极的推动作用。

(2) 积极培养和锻炼了一批优秀青年技术骨干，为中建四局的发展提供人才保障。

(3) 通过本工程的建设，带动中建四局其他项目的科技推广积极性，最终提高了企业的科技推广管理水平和科技管理效益。

(4) 本工程运用了大量的高新技术，对以后的工程施工有一定的借鉴和指导作用。

5.2　经济效益

经济效益表　　表 2

新技术名称	项目名称	应用部位	推广数量	推广率%	新技术效益		
					经济（元）	社会效益	环保效益
地基基础和地下空间工程技术	预应力锚杆施工技术	深基坑支护	90277m	100%	0	取消了内支撑	
高性能混凝土技术	混凝土裂缝控制技术	混凝土底板	13231m^3	100%	547763.4	节省了水泥	
	自密实混凝土	外框钢管柱	29425m^3	100%	0		
	超高泵送混凝土技术	主体结构混凝土	20296m^3	42%	1147867.95		
	外框楼板混凝土一次压光技术	外框楼板混凝土	135000m^2	100%	1301391.00	节省了资源	√
	C120 超高性能混凝土及其应用技术的研究	科学研究	131m^3	100%	0	促进了超高性能混凝土技术发展	
高效钢筋与预应力技术	高效钢筋应用技术	主体结构钢筋	22950t	20%	7344000.00	节省了自然资源	
	粗直径钢筋直螺纹连接技术	主体结构钢筋	415602 个	85%	12653536.64	节省了自然资源	
新型模板及脚手架应用技术	液压自动爬模技术	77 层以上单片墙	8 榀 29m 长	5%	1144434.00	保障了施工安全	
	大吨位长行程油缸整体顶升模板技术	核心筒混凝土结构施工	600t	95%	2757261.58	保障了施工安全	
	爬升脚手架应用技术	17～57 层四角钢柱	16 榀 26.4m	12%	0	保障了施工安全	
钢结构技术	钢结构 CAD 设计与 CAM 制造技术	钢结构深化设计及工厂加工制造	60000t	100%	0		
	厚钢板焊接技术	伸臂桁架及巨形斜撑	40000t	67%	0	保证了焊接质量	
	钢与混凝土组合结构技术	劲性剪力墙、钢管混凝土及组合楼板	32772m^3	35%	0		
	高强度钢材应用技术	伸臂桁架	5000t	8.3%	0	节省了自然资源	
	钢结构的防火防腐技术	主体钢结构	110038m^2	100%	0	防止了涂料空鼓	

续表

新技术名称	项目名称	应用部位	推广数量	推广率%	新技术效益		
					经济（元）	社会效益	环保效益
安装工程应用技术	金属矩形风管薄钢板法兰连接技术	通风与空调系统	56730m^2	100%	1013192.84	节省了钢材	
	给水管道卡压连接技术	给水系统	12000m	60%	0		
	变风量空调系统技术	空调系统	56730m^2	100%	0	节省能源	
建筑节能和环保应用技术	加气混凝土墙体防裂技术	内部隔墙	7840m^3	100%	0		
	节能型门窗应用技术	外围护玻璃幕墙	80000m^2	100%	0	节省了能源	
建筑防水新技术	聚氨酯系列涂料	卫生间防水工程	9760m^2	100%	0	保证了防水质量	
	建筑密封材料	玻璃幕墙	80000m^2	100%	0	保证了防水质量	
	地下室人工挖孔咬合支护桩背水面防水排水施工技术	地下室外墙施工	16130m^2	100%	3592995.04	节省资源 保证防水质量	√
	地下室底板防排结合施工技术	地下室底板施工	32000m^2	100%	1927939.02	保证了使用效果	√
施工过程监测和控制技术	施工控制网建立技术	主体结构施工	全过程	100%	0		
	施工放样技术	主体结构施工	全过程	100%	0		
	深基坑工程监测和控制	深基坑监测	32000m^2	100%	0	保证了基坑安全	
	大体积混凝土温度监测和控制	底板混凝土温度控制	13231m^3	8.8%	0		
建筑企业管理信息化技术	管理信息化技术	项目信息化管理系统	全过程	62.5%	0		
合计					33430381.47		
科技进步效益率（含计算公式）	本工程合同总计 16 亿元。科技进步效益率＝科技效益/工程总产值＝33430381.47/1600000000×100%＝2.09%						

6 工程图片（图 56～图 60）

图 56 项目立面图

图 57 核心筒爬模安装施工

图 58　顶模安装效果图

图 59　钢结构安装操作平台

图 60　腰桁架吊装

太平金融大厦工程

魏开雄　冯苛钊　张朝正　吴云孝　夏承英

第一部分　实例基本情况表

工程名称	太平金融大厦工程		
工程地点	深圳市福田区福中三路与益田路交汇处，毗邻市民中心		
开工时间	2011年1月15日	竣工时间	2014年10月31日
工程造价	96259.03万元		
建筑规模	占地面积8056㎡，建筑高度228m，建筑面积131280.7㎡，地下4层，地上48层，标准层高度4.4m		
建筑类型	办公楼		
工程建设单位	中国太平保险集团有限责任公司 太平财产保险有限公司 太平人寿保险有限公司深圳分公司 太平置业（深圳）有限公司		
工程设计单位	深圳市建筑设计研究总院有限公司		
工程监理单位	中海监理有限公司		
工程施工单位	中建三局集团有限公司（中建三局第二建设工程有限责任公司）		
项目获奖、知识产权情况			
工程类奖： 中国建设工程鲁班奖、广东省建筑业新技术应用示范工程、广东省建筑工程金匠奖、广东省建筑工程优质结构奖、全国优秀焊接工程一等奖、中国钢结构金奖、全国建筑业绿色示范工程、2012年广东省房屋市政工程安全生产文明施工示范工地、广东省AA级安全文明标准化诚信工地、中国建筑工程总公司“中建杯”。 知识产权（含工法）： 省级工法3项，实用新型专利7项，发明专利2项。			

第二部分　关键创新技术名称

1. 多功能可抬升钢平台转换胎架及施工技术
2. 复杂内庭幕墙轨道式擦窗机应用技术
3. 大型幕墙单元板块整体安装技术
4. 深基坑内支撑梁水钻切割拆除施工技术
5. 超高层框架双筒结构体系施工全过程受荷实测技术

第三部分　实 例 介 绍

1　工程概况

太平金融大厦位于深圳福田区福中三路与益田路交汇处西南角，是一栋集办公、金融及保险于一体智能型综合建筑。工程用地面积8056.02m²，总建筑面积131280.70m²，地下4层，地上48层，建筑高度228m。

采用“低层带剪力墙和桁架的钢骨钢筋混凝土框架双筒”新型结构体系，中间为上下贯通的天井。项目外立面为独特的九面体单元幕墙体系，中间、上部及右侧为透光玻璃，下部及左侧为石材，建筑立面独特（图1、图2），并利用内天井的气压差，在不使用空调设备的情况下，室内外空气能自然换气，使建筑物真正成为“会呼吸的建筑”。

图1　建筑西北立面

图2　建筑东南立面

2　工程重点与难点

2.1　工程重点

2.1.1　国内独有的新型结构体系——“低层带剪力墙和桁架的钢骨钢筋混凝土框架双筒”结构施工质量控制

主体办公空间内采用无柱设计，除7层以下设置有部分剪力墙外，裙楼以上内外筒均为钢骨钢筋混凝土框架柱，内外筒最大跨度达15.85m；内筒内部全开洞形成总面积400m²、上下通透的中庭（图3）。

同时，还存在临边洞口较多、局部楼板不连续和竖向构件不连续等不规则情况。由于采用框架双筒新型结构体系，为满足抗震需要，施工质量要求高。

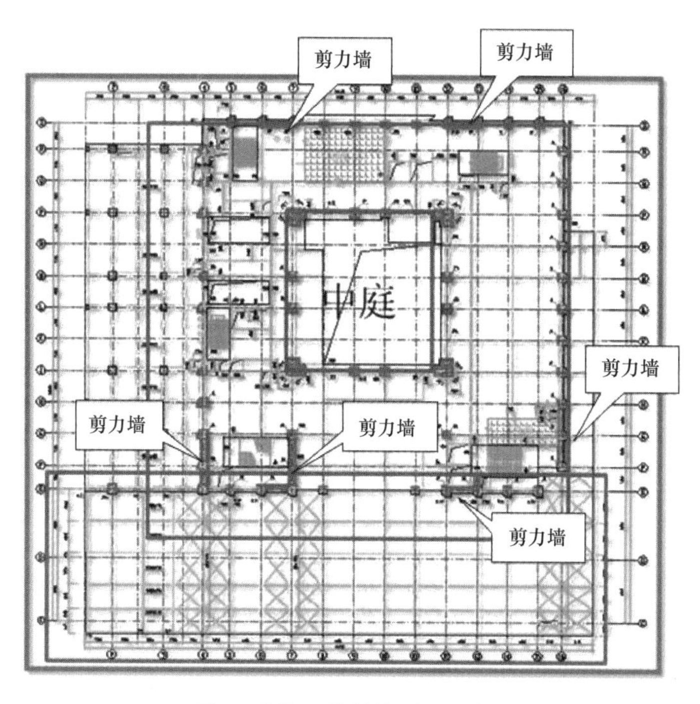

图3 框架双筒结构平面示意图

2.1.2 巨型内天井区域大型电梯及幕墙安装

内框筒为从首层贯通至顶层的巨型烟囱状内天井，其长、宽约20m，高228m，为全球最大采光井（图4）。

内天井中存在凸出结构，导致幕墙面凹凸不平，擦窗机安装要求高；同时需安装4部世界最大穿梭电梯，满足运载200人以6m/s的速度运行，安装要求高，是项目建设的重点。

图4 中庭效果图

2.1.3 厚钢板现场焊接作业质量控制

工程总用钢量1.8万t，最大钢板厚度为80mm，且各单体结构均属“复合型”构件，端面、截面尺寸各异，焊接质量控制要求高。

2.2 工程难点

2.2.1 深基坑内支撑拆除难度大

深基坑紧邻市政道路及管线，地下室工期十分紧张，施工期间内支撑穿插拆除时间短，且要求对基坑稳定性影响小，内支撑拆除要求高，难度大。

2.2.2 单边超大巨型悬挑钢桁架卸载难度大

主体4～6层裙楼南侧为69.425m（长）×19.125m（悬挑跨度），重约1200t的悬挑钢桁架，为国内罕见的单边悬挑大平台。胎架拆除卸载过程中，实现由胎架受力向钢桁架结构平稳均匀的过渡，策划、施工难度大。

2.2.3 复杂屋面防水施工质量难度大

500m²种植屋面，构筑物、设备基础、管线数量大，防水节点多，如何在体现屋面防水质量、排水通畅的前提下，做到美观、细致，策划、施工难度大。

2.2.4 九面体单元板块幕墙安装难度大

外幕墙设计为独特的九面体单元板块幕墙，单块悬挑1.25m，最重约3t，带来了吊装上的难度；单元板块为45°斜角的三角造型，特有的三角形铝板和窗口玻璃包柱包梁形式对梁柱混凝土成型精度要求极高，且单元体在建筑外立面多角度拼装难度大。

2.2.5　VAV变风量控制技术

办公区采用变静压VAV空调系统，根据室温调节风量及冷水量，1710台BOX箱、6840个风口、7182个风阀、4317个控制点位安装精度要求高、调试复杂。

3　技术创新点

3.1　多功能可抬升钢平台转换胎架施工技术

工艺原理：包含可调钢短柱、钢结构转换平台、支撑胎架、转换钢梁，由若干可调钢短柱分别焊接在地下室顶板结构柱上方设置的预埋件上，形成顶面相平的底座，在底座上焊接由钢结构桁架组成的钢结构转换平台，支撑胎架底部焊接在钢结构转换平台上，转换钢梁焊接在支撑胎架的支撑胎架标准节上，从而形成多功能可抬升钢平台转换胎架。

技术优点：承载性能良好、施工安装简便、材料可回收利用，尤其适用于地面存在较大高差、施工场地狭小的工程，可以有效解决大跨度悬挑结构施工期间临时胎架布置困难、材料堆场不足等难题。

鉴定情况及专利情况：该技术获得发明专利一项，发明专利号：ZL 2012 1 0431151.3。

3.2　复杂内庭幕墙轨道式擦窗机应用技术

工艺原理：在内庭顶部的建筑结构上沿同方向安装若干条钢轨道Ⅰ，钢轨道下安装桁架式电动行走平台，其长度方向与钢轨道垂直，并在对应位置设置竖向钢构件通过滑轮与钢轨道连接，滑轮嵌入钢轨道内并在钢轨道上滑动，其中最外侧的滑轮为电动滑轮，再将轴承平台通过另外的电动滑轮安装在桁架式电动行走平台长度方向下方的钢轨道Ⅱ上。用卷扬机将轨道式擦窗机与轴承平台连接，通过桁架式电动行走平台和轴承平台相互垂直的水平运动完成整个内庭幕墙的清洁维护。其原理如图5所示。

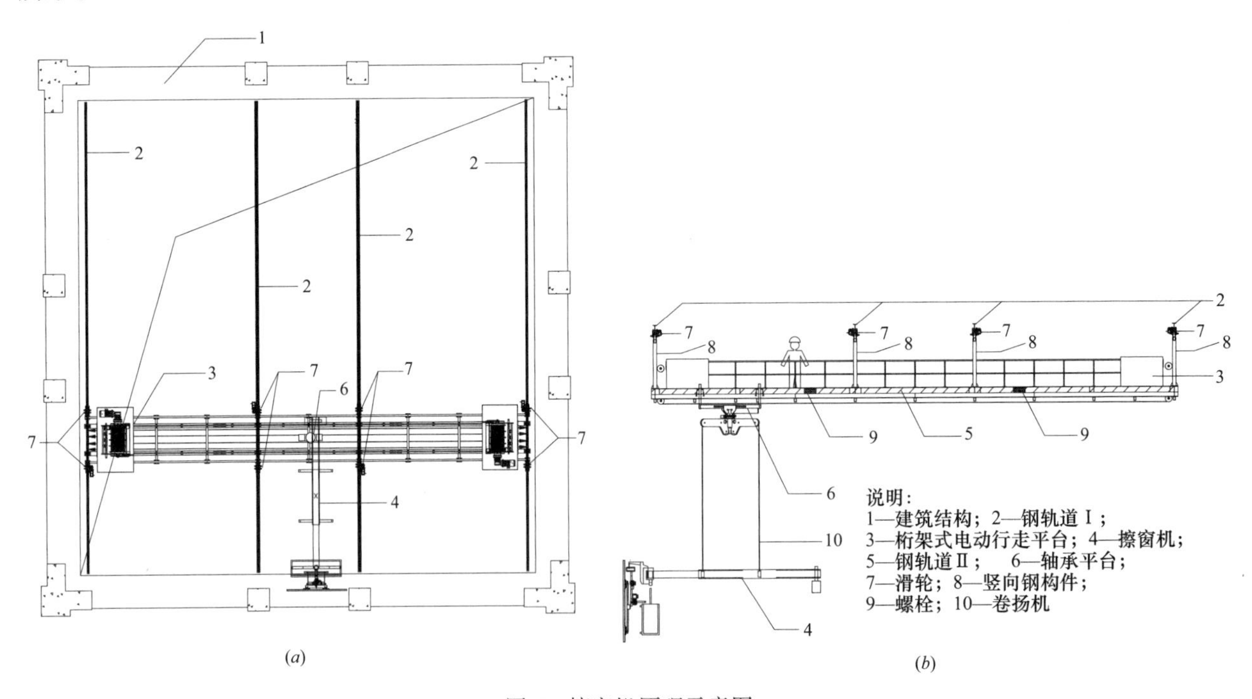

图5　擦窗机原理示意图

(a) 擦窗机原理平面示意图；(b) 擦窗机原理立面示意图

技术优点：安装简单、工作效率高，尤其适合于内庭凸出结构导致的幕墙面凹凸不平的复杂内庭幕墙。

鉴定情况及专利情况：获得发明专利一项，发明专利号：ZL 2014 1 0000546.7。

3.3 大型幕墙单元板块整体安装技术

工艺原理：结构施工期间预埋可使转换器移动的埋件，板块吊装前安装轨道吊装装置，包括预埋件和承重钢梁、斜拉钢丝绳、轨道钢梁、吊装机具及连接件。将若干预埋件分别预埋在轨道安装层的楼板边缘及对应位置的上层梁板底；承重钢梁一端与楼板边缘预埋件固定，另一端通过斜拉钢丝绳与上层结构的梁或板底预埋件连接，轨道钢梁与承重钢梁呈垂直方向布置，通过螺栓与悬挑钢梁下翼缘连接，轨道钢梁之间采用连接板配合螺栓连接。轨道安装完成后将吊装机具安装在轨道钢梁上，通过吊钩升降满足不同楼层的吊装需求。

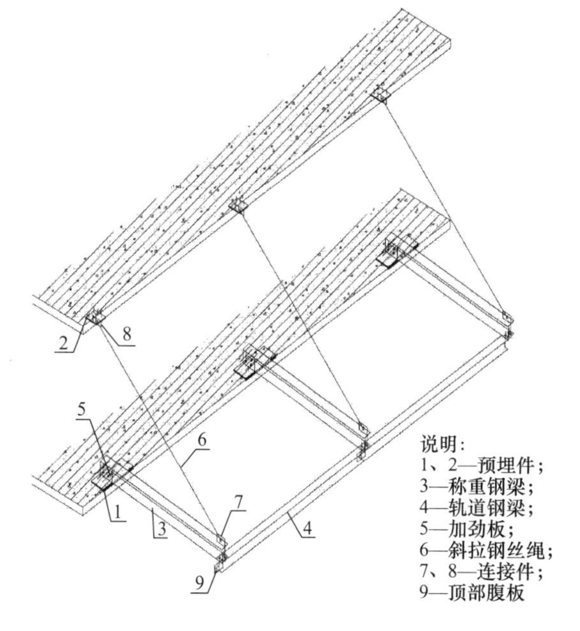

图6 安装原理示意图

技术优点：转换器在钢板的槽口内的移动来实现装饰面层的安装与固定。板块安装简便、吊装能力强、吊装位置灵活可调、施工安全、造价低廉、材料可回收利用，有效解决超高层幕墙重型单元板块的吊装难题，其原理如图6所示。

专利情况：获实用新型专利两项，专利号：ZL 2012 2 0565459.2、ZL 2012 2 0105005.7。

4 工程主要关键技术

4.1 大型幕墙单元板块整体安装施工技术

4.1.1 概述

本技术在建筑物外围设置悬挑的环形吊装轨道系统：通过在主体结构施工期间在指定楼层结构梁上预埋连接件，后期采用定制的钢梁一端和楼层预埋的连接件固定，钢梁另一端悬挑并采用钢丝绳和上一楼层梁上预埋连接件进行连接，形成稳定的三角体系并沿建筑物外围通长布置，然后通过人工配合吊篮在悬挑钢梁的外端下部设置导轨钢梁，板块吊装前在导轨钢梁上安装电动吊装设备，形成可靠的轨道吊装系统。通过调节钢梁悬挑距离满足各种九面体幕墙板块体积要求，通过电动吊装设备吊钩的升降来解决板块垂直吊运不同楼层的问题，通过电动吊装设备在轨道上的行走满足不同位置板块吊装的需要。

4.1.2 关键技术

1. 施工工艺流程（图7）

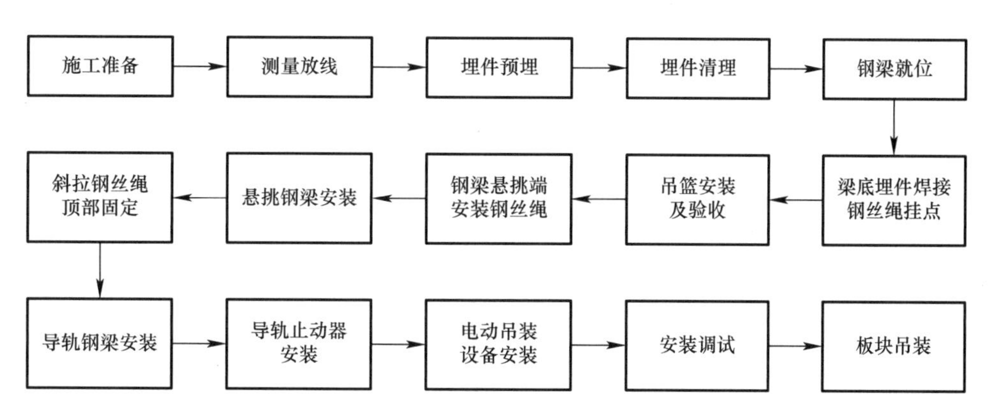

图7 大型幕墙单元版块安装工艺流程图

2. 施工操作要点

(1) 施工准备

方案设计：整个吊装体系附着于主体结构上，方案完成后提交设计单位对吊装体系受力情况进行复核。在18层、38层、屋顶层搭设吊装轨道，吊装轨道呈环形，每边长约53m，周长约212m。悬挑出结构梁边线为1750mm，根据结构轴线跨度每4200mm做一道支撑，顶部采用钢丝绳拉接。轨道布置平面图和详图如图8、图9所示。

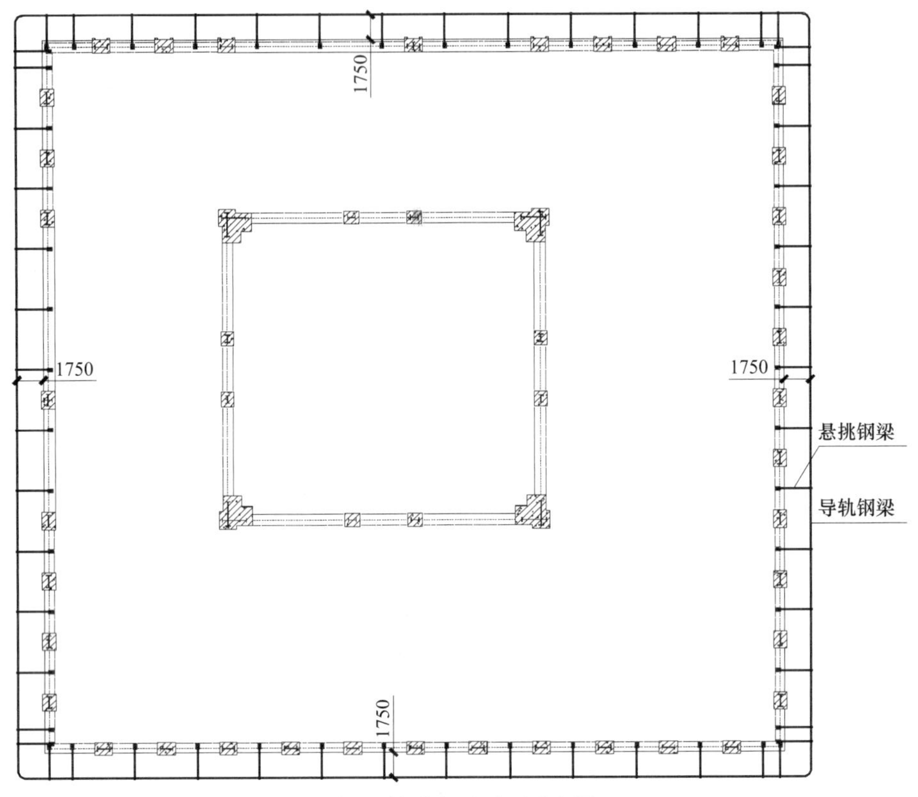

图8　轨道布置平面示意图

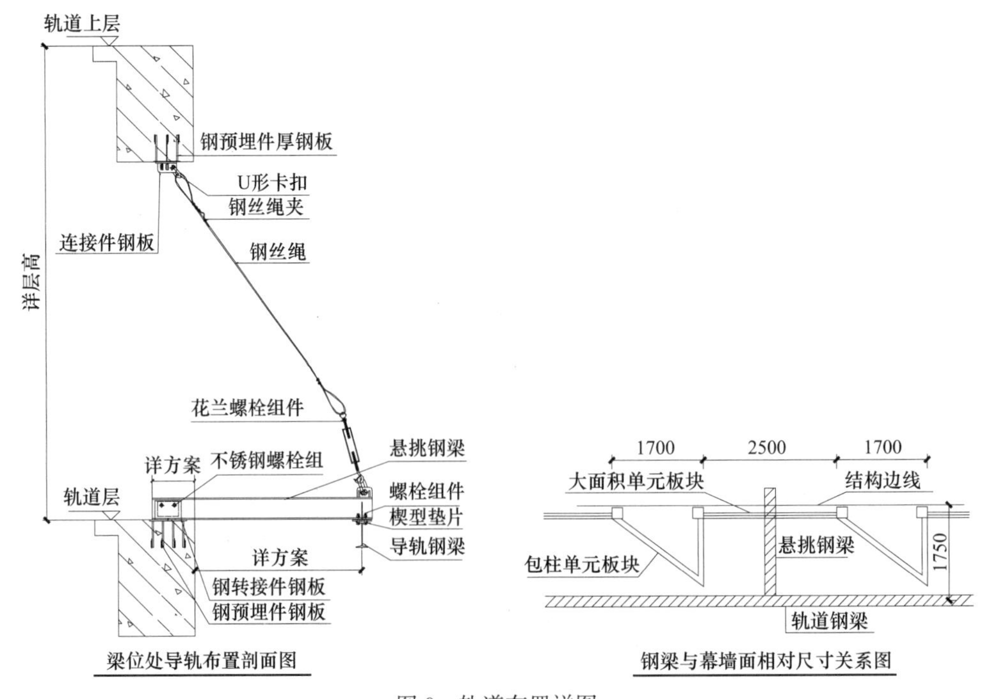

图9　轨道布置详图

方案论证：由于吊装重量大，经专家论证后实施。

（2）测量放线

根据建筑轴线，在引测及通视最方便的位置，测定一根竖向基准线，再根据建筑物的标高，用水准仪在建筑外檐引出水平点，并弹出一根横向水平线，作为横向基准线。基准线确定后，利用基准线用钢尺划分出幕墙的各个分格线，在放测各分格线时，与主体结构实测数据相配合，对主体的误差进行分配、消化。

（3）埋件预埋

1）预埋件为板式预埋件，施工前应根据设计荷载按《玻璃幕墙工程技术规范》JGJ 102—2003 附录C进行计算，锚固板最小厚度、锚筋中心至构件边缘的最小距离、锚筋中心最小间距、锚筋中心至锚板边缘的最小距离应符合构造要求，锚筋最小截面积、充分利用锚筋的抗拉强度时锚筋长度应满足计算要求。

2）在梁模板封闭前，将经防腐处理的预埋件分别放置于钢梁顶及梁底与悬挑钢梁安装的相应部位，其数量、规格必须符合设计要求。混凝土浇筑完成后，检查预埋件周围的混凝土是否填充密实。若需进行后补埋件，则需对后补埋件作现场拉拔力测试，达到要求后进行防腐、防锈处理。

3）埋件清理

清除埋件表面混凝土，使埋件露出金属面，检查埋件周围楼板的平整度，要求埋件平面位置允许偏差±10mm、标高允许偏差±10mm、表面平整度偏差≤5mm。

4）钢梁就位

在悬挑钢梁锚固端翼缘处焊接两块与工字钢腹板平行的加劲板，轨道钢梁一端腹板两侧焊接连接板。

5）梁底埋件焊接钢丝绳挂点

钢丝绳挂点可采用焊接钢筋吊环或钢板连接件，采用钢筋吊环时需对钢筋（选用一级钢筋）直径和吊环与埋件焊缝进行计算，采用钢板连接件时应对连接件尺寸、开孔直径及焊缝进行计算，确保满足承载力要求。

埋件清理完成后在梁底埋件上焊接钢板连接件（中间开圆孔满足U形卡扣的要求），焊缝高度根据钢板连接件的受力进行计算，焊缝等级不低于二级。

（4）悬挑钢梁安装

通过已安装好的斜拉钢丝绳底部与钢梁悬挑端部相连，采用人工配合吊篮慢慢将钢梁吊起，使钢梁悬挑出结构边，悬挑距离达到设计要求后，将钢梁锚固段卡入与板面预埋件焊接的连接件卡口中，对齐锚固端加强处的螺栓孔位和焊接在板面预埋件上的连接件螺栓孔位，用2个不锈钢螺栓紧固（图10）。调节斜拉钢丝绳上的花篮螺栓，使钢丝绳绷紧，拉紧外伸梁悬挑端。

（5）钢梁悬挑端安装钢丝绳

在安装轨道的上一结构层，将斜拉钢丝绳顶端与上层结构的可靠部位相连，钢丝绳底部采用花篮螺栓与U形卡扣相连，最后固定在钢梁悬挑端钢板连接件上，防止钢梁掉落（图11）。

图10　钢梁锚固端与连接件细部图

图11　钢丝绳与钢梁连接

（6）斜拉钢丝绳顶部固定

钢梁锚固端固定完成后，可解除斜拉钢丝绳顶部与上层结构的连接，在轨道安装楼层内将钢丝绳通过U形卡扣连接于上层梁底的钢丝绳挂点上。调节各钢丝绳上的花篮螺栓，使钢丝绳张紧，并确保每根钢丝绳张紧度基本一致（图12）。

（7）导轨钢梁安装

当安装好楼层外侧一面外伸悬挑钢梁后，采用人工配合吊篮安装导轨钢梁，将导轨钢梁水平放置，两端与悬挑钢梁下翼缘对齐，一端通过4个不锈钢螺栓组连接悬挑钢梁梁底翼缘上，同时将钢梁另一端端部预先焊接好的连接板与相邻导轨钢梁腹板对齐，配合4个不锈钢螺栓组连接固定（图13）。

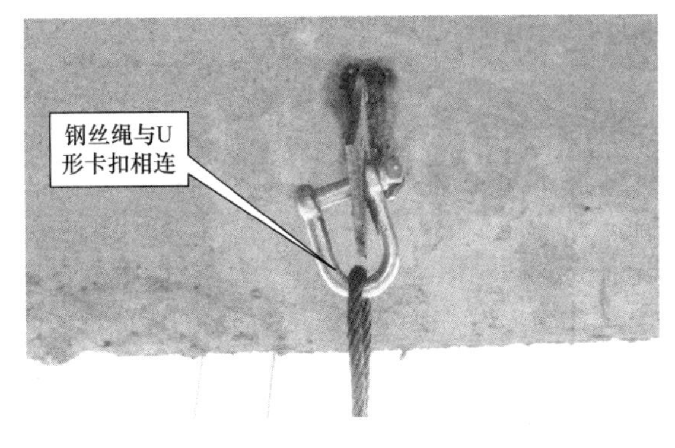

图12　钢丝绳与连接件细部图

图13　钢梁与导轨连接细部图

（8）导轨止动器安装

导轨钢梁安装完成后，在轨道的角部位置上安装吊机运行止动器，以防吊机在角部运行时冲出轨道。

（9）电动吊装设备安装

检查导轨各部件安装是否正确，确认无误后，将吊装机具（电动葫芦，型号可根据吊装要求选择）安装在轨道钢梁下翼缘上（图14）。

（10）安装调试

待所有部件安装完毕后对整体吊装系统进行调试，调试完毕符合要求经相关人员验收后方可投入使用。

图14　吊装机具

图15　吊装系统整体

（11）板块吊装（图15）

单元板块（各工程各不相同）根据位置及形状不同，可分为大面单元板块、包柱单元板块、电梯井位置单元板块、转角单元板块及裙楼吊顶下部单元板块。以大面单元板块及包柱单元板块为主。

单元板块安装顺序：单元板块安装按立面分为四个区域，各区域单元板块的安装从下到上进行；水平方向的安装，应从一个转角向另一个转角方向安装（图16）。一个施工区域的安装顺序为包柱单元→大面单元→包柱单元→大面单元……

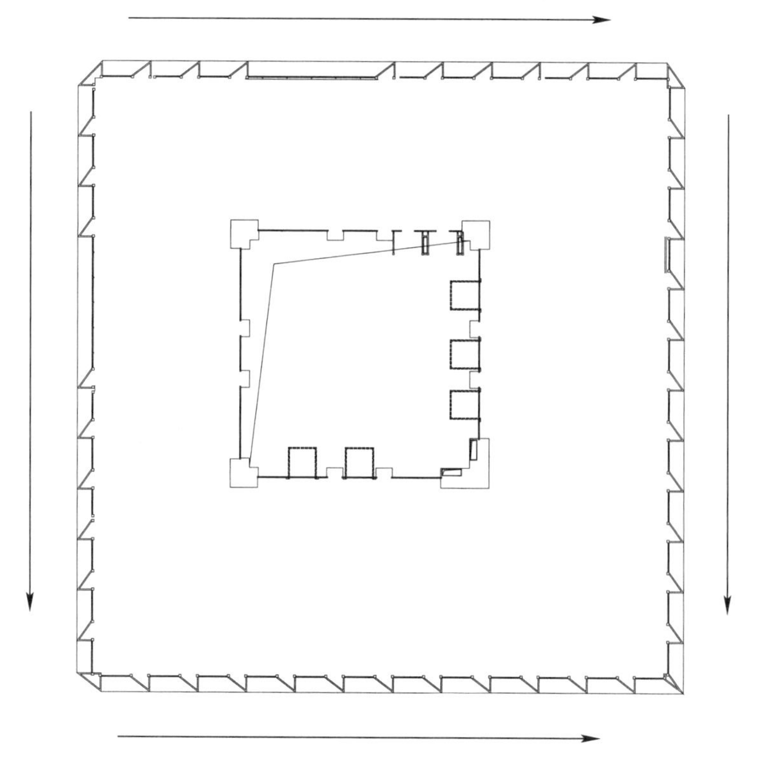

图 16　单元板块吊装顺序平面示意图

（12）板块安装就位大面单元板块最大尺寸为 2500mm×3000mm，由玻璃板块（大面洞口）＋1250mm×（3000＋4200）mm 梯形铝板板块＋1250mm×（3000＋4200）mm 吊顶玻璃板块（包梁）组成，单元板块先分大面洞口单元及包梁单元两部分分别运输，到现场后进行组装。安装时采用专用吊装钢架与单元板块组装在一起，由小推车推至吊装系统相应位置，运输至指定位置安装。就位过程如图 17 所示。

4.2　深基坑内支撑水钻切割拆除施工处理技术

4.2.1　概述

本技术全机械化施工，准确的放线位置即切割的分界线精度高，由于机具轻便可多台设备同时施工，提高工作效率、节省工期的同时还具有以下特点：切割钻孔振动小、对支撑梁结构无影响、无粉尘、噪声低、切割后的混凝土整块构件便于清理，有益于环保，与常用的人工锤凿、机械捶打、风镐、液压破碎锤破碎、爆破等方法相比，本技术还具有施工简易、操作性强、成本低廉等特点。

运行吊机至待吊装的板块上方，将吊索装卸扣锁定在吊装钢架上，检查连接无误后，指挥吊机将板块慢慢起吊至安装位置。

当板块临近安装位置时，将板块推向连接件处，缓缓调整板块位置，最后将板块上部挂接在梁底挂件上。

图 17　板块吊装就位示意图（一）

板块上部与梁底连接件连接。

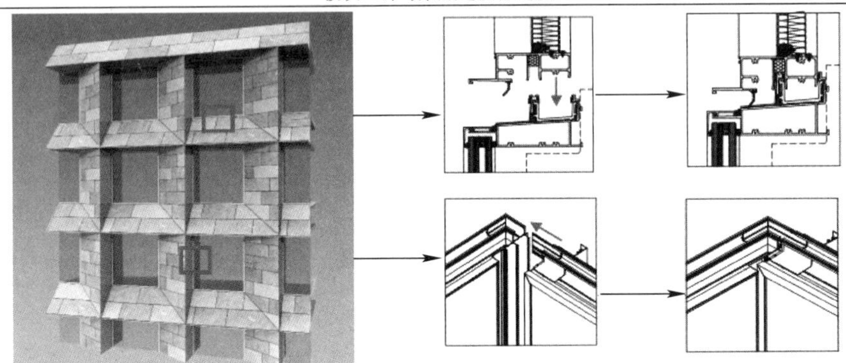

板块固定在梁底挂件上后,先与左右两侧包柱板块插接完成后，板块落到下层单元板块或预埋件转接器的上槽口上插接,安装完成后,检查板块标高,必要时进行调整。施工中进行调整的原则是:横平竖直,并确保挂件与转接件的有效接触与受力。调整内容包括:横向微调、竖向微调及左右解封的检验微调。

板块底部与转接器连接

检查调整完毕符合要求后将吊装钢架退出。

板块安装完毕，重复以上步骤。

图 17　板块吊装就位示意图（二）

4.2.2 关键技术

1. 施工工艺流程

施工准备→切割排版→定位放线→搭设支撑梁临时支撑→固定切割设备→钻孔切割→切割块吊装。

2. 施工工艺要点

(1) 切割排版

依据设计图纸及现场实体的勘测情况，对要切除的混凝土实体进行分格排版，分块切除。排版过程中考虑吊装设备的起重能力，排版前计算切割块的重量，满足起重设备的荷载要求。如采用C7050塔吊调运，其最大起重量为20t，考虑吊装距离取40m臂长处起重量为10.1t作为最大起重量，根据计算可得1m×1m截面积的混凝土梁其重量2.5t/m，将待拆除的支撑梁以4m/段分格排版。排版时应根据结构稳定、施工安全及施工可行性等因素确定分步切割的顺序，先小后大、先次要后主要，保证卸荷的均匀。

(2) 放线定位

排版完成后由测量人员放线，在梁上用墨线弹出准确的切割线并加以保护。

(3) 搭设临时支撑

考虑现场施工因素及周围结构的安全，在待拆除的结构下方应有临时支撑设施。根据现场情况一般采用钢管脚手架支撑或工字钢支撑，其中钢管脚手架搭设较为方便，稳定性也更好。临时支撑施工前按照《建筑施工扣件式钢管脚手架安全技术规范》JGJ 130进行相关计算后编制专项施工方案，施工后必须经过验收合格后方可投入使用。

对临时支撑采用钢管扣件脚手架的形式，以截面为1m×1m的梁为例，采用3排立杆，横距500mm，纵距500mm，步距1500mm，搭设高度为梁距下层结构高度，离地面200mm高处设置纵横向扫地杆，支撑架与梁底顶紧（图18）。

(4) 固定切割设备

采用金刚石筒锯钻孔机（OB-110B），根据切割线选择合理的位置，固定切割设备。固定方式为在支撑梁上钻孔，用膨胀螺栓紧固设备底座。根据待切割的梁宽度，每钻3～4个孔更换一次固定位置。

安装金刚石薄壁钻头，旋紧钻头后，空载试钻，确保钻头旋转时的径向跳动符合一般要求。

钻机启动以后，打开供水阀门，当有水从钻头中流出时，可开始钻孔。

(5) 钻孔切割

采用钻孔机钻孔，根据梁宽大小选取不同直径的钻头，对1m宽的梁，选取钻孔直径100mm的钻头，相邻孔重合10mm左右保证切断。钻孔深度贯穿整个梁高。切割时从梁一边向另一半进行，直到切断（图19、图20）。钻进时应有充足水量保证金属钻头内腔冷却。

图18 临时支撑

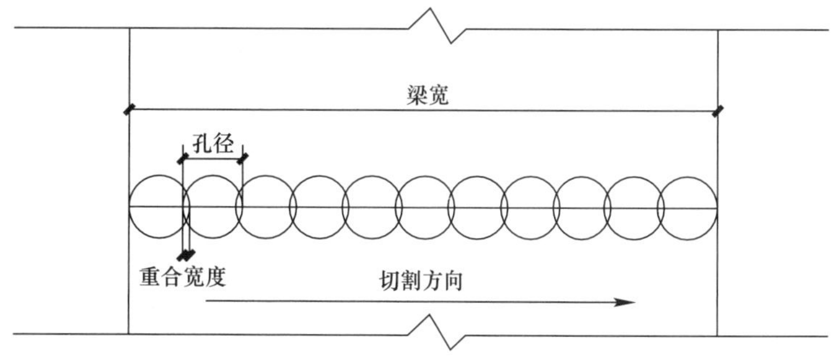

图19 钻孔切割排布

由于切割工作中需采用水冷却，应采用如下措施防止污水进入非施工区域：施工区域采用钢管架并配合土工布搭设施工维护，进行全封闭施工，防止水花四溅，防止非施工人员进入滑倒；切割机设置水流导流管，冷却水直接导入下部专门的水桶中；所有污水不得直接排入下水道，防止堵塞下水管道，应进行沉淀处理为清水并考虑重复利用，沉渣作为建筑垃圾进行处理。

图 20　切割效果

（6）切割块吊装

切割完毕后，用塔吊配备合适的吊具和吊绳将每块切割块吊运至指定地点（图 21）。

图 21　混凝土切割块体吊运

4.3　超高层框架双筒结构体系施工全过程受荷实测技术

4.3.1　概述

近些年来，关于高层建筑结构竖向变形的研究所采用的分析模型和分析方法都是建立在一些近似假设的基础上的，适用范围较窄，结果和实际可能存在较大的误差，缺少充足的试验数据作为理论支撑，且实际工程应用存在一定的难度。而针对于本工程独特的结构形式，对其竖向变形影响的研究稀少，故决定在施工期间对其进行研究。

4.3.2　关键技术

1. 测试实验的测试流程

混凝土结构施工期的原位实验测试流程如图 22 所示。

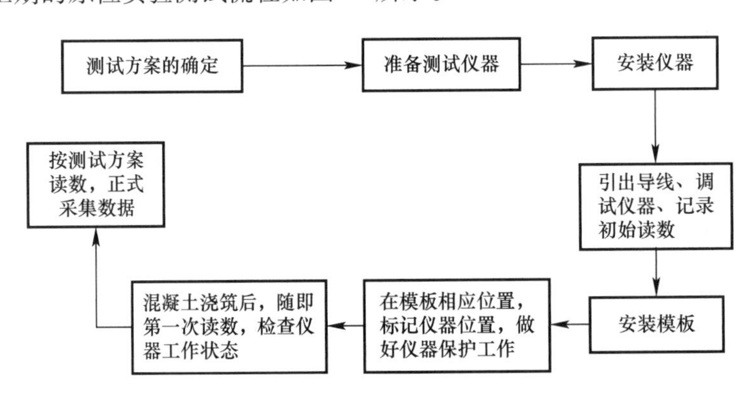

图 22　原位实验测试流程图

2. 施工操作要点

（1）测试仪器的选择

选用 XHX-215W 型表面式应变计（图 23）、XHX-115W 系列埋入式应变计（图 24）和 XHX-333W 钢筋计（图 25）及配套 XHY-ZH 智能读数仪（图 26）。该应变计广泛应用于建筑、铁路、交通、水电大坝、桥梁等工程领域各种混凝土结构、钢结构的应变测量，可以准确了解被测构件的受力-变形状态。

（2）工程实体测试方案及主要测试工作

根据结构特点，考虑结构整体和局部的力学特性、监测构件选定及测点布置原则，选择内筒角柱竖向变形监测、外筒柱、楼梯边框架柱等受力构件进行应变监测。经过多方面分析：对结构不同位置构件的测试，根据优化和合理组合原则，选择测试构件区域（图 27）并布置应变计敷设位置（图 28）。

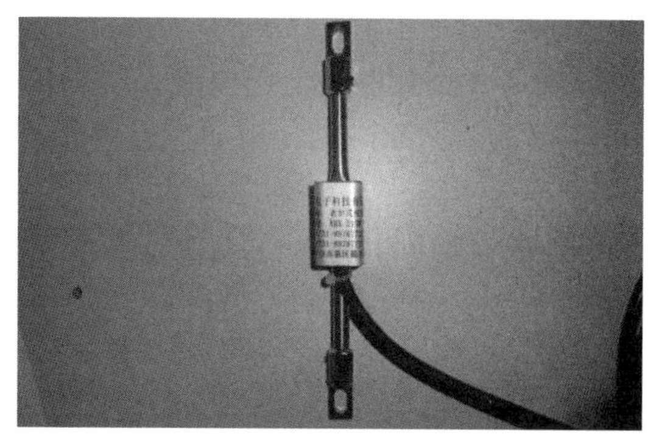

图 23　XHX-215W 表面式应变计

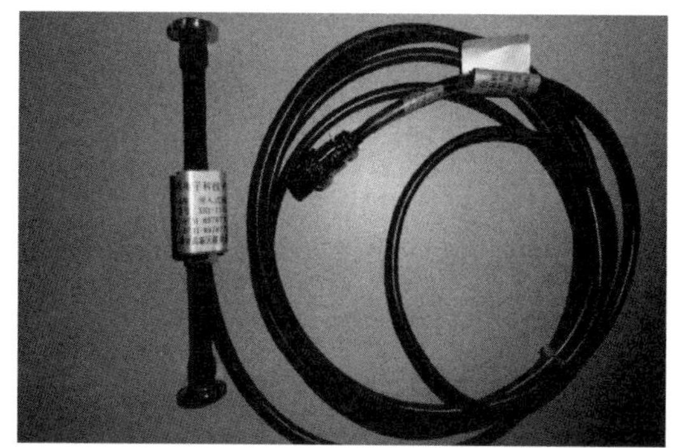

图 24　XHX-115W 混凝土埋入型应变计

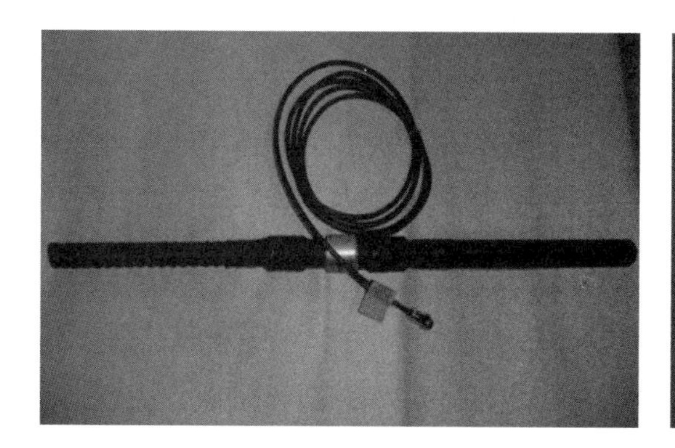

图 25　XHX-333W 钢筋计

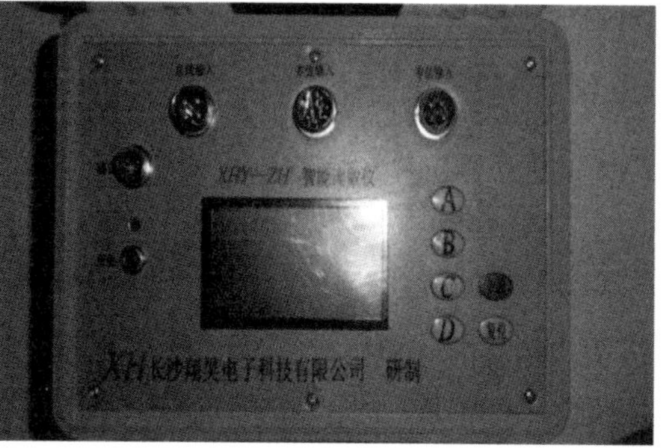

图 26　配套 XHY-ZH 智能读数仪

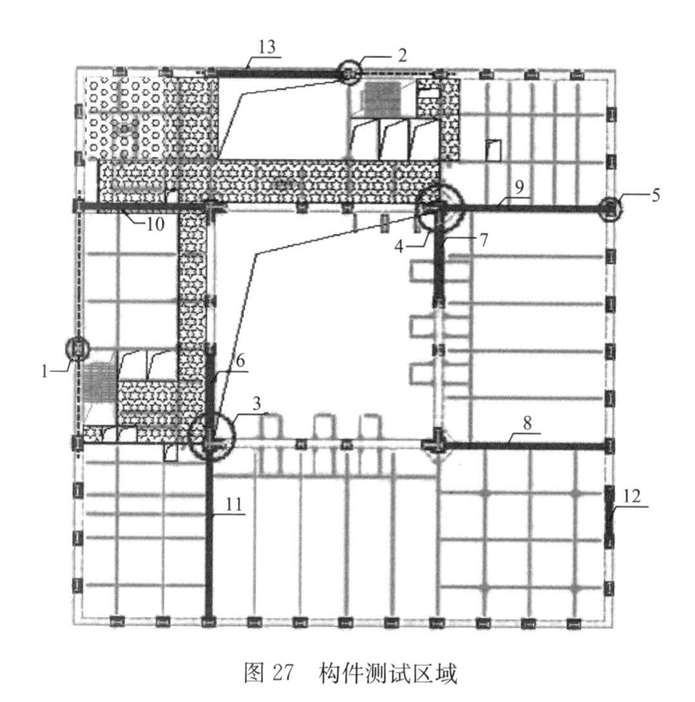

图 27　构件测试区域

（3）主要测试工作

① 结构施工期竖向变形测试过程

追踪施工全过程，每个施工工序开始和结束时均读取数据，历时较长、荷载变化较大的工序，如混凝土的浇筑，应在工序持续过程中读取数据，如遇没有工序施工时，每 24 小时读数一次；根据实际情况需要随时增加读数次数。具体控制工序如下：

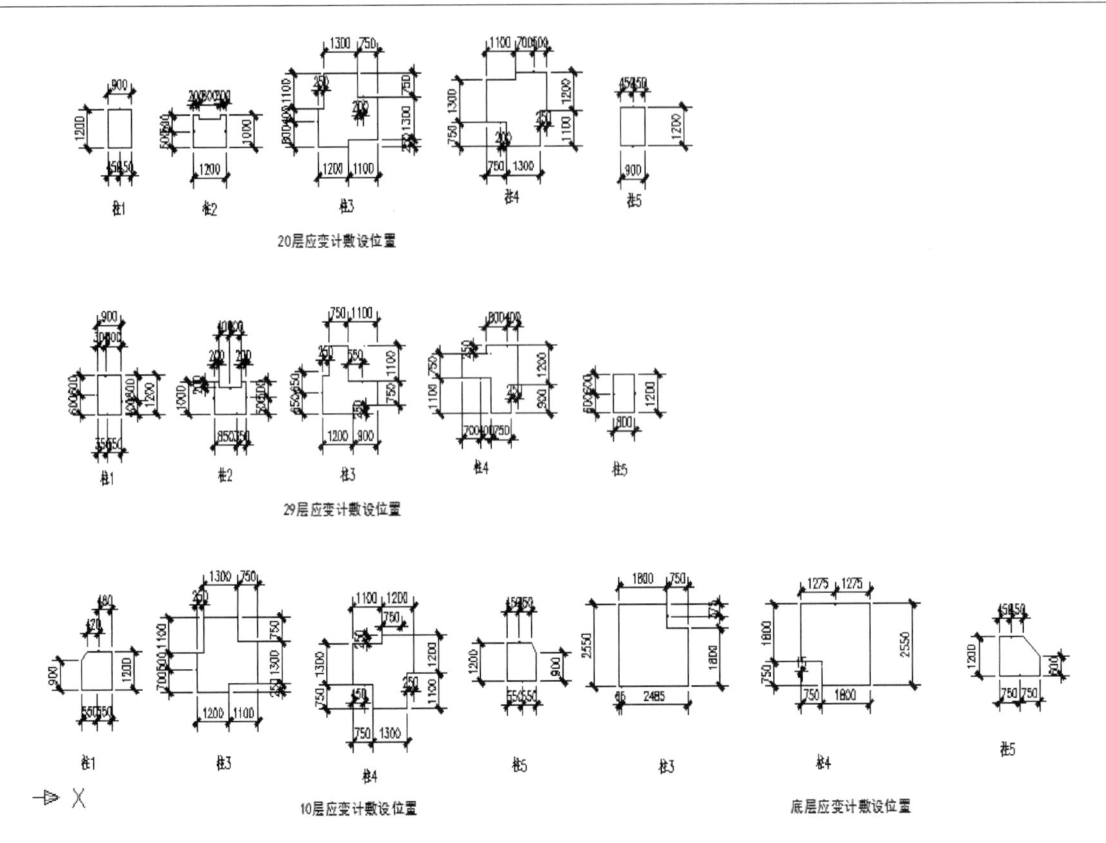

图 28　测点平面布置图

a. 所测楼层上部各楼层模板支设；

b. 所测楼层上部各楼层钢筋绑扎；

c. 所测楼层上部各楼层混凝土浇筑；

d. 所测楼层及上部各楼层模板拆除；

e. 大型设备、大宗材料吊放等产生较大活荷载的操作。

② 记录施工过程

根据测试要求进行读数的同时，详细记录施工工况，特别是模板支设、钢筋绑扎、混凝土浇筑、模板支撑拆除等主要控制工况。随时观察施工中出现的特殊情况，及时增加或调整测试次数，做到数据和工序的对应采集，以便于后期数据分析（表 1）。

测试楼层及测点数量　　**表 1**

	埋入式	钢结构表面式	混凝土表面式	钢筋计	合计
1 层			8		8
10 层			9		9
20 层			12		12
29 层			16		16
35 层	18	4		3	25
36 层	23	4		3	30
39 层	23	4		3	30
42 层	23	4		3	30
45 层	23	4		3	30
48 层	23	4		3	30
悬挑		12	7		19
总计	133	36	52	18	239

不同楼层梁、柱、板混凝土等级强度如表 2 所示。

梁、柱、板混凝土强度等级 **表 2**

<table>
<tr><td rowspan="2">墙柱</td><td>部位</td><td>−4F～5F 塔楼范围外</td><td>−4F～5F 塔楼范围外</td><td>6F～18F</td><td>19F～28F</td><td>29F～38F</td><td>39F 及以上</td></tr>
<tr><td>强度等级</td><td>C35</td><td>C60</td><td>C60</td><td>C50</td><td>C40</td><td>C30</td></tr>
<tr><td rowspan="2">梁</td><td>部位</td><td>−4F～1F</td><td>2F～24F</td><td>25～39F</td><td>40F 及以上</td><td></td><td></td></tr>
<tr><td>强度等级</td><td>C30</td><td>C50</td><td>C40</td><td>C30</td><td></td><td></td></tr>
<tr><td>楼板</td><td>强度等级</td><td colspan="6">C30</td></tr>
</table>

(4) 测点应变计现场埋设

钢结构应变计、混凝土埋入型应变计、钢筋计、(混凝土) 表面式应变计安装如图 29～图 32 所示。

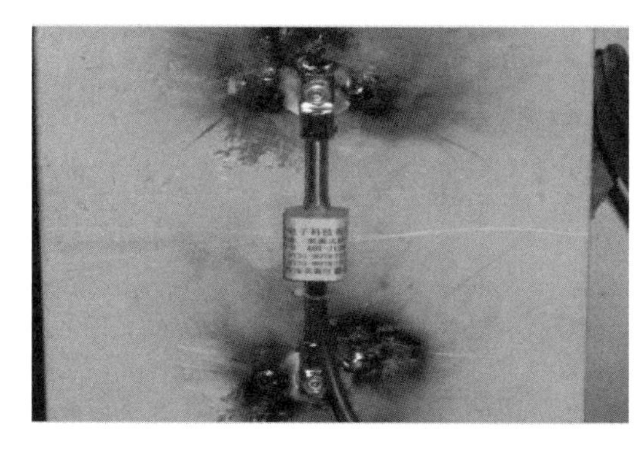

图 29 XHX-215W (钢结构) 表面式应变计安装

图 30 XHX-115W 混凝土埋入型应变计安装

图 31 XHX-322W 钢筋计安装及导线引出

(5) 实测结果分析

混凝土浇筑完成后，第一次读取的混凝土应变计的读数作为混凝土变形的初始数据，绘制混凝土柱、钢梁龄期变形图及变形规律，得出以下分析结果：

图 32　XHX-215W（混凝土）表面式应变计安装

1）从混凝土柱 28 天龄期变形规律图我们可以看出，在混凝土浇筑完成后的短时间内，在混凝土水化热的影响下，温度急剧升高，使其处于短暂的受拉状态，随着时间的逐渐推移，在第 2～3 天内，其应变上升迅速，说明此阶段混凝土强度不断增长，承担的荷载也越来越多。而之后的应变增速明显放缓，这与混凝土强度增长变慢处于施工期间的混凝土框架—核心筒时变体系在边界条件、结构刚度、几何形状、材料性能等方面不断变化有关。

2）从柱施工过程竖向变形图可知，对于高 228m 的楼梯框架单柱 1、2 其四边应变离散性较小，其内拱和外凸现象并不明显。

3）针对于不同结构层的同一位置的钢梁，由于支撑系统的影响和随着不同施工阶段，不同的施工工序，使得变形曲线都有着阶段性的变形特征，在 10～15 天期间（即梁下支撑系统拆除时）达到最大值。

4）从施工期全过程的竖向变形图可以看出，竖向变形随着施工周期的不同，变形速率逐渐变大，曲线出现一定的拐点，这与其施工工况有着密切的关联。

5）由于外界环境（温度、湿度、风和施工时振捣棒的振捣）的影响，在应变计的初期和后期测试过程中数据有所波动，但整体趋势比较明显。

5　社会和经济效益

5.1　社会效益

在工程施工建设过程中，本着“服务业主，创建优质工程”的目标，在施工过程中积极贯彻“技术先行、过程控制、打造精品”的理念，解决了施工中的各类难题，保证了项目建设与周边环境的融合，最终实现了创“鲁班奖”目标。

5.2　经济效益

通过应用各项新技术，并积极进行技术创新，保证了工程质量，缩短了施工工期，节约了生产成本，创造了项目经济效益。技术创效 1918.5 万元，效益率达 2.24%。

6　工程图片（图 33～图 37）

图 33　228m 内天井

图 34　复杂工艺的种植屋面

图 35　制冷机房

图 36　超大容量穿梭电梯

图 37　塔楼外幕墙

天环广场

邵 泉 娄 峰 李敏健 赵文雁 程 瀛

第一部分 实例基本情况表

工程名称	天环广场（原名：宏城广场综合改造工程）		
工程地点	广州市天河区天河路宏城广场		
开工时间	2012.2.24	竣工时间	2015.1.22
工程造价	约10亿元		
建筑规模	110432m²		
建筑类型	公用与民用建筑		
工程建设单位	广州宏城广场房地产开发有限公司		
工程设计单位	深圳华森建筑与工程设计顾问有限公司		
工程监理单位	广州宏达工程顾问有限公司		
工程施工单位	广州建筑股份有限公司		
项目获奖、知识产权情况			
工程类奖： 2013年广东省AA级安全文明标准化工地； 2013年广东省房屋市政工程安全生产文明施工示范工地； 2014年度广州市建设工程结构优质奖； 2014年第六届广东钢结构金奖“粤钢奖”； 2014年中国钢结构金奖； 2017年度广州市建设工程优质奖； 2017年度广州市建设工程质量五羊杯奖； 2017年度广东省建设工程金匠奖。 科学技术奖： “有限空间半逆作法综合管线原地保护施工技术研究”获2014年度中施企协科学技术奖二等奖、2015年广东省土木建筑学会科学技术奖三等奖； “绿色砌筑施工关键技术”获2015年广东省土木建筑学会科学技术奖三等奖； “复杂造型商业广场综合施工关键技术”获2016年度中施企协科学技术奖二等奖、2017年广东省土木建筑学会科学技术奖一等奖； 2015年广东省建筑业新技术应用示范工程； 第九届广东省土木工程詹天佑故乡杯。 知识产权（含工法）： 获国家级或省级工法2项；发明专利3项，实用新型专利5项。			

第二部分　关键创新技术名称

1. 点支式悬挑结构支撑托换及荷载变形监测技术
2. 超高厚重铰支式外幕墙玻璃吊装技术
3. 空间仿生 ETFE 薄壳结构建筑位形控制技术
4. “树状形态”仿生柱树杈焊接节点制作技术

第三部分　实 例 介 绍

1　工程概况

天环广场（原名：宏城广场综合改造工程）位于广州市天河区核心商业区，东西分别毗邻正佳广场地下室和天河城地下室，北邻体育中心 BRT 车站，南近地铁一号线，地铁 APM 线从广场下方通过，是将原宏城广场升级建成“地上广场、地下停车场+购物城”的汉堡包式结构的文化休闲广场，新建的公园不再是传统意义上的市民公园，而是具有立体感、艺术感和科技感的广场（图 1～图 3）。

项目总建造面积约 110432m^2，地下 3 层，地上 2 层，地上建筑面积约 2 万 m^2，地下建筑面积约 9 万 m^2。其中−1 层和−2 层为交通通道、下沉广场出入口和商业配套等；−3 层为地下停车场。地上部分拥有大面积的户外绿化广场和下沉式主题广场。

本工程结构形式为现浇钢筋混凝土框架结构。建筑外观为“双鲤鱼形”，建筑顶部由银色的网状钢结构材料罩住，酷似鱼鳞。鱼形建筑的外立面一律采用可透视的玻璃幕墙，是一个巨大的“开放式购物公园”，并欲打造成华南高端购物中心新地标。

图 1　下沉广场景观图

图 2　天环广场正面图

2　工程重点与难点

2.1　深基坑作业复杂

本工程受商业要求和停车需求，基坑深度大，开挖深度达 18～20m；且建筑物坐落的位置临近路边，周边道路多为城市或区域的主要交通线，北邻体育中心 BRT 车站，南近地铁一号线，其中西侧基坑的则位于 APM 线（珠江新城旅客自动输送系统）上方，其两侧即为宏城广场基坑，西侧基坑深度约 15m，东侧基坑深度约 18～20m，使得整个宏城广场基坑分成三部分，两侧深，中间（APM 顶部）浅。

图 3　地上立面图

2.2　结构平面大且复杂

本工程虽然不是高层建筑物，但在结构上，却具有以下特点：

(1) 平面面积大，造型复杂，没有标准层，建造时模板支撑体系选型困难，周转材料消耗大。

(2) 结构承受荷载大，常规钢筋混凝土结构体系无法满足设计要求，常需选用各种混合结构体系，施工难度大。

(3) 通风、空调要求高，机电管线、设备数量众多，管线综合平衡难度大，施工过程中常发生管线碰撞等问题，返工量大。

2.3　空间需求大，建筑造型独特

本项目屋面空间网架为"双鲤鱼形"，造型独特美丽且不规则，常规的钢结构体系无法实现建筑效果。本项目屋面钢结构体系特采用"空间仿生 ETFE 薄壳结构体系"，ETFE 膜与薄壳结构结合使用能更好地体现建筑外观效果，给人一种轻盈透亮的感觉，与此同时，给用户提供更多的舒适空间。空间仿生 ETFE 薄壳结构存在着诸多优点，但是由于其建筑外形较不规则，结构平面外刚度较为薄弱的缘故，若施工方法不合理，薄壳结构势必会产生较大的变形，施工完成后的钢结构位形与初始设计状态位形会存在较大的差别。膜结构一般在钢结构安装完毕后进行，膜结构安装精度要求较高，所以钢结构施工质量的好坏对后续膜结构安装会有较大影响。

3　技术创新点

3.1　点支式悬挑结构支撑托换及荷载变形监测技术

工艺原理：采用原位支撑托换技术改造已施工的结构柱，在原结构柱周边以圆钢管作为反顶柱，柱顶安放千斤顶施加预加力进行结构改造。

技术优点：

(1) 反顶柱位置设计及验算。反顶点都布置在原混凝土钢柱四侧梁上，圆管柱柱顶安装千斤顶以施加预应力。

(2) 施工全过程模拟分析。复核各反顶柱反顶力、应力、位移、节点强度。

(3) 荷载变形监测。反顶、修复和卸载过程，主要对结构柱变形进行监测。

鉴定情况：经过鉴定，该技术成果达到了国际先进水平。

3.2　超高厚重铰支式外幕墙玻璃吊装技术

工艺原理：外幕墙玻璃单片 12.55m 高、自重 6.8t，共 9 块。在屋面结构梁底安装幕墙顶部的柔性悬臂可微调幕墙龙骨，在幕墙下方结构梁上埋设通长条形钢板支座，利用预先安装在屋面的行车吊配合汽车吊吊装幕墙玻璃，并调平固定。

技术优点：

(1) 幕墙龙骨分成三段安装。

(2) 玻璃底座安装。在基面钢板上铺设通长的－400×20mm 钢板，并用高强度螺栓连接。通长钢板标高水平偏差控制在 2mm 以内。

(3) 玻璃吊装：以预装在结构梁顶的行车吊、220t 汽车吊配合电动玻璃吸盘吊装玻璃。

鉴定情况：经过鉴定，该技术成果达到了国际先进水平。

3.3　空间仿生 ETFE 薄壳结构建筑位形控制技术

工艺原理：ETFE 膜材设计收缩率小、强度低，当膜与钢结构边界理论值与实际值出现偏差时，一旦膜材过度张拉就极易损坏。因此需要图纸状态为施工完成状态，为此创新性地提出了钢结构三维坐标预调法，确保钢结构施工完毕后的位形应该与初始设计态位形几乎保持一致。在钢结构图纸深化阶段，采用空间仿生结构三维坐标预调整技术，实现了工厂加工阶段钢结构三维预变形的目的，保证了钢结构施工完毕后的建筑位形。

技术优点：

（1）钢结构预变形值通过采用正装迭代法、倒拆迭代法、一般迭代法等方法计算分析确定。

（2）结构建模，计算机模拟分析。将计算分析得到的三维变形值反号叠加到初始设计坐标上得到预变形后的坐标。

（3）现场按照预变形后的坐标进行构件分块的拼装，结构的安装。

（4）结构预变形控制值可根据施工期间的变形监测结构进行修正。

鉴定情况及专利情况：经过鉴定，该技术成果达到了国际先进水平，获得一项发明专利、一项实用新型专利。

3.4 “树状形态”仿生柱树杈焊接节点制作技术

工艺原理：构件加工时，采用圆管中频热弯工艺、弯管相贯线切割技术、双曲面钢板制作工艺等一系列技术实现仿生树构件的外观效果。

技术优点：

（1）小径厚比圆管中频热弯技术

直管下料后通过弯管推制机在钢管待弯部位套上感应圈，在感应圈中通入中频电流加热钢管，加热温度控制在900℃以内，当钢管温度升高到塑性状态时，在钢管后端用机械推力推进，进行弯制，弯制出的钢管迅速用冷却剂冷却，这样边加热、边推进、边弯制、边冷却，不断将弯管弯制出来。

（2）弧形圆管异形相贯口切割技术

以其中一块相贯平面为基准进行旋转，使板相贯平面与水平面重叠，此水平面与圆管的交线即为相贯位置线，划出三点定位点，而后采用弹线的方式标识出相贯位置线，从而实现异形相贯口的手工切割。

（3）双曲相贯盖板压制工艺

把双曲盖板分成N等分，量取每段截面的弧长，然后逐段拟合，得到高度近似的展开图。按展开图进行数控切割下料。盖板折弯成瓦片后，进行压弯制作。压制完毕后，抽样与相应弯管进行预组装，无差错，既可成批量加工。

鉴定情况及专利情况：经过鉴定，该技术成果达到了国际先进水平，获得一项实用新型专利。

4 工程主要关键技术

4.1 点支式悬挑结构支撑托换及荷载变形监测技术

4.1.1 概述

天环广场某商业店铺由于租户要求，需把已完成的主体结构进行结构改造。

4.1.2 反顶柱布置设计及验算

1. 反顶柱位置设计

楼面反顶采用如下图所示的位置布置，反顶点都布置在原混凝土钢柱四侧梁上。L1-L3层1、2、3、5、6、7号反顶柱采用P600×14圆管柱作为临时支撑；4、8号反顶柱采用PT-08平台柱H1200×600×30×40增加临时构造作为临时支撑；G1和G2号反顶柱作为安全构造措施，采用P600×14圆管柱，不施加千斤顶预应力；G3-G7号反顶柱作为安全构造措施，采用PT-08平台柱H1200×600×30×40增加临时构造作为临时支撑，不架设千斤顶。

经设计复核，B1-L1层由于上部3号和7号点处L1层混凝土梁承载力不足，需要在梁下设置反顶，反顶柱采用P600×14圆管柱作为临时支撑（图4、图5）。

2. 反顶柱构造设计

（1）L1-L3层反顶柱构造

4、8号和G3-G7号反顶柱采用原平台柱上下部增加临时措施的方式改造成反顶柱；1、2、3、5、6、7、G1、G2号反顶柱采用P600×14的临时圆管支撑，材质Q345B，具体构造措施如下：

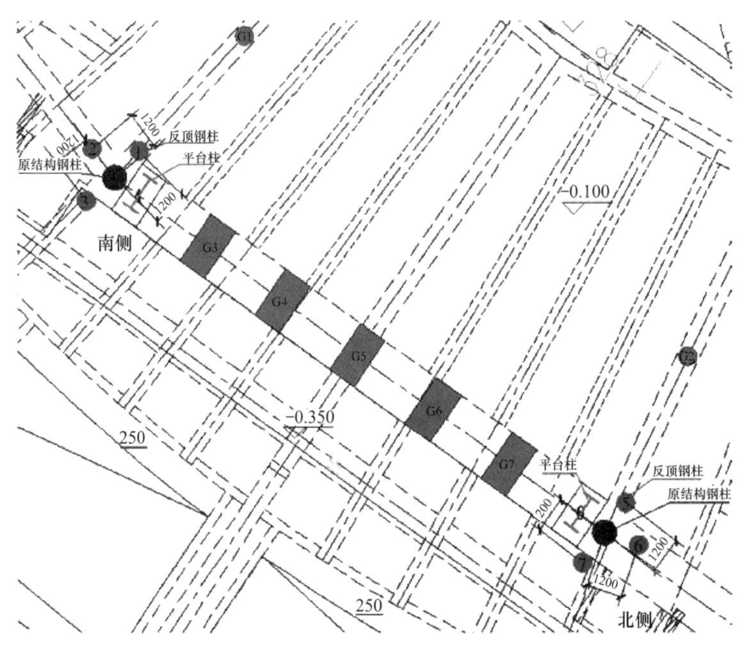

图 4　L1-L3 反顶柱布置图

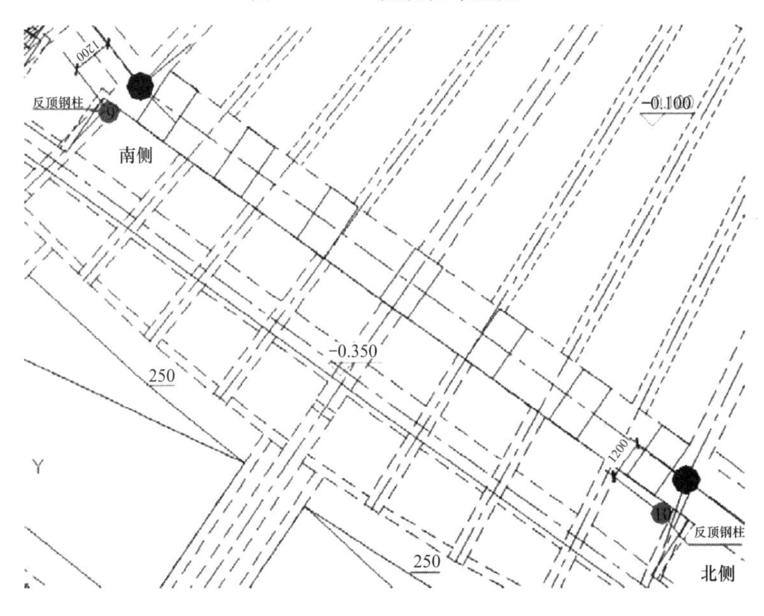

图 5　B1-L1 反顶柱布置图

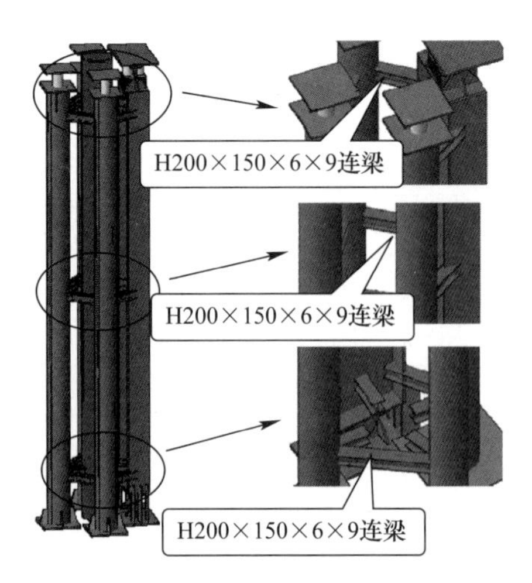

图 6　整体稳定措施图

1）反顶柱上部从混凝土梁下来 1.4m，采用 H200×150×6×9 连梁进行相互连接；中部处于柱中位置，采用 H200×150×6×9 连梁进行相互连接，保证侧向稳定性。反顶柱下部从底部上来 1.2m 处，采用 H200×150×6×9 连梁进行相互连接，并且与原钢管柱连接，保证水平向约束（图 6）。

2）原平台柱上部离混凝土梁底部 820mm，两侧先垫设 5 块 30mm 钢板，钢板之间进行点焊固定，之后两侧钢板上部分别架设一台千斤顶。垫板下方焊接三块 30mm 劲板，保证局部稳定性。原平台柱下部两侧翼缘板上各焊接 3 块 30mm 钢板，约束东西方向旋转位移（图 7）。

3）临时圆管柱上部焊接一块 30mm 钢板，在钢板上架设千斤顶，之后在千斤顶和混凝土梁接触面安放一块 30mm 钢板，在钢管内加两块 20mm 插板，保证局部受压稳定性。临时圆管柱下部焊接一块 30mm 钢板，钢柱四周焊接 4 块 20mm 劲板，保证混凝土局部承压满足要求（图 8）。

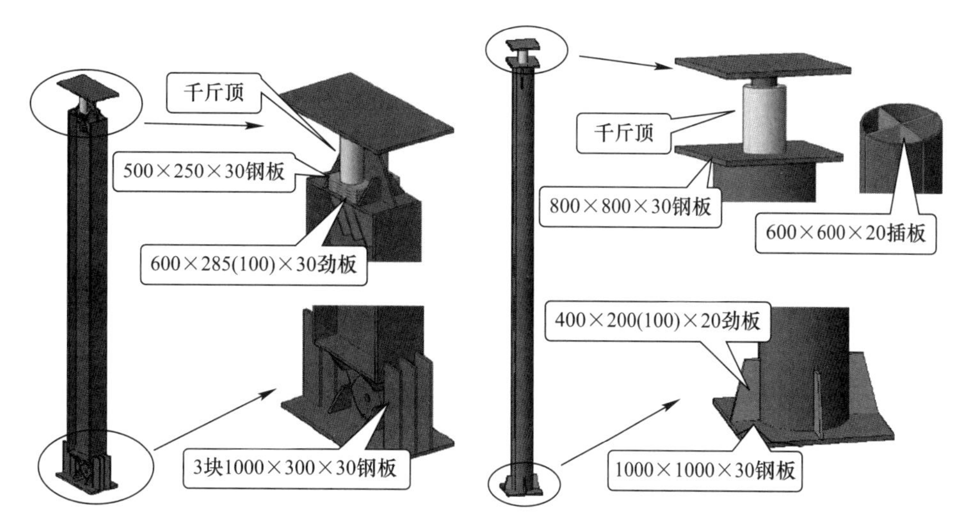

图 7　原平台柱构造措施图　　图 8　临时圆管柱构造措施图

（2）B1-L1 层临时措施

如图 9 所示，9、10 号反顶柱和 L1-L3 层反顶柱一样采用 P600×14 的临时圆管支撑，材质 Q345B，具体构造措施如下：

临时圆管柱上部焊接一块 30mm 钢板，在钢板上架设千斤顶，之后在千斤顶和混凝土梁接触面安放一块 30mm 钢板，在钢管内加两块 20mm 插板，保证局部受压稳定性。临时圆管柱下部焊接一块 30mm 钢板，钢柱四周焊接 4 块 20mm 劲板，保证混凝土局部承压满足要求。

3. 预加力计算

在反顶时需要千斤顶施加预应力以消除原有钢柱轴力，施加预应力时考虑现有的结构和施工工况，荷载情况如表 1 所示：

荷载工况表　　**表 1**

荷载类型	荷载名称	荷载类型	荷载名称
DL	结构自重	DL	PT-08 平台荷载
DL	楼板重量	DL	PT-08 幕墙重量
DL	梁下吊墙重量	DL	PT-08 幕墙铁架荷载
DL	梁上填充墙重量	DL	B3-L1 设计荷载

（1）L3 层 1-8 号点预应力

1-8 号反顶点在现有荷载 1.0DL+1.0LL 的工况下提取反顶点竖向剪力，之后由于梁自重和千斤顶处梁位移内力重分布两个原因，会出现残留剪力，导致原钢柱还有一定残余压力。

这时在施加一次剪力大小的预应力之后，继续提取梁端二次剪力；之后施加一次+二次剪力的预应力之后，继续提取三次剪力，最终预应力值为一次+二次+三次剪力。各点预应力值计算如表 2 所示。

预应力值计算表　　**表 2**

反顶点	一次剪力（kN）	二次剪力（kN）	三次剪力（kN）	预应力总值（kN）
1	1420.7	133.8	5.5	1560
2	192.6	34.5	25	252.1

续表

反顶点	一次剪力（kN）	二次剪力（kN）	三次剪力（kN）	预应力总值（kN）
3	2167.2	222.6	17	2406.8
4	1483.8	125.2	4.9	1613.9
5	964.5	100.4	4.1	1069
6	1168.7	126.5	10	1305.2
7	2224	228.8	17.1	2469.9
8	1638.6	145.8	6.8	1791.2

（2）L1层9-10号点预应力

在施加了L1-L3层反顶柱之后，经计算各混凝土梁得出3号和7号反顶点下方L1层混凝土梁承载力不足，需要向下继续施加反顶柱。B1-L1层9和10号反顶点的作用是消除一部分上部混凝土梁的剪力和弯矩，提取承载力不足混凝土梁的剪力值，最大值都接近3000kN，因此取1500kN预应力，抵消一半混凝土梁的剪力。之后经设计对各混凝土梁的承载复核，能满足承载力要求。

各点预应力值如表3所示。

各点预应力值　**表3**

反顶点	预应力值（kN）	反顶点	预应力值（kN）
9	1500	10	1500

（3）千斤顶选择

考虑到在反顶之后后续施工的情况，因此在选择反顶临时措施和千斤顶时，考虑最不利工况，在设计全荷载1.2DL＋1.4LL的工况下提取反顶点竖向剪力图。

得出各点可能承受的竖向力，每个点千斤顶布置如表4所示。

千斤顶布置汇总表　**表4**

反顶点	千斤顶布置	本体高度＋行程（mm）	反顶点	千斤顶布置	本体高度＋行程（mm）
1	320T	310＋100	6	320T	310＋100
2	100T	250＋100	7	500T	360＋100
3	500T	360＋100	8	2×200T	485＋300
4	2×200T	485＋300	9	400T	355＋100
5	200T	285＋100	10	320T	310＋100

（4）反顶柱及施工过程模拟分析

用Midas建模，复核各反顶柱应力、位移、节点强度。经计算，各项验算内容均符合使用要求（图9～图11）。

4. 结论

（1）临时支撑施加预应力后原钢柱受轴力很小，在可控范围之内，施加的预应力值大小适宜。

（2）在施工前和施工后北侧钢柱受压力从6244.1kN到6241.1kN，南侧钢柱受压力从5486kN到5489.4kN，变化量为－3kN和＋3.4kN，变化率－0.048％和－0.06％，基本没有变化，施工受力变化可以忽略不计。

（3）在施工前后位移变化量最大为0.28mm，位移变化量几乎可以忽略不计。

（4）总体而言，钢柱替换过程和替换前后受力和位移变化几乎可以忽略不计，整个反顶修复过程安全可靠。

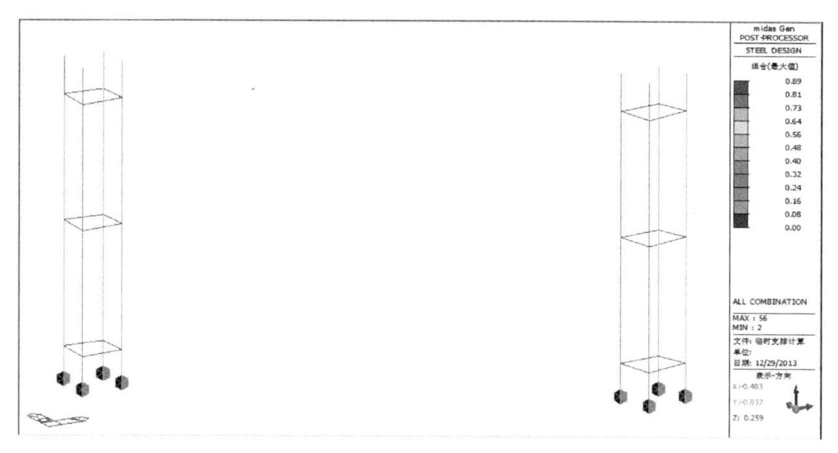

图 9　受力分析图

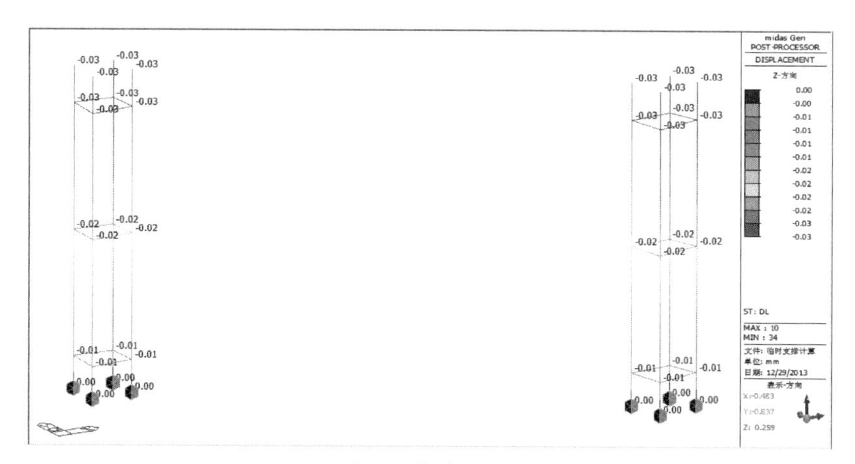

图 10　位移分析图

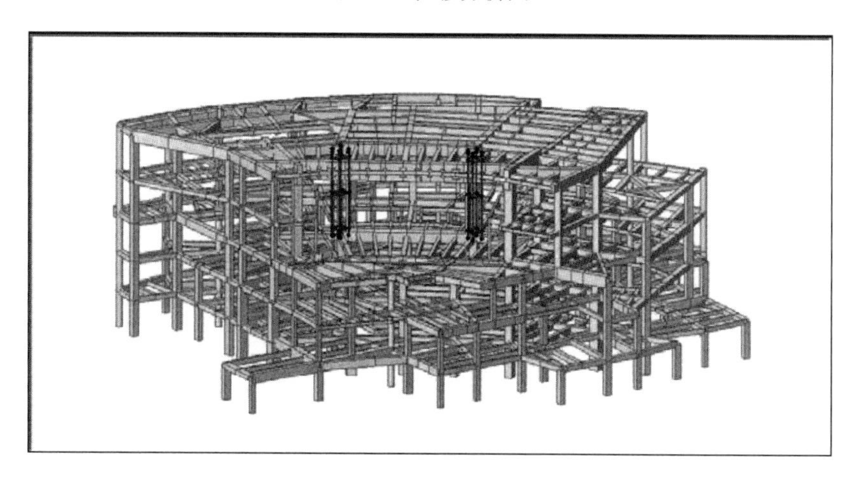

图 11　临时支撑安装完成受力分析图

4.1.3　临时反顶柱装拆施工

（1）楼板开洞

在钢柱 L3 层混凝土梁临时圆管柱反顶点左右两边 500mm 处各钻一个 100mm 直径的孔（图 12）。

（2）临时圆管柱就位

把加工好的临时圆管柱用叉车运输到反顶点相应的楼面上，如图 13 临时圆管柱就位示意图所示。

（3）安装钢丝绳和手拉葫芦

在 L3 楼面洞口上方放上一根 H 型钢，在 H 型钢上固定好钢丝绳，钢丝绳通过 L3 楼板上的 100mm 直径孔穿上下方，绑扎手拉葫芦，并且和钢柱上的吊耳连接，如图 14 钢丝绳和手拉葫芦安装示意图所示。

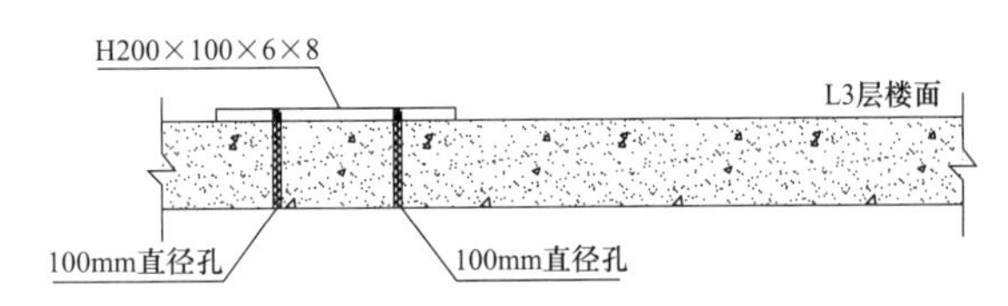

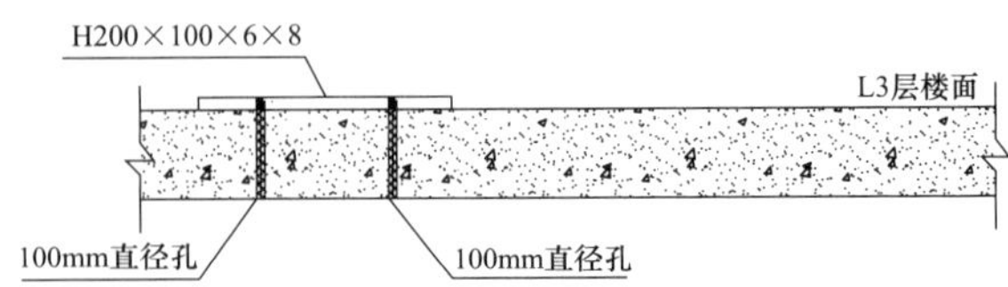

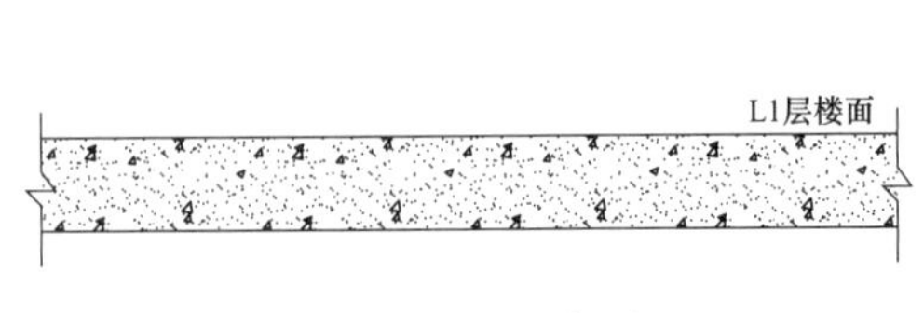

图 12　楼板开孔示意图

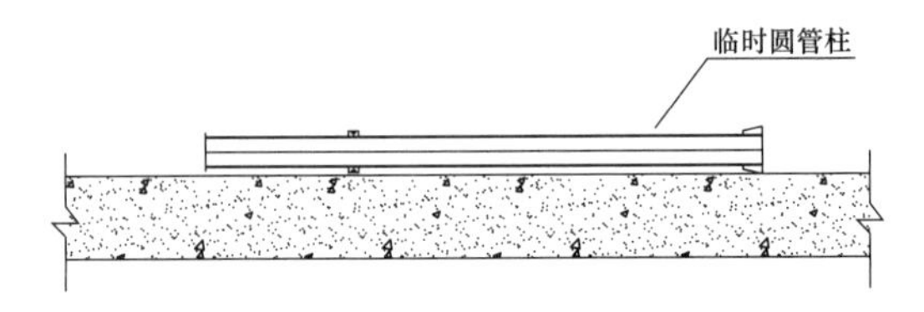

图 13　临时圆管柱就位示意图

（4）吊装柱子

利用葫芦缓慢将柱头牵引提升，为减小柱子与垫板之间的摩擦作用，钢柱下头与混凝土楼面接触处利用叉车适当提升，如图 15 柱子吊装示意图所示。

（5）吊装到位

继续提升钢柱，直至提升到位，如图 16 柱子吊装到位示意图所示。

（6）平台钢柱临时反顶柱安装

安装 2 个平台钢柱上部的劲板和垫板，安装下部的卡板，如图 17 临时反顶柱安装示意图所示。

（7）反顶柱之间连梁安装

采用葫芦就位反顶柱之间连梁，进行焊接，如图 18 连梁安装示意图所示。

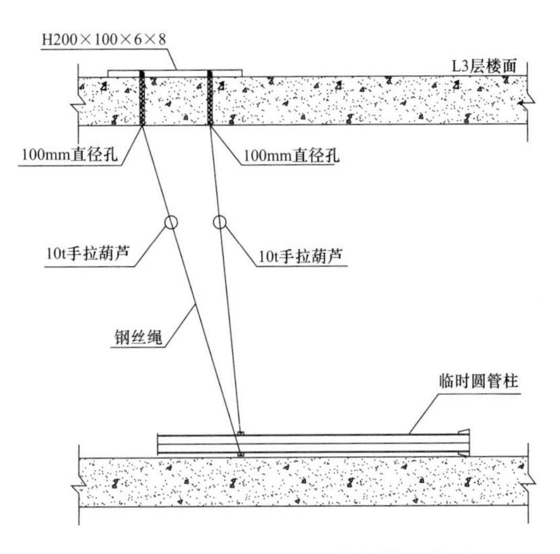

图 14　钢丝绳和手拉葫芦安装示意图

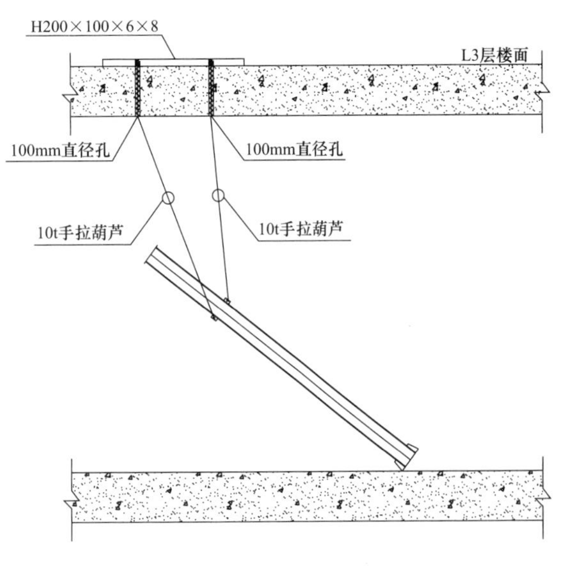

图 15　柱子吊装示意图

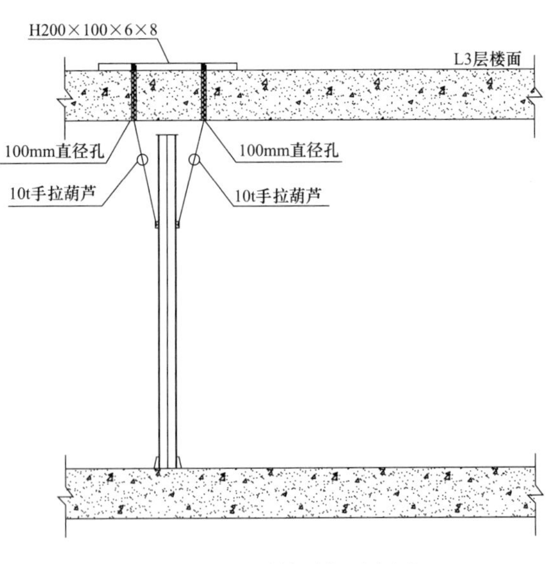

图 16　柱子吊装到位示意图

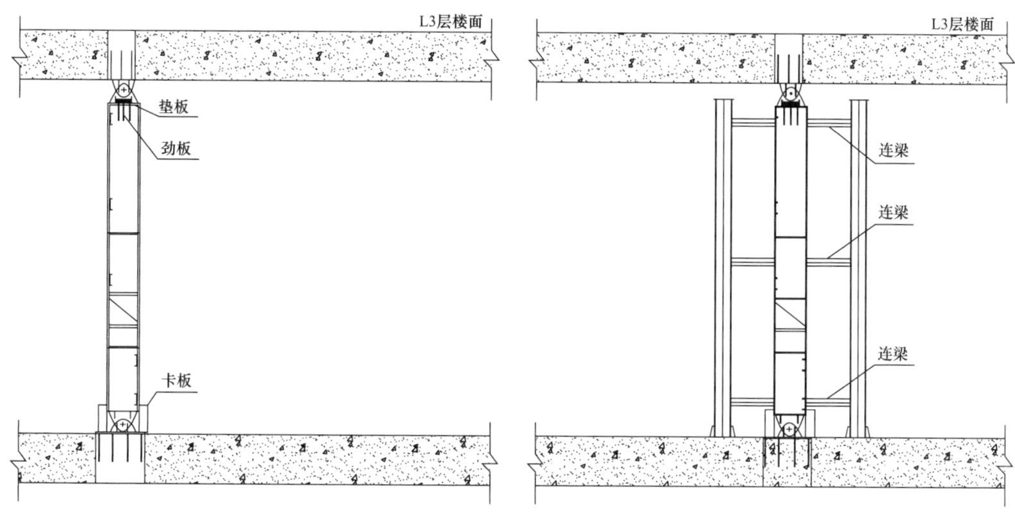

图 17　临时反顶柱安装示意图　　图 18　连梁安装示意图

（8）千斤顶安装

安装千斤顶，然后在上面安装垫板，接油泵，安装检测装置。

（9）临时反顶柱拆除

等钢管柱拆除修复完成之后，进行临时措施的拆除，临时圆管柱和连梁拆除依然采用楼板上拉下来的葫芦进行拆除。

4.1.4　荷载变形监测

1. 监测目的

由于两钢管柱为结构的关键受力构件，在反顶施工中顶升力较大，顶升点数量较多，反顶和卸载时同步性控制要求较高，因此，为保证反顶、修复和卸载过程的顺利进行和最终结构的安全，并减少对周边相邻区域结构构件的影响，应进行施工过程监测。

2. 监测内容

（1）原钢管柱、反顶点及周边相邻区域的主梁跨中的竖向位移；

（2）修复后的钢管柱的垂直度；

（3）钢管应力应变；

（4）反顶施工中的顶升力；

（5）周边相邻区域结构和构件的观察，如：是否产生裂缝等现象。

3. 监测点布置及仪器选取

（1）监测点布置

变形监测中位移测点布置以 L3 层为主选取关键点进行监测（图 19）。

（2）钢管应力应变监测

应力应变是反映结构和构件受力状态的最直接的参数，通过反顶施工过程中以及卸载完成后对钢管应力应变的监测，可了解其实际内力状态。若发现应力应变数据异常或超限，可采取应急措施确保施工过程的安全，并保证最终的施工质量。

选取钢管典型截面，即：柱顶、柱中、柱脚，每个截面根据对称均匀的原则布置监测仪器（图 20）。

（3）周边相邻区域结构和构件的观察

反顶施工过程中严密观察周边相邻区域的结构和构件，如：是否产生裂缝等现象。若发生异常，应立即暂停施工，查明原因并排除险情后方可继续施工。

（4）监测仪器选取

主要监测仪器包括：位移传感器（百分表）、全站仪等。

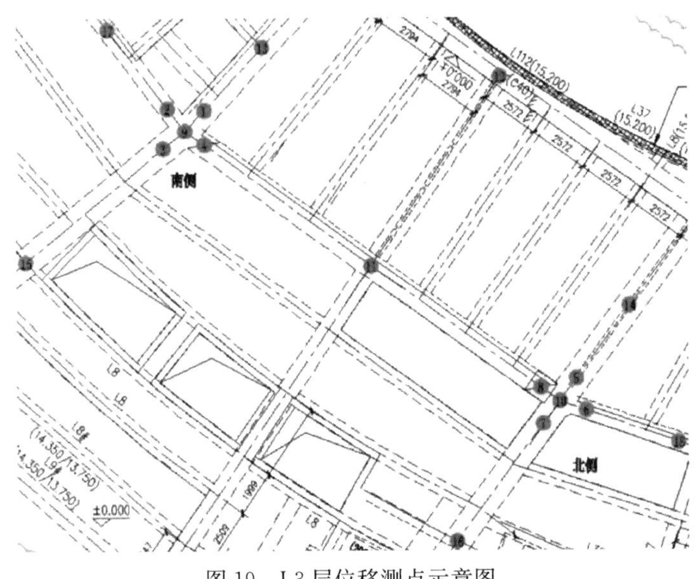

图 19　L3 层位移测点示意图

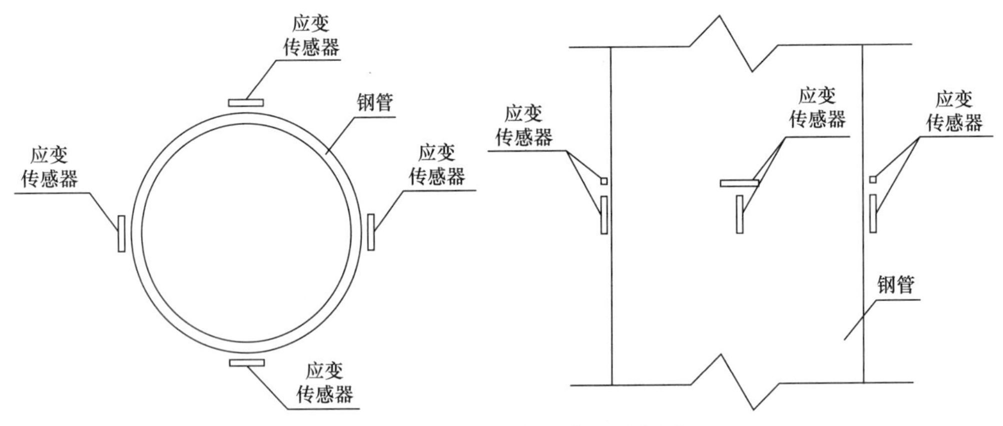

图 20　应变传感器截面布置示意图

施工过程中结构和构件的变形量很小，因此对关键点，尤其反顶点区域的变形监测精度要求较高。选用的位移传感器（百分表）的刻度值为 0.01mm，是一种测量精度较高的指示类量具，适用于实验室和现场监测的变形测试。

全站仪是目前在工程施工现场采用的主要测量仪器，它可以单机、远程、高精度快速放样或观测，并可结合现场情况灵活地避开可能发生的多种干扰。当测点距离较远时，目标测点采用配套反射棱镜，距离较近时可直接采用光学反射片。

应力应变监测仪器选用应变传感器，即：电阻应变片及配套的应力应变测试分析系统。电阻应变片是基于应变效应制作的，即导体或半导体材料在外界力的作用下产生机械变形时，其电阻值相应地发生变化，即通过测量电阻的变化来确定其应变值，具有尺寸小、质量轻、分辨率较高、适应性较强等特点（图 21）。

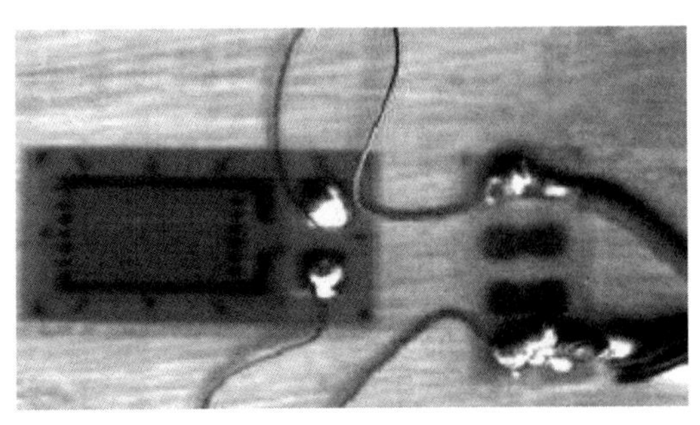

图 21　电阻应变片及其应力应变测试分析系统

4. 监测步骤

(1) 在反顶施工前安装好位移传感器、应变传感器等，并粘贴好全站仪的反射片，读取相应的初读数。

(2) 施加顶升力过程中以及施加完毕后，进行相关数据采集，并观察周边相邻区域结构和构件的变化情况。

(3) 改造北侧钢柱时，进行相关数据采集，并观察周边相邻区域结构和构件的变化情况。

(4) 改造南侧钢柱时，进行相关数据采集，并观察周边相邻区域结构和构件的变化情况。

(5) 正式卸载前，进行相关数据采集，并观察周边相邻区域结构和构件的变化情况。

(6) 卸载过程中及卸载完成后，进行相关数据采集，并观察周边相邻区域结构和构件的变化情况。其中，卸载完成后应不少于两周至一个月的跟踪监测。

4.2 超高厚重铰支式外幕墙玻璃吊装技术

4.2.1 概述

某商业店铺外幕墙采用落地玻璃幕墙，面积约340m²，高度为12.55m。玻璃采用5层12mm夹层超白钢化玻璃，4层1.52SGP夹胶层。幕墙玻璃数量共9块，尺寸为3048mm×12595mm，每块玻璃自重约6.8t。

4.2.2 关键技术

1. 施工流程（图22）

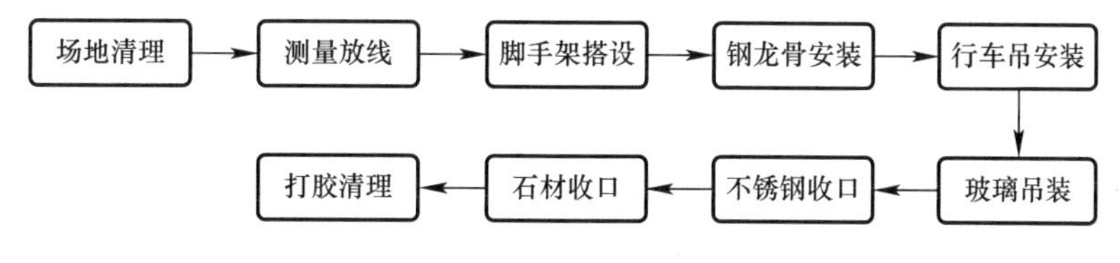

图22 施工流程示意图

2. 钢构围挡安装工艺要点

为了提供玻璃安装操作平台和防护挡板，玻璃幕墙龙骨和玻璃安装前，在其外侧先安装一幅长39m、高19m的密封围挡。围挡脚部用化学螺栓固定于楼板结构梁上，顶部用H型钢与屋面结构梁拉结（图23、图24）。

(1) 围挡安装工艺流程

放线定位→安装化学螺栓→工厂加工构件→脚手架搭设完成（第一次）→围挡构件运至现场堆放→塔吊配合吊装、安装构件→围挡工程验收并交付使用→脚手架拆除→围挡拆除准备工作→脚手架搭设完成（第二次）→围挡拆除完成→脚手架拆除。

(2) 现场安装施工工艺

1) 测量放线

围挡搭设的标高测量，以水准控制网+1.00m标高为依据，用水准仪在围挡基础处（原混凝土结构面上）设置水准点。当半截柱安装完成后，用水准仪根据现场所设置的水准控制网上的（+1.00m高线）水准点，引测到各柱段的柱身做好标记。施工过程中用钢尺沿垂直方向，向上量至构件安装的完成面。全高控制标高允许偏差不超过±10mm。

2) 柱脚化学螺栓安装

根据施工图在现场把螺栓具体位置、螺栓规格、数量、标注出来，定位钻孔。用压风机清孔，孔内不得潮湿及有其他杂物，并检查孔的宽度、深度，是否符合规范要求。在合格的孔中置入药剂管，钻入化学螺栓。在化学胶凝胶、硬化过程中要固定螺栓位置，以防偏位，并及时清理孔内流出多余化学胶。

3) 构件吊装

① 围挡立柱在加工厂里分两截加工，每截9m，重量为2t，每截柱设两个吊点。

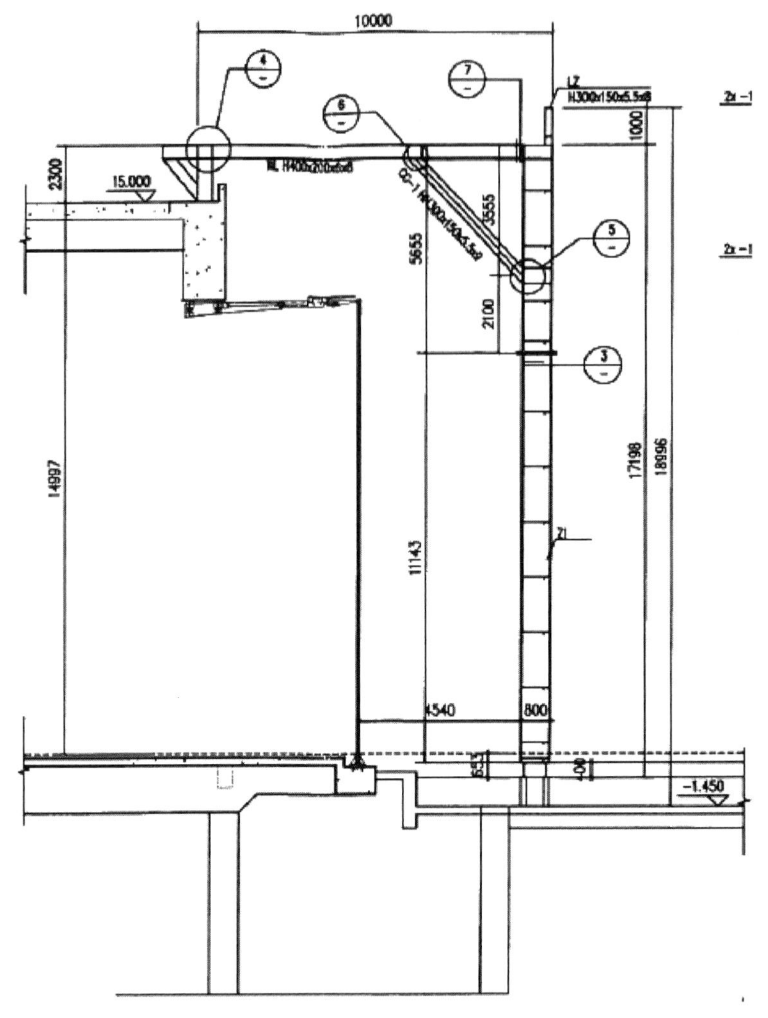

图 23　玻璃与围挡侧面关系图

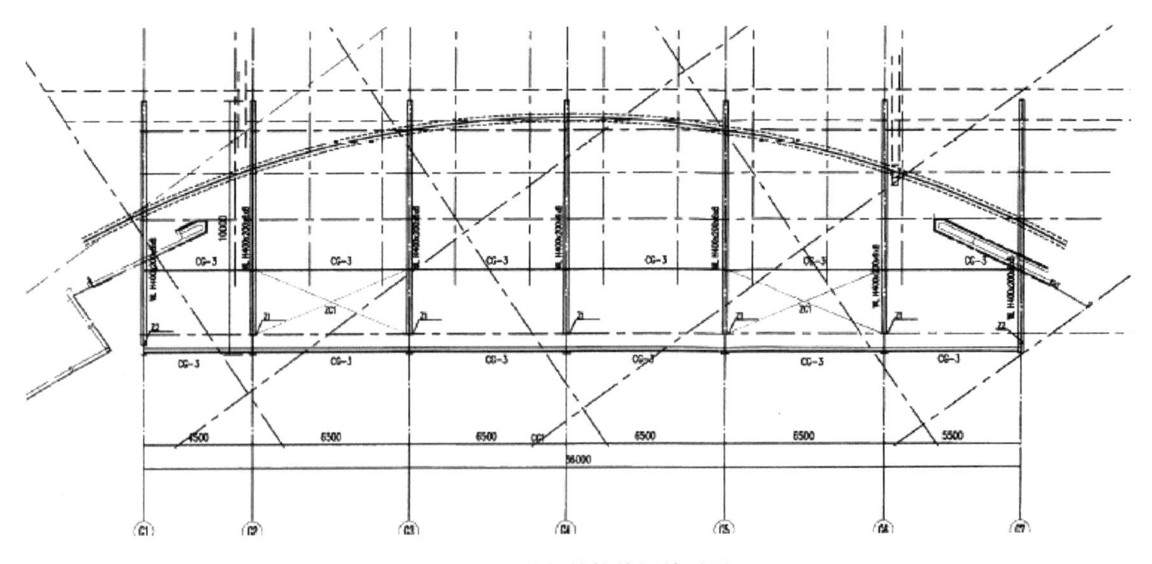

图 24　围挡与结构俯视关系图

② 利用现场塔吊吊装钢立柱和钢横楞，吊装顺序为：下段立柱→下段横楞→下部水平联系杆→上段立柱→上段横楞→上部水平联系杆→顶部联系杆。重复工序直至 8 根立柱和顶部联系杆安装完成(图 25)。

③ 立柱与立柱、立柱与横楞之间采用高强度螺栓连接。

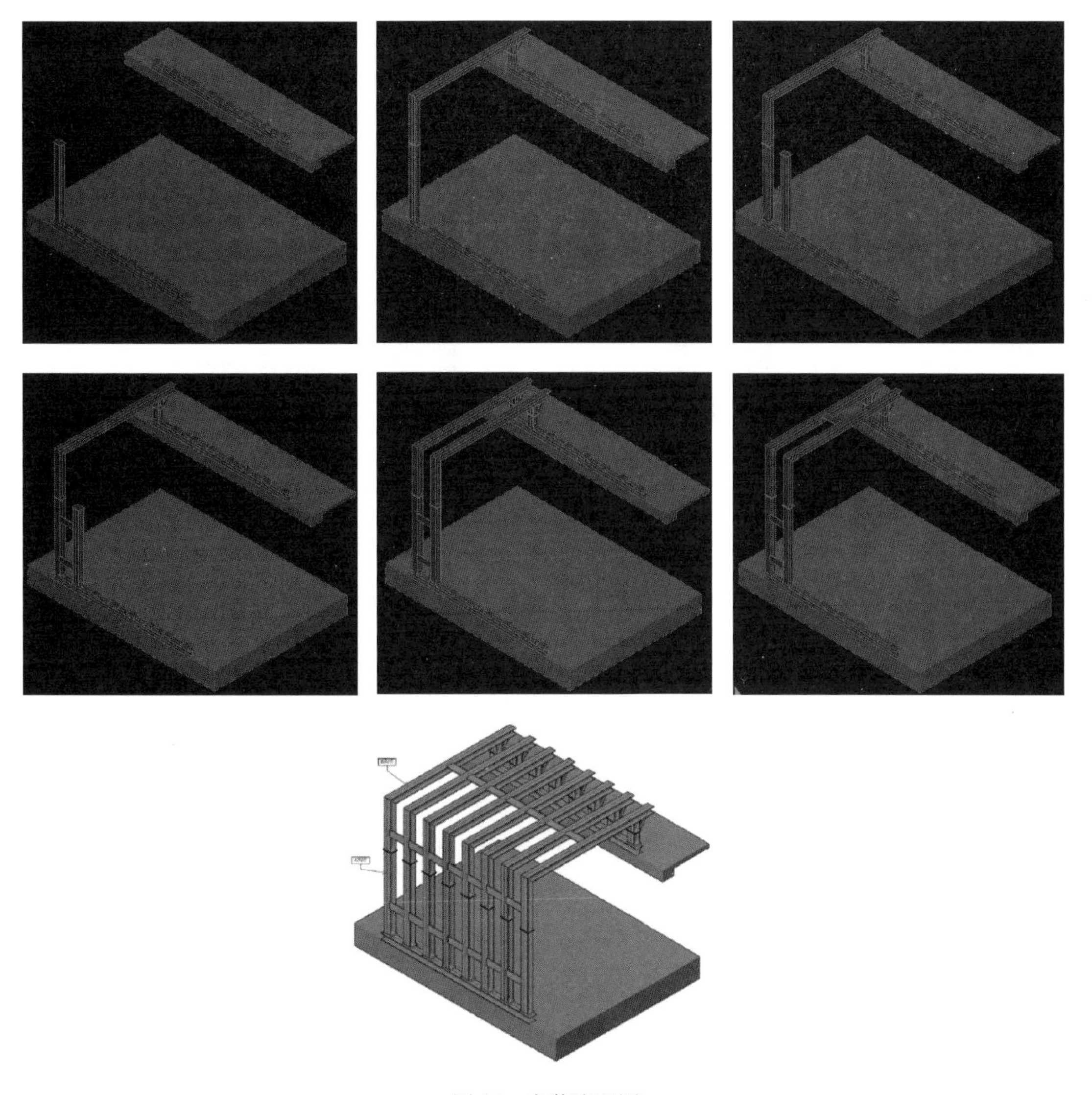

图 25　安装流程图

3. 幕墙龙骨安装工艺要点

(1) 幕墙龙骨安装工艺流程

预埋件检查—幕墙钢龙骨吊装—幕墙钢龙骨校正—打磨补漆。

(2) 幕墙钢龙骨吊装前，先进行预埋件复核，预埋件的复核应当在钢结构到现场前五日内复核完毕，确保轴线和图纸吻合，并应先检查预埋件的埋设情况，发现问题马上整改。

(3) 和原结构的预埋板的连接

首先在现场轴线确认完毕之后，将连接件和原大楼制作的预埋板进行连接（图 26）。

(4) 第一段结构的连接

第一段结构的安装，安装完毕之后，进行调平，该阶段的安装施工至关重要，为了保证日后玻璃幕墙的安装以及距离的要求，调平完毕后需要进行验收（图 27）。

(5) 第二段结构的连接

第二段结构的安装，安装完毕之后，进行整体调整，该段调整完之后，可以将两段之间的方钢进行安装固定（图 28～图 30）。

(6) 最后结构的连接，安装，调平

安装完毕之后进行自检，检查完毕之后进行必要的防火涂料施工，随后进行分部分项验收。

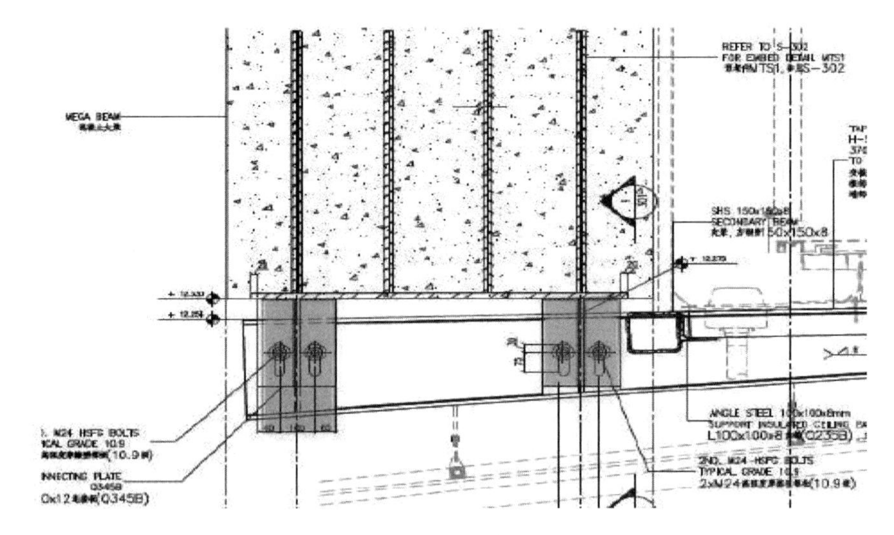

图 26　预埋板连接示意图

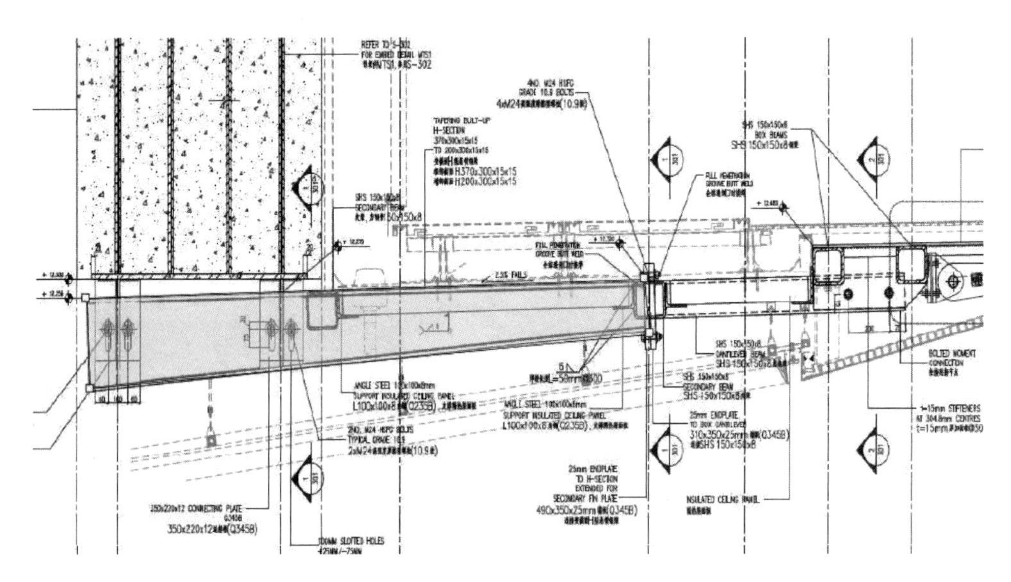

图 27　安装第一段钢梁

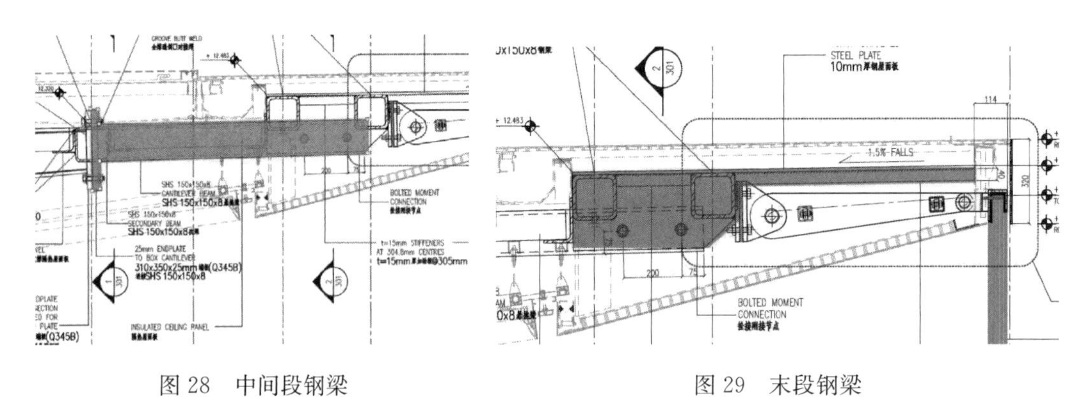

图 28　中间段钢梁　　　　图 29　末段钢梁

4. 行车吊安装工艺要点

由于工地现场条件限制，无法利用 300t 吊车来吊装玻璃，只能用 220t 吊车配合预先安装的行车吊吊装。在吊装前，需安装调试好行车吊。

行车吊及附属钢架由专业公司设计，行车单梁吊组成，钢架由 8 根 HM450×200 工字钢立柱支撑，每根立柱分 3 段在现场用螺栓连接，钢架顶放置 HM350×300 工字钢用 100×100×5 方通与墙体连接。吊车由专业厂家提供成品行车吊（图 31～图 33）。

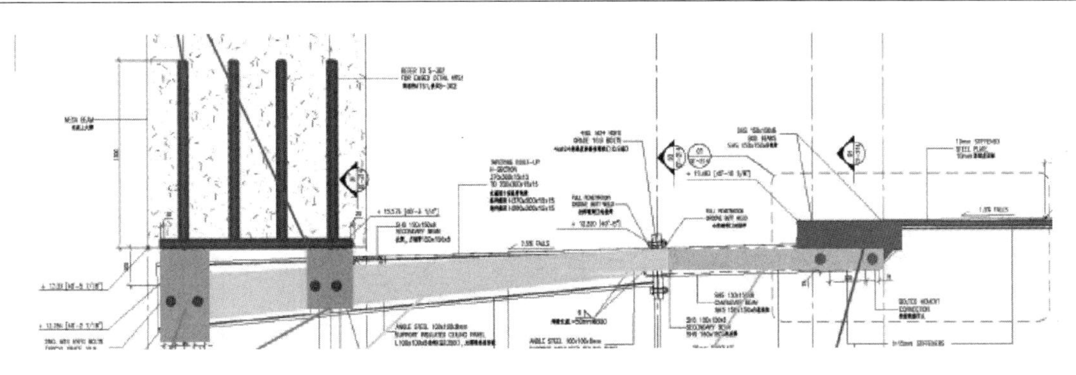

图 30　幕墙龙骨安装完成示意图

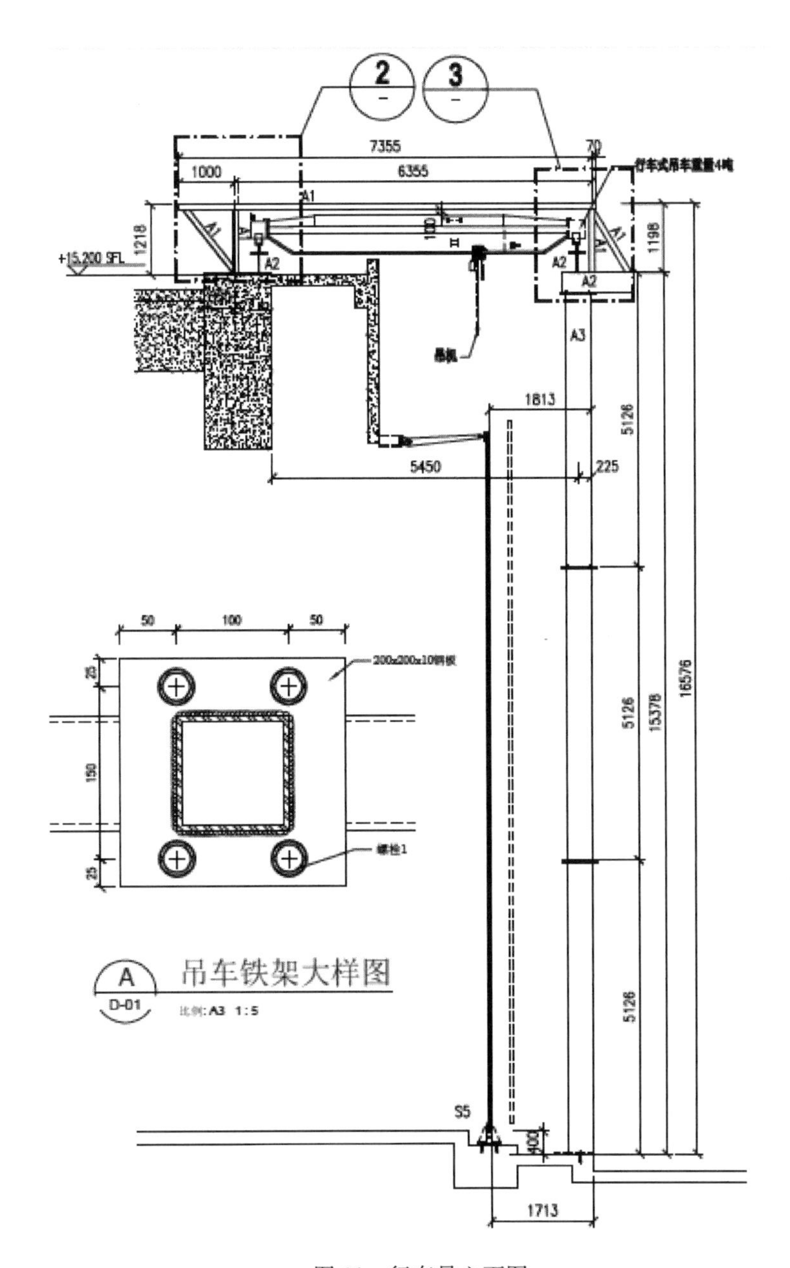

图 31　行车吊立面图

行车吊安装流程为：放线定位→打化学螺栓→复核开料尺寸→工厂加工半成品→脚手架搭设→半成品运至现场→塔吊配合分段吊装连接柱身→柱身校正→连接水平梁→安装顶部支撑→安装斜撑→安装行车吊→吊车调试检查→整体验收。

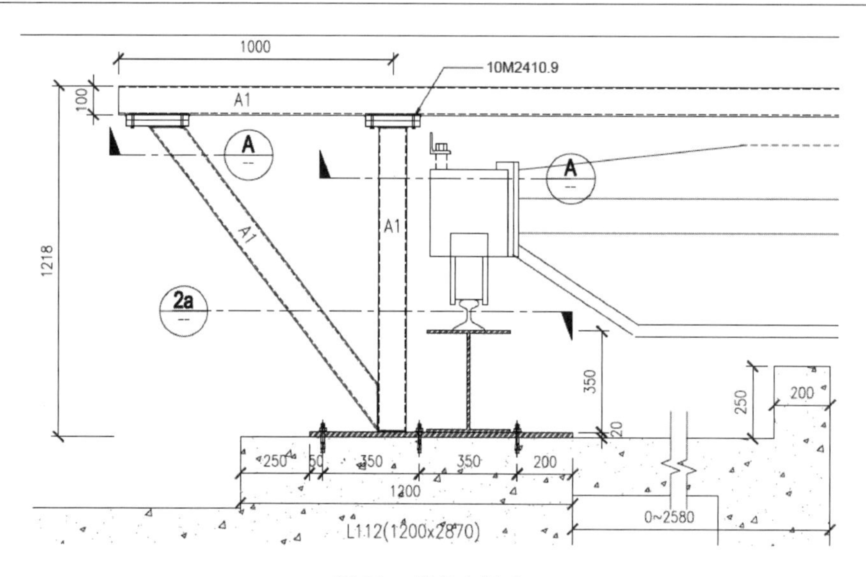

图 32　节点大样 2

行车吊钢架安装完毕后，开始安装行车吊。行车吊由专业厂家安装，安装完毕后经特种设备检验中心检测合格后，再报业主、总包、监理共同检测，经检测合格后才能投入使用。

5. 玻璃底座安装工艺要点（图 34）

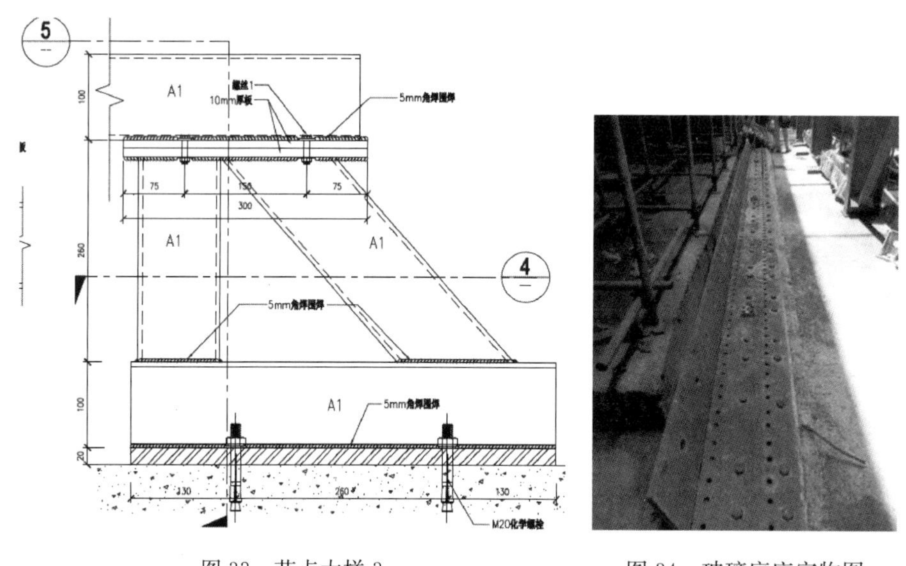

图 33　节点大样 3　　图 34　玻璃底座实物图

在钢筋混凝土梁上埋设 400mm×400mm×20mm 的方形钢板，钢板表面调平后，用高强度水泥砂浆抹平。

待水泥砂浆干硬后，在钢板上铺设通长的-400×20mm 钢板，并用高强度螺栓与方形钢板连接。通长钢板标高水平偏差控制在 2mm 以内。

6. 幕墙玻璃吊装工艺要点

（1）施工流程

玻璃到场，220t 吊车卸货→玻璃吸盘就位，吊车起吊玻璃及吸盘→吊车将玻璃转交给行车吊→行车吊移动玻璃至待安装位置→安装玻璃。

（2）汽车吊准备

选用 220t 汽车吊吊装玻璃。汽车吊进入现场后，利用消防通道行走及停靠。

（3）玻璃吸盘准备

采用上海瓦科自动化设备有限公司 VacuBoy 型玻璃吸盘，主要技术参数如下：

长×宽×高：10400mm×1680mm×8900mm；

自重：2.4t；

额定功率：3.2kW；

工作电压：DC24V；

额定负载：8000kg；

使用环境：环境温度应在5～55℃范围内，环境湿度应在20%～80%范围内，海拔高度不应高于1000m；

旋转速度：1r/min；

电池配备：配备两块电池，可保证连续正常工作两小时。

（4）吸盘就位及吸附玻璃

用220t汽车吊将吸盘吊起，吸盘由竖直状态旋转为水平状态，并正对于玻璃前（图35）。

调整好吸盘位置，拆封并清洁玻璃，准备吸附（图36）。

图35 吸盘横置正对玻璃

图36 吸盘对位

吸盘调整并吸附玻璃，然后用绑带将玻璃绑牢，绑带上方与吊钩相连（图37）。

（5）玻璃起吊

玻璃起吊后，将带着玻璃的吸盘旋转至竖直状态（图38、图39）。

图37 吸附玻璃

图38 吊起玻璃

玻璃越过围挡结构，到达安装位置上方，准备下放（图40）。

调整玻璃角度，把玻璃临时下放到围挡内的地面，人工把吸盘从汽车吊转换至行车吊，用行车吊安放玻璃（图41、图42）。

（6）行车吊吊放玻璃

行车吊吊着吸盘和玻璃水平慢慢移动至待安装位置，缓缓放下玻璃（图43）。

图 39　旋转玻璃

图 40　越过围挡

图 41　临时下放到地面

图 42　吊钩转换

玻璃到达安装位置，底部固定，拆除吸盘架（图 44）。

图 43　行车吊吊运实物图

图 44　玻璃就位

4.3　空间仿生 ETFE 薄壳结构建筑位形控制技术

4.3.1　概述

由于空间仿生薄壳结构外形不规则、跨度大等缘故，往往给构件的制作和安装带来了许多难题。对于膜结构屋面而言，钢结构制作、安装精度更是一个较为突出的问题，尤其对那些跨度较大且刚度薄弱的柔性结构而言，该问题更为显著。由于钢材的强度较大，采用的构件截面相对而言比较小，导致结构刚度薄弱，若不采取相应措施，空间薄壳结构施工完毕后的建筑形态很难达到设计预想的要求；不仅如此，钢结构造成的误差会导致后续 ETFE 膜结构无法正常安装。严重时候，会对整个结构安全造成不利影响。

空间仿生薄壳结构不仅要符合设计要求的外观形状，同时要满足各专业对钢结构误差的要求，钢结构在制作、安装时采取预变形措施是解决上述问题最有效的方法之一。因此，本课题针对空间仿生薄壳结构，提供一种三维坐标预调整技术，从而来实现上述目的。

4.3.2 关键技术

1. 空间三维坐标预调整技术

（1）荷载工况及组合

根据《钢结构设计规范》说明：起拱目的是为了改善外观和符合使用条件，因此起拱的大小应视实际需要而定，不能硬性规定单一的起拱值。但在一般情况下，起拱度可以用恒载标准值加 1/2 活载标准值所产生的挠度来表示。《钢结构工程施工规范》中：结构预变形计算时，荷载应取标准值，荷载效应组合应符合现行国家标准《建筑结构荷载规范》GB 50009 的有关规定。

结构预变形值应结合施工工艺，通过结构分析计算，并由施工单位与设计单位共同确定。若设计未给出具体要求，则结构变形分析时荷载工况及组合按上述规范要求执行，最终交由设计复核确定。

（2）三维坐标预调整分析方法

钢结构预变形值通过计算分析确定，可采用正装迭代法、倒拆迭代法、一般迭代法等方法计算。最终预变形的取值大小一般由施工单位和设计单位共同协商确定。

1）正装迭代法

正装迭代法是对实际结构的施工过程进行正序分析，即跟踪模拟施工过程，分析结构的内力和变形情况。正装迭代法计算预变形值的基本思路为：

先将设计位形作为安装的初始位形，按照实际施工方案对结构进行全过程正序跟踪分析，得到施工成型时的变形，把该变形反号叠加到设计位形上，即为初始位形。若结构非线性较强，则需要经过多次正装分析反复设置变形预调值才能得到精确的初始位形和各分步位形，进而确定坐标预调值。

以悬臂梁采用无支撑施工的成型过程为例（分三步施工），来说明正装迭代法确定变形预调值的具体步骤，其中 u 为设计位形，u_i 为第 i 次迭代过程中结构施工成型时相对初始位形的变形。

将设计位形作为施工的初始位形，对结构进行模拟分析，可得到成型状态下结构的变形 u_1 和位形 $u+u_1$。

利用模型更新功能把变形 u_1 反号施加到设计位形上，即把 $-u_1$ 施加到设计位形上，就得到初始位形 $u-u_1$。如果结构的非线性较弱，则以此位形作为初始位形正装成型的位形，使其落到设计位形上或二者的误差 u_1-u_2 满足收敛标准，此时 $u-u_1$ 即为初始位形。

若结构非线性较强，以 $u-u_1$ 作为初始位形，正装成型结构变形后将不会回到设计位形，而是将到达新的位形 $u-u_1+u_2$，与设计位形的误差为 u_1-u_2。类似迭代法，需要进行迭代才能得到精确的初始位形。在下一次迭代时，仍以设计位形为基准，在设计位形的基础上施加 $-u_2$，以 $u-u_2$ 作为初始位形，正装成型结构的位形为 $u-u_2+u_3$，与设计位形的差为 u_2-u_3。如此反复，直到误差 u_n-u_n+1 满足收敛标准时，得到的位形 $u-u_n$ 即为精确的初始位形。

以 $u-u_n$ 作为初始位形，通过正装分析，将得到结构施工的各分步位形以及构件的加工预调值和安装预调值（图 45～图 48）。

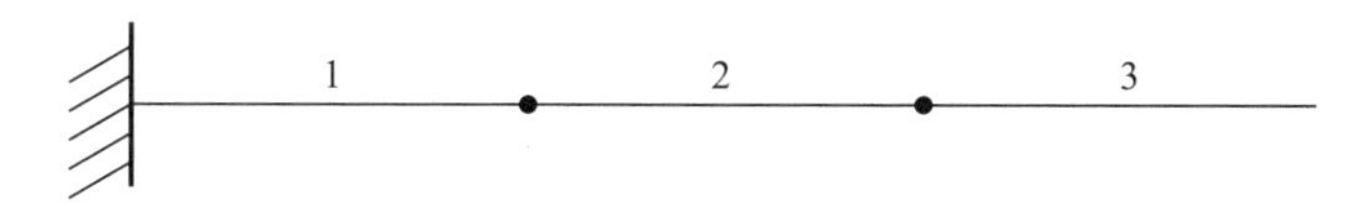

图 45 初始设计位形

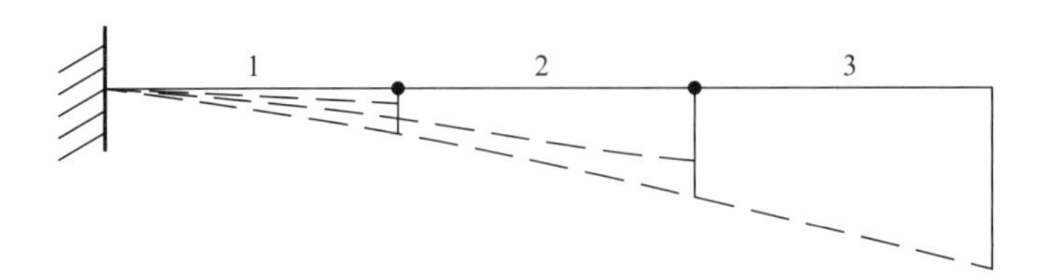

图 46　不设变形预调值正装成形

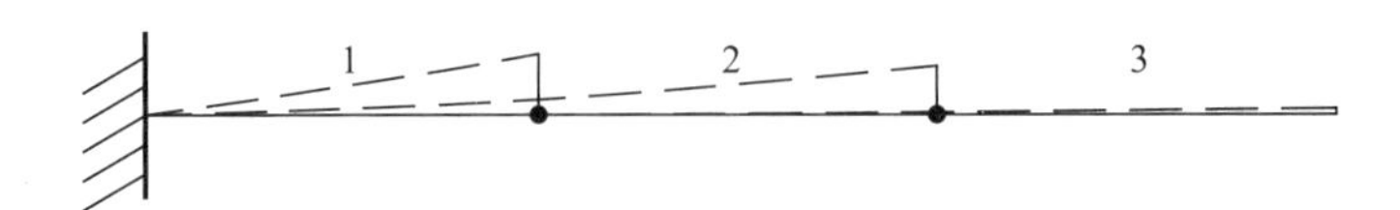

图 47　第一次设置变形预调值正装成形

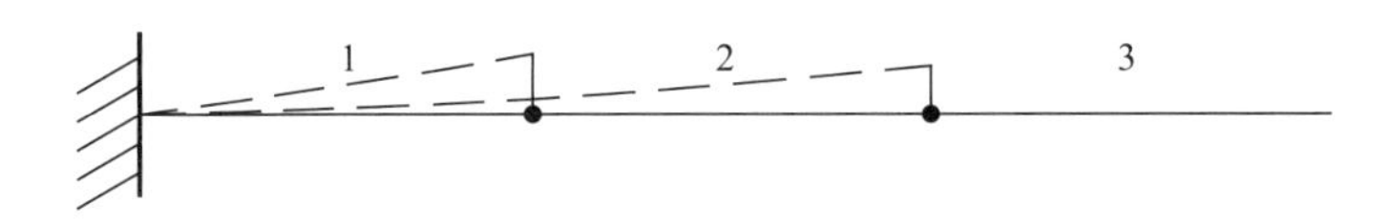

图 48　第 n 次设置变形预调值正装成形

2）倒拆迭代法

倒拆迭代法是对施工过程的逆序分析，主要是分析所拆除的构件对剩余结构的变形和内力影响。倒拆迭代法计算预变形值的基本思路为：

根据设计位形，计算最后一施工步所安装的构件对剩余结构变形的影响，根据该变形确定最后一施工步构件的安装位形。以此类推，依次倒退分析各施工步的构件对剩余结构变形的影响，从而确定各构件的安装位形。使得构件按施工正序依次安装完成时结构的位形与设计位形的误差满足要求。

同样以悬臂梁采用无支撑施工的成型过程为例，倒拆迭代法计算钢结构施工变形预调值的具体步骤为：

倒拆迭代法第一步就是要找到杆件 3 的安装位形，具体步骤为：

① 在设计位形上，激活杆件 1 和杆件 2，同时把作用在其上的荷载置零，只保留它们的刚度，在此基础上激活杆件 3，结构在杆件 3 的自重作用下会产生变形 u_{31}；

② 把变形 u_{31} 反加到设计位形 u 上得到位形 $u-u_{31}$，按此位形重新安装杆件 3，若结构的非线性较弱，变形后将落到设计位形 u 上；

③ 若结构的非线性较强，类似迭代法需要反复迭代才能得到杆件 3 的安装位形 $u-u_{3n}$，使得成型位形与设计位形吻合。

在杆件 3 安装位形 $u-u_{3n}$ 的基础上，即把结构的模型更新为 $u-u_{3n}$，以杆件 3 的安装位形为阶段目标位形，确定杆件 2 的安装位形。具体步骤为：“杀死”杆件 3，不考虑杆件 3 的刚度和作用在其上的荷载。对于已安装的杆件 1，不考虑其上作用的荷载，只考虑其刚度，然后安装杆件 2。用类似确定杆件 3 安装位形的方法即可得到杆件 2 的安装位形 $u-u_{3n}-u_{2n}$。同理，可以得到杆件 1 的安装位形 $u-u_{3n}-u_{2n}-u_{1n}$。

通过上述过程即可得到各构件的安装位形，即构件 1～构件 3 依次按位形 $u-u_{3n}-u_{2n}-u_{1n}$、$u-u_{3n}-u_{2n}$、$u-u_{3n}$ 进行安装，结构的成型位形与设计位形的误差满足计算要求，进而可确定构件的加工预调值和安装预调值（图 49～图 51）。

3）一般迭代法

一般情况下，把结构在自重及附加恒载作用下的变形值，反号叠加到设计位形上，可得到初始位形，即构件加工和安装的位形，进而可获得变形预调值。但因非线性等因素的影响，该预调值只是近似的数值，需通过反复迭代来确定满足误差要求的预调值。

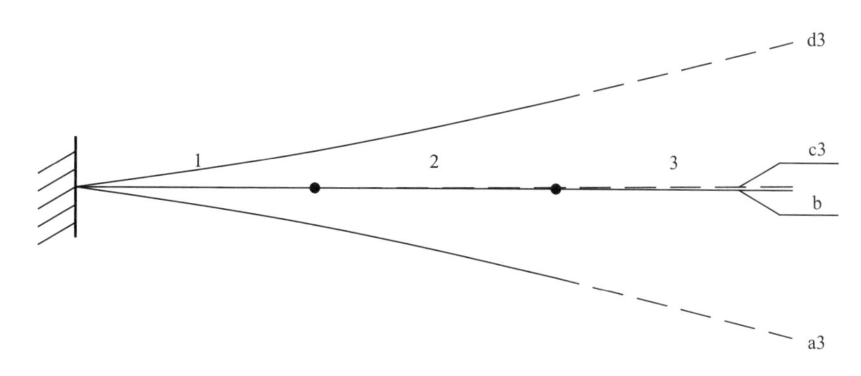

图 49　杆件 3 安装位形

a3—杆件 3 对剩余结构的变形 $u+u_{3n}$　b—设计位形 u　c3—杆件 3 安装完毕结构位形 $u-u_{3n}+u_{3n}+1$　d3—$u-u_{3n}$位形

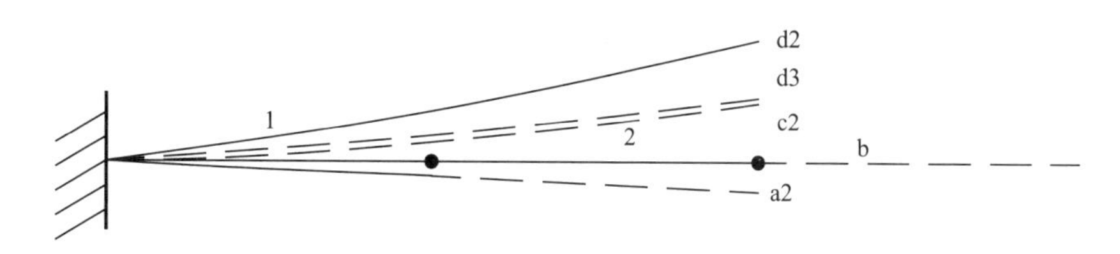

图 50　杆件 2 安装位形

a2—杆件 2 对剩余结构的变形 $u-u_{3n}+u_{2n}$　b—设计位形 u　c2—杆件 2 安装完毕结构位形 $u-u_{3n}-u_{2n}+u_{2n}+1$　d2—$u-u_{3n}-u_{2n}$位形

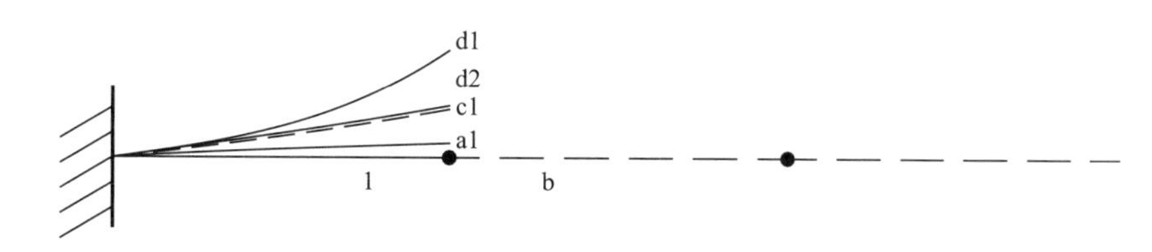

图 51　杆件 1 安装位形

a1—杆件 1 对剩余结构的变形 $u-u_{3n}-u_{2n}+u_{1n}$　b—设计位形 u

c1—杆件 1 安装完毕变形 $u-u_{3n}-u_{2n}-u_{1n}+u_{1n}+1$　d1—$u-u_{3n}-u_{2n}-u_{1n}$位形

以悬臂梁采用满堂脚手架施工的施工过程为例，来说明一般迭代法确定变形预调值的具体步骤，其中，u 为设计位形，u_i 为第 i 次迭代过程中结构成型时相对初始位形的变形。

给定设计位形，在该位形的基础上，施加均布荷载 q（假设 q 为自重与附加恒载之和，即竣工状态时结构所承受的荷载），得到结构的一个变形状态，假定该位形为 $u+u_1$，则以 $-u_1$ 作为变形预调值，施加到设计位形上，就得到初始位形 $u-u_1$。如果结构的非线性较弱，则在此位形上施加荷载 q 后，变形将回到设计位形或二者误差 u_1-u_2 满足收敛标准，此时，$u-u_1$ 即为初始位形。

若结构非线性较强，受荷后变形将回不到设计位形，而是将到达新的位形，与设计位形的误差为 u_1-u_2。需要进行迭代计算，在下一次迭代时，仍以设计位形为基准，施加变形预调值 $-u_2$，得到新的初始位形 $u-u_2$，施加荷载 q 后得到位形 $u-u_2+u_3$，与设计位形的误差为 u_2-u_3。如此反复，直到所得误差 u_n-u_n+1 满足收敛标准时，得到的位形 $u-u_n$ 即为精确的初始位形。

在初始位形 $u-u_n$ 上施加荷载 q，变形后的位形与设计位形的误差将在允许范围之内。位形 $u-u_n$ 即为设置变形预调值后构件的安装位形，根据该位形即可确定构件的加工长度和节点的安装坐标以及变形预调值（图 52）。

4）小结

变形预调值的设置及其大小与施工方法密切相关，一般迭代法可用来计算满堂脚手架施工方法下的变形预调值；正装迭代法可用来计算各种施工方法下的变形预调值，但当结构复杂，杆件比较多时，分析过程中会出现不收敛的问题；倒拆迭代法收敛性较高，但计算量和工作量均较大。

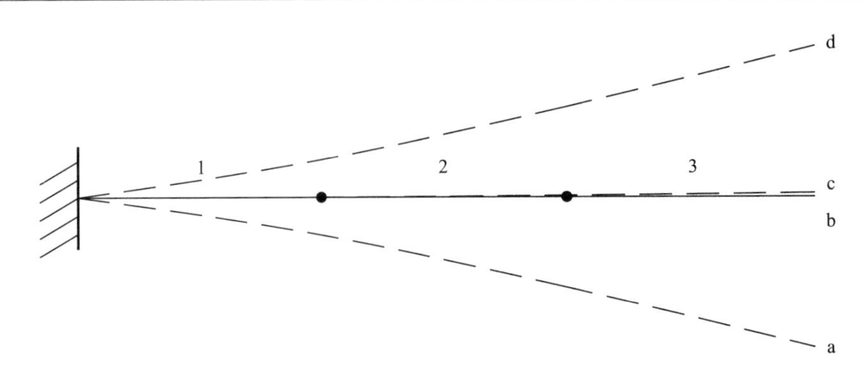

图 52 杆件安装位形

a—杆件一次成型下变形 $u+u_n$ b—设计位形 u c—预变形后安装完毕结构位形 $u-u_n+u_n+1$ d—预变形后位形 $u-u_n$

(3) 空间薄壳结构三维预变形的实施

1) 根据施工方法确定预变形计算方法。薄壳结构由于其造型不规则，一般采用满堂脚手架施工为主。预变形计算时可采用一般迭代法。

2) 结构建模，计算机模拟分析，计算得到的误差应在允许范围内（图 53)。

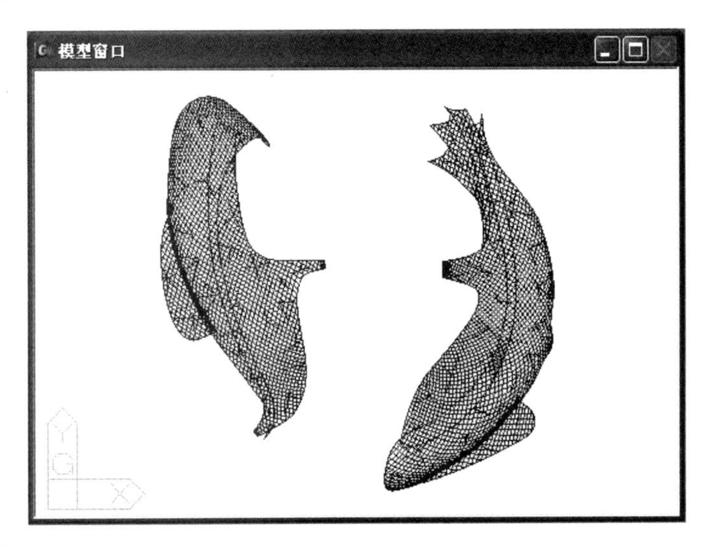

图 53 预变形计算模型

3) 将计算分析得到的三维变形值反号叠加到初始设计坐标上得到预变形后的坐标（表 5)。

预变形后坐标值 **表 5**

原始坐标（设计给定坐标值）				变形值			起拱后坐标		
节点号	X (mm)	Y (mm)	Z (mm)	ΔX (mm)	ΔY (mm)	ΔZ (mm)	X (mm)	Y (mm)	Z (mm)
1	88007	126990	480	−6	−4	−1	88013	126994	481
2	89626	260375	697	4	4	−2	89622	260371	699
3	117311	204124	954	8	3	−2	117303	204121	956
……									
6672	160923	104030	1296	1	−2	0	160922	104032	1296

4) 深化根据预变形得到的坐标进行建模。

5) 工厂下料、制作。

6) 现场按照预变形后的坐标进行构件分块的拼装，结构的安装。

7) 结构预变形控制值可根据施工期间的变形监测结构进行修正。

2. 卸载全过程变形监测技术

（1）卸载过程计算机模拟分析

1）分析软件

卸载过程模拟分析可选用 Midas Gen、SAP2000 等有限元程序。

2）分析模型

计算模型采用空间三维实尺模型；钢构件选用两个节点，六个自由度的梁单元模拟，该单元可以考虑拉（压）、弯、剪、扭四种内力的共同作用。

结构中次杆件与主杆件的铰接通过释放单元的弯、扭自由度来实现，钢构件的弹性模量按 2.06×10^5N/mm^2 计算，膨胀系数均为 1.2×10^{-5}。支座按图纸要求采取相应的约束来模拟。

3）卸载施工步描述

原则：分区分级卸载，每一级卸载变形控制在 30mm 以内，直至卸载完毕。

根据天幕在自重作用下的变形分布，东鱼共分为六个区块进行卸载，总体按中间往两边的顺序进行分区分级卸载。每一区块先对竖向支撑构件进行卸载，再进行网壳部分的卸载（图 54）。

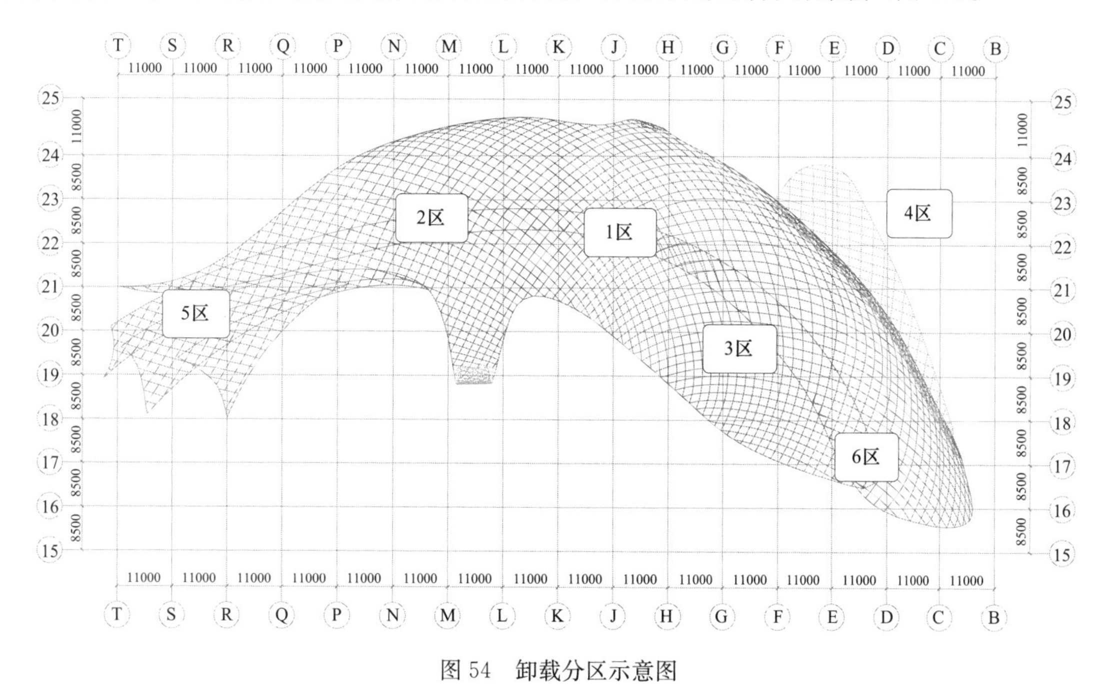

图 54　卸载分区示意图

卸载过程中，首先拆除竖向支承体系下部的临时支撑，在网壳卸载前保证竖向支承处于先受力状态；在后期网壳卸载过程中，使竖向支承构件缓慢受力。屋面网壳区域进行分级卸载，使得网壳的位形逐步达到设计位形。通过上述卸载顺序来保证变形协调、受力均衡、支撑稳定。

4）施工过程仿真分析

以宏城广场钢结构天幕为例，并对施工过程进行简化计算分析如表 6 所示。

施工简化分析表　　**表 6**

施工内容	模拟步骤	结构变形
第一步：拆除竖向支承下部临时支撑		

续表

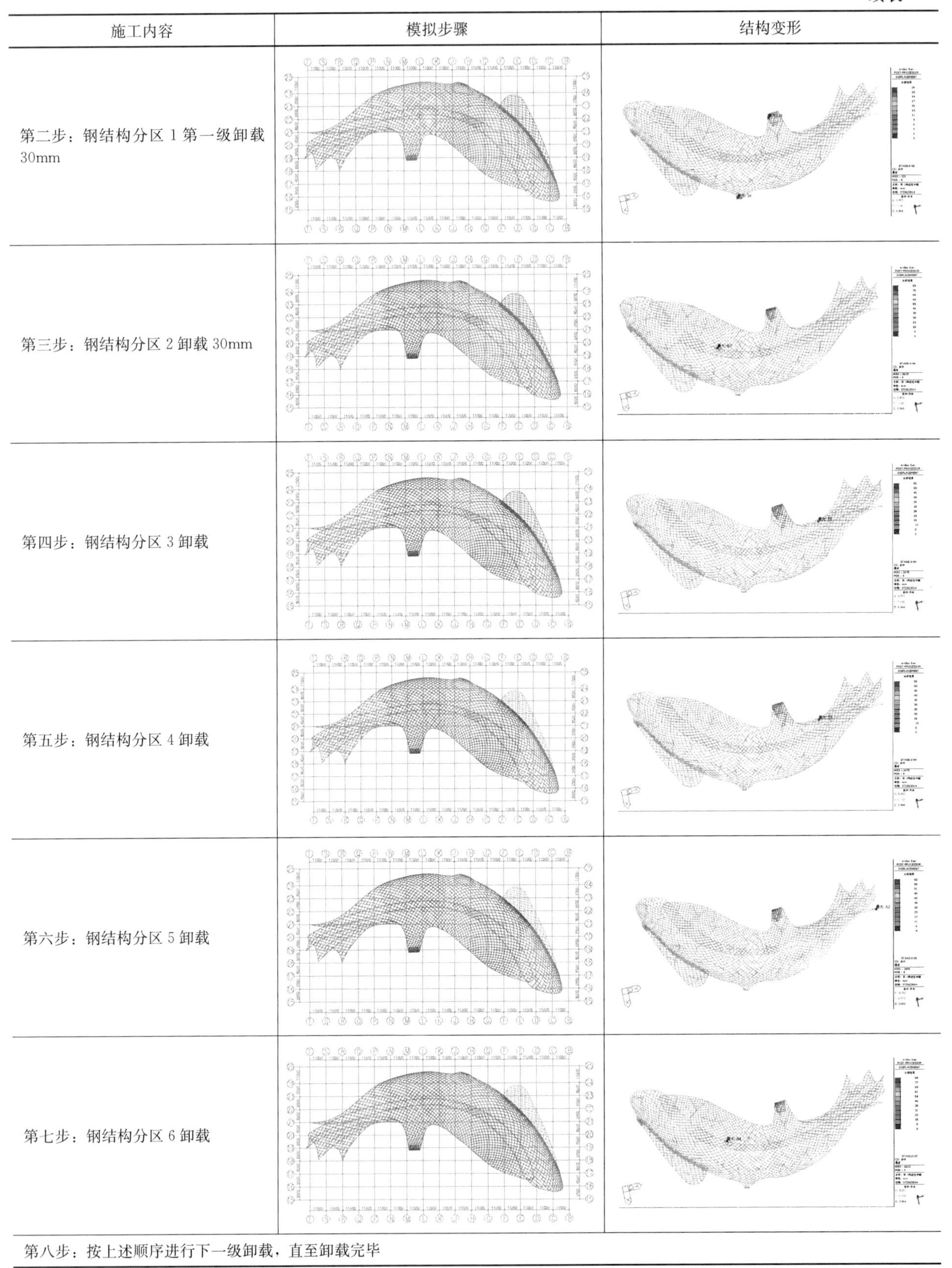

施工内容	模拟步骤	结构变形
第二步：钢结构分区 1 第一级卸载 30mm		
第三步：钢结构分区 2 卸载 30mm		
第四步：钢结构分区 3 卸载		
第五步：钢结构分区 4 卸载		
第六步：钢结构分区 5 卸载		
第七步：钢结构分区 6 卸载		
第八步：按上述顺序进行下一级卸载，直至卸载完毕		

（2）卸载过程变形监测

1）变形监测方法

钢结构安装完毕后尚未开始卸载，对钢结构典型点位进行坐标监测，将各点位的实际坐标值记录下来以便后续数据处理。根据钢结构卸载方案，每一卸载步完成后，过 4h 后待结构变形趋于稳定，用全站仪对典型点位进行监测，并将新测的坐标记录在册。该坐标和预变形后的坐标得到的差值与卸载过程模拟得到的变形值进行比较，若得到的差值在变形值的 20%以内（20%由设计综合考虑结构受力及后续专业施工要求确定，由百分比计算得到允许变形值在 10mm 以内的按 10mm 计），则继续进行下一步卸载工作。若变形差值超过允许值，则需分析差值偏大原因，采取相应措施由设计确认后继续进行后续卸载工作。

2）监测点布置

监测点位根据结构受力特点和钢结构施工方法，由设计院协同施工单位共同确定。屋面网壳与竖向支承连接节点处必须作为变形监测点，其余每一个分区应不少于 8 个监测点。图 55 所示为宏城广场钢结构天幕监测点位。

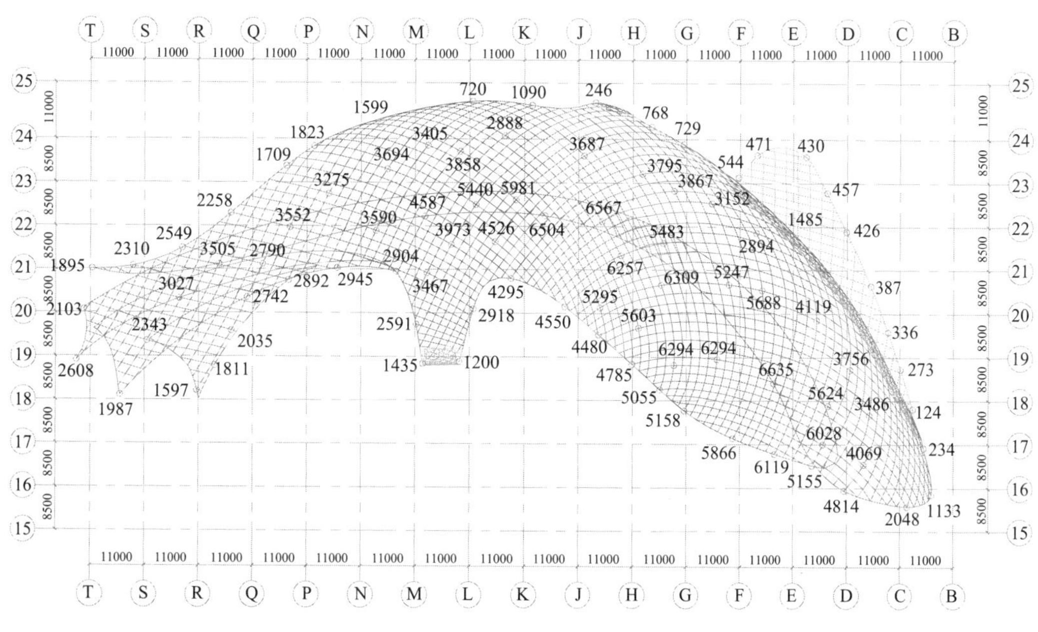

图 55 典型监测点位分布示意图

3）施工过程监测结果

因为变形监测的数据量较多，下面仅摘录部分测量结果数据（表 7）。

施工监测数据统计表 **表 7**

编号	节点号	预变形后坐标			卸载前坐标			差值		
		X	Y	Z	X	Y	Z	△X	△Y	△Z
1	124	165915	104526	6275	165914	104527	6277	−1	1	2
2	140	224171	163962	7182	224171	163962	7181	0	0	−1
……										
87	6654	181426	141057	27254	181425	141055	27257	−1	−2	3
88	6655	197387	160648	27311	197385	160646	27310	−2	−2	−1

编号	节点号	预变形后坐标			一区第一级卸载后坐标			卸载后－预变形		
		X	Y	Z	X	Y	Z	△X	△Y	△Z
1	124	165915	104526	6275	165900	104520	6250	−15	−6	−25
2	140	224171	163962	7182	224162	163951	7160	−9	−11	−22
……										
87	6654	181426	141057	27254	181400	141045	27230	−26	−12	−24
88	6655	197387	160648	27311	197370	160630	27280	−17	−18	−31

续表

编号	节点号	施工模拟变形值			施工模拟变形与实际变形差值			误差允许值	备注
		△X	△Y	△Z	△X	△Y	△Z	△X、△Y、△Z	△X、△Y、△Z
1	124	−13	−7	−21	2	−1	4	±10	满足
2	140	−10	−13	−20	−1	−2	2	±10	满足
……									
87	6654	−22	−11	−26	4	1	−2	±10	满足
88	6655	−20	−20	−26	−3	−2	5	±10	满足

注：1. 卸载前坐标与预变形后坐标差值反映钢结构安装误差；
2. 一区一级卸载后坐标与预变形后坐标差值反映一区卸载后钢结构的变形，该变形值包括卸载前安装误差变形；
3. 施工模拟变形与实际变形差值反映一区卸载后钢结构变形与施工模拟得到变形的差值。
4. 误差允许值为 max（施工模拟变形值×20%，±10mm）。

3. 空间仿生薄壳结构 ETFE 膜安装技术

（1）测量放线

ETFE 屋面工程的施工测量应与主体工程施工测量轴线相配合，使天幕各坐标、轴线与建筑物的相关坐标、轴线相吻合，测量误差应及时消化，不得积累，使其符合 ETFE 屋面工程的构造要求。

测量放线在该主体钢结构施工完成后进行，按各轴线设置垂直、水平方向的控制线并做好标识。严格控制测量误差，垂直方向偏差不大于 5mm，水平方向偏差不大于 5mm，中心位移不大于 3mm，测量必须经过反复检验、核实，确保准确无误，并做好标识，以确保标高、轴线的统一、唯一性。

测量放线之前，首先必须熟悉和核对设计图纸中各部分尺寸关系；了解施工顺序安排，从施工流水的划分、施工进度计划及各部分屋面结构的特征等多方面考虑，确定测量放线的先后顺序、时间要求，制定详细的各细部放线方案。同时，根据现场施工总平面布置和施工放线的需要，对各部分屋面分别选择合适的点位坐标，做到既能全面控制铝型材的安装，又有利于长期保留应用。

（2）膜结构转接件构造及施工

膜结构与钢结构之间通过可调连接件连接，膜结构连接件上下、左右可调，可调量约 30mm。通过可调连接件的设置来消除钢结构与膜结构之间的误差值。待转接件安装完成后，通过螺栓调整好上部 T 形件的位置，进行坐标复核后将连接板与 T 形件焊接牢靠，然后安装上部铝型材及膜材（图 56、图 57）。

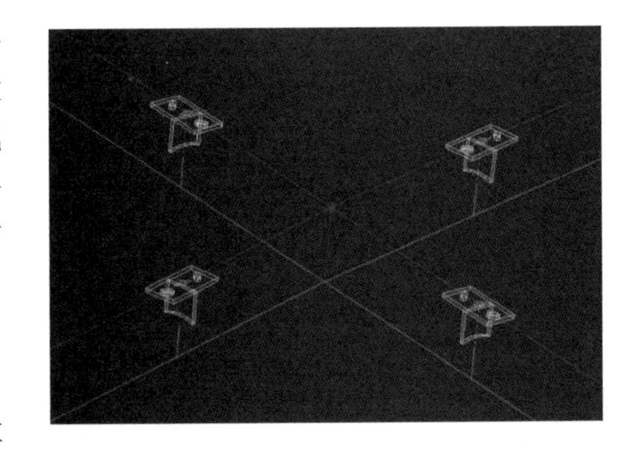

图 56　膜结构转接件放样

（3）ETFE 膜材的施工方法（图 58）

1）测量、放线

依据膜材加工编号，对应屋面分格形状，确保膜材位置正确。

2）安装夹具

将铝合金夹具按照图纸固定于转接件上，各段夹具之间的间隙控制在 5～10mm 之间，固定间距需符合图纸要求。

3）张拉膜材

检查膜材型号使之与要安装的型号相对应。按照膜材叠折顺序展开膜材，将对应膜边长的夹具密封条穿入夹具内。各边同时拉紧 ETFE 膜，并将边绳夹具同时卡入夹具。注意张拉时用力均匀，保持膜材自然下垂状态，避免用力不均，出现褶皱。

4）清洗

ETFE 膜材表面非常光滑，具有极佳的自洁性能。表面灰尘及污迹会随雨水冲刷而除去。

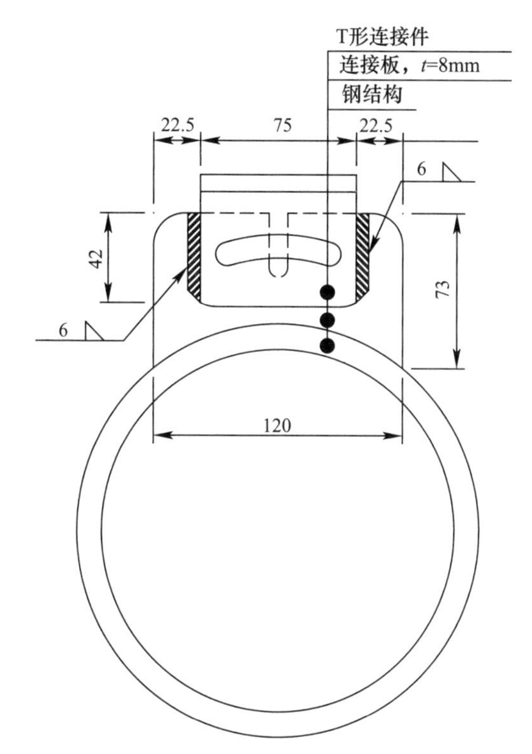

图 57 膜结构转接件节点

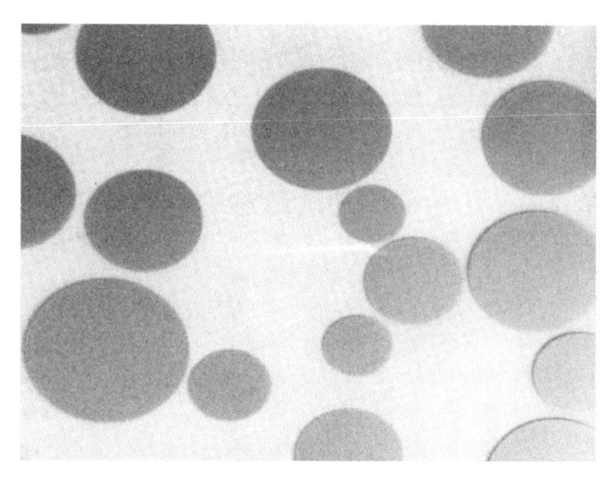

图 58 ETFE 膜材

(4) ETFE 膜材的施工步骤

ETFE 膜材施工步骤示意表 **表 8**

1. 施工用操作网布设 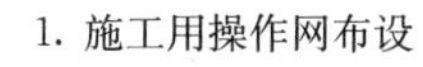	2. 连接件、铝型材安装

续表

3. 膜单元展开	4. 膜单元穿入铝夹具
	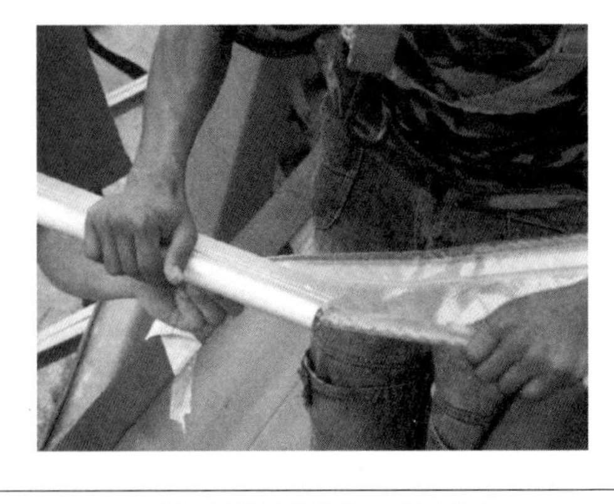
5. 张紧膜片，边部卡入主型材	6. ETFE 膜安装完毕，检测清洗

4. 复杂网壳屋面吊架与安全网组合施工平台技术

膜结构安装时，施工平台采用新型可上人安全网与吊架组合而成的既当施工操作平台，又兼作安全防护平台的组合作业平台（图 59、图 60）。

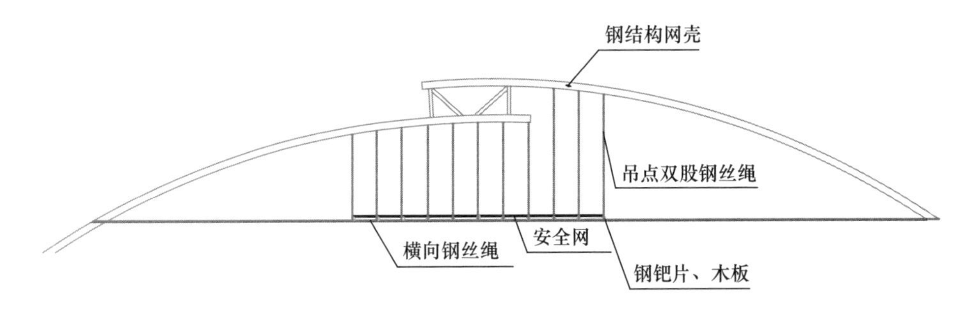

图 59　组合平台剖面示意图

图 60　可上人安全网实物图

(1) 安全网受力计算

考虑 6 个人站在网上的重量情况下（每个人按 125kg 考虑），安全网承重安全系数为 3.0，经计算，安全网处于安全状态（图 61～图 63）。

(2) 安全网布置

安全网按 3m×3m 网系布置，示意图如图 64 所示。

(3) 吊架及安全网安拆

1) 吊架主要是钢丝绳、脚手管、钢钯片或脚手板与主体钢结构间搭设的一个上人操作平台，平台平均跨度 30m，主跨钢丝绳间距 1.5m，吊点钢丝绳间距不大于 2.5m，吊架距 L3 层

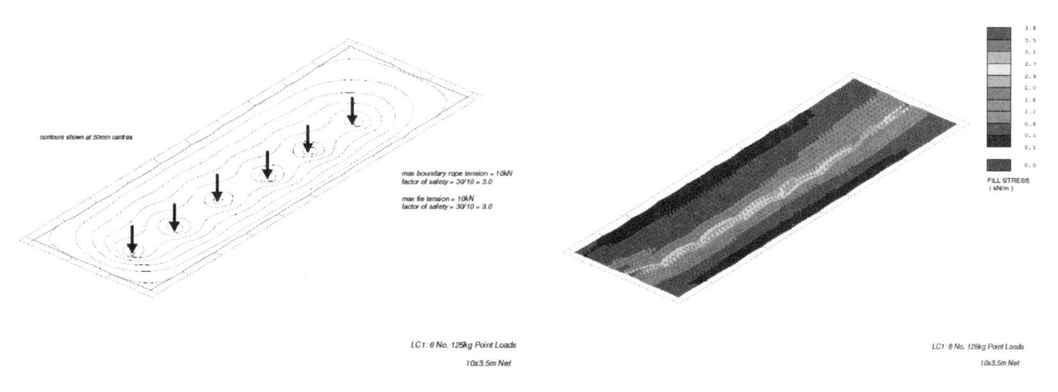

图 61　安全网受力分析图一

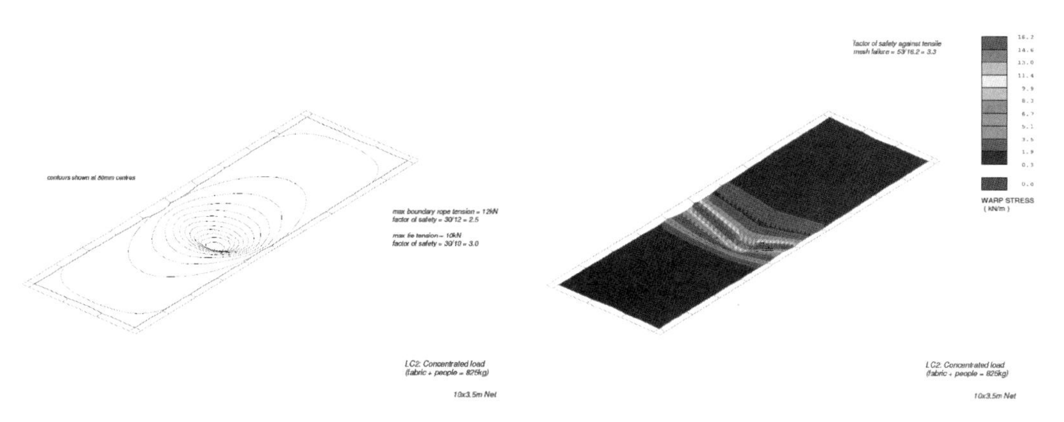

图 62　安全网受力分析图二

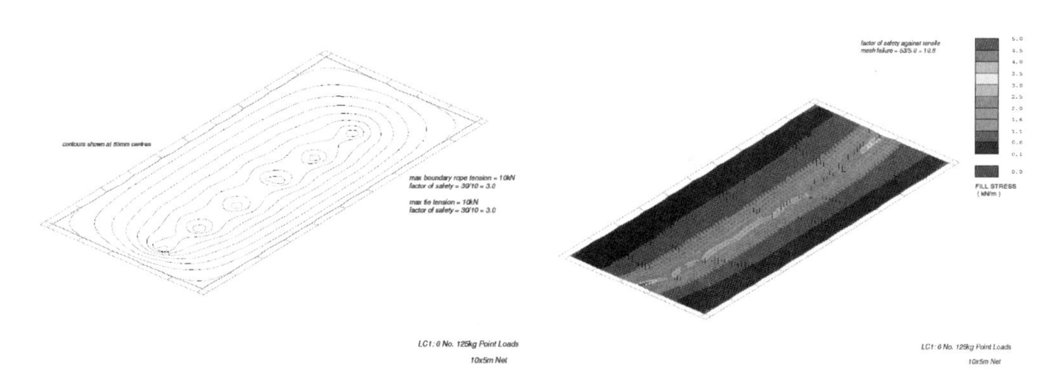

图 63　安全网受力分析图三

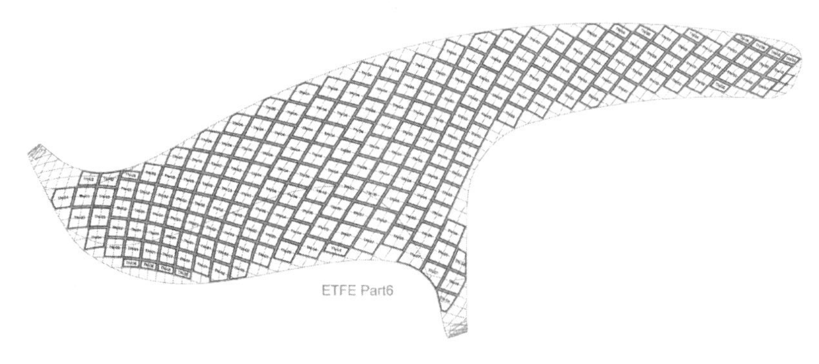

图 64　安全网布置示意图

楼面最高 12m。纵横杆扣件连接，纵横间距 1350mm，网壳短跨横拉钢丝绳；钢丝绳与钢管接触面用钢钯片，上铺脚手板；纵横杆通过双股钢丝绳吊挂在钢结构网壳上，钢丝绳间距根据现场实际施工条件，部分间距可能会大于 1350mm，最大间距控制不大于 2.5m×2.5m；水平向相互拉结稳定；平、立面设置安全网。钢丝绳与钢结构接触面垫防火布或麻布，避免及减少对钢结构面漆的损伤（图 65、图 66）。

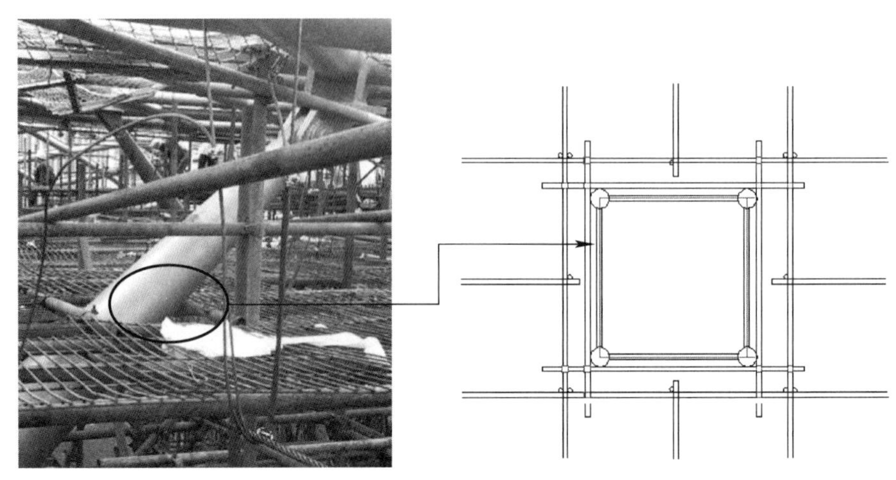

图 65　钢丝绳与脚手架连接节点图

2）平台拆除原则：从上至下，对角线一边到另一边，底部钢丝绳最后拆除，拆除到收脚位置可选择用重新搭设脚手架方法进行拆除（图 67）。

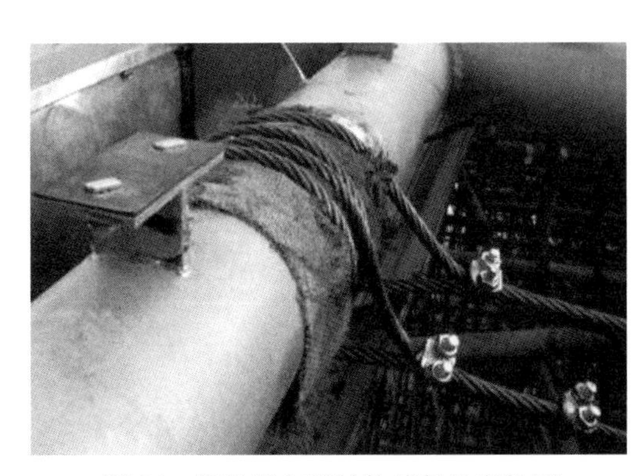

图 66　钢丝绳与钢结构接触处实物图

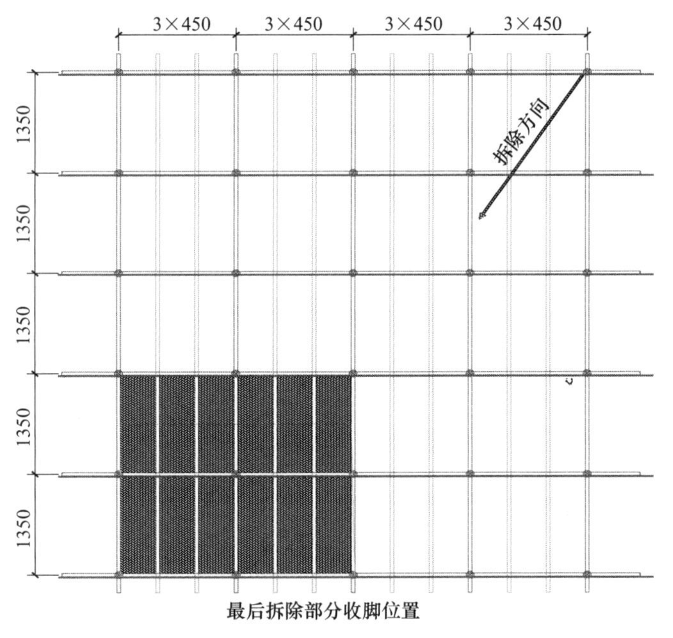

图 67　操作平台拆除示意图

吊架拆除流程如表 9 所示。

吊架拆除流程图　　　　**表 9**

1. 吊架立面示意；

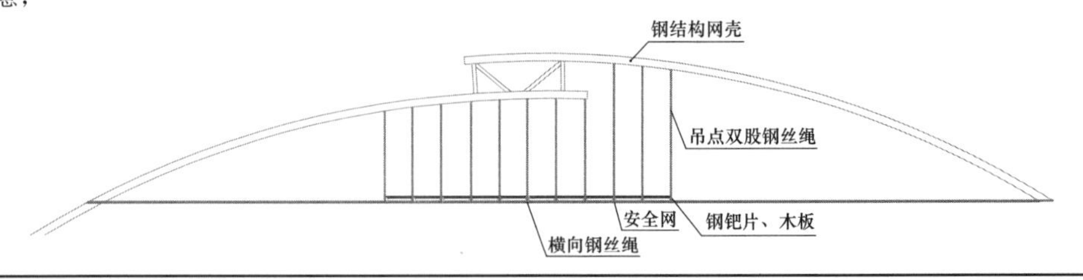

续表

2. 吊架平台木板、钢钯拆除；

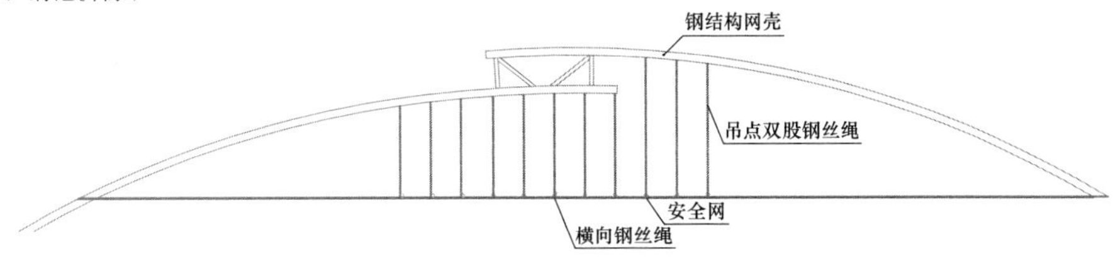

3. 吊架平台钢管拆除；

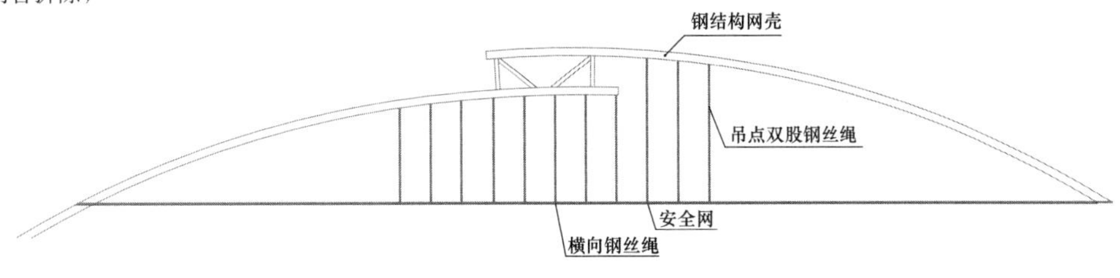

4. 吊架吊点钢丝绳的拆除；

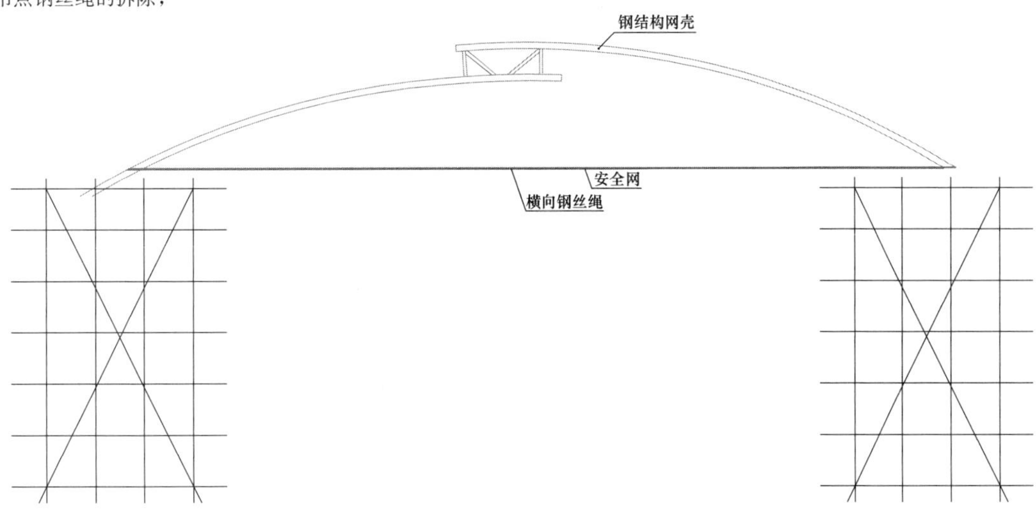

5. 吊架横向钢丝绳拆除。

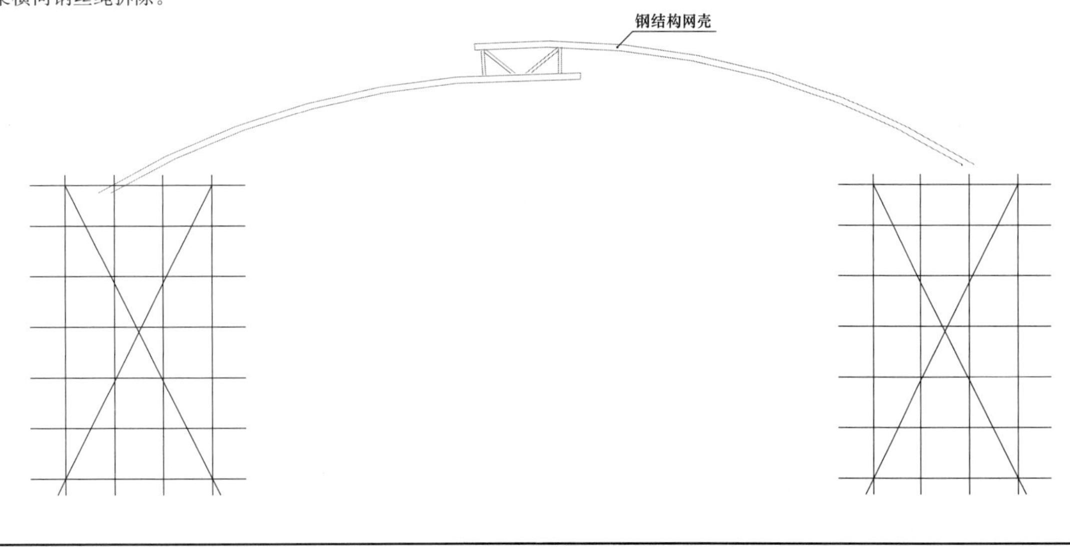

4.4 “树状形态”仿生柱树杈焊接节点制作技术

4.4.1 概述

空间仿生薄壳结构一般由管材相贯连接而成，为保证整体结构的安全及稳定性，相贯节点的设计尤需慎重。本课题在广州市宏城广场工程成功制作和验收合格的相贯节点——树杈节点的基础上，对仿生树形构件树杈节点的制作和焊接工艺进行了深入分析和总结，形成一套适合空间曲面仿生构件的制作和焊接技术。

仿生树杈节点分支根部截面ϕ351×30（径厚比11.7）、弯曲半径750mm，与十字板及中心圆棒相贯焊接，分支背部加设一双曲盖板。仿生树构件典型节点存在小径厚比圆管弯管质量和精度的控制、弧形圆管相贯线切割、双曲盖板的加工制作、相贯焊缝全板厚熔透焊接等多个重难点。针对上述重难点，本课题提出了仿生树构件典型节点成套的加工制作工艺以解决上述难题（图68、图69）。

图68 树杈节点三维图

图69 树杈节点实物图

4.4.2 关键技术

1. 小径厚比圆管中频热弯技术

（1）小径厚比圆管弯管原理及流程

1）中频热弯原理

直管下料后通过弯管推制机在钢管待弯部位套上感应圈，用机械转臂卡住管头，在感应圈中通入中频电流加热钢管，加热温度控制在900℃以内，当钢管温度升高到塑性状态时，在钢管后端用机械推力推进，进行弯制，弯制出的钢管迅速用冷却剂冷却，这样边加热、边推进、边弯制、边冷却，不断将弯管弯制出来。弯管后内壁受压变厚，外侧受拉变薄。

2）中频热弯流程说明（表10）

中频热弯流程说明表 **表10**

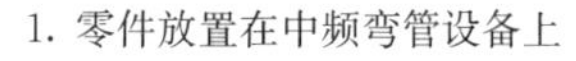 1. 零件放置在中频弯管设备上	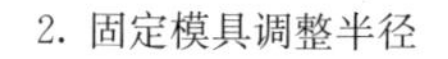 2. 固定模具调整半径

续表

3. 检查加热设备	4. 弯管施工
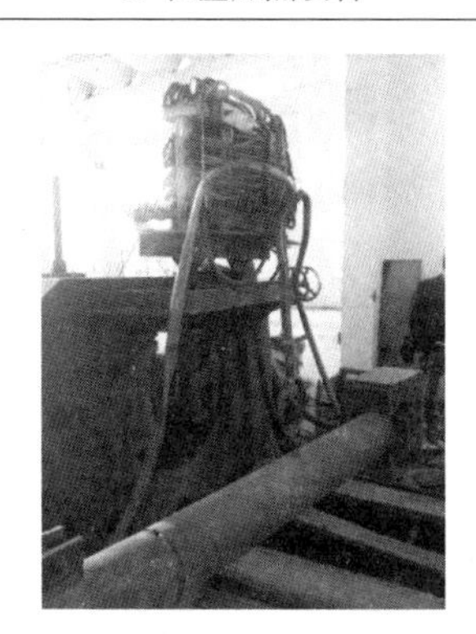	
5. 产品检测（下图示意）	6. 成品验收
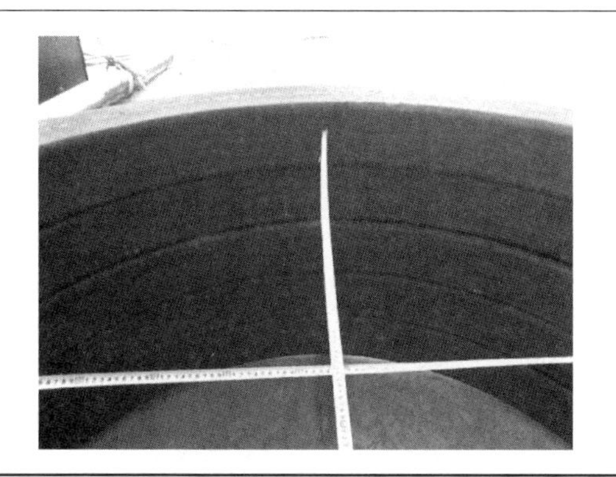	

（2）弯管质量保证措施

1）圆管弯曲后壁厚保证措施（图 70）

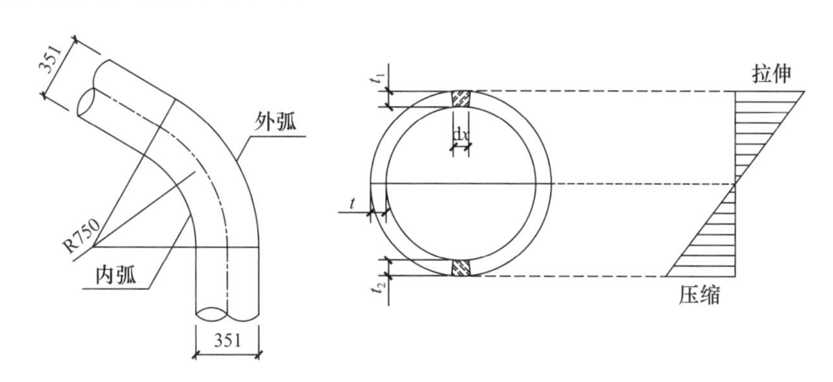

图 70　圆管弯曲后壁厚分析

① 理论数据分析：

弯管段外弧长：$l_w=\theta R_w=(750+351/2)\theta=925.5\theta$；

弯管段内弧长：$l_n=\theta R_n=(750-351/2)\theta=574.5\theta$；

中心轴处弧长：$l_m=\theta R_m=750\theta$；

取一微段，则：

$t_1 \cdot dx \cdot l_w=t \cdot dx \cdot l_m$，得：$t_1/t=l_m/l_w=750/925.5=0.81$；（外侧减薄壁厚比例）

$t_2 \cdot dx \cdot l_n=t \cdot dx \cdot l_m$，得：$t_2/t=l_m/l_n=750/574.5=1.31$；

理论壁厚减薄率：$\Lambda_1=(t-t_1)/t=1-(t_1/t)=1-0.81=0.19=19\%$；

理论壁厚增厚率：$\Lambda_2=(t_2-t)/t=(t_2/t)-1=1.31-1=0.31=31\%$；

外弧壁厚/内弧壁厚：t_1/t_2＝0.81/1.31＝0.62。

依据以上理论分析的结果，设计可初步选择合适壁厚的圆管进行结构受力分析，而后将选择的圆管交工厂进行试验，以实际检验数据验证理论。

② 弯管试验理论数据验证

依据上述理论分析，壁厚为30mm的圆管热弯后，外弧壁厚将减薄30mm×19%＝5.7mm；设计要求实际壁厚减薄率不应大于15%，即4.5mm。为满足外弧侧壁厚要求，设计时选择了P351×32mm圆管进行弯管制作，以保证最薄位置厚度为26mm。弯管后进行数据采集和对比分析，以下以宏城广场项目为例（表11）。

弯管试验数据收集表 **表11**

钢管弯圆三维放样图

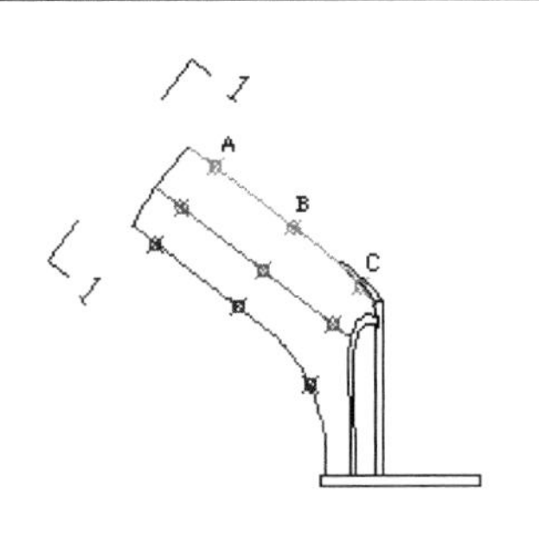

钢管弯圆壁厚测点(正立面)

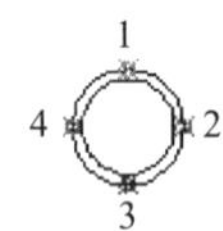

1—1

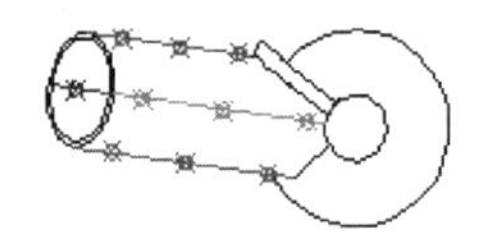

钢管弯圆壁厚测点(平面)

测点	壁厚	测点	壁厚	测点	壁厚
A-1	30.2	B-1	30.8	C-1	27.1
A-2	31.2	B-2	32.3	C-2	31.3
A-3	33.5	B-3	34.1	C-3	40.3
A-4	31.8	B-4	32.1	C-4	—

C位置数据对比分析：

壁厚减薄率＝$(t-t_{\min})/t$＝4.9/32＝15.3%，在理论限值范围内；

壁厚增加率＝$(t_{\max}t)/t$＝8.3/32＝25.9%，在理论限值范围内；

$t_{\min}/t_{\max}$＝27.1/40.3＝0.67，与理论计算得到的t_1/t_2＝0.62接近。

结论：最薄处（C-1点位）壁厚27.1mm，实际检验数据在理论分析数据包络范围内，最薄处壁厚满足设计要求。

注：A-1表示A断面1处象限点的壁厚，单位：mm。

圆管原始壁厚为32mm；计算后C位置外弧处壁厚减薄了4.9mm，内弧处壁厚增加了8.3mm。

通过试验数据的对比分析总结，圆管弯曲后的壁厚变化基本与理论数据相符。设计通过理论分析选择恰当的圆管（加厚）进行制作，并规定弯管最薄壁厚。在工厂弯管后，采用测厚仪进行壁厚验收，可以有效地保证弯管壁厚的变化满足设计要求。

2）热弯后母材质量保证措施

圆管热弯后的母材质量，需通过过程温度控制、弯曲后母材力学试验两个方面来保证。

① 温度控制

中频加热的温度对母材质量有重大的影响，母材加热的温度应严格控制在规范温度之内，最高温度不超过900℃。温度的控制，一方面通过设备调节，设置最高加热温度，另一方面由驻厂人员，随时采用测温枪进行测温监控，违规操作时，需立即调整温度。

② 力学试验

在圆管弯管完毕后，随机抽取一根圆管进行力学试验，热弯圆管的质量应分别符合现行国家标准《低合金高强度结构钢》GB/T1591—2008 和《建筑结构用钢板》GB/T 19879—2005 的规定，试验项目为拉伸、弯曲及冲击。以下为宏城广场工程弯管母材试验过程（表 12）。

弯管母材试验流程表 **表 12**

取样位置 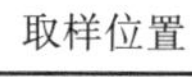	取样过程

冲击和拉伸试样 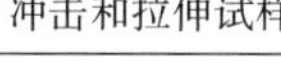	试验过程数据 
	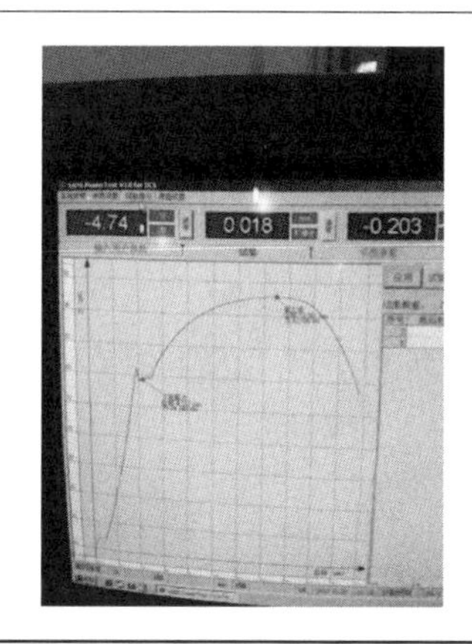

3）尺寸精度控制

弯管的尺寸精度控制，主要包括两个方面。一方面是工厂应严格按照操作工艺进行作业，设定合理的弯管参数，并在加工过程中进行跟踪测量和参数微调；另外一方面进行严格、准确地尺寸检查，禁止出现扭曲、弧度尺寸超标的情况。

工厂的尺寸检查方式为放样检查，放样检查示意图如图 71 所示。

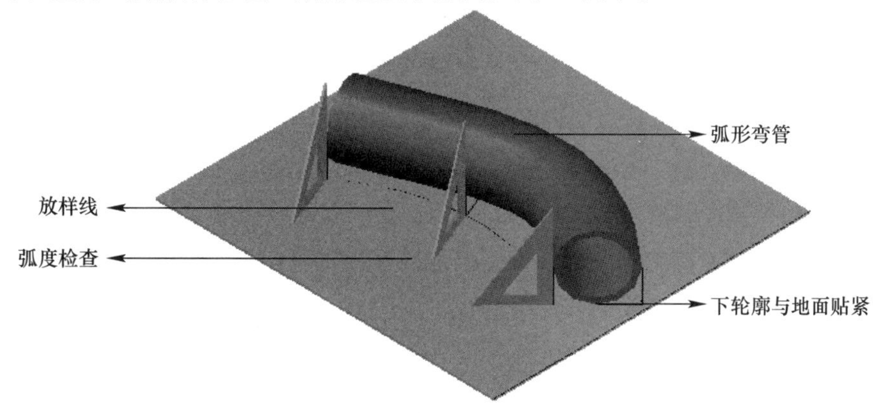

图 71　放样检查示意图

2. 弧形圆管异形相贯口切割技术（图 72）

相贯线切割机设备只能对规则（直）圆管进行相贯线切割，面对异形圆管常规加工工艺仅能采用包络图进行粗略划线，而后手工切割。宏城广场项目树杈节点弧形相贯圆管，相贯口截面大、曲率小，其包络图长度超过一米，因纸张无延展性，无法对双向弧形弯管进行包裹，致使相贯线设备切割，包络图制作工艺均不满足此类弧形相贯圆管的相贯口加工，给工厂制作带来了极大的难度（图 73）。

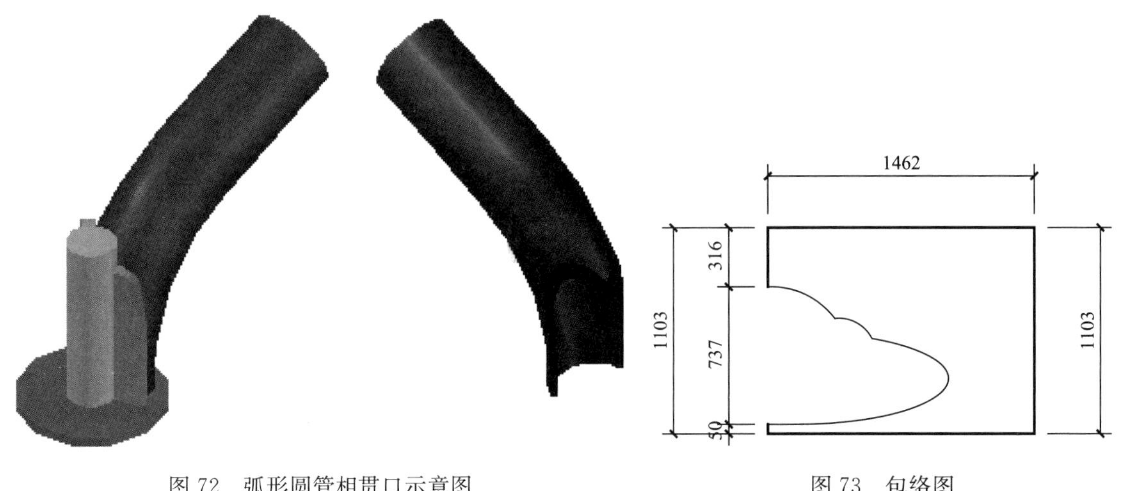

图 72　弧形圆管相贯口示意图　　图 73　包络图

通过对此类型树杈节点特点的研究，弧形圆管与相连位置为管板相贯，相贯位置线处于两个平面或多个平面上，基于此特点对管板相贯的弧形圆管相贯口切割工艺进行了革新，制定弧形圆管板管相贯口高精度手工切割工艺，解决此异形相贯口制作的问题。

（1）工艺原理

管板相贯的相贯口的特点为与板交接的位置为平面，以此为切入点制定切割相贯口的思路。以其中一块相贯平面为基准进行旋转，使板相贯平面与水平面重叠，此水平面与圆管的交线即为相贯位置线，划出三点定位点，而后采用弹线的方式标识出相贯位置线，从而实现异形相贯口的手工切割（图 74）。

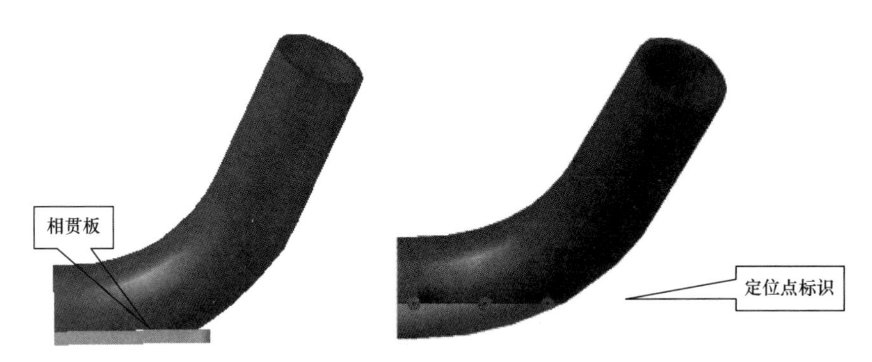

图 74　圆管相贯线切割

（2）工艺流程

1）相贯弯管深化零件图出图（图 75）

① 深化零件图，应体现相贯平面处于水平面的剖视图；如存在两块相贯板平面，需两个剖视图。

② 图中应体现放样尺寸，使班组能对异形相贯圆管进行定位，经过翻转后使相贯平面平行于大地。

2）班组放样

班组依据深化零件图进行放样，端头三点与地面放样点重合（图 76）。

3）划出相贯位置线

标识定位点，而后采用弹线的方式弹出相贯位置线；每个相贯口依据此方式重复划线（图 77）。

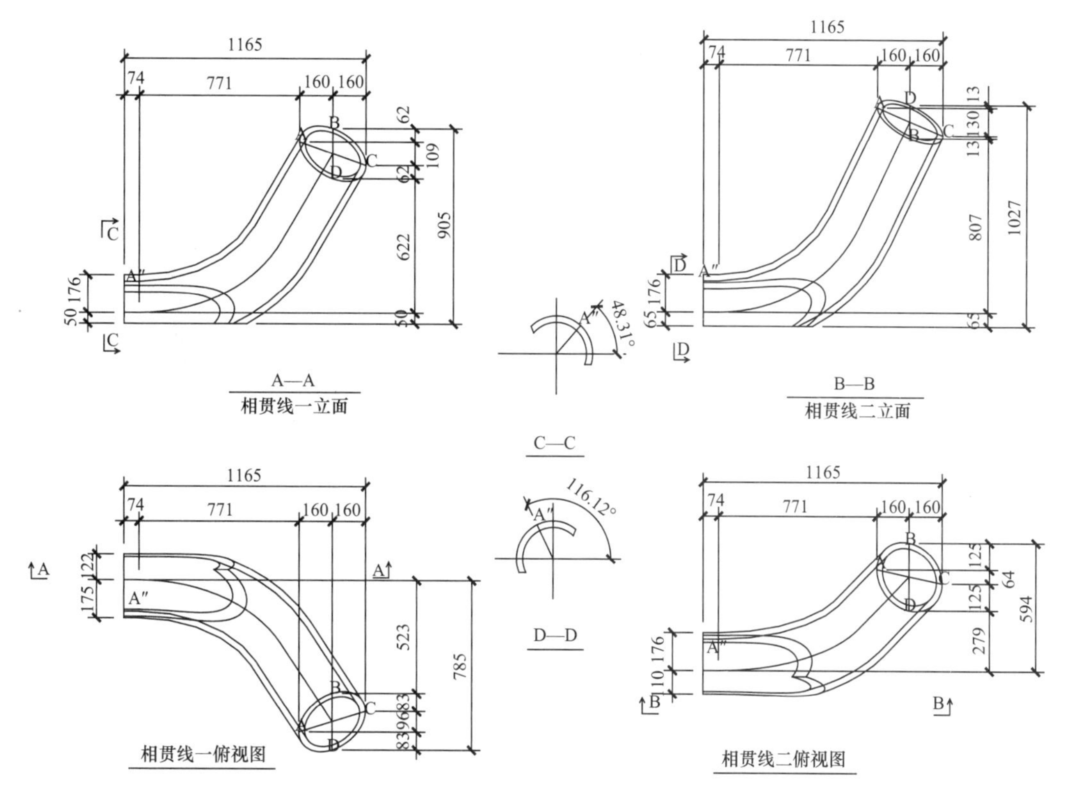

图 75　相贯弯管深化零件示意图

图 76　放样示意图

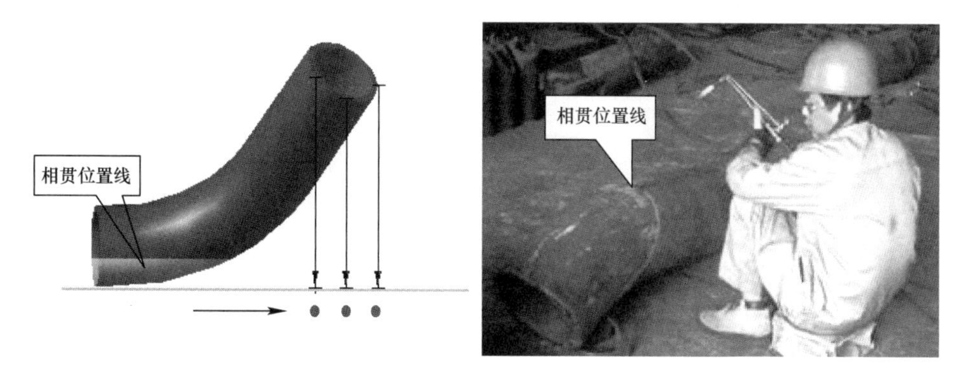

图 77　相贯位置线示意图

4）切割相贯口

沿所划的相贯线位置线，切割相贯口。切割完毕后，进行坡口加工及坡口面打磨，即完成了管板相贯的相贯口较高精度的切割（图 78）。

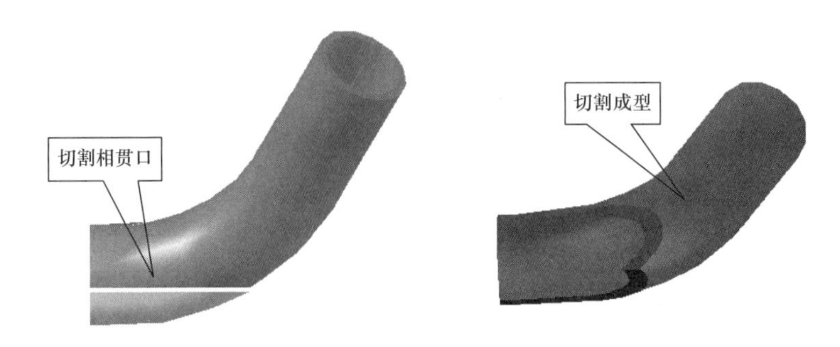

图 78　相贯口切割

3. 双曲相贯盖板压制工艺（图 79）

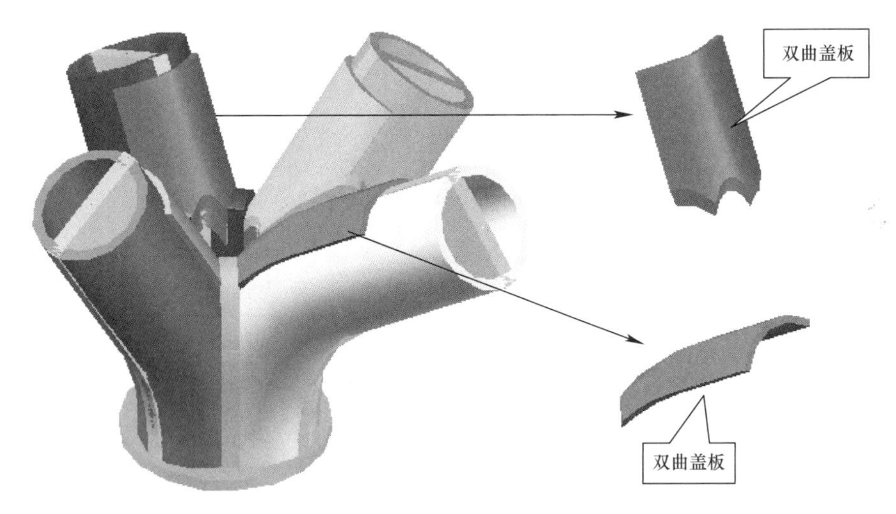

图 79　树杈节点双曲盖板

双曲相贯盖板，为树杈节点支管加强盖板，存在两个方向的弧度，一个是半圆弧，一个是弯圆弧，端口为相贯口。双曲盖板涉及两方面的难度，一方面此零件为不规则相贯弧形零件，无专业软件对此类型零件展开，深化展开图成为一大难点，另一方面采用常规工艺制作，不管是采用先折弯后弯圆，还是先弯圆后折弯的常规工艺方式，均无法制作。

针对以上难点，本课题对此类型零件的出图工艺及压制工艺进行了革新，并成功应用于宏城广场工程树杈节点双曲相贯盖板的制作中，解决了此类型零件的加工制作问题，可推广于各工程中同类型零件的加工制作（图 80）。

（1）深化展开图制作

1）展开图原理

把双曲盖板分成 N 等分，量取每段截面的弧长，然后逐段拟合，得到高度近似的展开图（图 81）。

2）展开图示意图及要点

① 每段相贯线至少有 3 点，等分不够时，需增加展开点；

② 必须增加相贯线折点位置，此位置为展开图每段相贯线的起点或终点。

3）加工制作流程

① 按展开图进行数控切割下料（图 82）

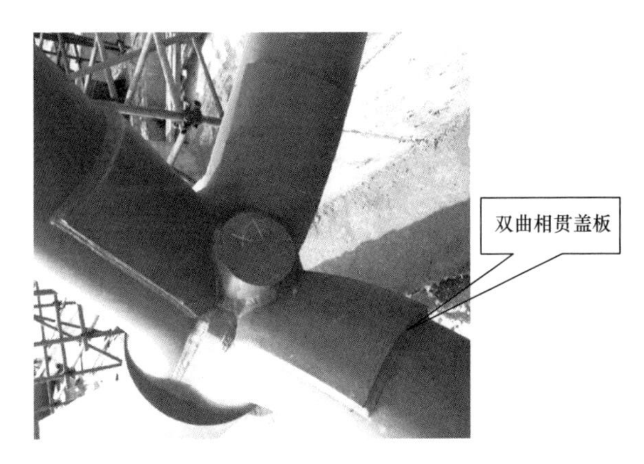

图 80　树杈节点双曲盖板

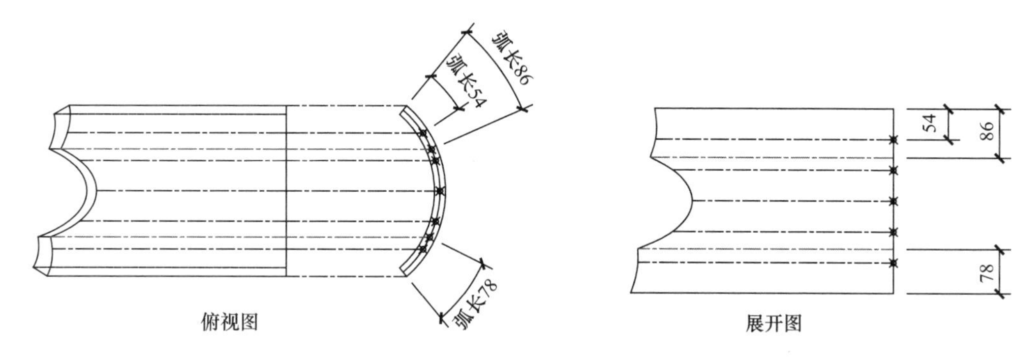

图 81　双曲盖板展开图

② 采用折弯机折弯

采用折弯机进行折弯，先将零件折成瓦片状，并采用卡模进行弧度检测，合格后方可转入下一道工序（图 83、图 84）。

图 82　零件等离子数控切割下料

图 83　折弯机

③ 采用模具压弯成型

盖板折弯成瓦片后，进行压弯制作。压制的模具，为工厂根据树杈节点圆管的规格和弯曲半径预先制作。模具分凸模和凹模，模具检查合格后，将瓦片放入模具中压制成型。其中存在直段的盖板，需按照零件图尺寸，预先划出分界线。压制完毕后，抽样与相应弯管进行预组装，无差错，即可成批量加工（图 85）。

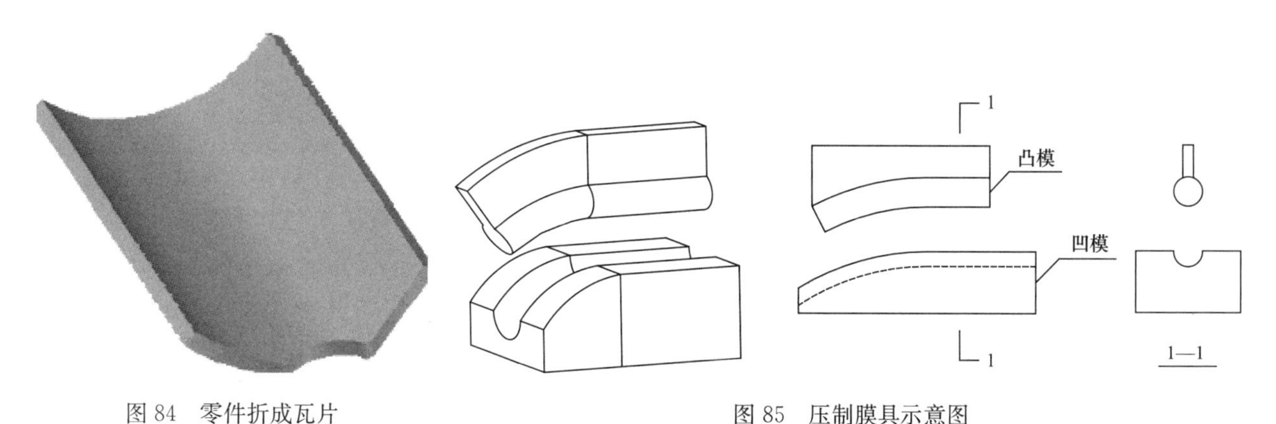

图 84　零件折成瓦片

图 85　压制膜具示意图

5　社会和经济效益

5.1　社会效益

本项目研究开展顺利，施工质量符合相关规范要求，施工工作内容在计划内完成，施工过程未出现安全及质量事故，得到业主、设计、监理等单位的认可、好评。

5.2 经济效益

序号	分部工程	常规方案	新技术应用方案	节省费用
1	二期土方开挖及管线保护工程	原计划工期 613 天，每天费用 5 万元（其中人工每日 1.5 万元/天、机具租赁 1 万元/天、模板支架租赁 1.5 万元/天、其他 1 万元/天）；管线迁移费 600 万元，合计 3665 万元	实际工期 541 天，每天费用 5 万元；管线原地保护费用 300 万，合计 3005 万元	660 万元
2	套扣式钢管脚手架工程	8m 以下钢管脚手架安拆费约 24 元/m^3，本项目 8m 以下搭设体量约 42 万 m^3，脚手架搭设费用合计 1008 万元	8m 以下套扣式钢管脚手架安拆费约 15 元/m^3，合计 630 万元	378 万元
3	ETFE 膜结构工程	满堂红脚手架约 7 万 m^3，8m 以上安拆费用约 75 元/m^3，合计 725 万元	新型行走式安全网及吊架安拆费用 300 元/m^2，安装面积约 7250m^2，合计 217.5 万元	507.5 万元
合计				1545.5 万元

6 工程图片（图 86～图 90）

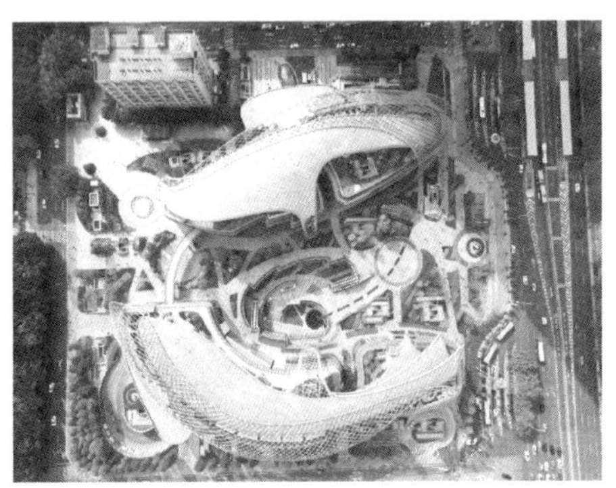

图 86

图 87

图 88

图 89

图 90

广佛江快速通道江顺大桥工程

周　文　王　保　庞文喻　刘中东　许　磊

第一部分　实例基本情况表

工程名称	广佛江快速通道江顺大桥工程		
工程地点	广东省江门市、佛山市		
开工时间	2012.1.1	竣工时间	2015.6.25
工程造价	21.02 亿元		
建筑规模	路线全长 3.86 公里，设特大桥江顺大桥 2250m 1 座，主桥为双塔双索面钢混混合梁斜拉桥，主跨 700 米，为广东省第一大跨斜拉桥；设杏坛、滨江北互通立交 2 座		
建筑类型	公路桥梁		
工程建设单位	江门市滨江建设投资管理有限公司		
工程设计单位	广东省交通规划设计研究院股份有限公司		
工程监理单位	广东华路交通科技有限公司		
工程施工单位	中铁广州工程局集团有限公司 中铁珠三角投资发展有限公司 中铁大桥局集团第四工程有限公司		
项目获奖、知识产权情况			
工程类奖： （1）2016—2017 年度中国建设工程鲁班奖； （2）2017 年度广东省建设工程优质奖； （3）2016 年度中国中铁与中建协联合授予的中国中铁杯优质工程奖； （4）2016 年度中国中铁优质工程奖； （5）2017 年度广东省詹天佑故乡杯奖； （6）2016 年度全国优秀焊接工程一等奖； （7）2017 年度广东省优秀设计一等奖； （8）2017 年度广东省优秀勘察一等奖；			

续表

项目获奖、知识产权情况
(9) 2017年度广东省建筑业绿色施工示范工程奖; (10) 2016年度江门市优质工程奖; (11) QC成果奖共7项(其中国家级QC奖4项,省级QC奖3项); (12) 2013年度中铁股份公司安全标准工地; (13) 2014年度中铁股份公司节能减排标准化工地; (14) 2013年度中华全国总工会"工人先锋号"称号; (15) 2014年度江门市平安创建示范点; (16) 江门市人民政府2012年度重大项目突出贡献奖; (17) 江门市人民政府2011年度重大项目建设推进奖。 科学技术奖: (1) 2015年中国公路学会科学技术三等奖1项; (2) 2016年中国施工企业管理协会科学技术一等奖1项; (3) 2016年中国铁路工程总公司科学技术二等奖1项; (4) 2017年中国公路学会科学技术三等奖1项; (5) 2017年中国铁路工程总公司科学技术一等奖1项。 知识产权(含工法): (1) 2014年国家级工法1项; (2) 2012—2015年省部级工法6项; (3) 2014—2017年发明专利14项; (4) 2013—2016年实用新型专利23项。

第二部分 关键创新技术名称

1. 深水倾斜岩面大直径超长钻孔桩施工技术
2. 深水大型钢吊箱围堰计算机控制同步下放及封底施工技术
3. 强台风区域大倒角高主塔施工技术
4. 700m主跨钢箱梁架设施工技术
5. 空间受限条件下长重斜拉索施工技术

第三部分 实 例 介 绍

1 工程概况

广佛江快速通道江顺大桥工程是连接江门市蓬江区与佛山市顺德区的桥梁。项目起点位于顺德区杏坛镇,中间跨越西江干流,终于江门市北部的蓬江区棠下镇附近。路线全长3.86km,采用双向六车道一级公路标准,设计速度80km/h。

江顺大桥主桥设计为双塔双索面钢混混合梁斜拉桥,跨径布置为:(60+176+700+176+60)m,主桥全长1172m,主跨700m是广东省第一大跨斜拉桥。全桥对称布置,边跨各设一个辅助墩、一个过渡墩。主塔基础采用钻孔桩+圆哑铃型承台基础;主塔采用H形桥塔,设上、下横梁;斜拉索采用平行高强钢丝斜拉索;斜拉索锚固采用钢锚梁锚固方案;主梁采用钢箱梁结构,配重梁采用混凝土箱梁;支承体系采用半漂浮体系。

江顺大桥结构图如图1、图2所示。

图1　江顺大桥立面图

图2　江顺大桥侧面图

2　工程重点与难点

2.1　主墩地质复杂、桩基施工难度大

江顺大桥主墩位置受西江断裂构造的影响，基岩中局部为构造角砾岩、碎裂岩及其风化层，入岩层面倾斜（最大为60°），且突变现象明显，工程地质条件极复杂；钻孔桩直径3m，最大钻孔深达109.5m，主墩处水深达20m，桥墩位于西江Ⅰ级主航道中；且要确保汛期来临前完成（5个月工期），施工难度大且工期紧。

2.2　承台体积大、钢吊箱围堰重，钢吊箱围堰设计、下放以及大体积混凝土温控难

江顺大桥主墩承台为大体积承台，承台平面尺寸为73.052m（横桥向）×24.5m（顺桥向），承台厚度6.5m，承台顶设3.0m塔座，承台底设2.5m封底混凝土，单个承台方量为10205m^3，为超大体积混凝土，哑铃形系梁区间隔15.6m没有设计永久结构桩基，承台中桩间距达3m，边桩到承台边缘的最大悬臂距离达4.5m以上。针对如此结构尺寸布置，在护筒周边和哑铃形系梁跨中区域，封底将会出现较大拉应力，在围堰设计时需要认真考虑周全，根据基础结构、工程地质、水文、现场实际等进行围堰设计；由于西江航道内千吨级浮吊无法进场，无法采用浮吊进行整体吊装下放，而传统的人工控制多台千斤顶下放的工艺同步性较难控制，安全高效实现大吨位、大跨度、大面积的超大型钢吊箱围堰的精确沉放较难；江顺大桥主墩承台处在高温、湿热、多暴雨台风的施工环境，且按照施工组织要求在7月份进行混凝土浇筑，大体积混凝土温度控制难。

2.3　主塔高、上横梁距承台顶高，施工工期紧，安全控制难度大，高空索导管定位困难

桥址区位于强台风区域，塔高186m，塔外侧设有大倒角，爬模、爬架设计和施工难度大；为保证钢箱梁架设施工在开始架设后的第二年5月份台风季节到来前完成合龙，确保钢箱梁大悬臂施工的安全，186m高的主塔必须在12个月内全部施工完成，施工工期压力非常大，需多方面研究索塔快速施工技术；上横梁距承台顶面125.9m，横桥向宽度达28.18m，上横梁的高度从横桥向中心处的6m变化到根部的8m，上、下曲线均为圆曲线，高空上横梁支架设计与施工控制困难；桥位处于强台风区域，全年中大风、暴雨较多，主墩爬模施工安全控制难，存在着塔柱与横梁、上塔柱与钢箱梁双层作业，索塔施工安全风险大。高空测量，尤其是在风速较大的高空进行测量施工时，索导管特征线难以准确定位。

2.4　700m主跨钢箱梁架设难度大

主桥为（60＋176＋700＋176＋60）m双塔双索面钢混结合梁斜拉桥，主孔跨度为700m，钢梁采取节段吊装拼装。钢箱梁长1016m，宽39m，节段重，制造和架设精度要求高，且构件的制造、预拼及安装需大吨位起重设备，如何进行大悬臂大吨位拼装及保证跨中合龙精度是施工的重难点。

且江顺大桥江门岸边跨钢箱梁位于岸上、滩地及浅水区，受地形水文条件影响，运梁船舶无法到达桥面架梁吊机下方，且受上下游桥梁通航净空及桥位区水深影响，大型吊船无法驶入，而钢箱梁结构尺寸大，陆地运输又无法实现。钢箱梁常规上岸方法的不可行性使边跨钢箱梁的施工具有极大的困难，如何安全快捷地完成钢箱梁上岸工作，也是施工的重难点之一。

2.5 斜拉索长且重

主桥主跨为700m，最长索长约375m，索重约38t，斜拉索长而重，挂设难度大。斜拉索采用平行钢丝斜拉索，直径大、索长、索力大，又需同步对称张拉，而钢箱梁内斜拉索锚固空间小，塔内钢锚梁端张拉空间有限，斜拉索安装及调试要求严，如何保证斜拉索制造和安装质量，从而保证各索受力均衡，满足设计要求是主桥施工的又一难点。

3 技术创新点

3.1 深水倾斜岩面大直径超长钻孔桩施工技术

首次提出了大角度倾斜岩面入岩钻进技术和软硬不均岩层的钻进技术，提高了桩基成孔质量，缩短了钻孔桩施工时间；系统地提出了高效清孔排渣、造浆及泥浆回收成套完整技术；提出了大直径超长大吨位桩基钢筋笼下放悬挂及孔口定位技术，解决了桩径3m、最大孔深109.5m、重约70t的超长超重钢筋笼的下放及定位难题；首次将船载终端AIS设备应用于水中栈桥的防撞技术，大大提高了水中施工的安全性；系统地提出了成熟运用KTY-4000型液压动力头旋转钻机、UDM100超声波成孔检测仪等新设备应用技术；并形成了深水倾斜岩面大直径超长钻孔桩施工工法。

在复杂地质条件下长大深水桩基施工过程中，通过对以上关键技术的研究以及新设备的应用，成功总结并申报了如下科研成果：

1项公路工程工法——深水倾斜岩面大直径超长钻孔桩施工工法；

1项国家级QC成果二等奖——全国工程建设优秀质量管理小组二等奖；

5项国家专利（其中3项实用新型专利，2项发明专利）：

一种用于大直径钻孔灌注桩钢筋笼吊装的吊挂结构（发明专利）；

一种用于大直径钻孔灌注桩钢筋笼吊装的挂笼结构（发明专利）；

一种大直径钻孔灌注桩钢筋笼定位装置（实用新型专利）；

一种用于大直径钻孔灌注桩钢筋笼吊装的吊挂结构（实用新型专利）；

一种用于大直径钻孔灌注桩钢筋笼吊装的挂笼结构（实用新型专利）。

3.2 深水大型钢吊箱围堰计算机控制同步下放及封底施工技术

创新地采用计算机控制液压同步下放系统，实现了大型钢吊箱围堰快速、精确的下放定位，并形成了深水大型钢吊箱围堰计算机控制同步下放施工工法；提出了围堰下放滚轮导向技术，创新的设计并成功应用了钢护圈孔口堵漏技术，与传统施工方法相比更为有效、安全；首创了遥控应用水下机器人进行围堰水下孔口封堵检查技术，提高了大型围堰水下封底一次成功的可靠度。

在深水大型钢吊箱围堰下放及封底过程中，通过对以上关键技术的研究以及新设备的应用，成功总结并申报了1项工法2项专利技术：

1项公路工程工法——深水大型钢吊箱围堰计算机控制同步下放施工工法；

2项国家实用新型专利：

一种围堰的下放导向装置（实用新型专利）；

吊箱围堰喇叭口堵漏结构（实用新型专利）。

3.3 强台风区域大倒角高主塔施工技术

提出了整套高主塔施工索导管精密定位技术，并形成了主塔索导管精密定位工法；首次设计并成功应用了倾斜塔柱可调内力的临时横撑施工技术和高上横梁钢斜腿预应力支架施工技术，与传统施工方案相比更快捷更简便；发明了索塔钢筋绑扎平台施工技术，与常规施工方法相比更简易更安全；首创了上塔柱小空间可提升内模的脚手一体化施工技术，大大简化了常规施工工序，施工更快速；系统的提出了一套完整的强台风区域主塔施工安全防护技术；成功应用了G2W50型数控钢筋弯曲机新设备技术。

在强台风区域高索塔施工过程中，通过对以上关键技术的研究以及新设备的应用，成功总结并申报了多项科研成果：

1 项广东省工法——斜拉桥主塔索导管精密定位工法（后又申报并获得 1 项交通部工法）；
1 项国家级 QC 成果二等奖——全国工程建设优秀质量管理小组二等奖；
1 项广东省科技成果鉴定——斜拉桥主塔索导管精密定位技术；
11 项国家发明或实用新型专利：
斜拉桥 H 型索塔高上横梁钢斜腿预应力支架施工方法（发明专利）；
H 型塔柱内力可调的临时横撑结构及其施工方法（发明专利）；
斜拉桥上塔柱钢锚梁锚固区段小空间施工方法（发明专利）；
一种斜拉桥主塔索导管安装和快速精确定位方法（发明专利）；
一种高塔施工混凝土输送泵管的上塔附塔吊装置（实用新型专利）；
H 型塔柱内力可调的临时横撑结构（实用新型专利）；
钢内模脚手一体结构（实用新型专利）；
一种斜拉桥主塔索导管安装调整支架（实用新型专利）；
一种斜拉桥主塔钢锚梁及钢牛腿整体吊装专用吊具（实用新型专利）；
一种钢筋绑扎施工平台（实用新型专利）；
施工保护伞（实用新型专利）。

3.4 700m 主跨钢箱梁架设施工技术

首创了钢箱梁节段提升牵引滑移上岸施工工法，解决了浅滩区钢箱梁陆运、水运都无法实现的难题；提出了一套大悬臂情况下钢箱梁架设的塔梁三向临时固结技术；首创了空间受限条件下架梁吊机不对称拼装技术，解决了空间不足情况下，2 台架梁吊机无法对称同步拼装的难题；系统的提出了大吨位钢箱梁吊装的成套施工技术。

通过对大吨位钢箱梁安装吊具、长悬臂架设时防风系统等进行研究，确保了全部 2.3 万 t 钢箱梁全部顺利起吊成功。

通过对大跨度、大吨位钢箱梁架设过程中以上关键技术的研究，成功总结并申报了多项科研成果：
1 项国家级工法——《钢箱梁节段提升牵引滑移上岸施工工法》（同时申报并获得 1 项交通部工法）；
1 项中国铁路工程总公司科学技术二等奖——《广佛江快速通道江顺大桥钢箱梁施工关键技术》；
6 项国家发明或实用新型专利。
《一种大跨斜拉桥塔梁三向临时固结结构》（发明专利）；
《一种节段钢箱梁滑移上岸的系统及方法》（发明专利）；
《一种斜拉桥无索区大吨位钢箱梁节段架设专用起重吊具》（实用新型）；
《一种大跨斜拉桥塔梁三向临时固结结构》（实用新型专利）；
《强台风区域大跨度斜拉桥钢箱梁长悬臂架设施工防风系统》（实用新型）；
《一种节段钢箱梁滑移上岸系统》（实用新型专利）。

3.5 空间受限条件下长重斜拉索施工技术

提出了桥面展索空间不够情况下长重斜拉索空中和桥面相结合的展索技术；提出了先塔后梁挂索时塔端牵引力不够情况下多设备配合的施工技术；提出了斜拉索梁端软牵引及防扭转技术；提出了塔内空间狭小无法满足同步对称张拉情况下塔端、梁端同步异地张拉技术；通过对以上技术研究总结，形成了空间受限条件下长重斜拉索施工工法。

通过对长重斜拉索施工过程中以上关键技术的研究，成功总结并申报了多项科研技术成果：
1 项广东省工法——《空间受限条件下长重斜拉索施工工法》；
1 项中国施工企业管理协会科学技术一等奖——《空间受限条件下长重斜拉索挂设施工技术》；
3 项国家发明或实用新型专利。
《一种斜拉索软牵引装置》（实用新型专利）；
《一种空间受限条件下斜拉索桥面与空中相结合的展索方法》（发明专利）；

《一种空间受限条件下的长重斜拉索挂设安装方法》（发明专利）。

4　工程主要关键技术

4.1　深水倾斜岩面大直径超长钻孔桩施工技术

采用了当时国内扭矩最大的 KTY-4000 型液压动力头旋转钻机、G2W50 型数控钢筋弯曲机设备、UDM100 超声波成孔检测仪、船载终端 AIS 设备等新设备，钻孔时总结出了大倾角斜岩钻进入岩技术、软硬不均岩层钻进技术等，解决了直径 3m、最大钻孔深度 109.5m、岩面倾斜约 60°、地质条件复杂且工期紧张的主墩施工难题。实现了在 5 个月时间内必须完成主墩深水大直径超长钻孔桩施工的目标。

主墩桩基施工工艺流程如图 3 所示。

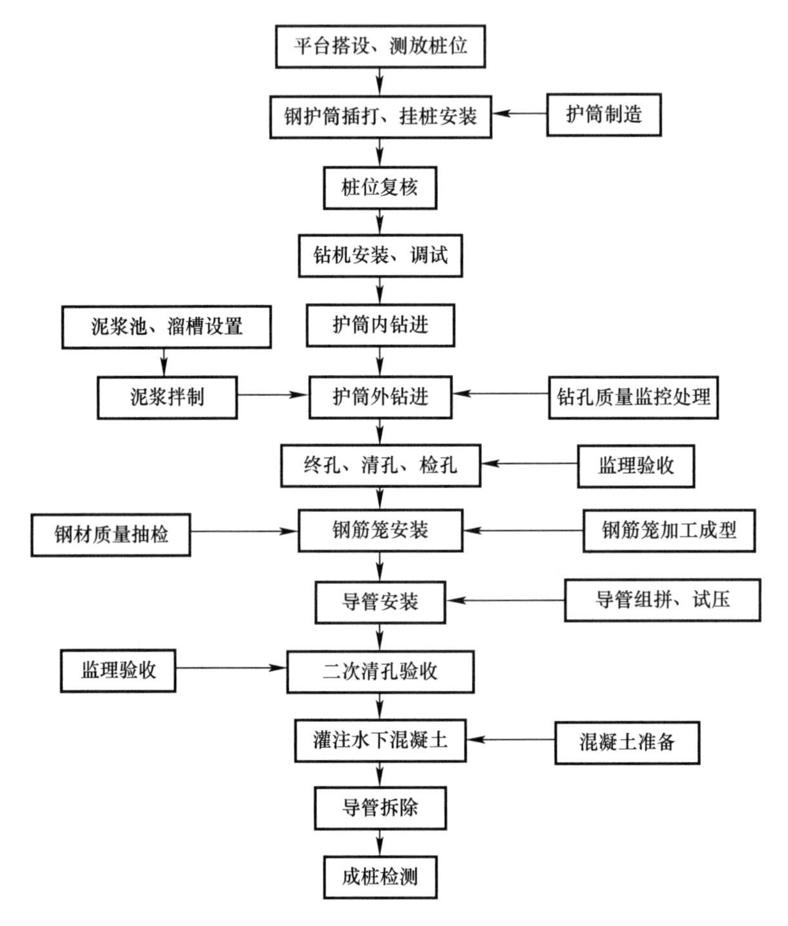

图 3　主墩桩基施工工艺流程图

4.1.1　大角度倾斜岩面入岩钻进技术和软硬不均岩层钻进技术

1. 大角度倾斜岩面入岩钻进技术

在进入岩层阶段，及时降低钻进压力，入中风化岩面钻压控制在 7.5～8.5MPa 之间，同时转数增加到 6～7rpm，利用高速旋转的钻头刀齿对斜岩面突出部分进行撞击滚压，将斜面突出部分撞碎碾平，使该部分孔壁趋于顺直，每钻进 20cm 提起钻头复扫一次，复扫时要确保钻杆不晃动。循序钻进直到稳定器顺直进入岩层（即入岩 3m 之后），再适当加压增加进尺速度。

入岩后每一节钻杆钻完，都要提起整节钻杆用吊线法测量钻杆垂直度，然后空转扫孔观察扭矩表指针变化情况和钻杆晃动情况，结合测量结果分析孔型偏向和偏差值，并做好记录。如果钻杆晃动大以及扭矩指针跳动急促，则孔型偏斜，提升钻头到不晃的位置，轻压慢转，反复扫孔，直至基本无晃动和扭转变化值小于 2 为止。

2. 软硬不均岩层钻进技术

对于地层强度差异较大而造成地层软硬不均的部位，钻机在岩层钻进时会出现钻机跳动、剧烈抖动和不进尺现象。经过仔细观察，发现桩孔同一截面的岩石强度不均匀，钻头磨动经过软硬不均的地方出现跳动，长久之后会出现大的坑洞，同时钻机会出现剧烈抖动，等坑洞足够大可以容纳刀具没入坑洞中时，钻机转速和钻压过大后会将钻头上的刀具一个个剪掉，刀具脱落多了，钻头磨在脱落的刀具上面就会不进尺。主要解决办法是：提出钻头，仔细用电磁铁将脱落的刀具全部吸起来，换上新的刀具，下钻头，减压慢速用钻头将坑洞磨平，再恢复正常钻进。

主墩地质构造如图 4 所示。

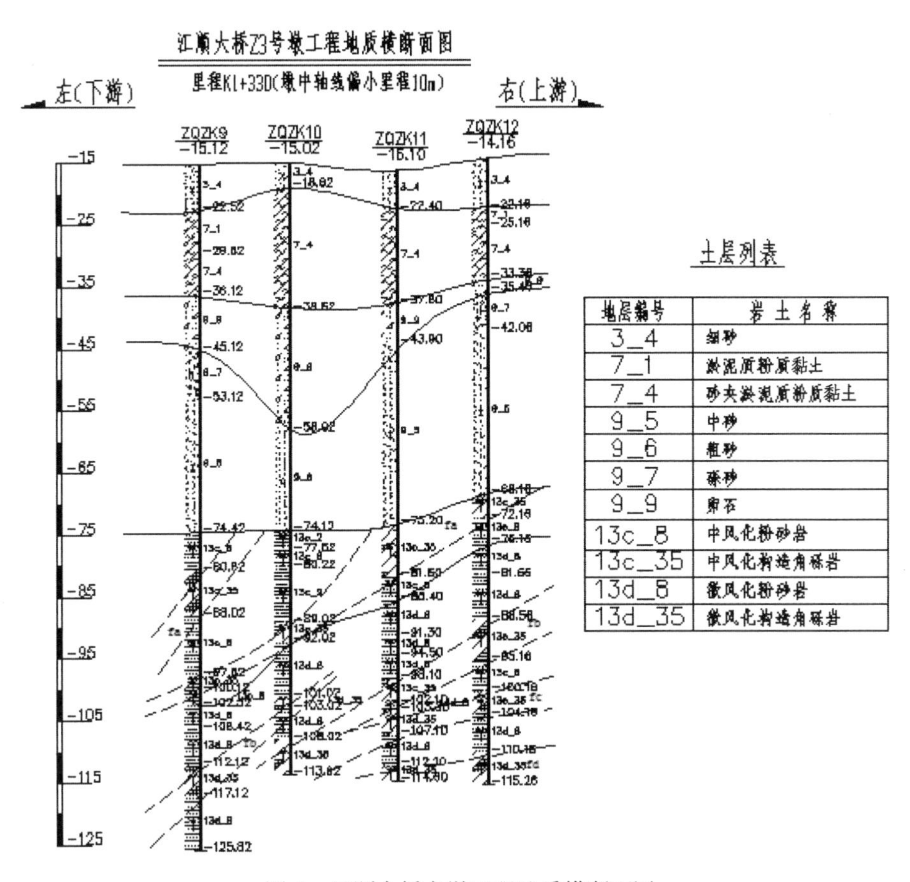

图 4　江顺大桥主墩工程地质横断面图

4.1.2　高效清孔排渣、造浆及泥浆回收成套技术

主墩位于西江深水区，桥址下游设有自来水厂取水站，水体环保要求高。

KTY4000 型液压动力头旋转钻机在钻至离桩底 3m 左右时采用钻机的泥浆循环系统对孔内的泥浆进行置换和调制，从孔底不断抽出泥浆．经泥浆处理器进行降砂处理后流回孔内，泥浆比重随含砂率的减小而降低，同时投放适量的纯碱及聚丙烯酰胺调节泥浆指标。钻机钻到设计桩底标高后，进行泥浆循环分碴，一般经过 6h 左右后，沉碴厚度和泥浆性能指标满足规范要求。下完钢筋笼，二次清孔 4h 左右后沉碴厚度较小。

钻头出钢护筒前 2m 进行造浆，向孔内投入一定比例的膨润土、Na_2CO_3 和聚丙烯酰胺（PAM），与水混合进行造浆，开动大功率空压机启动泥浆循环系统，将泥浆经钻杆→出浆管→沉碴桶→泥浆处理器→回浆管→钢护筒内反复循环 4h，充分搅和均匀，静置 24h 后即可进行钻孔施工。钻孔时泥浆循环至沉碴桶时，粗的钻碴直接分离沿溜槽滑落到沉碴船中，部分泥浆经泥砂分离器分离出细钻碴，细钻碴也沿溜槽滑落到沉碴船中，采用泥碴船外运弃碴，环保效果好。桩基混凝土灌注时泥浆通过循环管路经栈桥泵送至岸边的泥浆池内存放，下一桩钻孔时再泵送至新钻桩孔内重复利用，减少了泥浆的排放，环保效果好。

主墩钻孔桩施工岸边大型泥浆池设置如图5所示，水中钻孔平台下方复杂的泥浆管路系统布置如图6所示。

图5　岸边大型泥浆池

图6　水中钻孔平台下面泥浆管路系统

4.1.3　大直径超长大吨位桩基钢筋笼下放悬挂及孔口定位技术

主墩桩基直径3m，最大钻孔深度为109.5m，钢筋笼长为103.8m（包含伸入承台部长长度），钢筋笼总重量约为70t。钢筋笼长度大，不能一次性对接完全部节段后起吊下入，需要在孔口多次对接后下放，钢筋笼在吊装受力的情况下会产生轻微的相对变形，使竖向主筋出现相对错位使对接工作困难，因此钢筋笼必须悬挂在孔口后对接。桩顶的钢筋笼容易出现偏位，造成钢筋笼中心与桩基中心不重合。此外，钢筋笼下放到位后，需要安装吊点悬吊钢筋笼使钢筋笼保持竖直，桩基灌注完成后，受竖向力的挂点拆除困难，安全风险较大。通过钢筋笼下放和定位施工，总结出钢筋笼下放过程中、下放到位后悬挂及孔口定位方法，对桩基施工的质量和安全意义巨大。

在大直径超长钻孔桩施工过程中，随着钢筋笼下放深度的增加，钢筋笼重量也逐渐增大，尤其是在最后一节钢筋笼下放安装前，型钢支架所承受钢筋笼的重量达到最大。本项目通过设计专用支撑吊挂结构，可根据钢筋笼重量自由增加受力承压点数量，将每一点的受压荷载大大减小，从而降低了超重钢筋笼下放安装的难度及风险。

具体做法如下：

（1）根据护筒直径大小，利用型钢制作一套比护筒直径稍大的闭合框型钢支架，为便于安装及拆除，将型钢支架加工成两部分，使用时中间用螺栓连接起来；根据护筒直径及桩径大小，加工成套的吊挂结构若干（钢筋笼下放到位后吊挂用，加工数量根据钢筋笼重量来定），为便于拆除，将每套吊挂结构加工成挂盒和吊板两部分，中间用销轴连接起来；

（2）安装钢筋笼前，先将型钢支架在护筒口组拼成整体，并拧紧连接螺栓；

（3）每一节钢筋笼下放至孔口位置时，将小垫梁伸出型钢支架限位口，并伸入钢筋笼少许，停放在加强箍的下面，仔细检查加强箍与小垫梁之间的空隙，使各个小垫梁受力点上方空隙相同，确保钢筋笼下放后各小垫梁能同时受力；

（4）缓慢下放钢筋笼，并注意观察，使各个小垫梁均受力承受钢筋笼荷载；

（5）起吊下一节钢筋笼，在孔口位置将钢筋笼竖向对接；

（6）钢筋笼对接完成后，将已安装钢筋笼和对接段一同起吊，注意观察小垫梁，待钢筋笼整体吊起一小段距离后（小垫梁不受力即可），将小垫梁从钢筋笼中抽出；

（7）整体下放已对接段钢筋笼，待最上一节钢筋笼下放至孔口位置时，将小垫梁伸出型钢支架限位口，重复3～7步骤，直至钢筋笼最后一节；最后一节钢筋笼安装前，先将挂盒和吊板利用销轴连成整体，通过整体吊挂结构将最后一节钢筋笼起吊；

（8）钢筋笼最后一节对接完成并整体起吊后，抽出小垫梁，拆除临时吊挂结构，准备将钢筋笼完全下放到位；

(9) 整体下放钢筋笼，直至挂盒槽口卡在护筒边上；

(10) 混凝土浇筑完毕且强度达到要求后，拆除吊挂系统时，利用吊机通过上吊挂孔将吊板向上提，待销轴松动后，拆掉保险销，退出销轴，然后吊机慢慢松劲，直至吊挂钢丝绳完全不带劲，即可安排工人对吊挂系统进行完全拆除。

超长大吨位钢筋笼起吊下放专用吊具及孔口临时吊挂连接施工如图7所示，钢筋笼下放到位后孔口悬挂及定位装置如图8所示。

图7 超长大吨位钢筋笼下放施工图

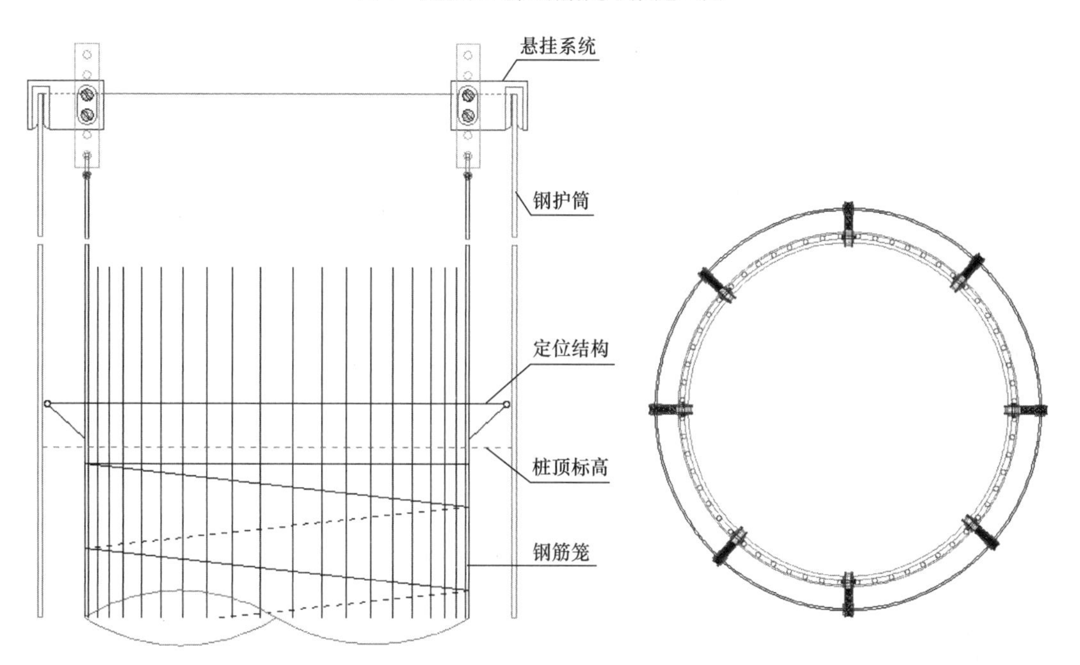

图8 超长大吨位钢筋笼悬挂及孔口定位装置图

4.1.4 将船载终端AIS设备应用于水中栈桥的防撞应用技术

首先在栈桥前端安装船载终端AIS设备，当过往船舶接近水中栈桥平台时，AIS设备显示仪会有光闪和语音报警，并将双方的信息互相反馈，以此提醒过往船舶调整航向、航速，远离施工区域。

船载终端AIS设备应用于水中栈桥前端进行防撞安全预警使用效果如图9所示。

4.1.5 KTY-4000型液压动力头旋转钻机、UDM100超声波成孔检测仪及G2W50型数控钢筋弯曲机等新设备应用技术

1. KTY-4000型液压动力头旋转钻机应用技术

主墩桩基施工采用当时国内最先进、成孔速度最快、国内扭矩最大的KTY-4000型液压动力头旋转钻机，桩基成孔质量高，施工速度快，桩基施工比计划提前1个月完成。

KTY-4000型液压动力头旋转钻机如图10所示。

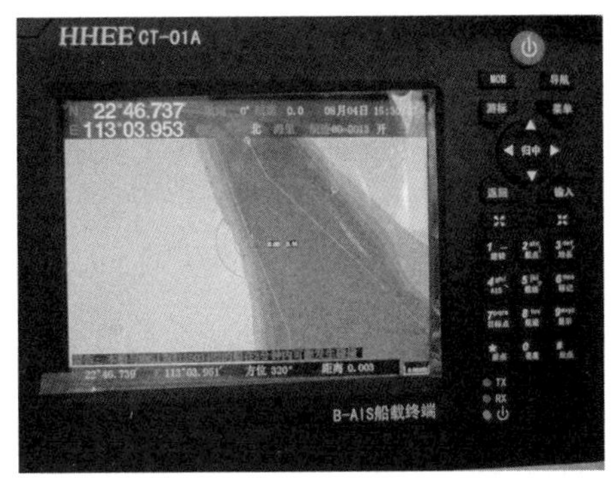

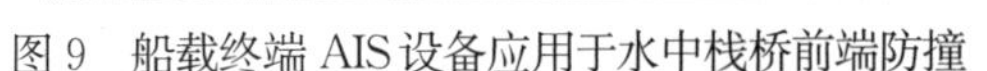
图 9　船载终端 AIS 设备应用于水中栈桥前端防撞　　图 10　KTY-4000 型液压动力头旋转钻机应用

2. UDM100 超声波成孔检测仪设备的检孔应用技术

在主墩桩基施工中采用了 UDM100 超声波成孔检测仪设备，在成孔、清空、卡钻时，通过该设备，可直观地看到孔内情形。该设备利用超声探测原理，将超声波传感器浸入钻孔泥浆里，从护筒口缓慢下放至孔底，可以很清楚地对孔壁周围进行观测，并直观地看到钻孔孔深、孔径、垂直度、孔壁坍塌状况等，并通过数据传输直观的反映在电脑屏幕上面。该仪器的操控软件平台基于 Windows 操作环境，检测结果以扫描图像格式存储在文件中，可以随时回放或打印输出，便于数据资料的分析和管理。

该设备的应用成功解决了江顺大桥大直径超长桩基的成孔检测困难问题。对成孔质量一目了然，且检测结果准确，成像清晰，为后续工序提供有力的质量服务和依据。

UDM100 超声波成孔检测仪应用效果如图 11 所示。

图 11　UDM100 超声波成孔检测仪进行成孔检测

3. G2W50 型数控钢筋弯曲新设备应用技术

在钢筋加工过程中应用了 G2W50 型数控双向移动斜面棒材弯曲机。该设备可将钢筋弯曲成不同形状，它具有弯曲精度高、弯曲成型速度快、自动化程度高的特点。适用于 ϕ10～50mm 的钢筋直径，可双向或单向弯曲，弯曲角度范围 0～180°。

根据设计图纸上给定的钢筋各段长度、角度，在操作屏幕上输入钢筋起弯点位置、角度等参数，点击确认后，该设备可自动完成钢筋的加工成型，加工效率高，且加工精度高。该设备的应用减少了人力、常规机械的投入，大大提高了加工精度和工作效率，确保了钢筋工程施工质量。

G2W50 型数控钢筋弯曲机如图 12 所示。

图 12　G2W50 型数控钢筋弯曲机

4.2　深水大型钢吊箱围堰计算机控制同步下放及封底施工技术

采用了计算机控制液压同步下放系统、钢护圈孔口封堵及水下机器人等新装备、新技术，解决了深水区大体积、大吨位钢吊箱围堰同步下放及封底困难、且工期紧张的施工难题。实现了长 75.452m、宽

26.9m的超大型钢吊箱围堰快速、精确、平稳下放，且一次性封底成功、达到滴水不漏的效果。

围堰施工工艺流程如图13所示。

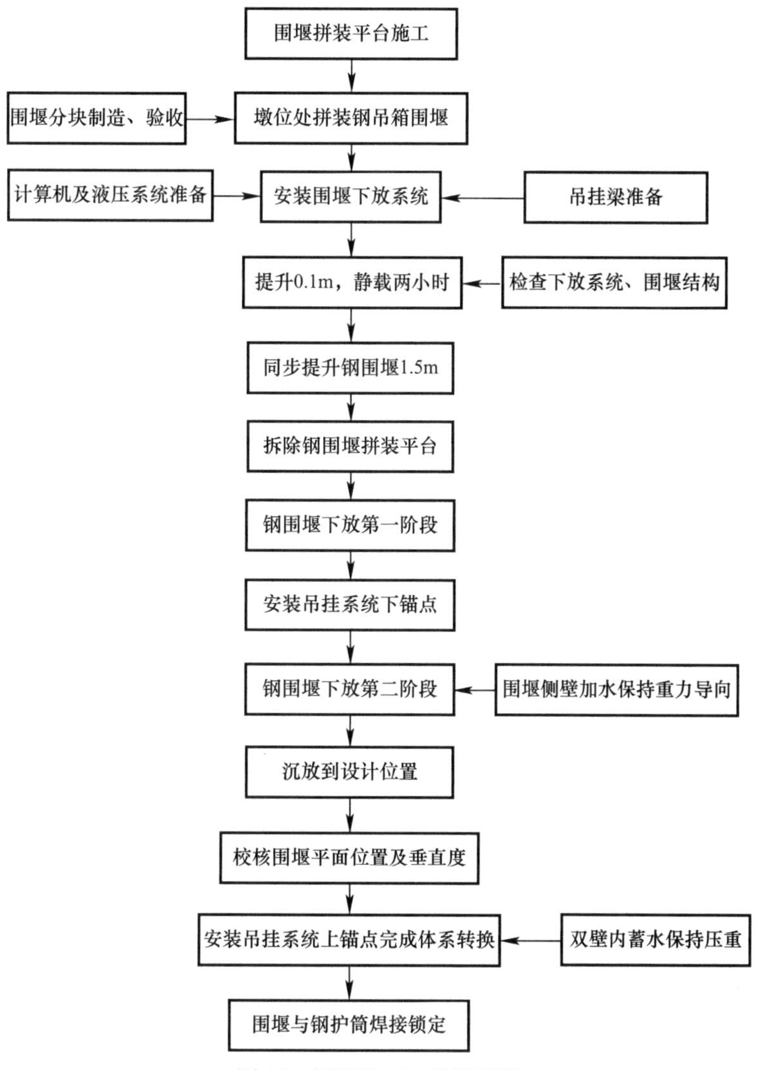

图13 围堰施工工艺流程图

4.2.1 采用计算机控制液压同步下放技术，并形成了深水大型钢吊箱围堰计算机控制同步下放施工工法

江顺大桥承台的结构特点以及桥位处独特的施工环境是导致钢围堰施工难度大的重要因素，从中也暴露出了传统钢围堰施工工艺的不足之处。为此，江顺大桥认真总结以往围堰施工经验，以计算机控制代替人工操作为重要思路，最终创新出一套钢吊箱围堰计算机控制同步下放技术。该技术采用计算机控制四点同步提升下放、围堰双壁内灌水作重力导向、滚动导向轮作水平导向等措施，成功实现了大吨位、大跨度、大面积的超大型钢吊箱围堰的精确沉放，很好地解决了江顺大桥大型围堰下放的施工难题。

大型钢吊箱围堰计算机控制液压同步下放施工照片如图14所示。

4.2.2 围堰下放滚轮导向技术，设计并成功应用了钢护圈孔口堵漏技术

1. 提出了围堰下放滚轮导向技术

钢吊箱围堰下放过程中传统限位方法是在距离钢护筒一定距离的位置焊钢垫块，钢垫块作为限位块，当钢吊箱围堰偏位较大时，钢垫块顶紧钢护筒，阻止钢吊箱围堰产生更大的偏位。但由于钢吊箱围堰体型重量都较大，一旦钢垫块顶紧钢护筒，将产生很大摩阻力，使围堰下放受阻，甚至将围堰或钢护筒挤压变形。为了避免传统做法的弊端，江顺大桥承台吊箱围堰施工中研究出一种新型的围堰下放导向装置。通过滚动导向机构，在围堰下放施工中，将围堰与钢护筒发生接触时的滑动摩擦力转化为滚动摩擦力，大大减小了围堰下放时受到的摩阻力，使围堰更顺利更安全的下放到位。

围堰下放滚轮导向施工如图 15 所示。

图 14　大型钢吊箱围堰计算机控制液压同步下放

图 15　围堰下放滚轮导向施工

2. 设计并成功应用了钢护圈孔口堵漏技术

吊箱围堰水下喇叭口堵漏常规施工方法是采用长条布袋包裹砂或混凝土围在护筒周围，再进行水下混凝土浇筑。常规的布袋堵漏法容易出现封堵不密实、不牢固，尤其是护筒倾斜度较大时，喇叭口缝隙一边很小，另一边缝隙很大，而封堵为水下操作，布袋盛装砂或混凝土量不宜过多，从而导致封堵不够密实，即便封底混凝土浇筑前缝隙已封堵密实，但在封底过程中，随着封底混凝土量的不断增加，布袋上压力逐渐增大，对于喇叭口缝隙较大的部位，很容易将布袋从喇叭口上方压掉落下去，从而导致封底失败，影响整个后续施工。针对此情况，研究出一种能有效解决喇叭口封堵不密实，不牢固的吊箱围堰钢护圈堵漏结构。

具体施工方法：

(1) 钢护圈尺寸确定。测量钢护筒平面位置及垂直度偏差，根据偏差值计算围堰底板预留孔大小(需比钢护筒外径大)，从而确定钢护圈尺寸大小（需比预留孔直径大），因钢护圈要封堵预留孔边与钢护筒之间的缝隙，故螺栓拧紧后，钢护圈竖板与钢护筒外壁须密贴，钢护圈底板需压在围堰底板上面，尤其是钢护筒垂直度偏差较大时，钢护圈需完全盖住预留孔与钢护筒之间的缝隙。

(2) 为便于施工，钢护圈连接螺栓选用长丝杆螺栓，围堰下放前先将连接螺栓放松至最大量，将钢护圈直径尽量拉大，防止围堰下放时钢护圈挂住钢护筒。

围堰下放前钢护圈安装原理图及实施照片如图 16、图 17 所示。

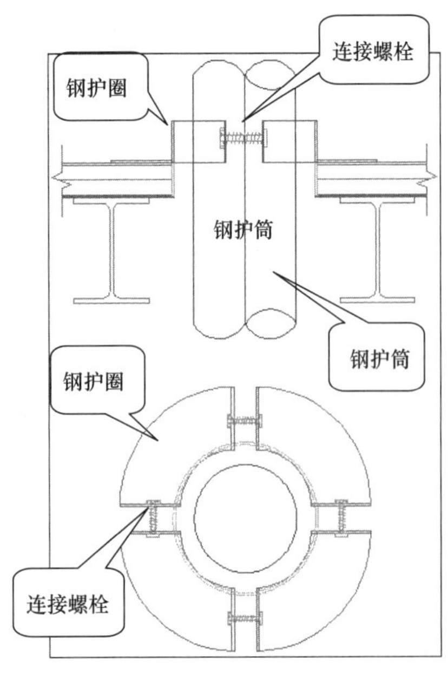

图 16　围堰下放前钢护圈安装原理图

图 17　钢护圈孔口堵漏安装施工图（围堰下放前）

（3）吊箱围堰下放到设计位置后，安排潜水员到水下拧紧螺栓，钢护圈直径逐渐缩小，直到完全盖住预留孔与钢护筒之间的缝隙。

吊箱围堰下放到位后钢护圈安装位置见图18。

4.2.3 遥控应用水下机器人进行围堰水下孔口封堵检查技术

江顺大桥主墩为深水区高桩承台，采用钢吊箱围堰进行施工，围堰封底前安排潜水员进行水下孔口封堵，并利用水下机器人进行孔口封堵检查验收，水下机器人主要由水面船体、水下摄像头及电脑控制端三部分组成，船体通过电机可在水面自由移动，待船体到达指定位置后，下放水下摄像头，摄像头在水下可小范围移动及做360°旋转，通过水下摄像头可将水下孔口影像传输至岸边监控电脑屏幕上，技术人员通过电脑屏幕对各个孔口水下封堵情况进行直观的检查验收，以确保孔口封堵完好，从而确保了围堰一次性封底成功。

水下机器人施工照片如图19所示。

4.3 强台风区域大倒角高主塔施工技术

采用了高主塔施工索导管精密定位技术、倾斜塔柱可调内力的临时横撑施工技术、高上横梁钢斜腿预应力支架施工技术、上塔柱小空间可提升内模的脚手一体化施工技术、高空索塔钢筋绑扎施工技术以及主塔施工安全防护技术等多项新技术，成功解决了高空索导管定位困难、临时横撑施工工序繁多、高上横梁支架设计与施工困难、上塔柱施工空间狭小以及强台风区域索塔施工安全风险大等难题。实现了强台风区域大倒角倾斜索塔施工优质、高效且安全零事故的目标。

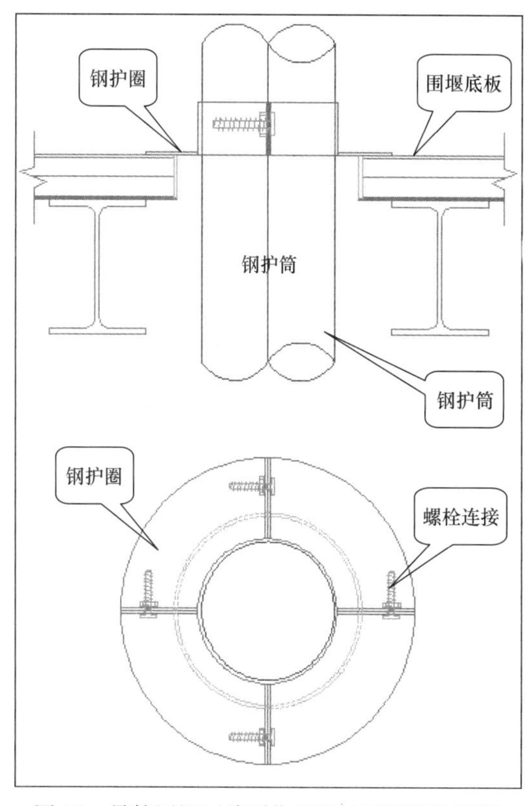

图18 吊箱围堰下放到位后钢护圈安装位置图

图19 围堰封底前采用水下机器人对孔口封堵进行检查

索塔施工流程为：

① 塔吊安装：塔座施工完成后，安装上、下游2台塔吊。

② 下塔柱起步段：利用Visa模板和落地支架施工。

③ 拼装爬模爬架：利用塔吊拼装。

④ 完成下塔柱剩余节段施工：液压爬模施工。

⑤ 电梯安装：下塔柱施工完毕后，升高塔吊，安装电梯。

⑥ 下横梁施工：落地支架法施工。

⑦ 中塔柱施工：液压爬模施工，相应节段施工临时横撑。

⑧ 上横梁施工：空中支架法施工。

⑨ 上塔柱施工：液压爬模施工，同步进行索导管、钢锚梁安装施工。

4.3.1　高主塔施工索导管精密定位技术，并形成了主塔索导管精密定位工法

索导管定位运用空间直线方程的三维空间极坐标法，配以高精度精密全站仪对索导管的中轴线直接测量进行安装定位，达到索导管要求的精度及测量位置；在索导管定位时，采用可编程计算器，提前将索导管空间线型模型进行编程，测量时可进行实时测量定位，从而提高测量效率。设计加工索导管定位板，解决索导管特征线不方便或不能够准确寻找的问题，提高测量精度。

索导管定位支架如图 20 所示。

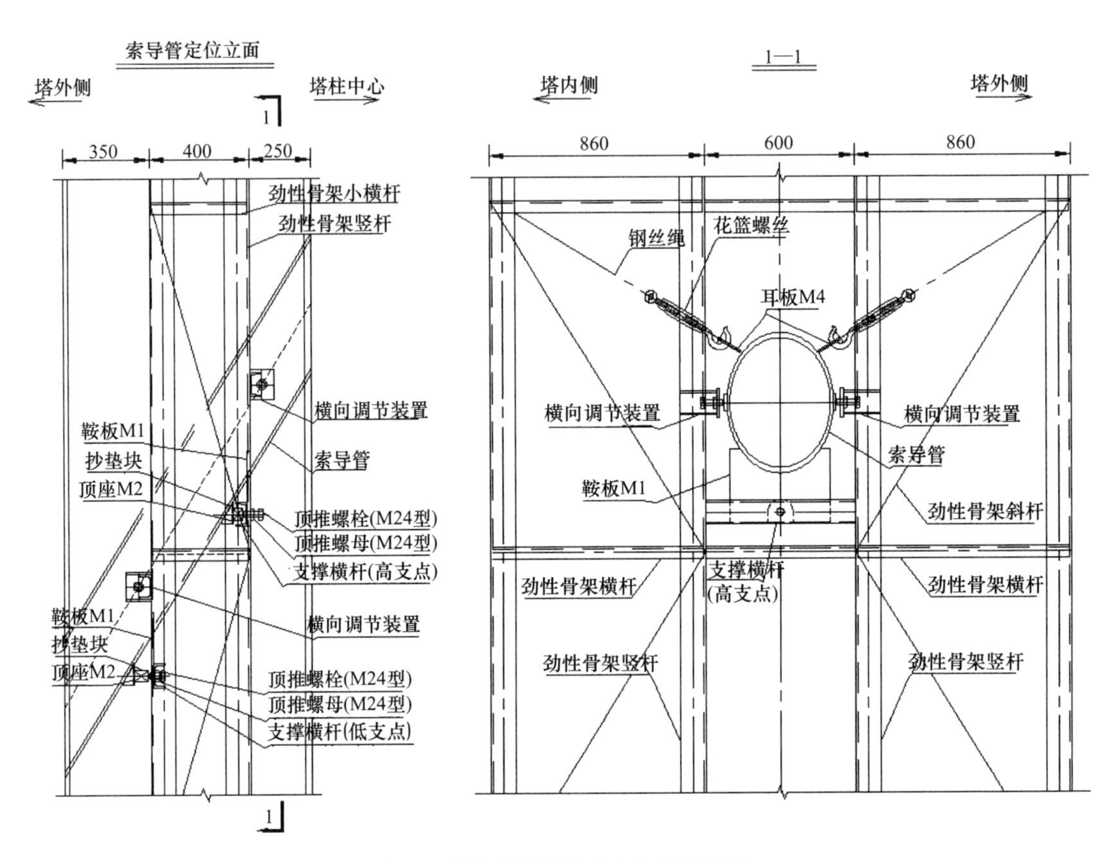

图 20　主塔索导管精确定位调整支架

4.3.2　倾斜塔柱可调内力的临时横撑施工技术和高上横梁钢斜腿预应力支架施工技术，与传统施工方案相比更快捷更简便

1. 倾斜塔柱可调内力临时横撑施工技术

临时横撑安装时两端直接搁置在牛腿上面，安装方便、操作简单，大大减少了塔吊占用时间，加快了索塔施工工期；临时横撑安装时顶推到位后，在横撑与索塔预埋件之间抄垫钢板，直至抄垫密实，无需焊接，减少了高空焊接工作量，降低了高空作业风险。（临时横撑安装完成后，将不布置油顶的一端与预埋件焊接起来进行限位，焊接工作量亦远小于常规施工，且焊接工作可滞后与索塔同步施工，不占用施工机械，不影响工期）；施工过程中进行临时横撑顶推力调整时，只需在原安装顶推油顶的位置重新布置油顶，利用油顶先顶推开临时横撑，通过增加或减少抄垫钢板数量，然后油顶回油即可达到调整顶推力的目的，无需进行高空焊缝割除及焊接作业，工序简单，工作量较小，降低了高空作业风险，且加快了施工工期；临时横撑拆除时，在原安装顶推油顶的位置重新布置油顶，利用油顶先顶推开临时横撑，抽出抄垫钢板，卸载后再进行横撑拆除，大大降低了拆除时安全风险。

可调内力的临时横撑施工照片如图 21 所示。

图 21　可调内力的临时横撑施工

2. 高上横梁钢斜腿预应力支架施工技术

采用钢斜腿预应力支架施工上横梁，避免了传统高支架法施工时大量钢管支架的安装和拆除，减少高空焊接工作量，也减少了索塔施工时预埋件的安装及后期修补工作，大大减少了高空作业风险，也节省了高支架的材料；采用钢斜腿预应力托架施工上横梁，避免了高支架预留压缩量和预埋牛腿托架上拱度设置的困难，浇筑拱架采用 5 点支承，大大减少了浇筑拱架的竖向挠度，也大大降低拱架本身的刚度；钢斜腿预应力托架施工时可以利用水平系杆向外塔外侧顶推，可以调整中塔柱线型，改善中塔柱上部混凝土的应力状态；钢斜腿预应力托架受力明确，上节点将竖向荷载传递给塔柱，下节点上斜向下力的水平向外分力靠水平系杆先施架的预应力抵消，下节点上斜向下力的竖向分力由塔柱承受；索塔与横梁异步施工，避免了上横梁侧的塔柱模板及爬架的高空拆除和安装，减少了安全风险，加快了施工工期。

图 22　高上横梁钢斜腿预应力支架施工

索塔上横梁钢斜腿预应力支架施工如图 22 所示。

4.3.3　索塔钢筋绑扎平台施工技术

索塔钢筋施工平台，涉及钢筋混凝土施工领域，施工平台悬挂于已绑扎好的竖向钢筋和水平钢筋的交叉处，包括多个直角三角架、多个底板和多根栏杆，每个所述直角三角架的第一直角边的一端具有挂钩，挂钩悬挂于竖直钢筋与水平钢筋的交叉处，另一端竖直向上延伸出一个连接杆，每相邻两个第一直角边上均铺设一个所述底板，每相邻两个连接杆之间架设所述栏杆；每个直角三角架的第二直角边的一端，邻近该端处焊接有 U 形卡槽，U 形卡槽卡设于竖直钢筋。该施工平台能快速安装和拆卸，从而缩短施工周期。

索塔钢筋绑扎施工平台结构如图 23 所示。

4.3.4　上塔柱小空间可提升内模的脚手一体化施工技术

上塔柱单柱内部安装有 21 组钢锚梁，且要求在每节段塔柱钢筋绑扎前安装，内模采用液压爬模施工也没有空间，而采用常规的钢管脚手架模板体系施工又费工费时，且不安全，经过比较研究上塔柱采用了可提升的钢模板脚手一体的内模系统与外侧液压爬模配合施工，省去了上塔柱内部的脚手架搭设，缩短了施工时间。上塔柱内模脚手一体即脚手架附着在模板上，拆模提升时施工人员站在钢锚梁上将脚手支腿旋转，塔吊提升，与外侧的液压爬模用拉杆固定。

上塔柱内模脚手一体化施工照片如图 24 所示。

4.3.5　强台风区域主塔施工安全防护技术；

江顺大桥位于强台风区域，索塔施工过程中安全风险大，尤其每年 6～10 月份为台风季节，平均每年 1.4 次。通过对中塔柱与下横梁、上塔柱与上横梁同步施工防护技术，上塔柱与墩顶无索区钢箱梁同步作业施工防护技术，爬模爬架自带防护平台防护技术，液压爬模施工高空火灾逃生及液压爬模施工防

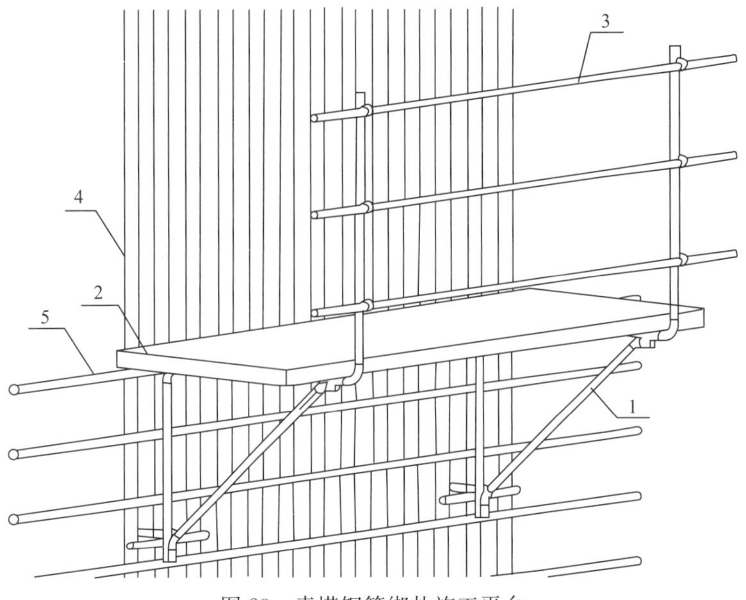

图 23 索塔钢筋绑扎施工平台

图 24 上塔柱小空间可提升内模的脚手一体化施工

台风技术等主塔高空施工安全防护技术进行研究，总结出了一系列主塔高空施工安全防护技术，如在爬模爬架底部设置防坠落安全网，安全网兜挂在爬架吊挂平台下方，随爬架一起爬升移动，形成一道移动式施工保护伞；每间隔一段距离在索塔塔身外侧沿周边设置固定式防护平台，防止高空坠物伤人；将液压爬模与施工塔吊相连通，设置高空逃生通道；订制桥位处气象预报，分级加固液压爬模爬架等，不仅降低了高空施工安全作业风险，而且大大加快了施工工期。

索塔施工固定式防护平台如图 25 所示；

图 25 在塔身外侧沿周边设置多层固定式防护平台

液压爬模爬架下方设置移动式防坠网形成保护伞如图 26 所示；
横梁下方全封闭式防护平台如图 27 所示；
在爬模爬架与塔吊之间设置高空应急通道如图 28 所示；

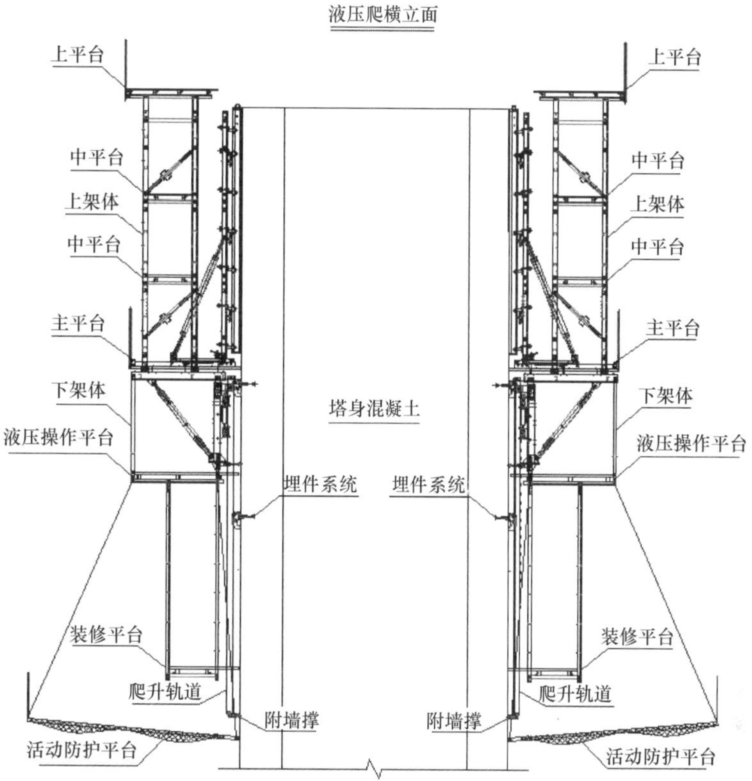

图 26　在爬模爬架底部设置防坠落安全网随爬架同步提升，形成移动式保护伞

图 27　横梁下方全封闭式防护平台　　　　图 28　高空逃生通道

爬模爬架防台风加固措施如图 29 所示；

与气象部门签订桥位处天气预报合同，根据气象部门的台风预警通报提前做好防风措施或人员撤离准备，如图 30 所示。

4.4　700m 主跨钢箱梁架设施工技术

4.4.1　钢箱梁节段提升牵引滑移上岸施工工法

针对江顺大桥江门侧边跨钢箱梁上岸施工中的种种困难，技术人员通过认真分析桥位处的地质水文条件，结合桥梁自身特点，进行技术研究攻关，对滑移栈桥进行“纵横滑道”的创新设计，对牵引滑移系统进行改进完善，最终形成一套针对陆域、滩地及浅水区钢箱梁节段上岸施工方法。

钢箱梁节段提升牵引滑移上岸施工工艺流程如图 31 所示。

具体施工方法：提前施工水中钻孔桩、岸上条形基础、安装钢管桩、贝雷梁主梁及滑道梁，完成上岸滑移栈桥施工。桥面吊机自主墩顶往岸侧架梁前移至靠近浅水区位置、锚固。运梁船装运钢箱梁至桥位处，提梁区上方的活动滑道梁通过连续千斤顶牵引滑移至下游侧，运输船由上游缓慢驶入提梁区（桥

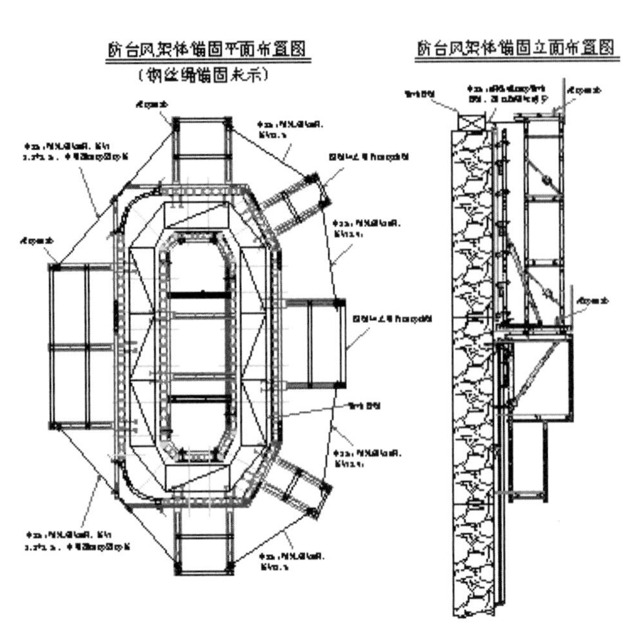

图 29　液压爬模爬架防台风加固措施

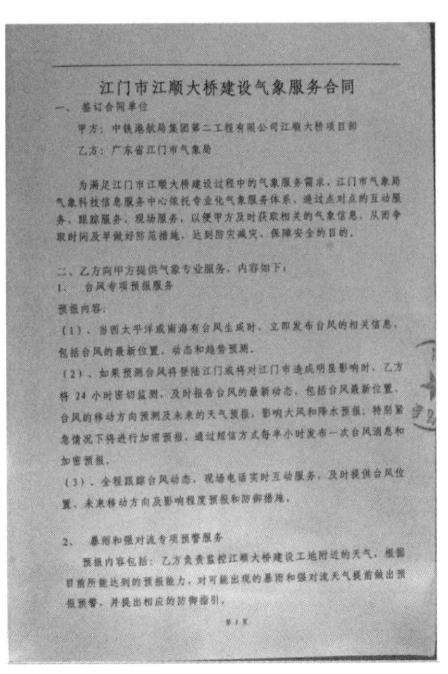

江门市江顺大桥建设气象服务合同

一、 签订合同单位

甲方：中铁港航局集团第二工程有限公司江顺大桥项目部

乙方：广东省江门市气象局

为满足江门市江顺大桥建设过程中的气象服务需求，江门市气象局气象科技信息服务中心依托专业化气象服务体系，通过点对点的互动服务、跟踪服务、现场服务，以便甲方及时获取相关的气象信息，从而争取时间及早做好防范措施，达到防灾减灾、保障安全的目的。

二、乙方向甲方提供气象专业服务，内容如下：

1、 台风专项预报服务

预报内容：

（1）、当西太平洋或南海有台风生成时，立即发布台风的相关信息，包括台风的最新位置、动态和趋势预测。

（2）、如果预测台风将登陆江门或将对江门市造成明显影响时，乙方将 24 小时密切监测，及时报告台风的最新动态，包括台风最新位置、台风的移动方向预测及未来的天气预报，影响大风和降水预报；特别紧急情况下将进行加密预报，通过短信方式每半小时发布一次台风消息和加密预报。

（3）、全程跟踪台风动态，现场电话实时互动服务，及时提供台风位置、未来移动方向及影响程度预报和防御措施。

2、 暴雨和强对流专项预警服务

预报内容包括：乙方负责监控江顺大桥建设工地附近的天气，根据目前所能达到的预报能力，对可能出现的暴雨和强对流天气提前做出预报预警，并提出相应的防御指引。

第 1 页

图 30　与气象部门签订天气预报合同进行准确的台风预警通知

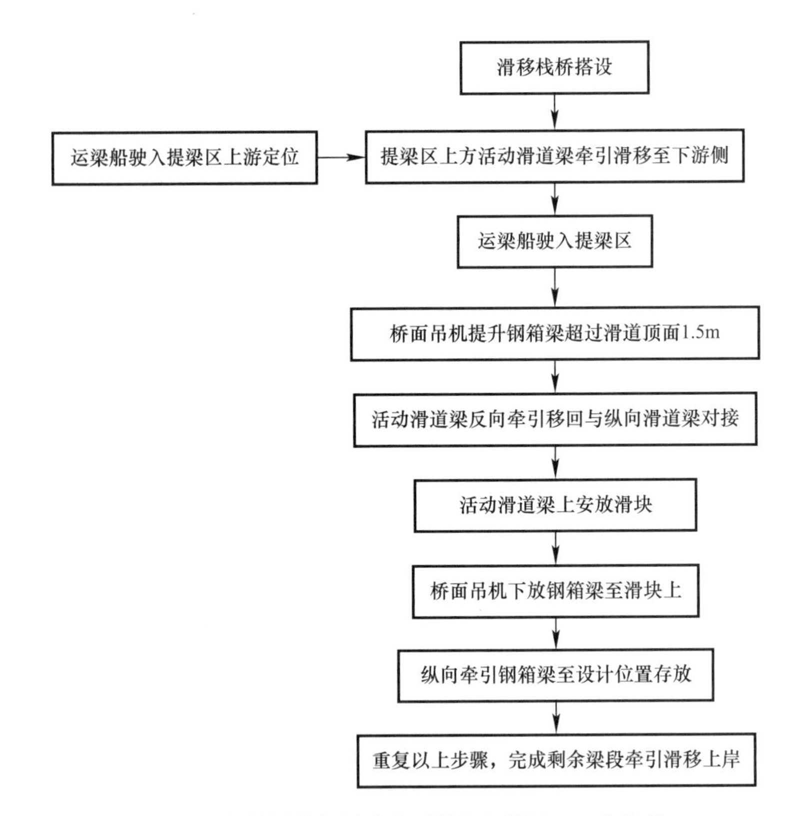

图 31　钢箱梁节段提升牵引滑移上岸施工工艺流程

面吊机正下方）对位后抛锚定位，桥面吊机起吊节段钢箱梁，运梁船退出提梁区，继续提升钢箱梁至超过滑道顶面 1.5m 后，活动滑道梁反向牵引移回与纵向滑道梁通过连接梁进行对接，安放滑块，下放节段钢箱梁至滑块上，利用连续千斤顶纵向牵引节段钢箱梁滑移至设计位置存放，解除连接梁，活动滑道梁再次牵引滑移至下游侧，进行下一节段钢箱梁的提升牵引滑移上岸。

其关键技术为：

（1）利用桥面架梁吊机作为节段钢箱梁上岸的提升设备，减少了大型机械设备的投入

钢箱梁节段通过运梁船运至滑移栈桥前端提梁区，通过锚固在桥面的步履式架梁吊机起吊下放钢箱梁至滑移栈桥上，纵向牵引滑移至设计位置存放，与常规采用大型浮吊起吊节段钢箱梁至滑移栈桥上相比，无需另外进行吊具的设计，且大大减少了大型机械设备的投入。

（2）滑移栈桥前端提梁区设置可活动的横移滑道梁，使桥面吊机能顺利提升下放节段钢箱梁

滑移栈桥前端提梁区设置可横向滑动的活动滑道梁，运梁船装运钢箱梁进入提梁区前，将活动滑道梁横移至下游侧，运梁船进入提梁区，桥面吊机起吊钢箱梁超过滑道顶面 1.5m 后，活动滑道梁再移回与纵向滑道梁通过连接梁进行连接，桥面吊机将钢箱梁缓慢落至活动滑道梁上，牵引滑移就位。

钢箱梁节段提升牵引滑移上岸施工如图 32 所示。

图 32　钢箱梁节段提升牵引滑移上岸施工

4.4.2　大悬臂情况下钢箱梁架设的塔梁三向临时固结技术

通过对设计永久结构及现场施工条件进行分析，结合索塔及钢梁自身结构特点，总结出了一套操作简单、工作量小的塔梁三向临时固结装置。即在进行索塔下横梁施工时，预埋竖向临时锚固预应力钢束用的预应力孔道及锚垫板，待索塔下横梁施工完毕后，施工阻尼器支座垫石。进行索塔塔柱施工时，预埋横向抗风支座垫石钢筋，在进行钢箱梁安装前，施工横向抗风支座垫石。墩顶钢箱梁节段在工厂加工时，预先加工并安装好竖向临时锚固预应力锚固基座；墩顶钢箱梁 0＃节段架设时在阻尼器垫石上面用混凝土垫块和高强度橡胶块抄垫，作为钢梁竖向临时支撑，调整钢箱梁平面位置及高程，安装竖向临时锚固预应力钢束并张拉锚固，安装横向抗风支座，在钢箱梁横向侧壁上（横向抗风支座前后方向上）安装纵向限位装置，完成钢箱梁施工塔梁临时固结。

钢箱梁架设时塔梁三向临时固结施工如图 33 所示。

图 33　钢梁通过竖向拉索锚固于横梁下方，通过横向支座及垫石进行横向及纵向锚固

4.4.3　提出了空间受限条件下架梁吊机不对称拼装技术

常规施工中要满足索塔两侧架梁吊机同步拼装，则预先安装的梁段需要有较大的安装空间以满足两侧架梁吊机站位，则需要设计较大型的钢梁托架进行施工，从而导致施工难度与成本投入都较大。本技术通过在空间受限、无法满足两台架梁吊机同步拼装的情况下，经过精确计算，先拼装一侧的架梁吊机，架梁并挂索，并精确控制索力，待先拼装的架梁吊机走行前移后，再拼装第二台架梁吊机。

空间受限条件下架梁吊机不对称拼装方法如图 34 所示。

4.4.4　大吨位钢箱梁吊装的成套施工技术

通过对大吨位钢箱梁安装吊具、长悬臂架设时防风系统等进行研究，确保了全部 2.3 万吨钢箱梁全部顺利起吊成功。

4.5　空间受限条件下长重斜拉索施工技术

斜拉索施工工艺流程如图 35 所示。

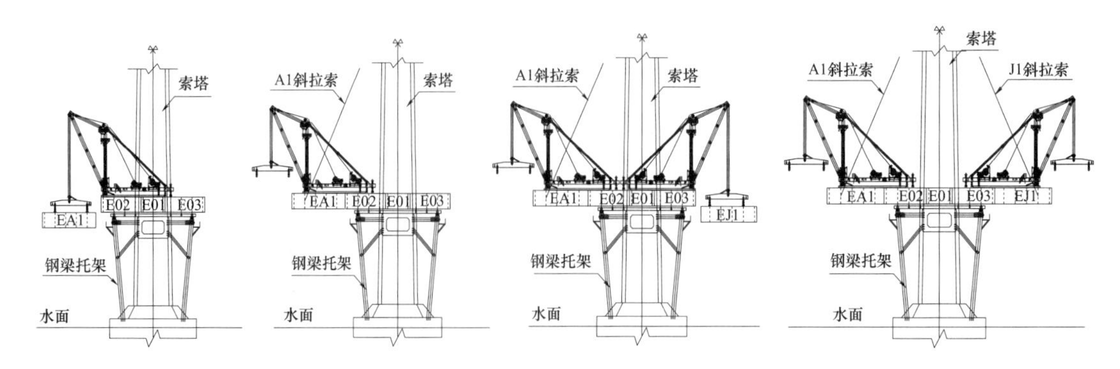

图34 架梁吊机不对称拼装（先拼1台，架梁、挂索，吊机走行后再拼另一台）

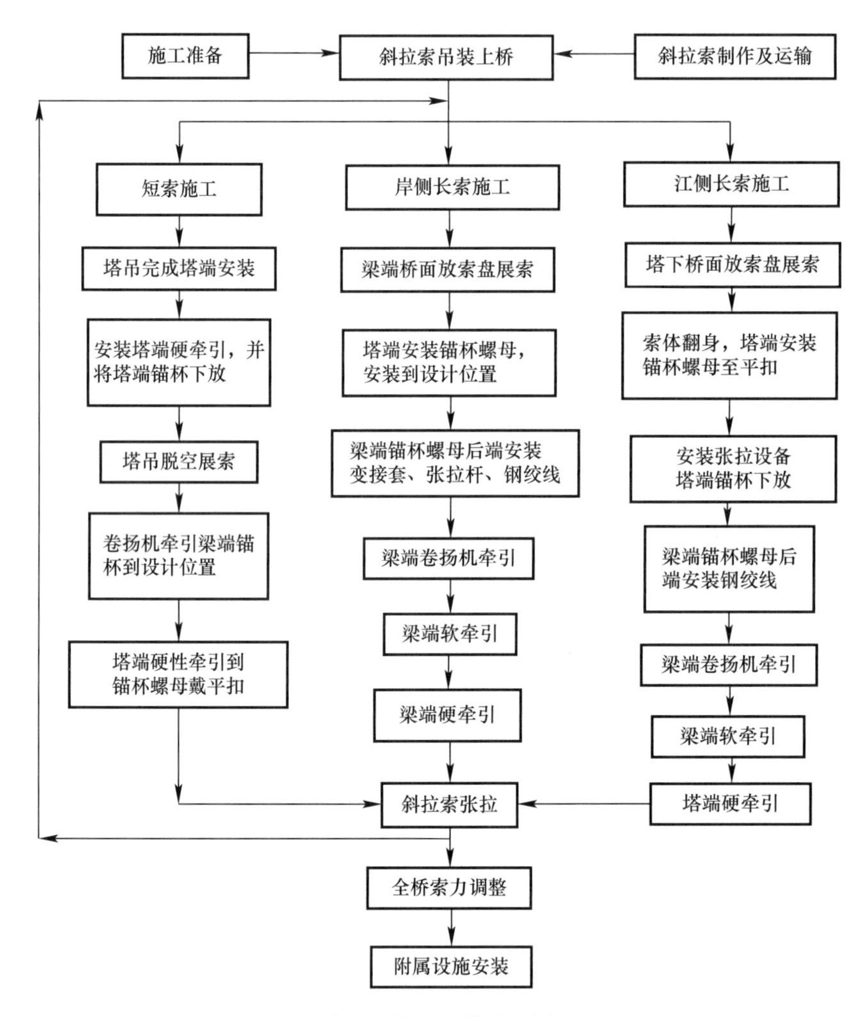

图35 施工工艺流程图

4.5.1 桥面展索空间不够情况下长重斜拉索空中和桥面相结合的展索技术

江顺大桥主桥主跨700m，斜拉索较长、单根斜拉索重量较大，其中跨中最长、最重索（J22）长375.34m，重38.7t，长重斜拉索完全采取桥面展索时桥面长度空间不够，展索非常困难。经过研究，施工时采取空中展索和桥面展索相结合方式进行展索，解决了长重斜拉索桥面展索空间不够问题。

江侧长斜拉索吊装上桥后放置在索塔下方500kN放索盘上，利用塔吊将梁端锚杯安装到锚杯小车上。塔柱下方50kN卷扬机钢丝绳通过梁前端转向滑车转向后与锚杯相连，启动50kN卷扬机进行桥面展索，展索的过程中，索体与梁面之间间隔4～5m放置一台单轴小车，防止索体与梁面接触造成损伤。小车之间铺垫橡胶皮以防护索体损伤。当梁端锚杯牵引到江中心侧架梁吊机后面位置时停止牵引（此时放索盘上面还剩余部分索体)，将放索盘上面尚未展开的索体利用塔吊、汽车吊起吊在空中翻转后（上下翻面）重新放回放索盘上面，开始进行塔端挂索安装。

塔端挂索采用塔吊与塔顶卷扬机配合牵引塔端锚杯向上移动，直至放索盘上斜拉索体还剩2圈没有展开时停止塔吊锚杯向上牵引，为避免索体完全展开时出现快速扭转或大的晃动影响塔吊使用安全，最后2圈索体采用汽车吊进行空中展索，在散开的索体上设置一个吊点，采用汽车吊提升索体的方式直至将最后2圈斜拉索提升脱离放索盘，然后汽车吊慢慢松钩(注意索体下方设置单轴小车，防止索体与梁面接触损伤)，拆除汽车吊吊点，完成空中展索，接着继续塔端锚杯向上牵引安装。

长重斜拉索先桥面展索，后空中展索施工方式如图36所示。

图36 先桥面展索，再索体翻身，然后进行空中展索

4.5.2 先塔后梁挂索时塔端牵引力不够情况下多设备配合的施工技术

长重斜拉索如采用“先梁后塔挂设”方案时，“后塔挂设”时牵引力太大且不安全，且在塔端软牵引时会出现钢绞线受力不均的情况，严重时会先后断裂，使斜拉索弹回钢桥面造成安全事故。经过研究，长重斜拉索施工采取了“先塔后梁挂设”方案，可以避免长重斜拉索“先梁后塔挂设”方案中“后塔端挂设”时牵引力太大和不安全的问题。

长重斜拉索采取“先塔后梁挂设”方案在“先塔端挂设”过程中，塔顶布置的10t卷扬机向上的牵引力不够，采取塔吊、塔顶卷扬机、钢梁面汽车吊机等多种提升设备相互配合方式提升解决长重斜拉索“先塔端挂设”过程中向上牵引力不够的问题。

塔顶卷扬机的钢丝绳下穿过塔顶进入洞，向下经转向滑车从该斜拉索的索导管穿出，与离桥塔不远的桥面放索盘上的斜拉索前端锚杯内牵引板相连，塔吊吊钩下放至钢桥面上钩住该斜拉索上的软吊带(软吊带系2点吊装，吊装时软吊带与斜拉索呈60°角，前吊点离前端锚杯约为5m)，塔顶10t卷扬机缓慢提升起吊斜拉索的前端锚杯，塔吊配合提起斜拉索上设置的软吊带，两者配合将斜拉索前端向上提升，在斜拉索适当地方再另行设置一根软吊带，并用钢桥面上的25t汽车吊机钩住，然后塔顶卷扬机、塔吊和钢桥面上的汽车吊机配合将斜拉索前端逐渐提升至塔端索导管前，调整角度将斜拉索前端锚杯提升进入索导管，继续提升直至塔端戴帽完成。

塔顶卷扬机、塔吊等设备配合挂索施工如图37所示。

图37 塔顶卷扬机、塔吊及汽车吊配合挂索

4.5.3 斜拉索梁端软牵引及防扭转技术

1. 长重斜拉索“后梁端挂设”时软牵引技术

随着架梁的推进，往跨中方向斜拉索与钢桥面的交角逐渐变小（由陡变斜)，施工时塔内张拉延长杆后端会交叉，塔内空间无法满足在桥塔端两侧千斤顶设备同步对称张拉斜拉索，施工困难。经过研究，采取在桥塔端（中跨）和混凝土梁下（边跨）进行异地软牵引张拉。

中跨斜拉索锚固在钢箱梁风嘴旁边的竖向外腹板侧面，风嘴的空间小，无法进行“后梁端挂设”时的软牵引作业空间，软牵引施工无法进行。经过研究，采取在中跨长索对应的钢箱梁段风嘴底板设置预留孔解决“先塔后梁挂设”方案中的“后梁端挂设”软牵引空间不够的问题。

长重斜拉索“后梁端挂设”时先采取卷扬机牵引，将锚头牵引至索导管附近，安装软牵引体系后进行软牵引，在锚头进入钢箱梁的索导管时用汽车吊进行配合使锚头进入索导管，继续牵引到位，直到锚头露出锚垫板，戴上锚环，再进行后续施工。

2. 长重斜拉索张拉中防索体扭转技术

长重斜拉索如果展索不完全，在进行“后梁端挂设”时软牵引张拉时索体会出现退扭转动，带动梁端下斜拉索后端的软牵引体系的钢绞线一同转动，而钢绞线后端的张拉锚具安装在张拉千斤顶后端且顶压在千斤顶上，两者之间会出现摩擦力，从而限制张拉钢绞线的转动，因此可能会使张拉钢绞线扭断损坏，出现安全事故。经过研究，采取在张拉千斤顶张拉前端加装退扭装置后进行张拉，软牵引张拉时千斤顶会随着斜拉索退扭转动一起转动，解决了长斜拉索软牵引张拉时索体扭转出现钢绞线断裂损坏的问题。

图 38　斜拉索梁端软牵引及防扭转技术

斜拉索梁端软牵引施工如图 38 所示。

4.5.4　塔内空间狭小无法满足同步对称张拉情况下塔端、梁端同步异地张拉施工技术

主桥斜拉索采用钢锚梁锚固，上、下层钢锚梁之间的层距小，且上塔柱内室空间狭小。短索在上塔柱钢锚梁之间的空间可以满足在桥塔端两侧千斤顶同步对称张拉斜拉索。随着架梁的推进长索与钢桥面的交角逐渐变小（由陡变斜），施工时张拉延长杆后端会交叉，空间无法满足两侧千斤顶设备同步对称张拉斜拉索，施工困难。经过研究，采取梁端及塔端同步异地张拉方式，解决斜拉索同步对称张拉时上塔柱空间狭小施工困难的问题。

塔端、梁端同步异地张拉施工如图 39、图 40 所示。

图 39　塔内张拉（空间狭小）

图 40　梁底张拉

5　社会和经济效益

5.1　社会效益

项目建成通车后完善了地区公路网络，满足不断增长的西江两岸交通运输需求，适应江门市政府的北上发展战略，促进江门市和滨江新区的经济发展，加强与佛山地区的经济交流，促进江门顺德两地社会、政治、经济的发展。提高人民的交通出行环境，减少因堵塞和拥挤造成时间和金钱的浪费，同时避免给人们带来精神上的损失，改善社会经济环境和自然环境，增加江门顺德之间的往来就业机会从而促进社会稳定，促进两市郊区城镇化的发展。进一步促进西江两岸人们的交往和信息、产品的交换，促进相互间的联系打破孤立封闭状态，促进文化教育事业的发展，江顺大桥建成通车后成为江门和顺德的地标性建筑，成为旅游留念、婚纱摄影等拍摄热门景点。

5.2　经济效益

大桥建成通车 2 年多，日均行车 4 万多辆，完成江门市超千亿蓬江产业园与广佛发达经济圈的无缝对接，成为江门市打造大湾区经济、连接泛珠三角“桥梁”的城市名片。江门到顺德公路运输成本降低，交通距离减少约 30km，运输时间节约 20min 以上；提高交通舒适性和安全性，减少交通运输事故，使旅客和货物在运输过程中所受的损失减少；刺激各种产业活动的增加，相关服务行业随之兴起，就业岗位增加从而促进两地 GDP 增长。

江顺大桥在设计、施工方面的科技与创新，将显著提高桥梁的安全耐久性能，降低桥梁养护费用。

6 工程图片（图 41～图 45）

图 41 江顺大桥全景图

图 42 江顺大桥侧面图

图 43 江顺大桥夜景图

图 44 江顺大桥俯视图

图 45 江顺大桥立面图

广州香港马会马匹运动训练场
（广州第16届亚运会马术场赛后利用改造工程）

于 科 齐 朋 胡 杰 董 彪 杨海龙

第一部分 实例基本情况表

工程名称	广州香港马会马匹运动训练场（广州第16届亚运会马术场赛后利用改造工程）		
工程地点	广州市从化区良口镇良明村及高沙村		
开工时间	2015.9.20	竣工时间	2017.6.8
工程造价	11.74亿元		
建筑规模	占地面积150万m^2		
建筑类型	体育配套设施		
工程建设单位	广州香港马会赛马训练有限公司		
工程设计单位	深圳市建筑设计研究总院有限公司		
工程监理单位	广州珠江工程建设监理有限公司		
工程施工单位	中国建筑第八工程局有限公司		
项目获奖、知识产权情况			
工程类奖： 2015年度广州市从化区建设工程安全生产文明标准化示范工地； 2016年度广州市从化区建设工程安全生产文明标准化示范工地； 2017年广州市建设工程优质结构奖； 2017年广东省建设工程优质结构奖； 2017年广东省房屋市政工程安全生产文明施工示范工地； 2017年广东省绿色施工示范工程； 2017年中建八局优质工程验收； 2017年中建八局新技术应用示范工程； 2017年省AA级安全文明标准化示范工地； 2017年国家级“建设工程项目施工安全生产标准化建设工地”； 2017年全国建筑业绿色施工示范工程（第五批）； 2017年全国“安康杯”竞赛工程。			

续表

项目获奖、知识产权情况
科学技术奖： 2015年获得广东省QC二等奖2项； 2016年获得广东省QC成果三等奖2项； 2017年获得广东省QC一等奖1项、二等奖3项、三等奖1项； 2017年获得中建协国家级QC一等奖1项、二等奖1项； 2017年完成《建筑知识》等国家刊物论文发表10篇； 2017年1月《无人机＋点云＋BIM技术的研究与应用》获一公司科技进步奖二等奖； 2017年5月《国际赛马跑道施工新技术应用》获一公司科技进步奖二等奖； 2017年5月广东省土木学会成果鉴定国内领先1项； 2017年5月广东土木学会科技进步奖三等奖1项； 历届公司级BIM施工方案交底大赛中获得一等奖1项、二等奖6项、三等奖6项； 2016年“创新杯”建筑信息模型（BIM）设计大赛总承包管理优秀BIM应用奖一项； 2016年广东省首届BIM大赛一等奖； 2016年中建协BIM＋无人机＋点云助力香港马会马匹运动训练场综合体单项奖一等奖； 2016年上海建筑施工行业第三届BIM技术应用大赛二等奖； 2017年第六届龙图杯全国BIM大赛优秀奖； 2017年第三届中国建设工程BIM大赛二等奖； 2017年上海市建筑施工行业协会BIM技术应用大赛一等奖； 2016年全国总承包项目管理成果二等奖一项； 2017年中国建筑业协会建设工程施工技术创新成果三等奖； 知识产权（含工法）： 2017年10月完成广东省建协成果鉴定国内领先3项，国内先进1项； 2017年10月完成广东省工法5项； 2015年至今累计完成发明专利11项，实用新型专利37项，外观新型3项。

第二部分　关键创新技术名称

1. BIM＋点云＋无人机航拍技术
2. 超大场地土石方处理平衡技术
3. 国际赛马场高大边坡防护新技术应用
4. 国际赛马跑道高效数字化精平施工技术
5. 双曲率环形清水混凝土排水渠施工技术
6. 混凝土水池长效快速涂装施工技术
7. BIM综合应用施工技术
8. 室外管线综合排布技术

第三部分　实例介绍

1　工程概况

广州香港马会马匹运动训练场工程位于广州市从化区良口镇高沙村、热水村地段，105国道东侧。2010年广州亚运会结束以后，香港赛马会获得了从化马场50年租用权，计划建成马匹和骑师的训练基地，打造世界级的马术训练中心。

是国内首个国际级马匹训练中心、首个国际认可的马匹无疫区。总投资40亿元，可容纳1600匹赛马训练、休养、医疗、防疫。工程占地面积150万m^2，生态绿化面积45万m^2。包括边坡、赛马跑道、人工湖、道路、室外管网、马厩、马匹医院及污水处理厂等 36 栋配套设施，其中绿茵跑道 2600m，全天候泥地跑道 1800m，登山跑道 1100m。道路 7.1km，室外管网 70 万 m。

秉承以马为本的设计理念，进行整体设计。根据结构的要求、功能使用和造型需要，采用了先进技术、工艺、材料。

场区周边设有生物围栏，场内设置隔离马厩、马匹医院，生态绿化筛选不吸引野生动物的当地品种，距场区 5km 范围内无马属类动物饲养，满足防疫要求。

马厩内消毒洗脚池、圆弧形墙角、橡胶墙地面、标准荷兰马格、防眩目照明、橡胶室外马道、软装围栏，保护马匹安全。铝板保温屋面、集中供冷系统，22℃室内恒温，节约能源。

防洪排水系统按百年一遇高标准设计，设有大型隔沙池等措施防止水土流失对下游水域污染。

跑道区雨水经盲排系统排入排水渠汇入人工湖，人工湖雨水、马厩污水经污水处理厂处理达标后循环用于道路喷洒、绿化灌溉、冲洗，回收利用率达到 50%以上。

跑道为国际设计标准，每 5m×5m 平整度偏差正负 10mm，绿茵跑道采用百慕大 419 草皮，自动控制灌溉系统，保证草皮长势均匀；幼砂跑道面层内掺高压熏蒸松树皮。

跑道平整度控制采用智能机器人自动精平技术，利用无人机航拍获取全息地貌模型，与 BIM 设计模型叠合，将模型数据导入机器人，实时控制每个坐标点的高程。

图 1 鸟瞰图

超大场区土石方高效施工技术：将全息地貌模型与设计模型进行对比分析，创新超大场区土方平衡方式，设置土石分离厂及拌合站，实现全场 570 万 m^3 土石方零外运。

高大边坡整治施工技术：边坡土方分级分层压实，土钉专利技术稳定坡脚，戴威布植草技术进行全边坡绿化。

应用了室外管网 BIM 综合排布、雨水回收利用、风光互补路灯、水池涂装技术、自动喷淋降尘等 62 项绿色施工技术（图 1）。

2 工程重点与难点

2.1 工程体量大

项目占地面积 150 万 m^2，单体分散，平面布置难度大。边坡防护工程主要包括 15 万 m^2 挡土墙拆除及边坡防护；房建部分：1-8#单层马厩、马匹医院、马铁匠房、中央储藏室、行政办公楼、机电房污水处理厂等 36 个单体，总建筑面积为 73304.41m^2；市政部分包括道路及地面工程 6.06km、跑道工程 7.04km、中央湖工程 4 万 m^2、市政园林工程、围栏及围墙工程 17.07km。给水系统 7.5km、中水系统 9.88km、消防系统 27.03km、雨水系统 29.69km、污水系统 9.31km、电气系统 17.42km。

2.2 土石方零外运

项目土方开挖、边坡回填土、堆载预压工程及爆破工程共 530 万 m^3 土石方工程，建设单位与政府签署协议，场内所有土石方零外运。施工产生的大量土石方处理及合理利用是本工程的重难点。土石方量约 92 万 m^3、且分布极为分散，临时施工道路铺设及土石方运输路线规划将成为重点分析内容；同时为方便分离破碎石料与拌合站连续工作之需要，生产线的平面布置应优先考虑、以短距高效为宜。

在土石方进入料仓前，对于 700mm 以上的大石头需要提前用炮击破碎处理，同时堆载区中的钢筋及其他废料垃圾需要人工配合挖掘机先进行分离处理，以免造成机械故障；为避免降雨土方粘滞生产线影响设备运营，还需采用土源覆盖等保护措施。

2.3 边坡滑坡风险

项目四面环山地形复杂，存在大量填谷开山高大边坡修复工程，且原挡墙、边坡施工质量差，边坡高差 43m，存在较大的安全隐患。项目地属南亚热带季风气候，群山之中小气候明显，气候恶劣，年均降雨量在1800～2200mm，雨水极易造成挡土墙、边坡的静态失稳。一旦发生滑坡或泥石流等地质灾害将坡底的村庄农田产生不可估量损失。

根据工程实际情况，需对边坡进行加固处理。加固措施需防止边坡变形失稳对周边房舍、农田、河道等周边环境造成损失，并需考虑边坡与周边自然环境的融合。

2.4 跑道精平及移交

本工程的赛马跑道占地近40万m^2，包括一个环形主跑道，一条1100米直线跑道，两个环形缓跑道。跑道精平精度高，5m×5m方格网内平整偏差控制在20mm范围内，作为核心组成的国际赛马跑道工程的质量要求远超同类工程。

跑道为多层铺装结构，自下而上分别为土基层、碎石层、粗砂层、细砂层。每一层铺装结构层都需要按照标准规范进行精平施工，精平合格后进行下一层施工，层层精平直至完成面。本工程工期紧，且处于地形复杂的雨季地区，赛马跑道作为专业赛马设施，保证在高质量、高精度、良好的绿色施工效果的要求下并在工期内完成施工，是本工程的重难点。

2.5 跑道双曲率排水渠

国际标准赛马跑道排水系统由地表组织排水与地下暗排水相结合的排水设计形式。排水渠分布于环形赛马跑道内外侧，不仅承担着国际赛道场区内排水的重要功能，而且对专用国际赛马跑道专业工程建设有着举足轻重的影响。

双曲率环形清水混凝土排水渠所涉及之环形T1绿茵跑道、T2泥地跑道、T3泥地跑道、登山跑道等区域，排水沟工程量总计7200m；排水渠内径分别为300、400、500mm；跑道由东向西成东高西底，由外到内成外高内底趋势。跑道排水沟为双坡度清水混凝土薄壁结构，施工质量控制要求高。

2.6 水池密闭空间作业

行政办公楼及新增生活水池、EL-1机电及消防设备用房生活水池及消防水池防水做法为水池基渗透结晶防水涂料+3厚高分子益胶泥或K11防水层+15厚M15聚合物水泥砂浆找平层+均匀涂刷3道901瓷釉防霉防腐防菌涂料；污水处理厂、泳池过滤机房水池做法为20厚1∶2砂浆找平层+2厚反应型聚合物水泥防水涂料+10厚聚合物水泥防水砂浆防水层+水泥素浆贴白色瓷砖，瓷砖缝隙涂901防藻防霉涂料；生活水池、消防水池及污水池顶板为2厚反应型聚合物水泥防水涂料+20厚水泥砂浆抹灰层。

901防霉防腐防菌涂料难以找到，对于聚合物水泥防水涂料和砂浆防水层，无长期耐浸泡的试验报告，且水泥砂浆、瓷砖施工存在空鼓及脱落的可能，质量难以保证。此水池做法施工周期长，长时间密闭空间作业难以保证施工安全，安全措施投入及安全管理难度大。

3 技术创新点

3.1 BIM+点云+无人机航拍技术

工艺原理：

1. 根据现场情况，采用无人机航拍技术，在图纸上对整个场区进行方格网排版，100m×100m进行布置。按照方格网去点导入RTK现场放样定点。

2. 根据场地面积、项目成果的分辨率要求以及航摄区域的地理情况，设计无人机航摄的航高，设定高度值50m，软件自动生成巡航线路，确定巡航范围内无障碍开始自动巡航扫描。设定照片重叠度为80%后开始拍摄，自动拍摄方格网内17张图片。回收无人机下载坐标数据和拍摄照片，使用专业软件处理坐标数据和照片。

3. 利用专业无人机航摄处理软件Pix4D对无人机航摄获取的影像数据、飞行记录文件进行处理，经过预处理、空三处理、点云加密、DSM/DOM生成等过程，制作高分辨率正射影像和彩色点云成果。导入Civil3D深入加工点云数据生成扫描模型。

4. 根据施工图纸创建设计地形信息模型，依据场地平整图纸、施工计划编制土方量清单，将扫描模型与设计地形模型对比分析，计算出土方开挖前后的土方量数据。

5. 将此数据传送至现场施工管理人员，指导施工。

技术优点：无人机拍摄影像与 BIM 施工节点进行模拟对比分析。增强了项目部实时掌控和调整施工部署的能力，且最终获得整个项目的建造影像资料，节省了大量的人力物力，提高了工作效率。

鉴定情况及专利情况：本技术经查新，国内未见有 BIM＋点云＋无人机三维扫描技术生成地形地貌模型的公开文献报道，2017 年 5 月，经广东省土木建筑学会组织鉴定，鉴定委员会一致认为采用了“BIM＋点云＋无人机三维扫描技术”的国际赛马场高大边坡防护关键技术，该成果达到国内领先水平。

3.2　超大场地土石方平衡技术

工艺原理：本工程中堆载预压区存放有大量的泥土和石头混杂的土石方，临时道路和场地同样遗留大量的废弃土石，此类土石方含土石比例约为 1∶1，无法满足现场土方回填对于泥土质量的要求；土石方外运又将产生高昂成本，同时本工地附近没有合适的弃土堆置区，故建设土石方破碎筛分生产线配合自建拌合站，将此部分土石方进行筛分，然后对石方进一步破碎成道路需要级配碎石，最后再将级配碎石经过拌合站拌合后用于道路铺设、筛分出来的土方用于工程回填。

技术优点：结合项目运营特点及施工要求，针对大场地、超大方量的土石方工程进行重难点分析，阐述了 BIM 技术在大场地土石方工程中的应用，先于策划、模型分析、过程管控及效益评价等四为一体的工程管理模式。采用自建土石方破碎筛分生产线及配套拌合站的运营模式，不仅缩短了工期、达到土石方零外运、降低了成本；同时减少了场区内土石方周转的额外费用，避免浪费；在绿色施工管理方面，体现了“四节一环保”的管理理念，同样具有借鉴指导意义。

3.3　国际赛马场高大边坡防护新技术应用

工艺原理：

项目四面环山地形复杂，存在大量填谷开山高大边坡修复。原边坡支护体系为加筋式挡土墙及边坡回填压实。W01-W04、W12/W23/W24/W26/W28&29 及 W49 挡土墙，边坡出现不同程度的破坏情况，需要卸土、回填土、拆除或增加土钉、坡面加固等措施来保持边坡稳定。

对整体边坡进行受力分析，优化土钉面墙及附属设施，软土基土钉面墙采用单侧支模加固，坡脚采用土钉结合加筋式挡土墙，垂直加固高度达 15m，减少放坡长度。

利用 BIM＋无人机＋点云三维扫描技术生成地形地貌模型，建立不同的边坡加固模型，经过对比分析选用七级放坡＋坡脚土钉墙＋排水系统＋边坡植草的施工工艺，坡底到坡顶分级分层回填碾压达到 95％密实度要求，保证了边坡土体稳定性。

技术优势：

1. 符合绿色施工的理念：节材，对土方和石方的区域加强管理，对不同回填区域合理划分，并将石方破碎成碎石进行路基施工，实现石方零外运；节地、节能、环保，合理配置堆土场地，使场地达到利用最大化，减少运输距离减少污染。

2. 安全性高：边坡受力分析为软件计算，产品经严格的测试和何在性能校核，综合安全性能高。另外无人机航测减少人员现场测量，减少安全隐患。

3. 降低施工难度，降低对作业人员的技能要求，基于无人机技术、点云技术、BIM 技术的大场地土方平衡，易管理施工方便，大幅度降低成本。

鉴定情况：本技术经查新，国内未见有利用“BIM＋点云＋无人机三维扫描技术生成地形地貌模型，建立不同的边坡加固模型”的技术模型；未见有“七级放坡＋坡脚土钉墙＋排水系统＋边坡植草的施工工法”及其应用的公开文献报道；也未见有采用“阳光分析法”建立不同的边坡光照分析模型的报道。2017 年 5 月，经广东省土木建筑学会组织鉴定，鉴定委员会一致认为国际赛马场高大边坡防护关键技术，该成果达到国内领先水平。

专利情况：

1）发明：一种土钉注浆头装置及其施工方法　申请号：201710245510.9

2）发明：一种通道预压施工工艺　申请号：201710247437.9

3）实用新型：一种土钉注浆头装置　申请号：201720396813.6

4）实用新型：一种一体式土钉　专利号：ZL201621101875.1

5）实用新型：一种垂直模板加固装置　专利号：ZL201620840622.X

6）实用新型：一种钢绞线盘固定架　专利号：ZL201620752296.7

7）实用新型：一种用于软质场地的电缆架空装置　专利号：ZL201620830732.8

8）实用新型：一种脚手架验收标识牌　专利号：ZL201620752240.1

3.4 国际赛马跑道高效数字化精平施工技术

工艺原理：

1. 优化测量放样体系。传统大场地测量放样使用全站仪或者RTK，导入预先编制的5m×5m方格网坐标高程文件，按照预先计算好的点位测量放样，只能对已预先计算并导入仪器的点位进行精确控制，具有一定的局限性，且每次需要进行繁复的操作切换点位，效率较低。项目引入BIM＋智能机器人全站仪技术，预先通过BIM技术建立全场地高精度三维模型，并转换为可识别点云文件，导入智能机器人全站仪，通过此项技术进行的测量放样可以做到场地全覆盖，且无繁复的点位切换操作，只需一名操作员就可以完成全部工作，大大提高了测量放样效率，且保证了质量。

2. 优化精平施工体系。传统大场地精平施工采用地面设置控制桩，精平机沿控制桩线精平作业，通过增加桩密度提高精平精度质量，人工定桩易出现偏差，且桩易被破坏，需要反复复核，流程繁琐，效率较低。项目与专业公司合作研发了基于BIM＋GPS＋智能机器人全站仪的数控自动精平机，通过BIM技术建立了全场地高精度三维模型后，导入智能机器人全站仪，并由智能机器人全站仪直接引导自动精平机精确控制精平机具，精平机操作手只需保证精平机作业覆盖全场即可，路线自由，操作简单，无需反复复核，提高精平施工效率，保证精平质量。

3. 创新研究测量复核体系。传统大场地精平施工测量复核使用全站仪或者RTK，导入预先编制的5m×5m方格网坐标高程文件，按照预先计算好的点位测量复核，只能对已预先计算并导入仪器的点位进行复核，具有一定的局限性，且每次需要进行繁复的操作切换点位，效率较低。项目创新研究BIM＋无人机＋点云技术，依托无人机航测技术，结合BIM、点云软件，实现了全场区实时静态覆盖，根据施工进度，运用该技术，可快速生成全场区实时完成面点云模型，且精度达到毫米级，结合基于图纸的三维模型进行对比，生成量差数据，完全满足大场地作业面复核要求，且极大地提高了复核效率，保证了质量。

技术优点：

1. 基于BIM＋无人机＋点云技术的土方平衡技术：通过BIM技术建立全场区土方完成面三维模型，再通过无人机航测＋点云技术建立全场区实际地形三维模型，两个模型进行比对，分析土方量差，实现将全场区土石方场地细化分区，明确各分区开挖、回填量，高效合理调配土石方资源，对全场区的土方开挖、运输、回填的指挥控制，实现全场区土石方零外运，土方平衡。通过此项技术进行的土方调配，省去了人工测绘地形的繁琐工作，极大地提高了效率。

2. 基于BIM＋智能机器人全站仪＋GPS的测量放样技术：通过BIM技术建立全场区各结构层完成面三维模型，并转换为可识别点云文件，后导入智能机器人全站仪进行测量放样，通过此项技术进行的测量放样可以做到场地全覆盖，且无繁复的点位切换操作，只需一名操作员就可以完成全部工作，大大提高了测量放样效率，且保证了质量。

3. 基于BIM＋智能机器人全站仪＋GPS＋数控自动精平机的精平施工技术：通过BIM技术建立全场区各结构层完成面三维模型，并转换为可识别点云文件，后导入智能机器人全站仪，再引导数控自动精平机进行精平施工，通过此项技术，减去了人为直接操作环节，避免了人为误差产生，精平机操作手只需保证精平机作业覆盖全场即可，路线自由，操作简单，无需反复复核，提高精平施工效率，保证精平质量。

4. 基于BIM＋无人机＋点云技术的测量复核技术：通过BIM技术建立全场区各结构层完成面三维模型，再通过无人机航测＋点云技术建立全场区实际地形三维模型，两个模型进行比对，分析体量差，根据量差分析结论，判断标高准确性，通过此项技术实现了全场区实时静态覆盖，根据施工进度，运用该技术，可快速生成全场区实时完成面点云模型，且精度达到毫米级，结合基于图纸的三维模型进行对比，生成量差数据，完全满足大场地作业面复核要求，且极大地提高了复核效率，保证了质量。

鉴定情况：本工程是通过将BIM、GPS、无人机、点云技术、智能全站仪、自动精平机等相结合用于大场地土方平衡和大场地精平施工，未见国内外创新点相同的文献报道。2017年10月，经广东省建筑业协会组织鉴定，鉴定委员会一致认为“国际赛马跑道高效数字化精平施工技术”达到国内领先水平。

专利情况：

1）发明：纤维网砂切砂机　申请号：201710244880.0

2）发明：一种草坪跑道及其施工方法　申请号：201710245904.4

3）发明：一种泥地跑道及其施工方法　申请号：201710245548.6

3.5　双曲率环形清水混凝土排水渠施工技术

工艺原理：利用BIM+无人机+点云三维扫描技术对赛道区进行地形地貌扫描，建立场地平整模型，根据坐标确定场地平整标高，基于BIM模型信息导入自动整平机器人对场地整平，提高排水渠底部曲面的控制精度。

采用定型钢模板分节安装，外模板采用自主研发的“硬撑软拉自锁式”加固技术，内模板“内顶撑”，模板顶端口采用定型双F头杆件锁口，提高排水渠模板整体刚度与稳定性。

技术优点：排水渠底面和薄壁型侧墙标高采用自主研发的标高控制装置，混凝土收面采用自主创新制作的收面抹刀。

薄壁型排水渠混凝土浇筑，采取自主发明的“双漏斗分流式混凝土浇筑装置”，该装置应用提高施工效率，降低混凝土损耗率。

鉴定情况：2017年10月，经广东省建筑业协会组织鉴定，鉴定委员会一致认为“国际赛马跑道高效数字化精平施工技术”达到国内领先水平。

专利情况：

1）实用新型：一种混凝土浇筑接料斗　申请号：201621101802.2

3.6　混凝土水池长效快速涂装施工技术

工艺原理：

1. 表层喷砂处理：采用机械使用铜矿砂冲击混凝土表面，清除污染物、浮浆皮和暴露至表面下的空白处，并产生具有足够粗糙度和表面多孔性的坚固混凝土表面。喷砂设备应干净、干燥、无油渍或污染物。喷砂不便的部位采用动力工具打磨。喷砂处理后，先清理喷砂磨料，再用扫帚，工业吸尘器，空气吹扫，水冲洗等方式对表面进行清洁，使混凝土所有表面应清洁，无浮浆、养护剂、解脱剂、风化产物、油脂、油、灰尘等杂物。

2. 滚涂封闭底漆：底漆为双组分，将Sigmacover280基料与固化剂按照体积比4∶1搅拌充分，用10%的91-92稀释剂稀释。使用6.4mm至9.5mm的织物绒毛滚筒将漆料均匀而平行的涂覆至混凝土表面，使涂料完全浸润混凝土。本层厚度100μm。

3. 批刮环氧砂浆层：环氧砂浆为三组分，按照Amerlock400基料+固化剂0.35L/m^2、专用粉末0.44kg/m^2的用量将三种材料搅拌均匀，先将Amerlock400基料与固化剂搅拌均匀再加入专用粉末进行搅拌。无需稀释剂，采用大小合适的钢制抹刀均匀用力而平行的将混合好的环氧砂浆涂抹到底材表面。环氧砂浆单层厚度600μm，水池底及侧壁涂刮2层，水池顶棚（无水浸泡）仅涂刮1层即可满足使用要求。

4. 喷涂面层：面层涂料为双组分，将Amerlock400基料与固化剂按照体积比1∶1混合搅拌充分，使用21-06稀释剂进行稀释，最大稀释量10%。把一定数量的基料倒入一个干净的容器内，容器应该足够大，能够容纳两种组分。在搅拌的同时将相同体积的固化剂加入到基料中，继续搅拌直至两种组分彻底混合。采用无空气喷涂：喷涂雾化压力：150～180kg压力；使用45∶1以上无气喷涂泵；推荐喷嘴：0.019英寸（480微米）。采用均匀而平行的涂覆方式；每道涂层应覆盖前一道涂层的50%。涂装过程中，喷涂工人应该使用湿膜仪来控制施工达到规定的漆膜厚度。喷涂完成后，立即使用稀释剂清晰所有设备。

技术优点：

1. 本工法的关键技术为将喷砂处理工艺与环氧封闭底漆结合，使 Sigmacover280 环氧封闭底漆与混凝土表面融合，增强基层强度，改善混凝土及整套涂装系统的耐久性。

2. 相比传统水池涂装技术，本工法简化了工序，大大降低了材料和人工的投入，可以尽可能避免长时间密闭空间施工造成的安全隐患，并可更好保证施工工期及施工质量。

3. 相比传统水池涂装技术，本工法施工效率高，在密闭空间的作业条件限制下，将施工工期缩短为传统涂装技术的 1/4，这体现了本工法的技术先进性。

4. 通过本工法的应用，可显著加快施工速度，减少材料和人工投入，无需施工用水，材料投入和浪费少、垃圾产生少，增强了涂装系统的耐久性，起到绿色施工、降本增效的效果。

鉴定情况：2017 年 10 月，经广东省建筑业协会组织鉴定，鉴定委员会一致认为“国际赛马跑道高效数字化精平施工技术”达到国内先进水平。

4 工程主要关键技术

4.1 BIM+点云+无人机航拍技术

4.1.1 概述

大场地内土石方平衡，是通过建立场地内的“土方平衡图”计算出场内整体挖填方量，整体计划堆土、运土和用土的量。在计划开挖施工时，尽量减少堆土和运土的工作，不仅关系土方费用，而且对现场平面布置有很大的影响。土石方平衡工作涉及面广，如果仅按常规系统操作和控制、无法有效指导施工，也无法同时跟进施工及进度，易造成前期多征临时用地，后期远运距运输，施工成本大大增加。

项目利用 BIM+RTK 辅助原有边坡改造加固工程，利用 BIM+无人机+点云技术对新建工程 570 万 m^3 土石方进行挖填调配，同时借助土石分离场，将土石分离，石块破碎，实现大场地内土石方平衡，实现土石方零外运。

4.1.2 关键技术

1. 施工总体部署或施工工艺流程

场区方格网排版→现场航拍→数据软件处理→生成模型及工程量

2. 场区方格网排版

根据现场情况，本项目场地面积约 150 万 m^2，采用无人机航拍技术，在图纸上对整个场区进行方格网排版，100m×100m 进行布置。按照方格网去点导入 RTK 现场放样定点。

3. 现场航拍（图 2）

（1）根据现场情况，本项目场地面积约 150 万 m^2，采用无人机航拍技术，在图纸上对整个场区进行方格网排版，100m×100m 进行布置。按照方格网去点导入 RTK 现场放样定点。

（2）根据场地面积、项目成果的分辨率要求以及航摄区域的地理情况，设计无人机航摄的航高，设定高度值 50m，软件自动生成巡航线路，确定巡航范围内无障碍开始自动巡航扫描。设定照片重叠度为 80%后开始拍摄，自动拍摄方格网内 17 张图片。回收无人机下载坐标数据和拍摄照片，使用专业软件处理坐标数据和照片（图 3、图 4）。

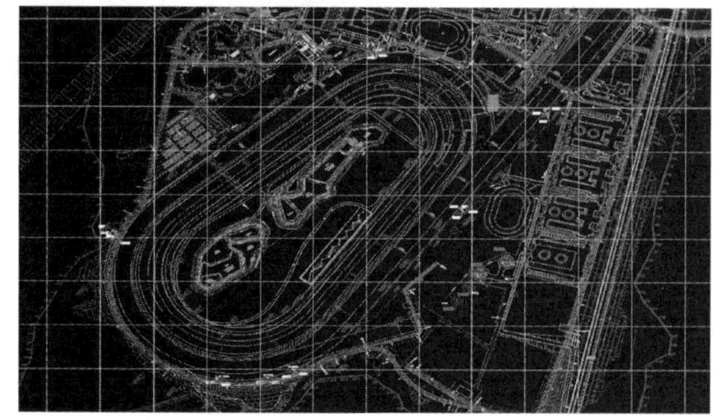

图 2 项目方格网排版图

4. 软件处理

利用专业无人机航摄处理软件 Pix4D 对无人机航摄获取的影像数据、飞行记录文件进行处理，经过预处理、空三处理、点云加密、DSM/DOM生成等过程，制作高分辨率正射影像和彩色点云成果。导入Civil3D深入加工点云数据生成扫描模型（图5）。

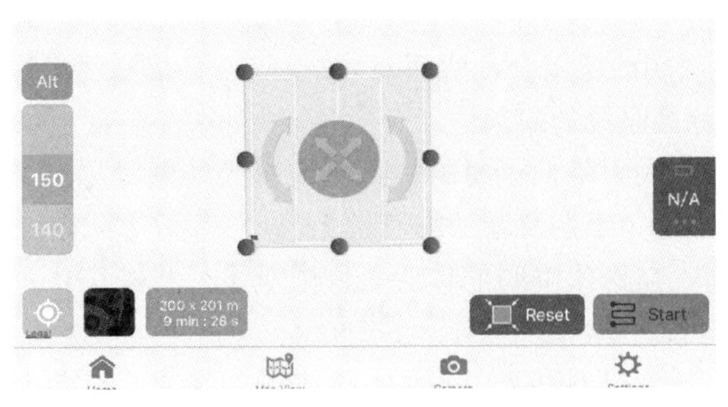

图3　项目无人机飞行航线示意图

图4　项目场地全貌

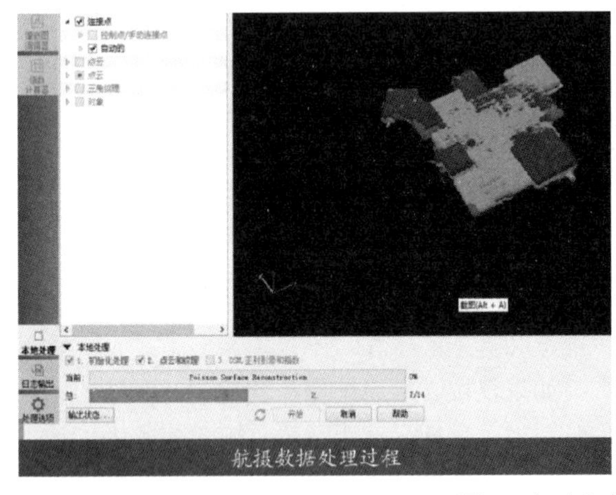

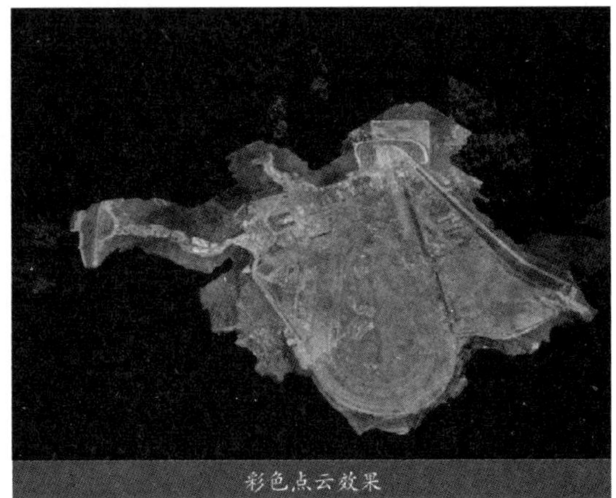

图5　点云生成过程示意图

5. 生成模型及工程量

根据施工图纸创建设计地形信息模型，依据场地平整图纸、施工计划编制土方量清单，将扫描模型与设计地形模型对比分析，计算出土方开挖前后的土方量数据（图6）。

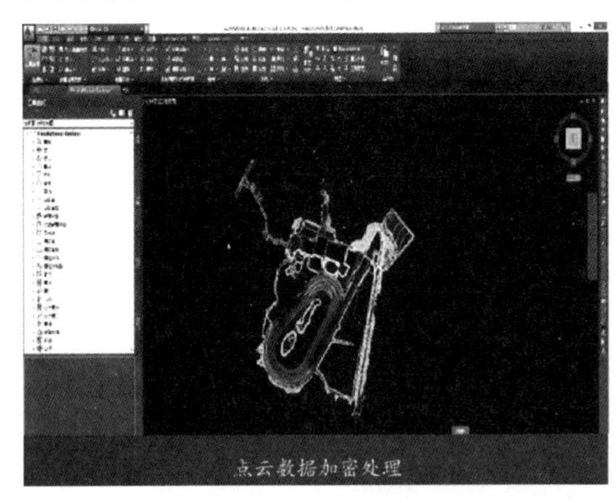

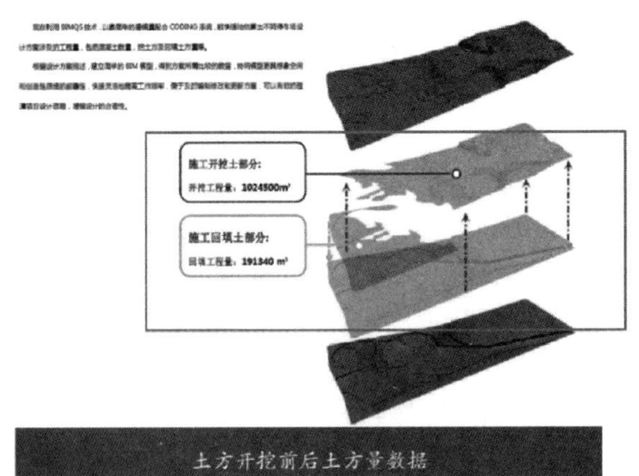

图6　点云数据处理及土方量处理图

将此数据传送至现场施工管理人员，指导施工。

4.2　超大场地土石方处理平衡技术

4.2.1　概述

本工程中堆载预压区存放有大量的泥土和石头混杂的土石方，临时道路和场地同样遗留大量的废弃土石，此类土石方含土石比例约为1∶1，无法满足现场土方回填对于泥土质量的要求；采用土石方破碎筛分生产线配合自建拌合站，将此部分土石方进行筛分，然后对石方进一步破碎成道路需要级配碎石，最后再将级配碎石经过拌合站拌合后用于道路铺设、筛分出来的土方用于工程回填。土石方破碎筛分生产线是采用石头矿场专用的石头破碎机械，生产线的配置主要是适用于土石破碎筛分设备（圆锥破碎机及鄂破机、振动筛、传送带等）；拌合站采用WBC500/600系列稳定土拌合站配套设备（图7、图8）。

图7 圆锥破碎机图

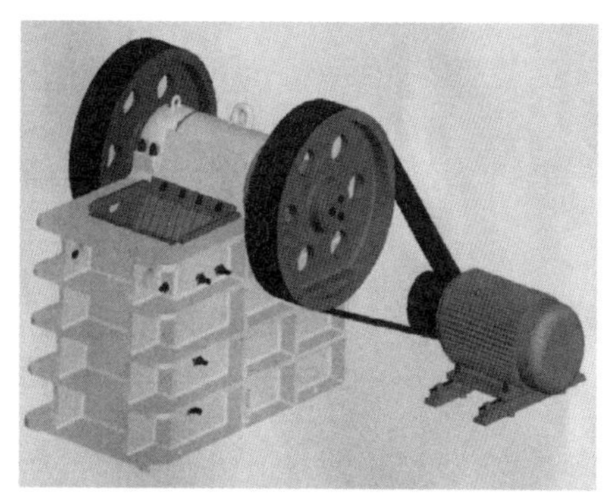

图8 颚式破碎机图

4.2.2 关键技术

1. 施工总体部署

设立土石方破碎机及拌合站→卸料平台设置及场平处理→排水、降尘、临电布置及防爆措施→土石料现场利用

2. 设立土石方破碎机及拌合站

生产线建设及运营场地定于二期预留空地处，具体场地布置见图9，石头破碎筛分生产线设备细部规划详见图10。

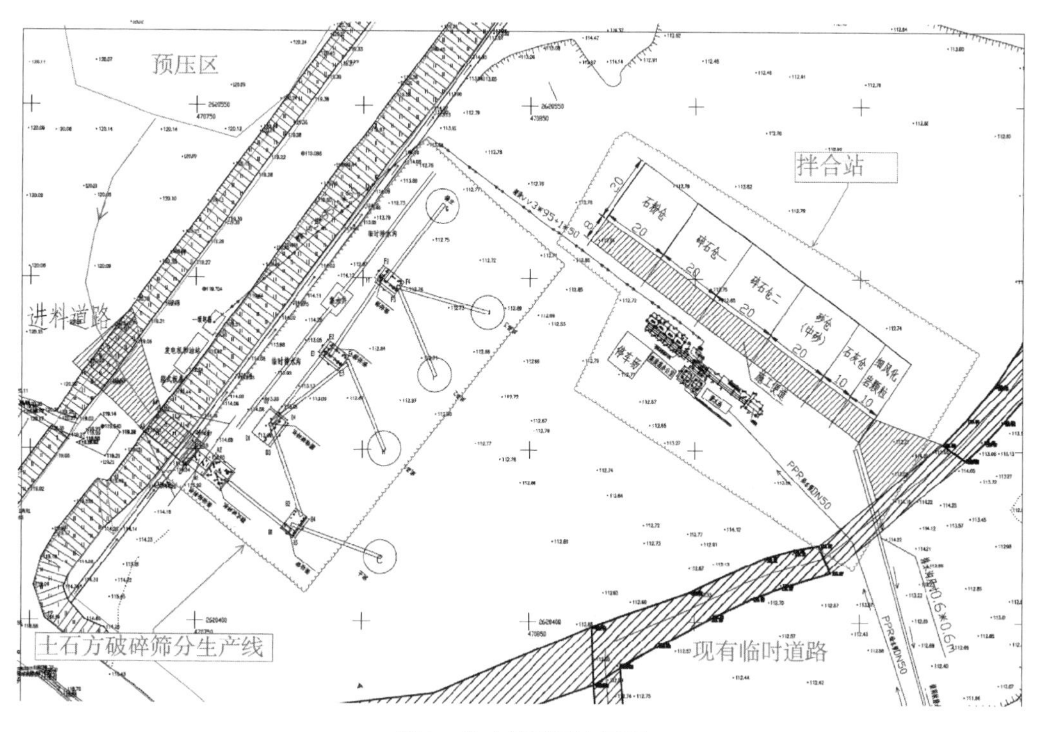

图9 生产线平面布置图

3. 卸料平台设置及场平处理

预留地填方边坡上回填出一条8m宽运料通道，架设进料仓，土坡底部增设7.4m高悬臂式挡墙。该部位回填了原有的绿化坡面，待土石方处理完毕后恢复绿化，原有临时排水沟上部为挡墙底板，确保水沟排水畅通。另外，运料通道设置45m防护栏杆，正确引导车辆倒料及铲车进料。

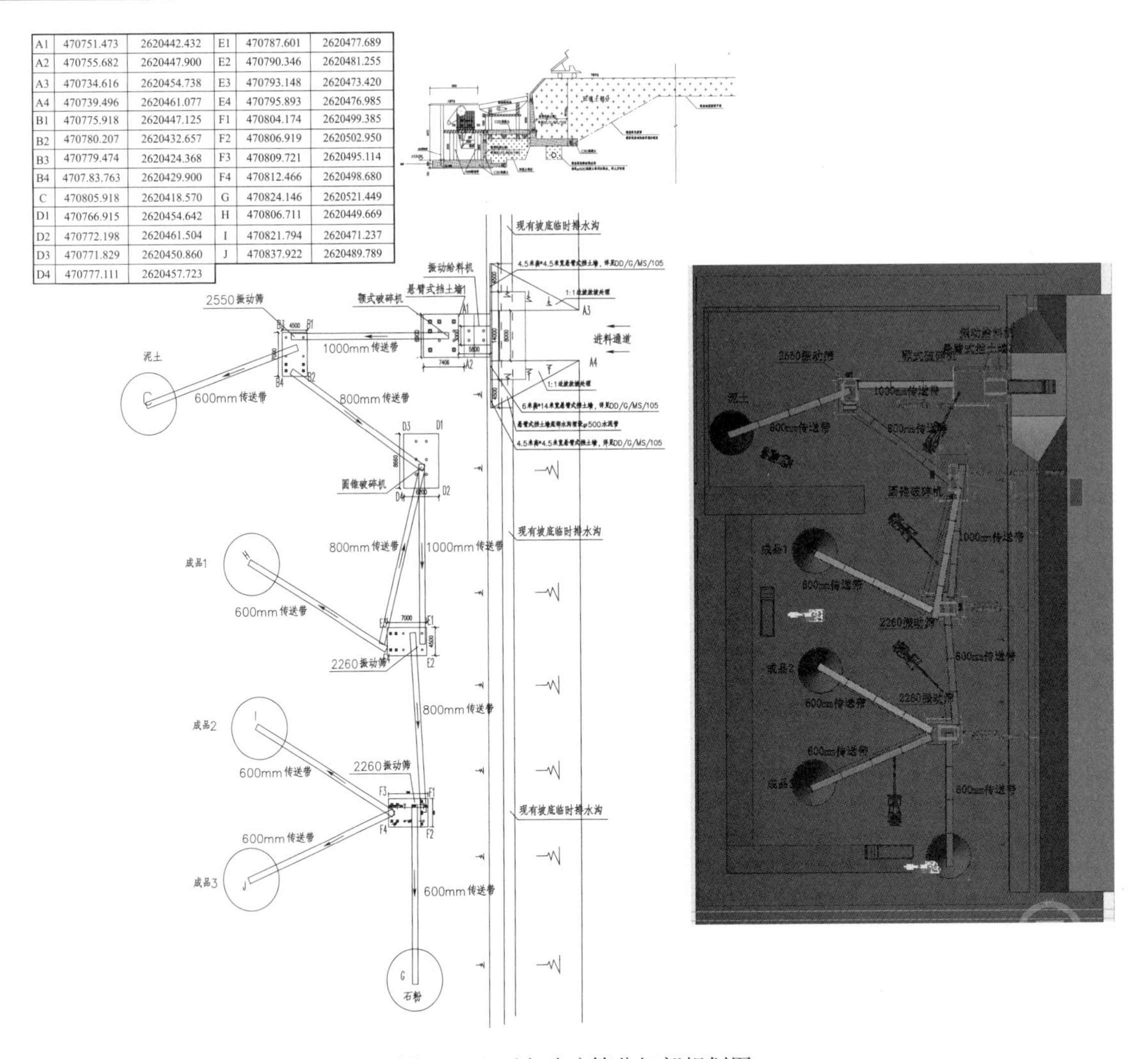

A1	470751.473	2620442.432	E1	470787.601	2620477.689
A2	470755.682	2620447.900	E2	470790.346	2620481.255
A3	470734.616	2620454.738	E3	470793.148	2620473.420
A4	470739.496	2620461.077	E4	470795.893	2620476.985
B1	470775.918	2620447.125	F1	470804.174	2620499.385
B2	470780.207	2620432.657	F2	470806.919	2620502.950
B3	470779.474	2620424.368	F3	470809.721	2620495.114
B4	4707.83.763	2620429.900	F4	470812.466	2620498.680
C	470805.918	2620418.570	G	470824.146	2620521.449
D1	470766.915	2620454.642	H	470806.711	2620449.669
D2	470772.198	2620461.504	I	470821.794	2620471.237
D3	470771.829	2620450.860	J	470837.922	2620489.789
D4	470777.111	2620457.723			

图 10　土石方破碎筛分细部规划图

规划场地利用推土机进行平整，达到现场的堆放要求（图 11～图 14）。

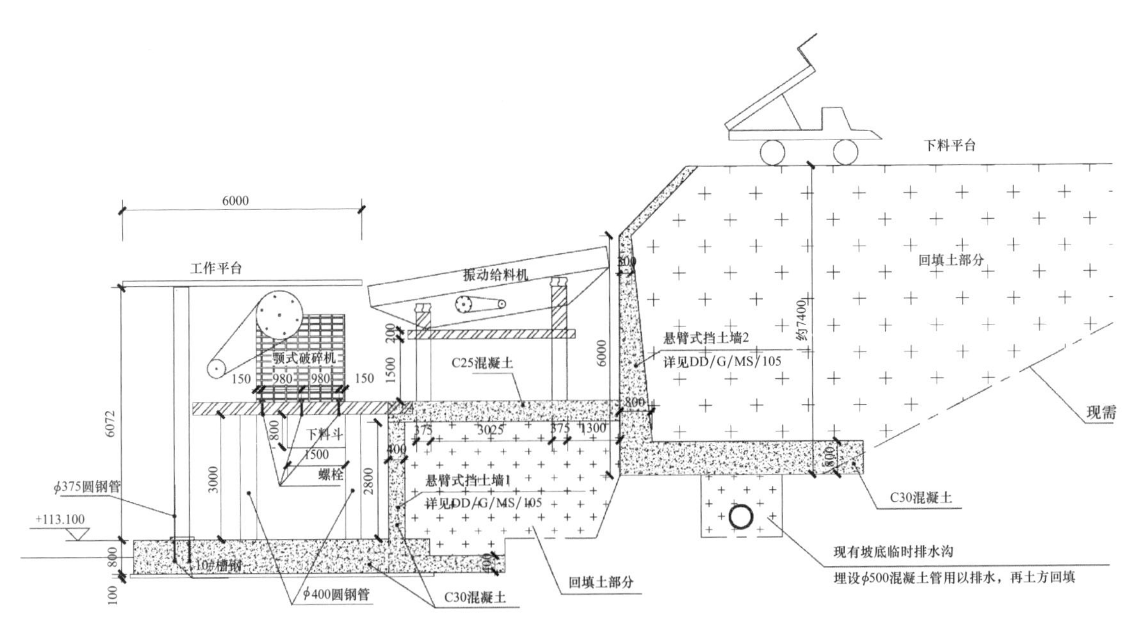

图 11　绿化边坡回填设置运料通道部位示意图（一）

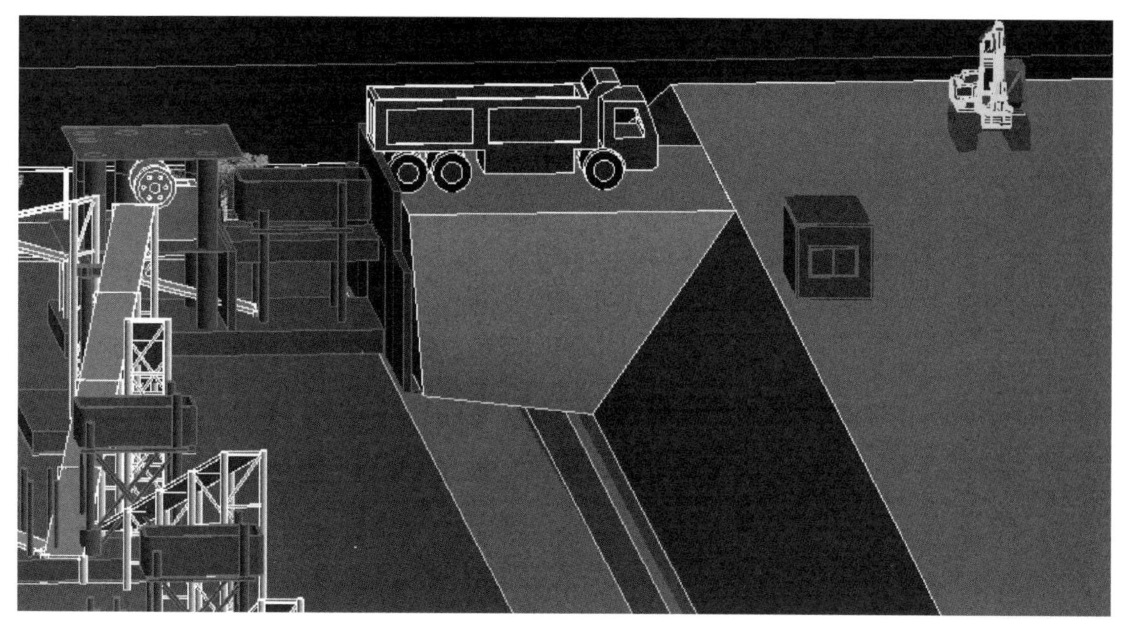

图11 绿化边坡回填设置运料通道部位示意图（二）

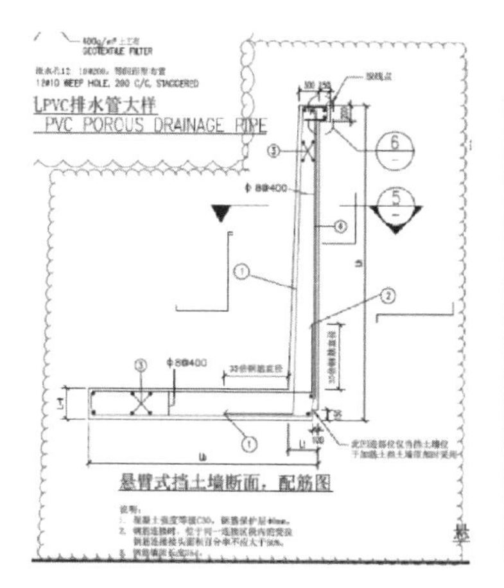

图12 悬臂式挡墙样式及配筋

悬臂式挡土墙(B型)尺寸及地基承载力特征值要求

挡土墙总高Lh		Lh≤3000	3000<Lh≤4000	4000<Lh≤5000	5000<Lh≤6000	6000<Lh≤7000	7000<Lh≤8000
截面尺寸	Lb	2500	3000	4000	5000	6000	7000
	Lt	400	500	600	700	800	900
钢筋编号和工程量	①	Φ14@150	Φ18@150	Φ20@150	Φ22@150	Φ25@150	Φ25@125
	②	Φ14@150	Φ18@150	Φ20@150	Φ22@150	Φ25@150	Φ25@125
	③	Φ8@200	Φ10@200	Φ10@200	Φ12@200	Φ12@200	Φ12@200
	④	Φ8@200	Φ10@200	Φ10@200	Φ12@200	Φ12@200	Φ12@200
地基承载力特征值要求(kPa)		≥120	≥150	≥170	≥190	≥210	≥230

图13 悬臂式挡墙尺寸及配筋要求

4. 土石料现场利用

(1) 土方处理

筛分出土方利用于各单体及边坡回填压实，详见图15。

(2) 石方处理

破碎的不同粒径石子运输至拌合站，用于道路级配及室外铺装；同时用于结构反滤层回填所需，详见图16。

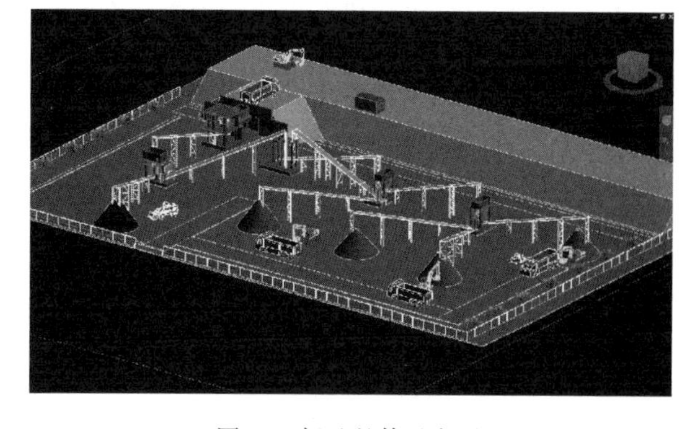

图14 场地整体示意图

4.3 国际赛马跑道高效数字化精平施工技术

4.3.1 概述

1. 基于BIM+无人机+点云技术的土方平衡技术：通过此项技术进行的土方调配，省去了人工测绘地形的繁琐工作，极大地提高了效率，采用无人机航测较传统人工测绘采集数据周期由7天缩短为1天，数据处理同为1天，但点密度根据精度要求可精确到毫米级，较传统5m×5m的采集方式的优势明显，数据分析后可出量差图，直观、便捷、高效，传统方式则需人工判断，效率相对较低。

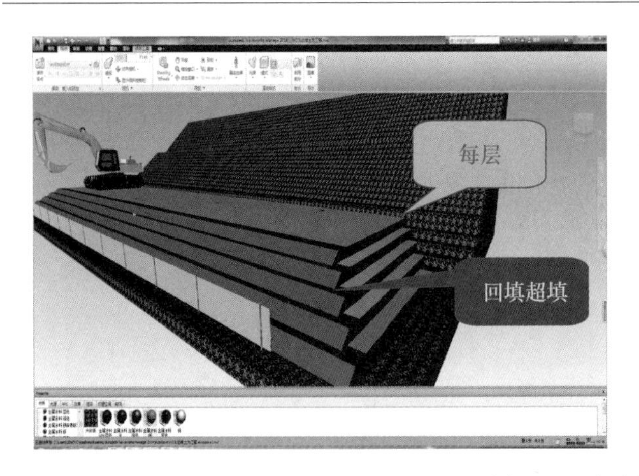

图 15 土方边坡回填压实

图 16 道路及铺装施工

2. 基于 BIM+智能机器人全站仪+GPS 的测量放样技术：通过此项技术进行的测量放样可以做到场地全覆盖，且无繁复的点位切换操作，只需一名测量员就可以完成全部工作，较传统需要 4 名测量员的方式，大大提高了测量放样效率，且保证了质量。

3. 基于 BIM+智能机器人全站仪+GPS+数控自动精平机的精平施工技术：通过此项技术，减去了人为直接操作环节，避免了人为误差产生，精平机操作手只需保证精平机作业覆盖全场即可，路线自由，操作简单，无需反复复核，提高精平施工效率，保证精平质量。前期一次性投入较高，但一次合格率大大提高，根据测算，一次合格率由原 75%提高到 96%，减少了返工。

4. 基于 BIM+无人机+点云技术的测量复核技术：通过此项技术实现了全场区实时静态覆盖，根据施工进度，运用该技术，可快速生成全场区实时完成面点云模型，且精度达到毫米级，结合基于图纸的三维模型进行对比，生成量差数据，完全满足大场地作业面复核要求，且极大地提高了复核效率，保证了质量。

4.3.2 关键技术

1. 施工总体流程

无差别全覆盖放样→优化精平体系及精平施工→优化测量复核体系

2. 无差别全覆盖放样

(1) 优化升级放样体系，由方格网法放样优化升级为无差别全覆盖放样（图 17）。

(2) 运用 BIM 技术建立场地三维模型，由项目 BIM 工作室组织，使用 REVIT，CIVIL3D 等相关软件建立场地三维模型，并转换为点模型（图 18）。

(3) 引进先进的智能机器人全站仪代替全站仪+水准仪（表 1、图 19）。

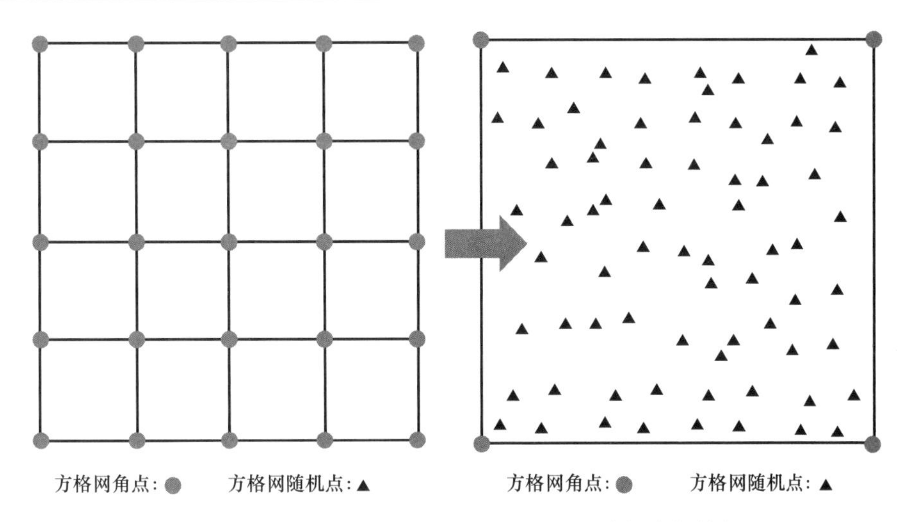

图17　由方格网法放样优化升级为无差别全覆盖放样

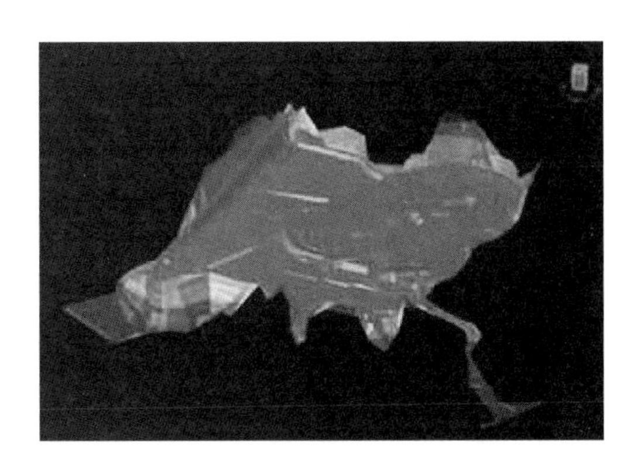

图18　三维模型

测量仪器对比表 **表1**

仪器	功能	优点	缺点	采用
全站仪	点位坐标测量放样	操作简单，普及率高	视距受限，需转站，点位密度低	不采用
水准仪	点位高程测量放样	操作简单，普及率高	视距受限，需转站，点位密度低	不采用
智能机器人全站仪	点位坐标、高程测量放样	高度智能化，操作简单	视距满足要求，无需转站，点位密度高	采用

图19　智能机器人全站仪

（4）将三维模型导入智能机器人全站仪（表2）

（5）实现全跑道任何可通视区域测量放样。

表 2

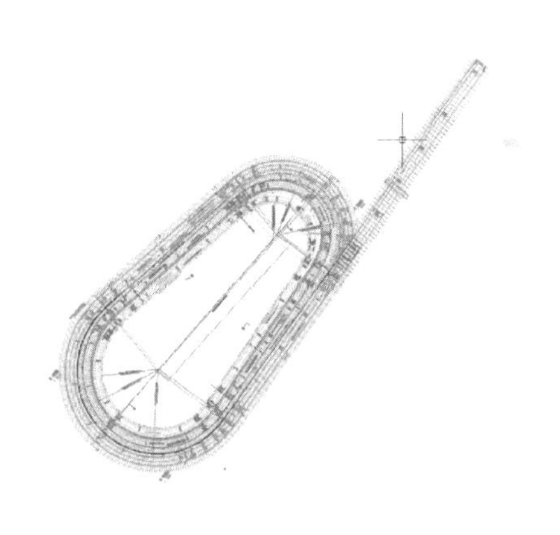	使用 BIM 软件建立跑道三维数据模型后，重生成高密度点云三维图
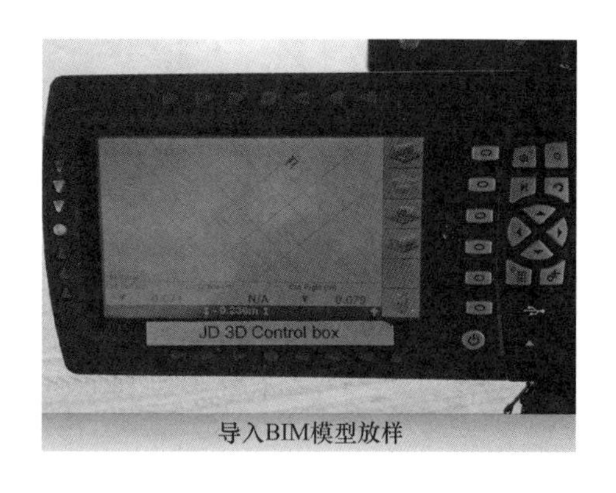	将点云三维图转换专用格式后，导入智能机器人全站仪
	智能机器人全站仪生成跑道图纸

3. 优化精平体系及精平施工

(1) 优化精平体系，引进数控机械测绘系统，自动精平机。

(2) 对精平机进行改造，由原来的人工操作液压设备，调整刮平厚度，控制标高，改为由智能机器人全站仪自动测量放样后，将数据传输至刮平机数控机械测绘系统，系统智能调节液压设备（图 20）。

(3) 由全站仪智能引导精平机实现数字化机械精平施工（图 21）。

4. 优化测量复核体系

(1) 创新研究无人机＋点云＋BIM 技术，优化测量复核体系。

(2) 使用无人机进行航测，根据跑道要求的分辨率要求和航摄区域的地理情况，设计无人机航摄的航高、航向重叠度、旁向重叠度等参数，并进行航线敷设（图 22）。

图20　放样机器人

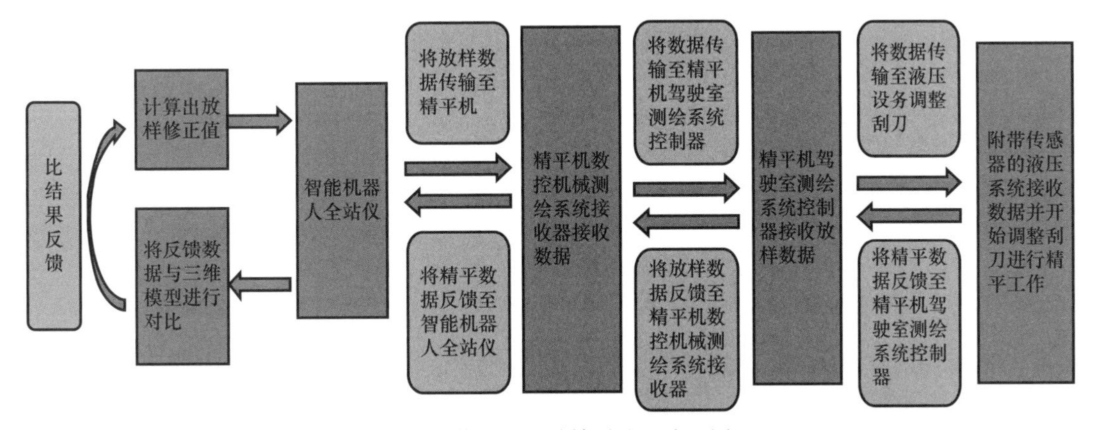

图21　数字化机械精平施工流程图

（3）运用点云软件对航拍图识别处理，生成地形点云，经过预处理、空三处理、点云加密、DSM/DOM生成等过程，制作高分辨率正射影像和彩色点云成果，进入下一阶段处理（图23、图24）。

（4）通过BIM软件建立三维地形模型和完成面三维模型。

（5）设计地形与航拍地形对比，生成量差数据，完成全作业面复核，利用全自动pix4d空中无人机航拍技术，形成施工现场的精确包含高程的坐标信息，经过专业软件处理后，对选定点进行测试，选定点包含的高程、坐标信息与模型信息对比，生成量差数据，完成全作业面复核（图25）。

图22　无人机＋点云

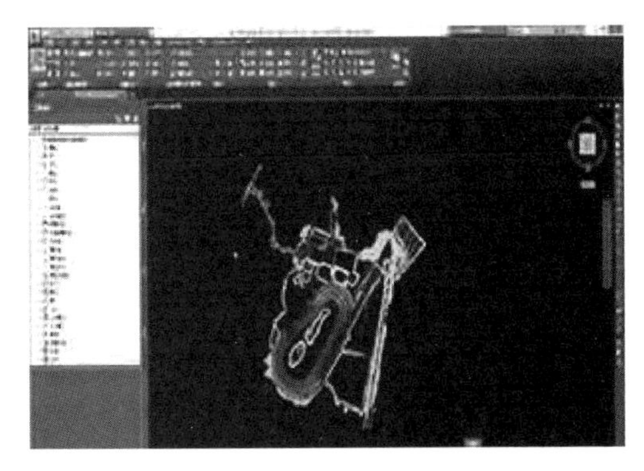

图23　运用点云软件对航拍图识别处理

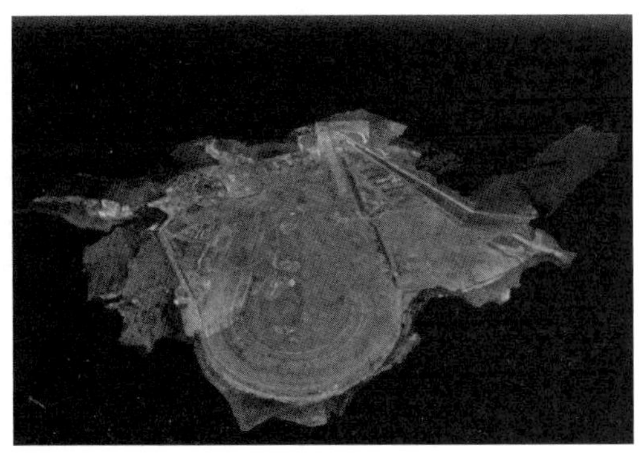

图24　生成三维地形模型

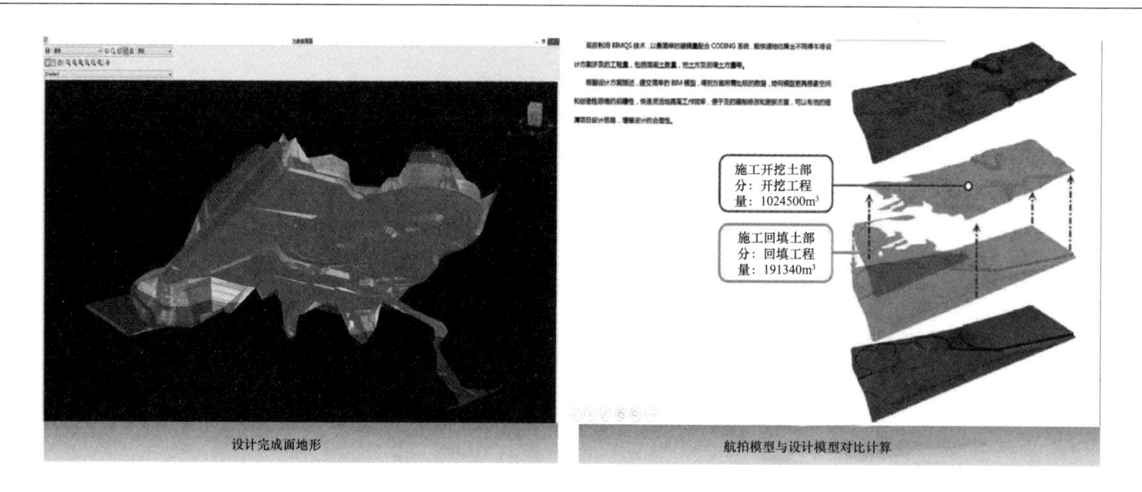

图 25　与设计地形进行对比

(6) 结合智能机器人全站仪抽样复核，验证准确性。

4.4　混凝土水池长效快速涂装施工技术

4.4.1　概述

混凝土水池的混凝土由于具有渗透性（混凝土为多孔结构）、碱性（老旧的混凝土 pH 值为 10.0～12，新的混凝土 pH 值为 12.5～14）、反应性（可与酸、碱、氯化物等物质反应）等特性，因此极易受到化学品的侵蚀。

对混凝土进行合理有效涂装，可以极大增加混凝土的使用寿命。通过采用铜矿砂对基底的喷砂冲击处理，使基底形成一定粗糙度的毛面，从而增强了环氧封闭底漆的粘接力。涂刮封闭底漆后，用专用细粉末配置的环氧砂浆将毛面涂刮平整，最后再喷涂环氧面漆。相比于原设计的“找平层＋防水防霉涂料＋保护层＋瓷砖面层”，极大地缩短了工期、延长了使用寿命，在环保、成本、工期方面获得了最佳效益。

4.4.2　关键技术

1. 工艺流程（图 26）

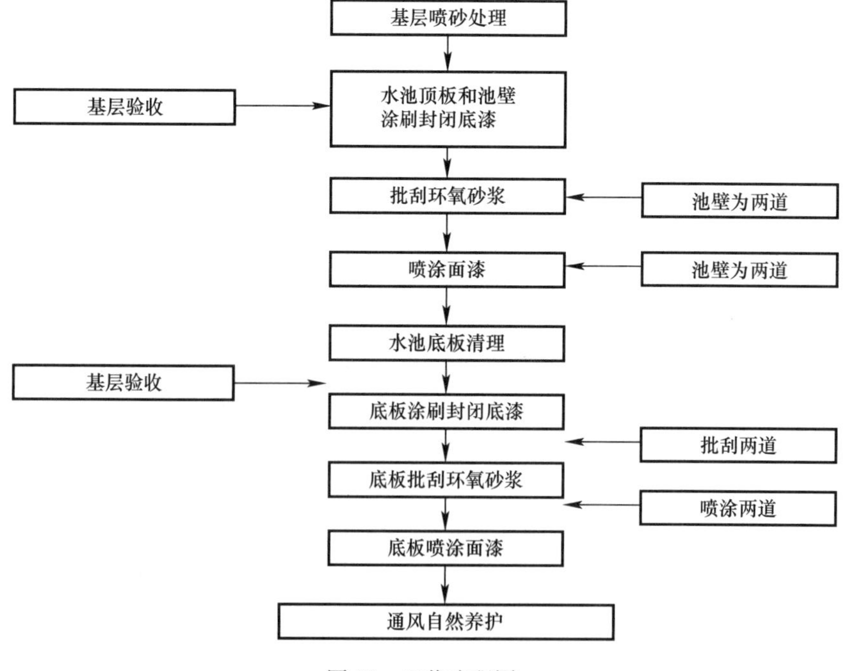

图 26　工艺流程图

2. 操作要点

（1）表面处理

1）采用机械喷砂来进行表面处理，清除污染物、浮浆皮和暴露在表面下的空白处，并产生具有足够粗糙度和表面多孔性的坚固混凝土表面。喷砂设备应干净、干燥、无油渍或污染物。喷砂不便的部位采用动力工具打磨（图27、图28）。

图27 机械喷砂

图28 喷砂后的混凝土面粗糙效果

2）喷砂处理后，先清理喷砂磨料，再用扫帚，工业吸尘器，空气吹扫，水冲洗等方式对表面进行清洁，使混凝土所有表面应清洁，无浮浆、养护剂、解脱剂、风化产物、油脂、油、灰尘等杂物。

（2）滚涂底涂：Sigmacover 280环氧封闭底漆，厚100μm（图29、图30）。

图29 墙面、顶棚涂刷Sigmacover 280封闭底漆（暗红色）

图30 地面涂刷Sigmacover 280封闭底漆（暗红色）

1）环境要求：储存温度−7℃至43℃；底材温度5℃以上；底材温度高于露点温度3℃以上；相对湿度85%以内，不可施涂在有积水的表面；表面粗糙度不低于CSP-3对比板。

2）配比：双组分。体积混合比：基料∶固化剂＝4∶1；每平方米用量：0.23L/m^2。

3）混合：充分搅拌每个包装桶内的物料，在搅拌的同时将整套组分A加入到组分B中，继续搅拌直至两种组分彻底混合，不可使用超过混合使用时间限定值的混合物料。

4）稀释：用10%的91—92稀释剂稀释。

5）混合使用时间：在20℃时为8h。

6）施工：使用1/4”或3/8”（6.4mm至9.5mm）的合成织物绒毛滚筒。经常搅拌漆料，或保持搅拌防止沉淀。采用均匀而平行的涂覆方式；要求涂料完全浸润混凝土。

7）使用后，立即用稀释剂冲洗和清洗所有的设备。

（3）批刮环氧砂浆层1：Amerlock400＋专用粉末Ⅰ（较粗），厚600μm（图31）。

1）环境要求：储存温度−7℃至43℃；底材温度5℃以上；底材温度高于露点温度3℃以上；物料温度大于15℃，相对湿度：最高85%，不可施涂在有积水的表面；表面要求必须清洁、干燥、没有油脂及其他污染物。

2）配比：3组分。基料，固化剂，专用粉末Ⅰ。

包装规格：基料10L/桶，固化剂10L/桶，专用粉末Ⅰ25kg/包。

用量：基料+固化剂0.35L/m^2，专用粉末Ⅰ，0.44kg/m^2，600微米厚。

3）混合：充分搅拌每个包装桶内的物料，确保没有颜料沉淀于桶底。在搅拌的同时将整套的固化剂加入到基料中。继续搅拌直至两种组分彻底混合，然后加入整袋专用粉末，继续搅拌1～2min，直到达到混合均匀，不可使用超过混合使用时间限定值的混合物料。

4）稀释：不建议稀释。

5）混合使用时间：在20℃时为2h。

6）施工：抹涂，抹刀采用合适大小的钢制抹刀。要求有丰富批刮经验的工人进行施工，用力均匀而平行的将混合好的环氧砂浆抹涂到底材表面。

7）使用后，立即用稀释剂冲洗和清洗所有的设备。

（4）批刮环氧砂浆层2：Amerlock400+专用粉末Ⅱ（较细），厚600μm。池壁和底板的两道环氧砂浆层为先批刮环氧砂浆层1，后批刮环氧砂浆层2；顶板仅涂刮一道环氧砂浆层2（图32）。

图31 涂刷Amerlock400+专用粉末Ⅰ第一道环氧砂浆（黑色）

图32 涂刷Amerlock400+专用粉末Ⅱ第二道环氧砂浆（黑色）

1）环境要求：储存温度−7℃至43℃；底材温度5℃以上；底材温度高于露点温度3℃以上；物料温度大于15℃，相对湿度：最高85%，不可施涂在有积水的表面；表面要求必须清洁、干燥、没有油脂及其他污染物。

2）配比：3组分。基料，固化剂，专用粉末Ⅱ。

包装规格：基料10L/桶，固化剂10L/桶，专用粉末Ⅱ，25kg/桶。

用量：基料+固化剂0.35L/m^2，专用粉末Ⅱ，0.44kg/m^2，600微米厚。

3）混合：充分搅拌每个包装桶内的物料，确保没有颜料沉淀于桶底。在搅拌的同时将整套的固化剂加入到基料中。继续搅拌直至两种组分彻底混合，然后加入20kg专用粉末Ⅱ，继续搅拌1～2min，直到达到混合均匀，不可使用超过混合使用时间限定值的混合物料。

4）稀释：不建议稀释。

5）混合使用时间：在20℃时为2h

6）施工：抹涂，抹刀采用合适大小的钢制抹刀。要求有丰富批刮经验的工人进行施工，用力均匀而平行的将混合好的环氧砂浆抹涂到底材表面。

7）待涂料刚刚达到表干后，用抹刀蘸稀释剂，用力将表面收光，以达到平整光滑的表面。

（5）喷涂面层：Amerlock400环氧面漆，厚150μm（底板和侧壁150μm×2道，顶板150μm一道）（图33）。

1）环境要求：储存温度−7℃至43℃；底材温度5℃以上；底材温度高于露点温度3℃以上；物料温度大于15℃，相对湿度：最高85%，不可施涂在有积水的表面；表面要求必须清洁、干燥、没有油脂及其他污染物。

2）配比：2组分。基料，固化剂，体积比=1∶1。

包装规格：基料10L/桶，固化剂10L/桶。

用量：0.21L/m² 150微米厚。

3）混合：充分搅拌每个包装桶内的物料，确保没有颜料沉淀于桶底。把一定数量的基料倒入一个干净的容器内，容器应该足够大，能够容纳两种组分。在搅拌的同时将相同体积的固化剂加入到基料中。继续搅拌直至两种组分彻底混合，不可使用超过混合使用时间限定值的混合物料。

图33 喷涂Amerlock400面漆（天蓝色）

4）稀释：使用稀释剂21-06进行稀释，最大稀释量10%。

5）混合使用时间：在20℃时为2h。

6）施工：喷涂、滚涂、刷涂。大面积作业采用无空气喷涂：喷涂雾化压力：150～180kg压力；使用45∶1以上无气喷涂泵；推荐喷嘴：0.019英寸（480微米）。采用均匀而平行的涂覆方式；每道涂层应覆盖前一道涂层的50%。涂装过程中，喷涂工人应该使用湿膜仪来控制施工达到规定的漆膜厚度。滚涂：6.4mm至9.5mm的合成织物绒毛滚筒。刷涂：使用高质量的天然或合成硬毛刷。滚涂和刷涂适用于小面积施工，如修补和喷涂不便的区域等。

7）使用后，立即用稀释剂冲洗和清洗所有的设备。

（6）修补

不规则的针孔、漏涂点、小面积损坏区可在漆膜达到指触干时用刷子补涂。如果损坏部位的涂料已部分或完全固化，在重新施涂之前需要对受影响的区域进行打磨，并对周围漆膜进行薄边处理。对于大面积损坏区或施涂不当区，需要重新打磨至底材并按照施工程序重新施工（图34、图35）。

图34 墙面最终完成效果

图35 整体最终完成效果

5 社会和经济效益

5.1 社会效益

项目完成广东省优质结构、全国建筑业绿色施工示范工程（第五批）、国家级“建设工程项目施工安全生产标准化建设工地”、全国“安康杯”竞赛工程验收，完成国际奖buildingSMART在内的百余项科技奖项，属于国内首个完成50+专利的项目。

项目登上《中国建设报》等媒体累计发稿100余篇，组织多次从化区观摩及交流会，作为安全质量施工样板工地交流经验。项目于2017年5月6日举办了全国“绿色智慧”施工观摩活动，推动了当地安全质量科技及绿色施工建设水平，得到了业主、监理及社会各界的认可。

5.2 经济效益

通过新技术的应用与推广，合理优化施工工艺，达到了绿色施工的效果，降本增效，节省了材料费、人工费、管理费等各项支出，减低了成本、节约了工期，共创造经济效益2000余万元。

6　工程图片（图 36～图 45）

图 36　跑道整体照片

图 37　泥地跑道

图 38　草地跑道

图 39　草地跑道构造做法

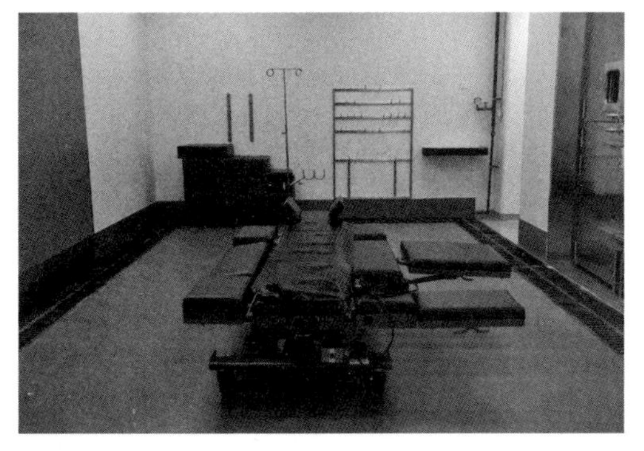

马匹医疗室

防炫目照明灯

圆弧形墙角

消毒洗脚池

图 40　马匹保护（一）

马格墙地面橡胶

跑步机墙面橡胶

室外橡胶坡道

马匹泳池墙地面橡胶

标准马格

防蚊虫马格窗

铝合金单头围栏

美式围栏

图41　马匹保护（二）

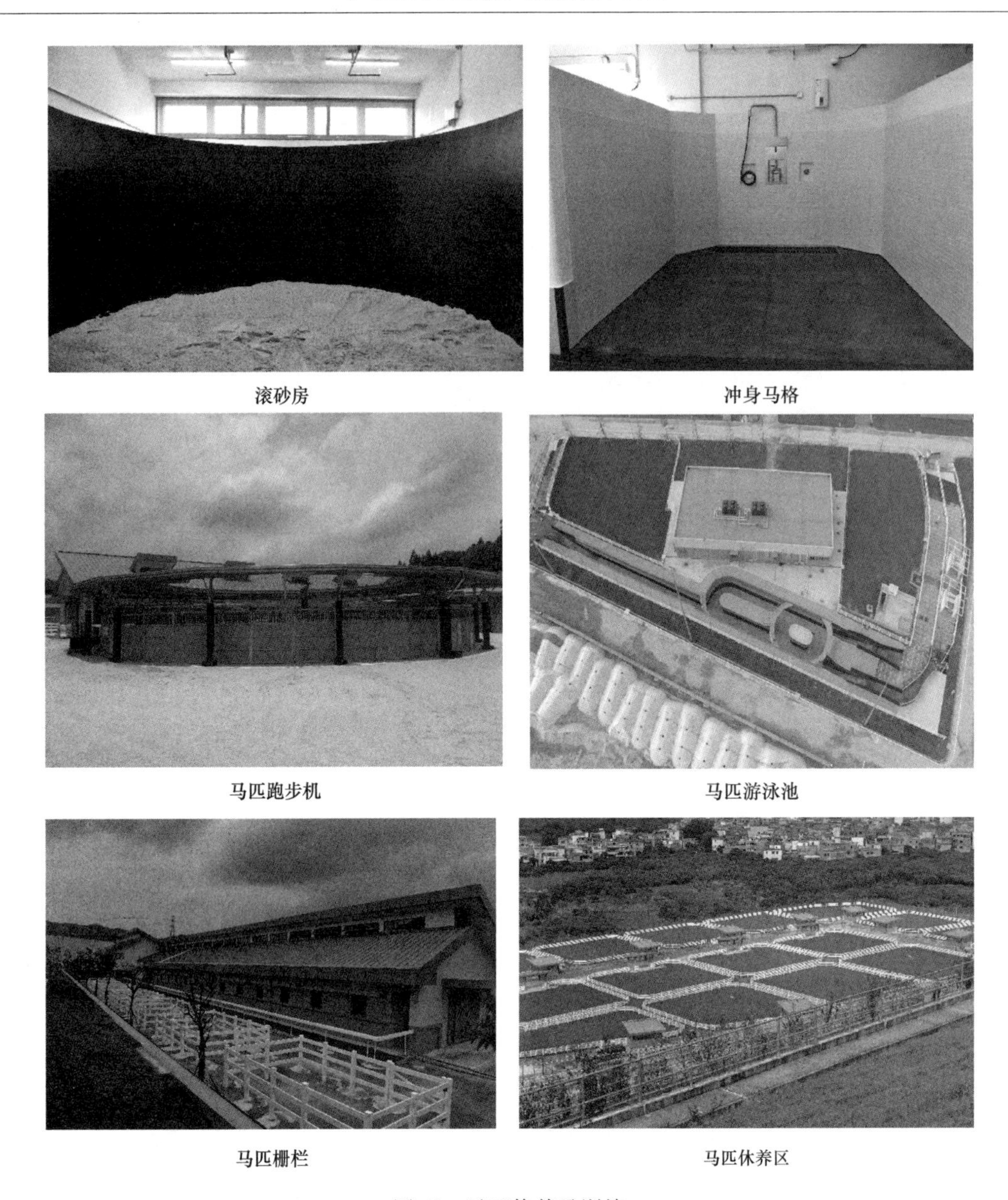

滚砂房　　冲身马格

马匹跑步机　　马匹游泳池

马匹栅栏　　马匹休养区

图 42　马匹修养及训练

生态绿化设计：本工程按照融入周边生态环境的设计理念进行设计，加强生态建筑，构建绿色屏障。对边坡、山谷等水土易流失部位，采取全绿化设计，保持水土，弥补地形不足。采取丰富的复层植物群落结构，草坪、乔木、灌木与水生植物合理配置，达到设计景观效果和生态效益。

图 43　生态绿化设计（一）

图44 生态绿化设计（二）

集中供冷系统

铝板屋面自保温系统

跑道LED照明系统

太阳能面板

屋顶天窗自然采光

屋顶天窗自然采光

图45 节能设计

广州市轨道交通十四号线一期【施工 13 标】土建工程

何炳泉　邱建涛　李小兵　李　振　莫　劲

第一部分　实例基本情况表

工程名称	广州市轨道交通十四号线一期【施工 13 标】土建工程		
工程地点	广州市白云区嘉禾镇望岗村		
开工时间	2014.7.28	竣工时间	2018.6.1
工程造价	3.04 亿元		
建筑规模	车站为地下二层地面二层 14m 岛式站台车站，全长 662.5m，标准段宽为 23.1m，车站基坑开挖深度为 15.18～17m。		
建筑类型	公用市政工程		
工程建设单位	广州地铁集团有限公司		
工程设计单位	广东省重工建筑设计院有限公司		
工程监理单位	广州轨道交通建设监理有限公司		
工程施工单位	广州机施建设集团有限公司		
项目获奖、知识产权情况			
1. 工程类奖：2014 年全国建筑业绿色施工示范工程、2014 年广东省建筑业绿色施工示范工程、2016 年广东省建筑工程项目施工工地 AA 级安全文明施工标准化工地 2. 科学技术奖：1 项广东省科学技术奖、1 项中国施工企业管理协会科学技术奖、8 项广东省土木建筑学会科学技术奖、2 项越秀区科学技术进步奖 3. 知识产权（含工法）：8 项发明专利、2 项国家级工法、1 项实用新型专利、7 项省级工法			

第二部分　关键创新技术名称

1. 溶洞自动化综合注浆处理处理技术
2. 冲孔桩机自动化成孔施工技术

3. 连续墙接头可循环封堵施工技术
4. 明挖地铁站侧墙台车及配套大型钢模施工技术
5. 明挖地铁站楼面板台车钢模体系施工技术
6. 地连墙导墙轮式移动大型钢模系统施工技术
7. 基坑管线下连续墙逆作法施工技术
8. 明挖地铁车站轨顶风道台车及配套铝合金模板体系施工技术

第三部分　实 例 介 绍

1　工程概况

本项目嘉禾望岗站为广州市轨道交通十四号线一期工程起点站，北连东平站，车站与已投入运营的二、三号线嘉禾望岗站换乘。车站位于白云区嘉禾镇望岗村。车站有效站台中心里程为CK11＋905.000，设计起终点里程为ZCK11＋448.500～ZCK12＋111.000。车站为地下二层地面二层14m岛式站台车站，全长662.5m，标准段宽为23.1m，车站基坑开挖深度为15.18～17m。车站共设14个出入口，8组风亭。附主要正、立面等代表性图片（图1、图2）。

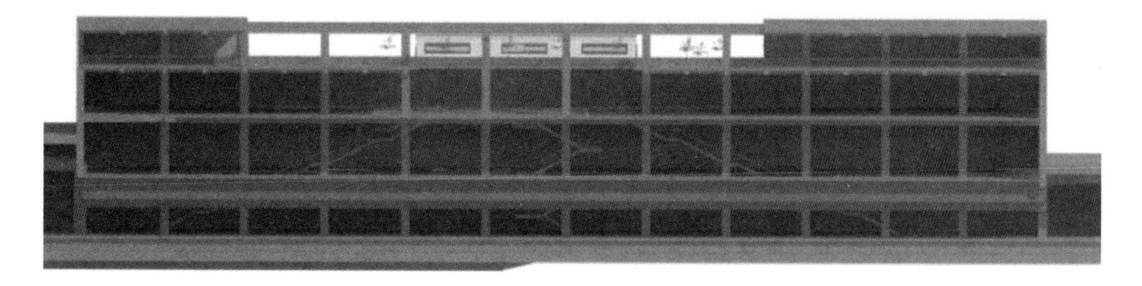

图1　车站纵剖面图

2　工程重点与难点

2.1　对现有二、三号线嘉禾望岗站的保护

本次新建车站为十四号线与二、三号线的换乘站，新建车站紧邻现有的二、三号线嘉禾望岗站，设计的基坑支护连续墙外侧与现有车站和隧道外墙之间最近距离仅2.2m。因此，施工期间必须采取有效保护措施，以确保现有二、三号线的正常运营，确保车站结构的安全，是本标段施工的重点、难点之一。

图2　车站内部结构图

2.2　溶洞、土洞不良地质对围护结构施工的影响

根据地质资料显示，本车站施工范围内地质含灰岩，由于风化和溶蚀作用，造成溶洞、土洞发育较强烈。为避免连续墙和钻孔桩施工时产生漏浆、塌孔，甚至地面塌陷等事故，在施工前期应对施工范围内的溶洞、土洞先行处理，处理完毕后方可进行支护结构的施工。

2.3　白海面涌的临时迁改

本车站在42轴～44轴位置下穿现有白海面涌，该涌为周边地区主要排洪渠，在施工期间必须确保通流。

2.4　车站地下结构防水工程施工

由于本车站以地下结构为主，且车站范围地下水较丰富，对结构的防水要求比较高。

3 技术创新点

3.1 溶洞自动化综合注浆处理技术

工艺原理：

首先，建立溶洞模型，通过钻探资料结合BIM信息化模型技术，对既有未知溶洞的边界、形状、体积、具体位置进行模拟，使溶洞状态明朗化、数据化、精确化，有助于选择出最有效的溶洞处理方法。

其次，通过不同设备的合理组装，形成溶洞自动化单、双液注浆处理系统，运用微型物料电子秤、恒压定时时间流量计结合电子感应阀门，研究出自动投料装置，实现投料自动化，避免人工投料误差，提高配合比准确度；同时采用标准化的水泥罐、造浆池，有效节约用地，减少环境污染，采用先进的注浆压力自动检测装置，实时监控并自动调整注浆压力，使单、双液浆能稳定、高效出浆，确保注浆质量，并通过“压力控制系统＋管道连接”的方式，实现不移机溶洞注浆处理施工，有效节省施工时间、提高施工效率。

最后，通过优化溶洞注浆处理施工工艺，制定合理的有针对性的溶洞处理原则，采用双液注浆技术在溶洞中形成一道“止浆帷幕”分隔开施工范围内、外的溶洞空间，减少施工中溶洞的填充处理量，节省工期、填料，采用“水泥砂浆置换式注浆溶洞填充处理技术”，实现了大体量水泥砂浆的连续注入，解决溶洞水泥砂浆注浆易出现堵管、塌孔等问题，确保填充质量。

技术优点：

1. 通过钻探资料结合BIM信息化模型技术，对既有未知溶洞的边界、形状、体积、具体位置进行模拟，使溶洞状态明朗化、数据化、精确化，有助于选择出最有效的溶洞处理方法。

2. 采用双液注浆技术在溶洞中形成一道“止浆帷幕”分隔开施工范围内、外的溶洞空间，减少施工中溶洞的填充处理量，节省工期、填料。

3. 采用先进的注浆压力自动检测装置，实时监控并自动调整注浆压力，使单、双液浆能稳定、高效出浆，确保注浆质量，并通过“压力控制系统＋管道连接”的方式，实现不移机溶洞注浆处理施工，有效节省施工时间、提高施工效率。

4. 创新性地运用微型物料电子秤、恒压定时时间流量计结合电子感应阀门，研究出自动投料装置，实现投料自动化，避免人工投料误差，提高配合比准确度；同时采用标准化的水泥罐、造浆池，有效节约用地，减少环境污染。

5. 运用“大孔泄气＋大管径注浆”的方式研究出“水泥砂浆置换式注浆溶洞填充处理技术”，实现了大体量水泥砂浆的连续注入，解决溶洞水泥砂浆注浆易出现堵管、塌孔等问题，确保填充质量。

鉴定情况及专利情况：国际先进、发明专利：自动注浆系统。

3.2 冲孔桩机自动化成孔施工技术

工艺原理：通过对可编程控制器技术、气动气缸、“磁片＋探头”感应技术进行研究、融合，在充分考虑冲孔桩机成孔施工工艺的前提下，利用微控制器代替人的操作，利用气动执行元件代替人力劳动实现冲孔桩机的自动成孔施工控制，利用电磁感应元件实现对冲孔桩机成孔施工中冲锤的冲程进行动态跟踪和控制。在提高施工效率、安全指数、自动化程度的前提下，保证施工质量，同时能达到节能环保的目的。

技术优点：

1. 设计出一套适用于冲孔桩机，且自动化程度高、稳定性好的可编程自动化成孔控制装置。

2. 采用气缸来控制冲孔桩机的离合，结合可编程自动化控制装置，大大提高冲孔桩机制动的及时性和准确性。

3. 采用“磁片＋探头”的感应方式控制冲孔桩机冲程，让冲程控制精确、稳定、安全，与人工操作相比，更能确保持击低锤时的安全。

4. 通过感应桩锤吊绳的松紧度，可编程自动化控制装置能动态调整桩锤吊绳的松紧，确保冲孔施工的持续、稳定进行。

鉴定情况：国际先进。

3.3 连续墙接头可循环封堵施工技术

工艺原理：针对地下连续墙工字钢接头防渗漏处理研究出一套具有刚度大、易加工、易操作、耐磨损、能重复使用、封堵效果好、方便后期处理工序、且施工简单、快捷的工字钢接头封堵设备，以达到提高地下连续墙施工速度、保证施工质量、减少人工用量、减少材料使用和浪费、节能环保等目的。

技术优点：

1. 通过自主设计，研制出一套适用于地下连续墙接头封堵处理，有效地防止连续墙浇筑时混凝土绕流，确保连续墙接头不渗漏的封堵设备。

2. 封堵设备采用钢材焊接而成，能形成标准化施工，具有不易变形、耐磨损、可重复使用等特点。

3. 封堵设备加工、安装、拆除方便，且施工简单、迅速，一次性封堵到位，施工效率高。

4. 封堵设备结构简单，与以往的“泡沫＋砂包”填塞相比，更节省材料，且完全无污染，更符合绿色环保的理念。

鉴定情况及专利情况：国内领先，实用新型专利：地下连续墙封堵限位装置。

3.4 明挖地铁站侧墙台车及配套大型钢模施工技术

工艺原理：侧墙模板台车总体由模板系统、支架及操作平台系统和行走系统三部分组成。模板系统含全钢模板面板、液压油缸平移脱模系统和支顶千斤三部分；支架框架外框采用［16槽钢，内加强采用［14槽钢。每节台车设3组支顶千斤，共6组12支，在台车工作时，利用支顶千斤把台车支顶离开行走轨道梁。行走系统为全液压、电动减速机自动行走，钢轨为P43。

一次性拼装好模板台车，通过千斤顶进行立模与拆模。通过3根600cm钢管对顶住两侧的模板台车，同一注浆管在跨中进行分支，实现两侧注浆量相等，保证了两侧侧墙可同时施工，两辆模板台车可齐头并进。

技术优点：

1. 地铁车站侧墙液压电动行走模板台车，长度达12m，摒弃了传统模板需要搭设复杂支撑支架体系，实现施工机具化，加快施工速度。

2. 侧墙模板采用大型钢模板，相比传统木模板及小钢模板整体稳定性好，保证了侧墙混凝土浇筑表面平整光洁，利用液压系统及支顶千斤顶调整高程和平面位置，实现了模板安装、拆除工作工具化。

3. 施工中采用两台侧墙台车同时并进施工，侧墙台车之间采用钢管与千斤顶对顶住，防止了浇筑侧墙混凝土时侧压力过大造成台车倾覆。

4. 侧墙混凝土浇筑采取了隔幅施工待所有侧墙浇筑完后，再回头浇筑空留仓位侧墙混凝土，保证了侧墙有足够时间与空间收缩，减少裂缝产生。

鉴定情况及专利情况：国际先进，发明专利：一种侧墙台车、一种应用侧墙台车的侧墙混凝土施工方法。

3.5 明挖地铁站楼面板台车钢模体系施工技术

工艺原理：模板台车分为模板系统、高度调节系统和行走系统三部分，三部分间采用法兰连接，高度可以相应调节。

模板系统面板厚度为8mm钢板，通过安装在台车顶部的液压千斤顶，可以在左右40cm范围内进行滑动，用以调整钢模板位置。主门架采用8mm厚钢板组焊。

高度调节系统中，台车下部可以采用不同高度的底座，底座上方千斤顶可以进一步调节台车高度，调节范围为40cm。

台车为全液压、电动减速机自动行走，使用枕木为并排两条16mm工字钢，钢轨为P43。

中板每个施工循环共使用小台车4台，左右线各2台，小台车之间搭设满堂碗扣脚手架支架，支架排距采用600mm＋900mm＋900mm＋600mm，行距900mm，步距1200mm，模板面板采用胶合板。待混凝土强度达到75%后，钢模板台车下降拆模，碗扣脚手架支架进行回头顶。楼板台车采用每跨3台总共6台的组合，中部台车面板左右各加宽800mm，形成全断面全钢模板面板。

技术优点：

1. 地铁车站顶板液压电动行走模板台车，长度达21m，摒弃了传统模板需要搭设复杂支撑支架体系，实现施工机具化，加快施工速度。

2. 顶板模板采用大型钢模板，相比传统木模板及小钢模板整体稳定性好，保证了顶板混凝土浇筑表面平整光洁，设计与楼板台车上，利用液压系统及支顶千斤调整高程和平面位置，实现了模板安装、拆除工作。

3. 楼板台车钢模体系，模板系统面板厚度为8mm钢板，主门架采用8mm厚钢板组焊。台车为全液压、电动减速机自动行走，使用枕木为并排两条16mm工字钢，钢轨为P43，该体系在目前同类型工程中应用甚少。

4. 进行了模板早拆体系的研究，通过在中板两台台车之间搭设满堂脚手架支撑，以及对顶板中间台车进行改装，拆模时中板先拆两边台车，保留满堂脚手架；顶板先拆两边台车，保留中部台车，将板的跨度由大跨变小跨，减少拆模时需要的养护时间，缩短施工工期。

鉴定情况及专利情况：国际先进，发明专利：一种楼板台车、一种应用楼板台车的楼板混凝土施工方法。

3.6 地连墙导墙轮式移动大型钢模系统施工技术

工艺原理：轮式移动大型钢模系统由支架系统、行走系统与钢模系统组成。小龙门吊装架一次性组装完成后，无需安装轨道，人工驱动即可移动，整体水平移动钢模系统，安装、固定、拆除钢模系统形成支架体系。钢模系统由组合钢模板结合丝杆千斤支撑组成，钢模板设置加强通梁，形成横力作用；采用丝杆千斤支撑立模与脱模，浇筑混凝土时的侧压力全部由钢模系统承受，不需增加其他辅助支撑，此外，钢模系统采用整块钢模板，减少板缝，保持直线度及平面度，起到模板系统的作用。

技术优点：

1. 模板采用大块钢板，尺寸为3000mm×1500mm×5mm，有效保持直线度及平面度。钢模板设置加强通梁，形成横力作用，保持钢模系统整体刚度及稳定性。丝杆千斤支撑与钢模板销接，采用丝杆千斤支撑立模与脱模，浇筑混凝土时的侧压力全部由钢模系统承受，不需增加其他辅助支撑。有效克服混凝土浇筑时产生的侧向压力，保持地面土体稳定性，保证导墙竖向面的垂直精度。

2. 采用小龙门吊装架作为支架体系，安装、固定、拆除钢模系统，利用葫芦滑轮组人工吊装钢模系统，形成滑轮式大钢模整体水平移动，钢模系统可重复使用。

鉴定情况及专利情况：国内领先，实用新型专利：一种地下连续墙导墙钢模系统。

3.7 基坑管线下连续墙逆作法施工技术

工艺原理：针对管线位置地下连续墙的施工，通过在管线位置地下连续墙采用逆作法施工，可以在不进行管线迁移的情况下照常施工。同时，在管线连续墙外侧采用旋喷桩与超前小导管注浆来进行封闭，防止掏槽开挖过程中出现涌水涌沙以及土体坍塌现象，达到了良好的止水效果，保证了施工安全。

技术优点：

1. 在连续墙外侧、高压电缆两边竖向以10%的倾斜度斜打高压旋喷桩，达到交叉封闭效果。

2. 采用向下斜打超前注浆管注浆加固措施，防止在掏槽开挖过程中出现涌水涌沙以及土体坍塌现象。

3. 基坑管线位置无须进行管线迁改，仅仅需要做悬吊保护，待主体结构施工完成后直接回填。

4. 采用连续外侧止水防护，连续墙成槽开挖与基坑土方同步进行的工艺，解决基坑管道下连续墙成槽难题。

鉴定情况及专利情况：国内先进，发明专利：连续墙地下管线位置施工方法。

3.8 明挖地铁车站轨顶风道台车及配套铝合金模板体系施工技术

工艺原理：轨顶风道模板台车分为模板系统、高度调节系统和行走系统三部分，三部分间采用法兰连接，高度可以相应调节。

台车设计长度为22m，可分拆成11m台车使用，台车高度为5.44m，宽度为5.64m。

模板系统面板厚度为4mm铝合金板，主门架采用8mm厚钢板组焊。

高度调节系统包括支地千斤及台车中部千斤顶，台车高度通过调节千斤顶完成。

本台车行走轨道采用38kg/m钢轨轨道，钢轨下横铺16×30cm的工字钢枕木，枕木间隔为50cm，相邻两根钢轨之间（纵向）采用接头夹板连接。

技术优点：

1. 地铁车站轨顶风道模板台车体系，摒弃了传统模板需要搭设复杂模板支撑体系的缺点，模板台车体系自重较轻，通过人力推动即可行走，操作简便，加快施工速度。

2. 风道模板采用铝合金模板，利用液压系统和支顶千斤调整高程和平面位置，实现模板安装、拆除工作。铝合金模板相比传统木模板整体稳定性好，保证了风道混凝土浇筑表面平整光洁。

3. 对风道混凝土浇筑工序进行优化，底板与侧壁混凝土一次浇筑成型，避免了传统方法中侧壁吊梁混凝土需分两次浇筑的缺点。

鉴定情况及专利情况：国际先进，发明专利：一种地铁车站的施工方法。

4 工程主要关键技术

4.1 溶洞自动化综合注浆处理技术

4.1.1 概述（主要介绍技术特点，拟解决的问题）

对传统溶洞注浆处理施工中出现的问题，通过对“BIM信息化模型技术”，“自动一体化单、双液溶洞注浆系统”、“水泥砂浆置换式注浆溶洞填充处理技术”进行研究、融合，在充分考虑溶洞注浆处理工艺的前提下，有别于传统只采用素水泥浆灌注的方式，创新性地改用水泥砂浆结合单、双液浆注浆方式进行溶洞注浆处理施工，在提高施工效率、安全指数、自动化程度的前提下，保证施工质量，同时能达到节能环保的目的，力求加快推进标准化、自动化的新型溶洞注浆处理技术，提高了目前溶洞注浆处理的整体质量。

4.1.2 关键技术

1. BIM信息化模型技术

在地质钻探的基础上，运用BIM平台对地质钻探资料进行模拟分析，生成在边界、形状、体积和填充物上与实际地下溶洞极度接近的溶洞模型，为溶洞处理提供直观的观感效果和数据支持（图3）。

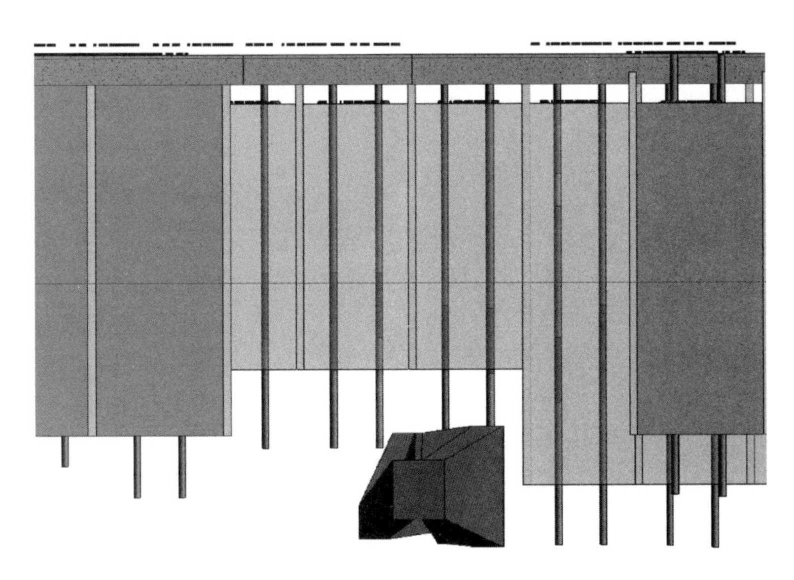

图3 BIM模拟分析后的溶洞效果图

根据制作的溶洞模型，可以很清晰的得知溶洞距地面最高位置，溶洞距离地面的最低位置，便于在溶洞处理注浆下管时能相应的找到下管位置，不会出现深度不够或者是下管过剩超出溶洞范围等现象；同时也能得出处理溶洞所需要的大致材料用量，从而能高效且经济合理的利用所需要的施工材料。

2. 自动一体化单、双液溶洞注浆系统

自动一体化单、双液溶洞注浆系统包括三个部分：制浆系统、注浆系统、控制系统。制浆系统由水泥罐、水玻璃罐、泥浆池等配套恒压定时流量计、电控阀门、微型物料电子秤、搅拌机组成；注浆系统由若干套泥浆泵系统组成，每套泥浆泵系统由一台泥浆泵和一套水泥电脑喷灌自动记录仪组成；制浆系统和注浆系统通过控制系统的参数设定和控制，实现制浆和注浆的自动化（图 4～图 6）。

图 4　制浆系统

图 5　注浆系统

图 6　控制系统

3. 水泥砂浆置换式注浆溶洞填充处理技术

在处理大溶洞进行水泥砂浆注浆时，通常会遇到注浆孔过小、透气性不好等问题，导致水泥砂浆注入量小、砂浆填充不密实等质量缺陷。针对以上问题，我们采用潜孔钻机钻孔，孔径为 200mm；注砂浆孔采取两孔为一组，多组布置的方法；布置注浆管时，一组注浆孔中，一孔用于灌注砂浆，一孔用于排气，用于灌注砂浆的管需伸到距溶洞底面或填充物顶面 1～1.5m 处，用于排气的管穿过溶洞顶面即可；注浆前采用空气压缩机进行通孔处理，注浆时注浆顺序采取跳仓法。实现了大体量水泥砂浆注入（图 7～图 12）。

图 7　潜孔钻机钻孔

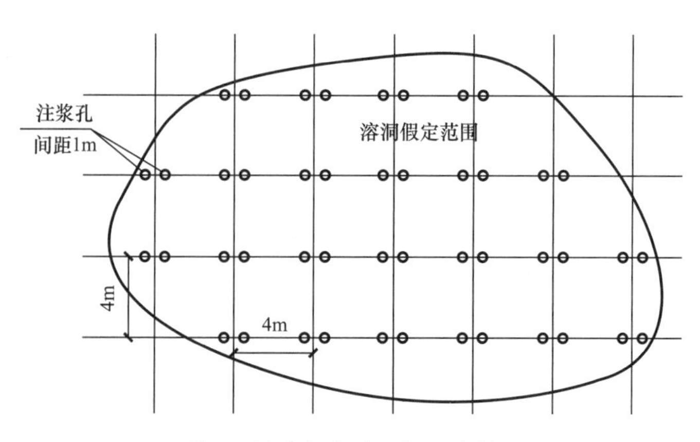

图 8　注砂浆孔平面布置示意图

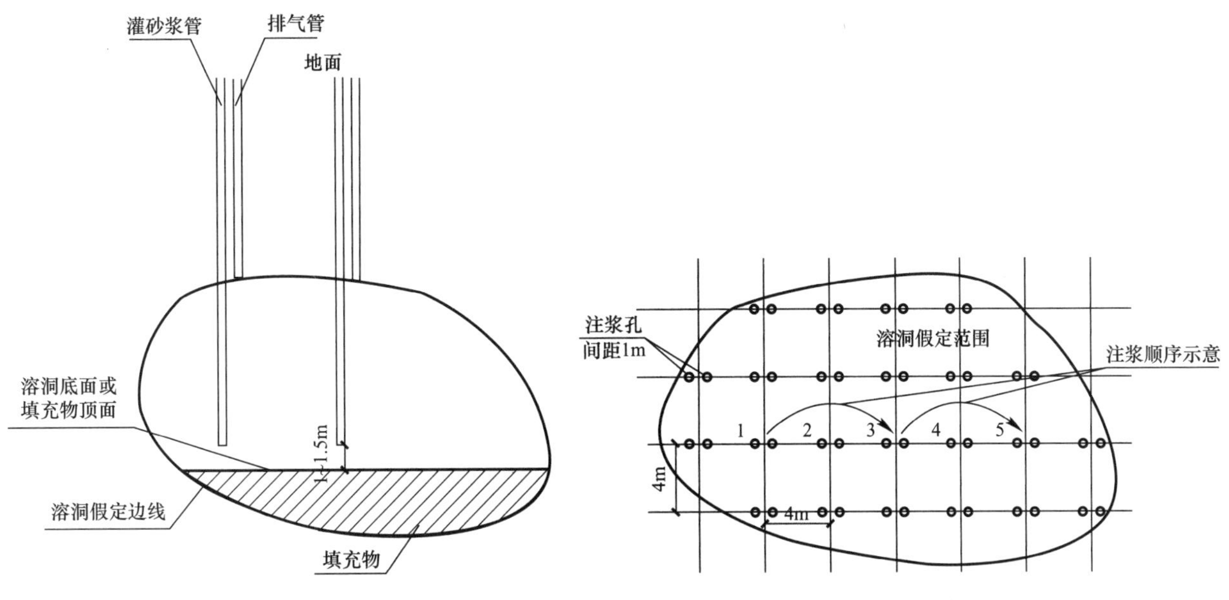

图9 灌砂浆管和排气管布置示意图

图10 注砂浆顺序示意图

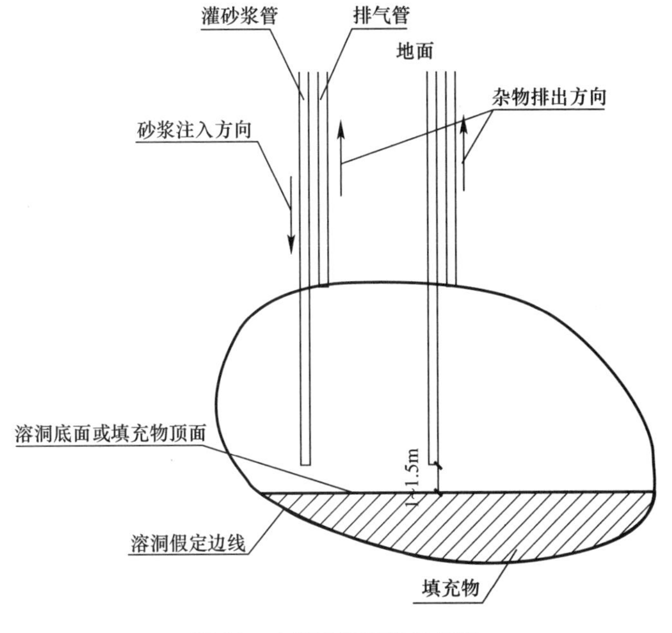

图11 水泥砂浆置换示意图

图12 水泥砂浆注浆

4.2 冲孔桩机自动化成孔施工技术

4.2.1 概述（主要介绍技术特点，拟解决的问题）

针对传统冲孔桩机成孔施工完全依靠人工操作完成的现状以及存在的一系列问题，我们研发了冲孔桩机自动控制系统，实现了一人操作多台冲孔桩机成批量施工，实现了安全、快速的施工需求（图13、图14）。

4.2.2 冲孔桩机自动控制系统与应用

1. 动力替代

采用小型气缸代替人工进行操纵杆的往复推动作业（图15、图16）。

2. 冲程的控制

采用霍尔传感器与磁块结合进行使用，来进行冲程的控制（图17、图18）。

图 13　自动控制系统安装

图 14　PLC 可编程控制器

图 15　气缸与刹车传动杆的连接安装

图 16　气缸与离合传动杆的连接安装

图 17　磁块的粘贴

图 18　霍尔开关的固定

3. 其他辅助设备

采用一台空气压缩机来提供压缩空气给气缸；采用一电磁气阀来实现对气缸的输气和放气进行控制；在自动控制系统的运行中，各种反馈信息的收集转换通过继电器完成，各种指令的发出转换也通过继电器来完成，它是各类信息的中转站（图 19～图 21）。

图 19　空气压缩机

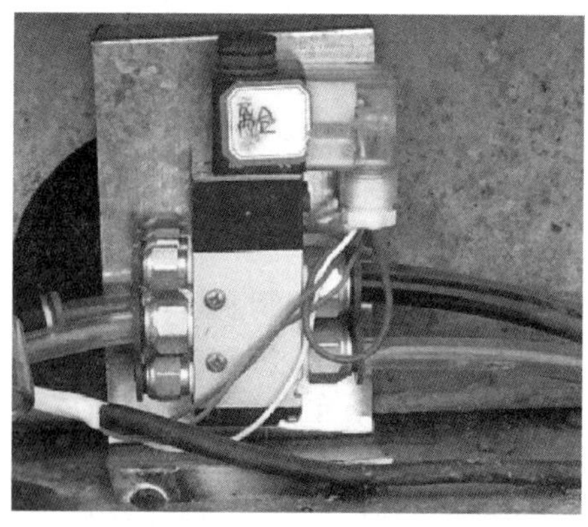

图 20　电磁气阀

4. 自动控制系统整体方案

自动控制系统的控制器我们采用PLC可编程控制器。冲孔打桩机自动控制系统工作时，施工人员首先对系统进行参数设定，微控制器根据设定的信息和霍尔开关反馈回来的高度信息控制气缸的运动，从而带动离合和刹车控制杆达到控制离合和刹车的目的。同时，为了方便操作人员的监控，微控制器将成孔作业的相关参数通过液晶屏显示出来（图22）。

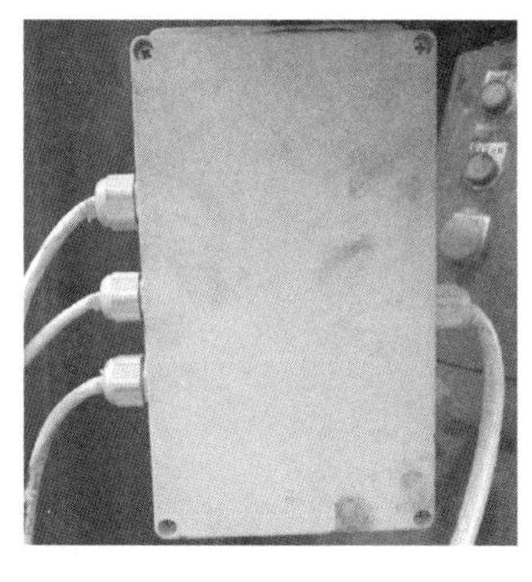
图21 控制用继电器

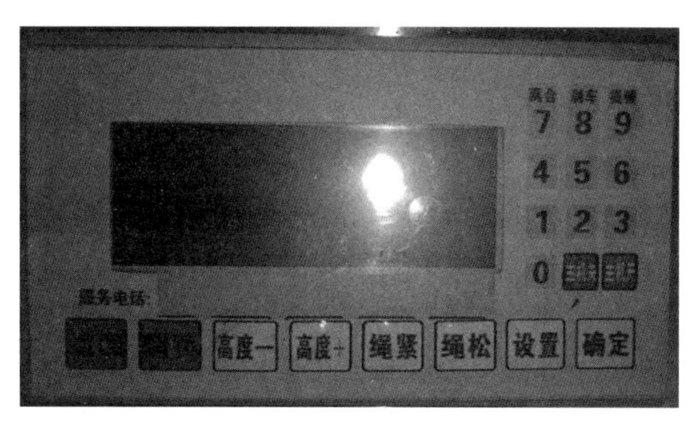

图22 控制器模块

5. 参数设定和自动冲击成孔

参数设定在PLC可编程控制器的控制面板进行。该控制面板有两个功能，一是对冲孔参数进行设定，二是显示实时信息，对冲孔施工进行监控。参数设定主要是两个参数：冲程和松紧量的设定（图23、图24）。

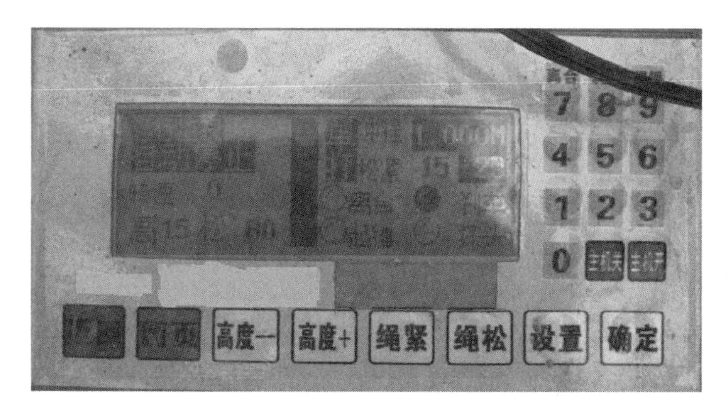

图23 控制面板

图24 冲孔桩机自动成孔施工图

4.3 连续墙接头可循环封堵施工技术

4.3.1 概述（主要介绍技术特点，拟解决的问题）

针对地下连续墙工字钢接头的形式特点，我们合理设计封堵设备的形式，同时考虑接头处的后期处理工序，通过在封堵设备上附加结构，利于封堵设备能够顺利拆除，保证接头处有足够的净空，加快后续冲孔的速度（图25）。

4.3.2 关键技术

1. 封堵设备的结构形式

根据工字钢接头的结构特点以及封堵的目的，同时考虑施工时封堵设备需要依附在工字钢接头上，封堵设备采用一侧嵌入段工字钢形式，一侧圆弧形扩展拱板，嵌入段工字钢形式使嵌入后封堵设备封堵严密和达到接合良好的效果，圆弧形扩展拱板侧与槽外相连，易于拔除。封堵设备底端为尖锥形，以利于设备插入土体，防止移动，达到安装后稳定

图25 封堵设备

的效果（图 26、图 27）。

2. 封堵设备的安装和拔除

地下连续墙钢筋笼安装完成后，将封堵设备采用垂直下沉的方法在工字钢接头处安装好，封堵设备下沉完毕后，投放少量砂包在设备底端（一般不少于 1m 高），对设备起到固定作用（图 28）。

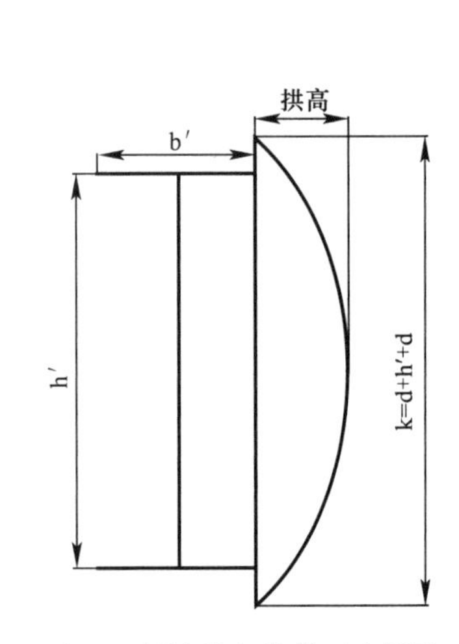

图 26　封堵设备横截面大样图

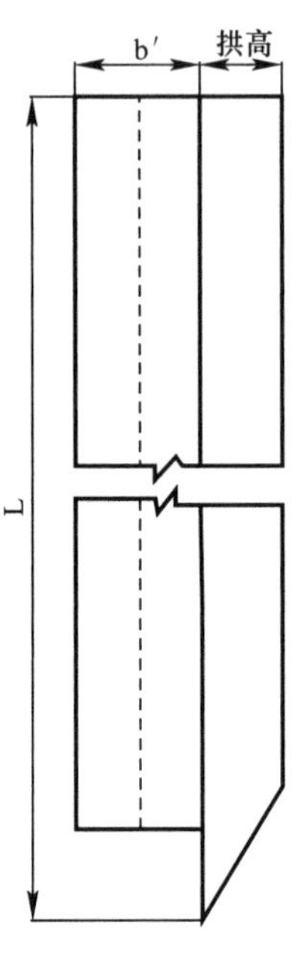

图 27　封堵设备纵剖面图

图 28　封堵设备下沉安装

封堵设备的拔除在 Ⅰ 期混凝土初凝后、终凝前进行。封堵设备使用简单、快捷、有效，重复利用率高。

4.4　明挖地铁站侧墙台车及配套大型钢模施工技术

4.4.1　概述（主要介绍技术特点，拟解决的问题）

地铁车站的施工中，主要采取的是明挖法，为了避免车站施工不发生漏水，车站侧墙施工质量就显得尤为重要。为了提高车站侧墙施工质量与施工速度，我们研发了侧墙台车及配套的大型钢模板体系，避免了传统侧墙模板需要的单侧支撑体系的安装与拆除等繁琐工序，模板台车实现了自进式行走，模板的拆除与安装工序得到极大简化。大型钢模板的采用，实现了模板稳定性好，质量容易控制，工效高，而且施工方便，速度快，大大加快了施工进度（图 29）。

图 29　侧墙台车及配套的大型钢模板体系

4.4.2　关键技术

根据车站结构尺寸特点，结合施工现场实际条件，本工程定制了侧墙模板台车，本台车为全液压脱、立模、电动减速机自动行走，可以从根本上解决了传统单侧模板支架施工中速度慢，周转材料多，施工场地杂乱、混凝土表面质量差的问题。

本工程侧墙台车模板设计长度为 12m，曲线段可分拆成 6m 台车使用；考虑两边侧墙同时施工，共加工两套，侧墙施工时，每 12m 一个施工循环。

根据侧墙竖向施工缝划分，同时考虑到负一层和负二层高度的不同，模板高度设计为 3.5m 和 1.7m 两部分，组合总高度 5.2m。

侧墙模板台车总体由模板系统、支架及操作平台系统和行走系统三部分组成：

（1）模板系统

含全钢模板面板、液压油缸平移脱模系统和支顶千斤三部分，面板厚度为 8mm 钢板，以 200mm×

200mm间距为1500mm的方钢为主楞，纵向以间距250mm的8#角钢为加强肋。脱模系统由上下两排共8条油缸组成。支顶千斤把钢模板面板与支架连接起来，也可以用于调整模板位置。

(2) 支架及操作平台

支架框架外框采用［16槽钢，内加强采用［14槽钢。每节台车设3组支顶千斤，共6组12支，在台车工作时，利用支顶千斤把台车支顶离开行走轨道梁。

台车在浇筑前，需用在底板或中板浇筑时预埋的锚杆做拉结，以作浇筑混凝土时锚固台车用，防止台车侧向的位移。

台车顶部1m宽通常操作平台，操作平台外侧设置安全防护栏杆。

(3) 行走系统

本台车为全液压、电动减速机自动行走，钢轨为P43。侧墙台车基本技术参数：

模板最大长度 L=12m　　模板高度3500mm+1700mm

台车轨距 B=2200m　　行走速度9.8m/min

电源380V　总功率20.5kW（行走电机7.5kW×2=15kW 油泵电机5.5kW）

液压系统压力 P_{max}=16MPa　　油缸技术参数：100×d55×S200

台车平面见图30。

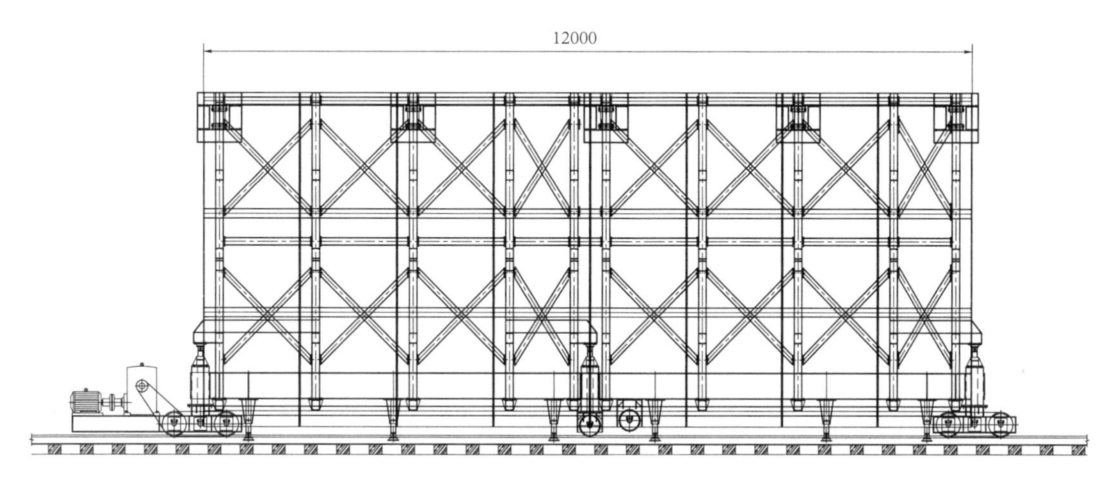

图30　侧墙台车侧视图

侧墙台车截面视图如图31所示。

1. 施工总体部署或施工工艺流程

2. 台车行走就位前的轨道安装

(1) 侧墙台车的轨道铺设，根据施工线路从西往东，沿侧墙旁边纵向铺设。

(2) 台车行走轨道采用38kg/m钢轨轨道，钢轨下横铺16×30cm的工字钢枕木，相邻两根钢轨之间（纵向）采用接头夹板连接。

(3) 钢轨铺设必须牢固，不允许钢轨铺设于松软基础上。

(4) 轨距误差不大于5mm，轨道线必须与侧墙边线平行。

3. 台车就位与调试

台车组装完成后，确定台车周围无其他工作人员和障碍物情况下，然后进行台车的试验及调试工作：

(1) 合上主断路器，此时操作台和控制箱上的电源指示灯应亮，操作台电压表显示为380V。

(2) 做回油滤清器发讯器两根出线短接试验，检查滤清器堵塞指示灯是否完好，此时指示灯应亮，然后恢复原位。

(3) 起动油泵电机并立即停止，检查油泵转向是否正确，并无异响，无泄漏。若转向不正确则对电源线两根线进行换相。

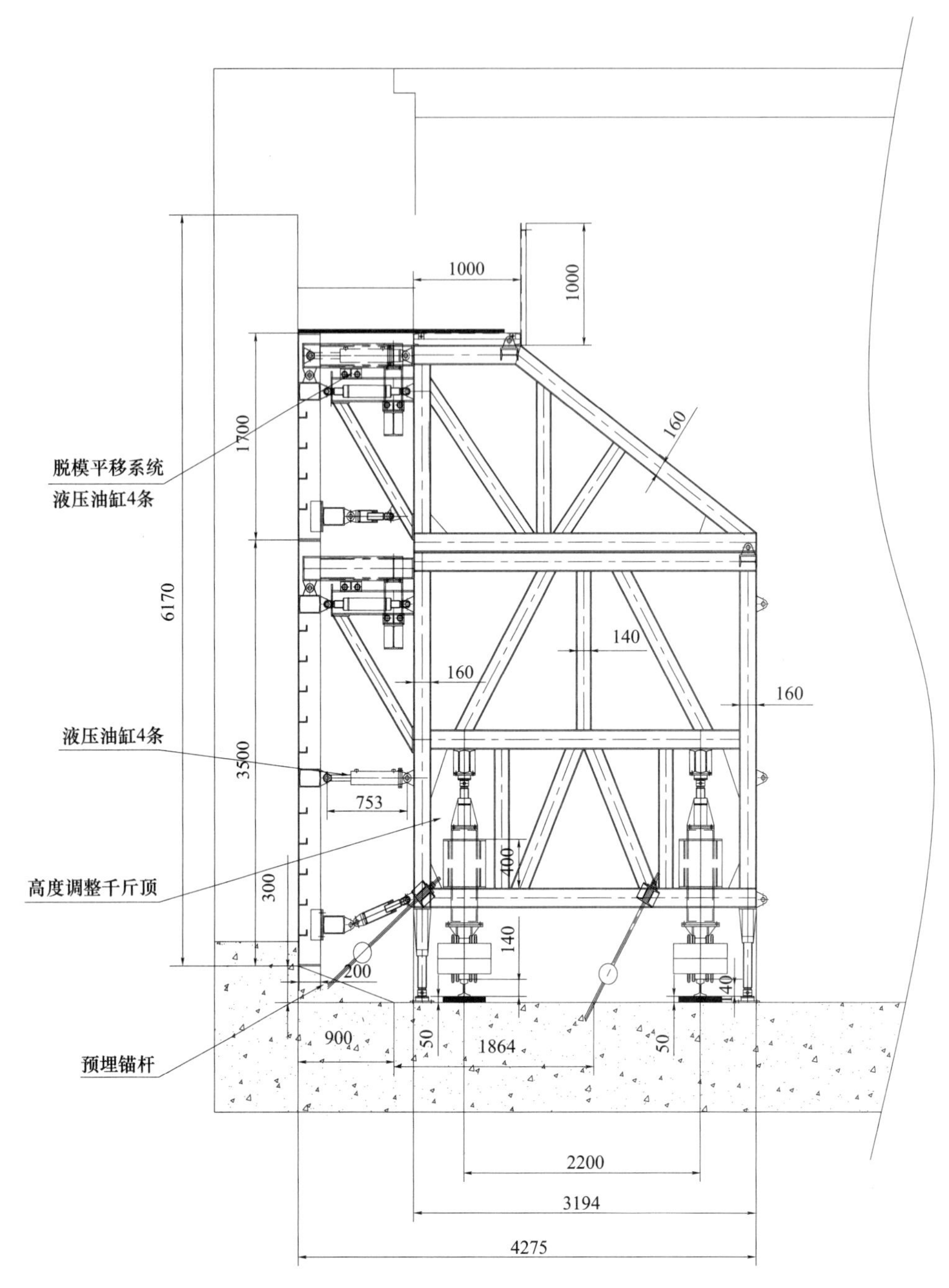

图 31　侧墙台车截面视图

(4) 完成以上 3 个步骤后，重新起动油泵电机，然后将顶升缸和脱模油缸伸出和缩回，此时应无卡滞和异响。检查脱模油缸是否同步，如不同步，请调节单向节流阀使之同步。完成此步骤系统应无泄漏。

(5) 将油缸伸出或缩回到行程终点，检查液压系统压力是否达到 14MPa，最大不大于 16MPa。

(6) 往复运动各油缸做进一步检查，确定无误后停机。

(7) 断开主断路器，并拆除行走电机接线。

(8) 重新合上主断路器，并按下行走电机启动按钮，检查电器元件是否工作正常，若有问题及时修复。确定无误时重新将行走电机接线接上，点动行走电机，检查启动是否平稳，并无异响、无卡滞、无漏油现象，并确定两侧电机是否同步。

4. 立模

侧墙台车到达支模位置后，利用装在台车上的液压系统及支顶千斤调整高程和平面位置。

(1) 首先检查台车模板面板是否与侧墙设计边线大致一致，如若有误，操作平移油缸动作，调整模板边线与侧墙边线平行。

(2) 操作相应换向阀手柄使顶升千斤活塞杆伸出，将台车顶升到设计的工作高度，并即时旋出所有基础千斤丝杆，使之顶紧底板。

(3) 再次检查模板边线是否与侧墙设计边线对齐，如若有误，则重复第1、2步骤。

(4) 安装模板顶地千斤、门架顶地千斤，千斤必须完全顶牢，不允许有松动。

(5) 为更好防止浇筑时台车上浮和侧向滑移，在台车上部与第二道混凝土支撑之间以间隔2.5m的ϕ100丝杆对顶，在左右线之间以3根ϕ600钢管支撑作为对顶支撑。

(6) 安装台车自由端堵头收口网和止水钢板，立模完成。

5. 混凝土浇筑

(1) 主体结构施工采用商品混凝土，混凝土输送泵设于基坑顶部适当位置，以分叉泵管平行分送两侧侧墙工作面。

(2) 混凝土灌注时由下而上分层，左右对称进行，左右混凝土高差不超过1m。

(3) 混凝土最大下落高度不大于3m，台车前后混凝土高度差不大于600mm。

(4) 灌注混凝土前，台车模板外表面必须预涂脱模剂，以减少脱模时模板表面粘附力。

(5) 台车灌注时，所有顶地千斤必须完全顶牢、顶死，防止松动造成跑模。发现连接螺栓有松动，必须及时拧紧，防止模板错台及漏浆。

6. 脱模

灌注完成后，混凝土必须凝固一定时间后才能脱模，脱模具体时间根据混凝土的质量及强度等级而定。脱模按以下步骤进行：

(1) 收回侧向千斤顶，操作换向阀手柄，缩回侧向油缸，收回下模总成，使其离开混凝土。

(2) 收回竖向托架支承千斤顶，操作换向阀手柄，缩回竖向油缸，脱下上模总成，使其离开混凝土。

(3) 停止油泵电机。

(4) 清洗台车，除掉模板表面上粘接的混凝土。

4.5 明挖地铁站楼面板台车钢模体系施工技术

4.5.1 概述（主要介绍技术特点，拟解决的问题）

根据车站结构比较单一的特点，结合施工现场实际条件，我们研发了楼板模板台车，本工程楼板模板体系思路是“化大跨为小跨”，将大跨度通过中间设立局部后拆模板支架变为小于8m的跨度，使得台车系统模板在七天左右可以较快拆模，向前推进，后拆模板支架等顶板混凝土强度达到要求再拆除，这样既能减少搭设脚手架工作量，可以节约脚手架搭设的时间和脚手架用量，又能加快模板台车的施工流水进程，提高了施工机械化程度，提高了工程的施工速度，有利于工序的优化和流水施工（图32）。

图32 楼面板台车钢模体系

4.5.2 关键技术

本工程楼板台车模板设计长度为21m，曲线段可分拆成10.5m台车使用，中板每个施工循环共使用小台车4台，左右线各2台，小台车之间搭设满堂碗扣脚手架支架，支架排距采用600mm＋900mm＋900mm＋600mm，行距900mm，步距1200mm，模板面板采用胶合板。待混凝土强度达到75%后，钢模板台车下降拆模，碗扣脚手架支架进行回头顶。楼板台车采用每跨3台总共6台的组合，中部台车面板左右各加宽800mm，形成全断面全钢模板面板。

同时考虑到负一层和负二层高度的不同，模板台车分为模板系统、高度调节系统和行走系统三部分，三部分间采用法兰连接，高度可以相应调节为6310mm和4750mm。

模板系统面板厚度为8mm钢板，主门架采用8mm厚钢板组焊。

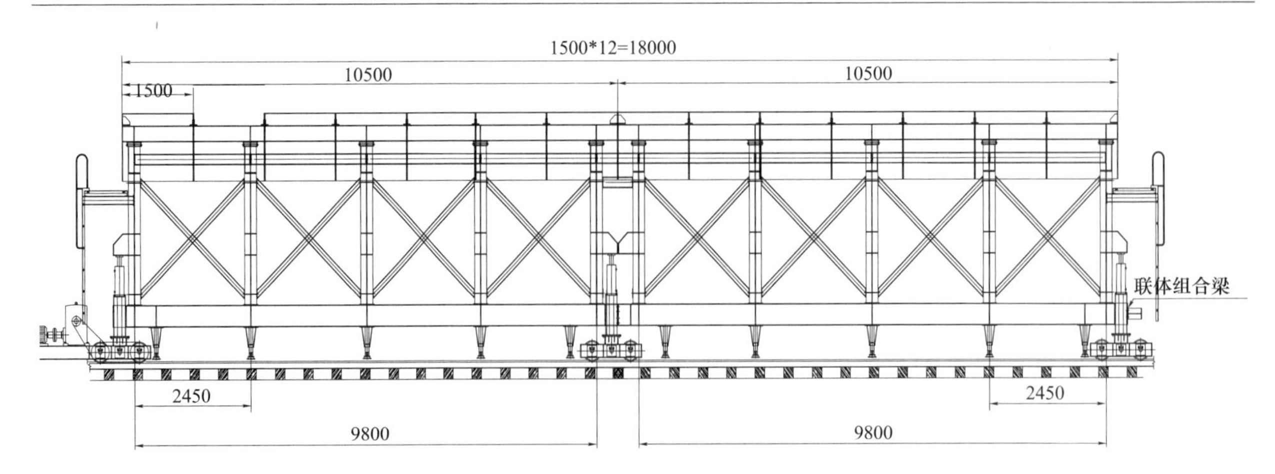

图 33 楼板台车侧视图

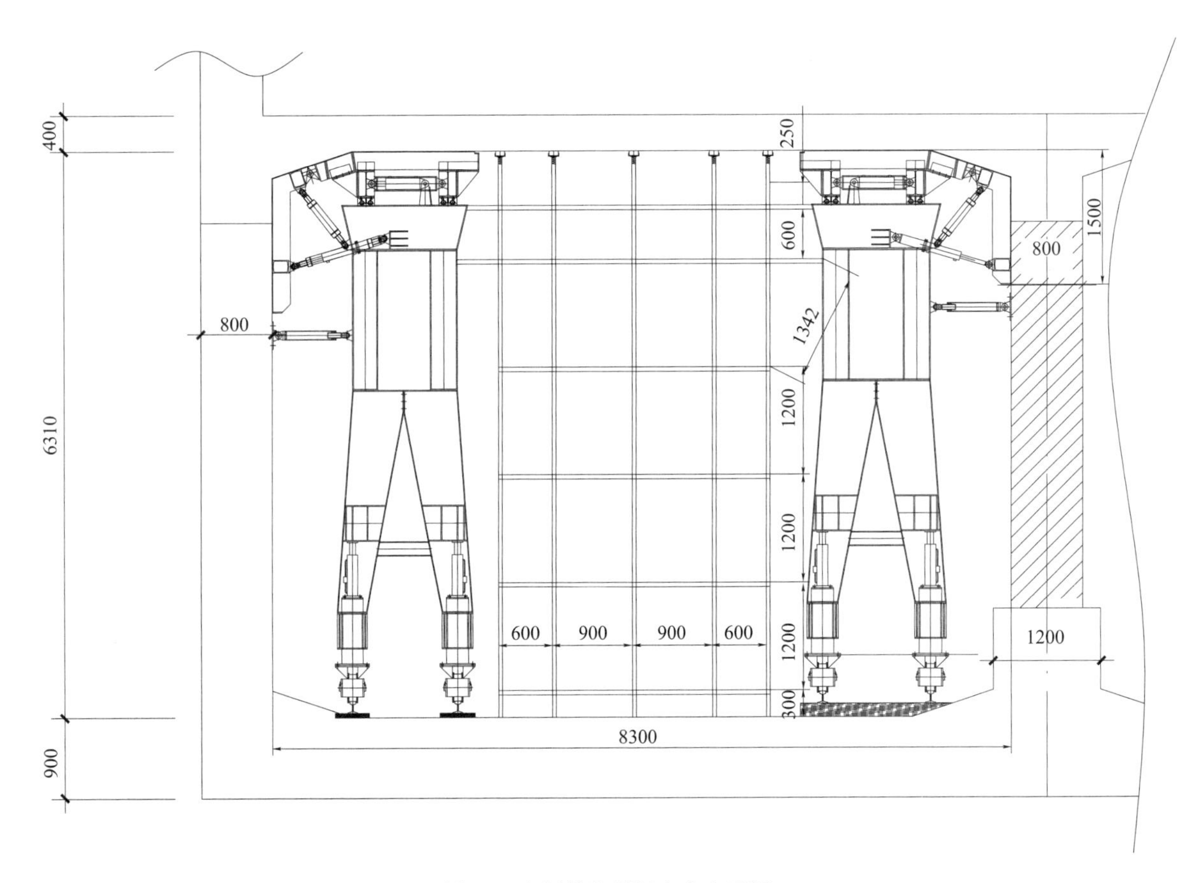

图 34 中板单跨楼板台车立面图

本台车为全液压、电动减速机自动行走，使用枕木为并排两条 16mm 工字钢，钢轨为 P43（图 33～图 35）。

在施工过程中，梁板后撑模板支架在楼板台车立定并立模完成后进行搭设，在搭设过程中采用扣件、钢管与两侧的楼板台车连接紧密，使之与楼板台车形成稳固整体，在楼板浇筑过程保持足够的稳定性。

混凝土浇筑完成后，根据同条件养护试件的实验结果，在楼板混凝土强度达设计强度 75%后，拆除台车模板并往前推进，保留碗扣式支架进行受力支撑，台车进行下一施工分区的施工，中板保留后撑模板体系直到相应的上部顶板施工完成（图 36）。

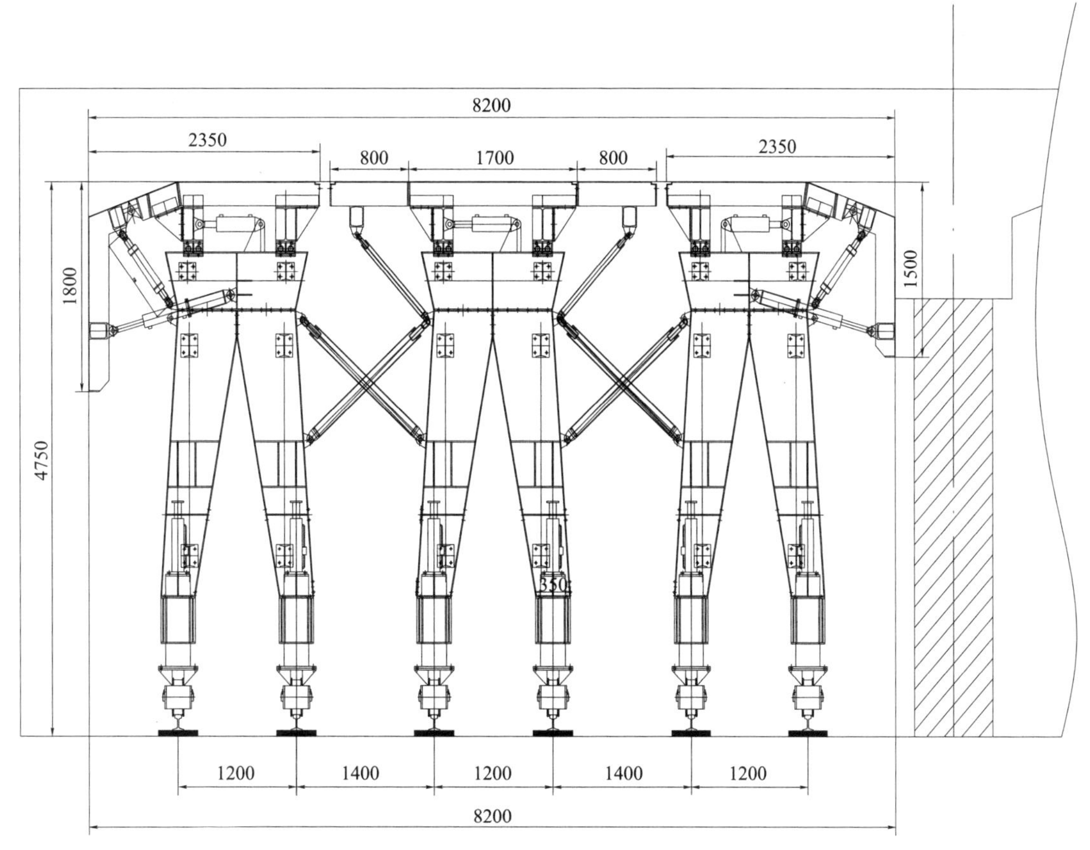

图35 顶板单跨楼板台车立面图

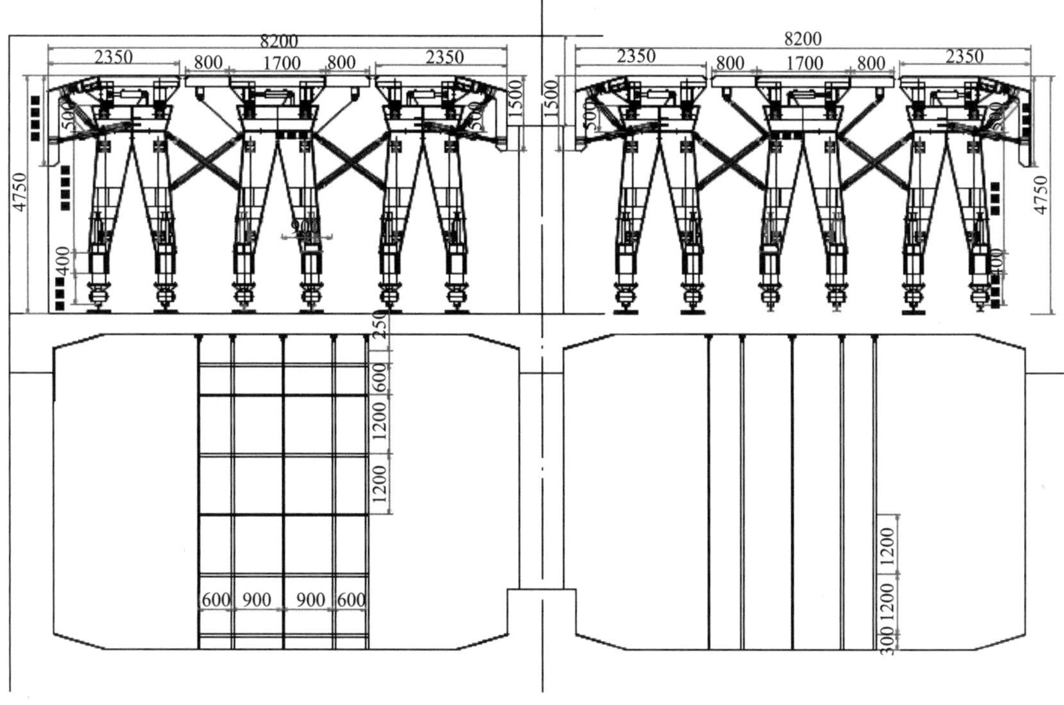

图36 顶板浇筑时楼板台车工作视图

1. 台车轨道布设

(1) 楼板台车的轨道，根据施工线路从西往东纵向铺设，铺设前在底板或中板上弹好墨线。

(2) 台车行走轨道采用38kg/m钢轨轨道，钢轨下横铺并排两条16mm工字钢。工字钢间隔为50cm，工字钢与底（中）板预埋钢筋进行烧焊连接，防止台车产生滑移。

（3）台车包括钢模在38kg/m轨道上拼装，施工线路方向推至施工工作面，为保持组合台车组的整体稳定性，在台车未施工端加设联体组合梁。台车前进时，各台车的电机由同一开关联动。

（4）轨距误差不大于5mm，两条轨道线必须平行，轨道铺设后用测量仪器校正。

（5）钢轨铺设必须牢固，工字钢与钢轨之间采用烧焊连接。

2. 台车就位与调试

台车组装完成后，确定台车周围无其他工作人员和障碍物情况下，然后进行台车的试验及调试工作：

（1）合上主断路器，此时操作台和控制箱上的电源指示灯应亮，操作台电压表显示为380V。

（2）做回油滤清器发讯器两根出线短接试验，检查滤清器堵塞指示灯是否完好，此时指示灯应亮，然后恢复原位。

（3）起动油泵电机并立即停止，检查油泵转向是否正确，并无异响，无泄漏。若转向不正确则对电源线两根线进行换相。

（4）完成以上3个步骤后，重新起动油泵电机，然后将顶升缸和脱模油缸伸出和缩回，此时应无卡滞和异响。检查脱模油缸是否同步，如不同步，请调节单向节流阀使之同步。完成此步骤系统应无泄漏。

（5）将油缸伸出或缩回到行程终点，检查液压系统压力是否达到14MPa，最大不大于16MPa。

（6）往复运动各油缸做进一步检查，确定无误后停机。

（7）断开主断路器，并拆除行走电机接线。

（8）重新合上主断路器，并按下行走电机启动按钮，检查电器元件是否工作正常，若有问题及时修复。确定无误时重新将行走电机接线接上，点动行走电机，检查启动是否平稳，并无异响、无卡滞、无漏油现象，并确定两侧电机是否同步。

3. 立模

楼板台车到达支模位置后，利用装在台车上的液压系统及支顶千斤调整高程和平面位置。

（1）首先确保台车模板面板是否与前一施工区已完成楼板有50cm左右的搭接。

（2）安装模板顶地千斤、门架顶地千斤，千斤必须完全顶牢，不允许有松动。

（3）顶升模板面板到达设计标高。

（4）锁紧各个小台车之间的联系梁。

（5）搭设小台车之间的后拆模板支架。

（6）钢筋绑扎及收口网、止水钢板安装，立模完成。

4. 满堂支架搭设及模板安装

楼板台车固定、立模完成后，开始搭设台车之间的模板支架。模板支架及模板与台车相对独立，但楼板混凝土强度达到相应要求后，楼板台车模板先拆模并开走台车，留下独立的满堂支架体系，等顶板施工完成或楼板混凝土强度达100%后再拆除。

满堂支架采用碗扣式支撑架，支架排距采用600mm＋900mm＋900mm＋600mm，行距900mm，步距1200mm。

满堂支架搭设按照碗扣式支撑架安全技术规范在纵向设置斜杠，斜杆采用钢管扣件，斜杠应每步与立杆扣接，扣接点距碗扣节点的距离宜小于150mm；当出现不能与立杆扣接的情况时也可以采取与横杆扣接，扣接点应牢固。斜杆宜设置成八字形，斜杆水平倾角宜在45°～60°之间。

各个支架通过钢管、扣件与两侧的台车连接一体。

模板支架搭设完成时，应组织技术、安全、施工人员对整个架体结构进行全面的检查和验收，及时解决存在的结构缺陷。

楼板台车面板边缘设有凹槽，预留与满堂支架模板搭接的空间，使得后撑钢板与台车钢板面板表面接平。

5. 混凝土浇筑

（1）本工程主体结构施工采用商品混凝土，根据混凝土输送泵和布料杆，输送泵基坑顶部适当位置，布料杆设置在每个施工分区的底板及中板中部。

（2）混凝土浇筑顺序及浇筑速度直接影响到模板及支架体系受力情况，合理安排混凝土浇筑的顺序也及浇筑速度是保证支架体系安全的一个重要环节。根据本工程施工顺序及模板支架情况，每个施工分区中、顶板按两端墙侧同时往板中间浇筑施工。

（3）混凝土最大下落高度不大于2m。

（4）混凝土浇筑前，台车模板外表面必须预涂脱模剂，以减少脱模时模板表面粘附力。

（5）台车灌注时，所有顶地千斤必须完全顶牢、顶死，防止松动造成跑模。发现连接螺栓有松动，必须及时拧紧，防止模板错台及漏浆。

6. 拆模

混凝土浇筑完成后，混凝土必须凝固一定时间后才能脱模，脱模具体时间根据混凝土的质量及强度等级而定。脱模按以下步骤进行：

（1）操作脱模油缸换向阀手柄使侧模板脱离混凝土表面。

（2）拆除模板顶地千斤、门架顶地千斤、侧向千斤和与预埋锚杆的拉结。

（3）注意：脱模时不能一次性强行脱模，必须分几次脱模。台车行走前应确定台车周围无其他工作人员和障碍物，确定台车门架顶地千斤已全部收起。

（4）满堂支架模板体系的模板拆除时，先调节顶部支撑头，使其向下移动，达到模板与楼板分离的要求。

（5）架子的拆除程序，应由上而下按步的拆除，拆杆或放杆时，必须协同操作，拆下来的钢管要逐根传递下来，不要从高处丢下来。

4.6 地连墙导墙轮式移动大型钢模系统施工技术

4.6.1 概述（主要介绍技术特点，拟解决的问题）

导墙是建造地下连续墙必不可少的临时构造物，导墙的修筑必须做到精心施工，其质量的好坏直接关系到地下连续墙的轴线和标高。对此，我们设计了地连墙导墙轮式移动大型钢模系统，通过组合钢模板＋丝杆千斤支撑＋小龙门吊装架的组合，提高了导墙模板的施工质量，有效降低了作业人员劳动强度和专业技能要求，大幅度地加快了施工进度并降低施工成本（图37）。

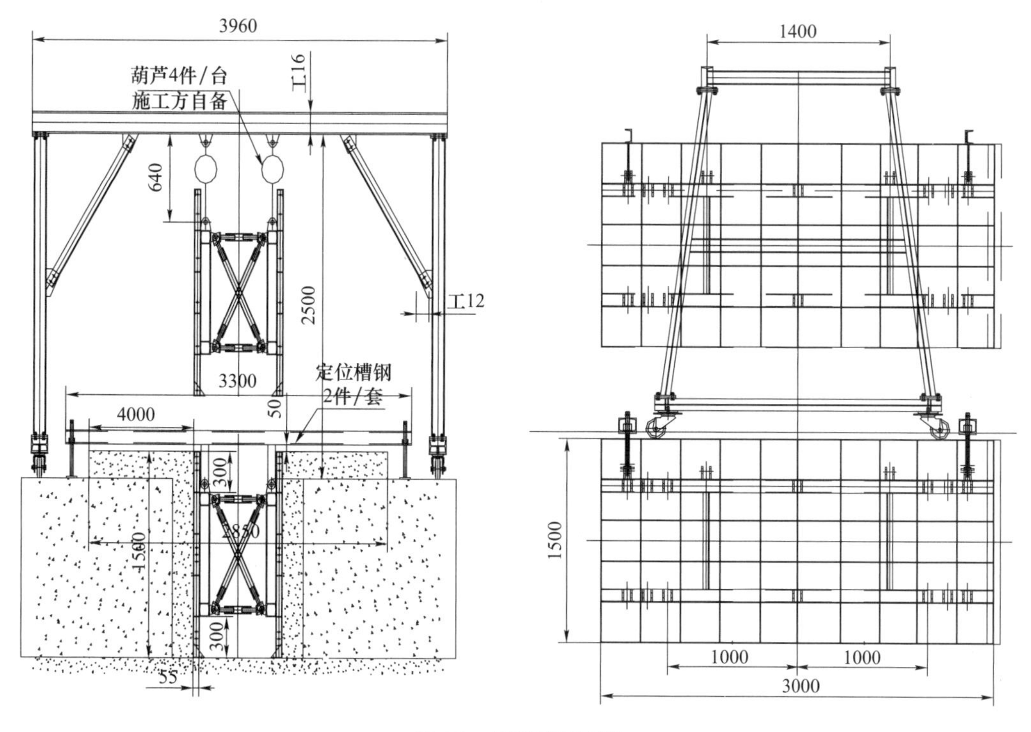

图37 导墙模板吊装

4.6.2 关键技术

1. 钢模系统

钢模系统由两块定型钢模板（两块定型钢模板组成组合钢模板）和丝杆千斤支撑组成（图 38）。

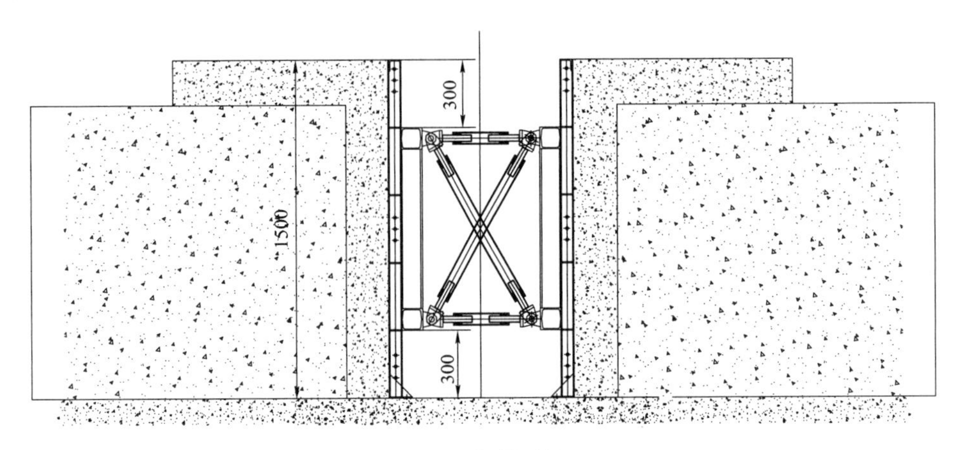

图 38　钢模系统

钢模板采用大块钢板，钢板尺寸为 1500mm×3000mm×5mm，钢模板加格子加强肋，加强肋后面加加强通梁组成，模板加强通梁为两组［10 组焊而成。两块钢模板互相不连接，对立分别置于在丝杆千斤支撑两端。采用大块定型钢模板，能减少板缝，以及减少安装木模板所需的劳动力。定型钢模板加格子加强肋，加强肋后面加加强通梁组成，形成横力作用，整体刚度好，保持钢模板整体稳定性。加强通梁上设置 U 形卡，用于销接丝杆千斤支撑及吊装。

定型钢模板与丝杆千斤支撑系统销接，丝杆千斤支撑系统由水平丝杆、斜撑丝杆组成。丝杆中间设置插销孔，丝杆两端分别设置两根双向螺杆，两根双向螺杆采用螺栓形式分别从丝杆两端旋转进入丝杆，向插销孔插入插销棒可调节双向螺杆两端长度。丝杆通过水平方向与斜撑方向错位与钢模板加强通梁销结，保证钢模系统的强度及稳定度，能有效地满足浇筑混凝土时产生的侧向压力，起到千斤顶的作用，防止混凝土在浇筑过程中发生左右跑模等现象，同时兼有收模的作用。

2. 小龙门吊装架

小龙门吊装架由龙门架与纵向连接梁组成。小龙门吊装架为工 16 组焊而成，设计有 2 榀龙门架，龙门架由立柱、门架横梁、八字撑、小横梁组成。2 榀龙门架间设计交叉撑分别连接门架横梁，门架横梁用于吊挂钢模系统。门架横梁中间设计两个葫芦，一台小龙门吊装架共设计 4 个葫芦，满足悬挂模板和使模板吊起。纵向连接梁包括上纵梁、中纵梁及下纵梁。上纵梁用于连接 2 榀龙门架，中纵梁；连接门架横梁及八字撑，下纵梁连接门架，并在下纵梁下方安装 4 个钢制轮或橡胶轮，方便移动。小龙门吊装架一次性组装以后，无需安装轨道，即可投入使用（图 39）。

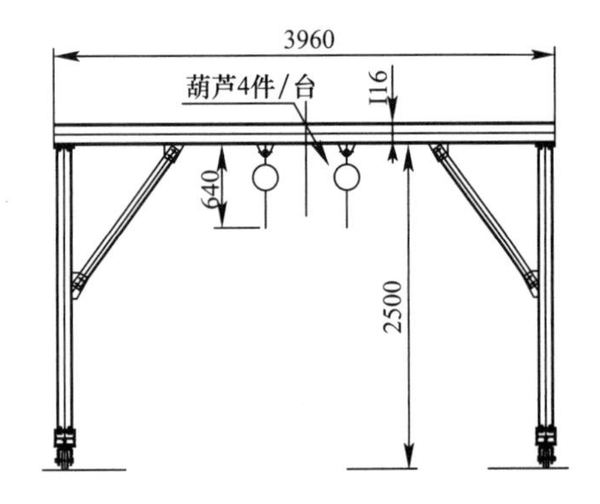

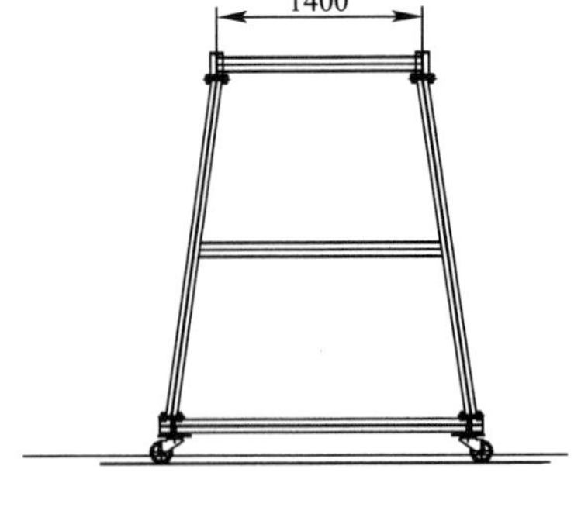

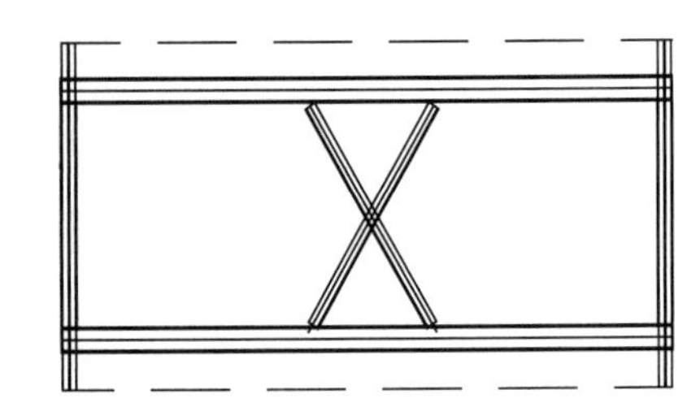

图 39　小龙门吊装架

3. 钢模系统安装、拆除工艺

(1) 使用汽车吊将 6 套钢模系统及小龙门吊装架吊放在导墙施工位置，吊运时钢模系统丝杆的双向螺杆长度处于最小状态。小龙门吊装架行走路线设置定位槽钢，降低小龙门吊装架行走出现偏差；吊运前，先将钢模系统的两块钢模板涂上脱模剂。

（2）将钢模系统放置在小龙门吊装架下，使用钢丝绳穿过钢模系统横向大肋上方的4个U形卡，连接小龙门吊装架葫芦组的铁链，利用滑轮组吊起钢模系统，然后移动小龙门吊装架至导墙（挖槽段内）施工标准位置，将钢模系统放入挖槽段内，调整丝杆长度，固定好后，才能松开钢丝绳。

（3）移动小龙门吊装架使钢模系统到标准位置后，逐一调整水平丝杆、斜拉丝杆的长度，使钢模系统达到导墙规定的距离即可。调整时，先将插销杆插入插销孔，围绕丝杆顺时针或逆时针转动丝杆，调整丝杆的双向螺杆的长度。调整后，对钢模系统进行测量，确认符合设计要求后，拆除钢丝绳，小龙门吊装架回到起点位置继续吊运下一套钢模系统。

（4）当第二套钢模系统移动到标准位置后，对齐两套钢模板。以第一套钢模系统为基准，调整第二套钢模系统的位置，先调整第二套钢系统的丝杆长度直到与第一套钢模系统相对应，然后将两套钢模系统的钢模板对齐。

（5）两套钢模系统对齐后，马上对钢模板拼缝进行处理。模板拼接处一直是土建施工中的一个技术难点，很容易因为对拼接处两块大模板的紧固方式处理的不够合理而产生混凝土漏浆、错台现象，影响混凝土表面观感质量（图40、图41）。

图40 移动钢模系统

图41 安装钢模系统

4.7 基坑管线下连续墙逆作法施工技术

4.7.1 概述（主要介绍技术特点，拟解决的问题）

采用明挖法进行地铁车站施工时，由于管线较多，采用顺作法无法进行管线位置的连续墙施工，对此，我们采用“管线悬吊保护”、“斜打高压旋喷桩及超前注浆管施工”、“掏槽开挖”、“逆作法施做混凝土板”的工艺，在不迁移管线的情况下保证连续墙和管线的安全，并能够达到节省工期和迁改费用的目的。

4.7.2 关键技术

1. 管线悬吊保护

在施工完电缆两侧连续墙，开挖两侧第一层土方，施作冠梁及第一道支撑，同时施作地下电缆上方冠梁，架设贝雷架并做好电缆悬吊保护措施（图42）。

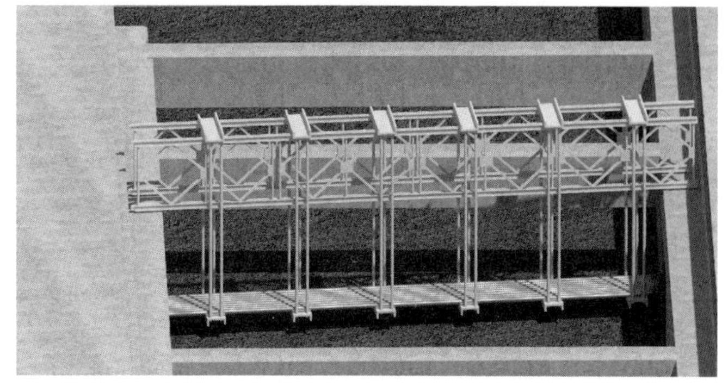

图42 悬吊保护示意图

2. 斜打高压旋喷桩及超前注浆管施工

由于管线的存在，因此在管线的影响范围2m内，地下连续墙无法施工，围护结构无法封闭，必须对该处的围护结构进行处理。

在管线两侧的空隙中，自围护结构轴线往基坑外侧打设4排ϕ600@450mm二重管高压旋喷桩，桩体纵、横向搭接15cm；钻杆倾斜角度控制在10%，由于二重管压旋喷桩施工过程中上涌的置换泥浆量较多，可以使管线下部的盲区封闭；二重高压旋喷桩桩长约为 15.5m，其中嵌固深度 1m。倾斜的旋喷桩相互搭接，形成封闭的，厚约 2m 的挡土墙，起到了缺口处的挡土、止水的作用（图 43）。

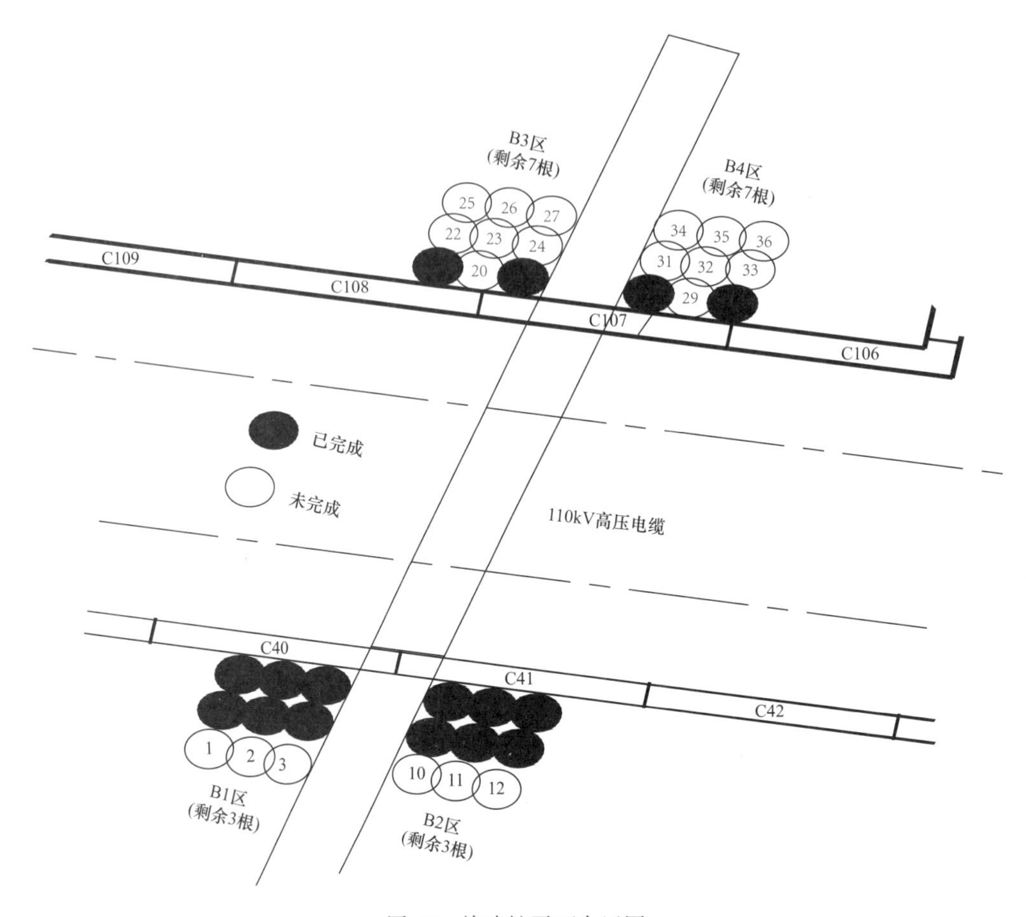

图 43　旋喷桩平面布置图

根据实际施工经验，要在电缆两侧作 10%的倾斜度施工旋喷桩，实际施工效果有可能达不到理想状态的交叉封闭效果，为保证基坑开挖安全，需在坑内掏槽开挖前，再补充坑内向下斜打超前注浆管注浆加固措施，以防止在掏槽开挖过程中出现涌水涌沙以及土体坍塌现象（图 44、图 45）。

图 44　注浆管水平方向布置示意图

图 45　注浆管竖向布置示意图

3. 掏槽开挖

在连续墙其余部分开挖时注意采取机械开挖，但在管线附近未进行连续墙施工部分则需要采用人工掏槽掏挖的方式，把管线下方没有施作连续墙的空隙处掏挖直达连续墙外边。掏挖前以槽钢或钢管在上端把注浆花管在连续墙内侧焊接在两侧工字钢上，以起到利用注浆花管做支护的作用(图46)。

4. 逆作法施做混凝土板

混凝土板采用早强C30混凝土。采用逆作法施工混凝土板主要步骤如下：

步骤1：根据设计图纸的配筋要求，绑扎和焊接掏空处的混凝土板钢筋，施工时注意钢筋与两侧连续墙钢筋的焊缝长度要符合规范要求，竖向钢筋接长要符合相关规范要求（图47）。

图46 掏槽开挖示意图

图47 掏挖处钢筋施工图

步骤2：掏挖处混凝土板模板安装，模板利用胶合模板，模板支撑利用钢管、顶托做斜撑支顶，注意留置混凝土浇筑窗口（图48）。

步骤3：混凝土浇筑采用人工往混凝土留置窗口铲入，小振动棒振捣。24小时后可以进行模板拆除，喷水养护14天（图49）。

图48 逆作法混凝土板模板安装图

图49 模板拆除后效果图

4.8 明挖地铁车站轨顶风道台车及配套铝合金模板体系施工技术

4.8.1 概述（主要介绍技术特点，拟解决的问题）

轨顶风道作为地铁车站的内部构件，位于车站站台层顶部，地铁车辆停靠位置正上方，悬挂于车站中板和结构侧墙的交接位置，对结构的整体性要求较高，在施工时应尽量少留施工缝。对此，我们研发了轨顶风道台车及配套铝合金模板体系，实现了安全、快速、底板与侧壁混凝土一次浇筑成型的施工需求。

4.8.2 关键技术

轨顶风道模板台车分为模板系统、高度调节系统和行走系统三部分，三部分间采用法兰连接，高度可以相应调节。

台车设计长度为22m，可分拆成11m台车使用，台车高度为5.44m，宽度为5.64m。

模板系统面板厚度为4mm铝合金板，主门架采用8mm厚钢板组焊。

高度调节系统包括支地千斤及台车中部千斤顶，台车高度通过调节千斤顶完成。

本台车行走轨道采用 38kg/m 钢轨轨道，钢轨下横铺 16×30cm 的工字钢枕木，枕木间隔为 50cm，相邻两根钢轨之间（纵向）采用接头夹板连接（图 50、图 51）。

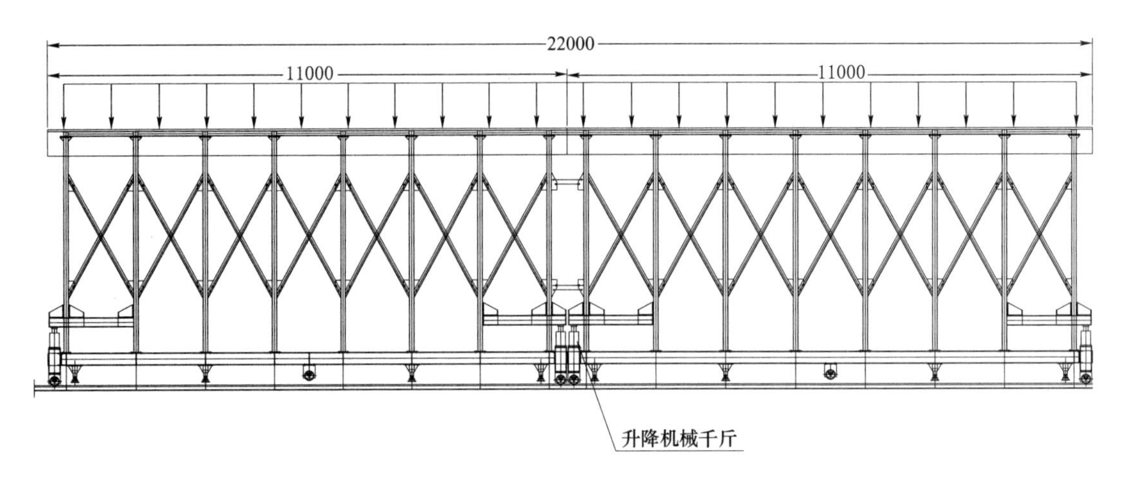

图 50　轨顶风道台车立面图

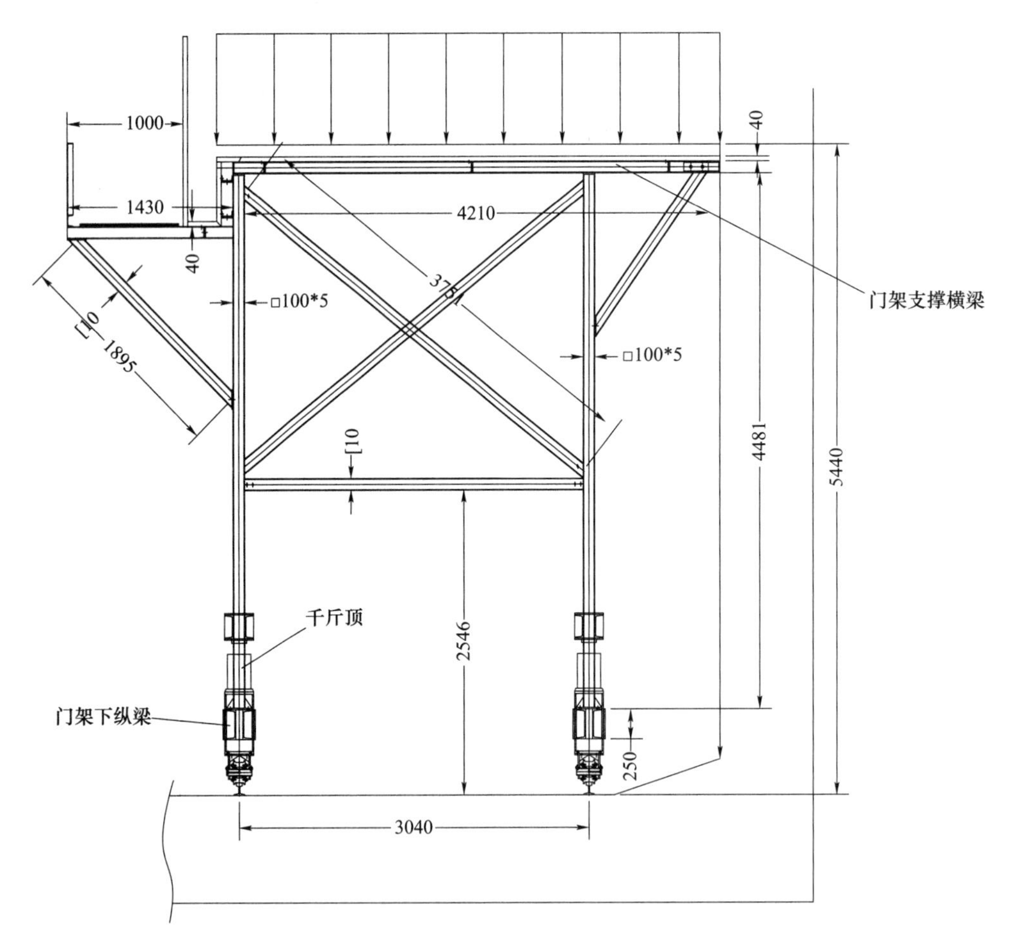

图 51　轨顶风道台车剖面图

轨顶风道施工工艺

(1) 采用模板台车支撑体系，台车一次安装就位后，利用台车千斤顶调整模板的平面及高程位置(图 52)。

(2) 钢筋绑扎完成后，进行竖墙模板安装时，在底板钢筋上设置混凝土垫块，安装竖墙内侧模板并加固，浇筑混凝土时底板与竖墙一次浇筑成型（图 53）。

图 52　轨顶风道台车安装就位

图 53　混凝土浇筑

（3）拆模至下一段循环施工时，只有竖向腹板模板需要人工拆除，底板模板的拆除通过调整千斤顶使台车高度下降，底板模板与浇筑完成的混凝土脱离，台车通过钢轨往前推进至下一段施工位置，通过千斤顶调整高度后即可进行下一施工段钢筋绑扎（图 54）。

图 54　轨顶风道台车推进至下一段施工

采用轨顶风道台车及配套铝合金模板体系进行轨顶风道的施工，减少了大量的人工作业安装、拆除与搬运钢管脚手架及模板，大大提高了施工速度，同时，底板与竖墙一次浇筑成型，简化了施工工序，减少了施工缝的产生，有利于结构的整体性。

5　社会和经济效益

5.1　社会效益

广州市轨道交通十四号线一期【施工 13 标】土建工程项目嘉禾望岗站是地铁十四号线的起点站，其紧邻正在运行中的二、三号线嘉禾望岗站，其施工风险高，建筑规模大，质量要求高，社会影响大，工程整体技术水平要求高，通过相关关键技术创新，攻克了诸多施工难题，实现了多项技术新突破，其中，施工单位自主研发了溶洞自动化单、双液注浆处理系统，实现溶洞单、双液注浆自动化，并创新性地改用水泥砂浆结合单、双液浆注浆方式进行溶洞注浆处理施工，保证了施工质量又节能环保；施工单位研发的冲孔桩机自动控制系统，实现了一人操作多台冲孔桩机成批量施工，提高了施工效率又节省人工成本；施工单位自主研发了工字钢接头封堵设备，提高了地下连续墙施工速度，保证了施工质量；施工单位还自主研发了地连墙导墙轮式移动大型钢模系统、明挖地铁站侧墙台车及配套大型钢模体系、明挖地铁站楼面板台车钢模体系、明挖地铁站轨顶风道台车及配套铝合金模板体系，模板体系的应用，加快了施工速度，节省了材料，保证了施工质量；关键技术的成功运用，克服了工期短、施工难点多的难题，按期、保质、安全地完成该项目施工，保证按期优质地投入使用，受到了业内和社会的一致好评。本项目的施工技术具有显著的社会效益，为明挖地铁车站施工提供实践成功范例和宝贵经验。

5.2　经济效益

效益主要体现在质量效益和经济效益上。对比常规的明挖地铁车站施工，采用多项关键技术，施工速度加快，有效缩短施工工期，节约了大量人工和材料，其中楼板台车及快拆系统材料费节约近 50%；由于技术先进可靠，有效确保施工质量、进度及施工安全。质量一次成优，减少了返工费用，节约成本。

6　工程图片（图 55～图 59）

图 55　浆液拌制

图 56　冲孔桩机自动化成孔施工在地下连续墙成槽中的应用

图 57　模板台车与早拆体系

图 58　封堵设备安装

图 59　侧墙台车及配套大型钢模

深圳机场航站区扩建工程T3航站楼工程

刘洪海　董晓刚　寇广辉　何凌波　胡衡英

第一部分　实例基本情况表

工程名称	深圳机场航站区扩建工程T3航站楼工程		
工程地点	深圳市宝安区		
开工时间	2010年2月15日	竣工时间	2012年8月30日
工程造价	65亿元		
建筑规模	规划建设用地面积约19万m^2，设计总建筑面积45.1万m^2		
建筑类型	公共建筑		
工程建设单位	深圳市机场股份有限公司		
工程设计单位	意大利FUKSAS建筑设计公司、北京市建筑设计研究院		
工程监理单位	上海市建设工程监理有限公司		
工程施工单位	中国建筑股份有限公司		
项目获奖、知识产权情况			
工程类奖： 中国钢结构金奖 全国建设工程优秀项目管理成果一等奖 广东省土木工程詹天佑故乡杯 广东省建筑业新技术应用示范工程 深圳市优质结构工程奖 深圳市安全生产与文明施工优良工地 深圳市建筑业新技术应用示范工程 科学技术奖： 2014年　中国施工企业管理协会　科学技术奖科技创新成果一等奖 2013年　国际空间设计大奖艾特奖　最佳交通空间设计奖 知识产权（含工法）： 2012年　广东省工法4项 国家专利5项 核心期刊《施工技术》、《安装》发表论文10篇			

第二部分　关键创新技术名称

1. 地下室外墙半通式诱导缝施工技术
2. 结构柱内虹吸雨水管道安装技术
3. 超长有粘结预应力梁施工技术
4. 地铁换乘枢纽综合接地系统施工技术
5. 三维自由曲面蜂巢幕墙屋面施工技术
6. 大体积三维曲面清水混凝土钢骨柱施工技术
7. 大跨度复杂筒壳形钢屋盖施工技术

第三部分　实 例 介 绍

1　工程概况

深圳机场扩建工程 T3 航站楼位于深圳市珠江口东岸，宝安区福永镇，广深高速西侧一片滨海平原上。本工程规划建设用地面积约为 19 万 m^2，设计总建筑面积 45.1 万 m^2。主楼为地下二层、地上四层（局部五层）构型，建筑高度为 46.80m。地下二层－15.14m 为港深机场快线折返段和－17.79m 为地铁 11 号线隧道。地下一层－5.6m 为行李处理大厅和设备机房。本工程建成后将成为中国第四大机场，并与香港机场、广州机场、澳门机场、珠海机场形成一个规模宏大的珠三角机场群，为深圳创建一个海、陆、空交通一体化全新国际机场（图 1、图 2）。

图 1　工程鸟瞰图

图 2　工程侧视图

工程基础采用桩基础（灌注桩、预制管桩），基坑深度达 20m，基坑支护由灌注桩加预应力锚索的组合而成。本工程地下结构基础底板和地下室外墙为超长、超大混凝土结构，且工程地处滨海腐蚀环境地区，对混凝土结构的耐久性和裂缝控制提出极高的要求。工程结构形式为框架-核心筒钢筋混凝土结构，钢筋混凝土结构竖向构件最高混凝土强度等级为 C60，钢筋最大型号为三级钢 40。工程首层劲性钢骨“Y”形钢筋混凝土柱、四层屋盖支撑劲性钢管混凝土柱、五层钢结构钢筋混凝土组合楼板、观光电梯、钢结构屋盖等钢结构工程，结构复杂，施工难度大。

2　工程重点与难点

2.1　工期紧张

本工程计划开工日期为 2009 年 3 月 15 日，计划竣工验收完成日期为 2012 年 8 月 30 日，因本工程的工程量较大，要在此时间段内完成施工总承包范围内的全部施工任务，工期紧张。

2.2　专业施工技术水平要求高

清水混凝土结构施工对“几何精准度”和“表面观感”要求高；空间异形曲面“Y”形型钢混凝

土柱施工难度大；部分梁板应用预应力混凝土技术，且设计对预应力的张拉提出严格的要求，给施工组织和施工技术提出了高要求；超大面积混凝土楼地面平整度、大体积超长结构混凝土裂缝控制要求高。

2.3 多标段、多单位交叉平行施工，总承包管理和协调难度大

深圳机场航站区扩建工程是一个大型复杂项目群，其所包含的实施项目多、范围广。其中，航站区工程具有多标段、多部门和单位共同施工的特点，施工周期内存在大量交叉作业，需要对机电、人防、给排水、暖通、玻璃幕墙、钢结构等专业分包单位行使总承包协调与管理责任，同时与南侧场前高架桥、停车楼及飞行区等单位进行协调与配合，为保证本工程施工顺畅，必须建立强有力的总承包管理机构，分专业部门分别负责与相关单位保持有效沟通和配合。

2.4 周边环境特殊，施工期间不停航管理要求高

深圳机场航站区扩建工程 T3 航站楼一标施工总承包工程紧邻正常运营的 A、B 航站楼西侧，与正在使用的机场跑道距离仅 500m，施工时不允许出现任何影响飞机飞行安全的行为，不能发生施工扬尘、环境污染、影响交通、超高施工及空中出现漂浮物等现象。因此，需建立专职安全防护管理部门，施行专人负责同机场“空管方面”取得紧密联系，并制定专项防护管理措施，以保证飞行安全和滑行区内正常运营。

3 技术创新点

3.1 地下室外墙半通式诱导缝施工技术

工艺原理：通过在地下室外墙结构上每隔一定距离人为设置薄弱带，薄弱带处设置加强止水带，如果外墙发生较大收缩变形，则诱导外墙在此处开裂，从而达到释放变形和避免外墙渗漏的作用。

技术优点：一方面可有效消除裂缝的发生，另一方面不会形成结构薄弱区，可以确保地下室外墙结构的整体性和安全性。

鉴定情况及专利情况：经广东省住房和城乡建设厅组织专家鉴定，达到国内领先水平，获得专利《一种地下建筑结构钢筋混凝土外墙半通式诱导缝系统》，专利号 ZL201220397725.5。完成相关论文、工法各 1 篇，论文在《施工技术》（2012 年 2 月刊）上发表。论文及工法如下：

（1）论文：诱导缝在深圳机场 T3 航站楼地下室外墙防渗漏控制中的应用；

（2）工法：地下室外墙诱导缝施工工法（已获深圳市工法，湖北省省级工法）。

3.2 结构柱内虹吸雨水管道安装技术

工艺原理：虹吸雨水系统管道材料为不锈钢管，采用在凝土柱、钢结构柱内预埋施工的方法，在满足钢结构体系结构安全要求的同时，与屋面结构体系紧密结合，以保证雨水系统正常运行及建筑内部视觉效果的美观。

技术优点：虹吸雨水管道预埋在结构柱内，节省管道支架、角钢等材料，施工时不需要单独搭设操作架进行焊接，从而节约成本，创造经济效益。

完成论文 1 篇，在《安装》杂志上发表：深圳机场 T3 航站楼虹吸雨水管道施工工艺技术》。

3.3 超长有粘结预应力梁施工技术

工艺原理：通过在混凝土大梁内设置适当数量的曲线或者折线形式的预应力筋，预应力筋布置在封闭的波纹管内，当混凝土浇筑并达到一定强度后，通过张拉设备张拉预应力筋，在混凝土构件中产生预压应力，张拉完后灌浆，使预应力筋与混凝土可靠粘结同时防止锈蚀，从而与混凝土梁内的普通钢筋协同作用，承受上部结构荷载。

技术优点：对构件施加预应力，推迟了裂缝的出现，在使用荷载作用下，构件可不出现裂缝，或使裂缝推迟出现，提高了构件的刚度，增加了结构的耐久性。同时提高受压构件的稳定性，提高构件的耐疲劳性能。

3.4　地铁换乘枢纽综合接地系统施工技术

工艺原理：深圳机场 T3 航站楼地铁换乘枢纽综合接地系统采用放热焊工艺进行施工。放热焊接是通过铝与氧化铜的化学反应（热反应）产生液态高温铜液和氧化铝的残渣，并利用放热反应所产生的高温来实现高性能电气熔接的现代焊接工艺。放热焊接适用于铜、铜和铁及铁合金等同种或异种材料间的电气连接，放热焊接无需任何外加能源或动力。

技术优点：可以有效缩短施工周期，提高焊点合格率，与传统焊接方法相比，在电气导通率方面有明显提高，接地电阻值更小，能更好地满足防雷接地系统的要求，可靠、快捷、高效。

3.5　三维自由曲面蜂巢幕墙屋面施工技术

工艺原理：深圳机场造型如此复杂的幕墙系统比较少见，加之本工程幕墙曲面变化大，全景窗较多，形成的蜂巢幕墙系统给施工带来了极大的难度。幕墙防水施工一直是幕墙施工中的难点，多少都是铺设防水卷材，效果不是很理想，深圳机场屋面防水打破常规，使用了三道防水材料形成的防水系统，施工效果良好，较好地解决了防水问题。

技术优点：该施工技术中采用机械化配合作业，安装方便快捷，大大提高了工效，减少工人的劳动强度，并为精装修工程赢得了时间。蜂巢屋面三道防水层形成的防水系统技术合理、施工管理到位，确保了屋面防水的质量。

鉴定情况及专利情况：鉴定情况：国内领先，工法情况：2012 年广东省工法。

3.6　大体积三维曲面清水混凝土钢骨柱施工技术

工艺原理：圳机场造型如此复杂的清水混凝土 Y 形柱仍属罕见，一般模板设置不要求整体通高，可设置水平拼缝或设置对拉螺杆，而且混凝土外观要求不高，曲面不多；而该 Y 形柱四个面均为三维曲面，且各面均有几种不同的弧度，柱模板为整体通高大钢模板，无水平拼缝，而且只允许沿轴向设置四条竖向拼缝，整个模板加固体系不允许设置对拉螺杆，柱混凝土表面观感除四条竖向拼缝外，其他模板拼缝均满焊打磨，并须确保混凝土浇筑出来的表观质量无拼缝痕迹。为了保证达到预期效果，整体通高钢模体系研发制作与安装、大体积清水混凝土配合比设计及搅拌、大体积清水混凝土整体浇筑振捣工艺、大体积混凝土防裂及养护成品保护。

技术优点：模板体系为整体通高大钢模板体系，采用机械化配合作业，安装方便快捷，大大提高了工效，减少工人的劳动强度，并为清水混凝土外观质量提供良好基础保障。清水混凝土柱混凝土配合比按大体积清水混凝土设计，确保了混凝土的施工质量。该技术适用于大体积三维曲面清水混凝土钢骨柱的施工。能确保整个柱体无对拉螺杆洞，只有四条竖向拼缝，无水平拼缝痕迹。

鉴定及专利情况：鉴定情况：国内先进，专利情况：1 项专利。

3.7　大跨度复杂筒壳形钢屋盖施工技术

工艺原理：深圳机场航站楼钢屋盖采用矩形加强桁架和斜交斜放网架，主指廊区屋顶设有 5 个凹陷区，主指廊两侧设有 7 个全景窗，整体外形与凹陷区、全景窗均采用自由曲面，整体钢结构制作和安装难度都非常大。桁架跨度大部分为 44.8m，交叉指廊部位最大跨度 63.688m，靠近大厅的部位，跨度逐渐由 44.926m 增大至 99.052m。东西指廊的加强桁架拱高 19.918m，靠近中心指廊区域高度逐渐降低至 15.8m。南北指廊加强桁架拱高基本在 23.974m，凹陷区略低，靠近大厅的部位，高度度逐渐由 23.679m 增高至 33.163m。桁架采用矩形截面加强桁架，支座设计为摇摆铰支座，网架节点采用空间不对称铸钢球节点，针对各施工特点，采用滑移胎架结合可调支座、点式支座对桁架、网架进行高空原位拼装，施工质量和精度控制较好。

技术优点：根据工程特点使用滑移胎架、履带吊、汽车吊吊装作业，大大提高了工效，减小劳动强度，保证施工安全。整体钢屋盖的吊装采用滑移胎架进行，网架采用胎架高空原位拼装，保证了整体施工质量和外观效果。滑移胎架上安装可调式网架支座和临时点式支撑，在保证施工工期质量的前提下节约施工工期和成本。

鉴定情况：国内领先。

4 工程主要关键技术

4.1 地下室外墙诱导缝防渗漏技术

4.1.1 概述

深圳机场 T3 航站楼工程中由于大部分地下室受人防防护单元及使用功能的限制，同时也为了避免结构渗漏，通常不设置伸缩缝，而采用优化配筋、优化配合比、设置后浇带、加强带等措施控制墙体裂缝，这样就形成了超长无缝地下室结构，为了控制超长无缝地下室结构的外墙有害裂缝，引入了设置外墙诱导缝这种全新的施工方法。

4.1.2 关键技术

（1）通过在地下室外墙结构上每隔一定距离人为设置薄弱带，薄弱带处设置加强止水带，如果外墙发生较大收缩变形，则诱导外墙在此处开裂，从而达到释放变形和避免外墙渗漏的作用。

（2）通过设置外墙诱导缝，避免地下室外墙大面积开裂和渗漏，诱导缝处两侧结构墙体可同时施工，提高防渗漏能力更强，加快施工速度。

1. 施工总体部署或施工工艺流程

诱导缝施工流程如图 3 所示。

2. 施工工艺

（1）诱导缝的设置原则

诱导缝在地下室外墙上竖向设置，上下两端距离结构梁均留有 200mm 间隙，中埋式止水带需通长设置，结构缝一侧朝向室内，结构缝处墙体外排横向钢筋断开，以便留设诱导缝，并在内侧增补横向钢筋，诱导缝留设深度随外墙厚度的不同而不同。

外墙诱导缝设计如图 4 所示。

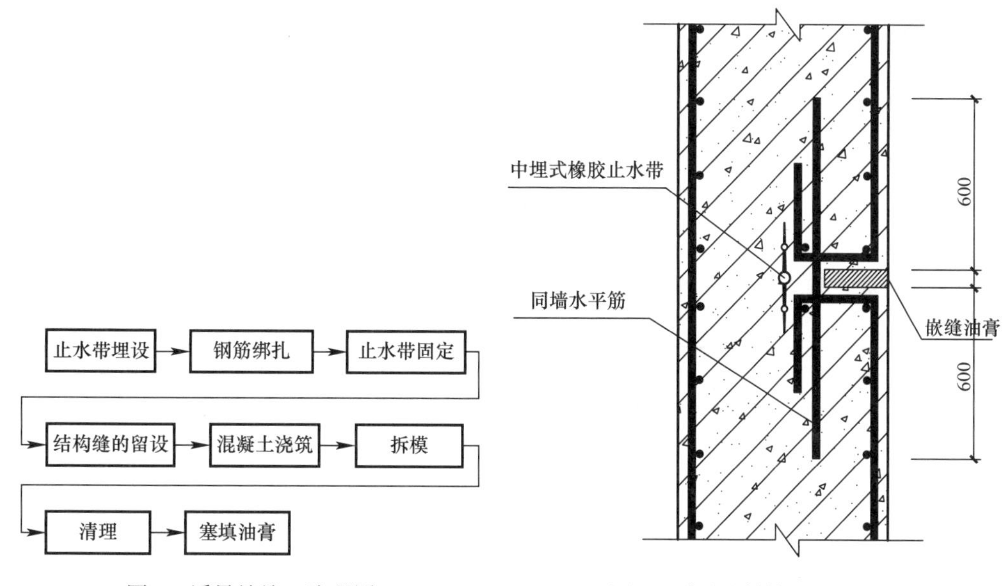

图 3 诱导缝施工流程图

图 4 诱导缝结构形式示意图

（2）止水带埋设

止水带应选择具有一定延展性的中埋式橡胶止水带，钢板止水带由于延展性小，不宜用于诱导缝的施工。中埋式橡胶止水带自基础底板底开始安装，至地下室顶板顶为止，止水带如与结构梁箍筋冲突，箍筋切断后必须在两侧另外增补附加箍筋。如为多层地下室，止水带的安装可按各层高度分段，并高出各层外墙施工缝 300～500mm，止水带接长采用硫化热粘接，连接形式为对接。

（3）钢筋绑扎

外墙钢筋绑扎在止水带安装或接长之后进行，绑扎工序同普通结构外墙，注意绑扎过程中止水带的保护，绑扎完成后及时矫正止水带的位置，确保止水带中心与结构缝中心对齐。

（4）止水带的固定

由于橡胶止水带为柔性，竖向安装时必须进行固定，随着墙体内侧水平筋的绑扎，将止水带一侧靠在水平筋弯头上，并用＃14 号铁丝固定于水平筋的弯头上，间距 600mm。

（5）结构缝的留设

结构缝留设的深度随墙厚的变化而变化，墙厚大则结构缝深，墙厚小则结构缝浅，根据结构缝的深浅，可选择木条或者挤塑板作为结构缝处的模板，当选择木条作为结构缝处模板时，将木条钉于模板上即可，当选择挤塑板作为结构缝模板时，必须选择硬度较高的挤塑板，挤塑板的三面分别三个方向的钢筋夹紧固定，并设置垫块保证结构缝处钢筋的保护层厚度。

（6）混凝土浇筑

混凝土浇筑前首先检查止水带及挤塑板的位置是否正确，固定是否牢固，确认没有问题后方可浇筑。混凝土应分层浇筑，分层振捣，诱导缝处应选择在止水带及挤塑板的两侧进行振捣，避免止水带和挤塑板位置移动或者遭到破坏。

（7）嵌填油膏

首先将诱导缝内的挤塑板清理干净，并用钢丝刷通刷，彻底清除浮灰嵌缝防水沥青油膏，塞缝前施工面必须干燥，要求基面含水率不大于 9%，先用麻筋嵌入缝内，然后用少量油膏用刮刀在缝槽两边反复刮涂，再把油膏分两次填嵌在缝内，使其与壁缝黏结牢固，揿压密实，防止油膏与缝壁留有空隙或裹入空气，油膏塞填应由下至上进行。

4.2　结构柱内虹吸雨水管道安装技术

4.2.1　概述

深圳机场 T3 航站楼一标工程屋面为双曲面形式，雨水天沟底面随屋面曲线变化。由于建筑屋面内表皮结构开放，要求虹吸雨水系统的安装在满足钢结构体系结构安全要求的同时，应与屋面结构体系紧密结合，以保证雨水系统正常运行及建筑内部视觉效果的美观，本工程虹吸雨水系统管道材料为不锈钢管，采用混凝土柱、钢结构柱内预埋施工的方法。

4.2.2　关键技术

通过将虹吸雨水管道预埋在结构柱内，节省管道支架、角钢等材料，施工时不需要单独搭设操作架进行焊接，从而节约成本。

1. 施工工艺流程

结构柱内虹吸雨水管道安装施工流程如图 5 所示。

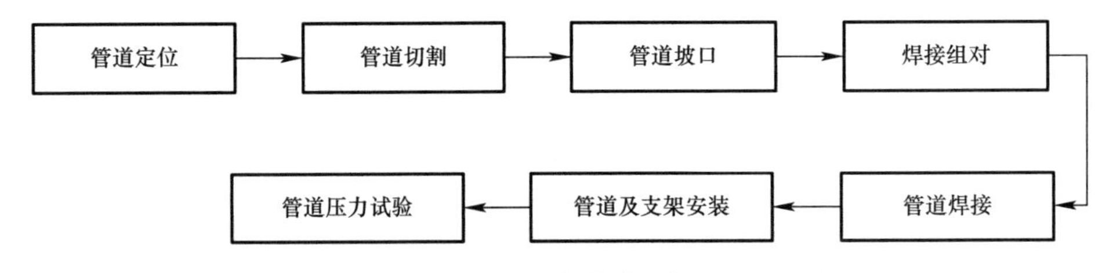

图 5　结构柱内虹吸雨水管道安装施工流程图

2. 施工工艺

（1）管道定位

暗装在结构钢管柱或混凝土柱内的虹吸雨水管因受施工空间及工序交接限制施工十分困难（混凝土柱与钢结构柱间用不锈钢伸缩器连接），该管段为 159×4.5 或 133×4 不锈钢焊接安装，其排出管应符合结构施工的限制性要求。

（2）管道切割

不锈钢管切割采用管道专用管道切割机进行下料，确保端口质量符合全自动焊接所要求的标准。通常薄壁不锈钢管对口间隙必须在 0.5mm 之内。

所有不锈钢管道采用等离子切割，以高温高速的等离子弧为热源、将被切割的金属局部熔化、并同时用高速气流将已熔化的金属吹走、形成狭窄切缝，其不仅切割速度快、切缝狭窄、切口平整、热影响区小，工件变形度低、操作简单，而且具有显著的节能效果。

（3）管道坡口

焊件的切割和坡口加工宜采用机械方法，也可采用等离子弧、氧乙炔焰等热加工方法，在采用热加工方法加工坡口后，必须除去。

坡口表面的氧化皮、熔渣及影响接头质量表面的表面层，并应将凹凸不平处打磨平整。

焊件组对前应将坡口及其内外侧表面不小于 10mm 范围内的油、漆、垢、锈、毛刺及镀锌层等清除干净，切不得有裂纹、夹层等缺陷。

（4）焊接组对

管子或管件对接焊缝组对时，内壁应其平，内壁错边量不宜超过管壁厚度的 10%，且不应大于 2mm。

（5）管道焊接

管道采用氩弧焊焊接，焊接时在管内充满氩作为保护性气体，将空气隔离在焊区之外，防止焊区氧化。焊接时应注意防护，防止射线伤害。

管道焊接时严禁在坡口之外的母材表面引弧和试验电流，并应防止电弧擦伤母材。

咬边应$\leqslant 0.05\delta$ 且$\leqslant$0.05mm，咬边总长不超过 10%的焊缝周长。余高$\leqslant 1+0.10b$，且最大为 3mm。

为确保收弧处的焊接质量，在熄弧后仍必需进行持续送气保护，送气时间为 5～7s。

焊完的焊缝也应该进行本能洗、钝化，使焊缝得到与母材具有类似的光泽，同时，产生钝化膜后，使焊缝处有了抗氧化的能力。

不锈钢焊件坡口两侧各 100mm 范围内，在施焊前应采取防止焊接飞溅物沾污焊件表面的措施。

现场管道安装完成后，将管道管口临时封堵，防止废弃物进入管道。

（6）管道及支架安装

雨水管采用∠40×4 的角钢架固定，角钢焊接在箍筋上；不锈钢管与碳钢支架及钢筋间采用不锈钢垫片隔离，不锈钢垫片点焊在钢筋、碳钢固定件上，管道悬吊装置利用固定管卡和滑动管卡将管道固定在与之平行的方钢导轨上，不设伸缩节（图 6）。

（7）管道压力试验

试压分阶段进行，管道焊接完成后进行试压，试验压力 0.6MPa，试压合格后进行安装；施工完成试压合格后移交专业厂家，将试压后的不锈钢管管口封闭，避免其他专业施工时堵塞管道（图 7）。

图 6 管道及支架安装示意图

图 7 管道现场试压示意图

4.3　超长有粘结预应力梁施工技术

4.3.1　概述

随着预应力技术的发展，近年来超长预应力结构得到越来越广泛的应用，为实现混凝土结构大跨度梁提供了可能。超长有粘结预应力梁施工技术目前已在大量的工程中得以应用，技术比较成熟，处于国内先进水平。深圳宝安国际机场T3航站楼工程预应力结构梁截面尺寸较大，达到1400mm×1600mm，跨度达到18m×18m，施工中通过科学组织，不断总结和实践，形成了一套完善的超长有粘结预应力梁的施工工法。

4.3.2　关键技术

通过在混凝土大梁内设置适当数量的曲线或者折线形式的预应力筋，预应力筋布置在封闭的波纹管内，当混凝土浇筑并达到一定强度后，通过张拉设备张拉预应力筋，在混凝土构件中产生预压应力，张拉完后灌浆，使预应力筋与混凝土可靠粘结同时防止锈蚀，从而与混凝土梁内的普通钢筋协同作用，承受上部结构荷载。

1. 施工工艺流程（图8）

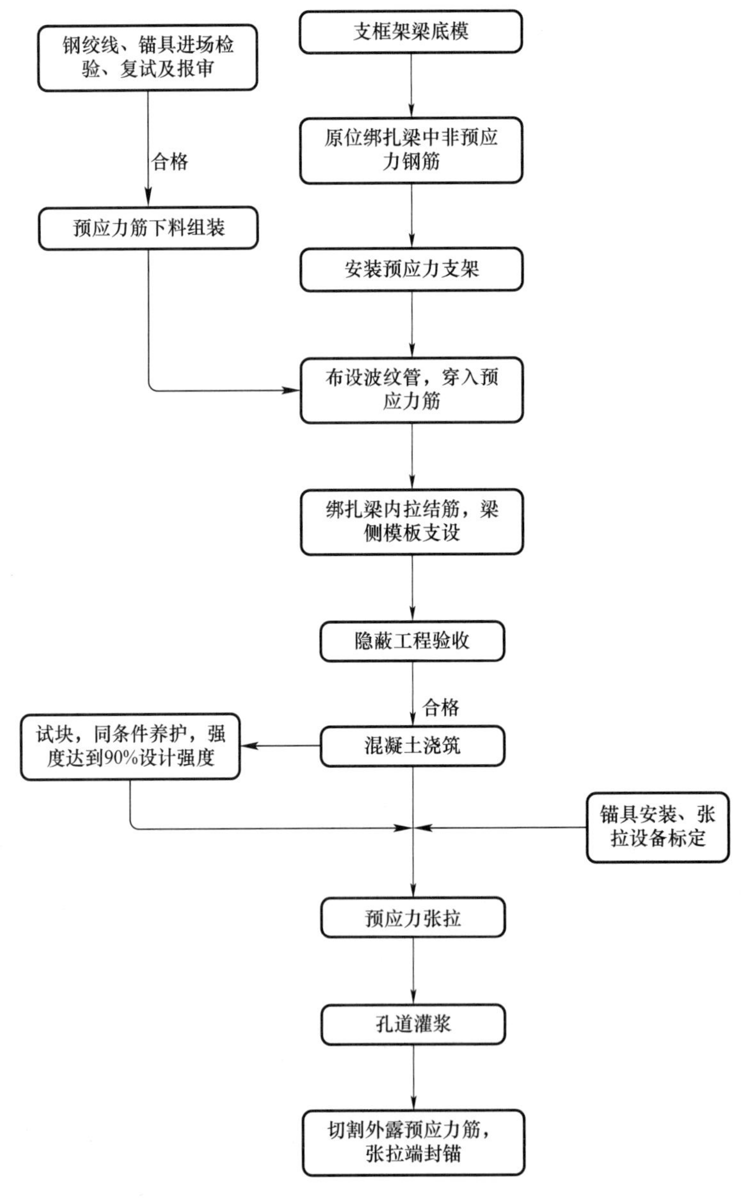

图8　超长有粘结预应力梁施工工艺流程

2. 施工工艺

(1) 预应力筋的下料与编束

预应力筋按照施工图纸规定进行现场下料，按施工图上的结构尺寸和数量，考虑预应力筋的长度、张拉设备及不同形式的组装要求，同时也考虑每根预应力筋的每个张拉端预留张拉长度及场地的平整度进行下料。

预应力钢筋下料表 **表 1**

预应力张拉形式	两端张拉下料长度	一端张拉下料长度
预留长度	$L=l+2(l_1+l_2+100)$	$L=l+2(l_1+100)+l_2$
备注	式中 l 为构件孔道长度；l_1 为夹片式工作锚厚度；l_2 为张拉用千斤顶长度（含工作锚）	

(2) 穿设金属波纹管

支好框架主梁的底模，普通钢筋就位，安装预应力梁的一侧模板，保留另一侧模板，按设计图中预应力筋的曲线坐标绘制控制点定位图，并在梁侧模上画出定位位置，以此来安装预应力波纹管定位支架。

(3) 波纹管定位

定位支架用 ϕ12 以上的钢筋制作，间距可以取 800～1200mm 为确保位置的准确，定位支架必须焊在梁的箍筋上。并在定位支架上焊接竖向短钢筋头（U 形卡）来定位波纹管，防止波纹管左右移动。波纹管安装就位后，必须用铁丝将波纹管与定位支架绑扎在一起，防止浇筑混凝土时波纹管上浮（图 9）。

(4) 连接波纹管

采用大一号同型波纹管作为接头。接头管的长度：波纹管管径为 70～85mm 的取 250mm，波纹管管径为 90～105mm 时取 300mm，接头两端用密封胶带封裹，以防接口漏浆。

(5) 设置波纹管排气孔

排气孔的间距：在构件两端及跨中应设置灌浆孔或排气孔，孔距不宜大于 30m。排气孔及灌浆孔的制作方法如下：将一块特别的带咀塑料弧形盖瓦用胶带同波纹管绑在一起，再用钢管插在咀上，并将其引出构件顶面，一般应高出混凝土顶面至少 300mm，盖瓦的周边可用宽塑料胶带缠绕数层封严（图 10～图 12）。

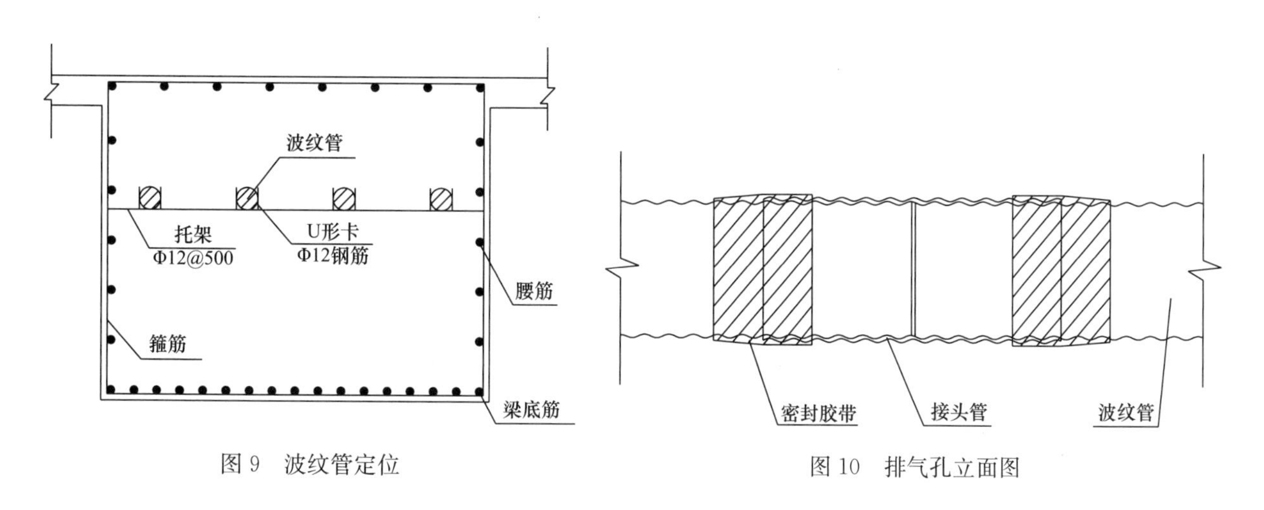

图 9 波纹管定位　　图 10 排气孔立面图

(6) 预应力筋穿束以及分段

将预应力筋编为集团束并用铅丝绑扎在一起，然后整束穿入波纹管内。预应力束在梁混凝土浇筑前穿入，穿入时钢束端头采用锥形钢管包裹，以防止钢铰线头刺破管道，同时减小穿入阻力，穿钢绞线过程中，如果遇到穿入困难时，不得猛烈撞击以免刺破管道。

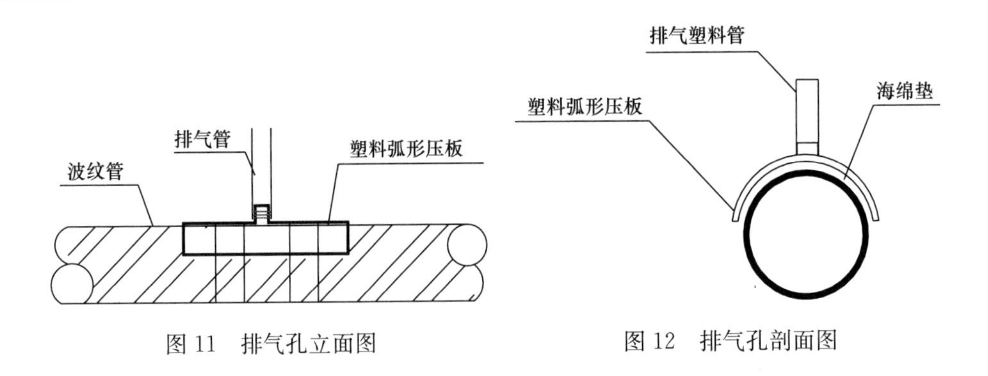

图 11　排气孔立面图　　　图 12　排气孔剖面图

对多波曲线束，宜先传入一根钢丝做引线，前面牵引，后面推送，穿束以人工为主，必要时使用机械穿束。对于两端张拉的预应力筋可采用浇筑后穿束的方法，可避免预应力筋穿破波纹管或者过早穿束产生锈蚀。

预应力筋的分段搭接以及在后浇带处的搭接大样如图 13、图 14 所示，预应力筋分段长度不应大于 60m。

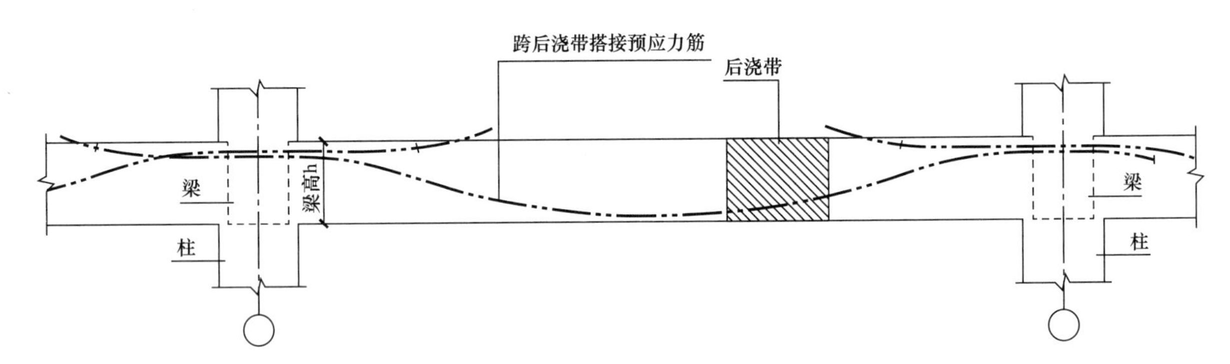

图 13　后浇带处搭接大样

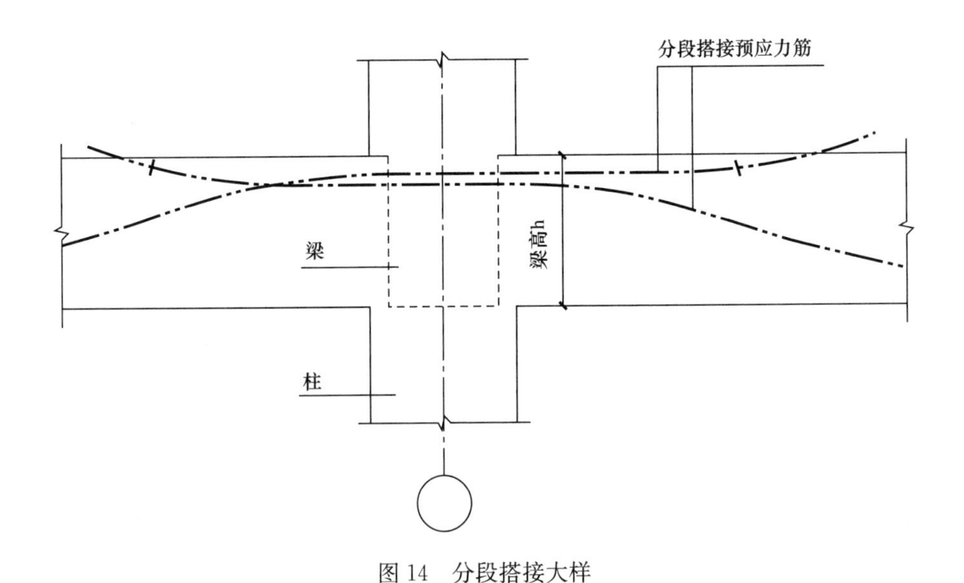

图 14　分段搭接大样

(7) 设置张拉端加腋板

超长预应力梁的特点是钢筋用量大，钢筋间距较密，有粘结预应力筋的波纹管通常难以通过结构梁面筋，因此无法实现梁上张拉，这时通常采用变角度板上张拉，需对张拉端前部板做局部加厚处理，以满足千斤顶局部承压要求，节点图如图 15 所示。

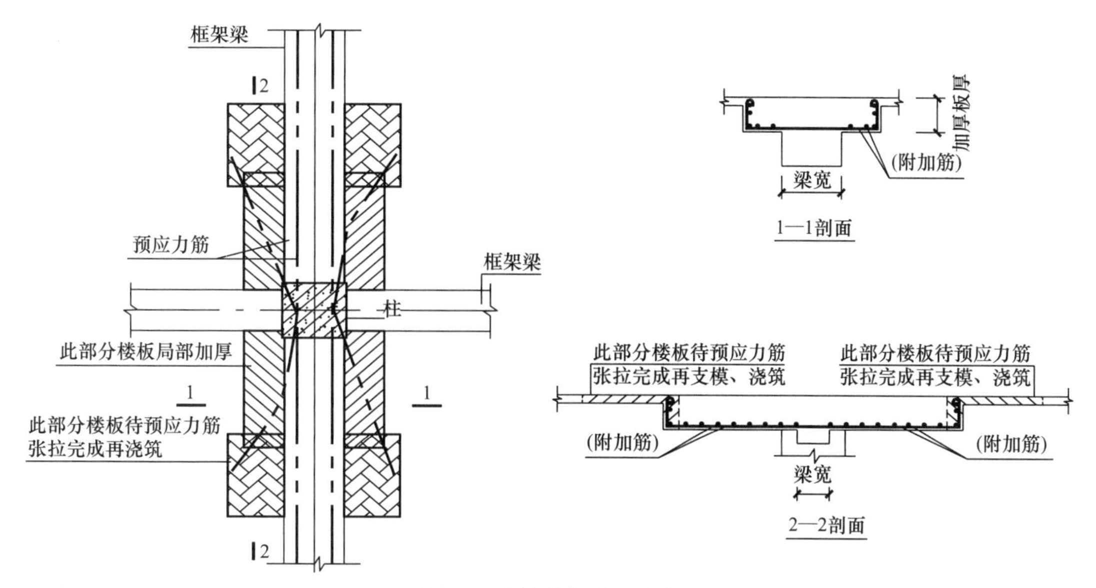

图 15　张拉端加腋板大样

（8）混凝土浇筑

预应力筋铺放完成后，进行隐检验收，确认合格后方可浇筑混凝土。混凝土工浇筑混凝土时应认真振捣，保证混凝土振捣密实，尤其是预应力筋张拉端及锚固端周围的混凝土严禁漏振，不得出现蜂窝或孔洞，振捣时，应尽量避免踏压碰撞预应力筋、波纹管、钢筋支架以及端部预埋部件。

（9）预应力张拉

有粘结预应力筋需在混凝土强度达到 90%设计强度之后才可以开始张拉。预应力张拉设备在使用前，应送权威检验机构，对千斤顶和油表进行配套标定，并且在张拉前要试运行，保证设备处于完好状态。预应力张拉设备标定期限不得超过 6 个月。

（10）孔道灌浆

为增加孔道灌浆的密实性，在水泥浆中应掺入膨胀剂。水泥：水：膨胀剂＝1：0.4：0.1。水泥浆自调制至灌入孔道的延续时间不宜超过 30min。灌浆不得使用压缩空气，灌浆前，应进行机具准备和试车。对孔道应湿润、洁净。灌浆前用水泥浆密封所有张拉端，以防浆体外溢。并将排气孔部位的波纹管逐个打通，为下一操作做好准备。

（11）预应力筋切割、封锚

有粘结预应力筋在孔道灌浆完成 24h 后即可对锚具夹片 3cm 外多余预应力筋进行切割，预应力筋不得使用电焊烧断。灌浆后张拉端锚具用与梁同强度等级微膨胀细石混凝土封堵，必须做好端头保护措施（图 16、图 17）。

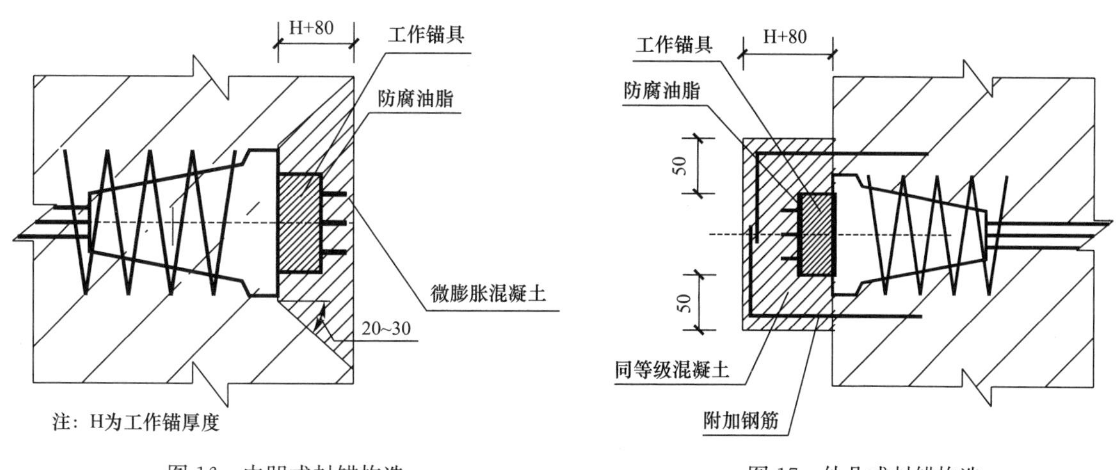

图 16　内凹式封锚构造　　图 17　外凸式封锚构造

4.4 地铁换乘枢纽综合接地系统施工技术

4.4.1 概述

深圳机场航站楼轨道枢纽工程位于深圳机场 T3 航站地下二层，包括深圳地铁二号线机场站和规划中的深港线换乘站、明挖区间隧道和车站跟随所。地铁施工中接地网工程主要是由埋设在车站建筑物的下面的水平接地体、垂直接地体通过焊接形成一个整体的接地大网，施工完成后很难进行检修，所以对接地体的施工质量要求很高，尤其是接地网连接时焊接点的焊接质量作为关键工序，要进行严格的工艺操作和质量把关。

4.4.2 关键技术

深圳机场 T3 航站楼地铁换乘枢纽综合接地系统采用放热焊工艺进行施工。放热焊接是通过铝与氧化铜的化学反应（热反应）产生液态高温铜液和氧化铝的残渣，并利用放热反应所产生的高温来实现高性能电气熔接的现代焊接工艺。放热焊接适用于铜、铜和铁及铁合金等同种或异种材料间的电气连接，放热焊接无需任何外加能源或动力。

1. 施工工艺流程（图 18）

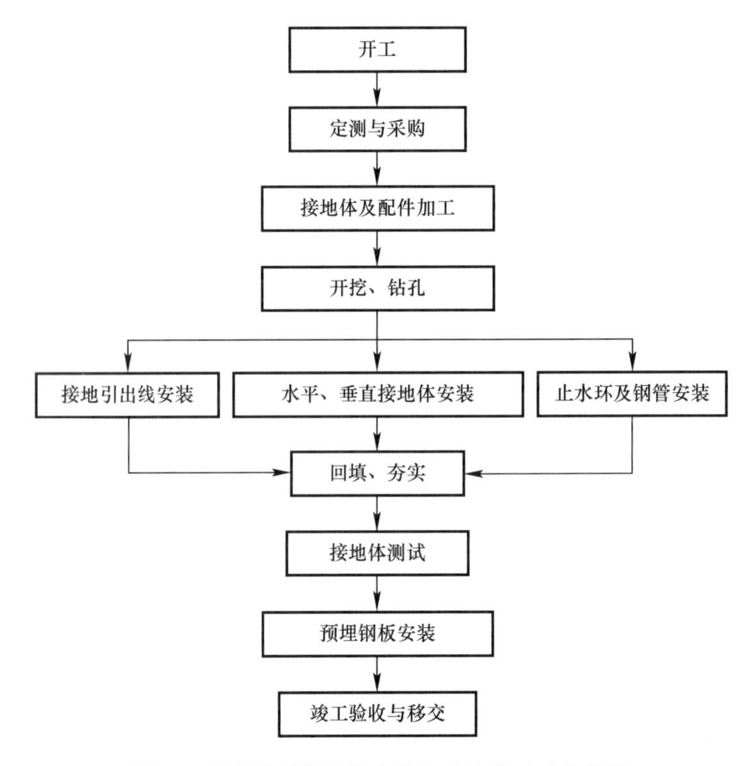

图 18 地铁换乘枢纽综合接地系统施工工艺流程

2. 施工工艺

（1）开挖、钻孔

按设计路径及位置开挖接地网沟和钻孔，挖一部分敷设一部分接地体，以避免沟壁坍塌，注意清理沟内石块等杂物。

（2）垂直接地体安装

在设计位置，在挖好的沟槽内用钻机钻出孔径为 150mm，深 3m 的孔。随后抽干孔洞内积水（防止浆料稀释），放入垂直接地体并与水平接地体焊接。将降阻剂和水按 2：1的比例配置，搅拌均匀，制成浆料从管口压入，直至充满整个管体。待料浆初步凝固后，回填细土层，垂直接地体与水平接地体交接处按设计要求焊接好。

（3）水平接地体安装

水平接地体敷设在上宽 600mm，下宽 400mm，深 600mm 的梯形沟槽内。安装前需要先抽干沟内积水，将水平接地体沿接地网沟边在地面上焊接成一个整体，理顺调直后使其呈立置状态敷设在土沟中，回填细土层，并夯实。

（4）接地引出线安装

接地引出线是连接设备和接地网的关键部位，由于需要穿越垫层和地下室底板，需要采取防止发生机械损伤和化学腐蚀的措施，还必须保证结构钢筋和引出线之间的绝缘要求，通常采用在穿越结构底板混凝土的引出线外加装不锈钢套管的方式保护。

（5）放热焊

整个接地网的施工关键是接地网的焊接，垂直接地体、水平接地体、接地引出线以及连接三者的水平均压带相互间的连接均采用放热焊接。热熔焊接施工控制要点：

1）主要影响熔接效果最大的因素是湿气（或水气），包括熔模、熔接粉剂或被熔接物等所吸收或附着的水气，因此熔模、焊剂、连接体在使用前用烘干箱或喷灯予以加热驱除潮气。

2）另一影响熔接效果的因素是熔模及被熔接物的清洁程度，因此凡附着于熔接物表面的尘土、油脂、镀锌、氧化膜等熔接前必须完全去除，使其光亮后才可以进行熔接作业；熔模内遗留的矿渣也需及时完全清除，否则将使熔接接头表面不平滑或不光亮。每次熔接后趁熔模热时，应利用自然性毛刷（不可用塑胶毛刷）及布轻挖轻拭除去，否则冷却时则愈硬，愈难清除。

3）采取合适的熔模，当接地铜管的口径小于熔模口径者，很容易使铜水泄漏不能保证熔接质量，此时应利用铜带包扎接地铜管的末端进行处理。

4）水平接地极与连接带之间的连接，可以先将连接带扁铜平弯（厚度方向弯曲），再按第四种连接方式熔接。平弯时，其弯曲半径应大于 2 倍厚度。

5）当熔焊结束后，须待熔模和焊接后的导线冷却 30s 后，方可使用铁钳取。

6）接地电阻测试

接地网施工过程中，需对每个区域进行分段电阻测试，施工完成后需进行总体接地电阻测试，接地测试采用三极法。

4.5 三维自由曲面蜂巢幕墙屋面施工技术

4.5.1 概述

深圳 T3 机场航站楼蜂巢屋面系统由透光部位的玻璃单元及不透光部位的金属板单元组成的空间复杂的三维蜂巢造型，支撑骨架是采用钢管组成的空间多边形钢管菱形框架。钢管框架连接于钢铰支座上，13740 个钢铰支座底部焊接于钢屋架上，顶部悬空，顶点定位难度相当大。不透光内侧部位采用室外 3mm、室内 2mm 单层铝板饰面。玻璃长度基本上为 3100mm，宽度则从指廊屋面顶部向下不断变化，从 900mm 变化至 2000mm。装饰铝板的宽度尺寸则相反。幕墙屋面工程的防水施工的质量好坏是影响建筑使用功能的关键，所以屋面防水施工是工程重难点，屋面采用聚脲弹性涂料与硬泡聚氨酯防水一体化材料作为防水层，航站楼屋面周边设置排水天沟、天沟采取虹吸式排水系统。深圳机场 T3 航站楼二标项目拥有 14000 个左右窗，转边转角众多，给防水层的施工造成相当大的难度。

4.5.2 关键技术

深圳 T3 机场航站楼采用钢支座、玻璃单元、铝板饰面、防水层及保温层组成三维自由曲面蜂巢幕墙屋面的钢铰支座高空空间定位焊接技术，采用聚脲、聚氨酯、聚合物防水砂浆三道防水层材料组成的防水体系，采用封口胶进行窗框六边六角的细部进行防渗漏处理；全景窗处弧形玻璃幕墙和弧形铝板幕墙组成的双曲复杂造型。

1. 施工工艺流程（图 19）

（1）测量放线

本工程幕墙施工前，即钢结构完工后，需要对完成的钢结构进行全面测量。因体型决定所有的测点都是三维空间点，在测量上必须做到所有的控制点均需要复核 2 次，相互之间有闭合关系的，并与钢结构模型比对。幕墙在正式施工前必须通过钢结构承包商、监理单位、设计单位、幕墙施工单位、业主联合确认钢结构误差。本工程钢支座约 13780 个，都在椭弧形的主体结构上，主次指廊约 30m 高，主体都是空间钢结构，放线难度大。幕墙测量施工流程如图 20 所示。

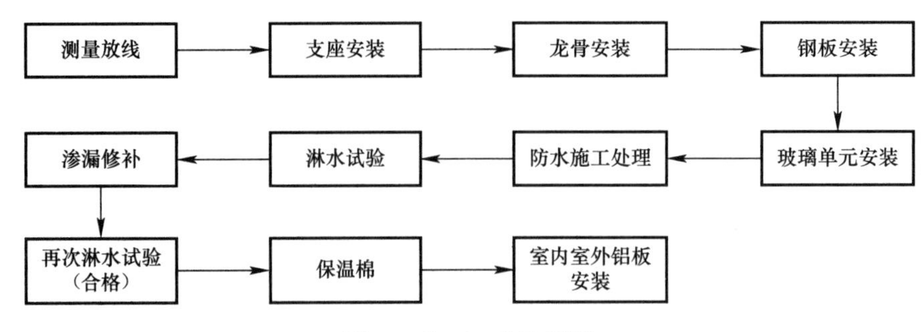

图 19　施工工艺流程图

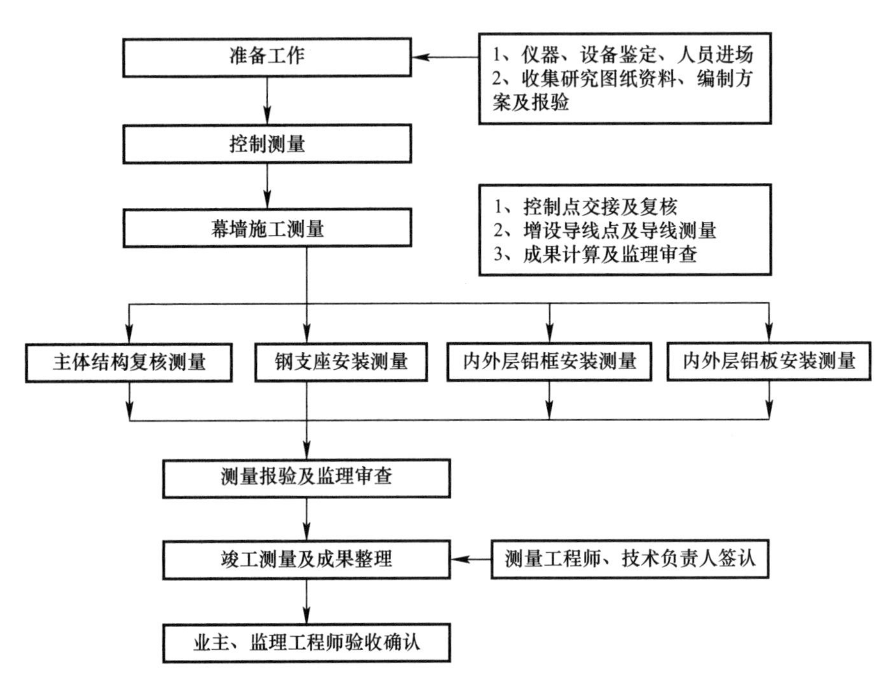

图 20　幕墙测量流程图

图 21　支座示意图

（2）支座安装

1）在地面将耳板与支撑钢管焊接好；

2）工人通过专用通道爬上吊架与脚手架焊接钢支座，焊接完成后由专业测量人员与质检人员对支座进行复核与检查，确保焊接质量与施工精度，保证支座孔位的精确，以便钢架顺利安装（图 21）。

3）偏差要求

钢构支座中心点绝对位置测量放线偏差不大于±5mm；

相邻钢构支座中心点间的距离偏差不大于±2mm；

钢构支座中心点距离的累积偏差不大于±3mm。

（3）龙骨安装

1）钢架构件复查

每个钢架在加工厂制作拼装焊接时，先制作平整、稳固的组装胎架、焊接胎架，已确保钢架各空间尺寸的加工精度；图纸规定公差：耳板孔径偏差±0.5mm，孔之间距离偏差±3mm；菱形面平面度偏差

±3mm，对角线偏差±4mm；其余尺寸偏差±3mm。

2）钢架表面螺柱焊接

螺柱焊接：钢架表面螺柱焊接质量控制为保证现场螺柱焊接质量与可控性，钢架的种钉环节基本放在地面完成，并根据现场具体情况、结合焊接设备特性总结出保证螺柱焊接质量的“三个固定”原则：

固定焊接操作场地：即有围挡条件的固定操作场地和固定的电源；

固定焊接操作方法：即螺柱焊接参数应固定，不能任意变动。确保接地线与钢架接触牢靠；

固定焊接操作人员：即严格按作业指导书进行，加强“三检”，提高操作人员技能水平。

3）螺柱焊接质量检测方法

每颗不锈钢钉焊接后观察其接触点外观质量，焊液是否饱满，是否有偏弧现象，已确定是否返工。

对外观质量差的螺柱可用橡胶锤敲击螺柱检测，敲击至螺柱变形弯曲但不脱落的螺柱，视为满足焊接要求；反之则补充焊接新的螺柱。

对明显焊接不合格的螺柱，在清除螺柱后可在原点位直接补焊新的螺柱不用清理接触面。

螺柱焊接结束后用角磨机仔细清理螺柱周围焊接飞溅物，并及时补涂富锌底漆及中间漆。

（4）钢板安装

1）钢板单块最重 25kg，通过吊车配合，按区域吊装到位后，工人再细分转运到对应安装点，在室外打自攻自钻钉，完成钢板的安装。

2）质量控制点

钢板规格多，安装前检查板块的编号及室外面标记（图 22）。

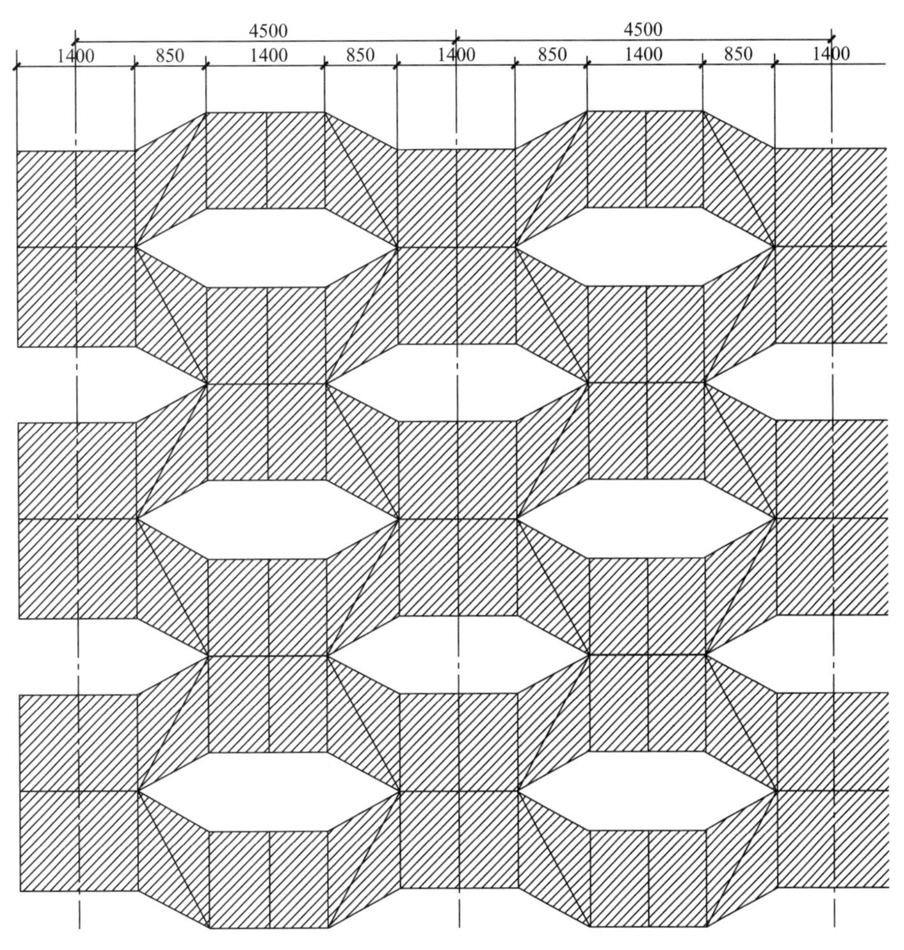

图 22 钢板分布图

钢板横向不固定，纵向与六边形钢构固定，采用ST5.5×22mm六角头镀锌碳钢自攻自钻螺钉、间距250mm固定，螺钉中心与钢板边缘的距离不得小于12mm；

钢板固定之前进行偏差调整，钢板与钢架的搭接、钢板的定位、钢板之间的缝隙控制严格按照设计要求进行控制。

(5) 玻璃安装

1) 外层铝框与内层铝框通过M6不锈钢螺栓连接，在现场地面组装成整体，完成后通过30t汽车吊将组件整榀转运至对应安装位，工人在室外紧固螺栓。

2) 外层铝框通过锯齿铝码、锯齿垫块、M8碳钢植栓与六边形钢构连接固定；内层铝框通过锯齿T形码、锯齿铝码、ST5.5×22mm六角头镀锌碳钢自攻自钻螺钉与六边形钢构连接固定（图23）。

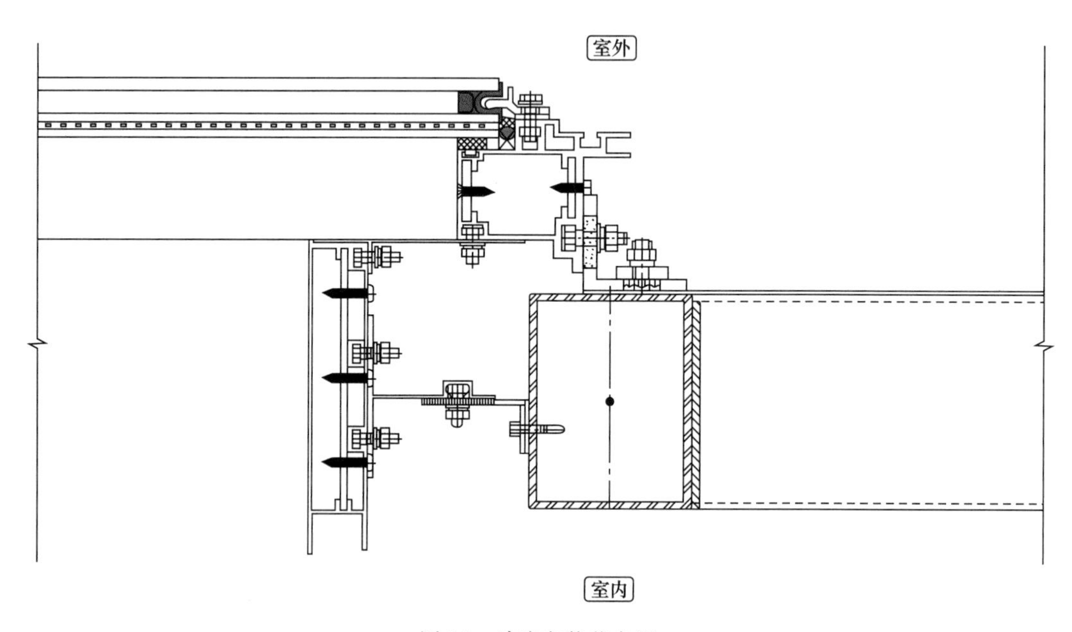

图23　玻璃安装节点图

3) 内外层铝框沿铝材高度方向允许有±10mm的调节，垂直构件长度方向允许有±10mm的调节；铝框安装完成后，进行偏差调节。

4) 铝框完成后开始吊装玻璃，调整偏差后开始打胶，完成后紧固螺栓。玻璃与铝框之间的胶缝是主要防水控制点，严格控制注胶质量，打胶过程中要确保连续性。

5) 汽车吊覆盖范围以外的区域，由工人在临时行走通道上搬运至对应安装点。

(6) 防水施工

1) 聚脲防水层施工

喷涂施工工艺及要求喷涂基层应符合的条件

① 基层坚固、密实、平整和干燥；基层表面不得有浮浆、灰尘、孔洞、裂隙、油污等，基层含水率≤7%。

② 当基层不满足要求时，应进行打磨、除尘、和修补。

③ 屋面上安装的设备、构件、接线管必须提前安装就位并验收合格。

④ 对节点部位做好喷涂聚脲前的密封处理，采用聚氨酯密封膏和自粘卷材相结合的方法进行各个构件部位孔隙的密封处理。

⑤ 成品保护：喷涂施工前应对屋面上已安装的无需喷涂的部位采取遮挡措施，防止喷涂聚脲给其他成品造成污染。对不需要喷涂的部位，应采用粘贴塑料布的方法进行保护，保护膜应做到需要喷涂部位以上600mm。

⑥ 对钢板上的缝隙处理按施工方案已处理到位，无漏处理和处理不到位的现象。

⑦ 涂刷底涂：按原料桶上给出的配比配制好环氧底涂，用滚刷或毛刷将其涂刷在喷涂基层表面。底涂涂刷应均匀、薄涂，不得有漏涂、堆积现象。在正式喷涂作业前，应采取措施防止灰尘、溶剂、雨水和杂物等污染。

⑧ 聚脲喷涂施工；在确认喷涂设备正常工作状态下，环境条件满足喷涂施工条件下，进行聚脲喷涂施工。

2）聚脲喷涂施工要点（图 24）

① 喷涂施工环境条件：环境温度≥5℃，相对湿度≤85%，基层表面温度比露点温度至少高于 3℃，风力小于 3 级。

② 两次喷涂作业面之间的搭接宽度不小于 150mm。

③ 两次喷涂时间间隔超过 6h 以上，再次进行喷涂作业前，应在已有的涂层的表面涂刷层间处理剂，待其干燥后（通常在 2h 左右）进行再次搭接喷涂（必要时可在搭接部位做打磨处理，以增加粘接性）。

④ 层间粘接剂的配制按包装说明书配比配制。

⑤ 喷涂施工时应分多遍一次性喷涂达到设计厚度。

图 24　聚脲喷涂施工

⑥ 对玻璃与钢板结合部位的周边聚脲喷涂要适当加厚喷涂，喷涂厚度在 2.5～3.0mm，

⑦ 在排水口部位，应先做好节点的密封处理后，聚脲防水喷涂要喷至排水口内部 50mm 处，将排水口与基层的接缝盖住。

⑧ 在喷涂聚脲涂层边缘处宜采取斜边逐渐减薄喷涂，减薄长度不小于 100mm。

⑨ 对钢板平面喷涂厚度可适当减薄喷涂，喷涂厚不小于 1.6mm。

3）施工过程控制及质量验收（图 25）

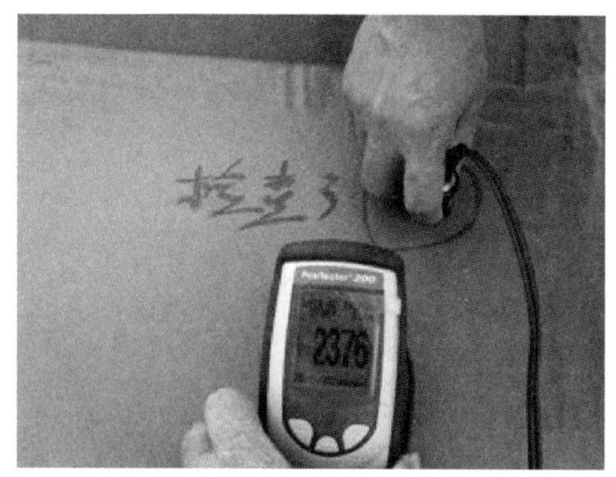

图 25　聚脲喷涂后检测

① 钢板上的所有缝隙已按施工方案处理到位，无漏处理现象；卷材与钢板粘贴牢固，无脱开、未粘贴等现象。能用高密度聚乙烯泡沫棒＋聚氨酯建筑密封胶密封的部位应尽可能用此方法进行窗框缝隙的密封。

② 窗户的保护贴膜按技术要求粘贴到位：保护贴膜应粘贴到窗户的上表面，不可粘贴到窗户的下檐口。

③ 窗框周围角码部位的孔洞应用聚氨酯密封胶密封，待密封处理后将铝框四周的拼角部位及角码部位采用聚氨酯防水涂料 SPU-301 均匀涂刷一遍，待其干燥后再采用。

SPU-302 在角码附近和铝框拼角部位再次刮涂一遍，在角码的螺栓部位应加厚刮涂，使角码部位平整，易于聚脲喷涂施工。

④ 基层清理干净，使用清洁剂清洁干净，确保钢板上无油污，符合聚脲喷涂要求。

⑤ 底涂涂刷均匀，无漏涂、堆积现象。

⑥ 聚脲喷涂后的涂层应均匀、连续、无漏喷、流坠、无起泡、针孔、脱落、褶皱、龟裂等现象，收边部位无翘边现象。

⑦ 聚脲喷涂应喷涂到铝框檐口部位的凹槽处。

⑧ 检查聚脲在铝框周围是否全部喷涂到位，无漏喷现象发生。

⑨ 以上检验项目均采用观察的方法进行检验，检查后填写检查表。

⑩ 聚脲喷涂施工厚度检验：采用超声波测厚仪检测聚脲喷涂厚度；窗框周围聚脲喷涂厚度在 2.5～3.0mm，钢板平面聚脲喷涂厚度不小于 1.6mm。

⑪ 喷涂聚脲防水涂料现场材料复检项目为：固含量、表干时间、拉伸强度、断裂伸长率、粘接强度、撕裂强度、低温弯折性、硬度、不透水性。

(7) 淋水试验

屋面防水层施工后的试水方案由于本工程屋面结构复杂、缝隙、窗框较多，屋面防水难度大，一旦使用后，屋面漏水修复难度较大，而深圳又是一个降雨较多的地区。根据本工程特点并结合深圳当地的降雨情况，制定本工程的防水施工的试水方案如下：

1) 在喷涂聚脲防水层后进行第一次试水试验；在发泡聚氨酯防水保温层施工结束，并自检合格后进行第二次试水试验。

2) 试水试验方式：由于本工程不允许做闭水试验，故按照《屋面工程质量验收规范》《喷涂聚脲防水工程技术规程》《硬泡聚氨酯保温防水工程技术规范》的要求，在防水工程施工完成后不得有渗漏现象，检验方法可采用雨后观察或淋水 2h 的要求，本工程采用淋水 2～4h 方法进行试水试验。参考深圳周边城市的水文资料可推测深圳地区年降雨量约为 1683mm，日最大降雨量约为 293mm。故本工程淋水试验参考深圳地区日最大降雨量 293mm 做淋水试验的设计依据；并根据试水面积计算出水的流量，通过增压水泵、软水管将一定流量（试验段的淋水流量为 132L/min）、带有一定压力的水通过水管送到屋面，再通过人工浇淋的方式对屋面进行喷水试验。对采光窗周围—防水重点部位，可采用人工改变水管的口径的方法增加出水压力，做重点淋水试验。

3) 待连续淋水超过 2～4h 以后，对屋面的防水情况进行检查，观察其周围是否有渗漏现象。对有渗漏的部位做好记录，并进行后续修补工作。

4.6 大体积三维曲面清水混凝土钢骨柱施工技术

4.6.1 概述

目前国内像深圳机场造型如此复杂的清水混凝土 Y 形柱仍属罕见，一般模板设置不要求整体通高，可设置水平拼缝或设置对拉螺杆，而且混凝土外观要求不高，曲面不多；而该 Y 形柱四个面均为三维曲面，且各面均有几种不同的弧度，柱模板为整体通高大钢模板，无水平拼缝，而且只允许沿轴向设置四条竖向拼缝，整个模板加固体系不允许设置对拉螺杆，柱混凝土表面观感除四条竖向拼缝外，其他模板拼缝均满焊打磨，并须确保混凝土浇筑出来的表观质量无拼缝痕迹。

项目整体通高钢模体系研发制作与安装、大体积清水混凝土配合比设计及搅拌、大体积清水混凝土整体浇筑振捣工艺、大体积混凝土防裂及养护成品保护。

4.6.2 关键技术

大体积三维曲面清水混凝土钢骨施工技术，采用模板体系为整体通高大钢模板体系，采用机械化配合作业，安装方便快捷，大大提高了工效，减少工人的劳动强度，并为清水混凝土外观质量提供良好基础保障。该施工技术中的清水混凝土柱混凝土配合比按大体积清水混凝土设计，确保了混凝土的施工质量，该施工技术适用于大体积三维曲面清水混凝土钢骨柱的施工，能确保整个柱体无对拉螺杆洞，只有四条竖向拼缝，无水平拼缝痕迹。

1. 工艺流程（图 26）

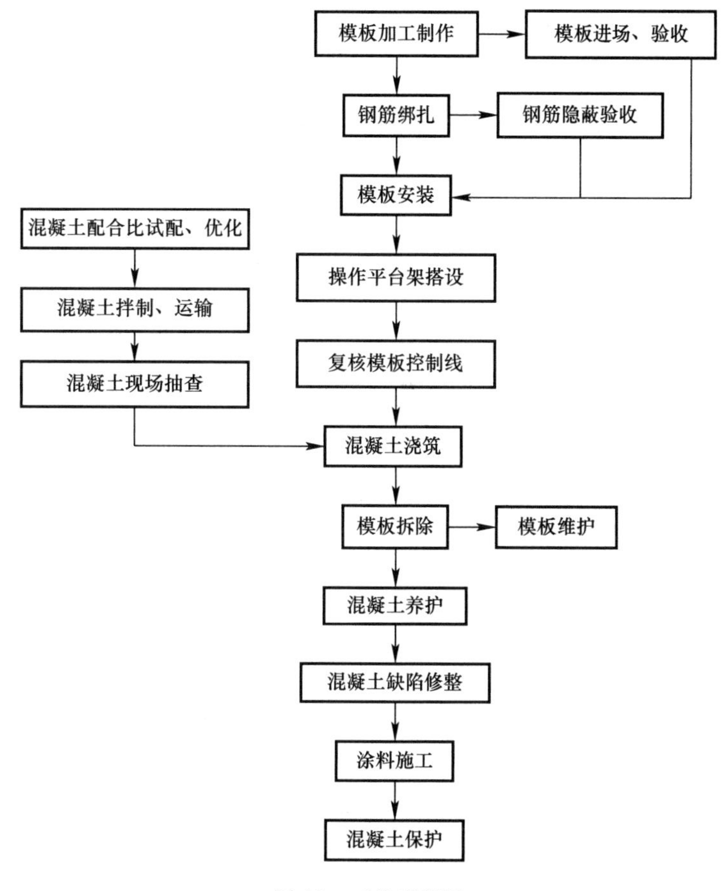

图 26　工艺流程图

（1）钢筋分项（图 28～图 32）

1）钢筋放样（图 27）

Y 形柱钢筋放样是清水混凝土钢筋工程的重点、难点项目。根据 Y 形柱的结构大样和相应的规范、图集要求，分别对 YⅠ形柱和 YⅡ形柱进行抽料计算，CAD 辅助测量，制作下料的料表。根据审核后

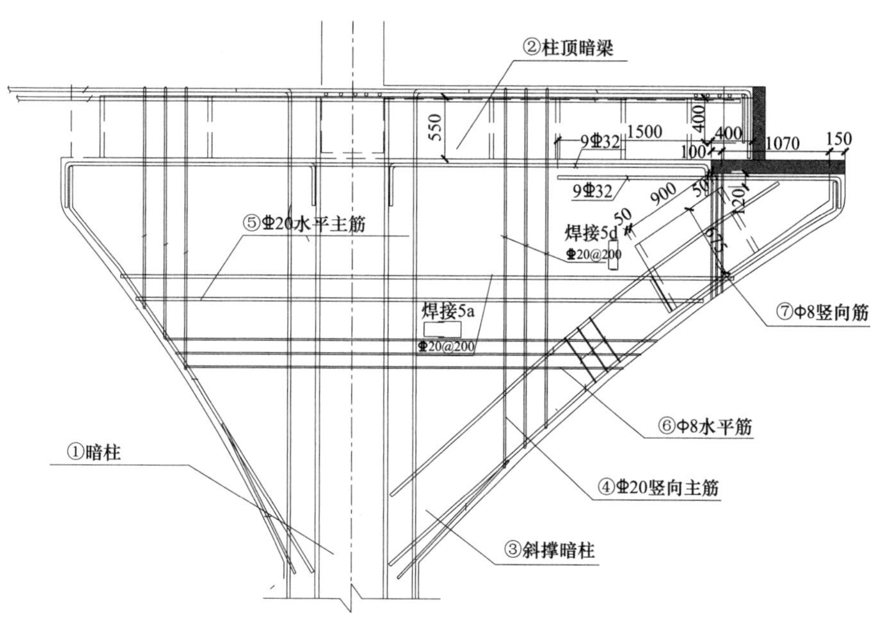

图 27　Y 形柱剖面图

图 28　扎丝向内弯折

图 29　自制弧度检测图

图 30　钢筋表面除锈

图 31　钢筋绑扎弧度检测

图 32　Y 形柱钢筋绑扎完成效果

的料表分别制作 YⅠ形柱和 YⅡ形柱各一根样板柱的全部钢筋，在对两根样板柱钢筋的绑扎过程中，对两种 Y 形柱钢筋的料表进行检验和修正，在确认满足相应的质量要求且不影响模板安装质量之后，再根据经过验证或修正后的料表进行钢筋的下料。

放样时必须考虑钢筋的叠放位置和穿插顺序，考虑钢筋的占位避让关系以确定加工尺寸。应重点考虑钢筋接头形式、接头位置、搭接长度、锚固长度等对钢筋绑扎影响的控制点。通长钢筋应考虑端头弯头方向控制，以保证钢筋总长度及钢筋位置准确。

2）钢筋制作

钢筋下料及成型的第一件产品必须自检无误后方可成批生产。钢筋的加工尺寸（弯心、角度、长度等）偏差应符合以下要求：受力钢筋顺长度方向全长的净尺寸允许偏差－10mm、＋4mm，箍筋（拉勾）内净尺寸允许偏差－3mm、＋2mm。

3）钢筋绑扎

钢筋绑扎顺序：①柱内暗柱主筋→②柱顶暗梁→③柱内斜撑暗柱→④柱面竖向主筋→⑤柱面横向主筋→⑥柱最外层水平钢筋→⑦柱最外层竖向钢筋。

4）钢筋绑扎注意事项

钢筋工程必须保证钢筋的位置准确。

要保证柱的行列通顺一致，位置精确，首先要保证钢筋位置准确，不位移。需采取以下几项措施：

确保钢筋生根位置准确，钢筋在其底部应矫正准确，并找出主筋排距。

防止浇筑混凝土钢筋位移，柱筋绑扎前，应调至准确位置，做到上下垂直。绑扎成型经检查合格后，将每根骨架的上、中、下绑三道箍筋，并与主筋焊牢，以增加骨架的整体性。用塑料卡环控制钢筋保护层的厚度，卡环应梅花形放置，颜色应尽量与清水混凝土接近，以免影响混凝土观感效果。

钢筋放样时要充分考虑到钢筋在弯曲加工中的延伸率，既要满足锚固长度，又要防止梁柱交会处因弯起的钢筋顶模板，造成局部露筋而出现锈斑。

加强各工种密切配合，保证钢筋准确：浇注混凝土过程中，放线工、钢筋工、木工各负其责，发现异常及时校正。

薄弱部位的加强：

对于钢梁预埋件 120mm 钢板边，钢筋网片适当按设计配筋的 1.5 倍进行加密，增加抗裂筋。

绑扎应采用双扣法进行 100%绑扎，绑扎丝多余部分向内弯折，以免因外露造成锈斑。

对已绑扎好的钢筋：必须进行彻底的除锈清理，除锈工作使用钢丝刷进行，清除工作要求全面彻底，不得有锈渣存在。

确保保护层厚度：

将钢筋保护层厚度增厚至 50mm。

设置保护层垫块：

本工程保护层垫块采用塑料垫块，塑料垫块可以根据确定的保护层厚度及需要控制的主筋分别制作，以满足不同规格的钢筋、不同保护层厚度需要。保护层垫块间距控制在双向@600mm 以内，并要卡压牢固。

（2）模板分项

1）模板选型

综合本工程特点、难点，我司组织国内模板设计专家会同设计师一起进行了清水混凝土 Y 形柱钢模板的深化设计工作。清水混凝土结构模板的面板一般采用胶合板、钢板、塑料板、铝板、玻璃钢等材料，基于三维曲面清水混凝土 Y 形柱的结构特点，综合考虑强度、刚度、可加工性能、工艺技术成熟度及经济性等因素，并分别采用胶合板、钢板、玻璃钢进行工艺试验，模板面板确定选用钢板。根据设计要求，模板背楞、紧固及支撑系统均选用型钢，组成全钢大模板。

钢模板为整体通高模板，无水平拼缝，而且只允许沿轴向设置四条竖向拼缝，整个模板加固体系不允许设置对拉螺杆，因此对模板本身的刚度要求及加固桁架要求较高。

设计要求只允许有四条竖向拼缝，其他的模板拼缝须确保混凝土浇筑出来的表观质量无拼缝痕迹，因此其他的模板拼缝需进行满焊，并进行精加工打磨处理（图 33、图 34）。

图 33　模板拼缝处满焊

图 34　模板拼缝处精加工打磨

2）模板体系的设计（图 35、图 36）

模板体系构造包括如下构件：周边法兰；竖肋；横肋；面板；活动桁架；角拉杆；活动桁架支撑；活动支撑架。钢板材质均为 Q235。

周边法兰：根据柱上下口及拼缝处的几何尺寸制作单片模板的周边法兰，法兰与模板之间焊接每 150mm 焊接长度不少于 50mm。周边法兰为 10mm 扁钢板制作而成，宽度 100mm。

竖肋：根据柱的几何形状制作竖肋，竖肋用［10 进行加工。竖肋与模板之间焊接每 150mm 焊接长度不少于 50mm。

横肋：根据竖肋的间距制作横肋，单片横肋长度为竖肋间距，用扁钢－8×100 加工。

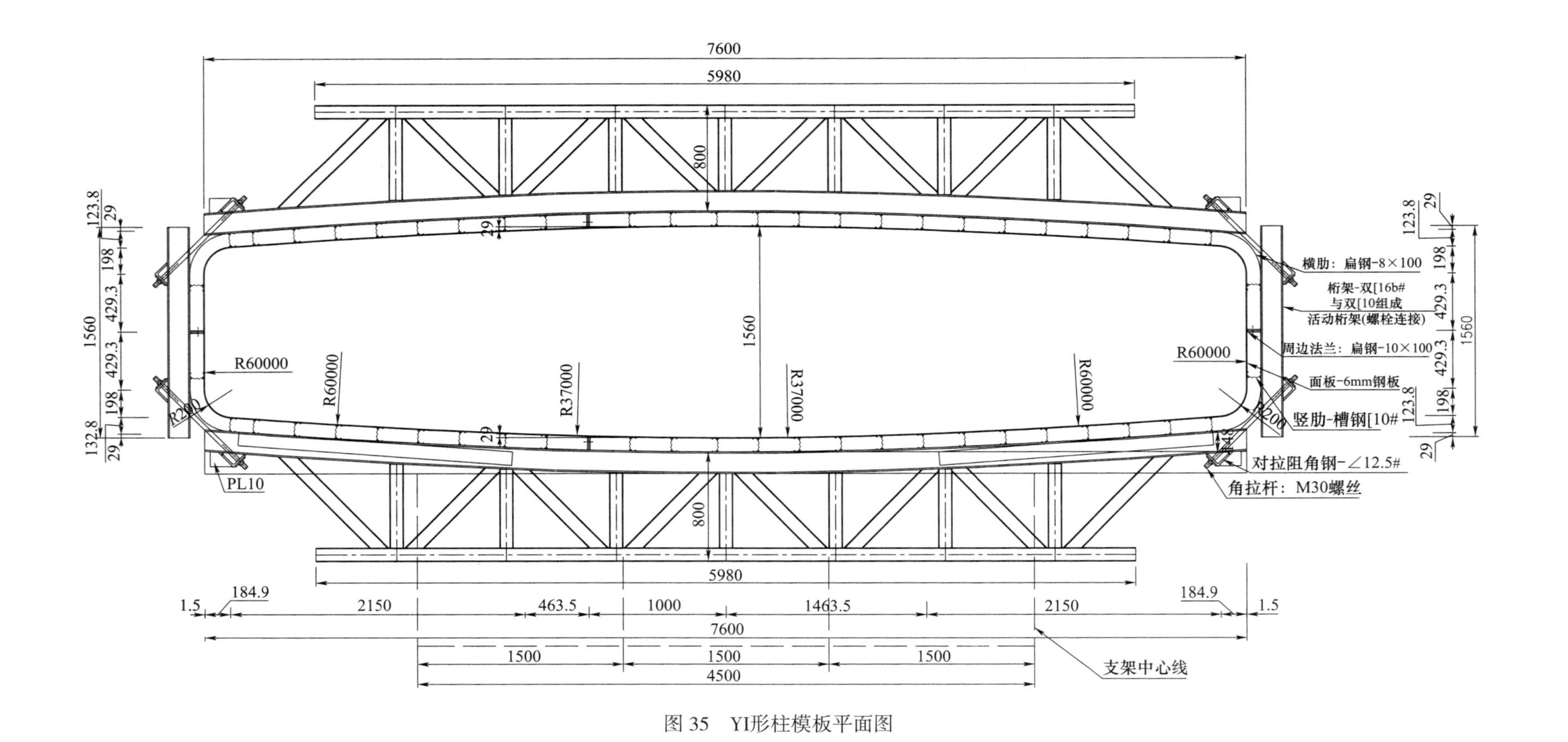

图 35　YI形柱模板平面图

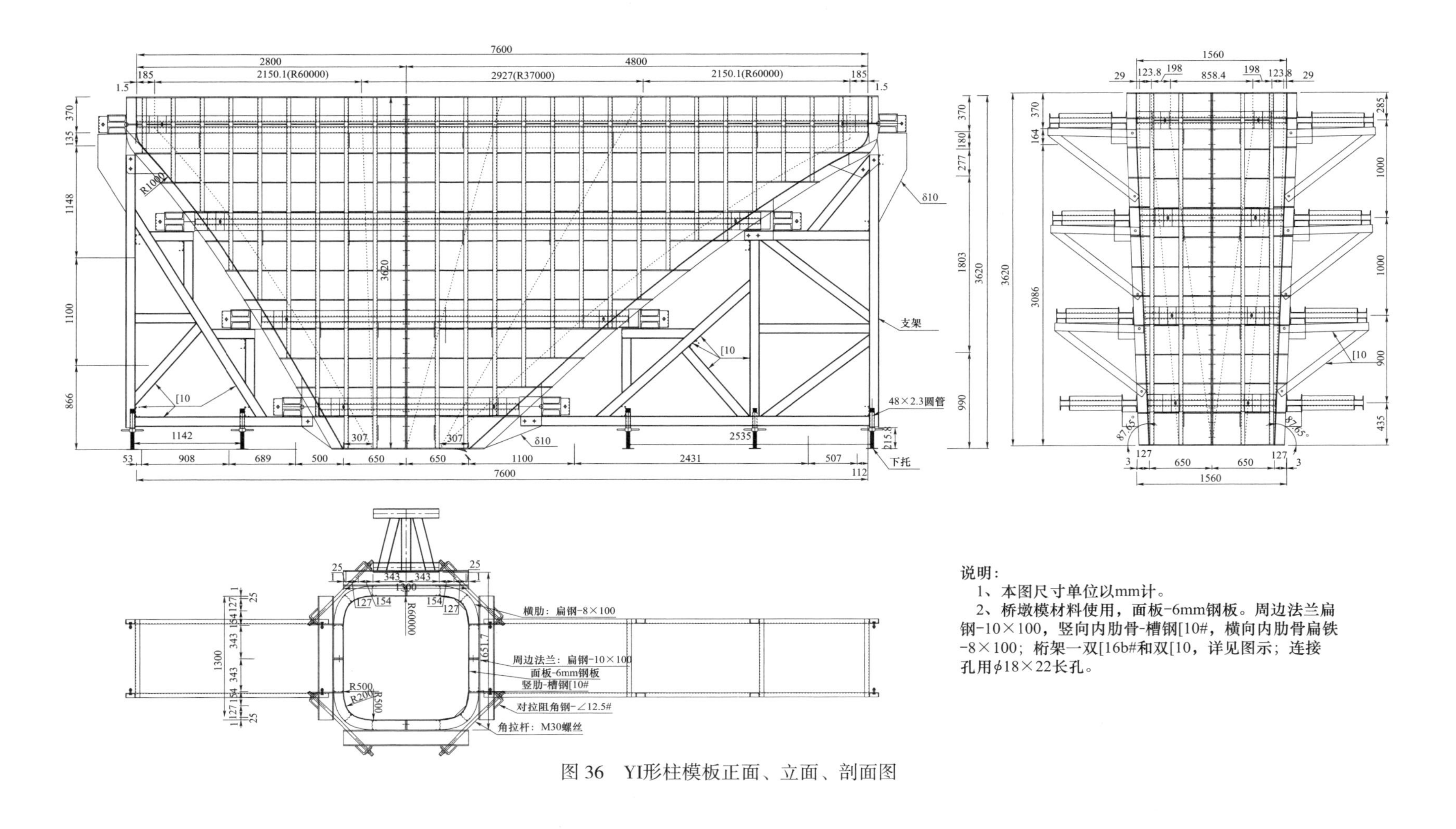

说明：

1、本图尺寸单位以mm计。

2、桥墩模材料使用，面板-6mm钢板。周边法兰扁钢-10×100，竖向内肋骨-槽钢[10#，横向内肋骨扁铁-8×100；桁架一双[16b#和双[10，详见图示；连接孔用ϕ18×22长孔。

图 36　YI形柱模板正面、立面、剖面图

面板：面板采用 6mm 厚的钢板制作，面板弧度半径小的方向用卷板机进行卷压，另一个方向通过法兰和竖肋进行调节弧度，面板之间采用满焊处理，并用砂轮打磨机进行打磨处理。

活动桁架：用槽钢制作侧面的水平桁架，水平桁架内边紧贴模板竖肋，并在桁架端部焊接对拉阻角钢。

角拉杆：角拉杆采用 M30 螺杆，双向套丝长 100mm，并配螺帽和垫片。

活动桁架支撑：活动桁架支撑为三角撑，三角撑与模板之间用螺栓相连。

活动支撑架：活动支撑架采用 10＃槽钢进行焊接而成的，支撑架与模板之间用螺栓进行连接，底部设计可调节高度的 $\phi48$ 的螺栓底座；

3）模板安装流程

钢模混凝土接触面除锈、打磨、清洗、海绵泡沫封边、涂刷混凝土隔离剂→地面拼装 1/2 钢模→钢模吊装、校正、固定、验收。

4）模板安装前细部处理

为了防止水泥砂浆和水从拼缝处渗出，造成泛砂、失浆等混凝土缺陷，模板拼接处需贴密封条（密封条比模板内边退 2mm）（图 37）。

柱底模板下口封堵：在模板安装前进行柱脚找平，模板安装好后用水泥砂浆封堵柱脚，必须严密，不得漏浆漏水。否则会出现烂根、蜂窝麻面等混凝土质量缺陷（图 38）。

为防止模板拼缝处出现模板错台现象，在两法兰连接处设置定位销，定位销间距不宜超过 1000mm（图 39）。

图 37　模板拼缝处贴密封条

图 38　柱脚封底

图 39　设置定位销

5）模板安装

施工测量放线定位：

利用全站仪等先进测量仪器测量放样模板边线和控制线（图 40）。

柱脚找平

柱模就位前，必须先对柱底进行找平处理；对地层情况较差的基底，应先浇筑混凝土垫层，保证模板支撑架地基安全（图 41）。

图 40　Y 形柱定位控制线

图 41　Y 形柱柱脚找平、垫层施工

模板面板处理

使用小型钢丝打磨机打磨模板面板，对于第一次使用的模板要反复打磨几遍，把锈迹清除干净（图 42）。

除锈后，使用洗衣粉清洗两遍，清洗污迹（图 43）。

图 42 模板打磨

图 43 模板清洗

用干净的白色抹布擦干面板，并充分晾干，然后涂刷脱模剂，涂刷要均匀，不漏挂或流挂；脱模剂的选用应满足混凝土表面质量的要求，且容易脱模，涂刷方便，易干燥和便于用后清理；不引起混凝土表面起粉和产生气泡，不改变混凝土表面的颜色，且不污染模板。本工程脱模剂使用色拉油。

模板吊装

用 50t 吊车把柱长边的两块模板拼为一个整体，合拢模板，注意模板拼缝处的拼接质量，安装定位销，紧固螺栓，紧固螺栓时，随时调整模板，确保拼缝顺平；拼装完成后，用刷了油的小刀切割突出模板内表面的多余的密封胶条（图 45）。

图 44 刷脱模剂

图 45 拼装模板

把 Y 形柱悬挑部位的两个支撑架按位置安装好，用吊车把两片预拼好的大模板吊装就位，连接两片大模板之间的定位销和螺栓，（由于悬挑面的拼缝是在柱位进行拼装，需严格控制该拼缝的拼接质量）连接支撑架与模板之间的螺栓。

校核模板水平位置、垂直度、标高。

通过地面上的控制线定位模板，检查垂直度；并使用测量仪器在柱纵筋上标出模板标高控制线，通过调整 Y 形柱悬挑部位两个支撑架上的可调底座定位模板上端高度（图 46、图 47）。

安装水平抱箍的三角支撑架，然后从下往上安装水平抱箍，锁紧角对拉螺杆螺母；因模板为三维曲面造型，水平抱箍部分位置未能顶在模板上，使用楔形木头塞紧，确保水平抱箍抱紧模板(图 48)。

搭设 Y 形柱长边的斜向支撑，同时对短边的竖向支撑架底部进行加固（图 49）。

图 46　标高测量

图 47　支撑架可调底座

图 48　楔形木头塞紧抱箍缝隙

图 49　支撑架底部加固

水泥砂浆封堵柱脚，必须严密，不得漏浆漏水（由于 Y 形柱内钢柱内可能存有雨水，需留设两个排水口，在混凝土浇筑前排水并封堵严实）。

模板安装完成固定后，复核模板平整度、垂直度（图 50、图 51）。

模板安装完成，具备验收条件（图 52）。

图 50　线垂复核

图 51　使用透明塑料管抄平

图 52　模板安装完成整体效果

（3）混凝土分项

1）混凝土分项工艺流程

混凝土配合比设计→商品混凝土搅拌、运输→混凝土卸料→混凝土振捣

2）混凝土配合比设计

原材料要求（表 2）

原材料性能要求表 **表 2**

材料名称	性能要求
水泥	厂家、同规格（强度等级）、水泥水化热不超过 350 千焦/千克为佳
碎石	同石场
砂	同砂场
水	饮用水
外加剂	同厂家、同品种
掺合料	同厂家、同品种

清水混凝土不仅要保证设计所要求的强度，而且要有良好的外观效果，特别是大体积原浆饰面清水混凝土，要得到均匀一致的效果，必须精心施工，可从混凝土材料控制、振捣养护措施和管理工作几方面加以保证。该工程的水泥不仅必须是同一厂家生产、同一品种、同强度等级、同批号、采用同一熟料磨制的颜色均匀的水泥，而且应选择低水化热水泥，水泥水化热不超过 350 千焦/千克为佳。该工程使用的骨料须为同一生产厂家的产品，严禁使用碱活性骨料。掺和料应符合本标准规定外并应通过实验确定适宜的添加量；掺和料必须来自同一厂家的同一品种。混凝土的原材料应该具有足够的储存量，至少要保证同一区域的混凝土原材料的颜色和各种技术参数保持一致。

混凝土配合比设计基本流程（图 53）

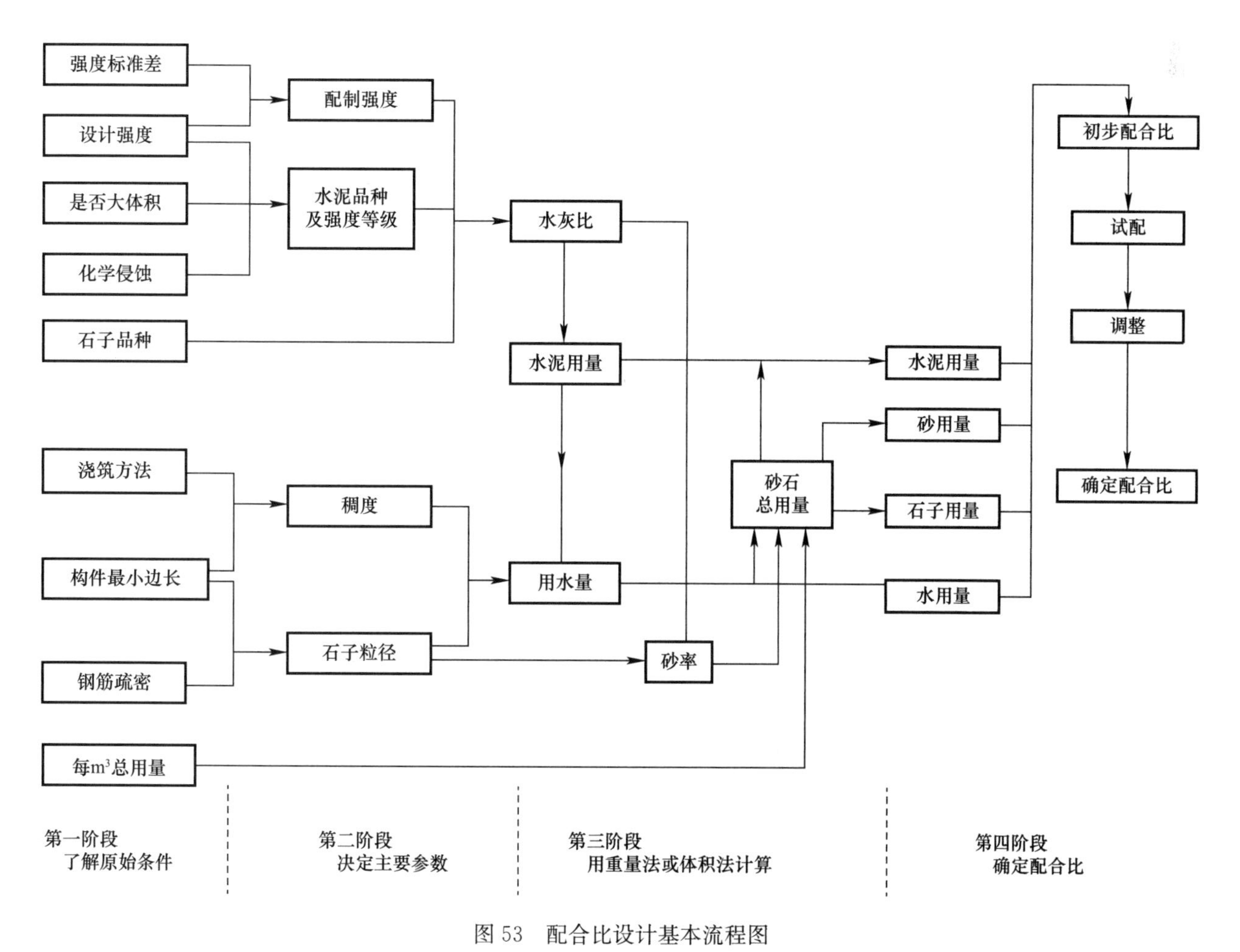

图 53　配合比设计基本流程图

混凝土配合比

清水混凝土的配合比设计，除满足混凝土色差、强度、流动性、和易性能的要求外，还应根据工程设计、施工情况和工程所处环境，考虑中性化、碱骨料反应等耐久性方面的要求。

大体积清水混凝土的混凝土配合比除了在砂率、水泥用量、骨料等方面按普通饰面清水混凝土的要求进行配制外，仍需在外加剂与掺合料的选择、坍落度的控制等几个方面做出特殊控制：为满足体积稳定性的要求，混凝土的最大水胶比保持在0.40左右；入模坍落度由于大体积大墩柱的密封性以及混凝土浇筑过程中由于水化热的挥发，模板内混凝土温度不断升高，浇筑环境中的温度会越来越高，因此坍落度的选择180mm±20mm，采用低水灰比。

控制砂的细度模数和中粗砂含量（避免振捣出现较细的砂颗粒携带部分水泥从砂浆中分离出来的形成浮浆），解决表面浮浆问题。混凝土配合比中不能带有引气成分的外加减水剂。混凝土不能过于黏稠，胶结材料偏多、砂率偏大、用水量太少、外加剂中有不合理的增稠组分等，会使混凝土在搅拌时裹入大量气泡，即使振捣合理，气泡排出也很困难。

混凝土厂家确定

为了确保清水混凝土的质量，要求混凝土厂家在技术力量上能满足清水混凝土供应的要求，最好在清水混凝土试配方面有一定的经验。在生产能力要能满足清水混凝土供应的要求，需有专门的生产线进行清水混凝土生产。而且在原材料储存方面，要有足够的储存能力，能确保用于清水混凝土配置的各类原材料一次性储存到位（图54）。

图54　清水混凝土配合比试配件

3）准备工作

泵车选型：考虑Y形柱位置及分布等特殊性，本工程Y形柱混凝土主要用汽车泵实施浇筑。

人员组织：Y形柱混凝土浇筑时每班配备振捣手3人，混凝土车卸料员1人，坍落度试验员1人，其他辅助人员1～2人。

在进行Y形柱浇筑前，对工人进行技术交底，详细介绍混凝土浇筑工序质量的重要性、操作顺序和要点、相关施工安全注意事项等。

办理完相关交验手续，并做好相关资料记录。

图55　Y形柱混凝土浇筑前对工人进行现场技术交底

浇筑混凝土前，应对已搭设的作业平台、脚手架、马道及场内混凝土泵车停靠、混凝土罐车进出路线等进行检查，对振捣棒等施工工具进行试开机，经检查符合施工需要和安全要求后，方可正式开盘浇筑，确保浇筑过程连续性和操作人员的人身安全。Y形柱混凝土浇筑前现场技术交底。详细介绍混凝土浇筑工序质量的重要性、操作顺序和要点、相关施工安全注意事项等（图55）。

4）混凝土卸料

凝土卸料员在混凝土罐车到场后应先查看随车混凝土料单，核对配合比、到场时间，运输时长等，确保来料的质量。卸料前应将混凝土罐车上的混凝土罐快速反转 5～10s，以消除运输过程中可能出现的沉底等现场。

泵车操作员应站立处的高度应至少与 Y 形柱钢模顶持平，以确保其对泵车泵管摆动过程精确、安全地进行控制。泵车操作员在控制泵车泵管过程中，还应注意其泵管的出料口不能在同一位置停置过长，避免因同一部位长时间入料后可能导致的骨料不均匀分布的问题。

5）混凝土振捣

浇筑前应先在根部浇筑 50mm 厚与混凝土成分相同的水泥砂浆（注意砂浆不能太稀），用铁锹均匀入模，注意不能用吊斗或泵管直接倾入模板内，以免砂浆溅到模板上凝固，导致拆模后混凝土表面形成小斑点。注意砂浆不得铺的太早或太开，以免在砂浆和混凝土之间形成冷缝，影响观感，应随铺砂浆随下料。

浇筑混凝土时，必要时使用串筒或溜槽，下料要均匀，以免侧偏冲击钢筋或造成混凝土离析。采用三根振捣棒同时振捣，振捣时要掌握间距、厚度、控制时间。

浇筑时采用标尺杆控制分层厚度（夜间用手把灯照亮模板内壁），分层下料、分层振捣，每层混凝土浇筑厚度严格控制在 50cm 以内，振捣时注意快插慢拔，并使振捣棒在振捣过程中上下略有抽动，上下混凝土振动均匀，使混凝土中的气泡充分上浮消散。

振捣棒移动间距不大于 35cm，在钢筋较密的情况下移动间距可控制在 20cm 左右。浇筑过程中可用小锤敲击模板侧面检查，振捣时注意钢筋密集部位不得出现漏振、欠振或过振。清水混凝土浇筑中应适当延长振捣时间，保证混凝土表面尽可能减少气泡，形成满意的外观效果。一般振捣时间控制在 20～30s 左右，即可认为振捣时间适宜，上层混凝土表面应以出现浮浆、不再下沉、不再上冒气泡为准。

为使上下层混凝土结合成整体，上层混凝土振捣要在下层混凝土初凝之前进行，并要求振捣棒插入下层混凝土 5～10cm。为减少混凝土表面气泡，第一次振捣结束后，上层混凝土浇筑之前对混凝土进行第二次振捣。

本工程 Y 形柱采用 $\phi70$ 插入式振捣器；在柱内钢筋较密处，改用 $\phi50$ 插入式振动器进行振捣。

振动器距模板不应大于振动器作用半径的 0.5 倍，也不能紧贴模板，也不能碰到模板。特别是 Y 形柱的悬挑部分底模板，要严格控制振捣棒向下延伸的深度，可在振捣棒上标记不同部位的深度，避免碰到模板（图 56、图 57）。

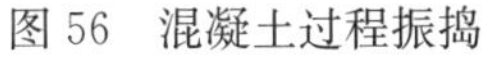

图 56　混凝土过程振捣

图 57　混凝土整体效果

4.7　大跨度复杂筒壳形钢屋盖施工技术

4.7.1　概述

深圳机场航站楼钢屋盖采用矩形加强桁架和斜交斜放网架，主指廊区屋顶设有 5 个凹陷区，主指廊两侧设有 7 个全景窗，整体外形与凹陷区、全景窗均采用自由曲面，整体钢结构制作和安装难度都非常大。桁架跨度大部分为 44.8m，交叉指廊部位最大跨度 63.688m，靠近大厅的部位，跨度逐渐由

44.926m增大至99.052m。东西指廊的加强桁架拱高19.918m，靠近中心指廊区域高度逐渐降低至15.8m。南北指廊加强桁架拱高基本在23.974m，凹陷区略低，靠近大厅的部位，高度度逐渐由23.679m增高至33.163m。桁架采用矩形截面加强桁架，支座设计为摇摆铰支座，网架节点采用空间不对称铸钢球节点，针对各施工特点，采用滑移胎架结合可调支座、点式支座对桁架、网架进行高空原位拼装，施工质量和精度控制较好。

4.7.2　关键技术

1. 加强桁架根部的转摆铰支座

加强桁架根部采用铸钢支座，内嵌关节轴承，穿入销轴后与支座耳板固定。滑动支座在耳板外侧穿入蝶形弹簧，使屋盖结构可以沿指廊纵向产生弹性滑动，同时通过关节轴承，在横向和侧向可以转摆，协调变形应力。本工程铰支座各零件均为机加工件，各零件配合面机加工精度要求高。支座节点均固定在混凝土基础埋件上，因二者制作精度和安装精度及施工方不同，其配合难度较大（图58）。

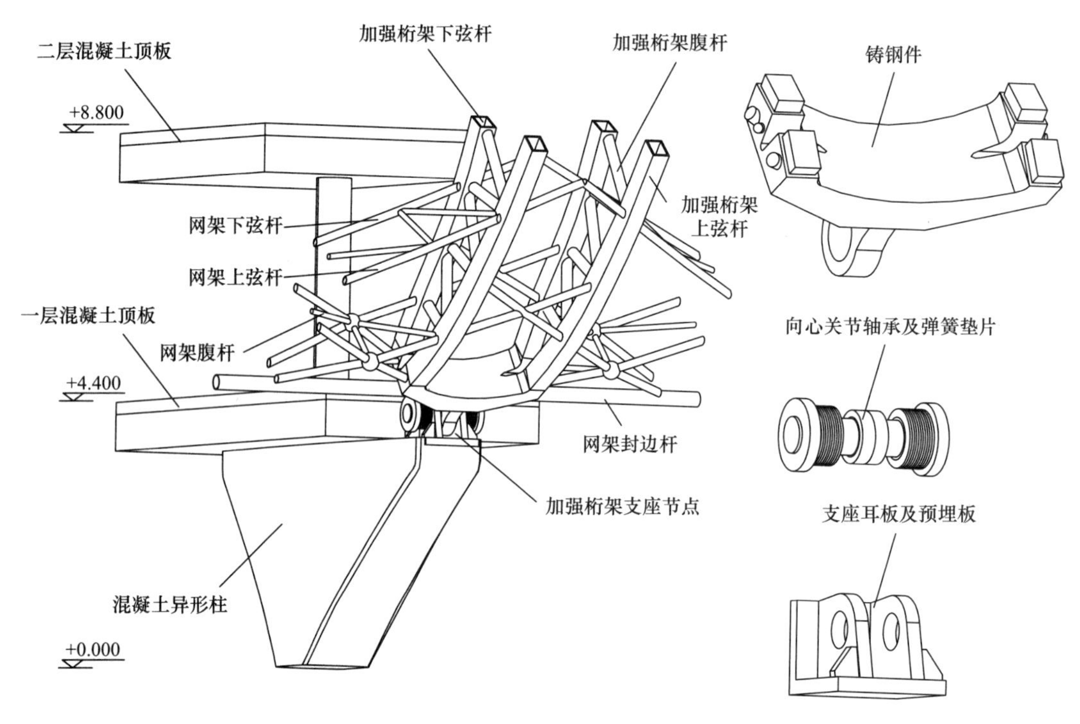

图58　支座节点示意图

2. 网架下口收边安装的粘滞阻尼器

为减少结构温度内力和地震作用，在指廊部分沿结构长向设置粘滞阻尼器。粘滞阻尼器安装在网架下口收边杆件和二层楼板混凝土梁的预埋件之间，共124件。交叉指廊区域设有8组16根V形柱和四根钢拉杆，按照设计要求，四根内侧的V形柱在网架卸载后补装。

3. 不对称球节点网架

为保证建筑造型，采用了相似非对称的球节点网架与拱形桁架的组合结构，构件数量多，节点坐标复杂，每一根构件和球节点都提供了定位坐标。指廊区域没有对称的构件，并且网架部分采用相贯节点和焊接球节点，现场安装难度大。管桁架上下弦交叉节点采用焊接球节点，部分采用铸钢球节点，交叉点之间的桁架内节点为圆管相贯节点。管桁架斜交形成的菱形网格边长约5.4m，对角线长度约为6m和9m。焊接球主要采用D350×12，D350×16，少数为D450×18。铸钢球主要为D350×25，D450×25，D450×40，铸钢球只在南北指廊和交叉指廊有少部分。

根据钢屋盖三维空间尺寸，用全站仪测量各网架球节点的空间位置，调节网架可调式支座的上表面高度，确定球节点位置，固定可调式支座。

4. 滑移胎架于点式支撑架组合施工

整个指廊施工采用滑移胎架，指廊屋盖钢结构有 5 个凹陷区，凹陷区部分钢屋盖桁架和网架构件无法直接依靠滑移胎架支撑施工，采用滑移胎架配合点式支撑的组合支撑安装。组合施工解决了施工难题，减缩了整体施工时间，节约了施工成本。

5. 可调式支座

在滑移胎架上端支座上安装可调式支座安装网架球加点。整个屋盖网架是双层的斜交斜放网架，可调式支座可解决网架空间高度不一，又可节约滑移前后重复安装临时网架球节点支撑的时间，节约工期和节省费用。

6. 高空原位拼装

整个钢屋盖是自由曲面，凹陷区和全景窗的空间定位和安装难度都非常大。为解决安装带来的误差影响，采用滑移胎架高空原位拼装和汽车吊高空散装。减少了安装误差，提高了施工精度和施工质量，达到自由美观的设计要求。

5 社会和经济效益

5.1 社会效益

本工程在施工过程中坚持探索精神，依托科技进步，通过大力推广应用新技术、新工艺、新材料、新设备，对工程的难点和重点进行技术攻关，向科技要质量，向科技要效益。工程成功实施推广住建部颁发的“10 项新技术”中的 10 个大项，23 个分项，并且完成科技攻关与创新技术 7 项。

在施工过程中，项目合理有序的组织各分包单位，借鉴并运用先进的技术和管理体制，将技术和施工融为一体，合理安排施工顺序，统筹协调劳动力，为深圳机场 T3 航站楼一标项目又好又快的发展奠定了良好的基础，建设出高效、优质的工程。工程在施工期间未发生重大质量安全事故，且工程已获深圳市“安全生产与文明施工优良工地”奖，“深圳市优质结构工程奖”，“全国建设工程优秀项目管理成果一等奖”“2011 年中国钢结构金奖（国家优质工程奖）”，武汉市优秀 QC 小组成果一等奖。完成技术总结和论文 10 篇，在国家级施工杂志《施工技术》（2012 年 2 月刊）和《安装》上发表。获得专利 5 项、工法 4 项。

5.2 经济效益

1. 新技术的应用，在确保工程质量的前提下，加快了工程进度，尤其明显的是高强度钢筋、大直径钢筋直螺纹机械连接技术的应用，极大地缩短了主体结构施工的工期，这是能够确保主体结构工期的重要原因。

2. 降低了施工成本及工程成本，对成本影响较为明显，取得较大的经济效益和社会效益。本工程新技术的推广应用共创造经济效益 2967.6 万元，科技进步效益率达到 2.3%，实现预期的经济效益目标。

6 工程图片（图 59～图 62）

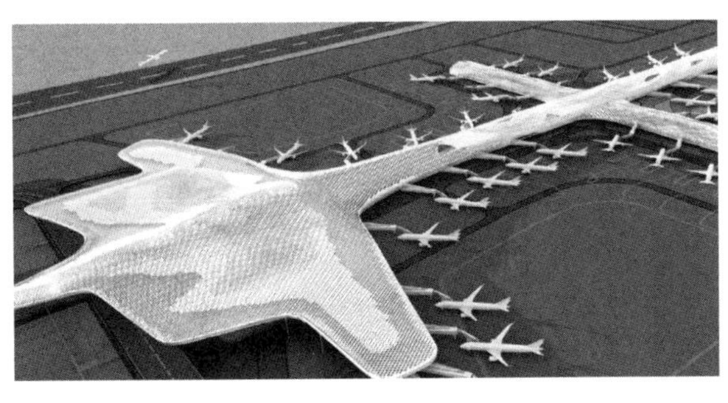

图 59

图 60

图 61

图 62

珠海大剧院工程

王彩明　蔡庆军　王四久　曹　巍　李赛闯

第一部分　实例基本情况表

工程名称	珠海大剧院		
工程地点	珠海市香洲区情侣中路野狸岛公园		
开工时间	2012.06	竣工时间	2017.06
工程造价	13 亿元		
建筑规模	5.9 万 m^2		
建筑类型	公共建筑		
工程建设单位	珠海城市建设集团有限公司		
工程设计单位	北京市建筑设计研究院		
工程监理单位	浙江江南工程管理股份有限公司		
工程施工单位	中国建筑第八工程局有限公司		
项目获奖、知识产权情况			
工程类奖： 1. 2014 年度全国钢结构金奖 2. 2014 年度全国优秀项目管理一等奖 3. 2014 年度全国建筑业 BIM 最佳拓展应用一等奖 4. 2015 年中国人居环境范例奖优秀试点项目 5. 全国绿色施工示范工程 科学技术奖： 1. 贝壳状空间网格结构成套施工技术研究与应用　2015 年度中国钢结构协会科学技术一等奖 2. 高大空间复杂变曲率双曲面薄壁钢骨混凝土结构施工技术　2015 年度中国施工企业管理协会科学技术奖科技创新成果奖二等奖 3. 大型贝壳状双曲面弧形外墙施工技术　2016 年度中国施工企业管理协会科学技术奖科技创新成果奖二等奖 4. 珠海歌剧院建造技术研究与应用　2017 年度中建总公司科学技术奖二等奖 知识产权： 获省级工法 6 项；发明专利 9 项，实用新型专利 9 项			

第二部分　关键创新技术名称

1. 30m高多维曲面混凝土结构施工技术
2. 90m高贝壳状双曲面弧形钢结构施工技术
3. 90m高贝壳状双曲双层幕墙施工技术
4. 130m大跨度弧形屋面垂直运输施工技术
5. 大型剧院声学设计及控制技术

第三部分　实例介绍

1　工程概况

珠海歌剧院位于广东省珠海市情侣中路野狸岛公园内，是我国第一座建设在海岛上的歌剧院，主要由1600座大剧院、600座多功能剧场及中部大厅组成。工程总用地面积5.7万m^2，总建筑面积约5.9万m^2。大剧院结构高度90m，多功能剧场结构高度56m，主体结构均采用全现浇钢筋混凝土框架-剪力墙结构体系，外贝壳结构采用空间网格钢结构体系。建筑创作思源于大海，总体布局形似从海中升起的美丽鱼鳍烘托着纯净的双贝造型，形成“珠生于贝，贝生于海”的意境，打造成为一个集高雅艺术殿堂、市民休闲场所、旅游观光胜地和城市地标景观多功能的建筑。工程总投资13亿元，于2012年6月15日开工，2017年6月30日竣工验收。工程效果图如图1所示。

图1　珠海大剧院立面图

2　工程重点与难点

2.1　多维曲面混凝土结构施工

本工程观众厅结构为由28根弧形柱、12根弧形环梁和15cm厚弧形板组成的壳状壁式框架结构体系。弧形墙高度30m，长度70m，结构要求采用无竖向施工缝的整体连续浇筑。弧形梁和柱交叉环绕，型钢和钢筋布置密集，弧形墙弧度在0.48°到20.79°，曲面不规则、构造独特、施工控制难度大。

2.2　贝壳状双曲面弧形钢结构施工

本工程贝壳钢结构高度为90m，沿竖向先底部向外倾斜2m，逐渐过渡到向内倾斜11m，主桁架及弯扭构件杆件众多，达3200多个分段，高空定位及安装精度控制要求极高。贝壳钢结构在未形成整体受力体系前，塔吊柔性附着难度大。

2.3　贝壳状双曲双层幕墙施工

本工程大小剧场幕墙工程90m高，总面积约9.6万m^2，全部为不同单元尺寸的单元块体，构造别致、工艺复杂、精度控制要求高、安装难度大。

2.4　大跨度弧形屋面垂直运输

本工程大剧场采光屋面南北跨度达130m，东西跨度为45m。弧形屋面面积大，材料多，垂直运输难度大，安全管理不易。

2.5　大型剧院声学设计与施工控制

本工程大剧场内声学控制精度要求达到0.1s，其声学环境设计、检测、模拟、控制建造难度大。

3 技术创新点

3.1 30m 高多维曲面混凝土结构施工技术

工艺原理：通过 BIM 软件进行精确建模，根据工程情况将弧形结构进行竖向分段，利用 BIM 模型计算各分段控制点坐标辅助测量放样，在模型节点区进行型钢与钢筋交叉排布深化设计和加工，使用专业配模软件进行模板弧度拟合计算、模板配置和加工安装，最后进行自密实混凝土配制及浇筑施工，结构成形后达到变曲率双曲面薄壁钢骨混凝土结构设计要求。

技术优点：发明了一种大型珍珠形混凝土壳体结构的施工方法，研发出基于“内控＋外控”空间定位技术，创新运用了内外协同受力的脚手架搭设固定方法，基于单元曲面拟合理论研发出曲面模板加工和安装技术，解决了国内首例珍珠形壳体混凝土结构及超高剪力墙的施工难题。

鉴定情况及专利情况：该项技术经鉴定达到国际领先水平。经总结形成专利 3 项：大型弧形墙施工方法（发明专利授权号：ZL201210501554.0）、超高剪力墙的模板支设结构及施工方法（发明专利授权号：ZL201410822527.2）、超高剪力墙的模板支设结构（实用新型专利授权号：ZL201420845908.8）。

3.2 90m 高贝壳状双曲面弧形钢结构施工技术

工艺原理：通过分批将工厂加工散件运输至现场，在现场将杆件制作单元组装成吊装单元。通过空间模型计算出桁架分段各节点的三维极坐标，利用全站仪将三维极坐标进行空间放样，采用“现场拼装”和“高空定位总拼”的方式，将大型放射状弧形钢结构平面进行分区，上下进行分段，分段内由两边向中间进行吊装，分区内由下往上进行施工。在弯扭构件的下方设置支撑胎架，采用 D1100 型大型塔吊进行桁架整体吊装施工，待中部连接桁架安装完成后，放射状钢桁架形成整体受力体系，同时研究应用大型塔吊在柔性钢结构上的附着施工技术，实现塔吊柔性附着爬升，最后由两侧向中间进行吊装合拢，完成整体放射状弧形钢结构安装施工。

技术优点：发明了“立面分段＋平面分区”的贝壳钢结构吊装方法，设计出基于双耳板形式的弯扭构件精确安装装置，基于力学理论分析情况下，研发了大型塔吊柔性连接结构，总结形成了通过主桁架和转换梁的相互支撑来减少胎架使用的施工方法，解决了曲面钢结构高空精确控制、大型塔吊柔性连接的难题。

鉴定情况及专利情况：该项技术经鉴定达到国际先进水平。总结形成专利 3 项：大跨度钢梁安装施工方法（发明专利授权号：ZL201410320988.X）、钢结构弯扭构件高精度免测量施工方法（发明专利授权号：ZL 201410125900.9）、一种大型放射状弧形架体结构施工方法（发明专利号：201510512977.6）。

3.3 90m 高贝壳状双曲双层幕墙施工技术

工艺原理：通过将双曲面幕墙结构在竖向曲面进行分段，根据建筑曲面造型特点，在主体钢结构上搭设环状曲面弧形脚手架，同时进行有限元模拟脚手架不同工况受力变化。通过现场实测并借助 BIM 技术进行二次精确建模，将双曲幕墙分解成若干单元块体精确计算下料尺寸及空间定位坐标，采用全站仪进行三维放样，依次安装牛腿、龙骨、内侧玻璃面板、外侧穿孔铝板，最后注密封胶，淋水检验合格后按顺序拆除弧形脚手架。

技术优点：发明了 90m 高贝壳状双曲面双层幕墙结构安装施工方法，设计出基于内外协同作用的弧形脚手架、研制出基于“二次建模＋反射片”的三维空间测量和基于 BIM 技术的精确下料控制技术，解决了 90m 高贝壳状双层幕墙的高精度制作安装难题。

鉴定情况及专利情况：该项技术经鉴定达到国际先进水平。经总结形成专利 1 项：一种大型贝壳状双曲弧形幕墙施工方法（发明专利授权号：ZL201510509401.4）。

3.4 130m 大跨度弧形屋面垂直运输施工技术

工艺原理：采用 BIM 软件整体建模计算，研究大跨度弧形屋面的曲面变化情况，通过设计一种导轨式垂直运输平台，实现大跨度弧形结构的垂直运输施工。导轨式垂直运输平台包括运输小车、导轨、钢丝绳、滑轮、牵引装置、限位装置，运输小车由钢方通制作而成，导轨由 110＃工字钢通过模型精确计算弧度压弯焊接安装而成；滑轮采用特制滑轮；钢丝绳采用Φ16钢丝绳，牵引装置固定在导轨底部结构面上，并通过牵引钢丝绳跨过导轨顶部连接到运输小车上。采用本垂直运输平台对弧形曲面屋面进行材料运输时，可以不受屋面弧度及跨度的限制，将材料运输至所需的工作面。

技术优点：研发出高适用性的大跨度屋面结构的施工物料装卸方法，研制了一种基于“弧形导轨＋运输小车”的垂直运输平台装置及施工方法，解决了大跨度弧形结构屋面垂直运输的难题，实现了大跨度屋面高效、绿色施工。

鉴定情况及专利情况：该项技术经鉴定达到国际先进水平。经总结形成专利2项：施工物料装卸方法及其设备（发明专利授权号：ZL201310146498.8）、弧形导轨式运输装置（实用新型专利授权号：ZL201521066379.2）。

3.5　大型剧院声学设计及控制技术

工艺原理：基于工程地理位置环境及工程特点进行设计、模拟、施工一体化研究，研究设计了设备机房内隔振隔声板及建筑结构，研制出一种新型舞台木地板结构，优化改进GRG扩散体施工工艺、设计了间隙隔震隔声节点，研发连接加固及接缝处理技术。

技术优点：该技术完善了剧场声学设计、施工控制理论，实现了剧院绿色高效施工，成功解决了大剧院极高的声学要求。

鉴定情况及专利情况：该项技术经鉴定达到国际先进水平。经总结形成专利2项：舞台木地板结构（实用新型专利授权号：ZL201520819581.1）、一种隔振隔声板及隔振隔声建筑结构（实用新型专利授权号：ZL201520480977.8）。

4　工程主要关键技术

4.1　30m高多维曲面混凝土结构施工技术

4.1.1　概述（主要介绍技术特点，拟解决的问题）

本项目观众厅结构为由28根弧形柱、12根弧形环梁和15cm厚弧形板组成的壳状壁式框架结构体系。弧形墙高度30m，长度70m，结构要求采用无竖向施工缝的整体连续浇筑。弧形梁和柱交叉环绕，型钢和钢筋布置密集，弧形墙弧度在0.48°到20.79°，施工难度极大，如图2所示。

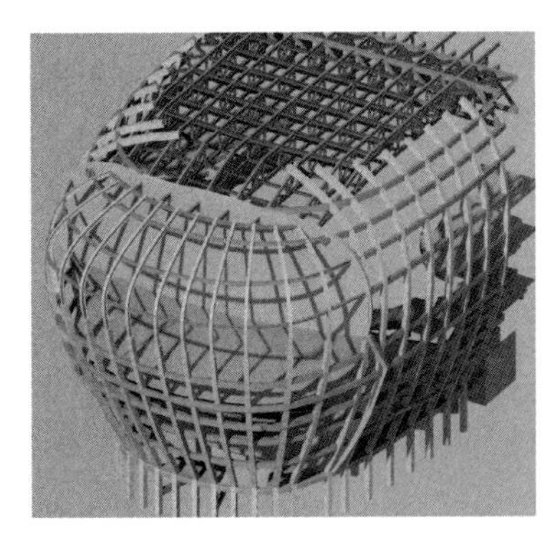

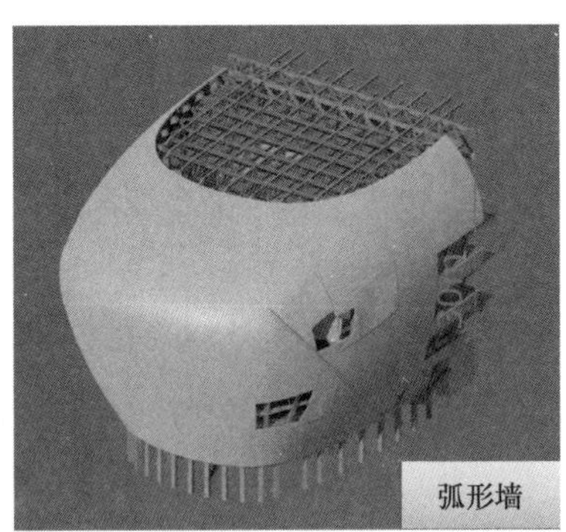

图2　多维曲面混凝土壳体结构示意图

4.1.2　关键技术

1. 施工工艺流程（图3）

2. “内控＋外控”空间定位技术

根据壳体结构特点，主要利用全站仪进行三维极坐标定位放样，利用BIM三维模型作为空间坐标提取技术，充分利用模板支撑系统及外架系统来增加测控点的有效附着面。然后将控制线的控制点测放至模板支撑系统和外架系统上，利用控制线与结构边线的尺寸关系进行弧形结构定位控制，如图4所示。

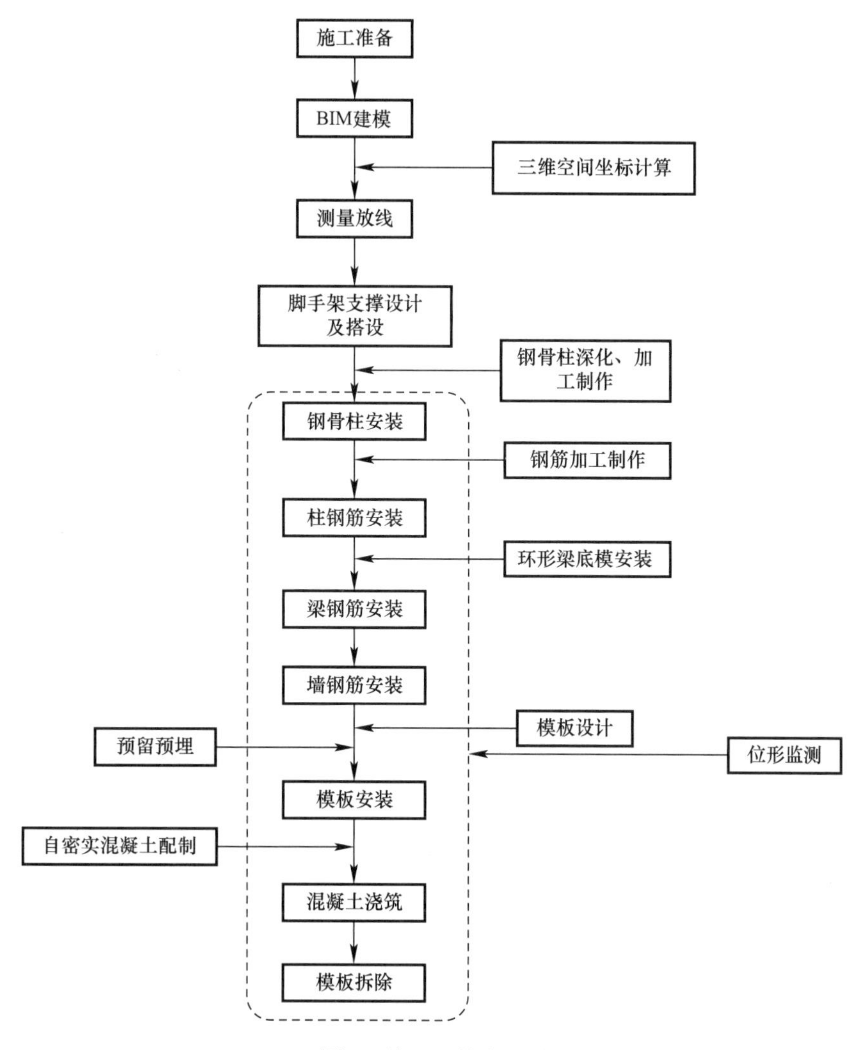

图 3 施工工艺流程图

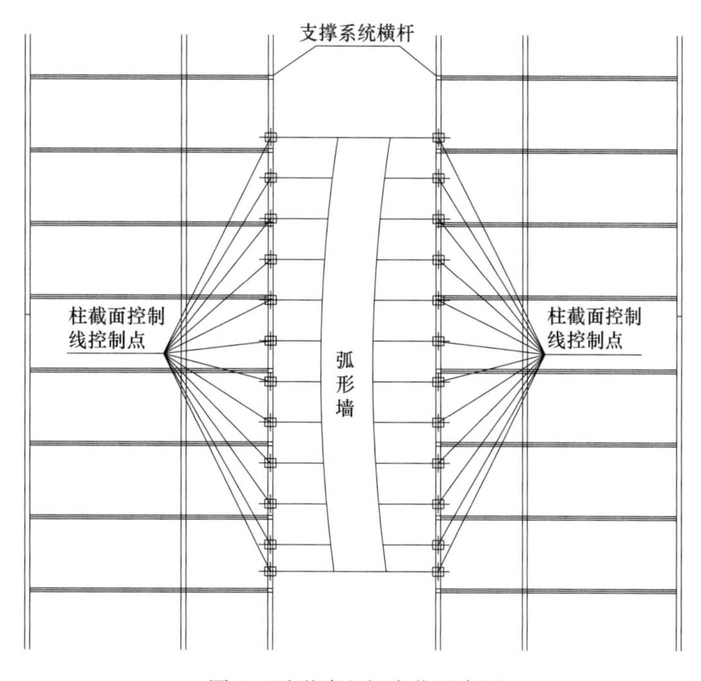

图 4 弧形墙空间定位示意图

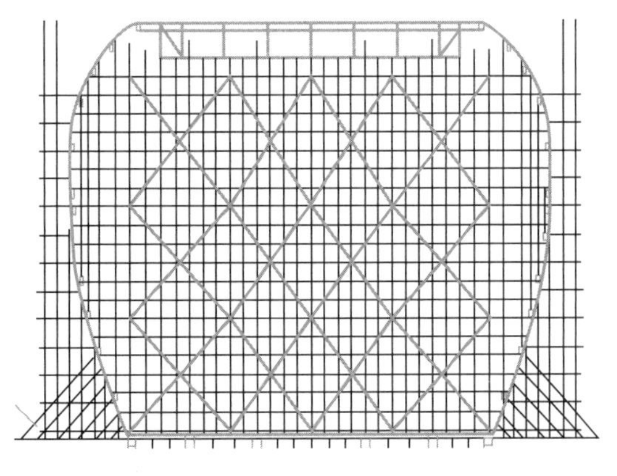
图 5　支撑体系示意图

3. 壳体结构的脚手架搭设技术

创新采用内外协同受力的脚手架搭设固定技术。根据弧形结构曲面变化大小和程度，内侧采用满堂架进行支撑，并与内侧的独立柱、剪力墙拉结；外侧施工段利用已施工完成的弧形结构上的对拉螺杆与钢管焊接，钢管与脚手架进行扣接。内外侧脚手架搭设均高于施工弧形段 1.5m，将内外侧脚手架进行拉结，形成对施工弧形结构段整体支撑体系，如图 5 所示。

4. 基于 BIM 技术的型钢与钢筋交叉安装技术

通过 BIM 建模，计算各分段节点坐标、弧度、长度，从而控制各分段钢筋的制作。根据三维模型，建立各构件钢筋与型钢之间的关系。通过设计优化，在开洞部位进行加劲板加强，洞口开孔尺寸略大，考虑现场安装误差对施工的影响。弧度大的部位，下料长度跨 1 根柱子，弧形小的部位，下料长度跨 2 根柱子，在两边进行直螺纹连接，如图 6、图 7 所示。

图 6　弧形柱型钢和钢筋布置节点

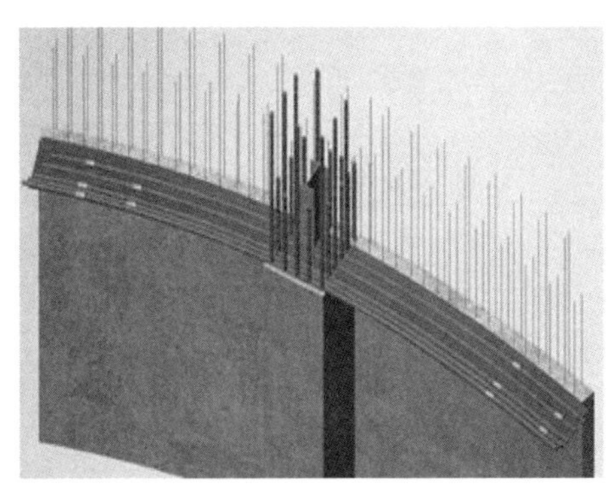
图 7　弧形梁钢筋直螺纹连接节点

5. 基于单元曲面拟合理论的模板加工和安装技术

按照弧形结构曲面变化情况，将其分解为若干个单元块体，如图 8 所示。分别按曲面结构分段进行圆弧拟合，通过比较确定每一分段的通用最小半径。根据配模分析、计算，拟定双曲面薄壁弧形结构的模板尺寸，如图 9 所示。待模板安装时，在弧形柱与弧形墙模板交接处，内侧安装 L50mm×5mm 角钢加固，角钢长度与模板高度一致，增强模板体系刚度。

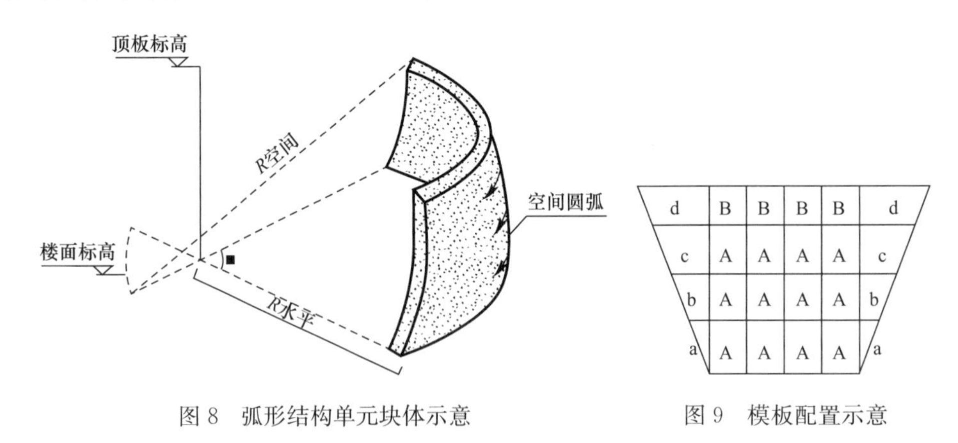

图 8　弧形结构单元块体示意　　　　图 9　模板配置示意

4.2　90m 高贝壳状双曲面弧形钢结构施工技术

4.2.1　概述（主要介绍技术特点，拟解决的问题）

本工程贝壳钢结构高度为 90m，沿竖向先底部向外倾斜 2m，逐渐过渡到向内倾斜 11m，吊装过程内力变化复杂，施工安全控制难度大。主桁架及弯扭构件杆件众多，达 3200 多个分段，高空定位及安装精度控制要求极高。贝壳钢结构在未形成整体受力体系前，塔吊柔性附着难度大，如图 10 所示。

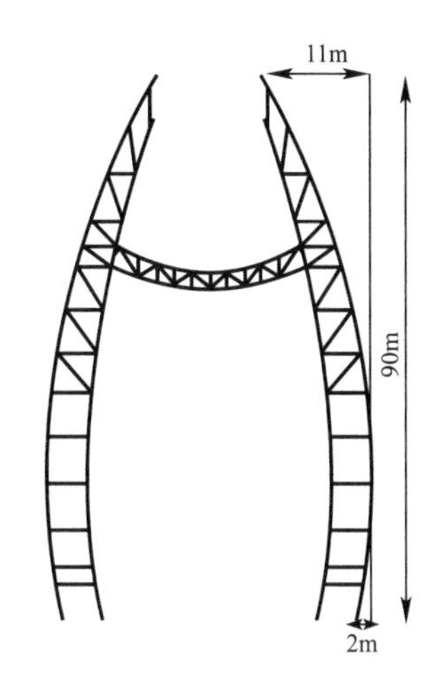

图 10　钢结构桁架分段示意图

4.2.2　关键技术

1. 施工工艺流程（图 11）

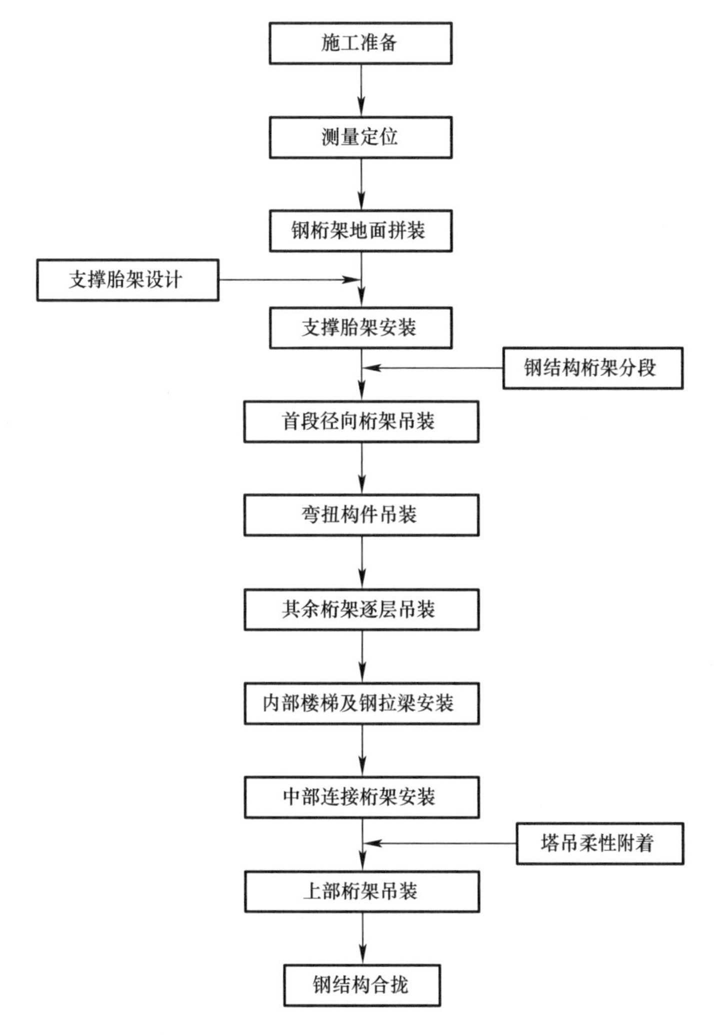

图 11　施工工艺流程图

2.“立面分段＋平面分区”的贝壳钢结构吊装施工技术

根据结构特点，通过模型计算出桁架各节点的极坐标，利用全站仪进行空间放样。采用“现场拼装”和“高空定位总拼”的方式，将大型放射状弧形钢结构平面进行分区，立面进行分段，分段内由两边向中间进行吊装，分区内由下往上进行施工，如图 12 所示。

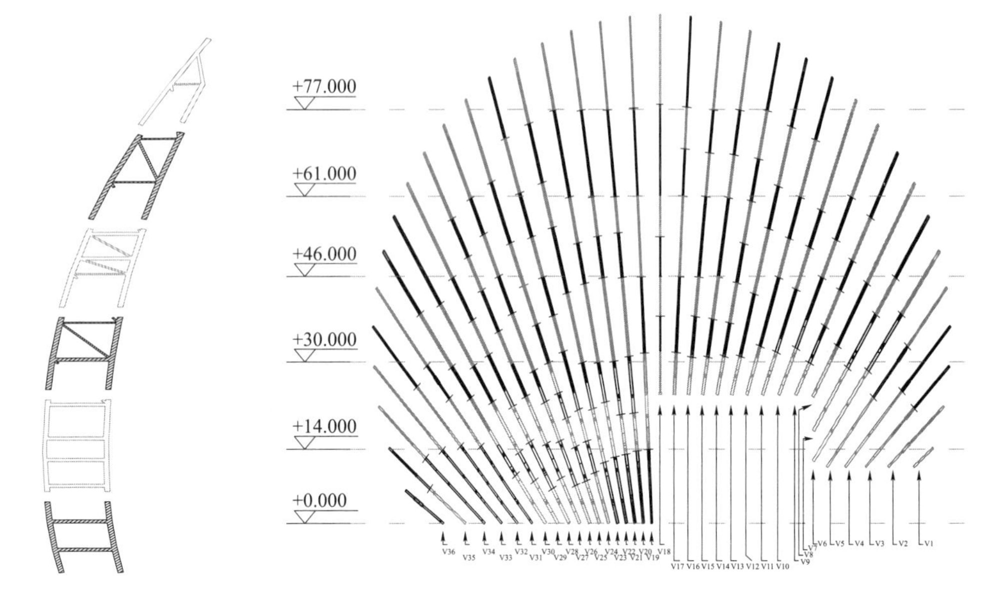

图 12　钢结构构桁架分段示意图

图 13　定位耳板的设置示意图

3. 基于双耳板形式的钢结构精确定位技术

深化设计时，在主构件侧面设置定位耳板，定位耳板一边与弯扭构件外表面平行。施工时，通过调整弯扭构件空中姿态，使弯扭构件两个外表面与定位耳板对齐，则弯扭构件安装就位。定位耳板同时起到临时固定的作用，施工时将弯扭构件调整就位并放置在定位耳板上后，吊机松勾，提高构件定位精度和吊装作业效率，如图 13 所示。

4. 大型塔吊柔性附着施工技术

基于力学理论分析情况，研发了大型塔吊柔性连接结构。根据曲面钢结构径向桁架整体结构形式，经计算模拟塔吊不同附着位置，钢结构施工过程变形及杆件内力变化情况分析，确定塔吊最佳附着点。根据受力分析结果将塔吊附着点设置在两侧径向桁架与中间连接桁架交接点附近，采取局部桁架加强。平面内增加一根斜腹杆，在平面外方向，分别向双曲面相邻点设置斜撑杆。同时将附着位置杆件壁厚加厚处理。撑杆两端设置耳板，与主结构通过销轴柔性连接，如图 14、图 15 所示。

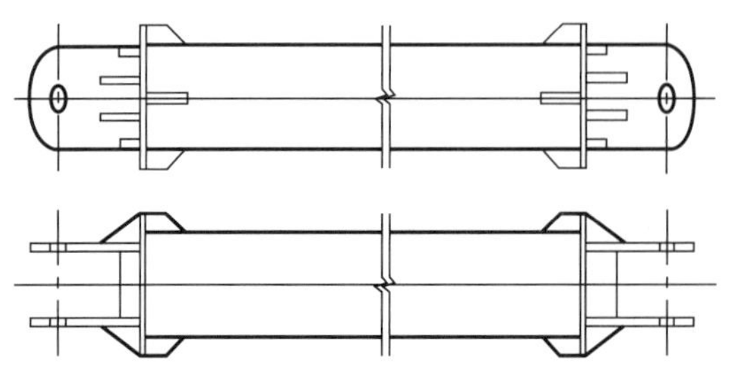

图 14　附着撑杆形式

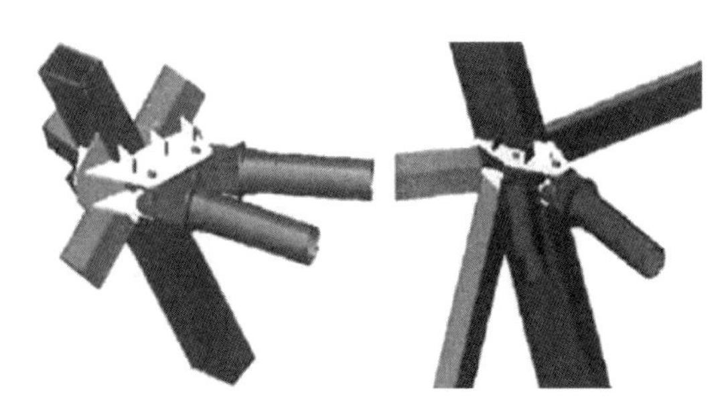

图 15　附着撑杆节点构造示意图

5. 复杂钢结构仿真力学模拟分析技术

吊装模拟试验采用有限元分析软件按照施工整体顺序，先吊装竖向桁架分段，用连接耳板临时固定后，吊装相应标高范围以内的天窗桁架，之后再完成竖向桁架弦杆间对接焊缝的焊接等吊装工艺进行模拟分析，确定吊装过程中结构应力变化最佳方案，如图 16 所示。

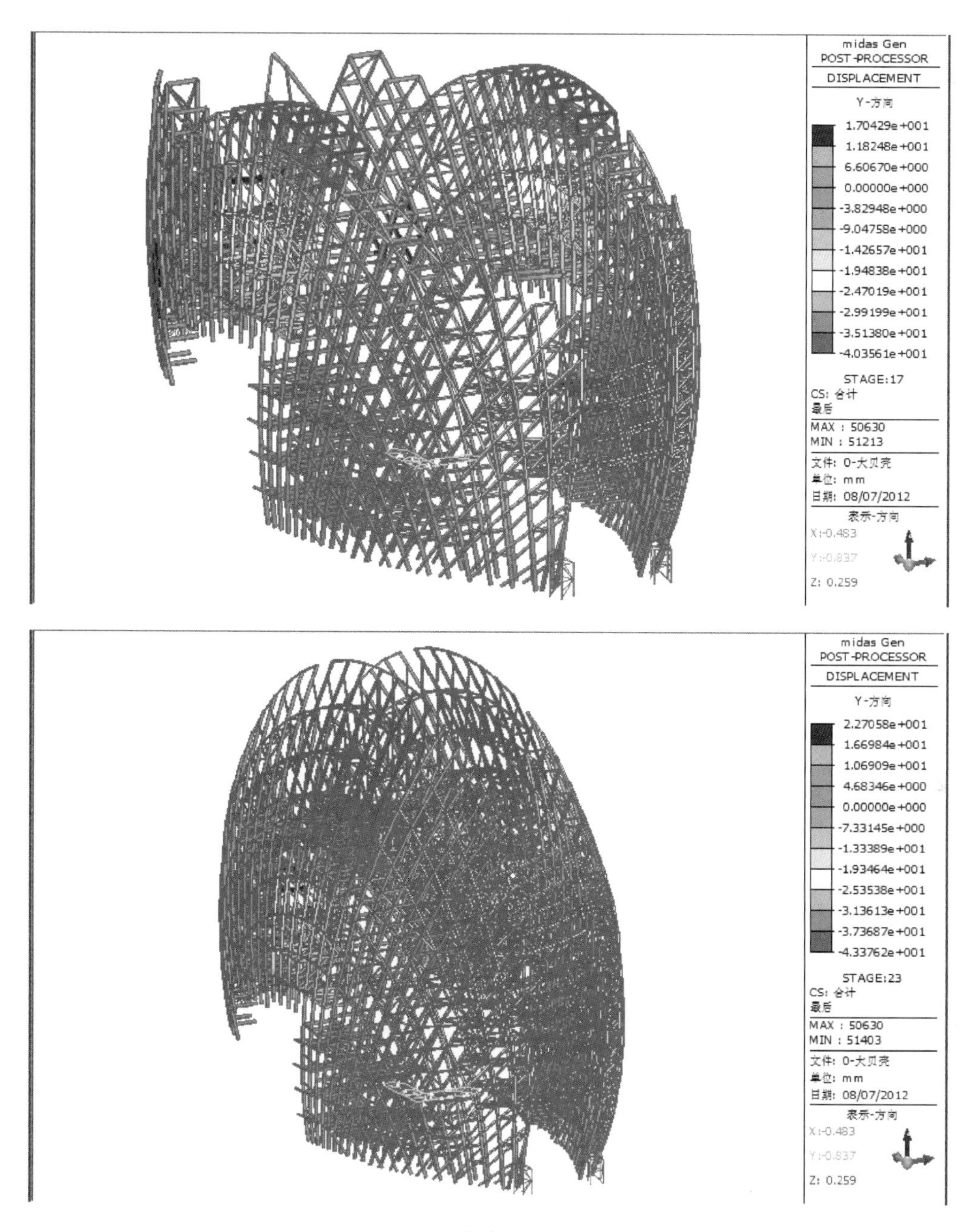

图 16　仿真力学模拟

4.3　90m 高贝壳状双曲双层幕墙施工技术

4.3.1　概述（主要介绍技术特点，拟解决的问题）

1. 大剧院幕墙工程为不规则扇形曲面，测量精度要求高，高空定位难度大，如图 17 所示。

2. 幕墙为空间网格状，玻璃幕墙分为 12465 个不同尺寸的单元块体，穿孔铝板分为 13682 个不同尺寸的单元块体，下料精度要求极高。

3. 环状脚手架搭设困难，支撑受力模拟复杂。

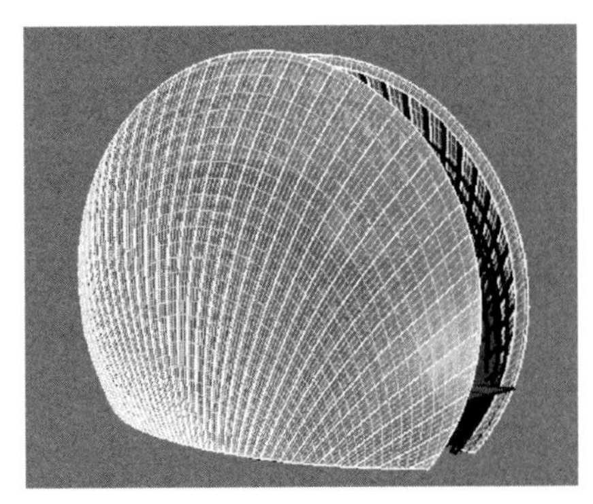
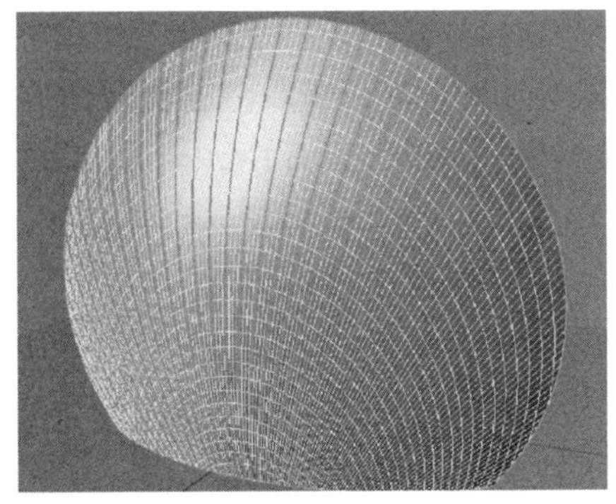

图 17　幕墙示意图

4.3.2　关键技术

1. 施工工艺流程

钢结构交叉点测量提取→建模→脚手架搭设→测量放线→玻璃、铝板后加环梁安装→牛腿安装→采光顶上部梭形百叶安装→玻璃幕墙龙骨安装、铝板幕墙龙骨安装、采光顶玻璃龙骨安装→氟碳喷涂处理→玻璃面板安装→打密封胶→3mm 厚穿孔铝单板安装。

2. 弧形脚手架搭设及受力复核技术

研究采用基于内外协同作用的弧形脚手架构造形式。脚手架搭设随贝壳状双曲弧形主结构逐步向上内收，脚手架支座采用 10＃槽钢焊接于主体钢结构上，再在槽钢上脚手架立杆对应位置焊接 20cm 长 Φ25 竖筋，脚手架立杆套设安装在竖筋上。在槽钢支座上进行脚手架搭设，脚手架连墙件固定在主体钢结构上。同时对脚手架不同工况下进行受力情况模拟计算，确保安全，如图 18、图 19 所示。

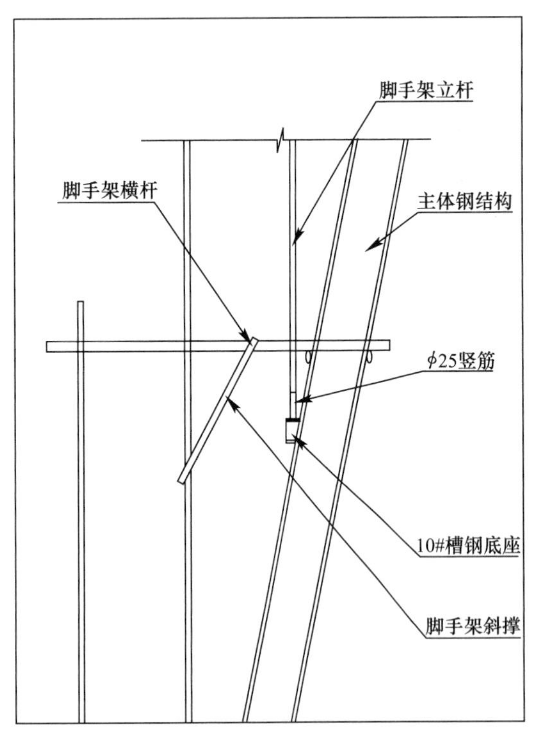

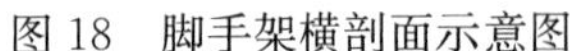

图 18　脚手架横剖面示意图

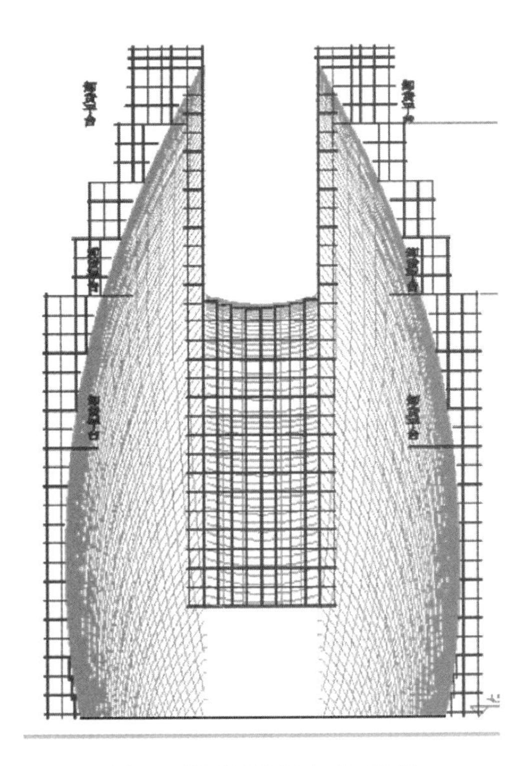

图 19　脚手架搭设完成示意图

3. 基于“二次建模＋反射片”的三维空间精确定位技术

通过二次精确建模，计算出幕墙单元板块各角点的三维极坐标，如图 20 所示。用全站仪将控制点引射到弧形钢结构的径向主梁和环形主梁上。同时将幕墙龙骨架分段的角坐标点输入全站仪，并在龙骨架端头贴上反射片，通过全站仪用输入的坐标信息精确定位龙骨架，然后用把牛腿结构及龙骨架分段点焊于主结构上，进而实现幕墙安装的精确定位，如图 21 所示。

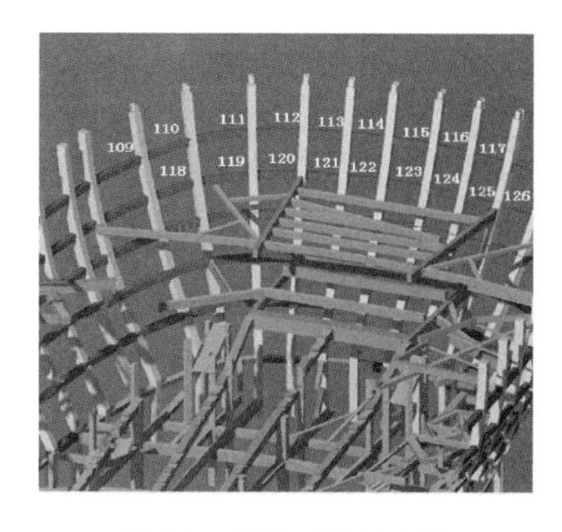

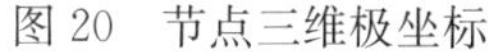

图 20　节点三维极坐标　　图 21　精确定位放样

4. 基于 BIM 技术的幕墙板块精确下料控制技术

现场钢结构安装后进行实测并二次建模，利用实际模型确定幕墙各个系统的分隔。通过 BIM 辅助将玻璃幕墙竖向划分成多个曲面段，再按划分曲面段的高度将曲面段横向划分成不同分隔尺寸的幕墙面板，然后计算得出每个单元面板的各个角点的三维极坐标点，根据模型及坐标数据进行下料精确控制，如图 22、图 23 所示。

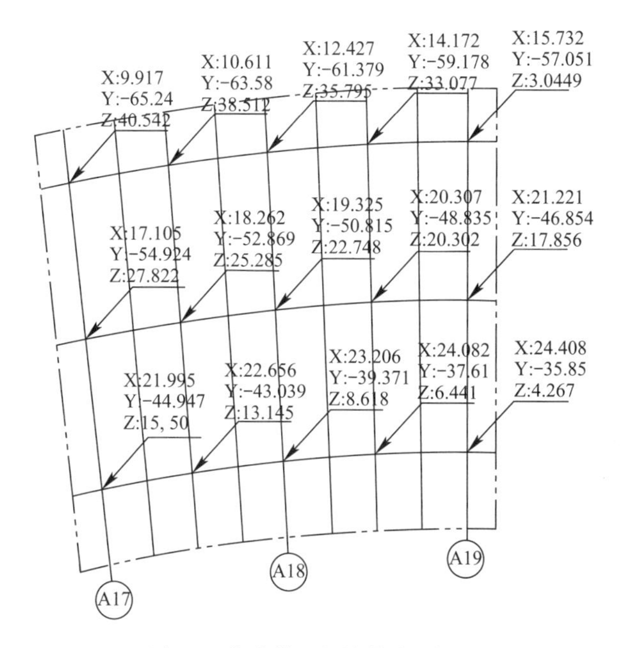

图 22　幕墙单元板块精确坐标图　　图 23　幕墙整体示意图

4.4　130m 大跨度弧形屋面垂直运输施工技术

4.4.1　概述（主要介绍技术特点，拟解决的问题）

本工程大剧场采光屋面南北跨度达 130m，东西跨度为 45m。弧形屋面面积大，材料多，垂直运输难度大，安全管理不易。因工期原因，外立面塔吊已拆除，其余垂直运输工具适应性差。主体螺旋钢结构沿南北方向前后宽度不同，高度起伏变化，垂直运输难度大，如图 24 所示。

图 24　大跨度弧形屋面示意图

4.4.2　关键技术

1. 施工工艺流程（图 25）

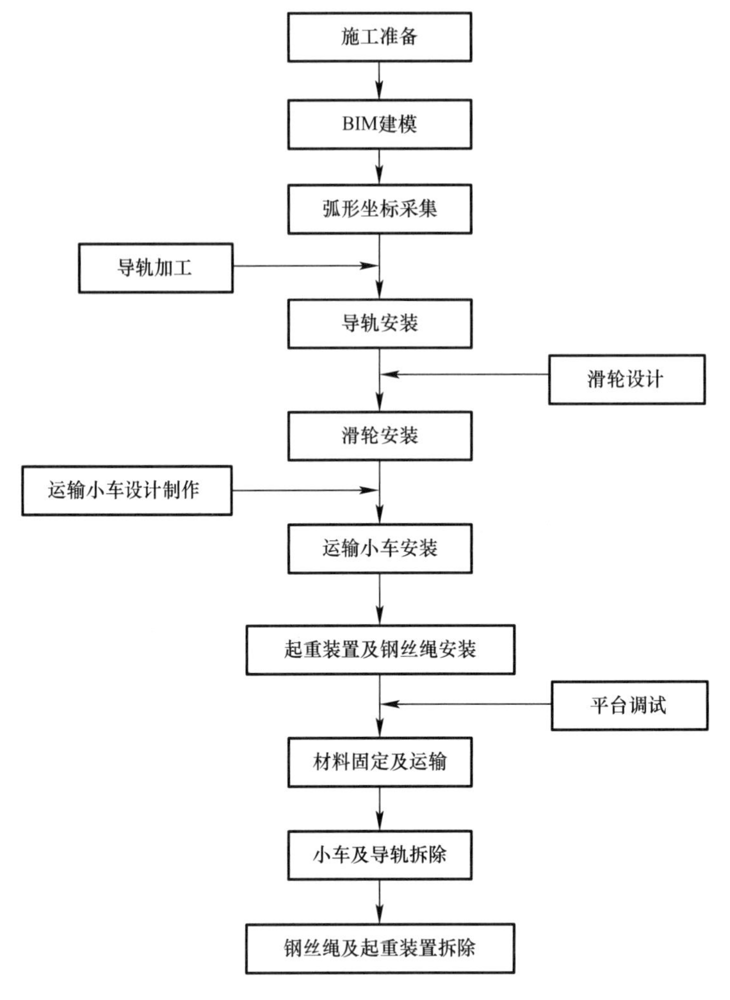

图 25　施工工艺流程图

2. 三维建模及坐标采集

应用 BIM 建筑信息模型技术根据图纸进行结构三维建模，在模型上提取相关坐标数据，得到具体曲面变化情况，根据数据对用于导轨的工字钢进行精确压弯处理，确保导轨安装弧度与屋面弧度变化一致，如图 26 所示。

3. 导轨加工及安装

（1）导轨加工

根据 BIM 信息模型上提取的坐标数据，对工字钢进行压弯加工制作，并进行编号。两段与地面连接的工字钢编号为 1 和 1'，往上分别为 2 和 2'，以此类推编号，如图 27 所示。

（2）导轨安装

首先安装第一节导轨 1 和 1'，导轨底部使用膨胀螺栓与结构面连接，导轨与主体结构连接采用卡箍固定，同时安装小横杆，横杆与导轨底侧固定牢靠，如图 28、图 29 所示。

依次向上安装导轨 2 和 2'、3 和 3' 等，直至导轨安装至结构顶面，如图 30 所示。

4. 滑轮设计与安装

根据导轨形状，设计一种特制滑轮组，实现滑轮与导轨之间的嵌固连接，实现滑轮沿导轨自由上下移动，同时安全可靠，如图 31、图 32 所示。

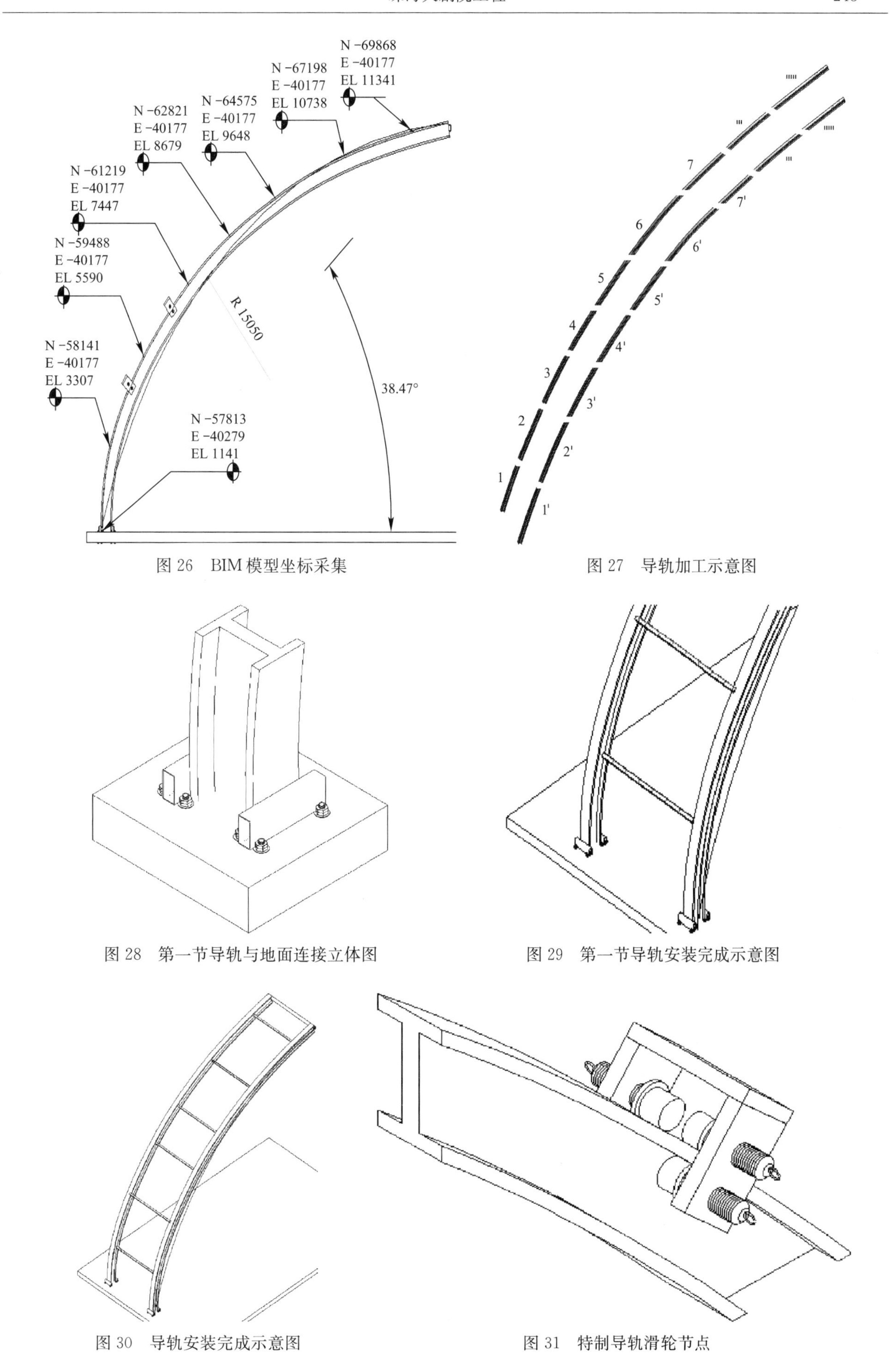

图 26 BIM 模型坐标采集

图 27 导轨加工示意图

图 28 第一节导轨与地面连接立体图

图 29 第一节导轨安装完成示意图

图 30 导轨安装完成示意图

图 31 特制导轨滑轮节点

5. 运输小车制作安装

根据运输材料情况，设计制作一种运输小车，小车尺寸长度为 1500mm，宽 1200mm，高 1000mm，小车采用 40×3 方通焊接制作而成，运输小车与特制滑轮相连，安置于导轨上，实现小车在导轨上的自由移动，如图 33 所示。

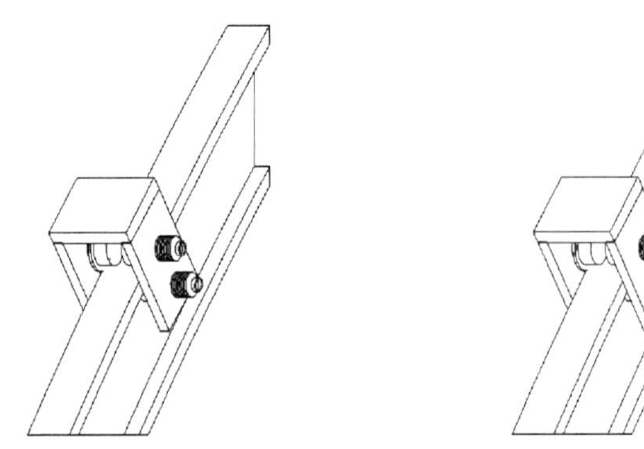

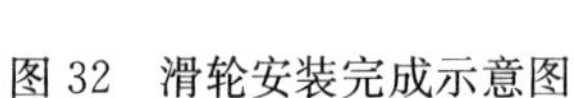

图 32　滑轮安装完成示意图

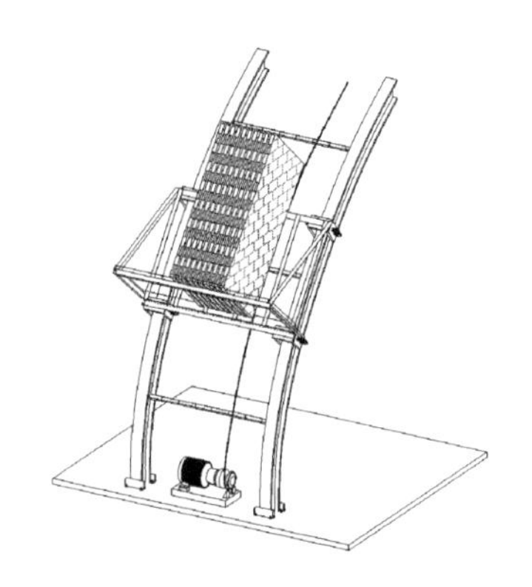

图 33　小车安装示意图

6. 起重装置及钢丝绳安装

起重装置采用 60kW 电动卷扬机，使用化学螺栓固定于轨道下方，有效降低卷扬机的转速和荷载。钢丝绳绕过轨道上部横杆与运输小车相连，实现使用卷扬机进行提升运输。由于整个作业面均为弧形，为避免卷扬机的动力钢丝绳磨损龙骨，在轨道中心线的钢丝绳经过的位置隔 2 道龙骨架设一个滑轮，让卷扬机的钢丝绳在架设好的滑轮中运行，以免磨损钢丝绳，如图 34、图 35 所示。

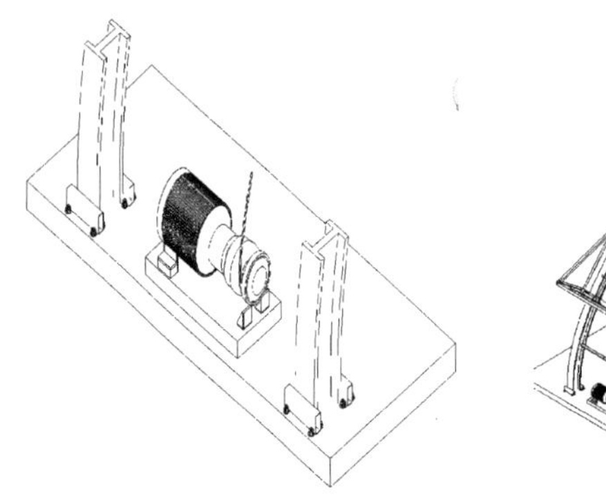

图 34　卷扬机安装示意图

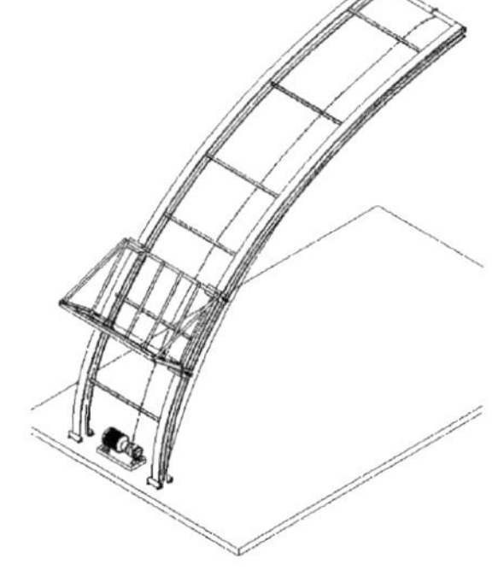

图 35　运输平台正视图

7. 材料固定及运输

运输时将运输小车与材料接触面用木方固定，以免材料直接与钢制货架接触产生破坏。工人在材料运输时，分为 8 人一组，上下各 4 人，作业人员将需要运输的材料搬运到运输小车上，调整好摆放位置，待位置摆放好后用绳子将材料牢牢地固定在运输小车上。

待材料固定完成后，卷扬机操作者，仔细观察运输轨道及周围是否安全，确保安全后启动开关按钮，将材料运送到指定位置。轨道上部运输人员，待材料运送到位，卷扬机停稳安全后，方可解绳将材料搬运。待材料搬运后，施工人员离开轨道足够的安全距离后，用对讲机通知卷扬机操作手将卷扬机启动，将运输小车牵引到地面准备运送下一批材料。运输示意如图 36 所示。

8. 运输小车及导轨拆除

待所有材料运输完成后，先保留顶部横杆不拆除，从上而下拆卸导轨，利用运输平台运输拆卸下来的工字钢。拆卸过程中，在拆除工作面安排专人看护，利用对讲机与卷扬机操作工进行实时通信，确保拆除过程中运输小车的高度距导轨顶部有 2000mm 的安全距离。使用氧气切割对导轨进行割除，每次割除长度为 3000mm，将割除的导轨放置于运输小车上，并做好固定措施，向下转运。待导轨拆至最后一段时，需将运输小车卸下后，方可拆除最后一段导轨，如图 37 所示。

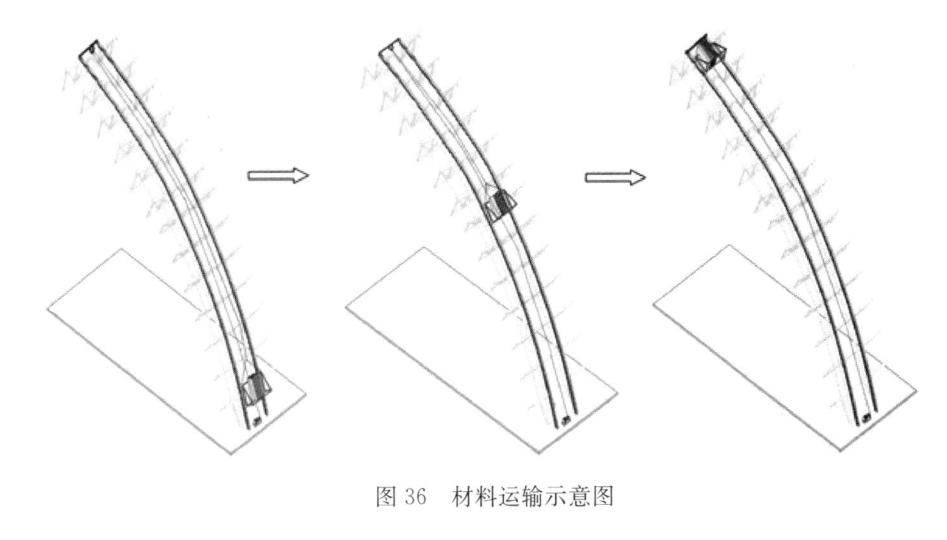

图 36　材料运输示意图

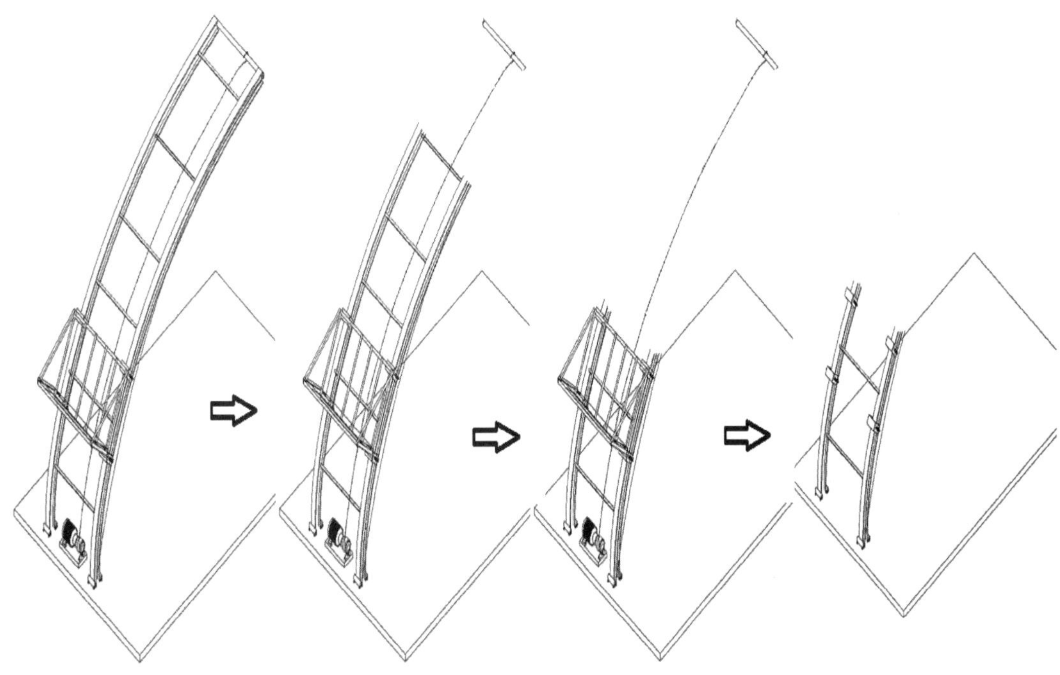

图 37　拆卸示意图

9. 钢丝绳及起重装置拆除

完成导轨拆卸后，将钢丝绳收回，然后将固定在顶部龙骨上的横杆拆除，最后再拆除固定于结构面上的起重装置。

4.5　大型剧院声学设计及控制技术

4.5.1　概述（主要介绍技术特点，拟解决的问题）

珠海大剧院室内声学设计是以自然声为主，电声为辅。通过严格控制的材料、工艺的声学性能，保证观众厅内获得了较长的低频混响时间，精度要求达到 0.1s。同时精确布置观众厅的内表面装饰面把反射声按一定的途径和时间引导至观众席，在观众席处获得充分的早期反射声，从而获得声音的清晰度，如图 38 所示。

4.5.2　关键技术

1. 施工工艺流程（图 39）

2. 声学试验及模拟技术

基于海岛环境下海风较大的特殊环境，项目建立了 1∶200 刚性缩尺模型，采用案头分析、风洞试

室内声学设计目标	
满场中频混响时间RTmid	1.6s±0.1s
满场低频混响时间RT (125Hz)	=RTmid×1.2
清晰度C80歌剧模态	0≤C80≤+2dB
清晰度C80交响乐模态	-1≤C80≤+2dB
声强因子G	G≥4dB
电声表演节目模态的室内声学设计目标	
满场中频混响时间RTmid	1.4s±0.1s
空调噪声标准	
空调系统噪声NR	≤NR20

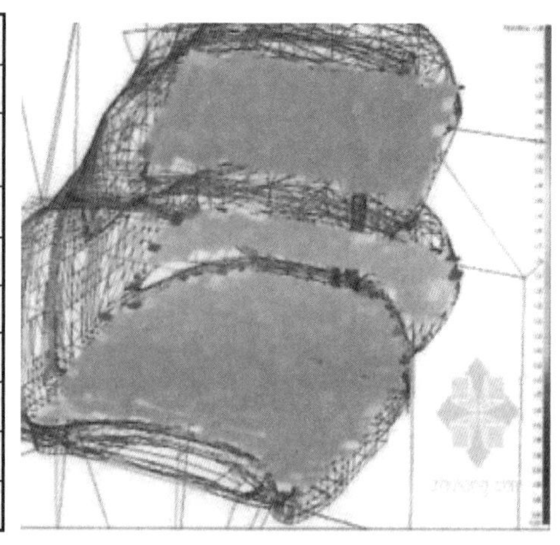

图 38 声学设计及反射示意图

验和理论研究，对外立面穿孔板进行噪声测试。优化建立了歌剧院原型结构动力测试理论，对模型动态风振响应、加速度及速度响应，进行理论研究、分析，最终根据数据确定海风对观众厅声学的影响，如图 40 所示。

基于声学传播理论，建立了 Odeon 室内声学三维模型，对观众厅进行几何形体声学研究与分析，通过多轮次的声学模拟、调整、试验，最终确保大剧院的声学既有丰满的混响（1.6s±0.1s），又有（0≤C80≤+2dB）声音清晰度，如图 41、图 42 所示。

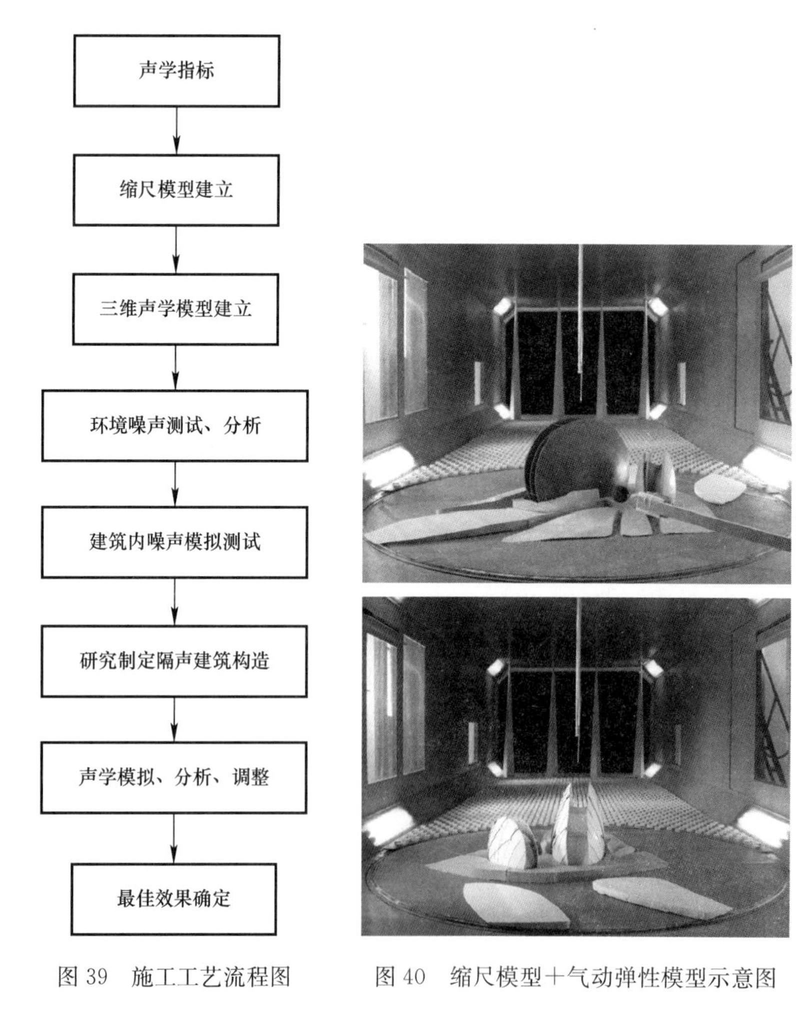

图 39 施工工艺流程图　　图 40 缩尺模型+气动弹性模型示意图

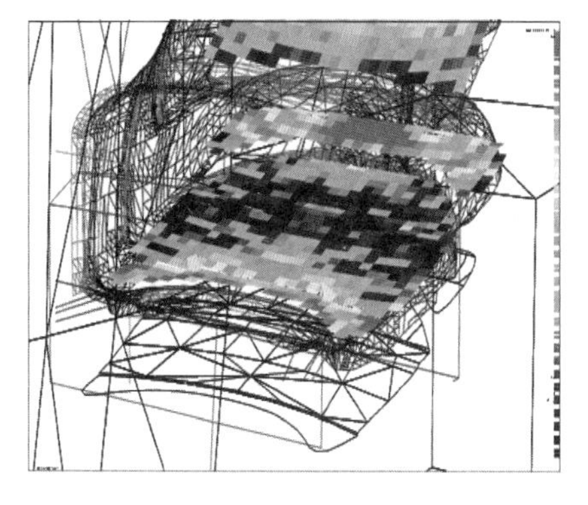
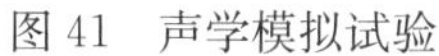

图 41　声学模拟试验

图 42　Odeon 声学模型示意图

3. 隔声降噪技术

发明了设备机房内一种隔振隔声板及隔振隔声建筑结构，研制出一种新型舞台木地板结构，观众厅天棚墙面及公共区域大小筒体墙面全部采用 13000m²GRG 声学扩散体，优化改进施工工艺、设计了间隙隔震隔声节点，研发连接加固及接缝处理技术，如图 43 所示。

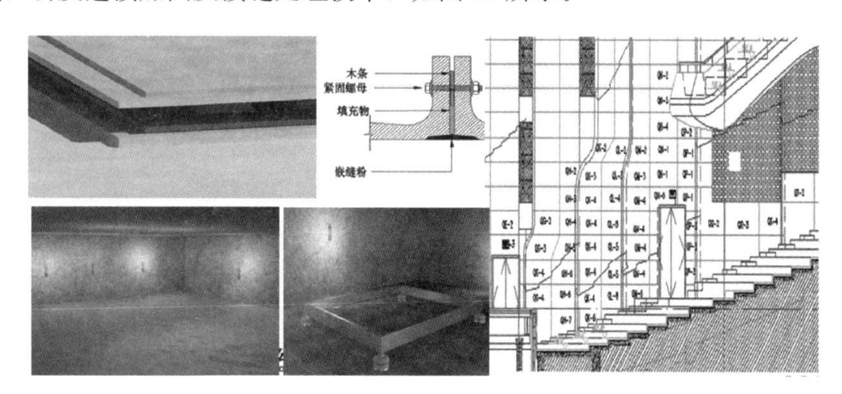

图 43　设备减震＋GRG 声学扩散体设计及处理示意图

5　社会和经济效益

5.1　社会效益

本项目研究成果已成功应用于珠海大剧院、广州万达文化旅游城、深圳海上世界文化艺术中心等工程，并为 2017 年珠海市新年音乐会成功举办提供了可靠保障。2017 年 4 月，以叶可明院士、肖绪文院士为首的专家组对本成果进行评价，结论为总体达到国际先进水平，其中超高变曲率薄壁钢骨混凝土壳体结构建造技术达到国际领先水平。获国家专利 18 项，其中发明专利 9 项，获省部级工法 6 项，发表论文 12 篇，获中国钢结构协会科学技术 1 项、中国施工企业管理协会科学技术奖科技创新成果奖 2 项，取得了显著的社会效益。本项目研究形成的创新建造思路、高精度施工控制及高效快速高效的推进项目施工，已获中建总公司科技示范工程、广东省科技示范工程。新技术的推广应用，保证了工程质量，提高了建筑工程的资源利用率、减少了环境污染，实现了绿色高效建造。

5.2　经济效益

2014～2016 年，公司在承建的珠海歌剧院、广州万达文化旅游城万达茂、深圳海上世界文化艺术中心项目中采用了“高大空间变曲率双曲面薄壁钢骨混凝土结构施工技术”、“超高大跨度多层钢屋盖施工技术”、“弧形屋面导轨式垂直运输施工技术”、“基于 BIM 技术的大弧度管道制作与安装施工技术”等关键技术，降低了材料损耗、缩短了施工工期，提高了工程质量，保证了施工安全，经济社会效益显著。本研究成果合计新增产值 45200 万元，新增利润 2450.8 万元，新增税收 1380.5 万元，取得了良好的经济效益和社会效益。

6　工程图片（图 44～图 48）

图 44　大剧场内景

图 45　小剧场内景

图 46　夜景

图 47　外景

图 48　内景

珠海横琴新区市政基础设施BT项目综合管廊工程

许海岩　陈大刚　何　健　黄晓亮　高　原

第一部分　实例基本情况表

工程名称	珠海横琴新区市政基础设施BT项目综合管廊工程		
工程地点	珠海横琴		
开工时间	2011年6月1日	竣工时间	2014年9月26日
工程造价	22亿元		
建筑规模	33.4km		
建筑类型	市政工程		
工程建设单位	珠海大横琴投资有限公司/珠海中冶基础设施建设投资有限公司		
工程设计单位	中国市政工程西南设计研究总院有限公司/珠海市规划设计研究院		
工程监理单位	珠海市工程监理有限公司		
工程施工单位	中国二十冶集团有限公司		
工程获奖、知识产权情况			

工程类奖：

全国建设工程优秀工程管理成果一等奖，第十一届全国建设工程优秀工程管理成果一等奖，中冶建筑新技术应用示范工程，广东省市政工程安全文明施工示范工地，冶金行业优秀QC小组活动成果奖，上海市“申安杯”优质安装工程，广东省优良样板工程，广东省市政金奖，2全国冶金行业优质工程奖，全国市政金杯示范工程，中国安装之星，中国建设工程鲁班奖（国家优质工程）。

科学技术奖：

1. 2016年“中冶集团科技进步”2项：

《珠海横琴城市综合管廊全寿命周期关键技术研究与应用》获“中施企协科技创新成果一等奖”；《欠固结淤泥路基处理技术的试验研究与应用》成果综合水平达国际先进水平，获中冶集团科技进步二等奖。

2. 2015年“广东省市政行业协会科学技术奖励”1项：

《海漫滩复杂地层深基坑综合处理关键技术》成果综合水平达国际先进水平，获广东市政行业科学技术三等奖。

3. 2016年“珠海市科技进步奖”1项：

《市政超厚软土路基处理综合技术的研究与应用》成果综合水平达到国际先进水平，获珠海市科技进步三等奖。

续表

知识产权（含工法）：

专利：

1. 2013年专利4件

《软土地基复杂深基坑阶梯式组合支护方法》、《钻机成孔角度和深度的测控装置》、《深厚高压缩性软土夹抛石层地基沉桩引孔施工机械》、《一种排水固结法真空度自动保持装置》。

2. 2014年专利1件

《土地基条件下大面积带内支撑坑中坑开挖方法》。

3. 2015年专利2件

《一种管沟卸料口管道运输装置》、《临水深厚淤泥区域的吹填施工场界围堰加固方法》。

4. 2016年专利9件

《软土路基土层滑移破坏真空系统的局部再造、修复方法》、《地下管廊控制斜坡滑移的施工方法》，《管沟内管道支墩的安装装置及其安装方法》、《应用于软土地基处理的真空联合堆载预压施工方法》、《一种沥青混凝土路面反射裂缝处理方法》、《砂井堆载预压后后注浆封闭加固方法》、《嵌岩灌注桩桩底欲裂注浆方法》、《一种先筑冠梁的支护桩施工方法》、《一种边坡复绿美化装置及美化方法》。

5. 2017年专利6件

《砂井堆载预压后后注浆封闭加固方法》、《淤泥场界带状深基坑处理方法》、《针对饱和淤泥层中振动沉管灌注桩施工的减压方法》、《吊脚嵌岩灌注桩围护基坑开挖方法》、《冲孔灌注桩排桩支护桩间引流止水方法》、《深厚软土地区桥梁灌注桩纠偏方法》

工法：

1. 2014年工法2件

《复杂周边环境下高边坡爆破施工工法》、《软土地基深基坑阶梯式组合支护施工工法》。

2. 2015年工法2件

《嵌岩悬臂桩支护与静力破碎开挖施工工法》、《大型综合管廊管线施工工法》。

3. 2016年工法1件

《海漫滩排水固结法地基处理施工工法》

4. 2017年工法1件

《软土地基现浇综合管廊结构施工工法》

第二部分　关键技术名称

1. 综合管廊地基处理技术
2. 综合管廊深基坑支护技术
3. 综合管廊主体结构施工技术
4. 综合管廊内大口径管道安装技术
5. 综合管廊电气及附属设施安装技术

第三部分　实 例 介 绍

1　工程概况

珠海横琴新区市政基础设施BT工程综合管廊工程全长33.4km，总投资22亿元，沿市政主干路网呈“日”字形布置。横琴新区综合管廊分为一舱式、两舱式和三舱式3种，其中一舱式综合管廊7.6km，两舱式综合管廊19.2km，三舱式综合管廊6.6km；电力管廊均为一舱式，共10km。综合管廊内分期实施给水、中水、电力等6种管线；通风、排水、消防、监控系统由控制中心集中控制，实现全智能化运行（图1）。

工程具有以下特色：

（1）超前规划、综合配套

1）横琴新区综合管廊是当时国内施工最复杂、一次性投入最大、纳入管线种类最多、服务范围最广的综合管廊。

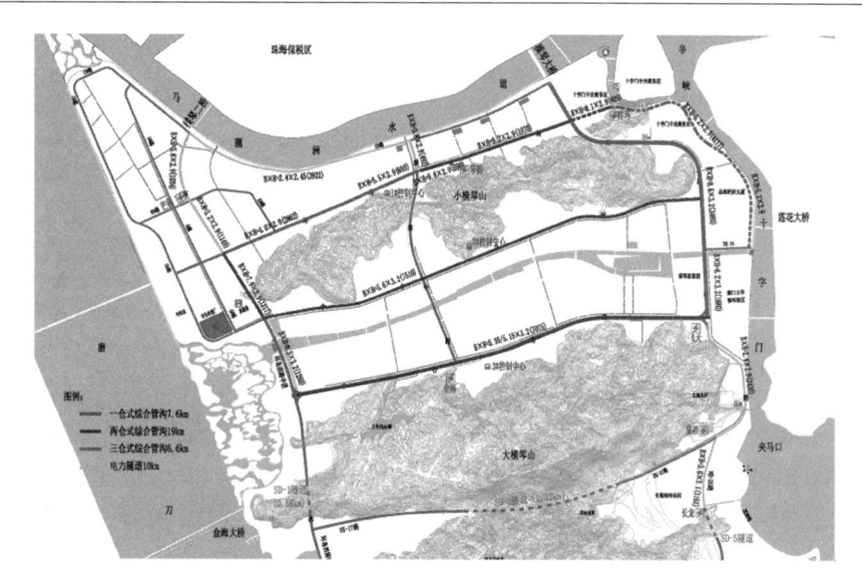

图1 珠海横琴新区市政基础设施BT项目综合管廊平面图

2）综合管廊内分期实施有中水、给水、垃圾真空管等6种管线，能满足横琴未来100年城市发展使用需求。

（2）现代智能特色

综合管廊内设有通风、排水、消防、监控等系统，由控制中心集中控制，实现全智能化运作。

（3）设计新颖

1）起点高、标准高，在国内处于领先水平

在106平方公里的土地上一次性规划建设综合管廊33.4km，且一次性建设完成，同时尽可能纳入电力、通信、给水、中水、供冷及真空垃圾管等6种市政管线，无论从建设规模还是纳入管线种类在当时均处于国内领先水平，提高了横琴新区市政基础设施现代化水平。

2）系统性强

在新区所有主干道上均布置了综合管廊，总体呈“日”字形分布，且向东和南部区域延伸，规模大，服务范围广，形成了一个系统性的综合管廊。

3）生态、环保效益明显

配套的建构筑物均同步进行景观设计，与周边环境融为一体，与道路景观协调一致；杜绝了地下管线维修、扩容造成的道路重复开挖而导致的“黑色污染”，提高横琴新区整体景观效果；采用地埋式箱变，具有节能、省地、环保、无噪音、运行稳定、安装操作和维护方便等优点，其外形美观，与周边环境相融合。

4）设计采用电力舱下穿管道舱、管道支墩与支座交叉配合应用等方法，很好地解决了综合管廊交叉点衔接及与廊外管线连接的问题。

5）率先在国内进行每隔0.8km设置人员出入口的创新设计，极大方便了检修及工作人员的出入。

横琴综合管廊的设计获2015年四川省优秀工程设计一等奖。

综合管廊建成后，相对于传统的直埋管线优势十分明显。实现了土地集约化利用，节约了城市用地约40公顷；避免了道路反复开挖，延长各种管线的使用寿命，改善了城市环境，提高市政供应的安全保障，增强了城市的防震抗灾能力。

2 工程重点与难点

2.1 地质条件差，设计难度大

1. 综合管廊沿途地质、地形复杂、设计难度大

综合管廊沿途地质条件复杂，有深厚软土地基、岩层、孤石。大部分区域为“三高一低”的软土地

基，淤泥平均深度25m，最深处超过40m。部分路段需要进行岩石爆破，同时受到很大的车辆通行干扰，对交通组织提出了很大的挑战。

2. 管廊区域穿越障碍多、软基处理复杂、基坑支护难度大，也是当时国内纳入给水管管径最大（DN1400）和同时纳入垃圾真空管的地下综合管廊。

2.2 条件复杂，施工难度大

1. 周边环境复杂、施工组织难

工程线路长、施工内容多，沿线建筑物及地下管线密集，与道路施工多处重叠交叉。

2. 深基坑开挖、支护难度大

横琴地下综合管廊深基坑多，距离长，开挖深深度达5～7m，局部加深段达到8～13m，如何在复杂的地质条件下进行基坑支护，保障基坑安全，是施工中面临的首要问题。

3. 地基处理难、沉降控制要求高

工程位于深厚欠固结淤泥区，最大厚度达41.5m，含水率65%以上，且局部含5～10m厚的块石层。通过组织国家级专家论证，解决软基处理难题，并采用自主研发的欠固结淤泥处理技术，有效控制道路与综合管廊的差异沉降。创新块石层沉桩引孔技术，确保PHC桩施工质量。2010年7月29日，横琴新区管委会专门组织召开“横琴新区环岛北片区主次干路基础处理专家论证会”，施工方案通过专家论证。

4. 大直径管道运输、安装、线形控制难度大

长距离综合管廊空间受限，加深段多，焊接量大，施工安全要求高。自主研发管道运输及安装方法，利用BIM技术仿真施工，采用工厂模块化预制提高工效、确保质量，线形美观。

3 技术创新点

3.1 珠海横琴城市综合管廊全寿命周期关键技术研究与应用

3.1.1 工艺原理

以横琴新区综合管廊为主要研究对象，从综合管廊优化规划、地基处理与深基坑支护、综合管廊本体及附属设施系统设计与建造、综合管廊运营及管理模式探索等建设及运营全过程出发，通过理论分析、工程试验、技术研发及示范应用，攻克了多项技术难题，形成了系列核心技术。

3.1.2 技术优点

1. 针对拉链路、各种架空管网、管线交叉运维等传统城市市政工程难题，结合环保、绿色、智能等新型城市功能需求，突破传统管线敷设方式，集约利用地下空间，将分散的城市管网通过创新规划设置区域性地下综合管廊，形成连接各功能区的城市生命线，建立实时监控、开放的市政管线平台，并前瞻性地预留未来发展空间，充分体现了智慧、生态城市理念。

2. 针对深厚海漫滩软土处理深度难于确定、变形计算方法不完善等地基处理问题，提出了横琴地区深厚欠固结淤泥合理处理深度及卸载标准，发展了带桩帽的复合桩基地基处理综合技术、软土路基土层滑移破坏真空系统的局部再造、修复方法及深厚高压缩性软土夹抛石层地基沉桩引孔施工等一系列技术成果，形成了一套适用于沿海地区大面积深厚软弱土地基处理的设计、施工新技术。

3. 针对流塑淤泥变形机理特性及基坑变形特性的分析，考虑基坑开挖对周围环境的影响，软土地基条件下大面积带内支撑坑中坑开挖方法和地下管廊控制斜坡坡段滑移的施工方法，有效地解决了海漫滩地貌高含水率、流塑淤泥及剥蚀残丘地貌深基坑工程难题。

4. 针对综合管廊结构接头渗漏、封闭空间大型管道安装等管廊主体结构及附属设施建造难题，提出基于管-土相互作用分析的综合管廊设计方法，首次实现了管廊内机电、管道工厂化预制模块化安装，有效解决了长距离管廊封闭空间施工环境差、效率低及接缝渗漏的难题。

5. 针对管廊内管线安全、检修、消防及城市发展新增管线入廊等管理难题，以管廊监控中心为核心，应用了BIM及大数据技术进行系统运维，在国内率先开展了综合管廊运营维护实践，形成了一套

完整有效的综合管廊管理制度。

该成果获中施企协“科技创新成果一等奖”。

3.2 欠固结淤泥路基处理技术的试验研究与应用

3.2.1 工艺原理

通过选取不同地区的实验室同时进行土样试验，系统总结了横琴地区欠固结淤泥特性，成功解决了真空联合堆载预压在深厚欠固结淤泥路基处理过程中的勘察、设计、施工等问题，为深厚欠固结软土地基处理提供了科学合理的成功案例，完善和发展了排水固结法施工技术，为珠海横琴地区乃至其他类似地区深厚软土路基处理提供可靠的借鉴意义，为后续工程建设积累宝贵经验。

3.2.2 技术优点

1. 系统提出了不同覆盖层厚度珠海横琴欠固结淤泥层土的特性。

2. 明确了欠固结淤泥路基合理的地基处理方法，完善发展了欠固结淤泥路基分层综合法沉降计算。

3. 对深厚欠固结淤泥首次采用不同的插板处理深度进行真空预压试验，综合比较得出深厚欠固结淤泥路基的合理处理深度和卸载标准，有效指导了设计和施工。

4. 总结出一系列真空联合堆载预压法差异沉降防治技术。

鉴定成果情况：

该课题经中冶集团科技成果鉴定，综合水平达到国际先进水平。

3.3 市政超厚软土路基处理综合技术的研究与应用

3.3.1 工艺原理

围绕深厚淤泥层土的特性分析、现场试验、合理的软基处理深度的设计与施工方法、不同淤泥层处理深度的工后沉降和差异沉降控制、含块石区域控沉疏桩综合施工技术等方面进行研究，解决了真空联合堆载预压在深厚欠固结软土路基处理过程中的设计、施工等技术难题，形成了真空联合堆载预压处理深厚淤泥土路基的综合技术，为深厚欠固结软土地基处理提供了科学合理的成功案例，完善和发展了排水固结法施工技术。

3.3.2 技术优点

1. 将道路路基软基处理与综合管廊、管线、控制中心等地下构筑物的深基坑施工进行结合，研究出了经济、科学、合理的基坑支护方法。

2. 对建设过程中利用吹填砂技术进行创新优化，降低施工成本，缩短施工周期。

3. 改进深基坑支护技术中和深厚软土地基沉井施工技术。

该课题顺利通过珠海市科技工贸和信息化局验收，获珠海市科技进步三等奖。

3.4 海漫滩复杂地层深基坑综合处理关键技术

3.4.1 工艺原理

该工程位于沿海地区，为海相沉积漫滩地貌及剥蚀残丘地貌，地表为浅水域、沼泽、薄杂填土层，下部为高含水率饱和流塑淤泥层，给基坑支护设计、施工带来很大难度。为此，本工程以海漫滩复杂地层条件下深基坑设计、支护施工与基坑开挖为研究对象，研发了系列技术措施，包括6项关键技术：

1. 深厚流塑淤泥土层深基坑变形控制关键技术

针对流塑淤泥层高流变性特征及支护体系关键变形特征，提出控制基坑变形策略，提出饱和流塑淤泥层“相似微粒径土粒球的集合”的概念，并详细阐明流塑淤泥变形机理，合理解释基坑变形的本质原因。

2. 流塑淤泥土层深基坑预处理关键技术

利用真空联合堆载预压及砂井桩等排水固结方式，有效降低淤泥含水率，改善基坑土层参数，总体降低基坑支护成本，减少基坑变形风险，研发出简易砂井桩堆载预压专利技术，充分利用场平填土作为堆载荷，分两阶段完成目标场平。该技术已申请发明专利。

3. 深层水泥搅拌桩基底空间强化加固关键技术

通过桩体拌合土强化技术及优化排桩组合技术，提高流塑性指数淤泥层基底加固效果。

4. 沙井后注浆基底强化加固关键技术

在深基坑基底加固范围内，先打入砂井桩，砂井桩预留 PVC 注浆花管，利用砂井桩的挤密、置换及竖向毛细排水作用，降低加固土层含水率、基坑开挖前在砂井桩体内进行高压后劈裂注浆，达到大幅提高基底土抗力的作用。

5. 嵌岩灌注桩桩底基岩预裂后注浆加固关键技术

对桩底可灌性差的微裂缝基岩，利用静力破碎剂进行控制性预裂，将杂乱裂缝进行预裂贯通，形成连续性注浆补强通道，然后再利用高强水泥进行后注浆补强。

6. 吊脚嵌岩灌注桩基坑支护及开挖关键技术

利用吊脚嵌岩灌注桩对基坑进行支护，采用静力破碎方法对基岩进行分层破碎开挖。

3.4.2 技术优点

该工程通过“深厚流塑淤泥土层深基坑变形控制关键技术”，有效解决了海漫滩地貌高含水率饱和流塑淤泥深基坑工程难题和优化解决剥蚀残丘地貌深基坑工程难题，具有明显的技术、经济及社会效益，在类似地质条件下工程建设具有指导意义及推广价值。

鉴定成果情况：

该课题经中冶集团科技成果鉴定，综合水平达到国际先进水平。

3.5 沿海地区城市综合管廊建设技术的研究与应用

3.5.1 工艺原理

横琴综合管廊的主体结构施工采用明挖现浇施工法，采用这种施工方法可以大面积作业，将整个工程分割为多个施工标段，以便加快施工进度。同时这种施工方法技术要求较低，工程造价相对较低，施工质量能够得以保证。

综合管廊混凝土施工时为了有效地消除钢筋混凝土因温度、收缩、不均匀沉降而产生的应力，实现综合管廊的抗裂防渗设计，按间距为 30m 设置变形缝，在地质情况变化处、基础形式变化处、平面位置变化处均设置有变形缝。工程采用多种裂缝控制技术相结合的方式，保证综合管廊的防渗性能。

3.5.2 技术优点

对不同地质情况和埋深的综合管廊采用不同的基坑支护形式，因地制宜，保证基坑施工过程中的稳定性。对沿海地区综合管廊结构施工处理技术的应用，能对综合管廊结构产生良好的效果，特别对管廊结构、变形缝、施工缝、通风口、投料口、出入口、预留口等部位接合处理，既能提高综合管廊的结构强度，又能保证管廊的防水防渗问题，让综合管廊整体性能大大提高。

3.6 综合管廊内大口径管道安装技术

3.6.1 工艺原理

为了保证管廊内大口径管材的吊装，在施工的过程中采用支墩模块化安装、卸料口管道输送装置、BIM 模拟安装等技术，保证管道在管廊狭小的空间中能够顺利安装，在管道吊装之后使用管廊内给水管道进行消毒冲洗。

1. 混凝土管道支墩模块化安装方法

按照设计尺寸及数量将混凝土管道支墩模块化制作，管道施工前在管道支墩点位的地面上采用人工凿毛或风动机凿毛。利用水泥砂浆将管道的混凝土支墩与地面牢固粘合在一起。预先在管道支墩点位的地面上采用人工凿毛或风动机凿毛；采用调节螺栓成三角形焊接牢固（或采用膨胀螺栓在地面安装固定点），利用螺栓调节及固定管道托架，管道安装可与混凝土支墩板浇筑同时进行，实现了管道支墩浇筑与管道安装互不影响，同时施工。

2. 卸料口管道吊运

综合管廊每隔 200m 设置一个卸料口，管道安装时需通过卸料口吊运进入综合管廊。在卸料口，利用起重设备向管廊内输送管道时，为了避免管道与卸料口处的混凝土发生碰撞，同时保护管道的防腐层不受损伤，提高施工效率，采用管廊卸料口运输管道装置。

3. 管廊内管道安装

管道运输安装采用多组多用途管道运输安装装置。管道对口连接时，可利用装置上的滚轮左右推移调整。管道口对齐、对中校正完毕，将顶升装置顶升端插入传输装置下端的套管内，采用顶升装置将传输装置进行顶升，轻松快捷的达到了管道对口的施工工作。管道对口安装结束后，推移装置将管道运至支架上，利用将顶升装置将管道顶起至支架上，然后慢慢降下装置，将装置推移开管道。

4. 管廊内给水管道冲洗

给水管道安装完成后应进行冲洗消毒，综合管廊给水管道施工必须考虑其冲洗消毒措施。从管道底部引出冲洗专用管道引至综合管廊外排水处，在管道冲洗及检修时使用。或者利用管廊中干管的引出管或引接临时冲洗管至综合管廊外排水点。

3.6.2 技术优点

综合管廊大口径管道安装技术的使用，可以减少市政工程共同沟管线安装工程的前期设备成本和中期的人工费用成本。同时本技术可以推广应用至共同沟内所有大型电器、消防、供热制冷、智能化设备的安装施工，具有很强的实际应用价值。解决了综合管廊内狭小空间大口径管道的吊装、运输及就位问题，减少了与土建结构的交叉施工，可同时开展多个工作面施工，节约工程成本，大大提高了管道的安装效率，具有较好的应用价值。

4 工程主要关键技术

4.1 综合管廊地基处理技术

4.1.1 地质情况

综合管廊所在场地多处为滩涂、鱼塘区域，场地内软土主要为淤泥和呈透镜体分布的淤泥混砂（地层代号分别为③1和③2)。软土除局部基岩埋藏较浅和基岩出露区没有分布外，其余大部分线路均有分布，软土层平均厚度25m，局部达到41.2m，具有天然含水量高、压缩性高、渗透性差、大孔隙比、高灵敏度、强度低等特性，具流变、触变特征。主要物理力学指标如表1所示。

主要土层物理力学指标表 **表1**

时代成因	地层代号	岩土名称	密度或状态	饱和重度(kN/)	直剪试验（固快）		直剪试验（快剪）		沉井井壁摩阻力 f(kPa)
					(kPa)	(度)	(kPa)	(度)	
		素填土（由残积土、风化层岩屑组成）	松散～稍密	18.7	18	16	19	14	8
		素填土（由中～微风化块石组成）	松散～稍密	19.6					
		素填土（由黏性土组成）	松散	16.8	15	10	4	4	8
		冲填土（由粉细砂组成）	松散	17.7	8	21	5	20	8
		淤泥	流塑	16.3	9	7	6	4	7
		淤泥混砂	流塑	16.8	10	8	7	5	11
		黏土	可塑	18.8	30	12	28	10	
		黏土	软塑	18.0	17	10	15	8	
		中粗砂	稍密～中密	19.8			3	30	

4.1.2 软土地基处理施工技术

综合管廊布设在市政道路一侧绿化带中，顶部覆土平均 2m 厚。综合考虑管廊结构设计标准级后期使用管养功能等因素，须对软土地基随市政道路一起进行软基预处理施工。经设计方案技术论证和经济效果比选后，采用真空联合堆载预压法作为主要处理方法。

1）场地吹填施工

本项目淤泥顶面标高基本在－0.5～－1.0m 之间，为了解决土方急缺问题，地基处理前先吹填海砂至 2.0m 标高。具体施工顺序为：场地清表→测量放线→构筑围堰→吹填海砂。填至要求的高程后，及时拆除管线，用推土机进行场地平整，进行下道工序施工。吹填施工如图 2 所示。

图 2 吹填砂施工实景图

2）真空联合堆载预压施工（图 4、图 5）

对吹填完成的场地进行真空联合堆载预压软基处理，具体施工顺序为：铺设中粗砂垫层（0.5m 厚）→打设塑料排水板（SPB-C 型，正三角形布置，间距 1.0m，长度按设计要求）→施打泥浆搅拌墙→埋设真空管路及安装抽真空设备（$1000m^2$ 一台真空泵）→铺设 1 层土工布→铺设 3 层密封膜、试抽真空→铺设 1 层土工布→分级堆载至满载标高→真空联合堆载预压（满载 6 个月）→卸载至设计标高→场地整平及密封沟换填。具体施工流程如图 3 所示。

达到设计图要求的满载预压时间后，根据现场监测数据推算工后固结沉降，以工后固结沉降满足设计要求作为停泵卸载的主要标准；沉降速率小于 2mm/d 作为辅助控制标准；工后固结沉降推算方法应以三点法或浅岗（ASAOKA）法为主，双曲线法为辅。

真空卸载后继续对路基进行沉降观测，并在路面施工之前连续监测 2 个月，以沉降量每月不大于 5mm 为主控制值。

4.2 综合管廊深基坑支护技术

综合管廊施工有明挖法、暗挖法和盾构施工法。一般情况下均采用明挖法，当地下构筑物交错复杂、综合管廊埋深较深时，才采取暗挖法或盾构施工法。沿海地区综合管廊明挖施工时，应做好基坑开挖围护措施，可采用钢板桩、SMW 工法、灌注桩等多种支护方式。

横琴新区综合管廊最小开挖深度为－5m，在与排洪渠、下穿地道等地下结构交叉段及下穿河道段最大开挖深度达到－13m。根据不同结构断面形式，基坑开挖宽度为 3～20m 不等。总体基坑支护方式根据不同工况、不同地质条件，可以分为以下三大类型：

4.2.1 山体段爆破开挖施工

在开山爆破段或靠近山体的剥蚀残丘地质段，原有地基满足管廊地基承载力要求，可直接采用放坡或静力爆破的方式开挖至设计坑底标高后，进行结构施工，无需进行支护，如有必要仅考虑边坡挂网喷锚的加固措施（图 6）。

对于基坑周边有重要的建筑、地下管线等环境特别复杂的地区，宜采用化学爆破（静力爆破）的方式进行基坑的爆破。

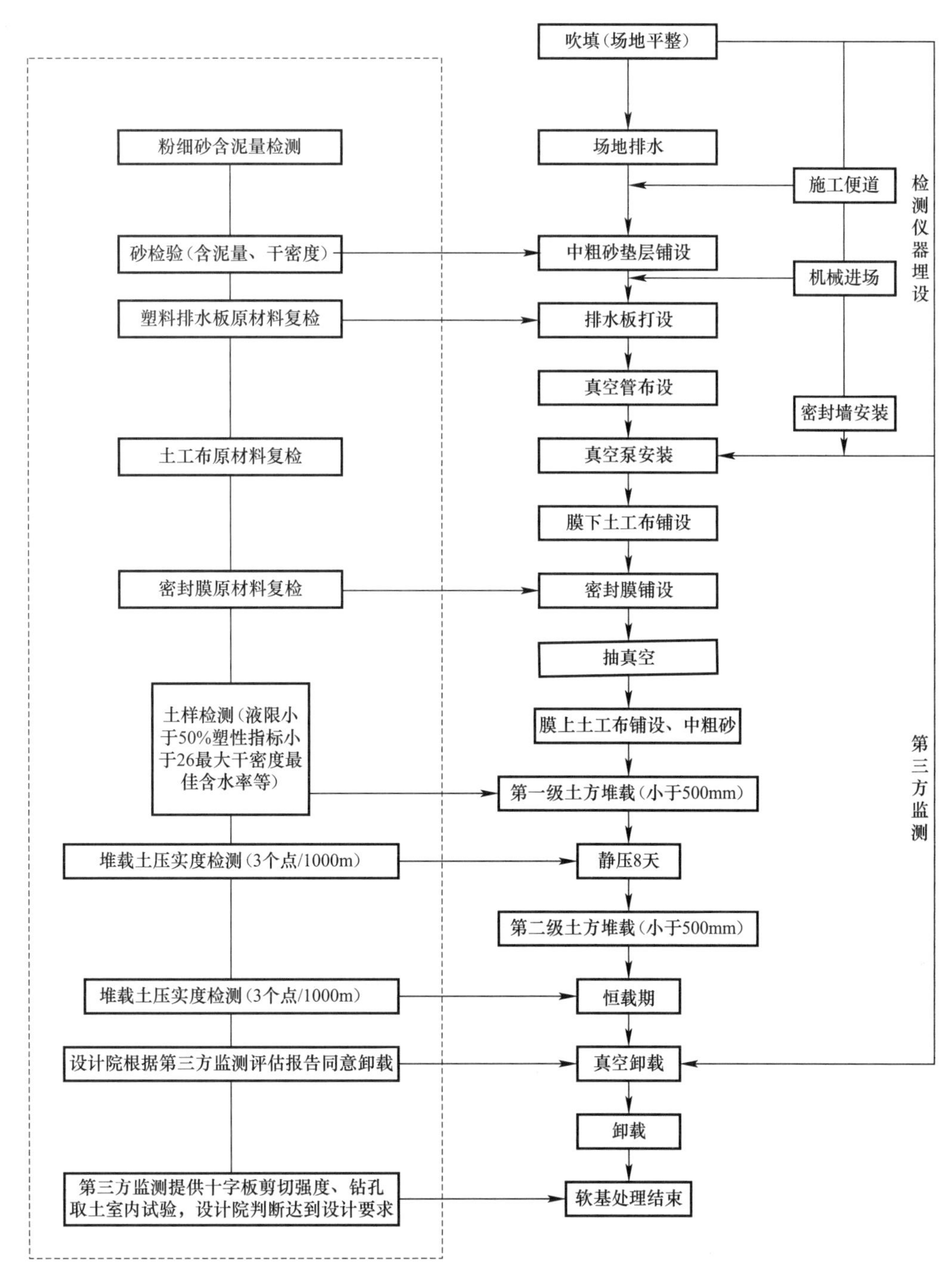

图3 真空联合堆载预压施工流程图

图4 真空联合堆载预压施工实景图

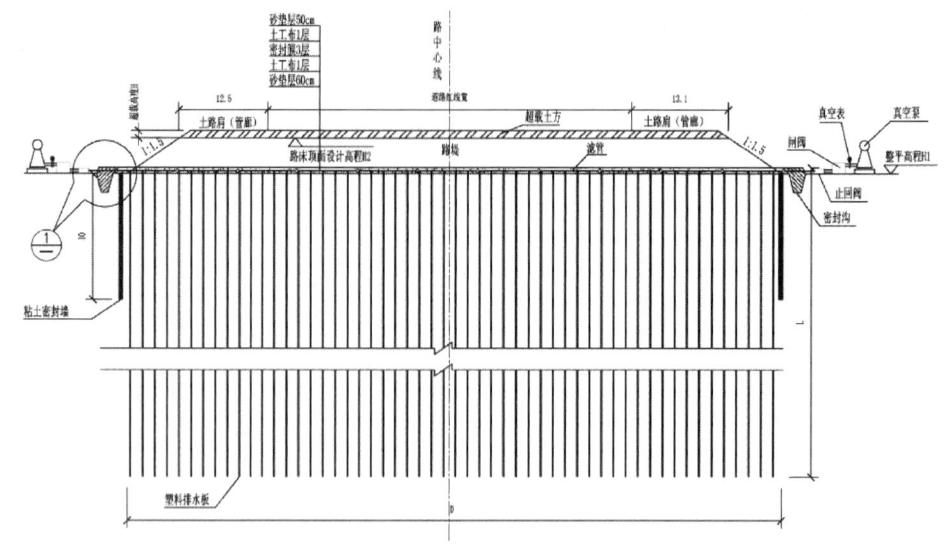

图 5　真空联合堆载预压处理标准断面图

图 6　放坡开挖施工实景图

4.2.2　标准段钢板桩支护施工

经软基处理后的综合管廊标准基坑段，采用顶部放坡＋钢板桩＋横向支撑＋坑底水泥搅拌桩封底的基坑支护方式，下面以 C-Ⅱ型支护断面进行详细描述：

C-Ⅱ型支护基坑开挖深度为－7.5m。先放坡开挖 2m，再采用 15m 长Ⅳ型拉森钢板桩加二道内支撑进行基坑支护，钢板桩外围打设 D500mm 水泥搅拌桩单排咬合止水桩，钢板桩之间采用 HW400×400×13/21 围檩进行连接，直径 DN351×12 的钢管进行内支撑。第一道横撑距钢板桩顶 50～100cm，第二道横撑距第一道横撑中心纵向间距 3m，支撑横向间距 4m，基坑底部采用水泥搅拌桩进行加固处理。具体如图 7、图 8 所示。

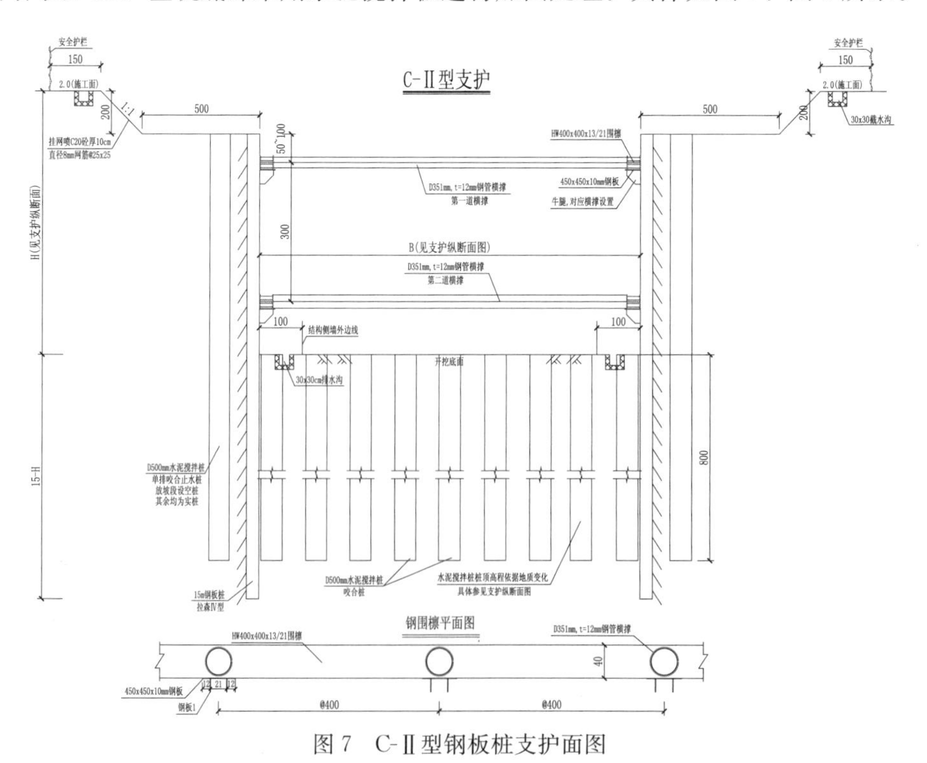

图 7　C-Ⅱ型钢板桩支护面图

图8　钢板桩支护、开挖施工实景图

4.2.3　加深段灌注桩支护施工

在地质条件较差、地层中含较多抛石层或者特殊工况的管廊加宽、加深段，采用钻孔灌注桩＋横向支撑＋坑底水泥搅拌桩封底的基坑支护方式。下面以环岛西路中段综合管沟K0＋680～K0＋960段进行详细描述：

环岛西路中段综合管沟K0＋680～K0＋960段为下穿段，场地地面标高为2.50m，基坑开挖深度为－12.35m。基坑支护设计采用Φ1200围护钻孔桩@1400＋Φ600旋喷桩@400止水＋三道钢围檩内支撑支护方式，围护桩间采用双排Φ600旋喷桩@400止水，旋喷桩长度为超过坑底6m，为18.35m长；基坑开挖设置三道内支撑，第一道支撑设置为地面标高以下－0.5m，第二道支撑设置为地面标高以下－5.2m，第三道支撑设置为地面标高以下－9.0m，支撑采用Φ600钢管支撑，壁厚16mm，支撑由活动、固定端头和中间节组成，各节由螺栓连接，每榀支撑安装完，采用2台千斤顶对挡土结构施加预应力，围檩采用双拼45C工字钢，坑底采用Φ500@350搅拌桩进行格栅式加固，搅拌桩加固深度为基坑底下6m。基坑开挖到底后，在坑底间距2.8m抽槽设置0.55×0.5暗撑，内设45C工字钢，并浇筑C30速凝混凝土。具体如图9、图10所示。

4.3　综合管廊主体结构施工技术

横琴综合管廊设计使用年限为50年，主体结构施工采用明挖现浇施工法，采用这种施工方法可以大面积作业，将整个工程分割为多个施工标段，以便于加快施工进度。同时这种施工方法技术要求较低，工程造价相对较低，施工质量能够得以保证。

4.3.1　混凝土裂缝控制技术

综合管廊结构采取分期浇筑的施工方法，先浇筑混凝土垫层，达到强度要求后，再浇筑底板，待底板混凝土强度达到70%以上强度后再浇筑墙身和顶板，结构强度达到100%的设计强度后才能拆卸模板和对称进行墙后回填土。

综合管廊混凝土施工时为了有效地消除钢筋混凝土因温度、收缩、不均匀沉降而产生的应力，实现综合管廊的抗裂防渗设计，按间距为30m设置变形缝，在地质情况变化处、基础形式变化处、平面位置变化处均设置有变形缝。变形缝内设置宽350mm厚≥8mm的氯丁橡胶止水带，填料用闭孔型聚乙烯泡沫塑料板，封口胶采用PSU-I聚硫氨酯密封膏（抗微生物型），确保变形缝的水密性，如图11所示。

本工程全部采用商品混凝土，商品混凝土采用搅拌车运输，泵车泵送入模的方法浇筑。在高温季节浇筑混凝土时，混凝土入模温度控制在30℃以下，为避免模板和新浇筑的混凝土直接受阳光照射，一般选择在夜间浇筑混凝土。

本项目综合管廊施工时，混凝土养护采用覆盖塑料薄膜进行养护的方式，其敞露的全部表面应覆盖严密，并应保持塑料布内有凝结水。

4.3.2　门式脚手架支撑技术

综合管廊结构内部净宽为3～5.5m，净高为3.2m，顶板厚40cm。模板采用木胶合板，厚度不小于15mm，木方和钢脚手管作背楞，侧墙浇筑时采用ϕ12对拉螺杆对拉紧固，结构的整体稳定采用顶拉措

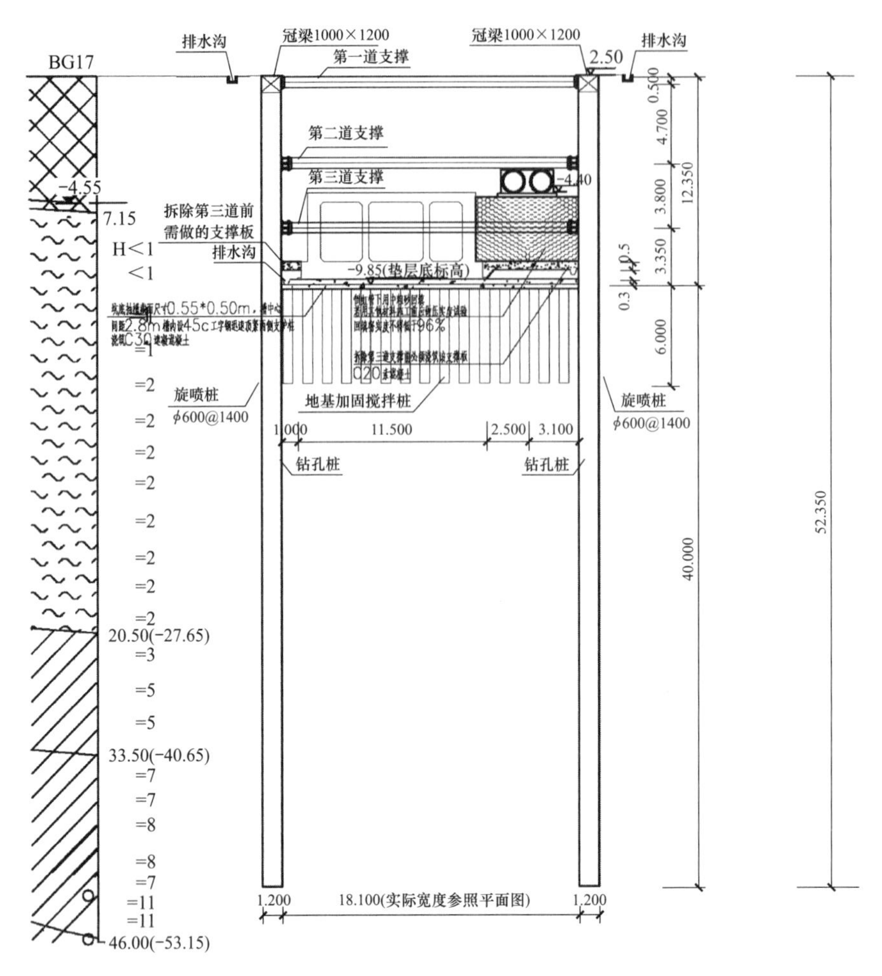

图 9　环岛西路下穿段综合管沟基坑支护断面图

图 10　灌注桩支护、开挖施工实景图

图 11　综合管廊按缝分块整舱施工

图 12　综合管廊内门式脚手架搭设施工

施。浇筑顶板时支撑系统采用组合门式脚手架，具有搭设方便，省人工，搭设时间短等优点，如图 12 所示。

4.3.3　综合管廊防水施工技术

综合管廊采用结构自防水及外铺贴 2mm 高分子自粘性防水卷材相结合的防水方式，为防止管廊回填时破坏防水卷材，外侧采用粘贴 35mm 厚 XPS 聚乙烯板进行保护，确保综合管廊的防水工程质量，如图 13、图 14 所示。

变形缝、施工缝、通风口、投料口、出入口、预留口等部位是渗漏设防的重点部位，均设置了防地面水倒灌措施。由于有各

图 13　综合管廊防水卷材施工

图 14　聚乙烯板保护层施工

种规格的电缆需要从综合管廊内进出，根据以往地下工程建设的教训，该部位的电缆进出孔也是渗漏最严重的部位，采用预埋防水钢套管的形式进行处理，防水套管加焊止水翼环。

4.4　综合管廊内大口径管道安装技术

4.4.1　管道支架安装

综合管廊中有较多的大口径管道，由于大口径管道比较沉重，一般采用混凝土支墩作为管道的支架。可采取两种混凝土支墩安装工艺施工支墩：

（1）混凝土管道支墩模块化安装方法

按照设计尺寸及数量将混凝土管道支墩模块化制作，管道施工前在管道支墩点位的地面上采用人工凿毛或风动机凿毛，人工凿毛时混凝土强度不低于 2.5N/mm^2，风动机凿毛时混凝土强度不低于 10N/mm^2；利用水泥砂浆将管道的混凝土支墩与地面牢固粘合在一起，如图 15 所示。

（2）管廊内混凝土管道支墩快速安装方法

预先在管道支墩点位的地面上采用人工凿毛或风动机凿毛，人工凿毛时混凝土强度不低于 2.5N，风动机凿毛时混凝土强度不低于 10N；采用调节螺栓成三角形焊接牢固（或采用膨胀螺栓在地面安装固定点），利用螺栓调节及固定管道托架，管道安装可与混凝土支墩版浇筑同时进行，实现了管道支墩浇筑与管道安装互不影响，同时施工，如图 16、图 17 所示。

图 15　混凝土支墩固定管道安装图

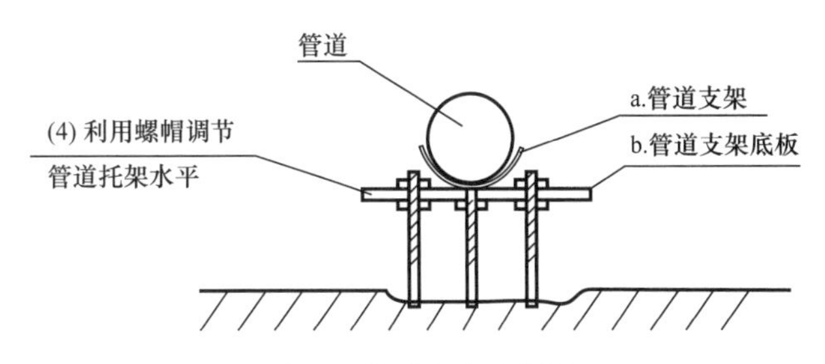

图 16　管道安装示意图

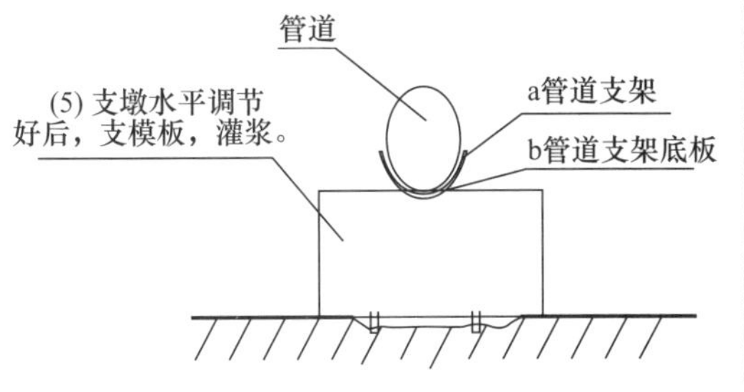

图 17　管道安装与混凝土支墩同时安装图

图 18　管道吊装入沟

4.4.2　卸料口管道吊运

综合管廊每隔 200m 设置一个卸料口，管道安装时需通过卸料口吊运进入综合管廊，如图 18 所示。

在卸料口，利用起重设备向管廊内输送管道时，为了避免管道与卸料口处的混凝土发生碰撞，同时保护管道的防腐层不受损伤，提高施工效率，采用管廊卸料口运输管道装置。如图 19 所示。

4.4.3　管廊内管道安装

管道运输安装采用多组多用途管道运输安装装置。管道对口连接时，可利用装置上的滚轮左右推移调整。管道口对齐、对中校正完毕，将顶升装置顶升端插入传输装置下端的套管内，采用顶升装置将传输装置进行顶升，轻松快捷的达到了管道对口的施工工作。管道对口安装结束后，推移装置将管道运至支架上，利用将顶升装置将管道顶起至支架上，然后慢慢降下装置，将装置推移开管道（图 20）。

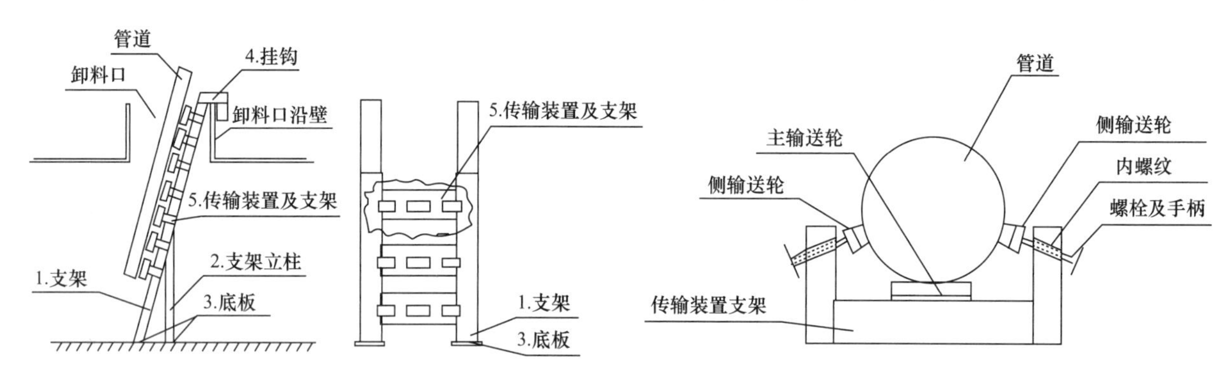

图 19　管廊卸料口运输管道装置图

4.4.4　管廊内给水管道冲洗

给水管道安装完成后应进行冲洗消毒，综合管廊给水管道施工必须考虑其冲洗消毒措施。综合管廊中给水管道为密闭空间中管道，其冲洗装置包括两类：

1）从管道底部引出冲洗专用管道引至综合管廊外排水处，在管道冲洗及检修时使用（图 21）；

图 20　综合管廊内管道运输

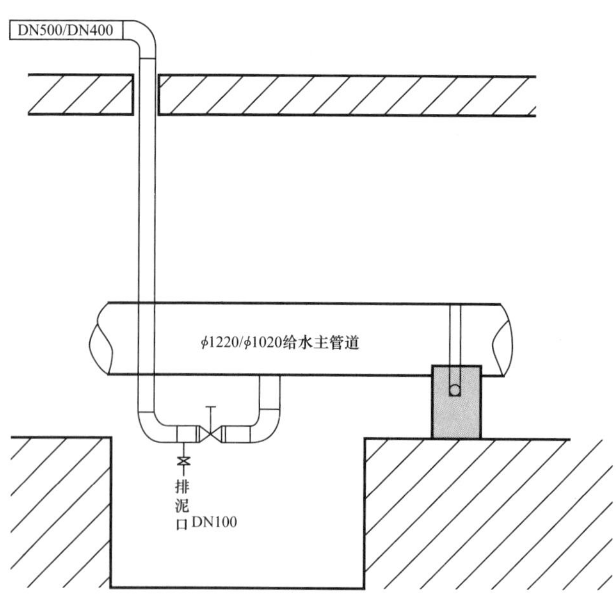

图 21　专用冲洗引出水管示意图

2）利用管廊中干管的引出管或引接临时冲洗管至综合管廊外排水点（图22）。

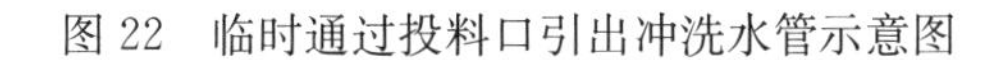

图22 临时通过投料口引出冲洗水管示意图

4.5 综合管廊电气及附属设施安装技术

4.5.1 综合管廊20kV预装地埋景观式箱变安装

横琴综合管廊供电采用20kV预装地埋景观式箱变分段供电，其由地埋式变压器、媒体广告灯箱式户外低压开关柜和预制式地坑基础组成。预装地埋景观式箱变将变压器置于地表以下，露出地面的只有媒体广告式灯箱开关柜，如图23所示。

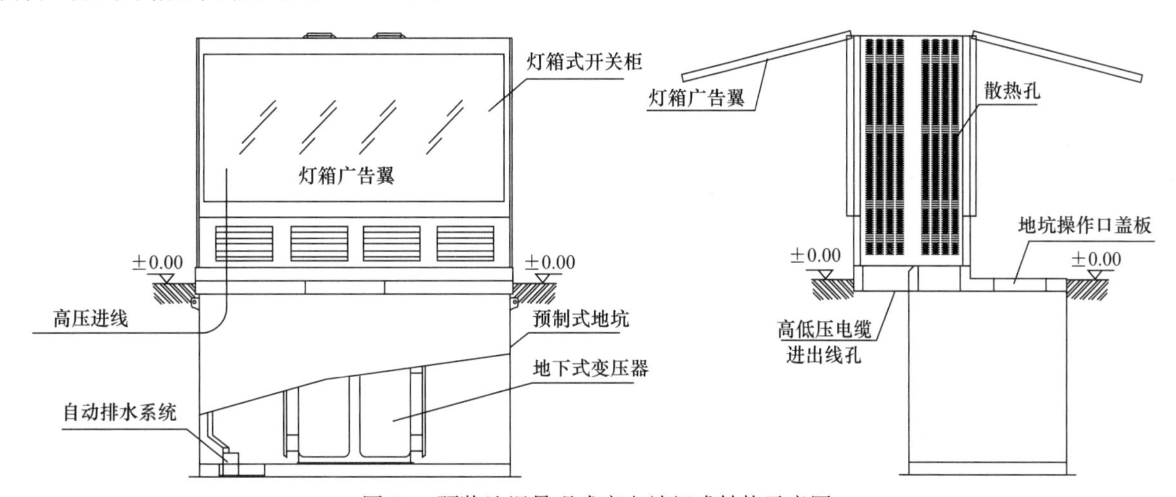

图23 预装地埋景观式变电站组成结构示意图

预装地埋景观式箱变在基础开挖后整体埋设，预制式地坑为全密封防水设计，地坑下部箱体为金属结构，地坑内的积水高度超过100mm时，由水位感应器触发排水系统启动，经排水管排出。安装时应注意测试预装地埋景观式箱变通风系统、排水系统的可靠性，同时应注意其操作平台应高于绿化带至少150mm。

4.5.2 综合管廊监控技术

横琴新区综合管廊全段共33.4km，为了方便运行维护，将综合管廊分为三个区域，各区域的数据就近接入对应的控制中心进行分散存储，各控制中心分别管理10～12km的区域。

控制中心（图24）对管理区域内的PLC自控设备（含水泵、风机、照明、有害气体探测）、视频监控设备、消防报警设备、紧急电话、门禁等进行管理和控制，数据汇集到对应的控制中心机房进行数据存储和管理，并预留相关通讯及软件数据对接接口，便于各控制中心之间或与上一级管理平台之间进行数据对接。

图 24 横琴综合管廊监控中心实景图

4.5.3 综合管廊消防施工

沿综合管廊长度方向约 200m 为一个防火分区，防火分区之间用 200mm 厚钢筋混凝土防火墙分隔（图 25），其耐火极限大于 3h。

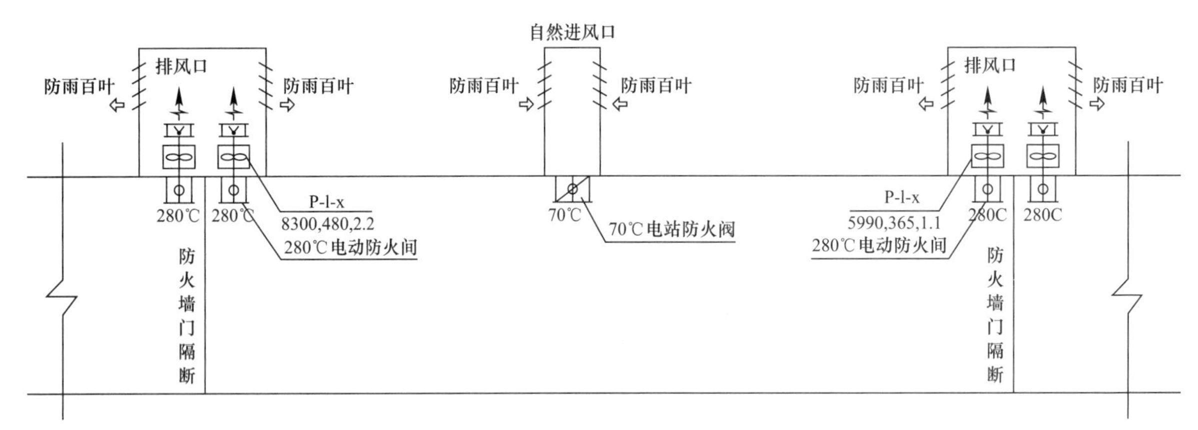

图 25 单个防火分区示意图

综合管廊采用密闭减氧灭火方式，当综合管廊内任意一舱防火分区发生火灾时，经控制中心确认发生火灾的舱内无人员后，消防控制中心关闭该段防火分区及相邻两个防火分区的排风机及电动防火阀，使着火区缺氧，加速灭火，减少其他损失，等确认火灾熄灭后，手动控制打开相应分区的相应风机和电动防火阀，排出剩余烟气。

综合管廊土建施工时防火墙预留了管线位置，如图 26 所示。

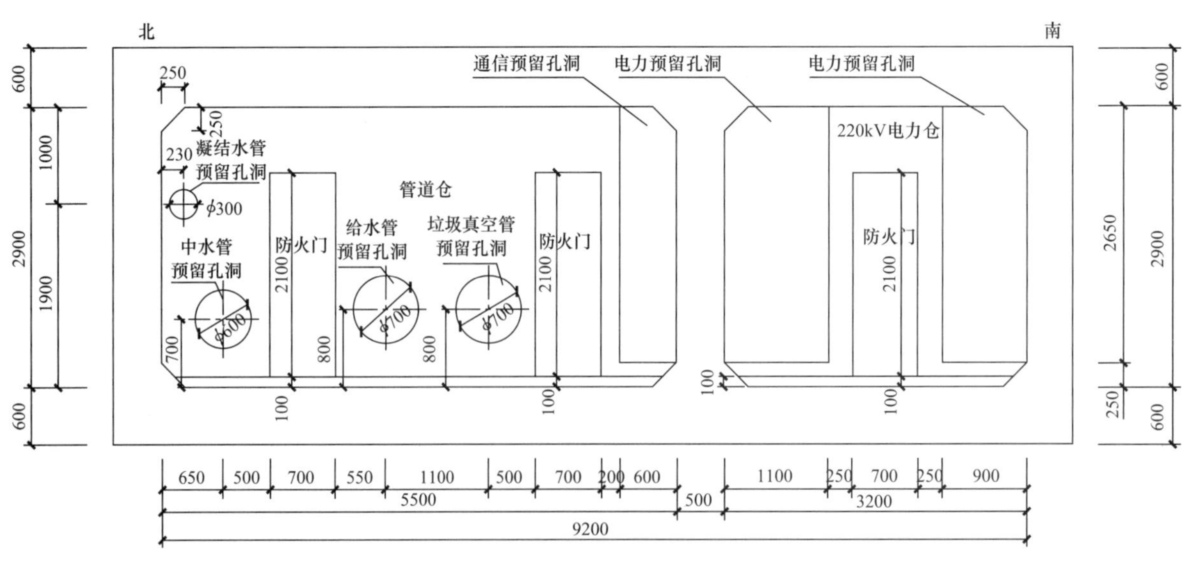

图 26 防火墙预留孔洞示意图

管廊内管线施工时，管道安装后应采用水泥砂浆将孔隙进行封堵严密，远期实施管线在防火墙处的预留孔洞应先用砖墙或防火堵料封堵，待管道安装时再将其打开。

同时，由于综合管廊采用减氧灭火方式，穿越防火分区的桥架、线缆以及与外部连通的出线口等均需采用防火堵料进行封堵，以保证减氧灭火效果。

4.5.4 综合管廊接地系统施工

综合管廊两侧侧壁通长敷设两根接地扁钢，并预埋接地连接板，接地连接板与结构主筋、接地扁钢焊接连通，综合管廊内设备的外壳、PE线、金属管道、金属支架、电缆保护管等均与接地扁钢连通。

接地扁钢在沿管沟墙壁上明敷设时，可利用膨胀螺栓将扁钢支架固定在墙壁上。然后再将扁钢焊接在扁钢支架上，从而达到固定扁钢的作用，如图27所示。

通长接地扁钢可根据实际的长度，在地面上将扁钢或圆钢通长焊接在一起，从而解决了在施工中需要采用仰焊、立焊或者无焊接空间的弊端。安装时，先将提前预制完成的接地线在任意一端固定一点，另一端采用花篮螺栓进行牵引就位（图28），同时通过牵引力的作用避免了接地线凹凸不平整，使接地线施工达到平整、顺直的安装效果，并提高了施工效率。

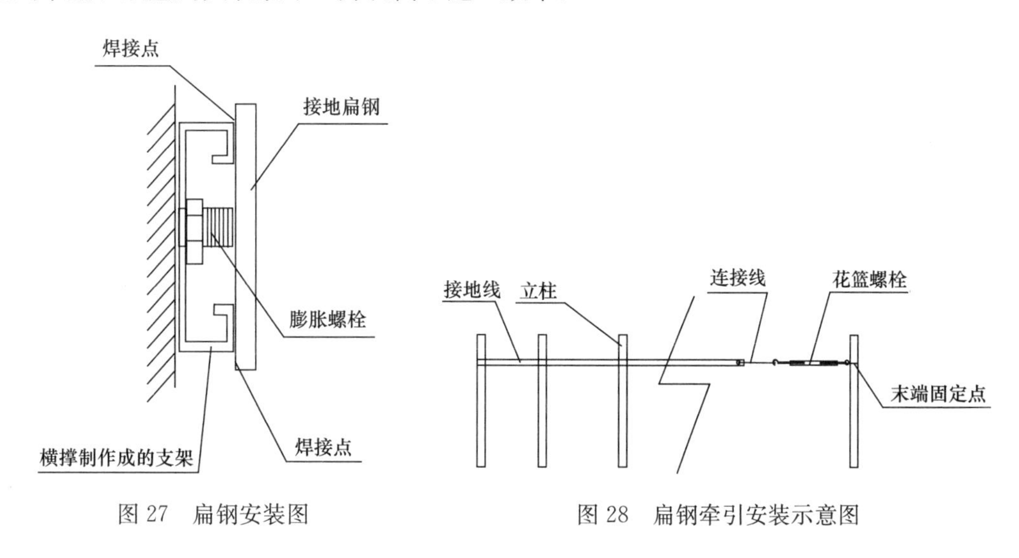

图27 扁钢安装图　　图28 扁钢牵引安装示意图

5 社会和经济效益

5.1 社会效益

由中国二十冶集团有限公司投资建设的珠海横琴新区综合管廊工程，积极落实了《国务院办公厅关于加强城市地下管线建设管理的指导意见（国办发〔2014〕27号）》，为全国各省市稳步推进城市地下综合管廊建设提供了成功范例，受到了社会各界的普遍关注和好评。特别是2015年4月全国城市地下综合管廊规划建设培训班在珠海胜利召开，住建部部长陈政高出席、各省（自治区、直辖市）住房城乡建设行政主管部门主要负责同志，部分城市人民政府分管负责同志以及城市规划建设主管部门负责同志共350人参会并参观了横琴新区综合管廊系统，横琴新区综合管廊的建设经验被住建部当作典型在全国推广。本工程项目于2015年获得了“中国人居环境范例奖”，2017年获得中国建设工程质量最高奖“鲁班奖”，取得了显著的社会效益。综合管廊建成后，避免了道路反复开挖，延长各种管线的使用寿命，改善了城市环境，提高市政供应的安全保障，增强了城市的防震抗灾能力，是“本在当代、利在千秋”的责任工程。

5.2 经济效益

在本项目建设过程中，中国二十冶集团有限公司坚持以科技创新为引领，打造精品工程，在珠海横琴新区综合管廊的规划、设计、施工、运维全寿命周期，形成了系列专利、工法、论文、专著及标准规范体系，为国内同类型工程建设积累了宝贵的经验，取得了良好的经济效益。横琴综合管廊的建设，大大提升了横琴形象，提高了居住的品质，改善了城市环境，实现了土地集约化利用，节约了城市用地约40公顷，间接经济效益超过100亿元。

6 工程图片（图29～图33）

图29

图30

图31

图32

图33

广州国际体育演艺中心工程

冯文锦　张伟斌　江涌波　陈　刚　黎　强

第一部分　实例基本情况表

<table>
<tr><td>工程名称</td><td colspan="3">广州国际体育演艺中心</td></tr>
<tr><td>工程地点</td><td colspan="3">广州市萝岗区开创大道 2666 号</td></tr>
<tr><td>开工时间</td><td>2008 年 10 月 20 日</td><td>竣工时间</td><td>2010 年 8 月 28 日</td></tr>
<tr><td>工程造价</td><td colspan="3">13 亿</td></tr>
<tr><td>建筑规模</td><td colspan="3">占地面积约 65500m²，总建筑面积：122658m²；其中地上 84813.9m²。地下一层、地上四层，建筑高度 34.5m。</td></tr>
<tr><td>建筑类型</td><td colspan="3">公共建筑</td></tr>
<tr><td>工程建设单位</td><td colspan="3">广州凯得文化娱乐有限公司
广州开发区土地开发建设中心</td></tr>
<tr><td>工程设计单位</td><td colspan="3">广州市设计院</td></tr>
<tr><td>工程监理单位</td><td colspan="3">广州珠江工程建设监理有限公司</td></tr>
<tr><td>工程施工单位</td><td colspan="3">广州市建筑集团有限公司
北京城建集团有限责任公司</td></tr>
<tr><td colspan="4">项目获奖、知识产权情况</td></tr>
<tr><td colspan="4">工程类奖：
1. 装饰工程荣获 2012 年全国建筑工程装饰奖
2. 幕墙工程荣获 2011～2012 年度全国建筑工程装饰奖
3. 钢结构工程荣获 2009 年中国建筑钢结构金奖
4. 2011 年度广东省建设工程金匠奖
5. 2011 年度广东省优良样板工程
6. 2011 年度广州地区建设工程质量年度“五羊杯”奖
7. 2011 年度广州市优良样板工程
8. 2010 年度广州市建设项目结构优良样板工程
9.《广州国际体育演艺中心幕墙》荣获全国建筑装饰行业广州亚运科技示范工程奖（中国建筑装饰协会）
10.《广州国际体育演艺中心幕墙》荣获 2012 年全国建筑装饰行业科技示范工程奖（中国建筑装饰协会）
11. 2011 年广东省建筑业新技术应用示范工程称号
12. 2011 年度全国优秀工程勘察设计行业奖建筑工程二等奖（中国勘察设计协会）
13. 2011 年度全国优秀工程勘察设计行业建筑智能化设计一等奖（中国勘察设计协会工程智能设计分会）
14. 2012 年度全国百项建筑智能化经典项目（中国勘察设计协会）</td></tr>
</table>

续表

15. 2012年度中国建筑学会建筑设计奖（给水排水）二等奖（中国建筑学会）
16. 2013年度全国绿色建筑创新奖
17. 第六届中国建筑学会建筑创作佳作奖（中国建筑学会）
18. 第二届中国国际空间环境艺术设计大赛银奖（中国建筑装饰协会、“筑巢奖”组委会）
科学技术奖：
1. 第五届广东省土木工程詹天佑故乡杯奖
2. 第十二届中国土木工程詹天佑奖
3.《带台阶变化多层结构双曲面金属板幕墙施工技术》荣获全国建筑装饰行业广州亚运科技创新成果奖（中国建筑装饰协会）
知识产权（含工法）：
广东省省级工法三项，国家实用新型专利两项

第二部分　关键创新技术名称

1. 幕墙安装控制技术
2. 钢结构工程施工技术
3. 冰场施工技术

第三部分　实 例 介 绍

1　工程概况

广州国际体育演艺中心位于广州经济开发区新区，是开发区新区的标志性建筑。是2010年广州亚运会12个新建场馆之一，也是广州亚运会篮球比赛主场馆，是我国目前唯一由NBA（美国篮球联盟）从项目立项到设计、建设全程参与、由NBA专用设计团队——美国Manica建筑设计事务所领衔设计的，我国第一个同时符合NBA比赛标准和北美冰球联赛标准的综合性体育、演艺场馆（图1～图4）。

工程场地规模东西约240m，南北约280m，场地面积约65500m^2。总建筑面积：123266m^2；其中地上84813.9m^2。地下一层、地上四层，拥有18345个观众座位和60个豪华VIP包厢，建筑高度34.5m。停车楼地下二层、地上三层，设有停车泊位1270个，建筑高度13.7m。建筑耐火等级：地下和停车楼一级；体育馆地上为二级。桩筏基础，框架剪力墙结构。屋顶钢结构由10榀主桁架和2榀次桁架及部分拉梁、马道组成。幕墙面积约36300m^2，主要包括玻璃幕墙系统和金属幕墙系统，玻璃幕墙约7000m^2，有全明框玻璃幕墙、横明竖隐玻璃幕墙两种形式。金属幕墙约28000m^2，采用开放式防水构造形式，金属面板为连续阳极氧化铝板，防水系统为0.9mm铝镁锰合金直立锁边防水板。机电设备安装系统设计较复杂，空调系统采用大温差供冷，室内温度控制要求精确，冰场湿度控制严格，弱电系统繁多，共21个系统。

图1　主场馆南立面图

图2　东南立面夜景图

图 3　停车楼北立面图

图 4　主场馆内景图

2　工程重点与难点

作为广州市开发区的标志性建筑，广州国际体育演艺中心独特的建筑外形和复杂的内部结构给施工带来了相当大的难度。

2.1　消防联动调试系统繁多、技术复杂

广州国际体育演艺中心消防工程采用中央控制系统包括有消防栓灭火系统、火灾自动报警系统、防排烟系统、气溶胶灭火系统、消防水泡系统、极早期火灾报警系统、消防广播系统、消防电源、消防电梯、防火门、防火卷帘、挡烟垂帘、应急照明疏散指示、漏电报警控制，并与安防系统、门禁系统、空调系统接口。系统繁多、技术复杂，工期紧迫。

2.2　大面积、多种颜色、连续图案环氧彩砂地坪质量标准高

广州国际体育演艺中心 16000m² 地面装修，需具有优异的防水防滑、洁净耐磨、色彩丰富（41 种颜色）、彩带连续整体无缝、彩带图案与地面一体化等性能要求，是一个具有相当重大的技术难题。

2.3　幕墙外立面复杂造型

主场馆外观的设计灵感来源于燃烧的火炬，所以建筑物外立面造型独特，玻璃幕墙与金属板幕墙的交接边缘以及金属板幕墙上的造型结构均为流畅的空间曲线，形状与飘飞的火焰相似，在这些曲线位置还同时带有台阶变化，施工技术复杂。

2.4　钢结构焊接量大，施工用电负荷大

屋顶钢结构由十榀主桁架及多榀次桁架和马道组成，整个桁架采用 H 型钢。焊接施工用电负荷合计容量 1573.5kVA。电焊机功率因数很低（一般功率因数值在 0.6 左右），造成输电线路不合理，施工用电量增加，电费增多，浪费能源现象比较严重，必须引起重视。

2.5　建筑外形呈非标准椭圆球体，定位测量及幕墙安装施工难度大

广州国际体育演艺中心主场馆为非标准椭圆球体，场地规模东西宽 240m，南北长 280m，场地面积约 65500m²，工程测量控制任务量、难度大。给工程定位测量及幕墙安装施工带来较大难度。外表面层高低变化多样、屋面弧形、立面仰角、外形复杂、造型多变，给幕墙测量安装施工带来很大困难。

2.6　钢结构屋盖安装技术复杂，质量标准高

广州国际体育演艺中心屋顶钢结构为大跨度巨型桁架结构，成对称的椭圆形结构，钢屋盖由主桁架、次桁架以及屋面支撑和钢梁等次构件组成。钢屋盖主桁架两端支撑于混凝土柱上，主桁架最大跨度为 107m，上弦呈弧线形，单榀桁架最重达 260t，最大吊装高度约 42m，安装阶段应力及应变的控制要求极严格，并直接关系到结构形成后的最终形态。

2.7　主场馆双曲面屋面构造复杂，施工技术难度大

广州国际体育演艺中心主场馆双曲面屋面工程施工面积约 16000m²，由下至上共有 7 个构造层，需要满足防水、保温隔热、防火、隔气、隔声等多种功能，并且采用了新型防火保温材料覆铝箔酚醛发泡保温板和新型防水材料 TPO 防水卷材。复杂的构造、繁琐的工序以及双曲面造型给屋面施工带来很大难度。

2.8 设备种类多，管线综合布置、设备安装调试技术要求高

机电安装工程设计复杂，空调系统和弱电系统尤为复杂。空调系统采用大温差供冷，室内温度控制要求精确，施工质量要求高，工期非常紧张。各系统管路抗震支吊架设计有别于其他工程，目前尚无相关施工验收规范。

2.9 冰场冷冻地面构造复杂，质量标准高

广州国际体育演艺中心冰场位于主场馆地下一层，为室内永久性混凝土内埋置冷冻排管型冰场。能满足北美冰球协会比赛及其他冰上运动要求，同时融冰后可满足篮球、网球、排球、马戏表演等体育、演艺活动。冰场长约 60m，宽约 30m，面积约 1800m^2。冰场构造层复杂，厚度为 550mm。冰场对混凝土强度、平整度、抗冻性、抗渗性能要求高。冰场的多功能性、复杂的构造及高质量标准给施工带来很大难度。高强抗冻混凝土平整度偏差小于 3mm，高于国家标准。

3 技术创新点

3.1 幕墙安装控制技术

3.1.1 工艺原理

利用计算三维模型产生构件元素的空间坐标，把场馆内部 P 网四个基本控制点，作为一级控制网，在场馆外部相对标高±0.000m 平面建立八个二级控制点，往各楼层投测放样点，作为三级基准点。在放线测量的过程中运用全站仪采集数据和计算机联机作业，测量结束后，导出待定点的坐标数据，并与设计值坐标数据比较，如果在限差允许的范围内，则进行下一点放样；若超出限差，查找原因，重新放样。

多层结构金属板幕墙通常可分为 9 个主要部分：①钢结构骨架层；②基板层；③隔汽层；④铝合金 T 形支座；⑤保温层；⑥刚性防水层（直立锁边铝镁锰金属屋面板系统）；⑦铝合金夹持装置；⑧适变桁架层；⑨装饰面板层。“分层逐步实现台阶变化技术”的原理是将建筑物的台阶变化分两步进行并最终实现建筑效果。首先在钢结构骨架层上，采用变截面焊接工字钢实现第一次台阶变化，然后利用以铝合金杆件搭设的适变桁架层实现第二次台阶变化。

3.1.2 技术优点

1. 利用计算机制作整个幕墙系统的三维全息模型，分层制定定位控制点并利用三维模型导出三维空间定位数据，利用导出数据作为指导，现场使用全站仪进行多级控制精确定位放线；

2. 采用“分层逐步实现台阶变化造型技术”既利用钢结构骨架实现初步台阶造型变化，再利用铝合金转换桁架层最终实现整个建筑物的金属板幕墙的台阶变化；

3. 创新设计的可滑移夹持装置，解决夹持位置必须夹持牢固以保证受力要求及夹持位置必须可自由滑动以释放温度应力两个相互矛盾的设计要求的问题；

4. 针对曲线及台阶变化对刚性防水层进行分级设计，保证既实现外立面的曲线及台阶变化又保证防水结构的合理及有效性，将较适用于大面积平整屋面的刚性防水层（直立锁边铝镁锰金属屋面板系统）改造为能适用于复杂造型屋面及立面。

3.2 钢结构工程施工技术

3.2.1 工艺原理

分块或分段安装法是将结构进行合理的划分，然后由起重设备安装至设计位置，完成高空对接拼装，形成整体的安装方法。

结构划分的大小根据起重设备的能力和结构状况而定。施工难点和重点是安装单元的合理划分，安装单元必须自成体系，并保证足够的刚度，以确保安装过程中安装单元的稳定性以及变形等满足要求。

3.2.2 技术优点

1. 内场分段吊装不需要占用外场场地和预留大量工作不做。

2. 内场分段吊装方案几乎不影响其他专业施工，可以各专业同时展开施工，对其他专业的影响

很小。

3. 内场分段吊装的临时措施量最少，安装和拆除临时措施需要时间最少。

4. 针对狭小区域的屋面钢结构施工，采用分段拼装、高空对接的方式，合理地解决了场地问题、多专业协作施工问题，有效地降低的工程成本，节省了约3个月工期，为亚运会篮球赛事的顺利召开做出了一定贡献。

5. 通过对钢桁架结构卸载技术的研究，总结出一套成熟的大跨度钢桁架结构卸载施工工艺。通过对钢桁架结构支撑体系等比例，多次组合卸载技术，实现了钢桁架结构的成功落架，其应力和变形均满足设计要求。

3.3 冰场施工技术

3.3.1 工艺原理

利用激光引导整平设备减少多个基准点之间所引起的施工累积误差，在人工初平后混凝土激光整平机采用刮板将高出的混凝土带走并初步刮平，达到设计要求的标高。液压驱动振动马达产生震动，频率为3900次/分钟，带动整个振动板一起对混凝土产生振捣作用。混凝土激光整平机的施工宽度为3m。整平设备在接收激光信号后自动调整设备状态不需要拉控制线，也不需要支侧模板来控制地面标高，而由整平机上的激光测控系统实时控制，只要激光发射器不受扰动，无论整平机移动到哪里，都能确保铺筑后的地面整体上的标高不受影响。

3.3.2 技术优点

1. 采用整平设备一次成型地面，避免了二次找平出现空鼓、龟裂、破碎现象。同时利用激光引导施工减少多个基准点之间所引起的施工累积误差。

2. 在对混凝土进行整平时，自带的高频振动器，让整平头振动板产生均匀的高频振捣，使得混凝土地面更密实均匀。

3. 采用机械化施工，减少劳动力的投入。

4 工程主要关键技术

4.1 幕墙安装控制技术

4.1.1 概述

幕墙面积约36300m²，主要包括玻璃幕墙系统和金属幕墙系统，其他有铝合金通风百叶、吊顶铝板、地弹门（约1300m²）等。玻璃幕墙约7000m²，有全明框玻璃幕墙、横明竖隐玻璃幕墙2种形式。金属幕墙约28000m²，采用开放式防水构造形式，金属面板为连续阳极氧化铝板，防水系统为0.9mm铝镁锰合金直立锁边防水板。本技术解决工程测量控制任务量难度大和幕墙安装施工困难等问题。

4.1.2 关键技术

1. 平面测量方式及方法

幕墙外形复杂，造型多变，因此外形测量是测量工作的重点和难点，测量方法采用全站仪极坐标放样法放样。

测量过程为先逐级建立必要精度的安装控制网，再在安装控制网的基础上采用精密仪器放样。测量控制过程中应着重控制各环节的误差积累，即注重中间过程的控制，当各分项测量的精度均在误差要求范围内并通过验收后，才进行下一步工作。

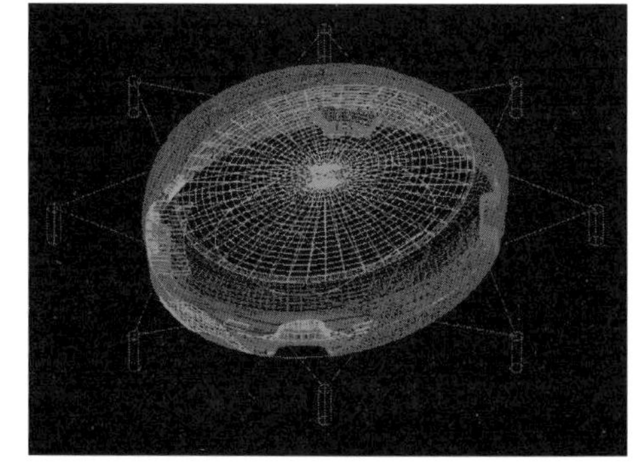

图5 激光数码透视测量系统示意图

采用激光数码透视测量系统。该系统由八支激光光束组成，一个主机操控，并全部连接到计算机上，计算机上装有众多不同的理论模型，从而在工程不同阶段，验证理论上和实际上的差距（图5）。

2. 控制点的建立

根据相关规范及本工程特点，施工过程中，须在演艺中心外部建立一个测量控制网。控制网形成一个闭合导线，控制网的观测参照《精密工程测量规范》GB/T 15314 中二级精密工程水平控制网技术要求执行，采用方向观测法。主要技术参数如表 1 所示。

水平控制网主要技术指标　　　　**表 1**

相邻点相对点位中误差	±1.0mm
测角中误差	±0.71"
仪器等级	DJ05
测回数	15
方位角闭合差	$1.4\sqrt{n}$

参照土建施工方提供控制点 P1、P2、P3、P4。用这四个控制点作为一级控制点，综合考虑各方面因素，幕墙公司在演艺中心相对标高±0.000 平面上建立演艺中心控制点 H1、H2、H3、H4、H5、H6、H7、H8。测量控制点布置位置示意如图 6 所示。

3. 具体放线步骤如下：

(1) 复核土建施工方提供水平线、圆心点、轴线正确性。

(2) 根据土建施工方提供测量定位的标高水平线、圆心点、轴线为基准点，利用全站仪放出 1-32 轴 32 条主轴线，并分别在 32-1 轴、8-9 轴、17-16 轴、25-24 轴的中间位置以及 5 轴、12 轴、21 轴、29 轴确定控制点。

H 控制网点观测支架及点位制作方法如下：

H 控制网点设于-10m 平面上，各控制点观测支架用角钢做一四条腿梯形台，梯形台面焊上钢板，钢板上面用螺丝做成控制点，螺丝正中间刻上十字丝做点位标志。螺丝大小应与标准脚架螺丝大小一致，以利于下一步内控点往上引测时，将全站仪、激光垂准仪直接拧于螺丝上，减少仪器对中误差。再用混凝土将 H 网点观测支架角钢架封牢，做为永久点使用，防止人为破坏与松动。H 控制网观测支架与控制点制作方法见图 7。

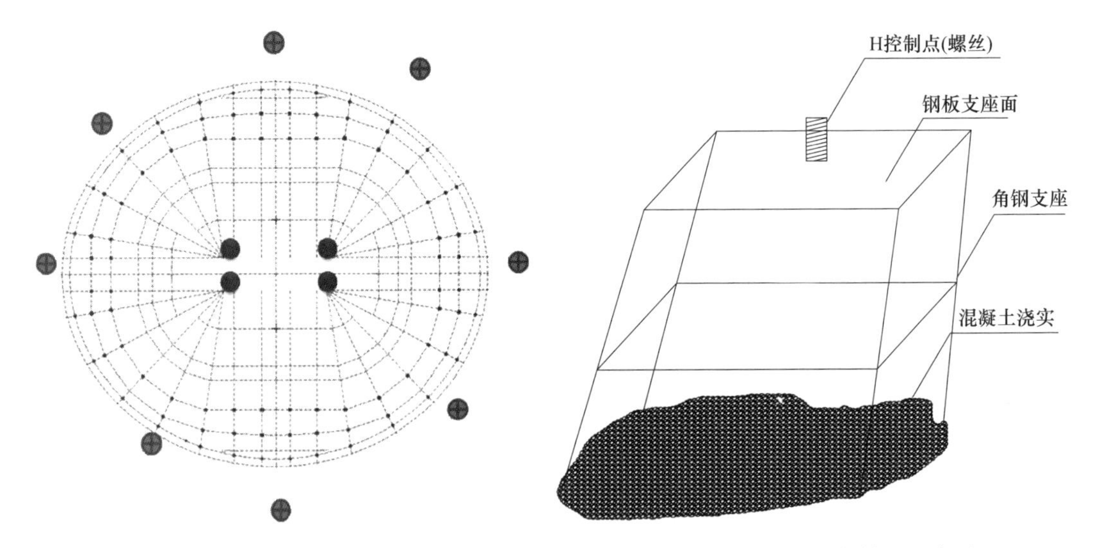

图 6　测量控制点布置位置示意图　　　　图 7　埋石与控制点做法示意图

H 控制网点形成一个闭合导线网。对 H 网各点进行观测时，依次在各点设站，严格按照控制测量有关规定，对各可视条件进行观测，并用全站仪测量设站点前后两点与设站点之间距离（图 8）。操作过程中，应严格保证各原始数据的正确性。现场采集数据完成之后，即对各数据进行平差处理。

结构边线偏差过大的原因及处理方法 表 2

原因分析	处理方法
因主体结构施工误差	对主体结构进行修正
因改变建筑物部分主体结构	按实际尺寸绘制实测图，对幕墙图纸进行重新设计或补充设计
因幕墙材料的改变	对幕墙图纸进行重新设计或补充设计
因幕墙图纸和主体结构图纸不一致	对幕墙图纸进行补充设计

4. 幕墙安装施工技术

幕墙安装工程施工区域总顺序为从南向北。即先施工 5B 区，再分成两个施工班组分别向两边展开进行 1A、1B→2A、2B→3A、3B 的安装，最后安装 5A 区（图 9）。

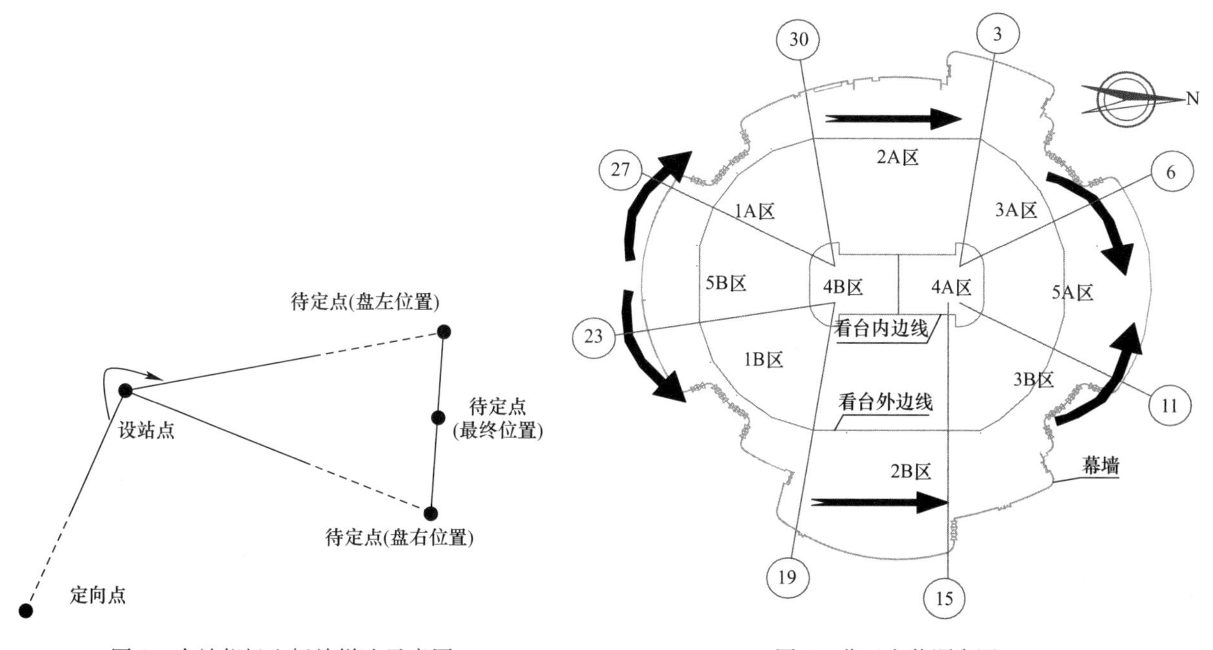

图 8 全站仪极坐标放样法示意图

图 9 分区安装顺序图

5. 钢构件的吊装

(1) 吊装工作量

钢构总重约 1500t，最大构件约长 18m，最重约 9t，吊装高度 40 多 m。

(2) 起重机械的选择

为保证施工进度，采用两台 50t 汽车吊。

由于吊机可以开到所安装的立柱及横梁附近，所以吊机吊臂工作半径较小。

(3) 吊装顺序

主梁根据不同位置分两段吊装，先将下段直梁安装就位，再吊装弯梁与其对接，起吊就位时，严禁与已安装好的钢柱、缆风绳或其他物体碰撞（图 10）。

在第一榀钢梁就位后要用缆风绳固定，第二榀钢梁就位后，要立即将于第一榀连接的次梁安装不少于三条，以保证形成整体稳定，随后将剩余的次梁逐个安装（图 11）。

1) 立柱的吊装

a. 部分立柱整根吊装，部分在四层位置分成两端吊装。

b. 先吊装下面段立柱后安装上段立柱（图 12）。

c. 按照施工顺序吊装所有其他立柱。

d. 调节检查所有立柱的直线度，垂直度由基础与柱上端相连的梁的孔位确定。

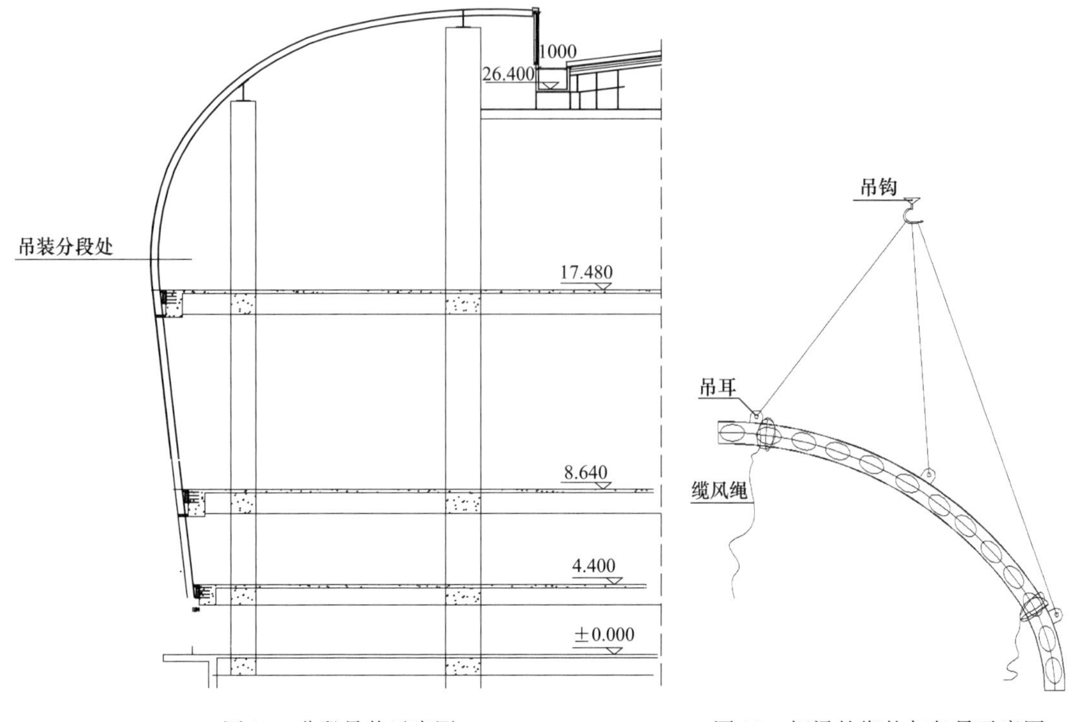

图 10　分段吊装示意图　　图 11　钢梁的绑扎与起吊示意图

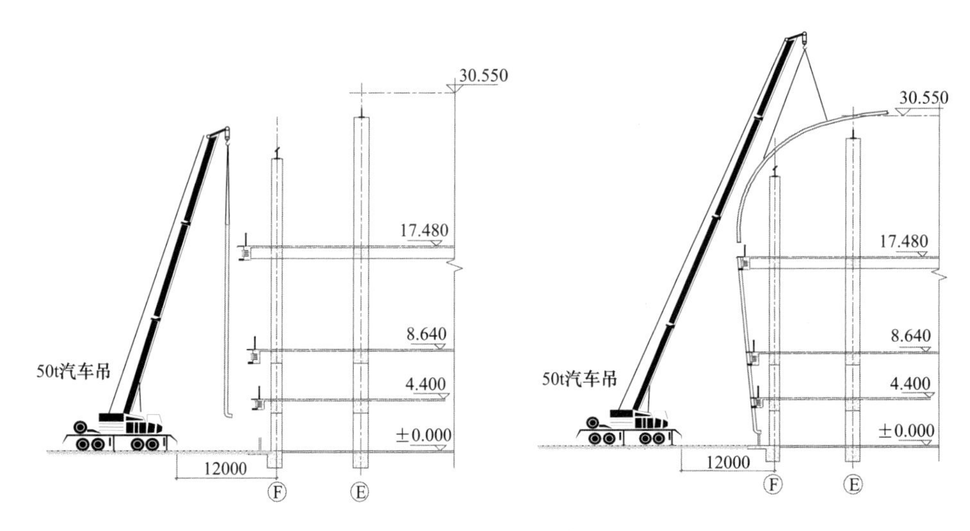

图 12　立柱吊装示意图

2）横梁的吊装

吊装时用尼龙带绑扎，并系上风绳，防止起吊过程与立柱等其他已装好的构件相撞，就位后穿上螺栓，用定力扳手拧紧，要保证梁的靠墙外一侧与相对应的柱的外表面齐平（图 13）。

6. 金属幕墙安装及保证措施

（1）施工流程

2mm 镀锌钢板→铺垫通过 1mm 聚氯乙烯隔气层→铝合金支座安装→保温层→0.9mm 铝镁锰防水板→铝合金咬合紧固件安装→铝合金连接杆件安装→铝合金转接件安装→铝合金副框安装→金属装饰面材安装（图 14）。

（2）金属幕墙凹凸位置施工及保证措施（图 15）

本工程金属幕墙的凹凸位置落差变化主要通过幕墙的竖龙骨变截面工字钢及铝合金连接杆件支撑系统控制（图 16）。

7. 玻璃幕墙施工及保证措施（图 17）

为了保持钛锌板面相互级差 400mm 的同时达到与玻璃面要求的最低级差 100mm。将玻璃幕墙面外移至距离幕墙工字钢面 300mm 处，就可以满足与最低层钛锌板面为 100mm，可以同时解决玻璃幕墙工字钢加工及安装误差调整问题（图 18）。

4.2 钢结构工程施工技术

4.2.1 概述

钢结构部分主要集中在主场馆屋盖，钢屋盖为双向主次平面型钢桁架体系。钢屋盖上表面造型为椭球面，下表面为水平面。屋盖主要由 10 榀主桁架（ZHJ）、2 榀次桁架（CHJ）、4 榀边桁架（BHJ）及支撑和连系梁构成。整个钢屋盖结构支撑于 32 根混凝土柱上，支座采用抗震球铰支座。屋架上弦杆顶标高为 34.5m，下弦杆底标高为 21.3m，桁架下弦杆距离内场地面（标高约－9m）高度约 30m（图 19）。

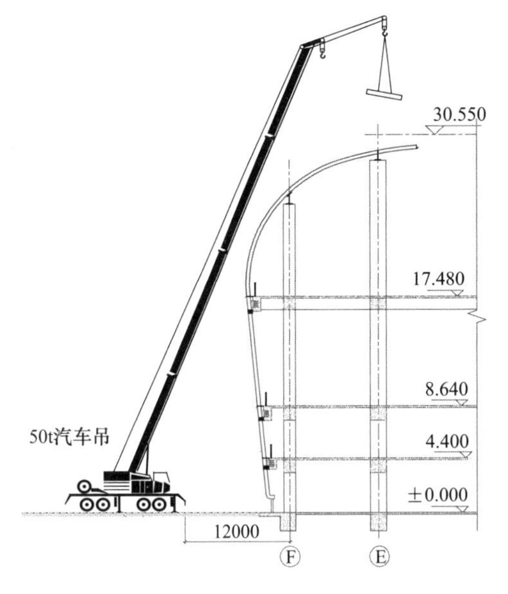

图 13　横梁吊装示意图

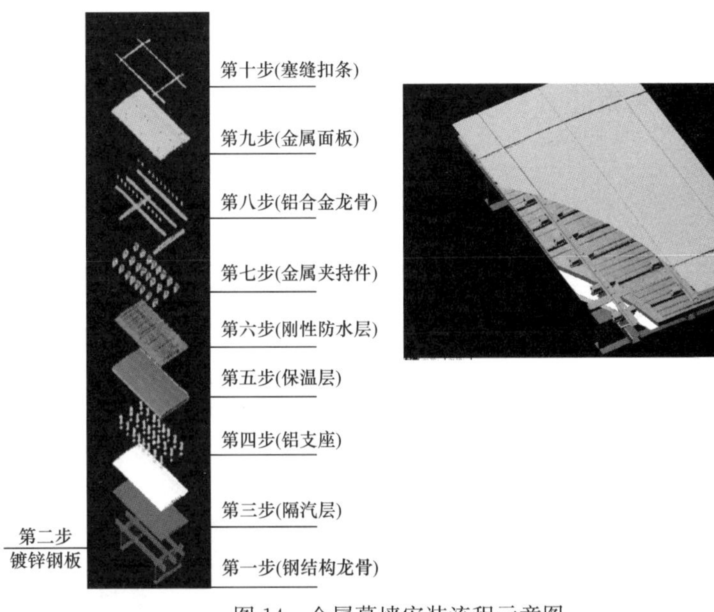

图 14　金属幕墙安装流程示意图

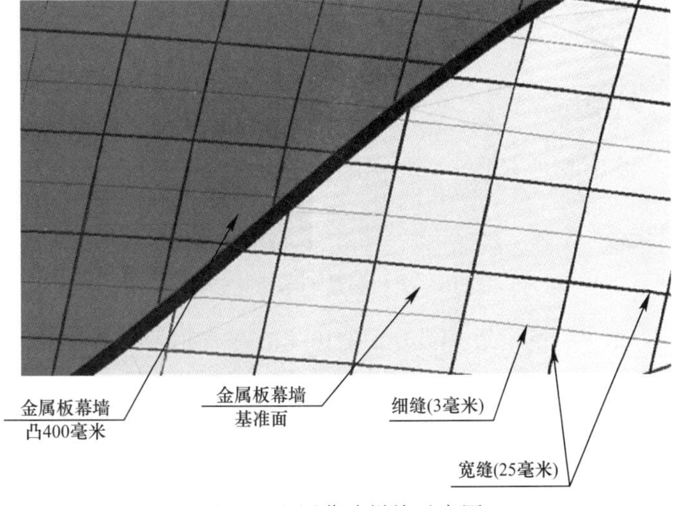

图 15　金属幕墙拼接示意图

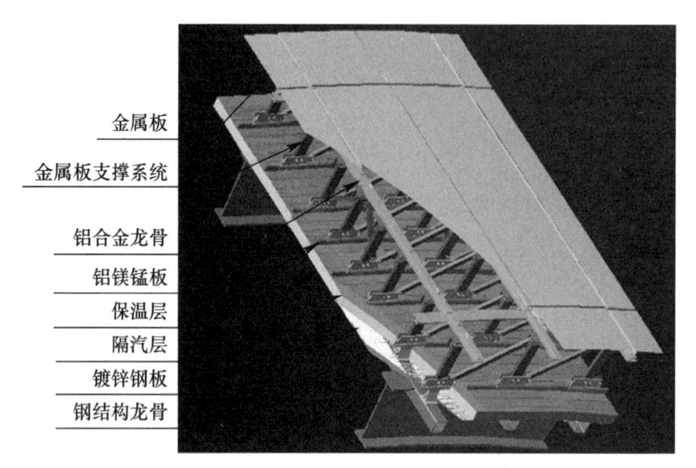

图 16　金属幕墙支撑系统示意图

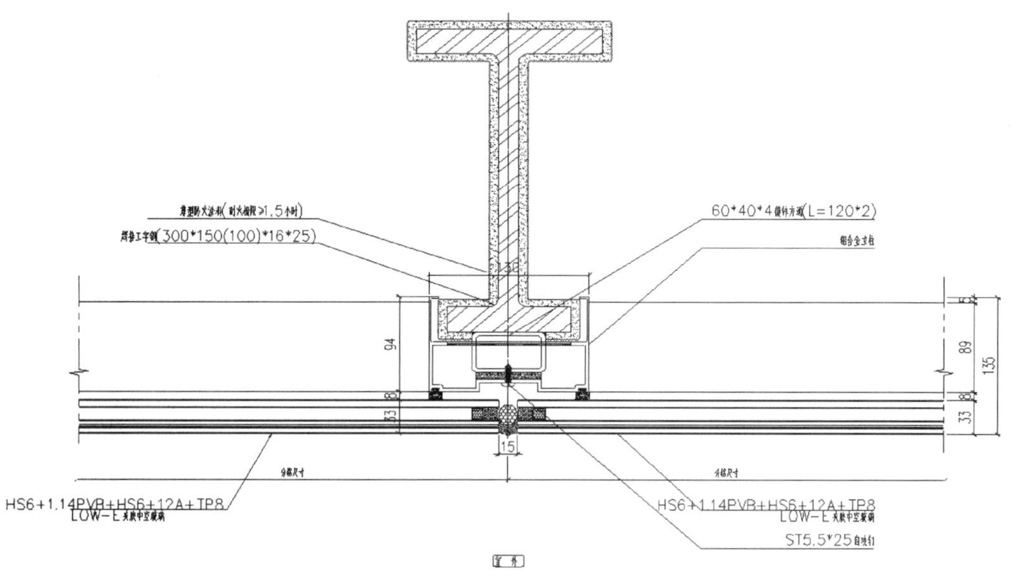

图 17　横明竖隐玻璃幕墙示意图

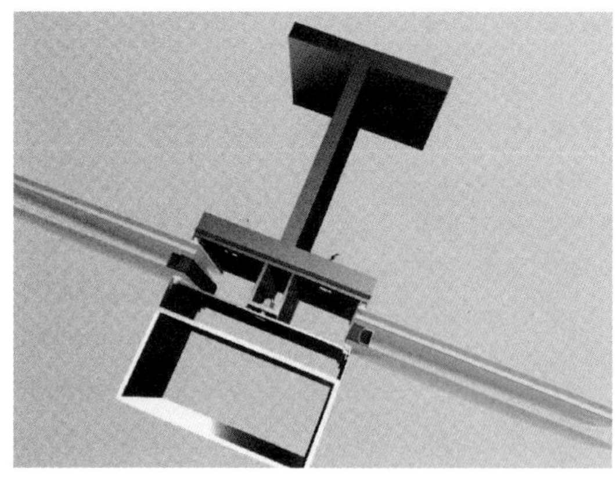

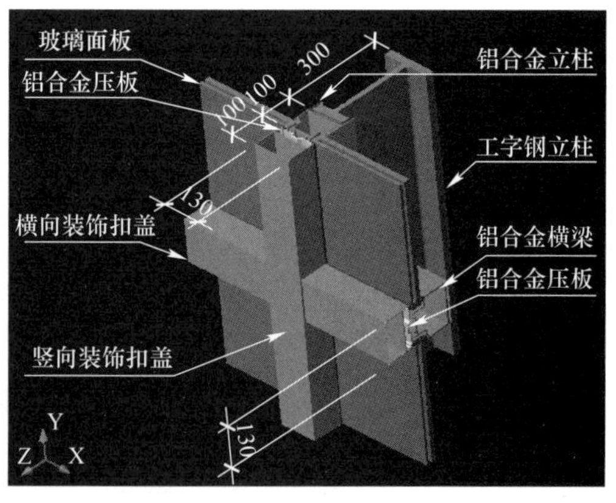

图 18　全明框玻璃幕墙构造图

钢桁架材质为 Q345B，最大跨度桁架 ZHJ3 长约 107m，单榀桁架重 260t，共六榀。ZHJ3 桁架上下弦杆规格主要为 H800×750×30×35mm，腹杆规格主要为 H500×500×20×30mm、H200×120×6×10mm。ZHJ2 桁架跨度约为 97m，上下弦杆规格主要为 H800×500×20×30mm，腹杆主要规格为 H500×500×20×30mm、H200×120×6×10mm。ZHJ1 桁架跨度约为 80m，桁架上下弦杆主要规格为 H800×500×20×30mm，腹杆主要规格为 H500×500×20×30mm、H200×120×6×10mm。工程量近 4000t。

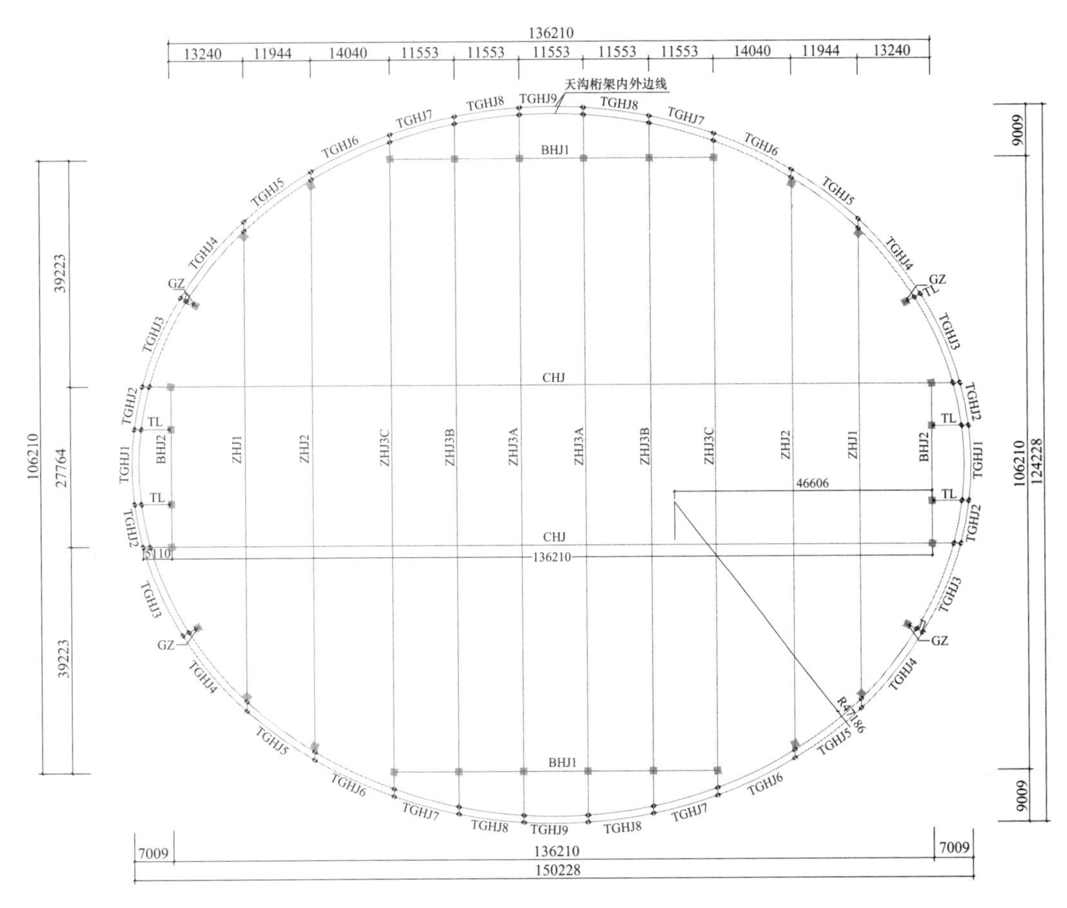

图 19 钢屋盖平面图

钢屋盖体系中所有杆件截面均为 H 形，主桁架采用全焊接连接，主次桁架之间采用栓焊混合接头方式连接；钢梁和支撑连接节点分为刚接和铰接两类，刚接采用栓焊混合接头方式，铰接为腹板高强度螺栓连接（图 20）。

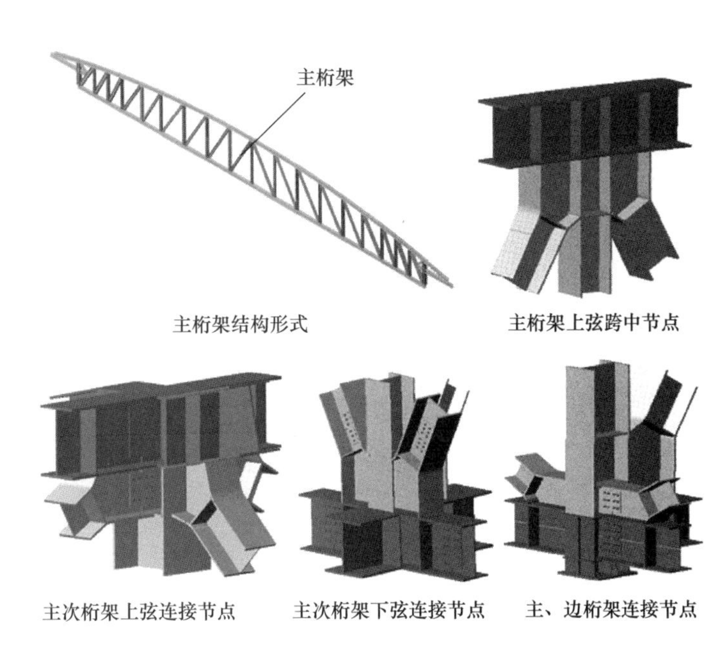

图 20 钢屋盖桁架形式和主要节点图

根据实际情况，选取内场分段吊装施工方法，设置 18 个支撑塔架，主要使用一台 400t 履带吊来完成安装任务，解决大跨度钢桁架吊装问题。

4.2.2　关键技术

1. 支撑塔架设计

本工程支撑塔架设计须兼顾考虑以下问题：

内场区域狭小，塔架须设计为无缆风绳式塔架，刚度和稳定由塔架结构自身提供，塔架需要设计成较大截面的格构式柱结构；塔架定位上必须考虑柱脚在原设计基础承台区域内，以保护底板不受塔架传递的荷载破坏，而且塔架顶部受力点对应钢桁架的节点位置；塔架结构主肢需穿过混凝结构，因此主肢位置必须避开楼层梁和看台梁，以保证混凝土结构的整体性；存在 1 副塔架与构件进出内场的入口相干涉，必须考虑可避让的结构方案；塔架顶需考虑设置足够强的梁结构承受屋盖钢桁架荷载；塔架顶部与屋盖桁架连接处必须考虑标高调整措施和卸载相关措施。

综合以上事项，将支撑塔架分成底节、标准节、顶节三部分设计。底节格构柱主肢选用 350×10mm 的方钢管，腹杆为 120×10mm 的等肢角钢；标准节为截面 3×3m、高 9m 的格构柱；顶节是在格构柱顶设置 3 根承重梁而成，中间钢梁支撑点处设置卸载支墩，卸载支墩为十字加圆孔顶板形式，圆孔为千斤顶活塞预留。

塔架验算分析采用 sap2000 软件，将塔架和钢屋盖整体建模验算，确保塔架设计的安全经济，本工程塔架全过程最大应力比 0.73（图 21～图 23）。

2. 施工区域划分

将钢屋盖分为 5 大作业区，按照 A 区～E 区的顺序进行施工。选取 QUY400 型履带式吊机作为安装机械，将主桁架分段吊装，其中 A 区～D 区选用带超起 36m＋36m 塔式工况，最重构件 75t；E 区选用 54m 主臂工况，最重构件 109t。另外为了加快进度，屋盖周边次结构，如钢梁、水平支撑、垂直支撑由 1 台 QUY260 型 260t 履带吊在外场完成，吊装工况采用 45m＋42m 的塔式工况（图 24）。

3. 内场场地规划

内场只有一块儿 81m×39m 的场地，在如此小的区域内，既规划拼装场地，构件堆放场地，还要考虑吊机行走、吊装作业占据的空间，场地的使用需要“精雕细琢”，在不同阶段采用不同的场地规划方案（图 25）。

首先在外场设置一块约 3000m² 的构件临时堆场，再根据内场工作内容向内场运输对应的构件，避免大量构件占据内场空间。

按工期要求反算，地面至少规划两块主桁架拼装场地，同时内场还要具备吊机行走道路和拼装完成桁架的堆放场地，基于以上要求内场使用分为 I～VI 六个阶段。每个阶段场地规划如表 3 所示。

各阶段场地划分说明：

（1）Ⅰ阶段：吊装处于结构南侧的 A 区，吊机须站位于南侧场地工作，因此拼装场地 2 位于内场北侧（图 26）。

（2）Ⅱ阶段：和 A 区情况类似，吊机须站在北侧工作，因此将拼装场地 2 设置在内场南侧。

（3）Ⅲ阶段：吊装的是西侧的 C 区，由于在西侧的拼装完成桁架是立起堆放，占据空间较小，对吊机作业幅度影响不大，因此场地规划可以维持不变。

（4）Ⅳ阶段：吊装的是东侧的 D 区，东侧占据较大面积的拼装场地 1 必须调整到西侧。

（5）Ⅴ阶段：E 区前 2 榀桁架还没有把中间区域全部占据，因此还可以维持场地不变，但要将所有主桁架拼装完成，并堆放于内场东侧（图 27）。

（6）Ⅵ阶段：由于 E 区后几榀桁架安装后会将整个内场顶空覆盖，因此所有主桁架必须在Ⅴ阶段拼装完成，否则吊机没有作业面将桁架下拼装胎架，本阶段只规划堆放场地和吊装作业面。

4. 屋盖钢结构安装顺序

屋盖钢结构施工遵循“区域施工、先主后次、交替施工、结构成型、整体卸载”的原则推进，详细施工顺序如图 28 所示。

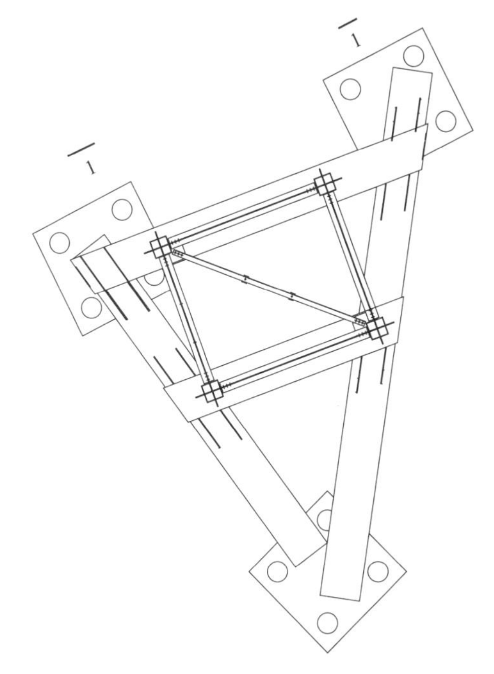

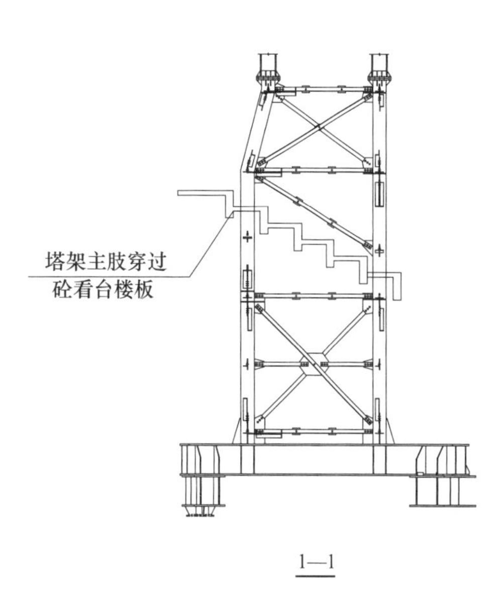

1—1

架空钢梁和穿楼板做法

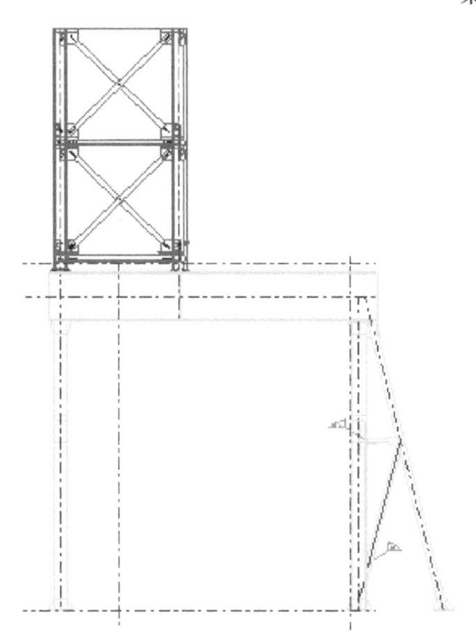

入口处底节做法

图 21 支撑塔架底节设计图

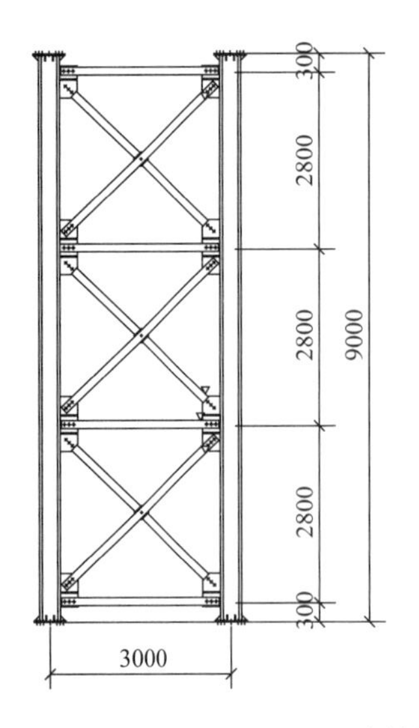

图 22　支撑塔架标准节设计图

图 23　支撑塔架顶节设计图

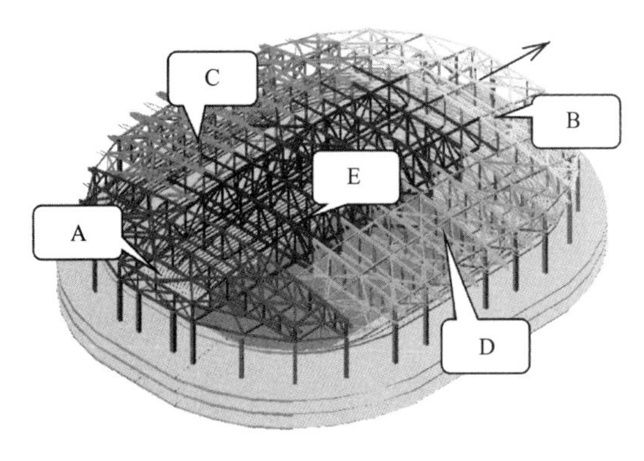

图 24　施工分区图　　　　图 25　内场场地图

各阶段内场场地规划表　　表 3

施工阶段	拼装场地 1	拼装场地 2	吊机行走路线	桁架堆放处
Ⅰ阶段（A 区）	东侧	北侧	中间	西侧
Ⅱ阶段（B 区）	东侧	南侧	中间	西侧
Ⅲ阶段（C 区）	东侧	南侧	中偏西侧	西侧
Ⅳ阶段（D 区）	西侧	南侧	中偏东侧	东侧
Ⅴ阶段（E 区前期）	西侧	南侧	中间	东侧
Ⅵ阶段（E 区后期）	—	—	中间	东侧

图 26 第Ⅰ阶段场地规划图

图 27 第Ⅴ阶段场地规划图

图 28 施工流程图

5. 主桁架拼装技术

主桁架最大跨度 107m，最大分段重量 109t，断面高度达 13m，其拼装和吊装是整个工程的重点和关键。

（1）主桁架吊装分段划分

本工程钢屋盖共10榀主桁架，由于桁架跨度不同，其中2榀划分为2个吊装分段，其余8榀分为3个吊装分段（图29）。

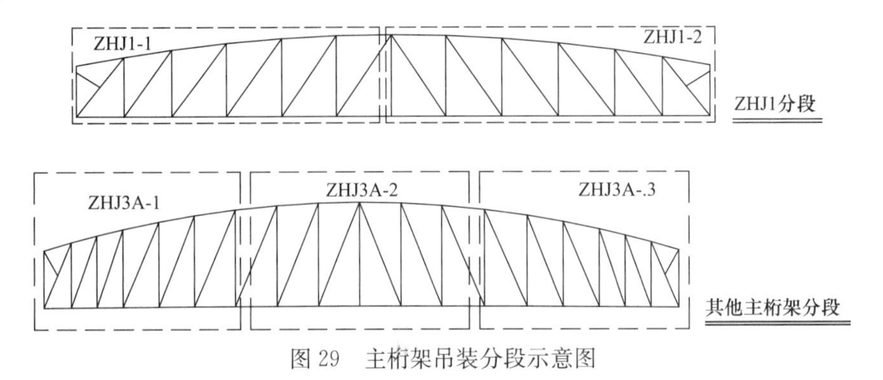

图29　主桁架吊装分段示意图

（2）主桁架拼装工艺

1）拼装思路

钢桁架采用“卧拼法”，杆件散件运输至现场后，在场内搭设拼装胎架，塔架设置以每根弦杆构件处于简支状态为原则，拼装顺序严格按照吊装顺序进行。每个吊装分段的拼装顺序按照“先上下弦，后腹杆，先中间，后两端”进行。

2）拼装程序

a. 胎架的复测

由于每一榀桁架断面布置不同，因此每榀桁架拼装完成后，拼装胎架需要根据待拼桁架重新布置，布置后必须进行复测，务必要求精确。另外下弦构件布置时，应尽量布置在胎架靠上弦的一端，避免翻身后没有足够支撑面（图30）。

b. 杆件的验收与准备

待桁架分段的杆件清单将外场的构件运至内场，要求杆件必须配套。同时，杆件放置在拼装吊机的作业半径范围内，杆件上的污物必须在拼装之前清除干净。

c. 拼装

桁架拼装采用卧拼法，先拼上下弦杆，后拼腹杆。同时，为确保拼装精度，采用全站仪在拼装平台上进行放线，并确定节点位置坐标，以备复测。

d. 焊接

桁架拼装完成经过检查后，进行焊接。拼装时，所有杆件点焊定位牢固。焊接时，从中间往两端对称焊接，同一杆件两端不要同时施焊，并根据天气条件需要搭设防风雨设施（图31）。

图30　主桁架下弦杆与胎架图

图31　拼装焊接防雨图

e. 涂装

桁架焊接和检查完成后，进行焊接节点的补漆工作和油漆损坏部位的补漆工作。涂装前，焊缝处按规范要求进行打磨处理，补涂时，按油漆配套方案进行施工，各层油漆之间要控制时间间隔。

3）拼装注意事项

a. 焊缝收缩控制

由于桁架跨度最大达 106m，跨度很大，拼装时焊缝收缩量不能忽略，必须预防焊缝间隙来保证整体尺寸满足要求。实际操作时，按经验将上下弦对接口间隙增大对接面最大板厚的 1/12。例如，对接截面为 H800×500×25×30mm，则将对接口间隙增大 30/12＝2.5mm。按此原则预放焊接收缩量实际情况较好，42m 的桁架分段焊后长度误差在 15mm 以内，高空对接完全可以吸收此误差。

b. 起拱控制

起拱控制必须在深化设计就应准备，要按设计要求数值考虑起拱因素，即加工的构件尺寸必须已经考虑了起拱因素。本工程设计起拱值为跨度 1/700。

c. 吊装分段长度控制

由于 C、D、E 区钢结构是将单榀桁架分段安装，而且按照顺序是先两端，后中间。因此 E 区主桁架分段拼装必须考虑调整空间。加工时，将上下弦与两端对接的杆件，对接口一侧人为增加 25mm，以避免总长偏小。

E 区主桁架拼装完毕后，按照桁架就位处的净空进行测量，并按照测量数据对地面的吊装分段进行尺寸修整，以保证吊装精度，测量时注意温度应与吊装时间温度接近。

6. 主桁架吊装技术

（1）吊装吊耳设置

为了便于翻身下架，在每个吊装分段上设置 4 块吊耳板，中间 2 块为主吊耳，两端吊耳为翻身时辅助吊耳。中间主吊耳间距为 2m，间隙较小，要求重心位置计算准确，本工程采用 Xsteel 建模方法求取重心位置，为了便于翻身，将主吊耳两侧加劲板设置为上短下长（图 32）。

（2）桁架翻身下架和堆放

桁架最大断面达到 13m，重量最大达 109t，采用卧拼法拼装，翻身下架具有一定挑战性，采用 QU400 型 400t 履带吊，36m＋36m 的带超起塔式工况进行翻身。因为桁架下弦为水平，桁架分段采用在胎架上翻身方式，另外由于跨度较大，翻身过程中会产生较大旁弯，所以采取两端以汽车吊辅助，避免产生过大旁弯（图 33）。

图 32 桁架分段主吊耳图

图 33 桁架分段三机翻身图

另外为了节省内场场地，拼装完成的桁架分段立放于塔架侧面，下方垫好枕木，侧向稳定靠钢丝绳提供，堆放时一定注意施工顺序，避免先吊装的分段被压在里面的情况（图 34）。

（3）吊装工况

本工程主桁架吊装选用了 QUY400 型 400t 履带吊的 2 个吊装工况：A～D 区的主桁架吊装工况为 36m 主臂＋36m 塔臂＋超起配重的塔式工况，最大吊重 75t；E 区主桁架吊装工况为 54m 主臂工况，最大吊重 109t。

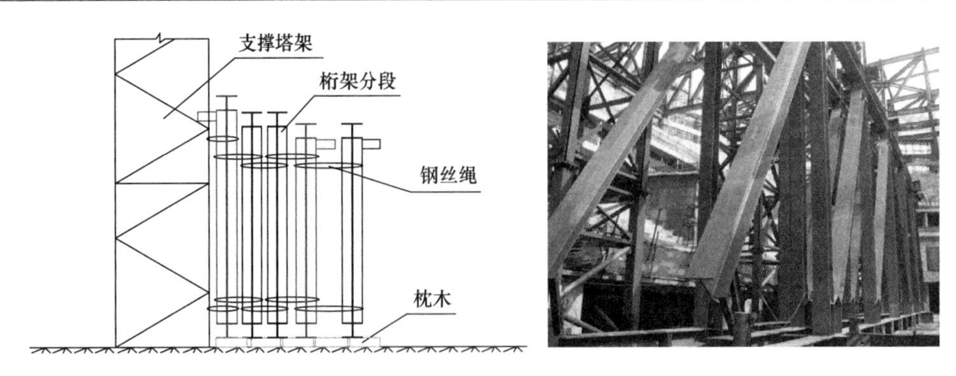

图 34　桁架分段立式堆放图

(4) 吊装注意事项

1) 主桁架分段长度大、重量重，起吊后便掉转方向，所以要特别注意主桁架的拼装方向与吊装工位匹配，同时考虑吊车站位和吊装转身空间等因素。

2) 主桁架两端的杆件悬挑较长，采用型钢支撑进行加固，避免翻身和起吊过程中变形过大（图 35）。

图 35　桁架分段两端悬挑杆加固图

3) 起吊前，在主桁架的下弦两端拉设风绳，防止翻身直立过程中主桁架和拼装胎架发生碰撞、高空吊装过程中发生摇摆。

4) 主桁架吊装前，上、下弦要拉设安全绳，固定安全爬梯和吊笼，并沿吊车行走路线铺设路基箱以保护下部结构。

5) 主桁架吊装前，影响桁架吊装的障碍物必须清除，如已拉设的缆风绳、吊机行走线路上的胎架产生的干涉，可先拆除，待桁架吊装就位恢复。

7. 支撑体系卸载思路

为确保卸载过程中钢屋盖结构及施工胎架体系的安全，利用计算机模拟计算出每个胎架处的理论卸载值，根据卸载值的大小提前在卸载支墩上布置若干块钢板来调整安装标高，钢板总厚度要大于卸载总距离的 1.4 倍，并根据每次卸载距离配置钢板厚度，同时根据每次卸载的距离，按照实际的卸载工况对钢结构屋盖及支撑胎架进行施工验算。验算整个卸载过程，同时得到每个卸载点的最大反力，根据此反力数值配置卸载千斤顶的大小和数量，并采用适当卸载方法完成卸载工作（图 36）。

8. 卸载距离和最大反力确定

(1) 各卸载点卸载距离的确定

18 个支撑塔架（塔架编号如图 37），每个塔架为一个卸载点，每个卸载点的总卸载距离按照此公式求出：

$$W_{卸载距离}=\left|\delta_{塔架拆除}\right|-\left|\delta_{塔架未拆}\right|$$

$\delta_{塔架拆除}$——卸载后结构在卸载位置的竖向位移，$\delta_{塔架未拆}$——结构成型后卸载前结构在卸载点的竖向位移。

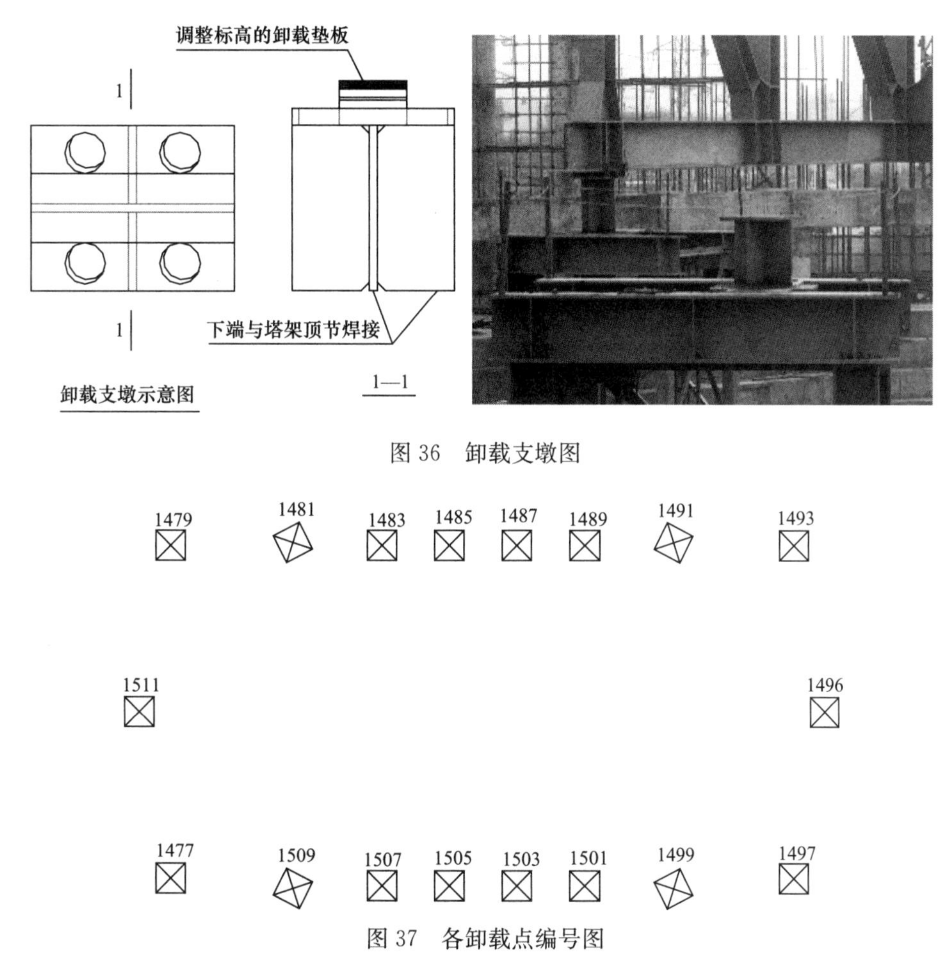

图 36 卸载支墩图

图 37 各卸载点编号图

经施工验算各点的卸载距离如表 4 所示。

各点卸载距离统计表（mm） **表 4**

卸载点号	1511	1479	1477	1481	1509
卸载距离	32	42	42	57	57
卸载点号	1483	1507	1485	1505	1487
卸载距离	62	62	64	64	64
卸载点号	1503	1489	1501	1491	1499
卸载距离	64	62	62	57	57
卸载点号	1493	1497	1496		
卸载距离	42	42	32		

（2）卸载最大反力确定

对整个卸载过程，取整个过程中每个塔架的最大反力作为该塔架的卸载千斤顶的最大顶升荷载。经计算，各卸载点最大反力如表 5 所示

各点卸载反力统计表（kN） **表 5**

卸载点号	1511	1479	1477	1481	1509
卸载反力	1421	1540	1545	2204	2203
卸载点号	1483	1507	1485	1505	1487
卸载反力	1734	1737	2001	2001	2019
卸载点号	1503	1489	1501	1491	1499
卸载反力	2017	1786	1736	2203	2204
卸载点号	1493	1497	1496		
卸载反力	1541	1543	1421		

9. 卸载点配置

卸载选用 8 个 200t 千斤顶和 44 个 100t 千斤顶，其中 10 个 100t 的为备用千斤顶（表 6）。

各卸载点千斤顶配置表　　**表 6**

卸载位置编号	最大荷载（kN）	千斤顶数量（个）	单个千斤顶能力（kN）	安全系数
1511	1421	2	1000	1.41
1479	1540	2	1000	1.30
1477	1545	2	1000	1.29
1481	2204	2	2000	1.81
1509	2203	2	2000	1.81
1483	1734	2	1000	1.15
1507	1737	2	1000	1.15
1485	2001	2	2000	2.00
1505	2001	2	2000	2.00
1487	2019	4	1000	1.98
1503	2017	4	1000	1.98
1489	1786	2	1000	1.12
1501	1736	2	1000	1.15
1491	2203	4	1000	1.81
1499	2204	4	1000	1.81
1493	1541	2	1000	1.30
1497	1543	2	1000	1.30
1496	1421	2	1000	1.41

说明：表中安全系数=[（千斤顶个数×单个千斤顶额定）÷该卸载位置的最大荷载]。该安全系数不含有千斤顶设备自身的安全系数。

10. 卸载方法

经施工过程验算分析，采用“等距卸载”能在方便施工的情况下保证安全，按验算工况每个行程卸载 10mm，共 7 个行程，施工流程按图 38 实施。

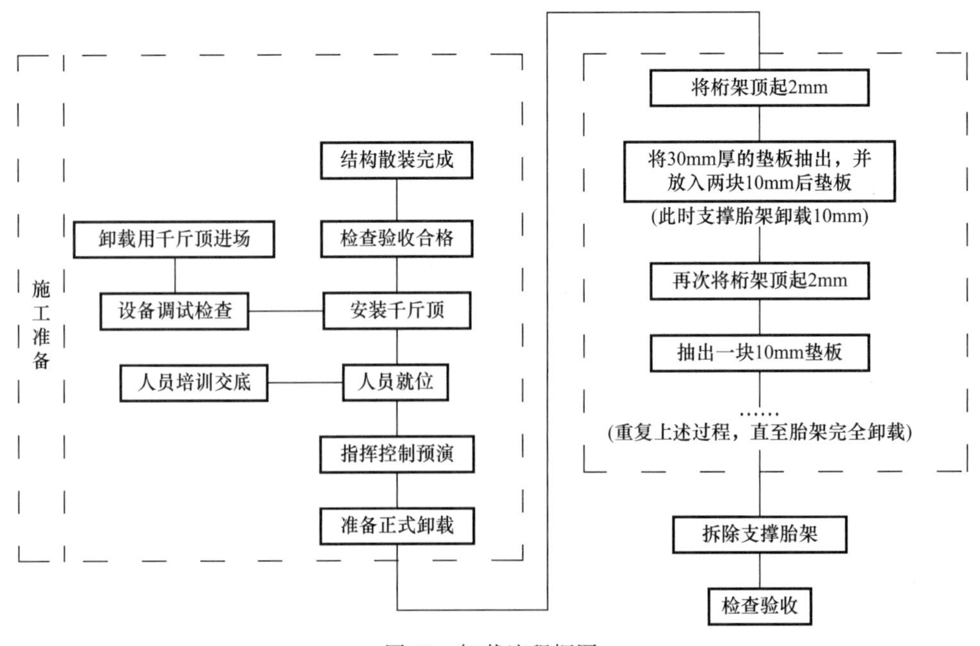

图 38　卸载流程框图

操作步骤如下：

（1）将千斤顶布置到位。

（2）将所有点千斤顶同步顶起 2mm，将垫板高度减少 10mm。例如，抽出 1 块 30mm 板，放入 2 块 10mm 钢板。

（3）按照指挥指令同时打开千斤顶回油阀，结构整体下挠 10mm。

（4）重复（2）～（3）步骤，知道所有点悬空，卸载完成（图 39）。

卸载完成后中心最大挠度为 67mm，小于起拱值 133mm，符合设计要求。

图 39 卸载现场照片

4.3 冰场施工技术

4.3.1 概述

本工程冰球比赛场位于广州国际体育演艺中心地下一层，为室内永久性混凝土内埋冷冻排管型冰场，能满足北美冰球协会比赛及其他冰上运动要求，同时融冰后可满足篮球、网球、排球、马戏表演等体育、演艺活动。冰场长约 60m，宽约 30m，面积约 1800m^2。冰场构造层厚度为 550mm，从上到下依次为：25mm 厚冰层、200mm 厚 C40P8F200 自密实细石混凝土层（内含 ϕ6～150 双向钢筋网、间距 87mm 的 ϕ32×2.9PE 制冷支管、ϕ12～270 双向钢筋网）、20mm 厚水泥砂浆防水保护层、4mm 厚 SBS 防水层、20mm 厚水泥砂浆找平层、120(60+60)mm 厚挤塑聚苯板保温层、0.2mm 厚聚乙烯塑料防潮层、186mm 厚干沙层（内置加热管）、混凝土结构底板。本技术解决了冰场对混凝土强度、抗冻性、抗渗性能、混凝土平整度要求高的施工问题（图 40）。

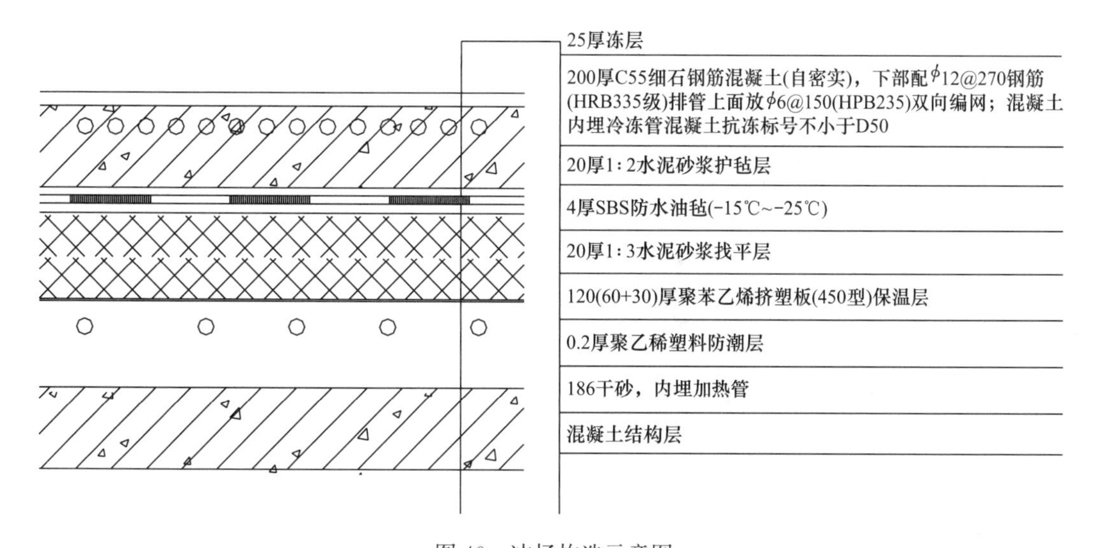

图 40 冰场构造示意图

4.3.2 关键技术

1. 冰场钢筋工程施工技术

下层钢筋为 ϕ12@270 双向钢筋网，上层钢筋网为 ϕ6@150 双向钢筋网。钢筋绑扎之前，应在防水保护层上根据钢筋网的间距用红墨弹出位置线。钢筋绑扎采用八字扣，逐点绑扎，禁止跳扣。

下层钢筋绑扎后要随即垫好垫块，垫块采用花岗岩，间距为双向 800mm，成梅花形布置，垫块厚度要满足钢筋保护层厚度要求。

2. 冰场密集制冷支管的施工技术

在硬化后地面找平层上划出的冰面的中心线，沿长轴中心线方向间隔 915mm 划出横线，排管支架沿横线方向铺设，相邻支架间搭接一个冷管间距的距离。排管敷设完毕后需在支架末段喷涂定位油漆以防移位。

在找平层敷设垂直于主管方向的螺纹钢筋后，再敷设平行于主管方向的钢筋绑扎成 300mm×270mm 的网格，钢筋要求通长配置，搭接绑扎。

制冷盘管按照排管支架定位展开并拉直，端部的特制 U 形弯头固定在预留的拉环上，主管沟部位与主管的预留接口热熔焊接。敷设焊接完毕后与主管整体打气压至 0.6MPa，保压 24 小时后确保无漏点后泄压至 0.4MPa 并保持混凝土浇筑施工完毕，施工中监测排管内的压力，如果发现泄压应及时查找漏点并修复。

在敷设完毕的制冷排管上绑扎 150mm×150mm 钢筋网格，绑扎完毕检查排管支架是否移位，修复支架和排管的移位。

3. 冰场混凝土工程施工技术

本工程混凝土采用商品混凝土，混凝土由搅拌站的混凝土罐车运至现场，采用汽车式混凝土泵泵送。混凝土的设计强度 C40 坍落度（180±20）mm、抗渗 P8 抗冻 F200、水泥 340kg/m^3，掺合料 130kg/m^3，沙 750kg/m^3，石 960kg/m^3，水 165kg/m^3，外加剂 7kg/m^3。

（1）混凝土施工

为保证混凝土质量，做到内实外光，宏观颜色一致，对混凝土砂、石原材料、低发热量水泥及相应的混凝土添加剂严格控制。

混凝土摊铺振捣采用激光型混凝土摊铺机，摊铺机可自动控制混凝土的标高及表面平整，应反复的进行振捣以除去混凝土浆中的气泡（图 41）。

混凝土摊铺振捣完成后，采用电动收光机对混凝土表面进行收光。

（2）混凝土的养护

混凝土浇筑完毕 12h 即进行养护，采用洒水后覆膜蓄水的方法进行养护。养护时间不少于 14 天（图 42）。

图 41　混凝土摊铺振捣图

图 42　混凝土养护图

5　社会和经济效益

5.1　社会效益

广州国际体育演艺中心是世界最成功的体育场馆之一，是举办 2010 年亚运会的重要场馆之一。该建筑的设计特别适应了 NBA 的严格标准，这个特色会令其成为联盟在亚洲进行扩张的大本营。

工程投入使用以来，成功举办了 2010 年广州亚运会篮球赛事、NBA 中国赛及几次大型比赛和演绎活动，各个系统运行正常，没用出现任何使用功能及工程质量问题，监理、业主和市各级领导及业主对工程质量非常满意。取得了良好的社会和环保效益，为公司赢得了荣誉，推动了公司施工技术的进步。

5.2　经济效益

本工程施工中，创新了多项施工工艺，工程整体质量达到了一流水平，业主、监理及社会各界一致赞誉工程质量，并降低了工程成本，缩短了工期。

通过新技术的应用与采用传统的施工工艺相比，无论在人力、物力、施工进度还是质量改进上都体现了新技术应有的优势，合计节约成本约360万元，缩短工期127天。

6 工程图片（图43～图47）

图43 项目全景图

图44 主场馆曲面外形图

图45 主场馆大跨度屋架钢结构桁架图

图46 主场馆曲面连续阳极氧化铝板幕墙图

图47 主场馆LOW-E中空玻璃幕墙图

汕头大学新医学院工程

劳锦洪　苏建华　麦永健　杜向浩

第一部分　实例基本情况表

<table>
<tr><td>工程名称</td><td colspan="3">汕头大学新医学院</td></tr>
<tr><td>工程地点</td><td colspan="3">广东省汕头市金平区汕头大学校区内</td></tr>
<tr><td>开工时间</td><td>2014 年 1 月 2 日</td><td>竣工时间</td><td>2016 年 4 月 8 日</td></tr>
<tr><td>工程造价</td><td colspan="3">2.49 亿元</td></tr>
<tr><td>建筑规模</td><td colspan="3">建筑总面积约 39205.43m²，地下一层，地上十层、局部十一层，建筑物东西向长 99.56m，高度为 52.9m。</td></tr>
<tr><td>建筑类型</td><td colspan="3">房屋建筑</td></tr>
<tr><td>工程建设单位</td><td colspan="3">汕头大学</td></tr>
<tr><td>工程设计单位</td><td colspan="3">悉地国际设计顾问（深圳）有限公司</td></tr>
<tr><td>工程监理单位</td><td colspan="3">汕头市城市建设监理公司</td></tr>
<tr><td>工程施工单位</td><td colspan="3">广州市第三建筑工程有限公司</td></tr>
<tr><td colspan="4">项目获奖、知识产权情况</td></tr>
<tr><td colspan="4">工程类奖：
1. 荣获 2015 年广东省建设工程优质结构奖
2. 荣获 2016 年汕头市建设工程安全生产、文明施工“双优工地”
3. 荣获 2017 年度广东省优秀工程勘察设计奖
4. 荣获 2017 年度广东省建设工程优质奖
5. 荣获第九届广东省土木工程詹天佑故乡杯
6. 荣获 2017 年国家优质工程奖
7. 荣获 2017 年汕头市优质工程“金凤杯奖”
8. 荣获 2017 年度广东省优秀工程设计一等奖
9. 2016 年 12 月获得深圳市第十七届优秀工程设计结构专项二等奖
科学技术奖：
“管状结构钢骨柱和连体钢桁架施工技术”获第五届广东省土木建筑学会科学技术奖
知识产权（含工法）：
1. 荣获 2015 年广东省省级工法 2 项
2. 荣获 2017 年广东省省级工法 1 项</td></tr>
</table>

第二部分　关键创新技术名称

1. 管状结构钢骨柱和连体钢桁架施工技术
2. 管状结构满堂扣件式钢管架高大支模施工技术
3. 复杂机电综合管线三维可视化布线安装施工技术

第三部分　实 例 介 绍

1　工程概况

汕头大学新医学院工程是一座可容纳约3000名学生和550名教职工学习及教学的研究型医学院，位于汕头市金平区汕头大学校区内，大学校门的西侧，大学路的北侧。项目占地约4.9万m^2，建筑总面积约39205.43m^2，教学楼地下一层，地上十层、局部十一层，建筑物东西向长99.56m，高度为52.9m。建筑物创意设计灵感源于人类的脑干系统，南北两个塔楼与顶层钢桁架连体组成“管状”结构建筑，体型复杂，平面扭转不规则、尺寸突变，立面轮廓清晰，悬挑错落有致，外观造型奇特美观，外立面、中庭立面线条变化丰富，极富韵律感（图1）。

图1　汕头大学新医学院工程立面图

2　工程重点与难点

2.1　管状结构连体钢桁架施工技术

本工程管状建筑结构、外形似平放的筒状，结构钢-混凝土复合，由主钢-混凝土结构柱和屋顶连系钢桁架组成结构完整的受力体系。由于结构受力复杂，施工过程中需要解决大悬挑结构的变形和在狭窄通道内大型钢桁架大梁的运输及安装等技术难题。

2.2　管状结构满堂扣件式钢管架高大支模施工技术

本工程建筑3层以下连在一起，从3层到9层分为南北两部分，10层又通过钢桁架连为一体组成的管状建筑。在竖向，角部四个框筒一直延续到塔楼顶部。框筒尺寸因建筑要求而发生变化，最大悬挑6m。南北边各布置有数道剪力墙，一直延伸到8层板面，为满足建筑要求，剪力墙长度延竖向变化，最大悬挑达6m，8层板面以上由斜柱支撑上部连接体。管状结构用满堂扣件式钢管架作临时支撑，同时兼作高大模板支撑，需解决高大模板基底处理、管状建筑大悬挑施工模拟计算、施工方案优化、高支模体系施工等技术难题。

2.3　复杂机电综合管线三维可视化布线安装施工技术

本工程建筑外形复杂多变、走廊基本没有吊顶、机电管线集中而且外露，涉及通风、空调、给水、雨水、污水、燃气、强弱电等十多种管线，组成错综复杂的综合管网，要对管线进行综合布置，保证走廊的美观性，需要解决管道空间布置、楼层净高控制等技术难题。

3　技术创新点

3.1　管状结构钢骨柱和连体钢桁架综合施工技术

工艺原理：

1. 深化设计复杂造型结构的动态三维预调，对接触、脱离等状态非线性问题的计算，对拆分、整体提升、合拢等过程中综合了弹性变形和刚体位移问题的分析，可全面、真实地把握结构在施工过程中的受力变形情况。

2. 在工厂分解加工制作，然后在现场完成拼装、吊装，可满足钢结构屋面连体桁架跨度大、重量大，桁架高度达到一个楼层的高度难以在马路上进行整体运输，以及可满足现场安装过程中塔吊吊装能力不足，大型吊机受到施工场地的限制无法进入现场吊装。

3. 通过对管状结构进行“超限”模拟分析，找出“超限”项；针对“超限”项，制定了管状结构钢骨柱两层一段的制作安装方案，可满足高强螺栓安装、栓钉焊接、钢结构测量、现场焊接和检验检测的要求。

4. 通过分段加工分段安装、分段连接形成整体的方式，即先安装南北塔楼部分的桁架，安装相向悬挑部分，然后中间部分利用已经安装的部分桁架及混凝土楼面做支撑进行提升，最后合拢成型，对位准确，可满足设计要求。

技术优点：

1. 运用先进的工程软件，仿真模拟管状不平衡受力结构在施工过程中的应力、应变，进行相应的结构支护和变形监测，确保施工安全。

2. 深化设计大型钢桁架的现场安装及支护结构的钢筋穿插连接，节约施工成本。

3. 自主研发楼顶液压移动式整体提升机构，完成大跨度管状结构钢骨柱和连体钢桁架施工，缩短施工工期，提高工程质量。

鉴定情况：“管状结构钢骨柱和连体钢桁架施工技术”，2015 年 11 月 13 日通过了广东省住房和城乡建设厅组织鉴定，技术成果达到国内领先水平。

3.2 管状结构满堂扣件式钢管架高大支模综合施工技术

工艺原理：

1. 通过专业工程软件对施工过程中结构侧向位移变化的受力分析，制定施工方案及形成再拆除支撑的施工工序，可保证主体结构的施工质量。

2. 根据结构重力荷载不对称，结构在重力荷载下产生侧向位移，使用满堂扣件式钢管脚手架作临时支撑，同时兼作高大模板支撑体系，可有效地控制了结构的变形，减少施工材料，提高效益。

3. 采用有限元软件 Ansys 对主体结构逐层施工加载高支模施工实际工况进行模拟，优化施工方案，可保证施工安全，提高结构质量。

4. 搅拌桩地基加固采用四搅四喷工艺，对支撑体系的基础进行加固，可保证基坑回填土及高大支撑体系的稳定。

技术优点：

1. 满堂扣件式钢管架高大支撑体系位于基坑回填土上，采用搅拌桩地基加固技术对支撑体系的基础进行加固，提高承载力。

2. 塔楼两端均有大悬挑布置，竖向构件不连续，平面和竖向不规则的复杂高层建筑特点，通过专业工程软件对施工过程中结构侧向位移受力分析，制定南北两塔逐层对称施工，顶层连体刚架形成再拆除支撑的施工工序。

3. 南北塔楼重力荷载不对称，结构在重力荷载下产生侧向位移，使用满堂扣件式钢管脚手架作临时支撑，同时兼作高大模板支撑体系。减少施工材料，满堂扣件式钢管高支模支撑系统，有较高的承载能力满足施工及结构本身荷载的要求。

4. 管状特别不规则大悬挑结构支撑系统楼外悬挑结构高大支模部分采用有限元软件 Ansys 对主体结构逐层施工加载实际工况进行模拟，得出顶层连体合拢前后施工加载的时间及主体结构拆模的卸载时间。提高施工效率。

鉴定情况：《管状结构满堂扣件式钢管架高大支模综合施工技术》，2015 年 11 月 13 日通过了广东省住房和城乡建设厅组织鉴定，技术成果达到国内领先水平。

3.3 复杂机电综合管线三维可视化布线安装施工技术

工艺原理：

1. 采用计算机三维建模技术将复杂的二维图纸转换为真实的三维模型，可以清晰地发现综合管网存在的各类问题。结合建筑、结构模型对机电管线进行优化调整，直至实现模型的零碰撞后用于指导施工，可以避免因管线打架造成的返工。

2. 根据管线综合布置模型，对可以做共用支、吊架的管道统一采用联合支、吊架固定，可以减少支、吊架对空间的占用，提高室内空间净高和保证管道的整体性。利用三维建模软件建模出相应的联合支、吊架大样图，使作业人员可以准确下料，制作出联合支、吊架。

3. 采用激光定位各个专业独立支、吊架及共用的联合支、吊架的安装，可以使支架安装位置准确且整齐美观，再协调各个专业管线的安装顺序，使机电各专业管线协调有序施工。

技术优点：

1. 采用计算机三维建模技术对机电设备管线进行预装配，提前解决管线交叉重叠问题，达到净高要求，减少施工过程因变更和拆改带来的损失，节省了施工成本，经济效益显著。

2. 综合布置联合支、吊架，节省材料成本，施工方便快捷，管道安装牢固、整齐美观。

3. 采用计算机软件对局部复杂部位进行模拟施工，制定合理的工序、施工进度计划，合理安排人工、机械、材料，使机电安装施工有序进行，提高机电安装效率，缩短施工工期。

鉴定情况：《复杂机电综合管线三维可视化布线安装施工技术》，2017 年 11 月 13 日通过了广东省建筑业协会组织的鉴定，技术成果达到国内先进水平。

4 工程主要关键技术

4.1 管状结构钢骨柱和连体钢桁架施工技术

4.1.1 概述

依托汕头大学新医学院工程，开展了“管状结构钢骨柱和连体钢桁架施工技术”科技研究与创新，仿真模拟管状不平衡受力结构在施工过程中的应力、应变，进行了相应的结构支护和变形监测。自主研发楼顶液压移动式整体提升机构，完成了大跨度管状结构钢骨柱和连体钢桁架施工。

4.1.2 关键技术

1. 施工工艺流程（图 2）

2. 操作要点

（1）管状结构进行“超限”检查

通过分析管状结构的竖向传力系统和水平传力系统来分析结构的超限情况，并把分析结果用于后期建模使用。

1）竖向传力系统分析（图 3、图 4）

竖向荷载部分由水平构件传至斜柱，再由斜柱传给剪力墙，进而传至基础；部分直接传至剪力墙，再传至基础。

竖向荷载由水平构件直接传至剪力墙和框架柱，并通过最终传至基础。

2）水平传力系统分析

由角部四个剪力墙筒体及中部剪力墙和框架柱组成主要的抗侧力结构，并用刚桁架使两个塔楼刚接，使两个塔楼协调工作，发挥整体作用。

（2）仿真技术建模

对管状建筑大悬挑复杂造型结构高空钢骨柱和连体钢桁架，应用仿真技术建模进行动态三维预调和深化设计，对接触、脱离等状态非线性问题的计算，对桁架进行拆分、拼装、整体提升、合拢等过程，运用成熟常用的整体提升工艺，用以满足管状建筑大悬挑复杂造型结构的高空钢骨柱和连体钢桁架施工要求（图 5、图 6）。

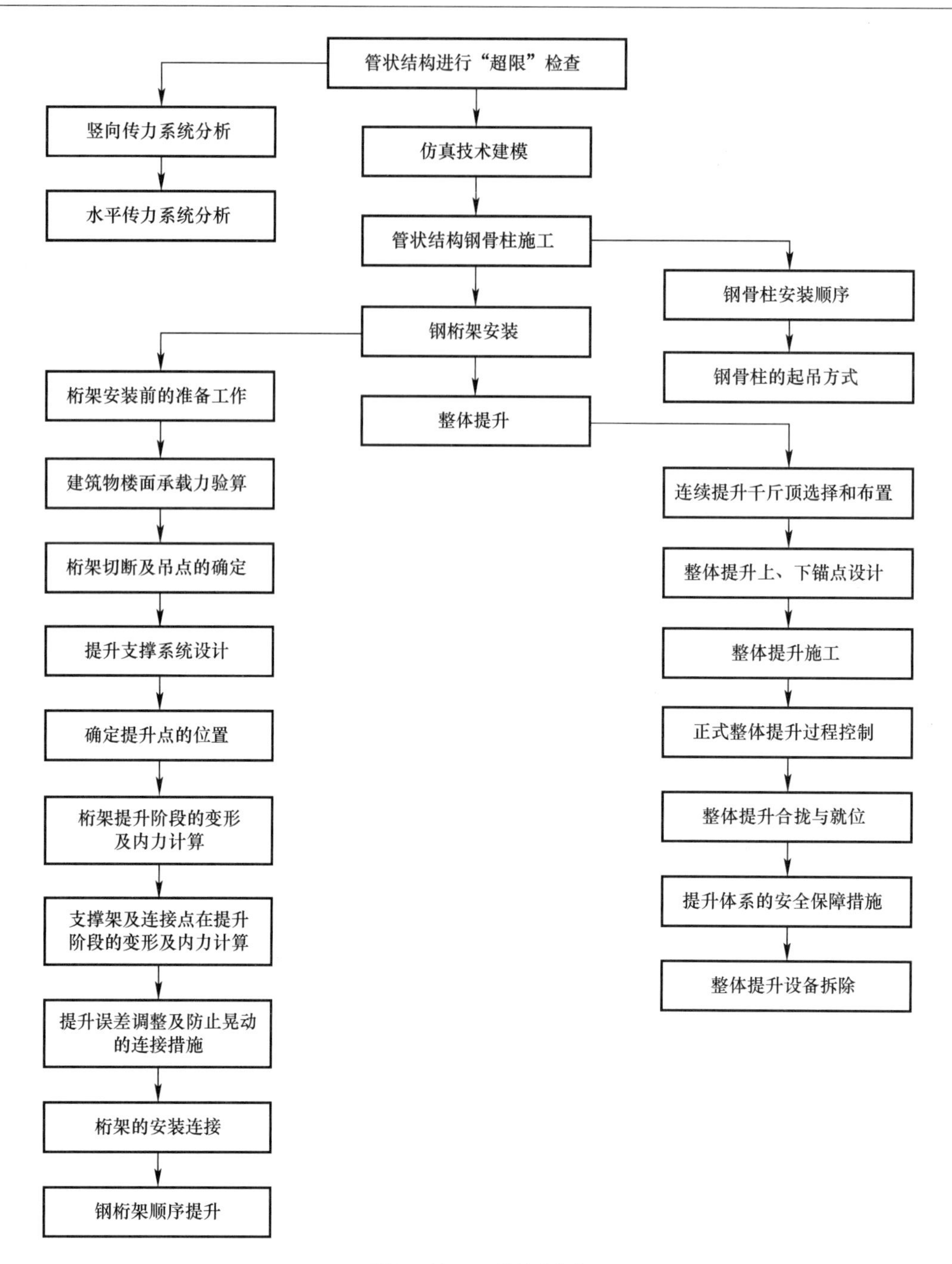

图 2　施工工艺流程图

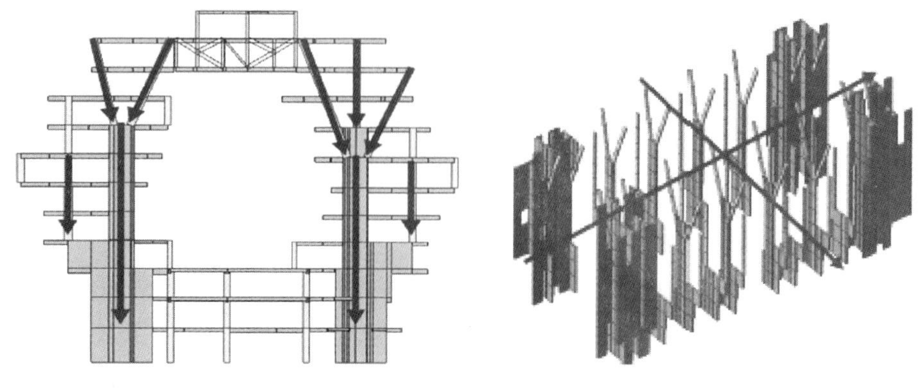

图 3　竖向传力系统图　　图 4　水平传力系统图

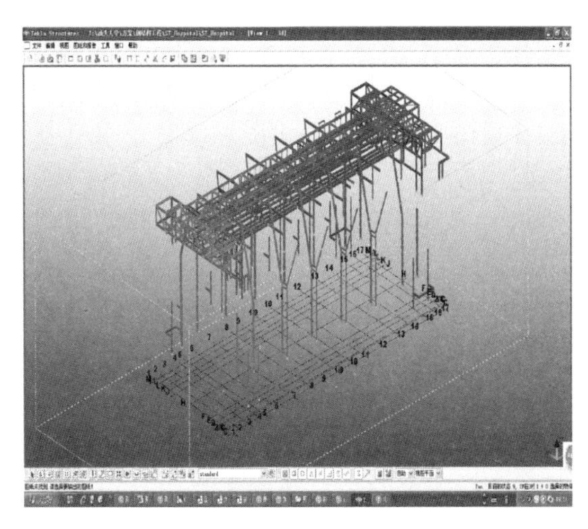

图5 西南轴测3D模型视图

图6 放大3D模型视图

（3）管状结构钢骨柱施工

1）钢骨柱安装顺序

0节钢柱安装→第一节钢柱→第二节柱→第三节柱→…………→屋面柱。

2）钢骨柱的起吊方式

钢柱吊装到位后，钢柱的中心线应与下面一段钢柱的中心线吻合，并四面兼顾，活动双夹板平稳插入下节柱对应的安装耳板上，穿好连接螺栓，连接好临时连接夹板，并及时拉设缆风绳对钢柱进一步进行稳固，校正后进行焊接，翼缘、腹板采取全熔透的对接焊缝。

梁钢筋与型钢柱的连接通过连接板焊接连接。所有的钢梁及钢柱用现场的塔吊安装（图7、图8）。

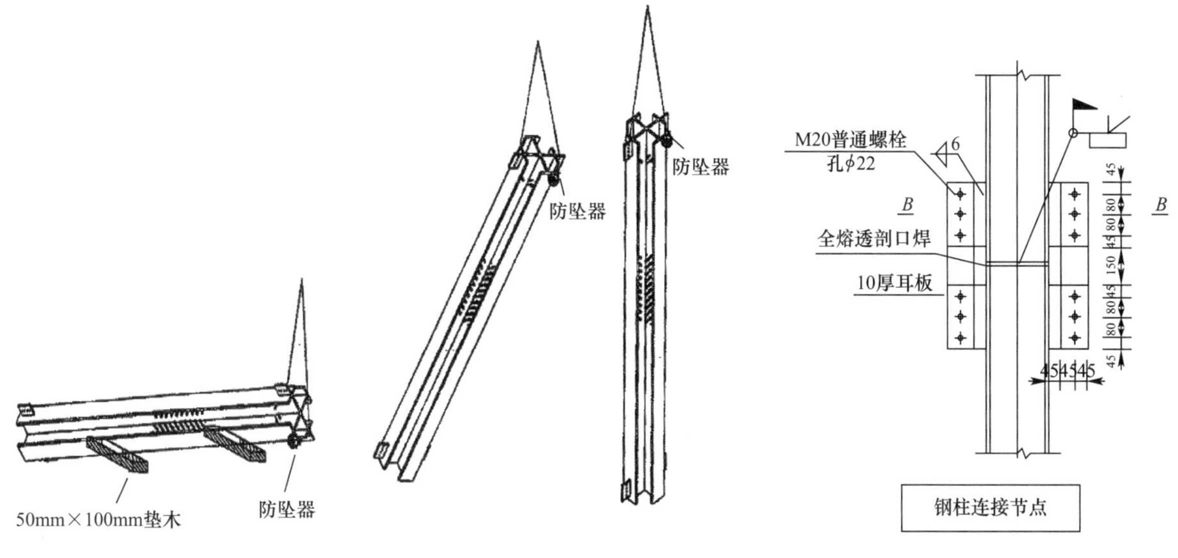

图7 钢柱吊装方式图　　图8 钢柱连接方式图

（4）钢桁架安装

1）桁架安装前的准备工作

最大提升长度的确定，扣除施工脚手架的因素可以吊装的净空确定桁架的提升长度。根据设计图纸，计算最大提升长度桁架的单榀重量。

2）建筑物楼面承载力验算

建筑物楼面恒载和活荷载，计算结构施工期间的堆放荷载不应超过最大楼面承载力。

3）桁架切断及吊点的确定

为保证桁架能从现场的空间有效通过，必须根据实际情况确定提升桁架的长度，确定切断及吊点的位置。

4）提升支撑架系统设计

提升支撑架在使用时，两边应设缆风绳与地面固定。对于两边不能双面设缆风绳时，用单边硬支撑固定，以保证支撑架使用过程中的稳定性。

提升架为定型整体支撑架，作为工具反复使用。支撑架总重量控制在650kg以下，移动时采用现场塔吊协助。

安装支撑架定位必须根据实际情况反复测量、比较确定。桁架定位前，根据桁架的构造尺寸和现场安装的需要尺寸确定支座的定位位置，并弹线定位。

在提升桁架前，楼面的混凝土必须浇筑完成并达到设计强度的75%以上。

5）确定提升点的位置：

确定被提升桁架的下锚固点的位置，与被切断点的距离 L_1，确定提升支架上挂点与桁架被切断点的距离 L_2，调整 L_2 的距离，使 $L_2=L_1$。

6）桁架提升阶段的变形及内力计算：

构件的在自重作用下，桁架的最大应力比控制为0.035以下，在提升状态下，桁架上弦水平面的变形差控制小于 $L/250$。

7）支撑架及连接点在提升阶段的变形及内力计算

架连接点处杆件的强度最大应力比控制为0.007以下，即连接杆件基本上处于0应力状态，吊杆最大应力比为0.55，支撑架撑杆的最大强度应力比为0.71。

在桁架连接点处上弦、腹杆、下弦的变形分别控制为－0.3mm，0mm，2.5mm，变形差均小于0.8mm，以满足钢结构连接时焊缝控制的要求。

8）提升误差调整及防止晃动的连接措施

① 垂直高差的调整，采用液压提升设备进行提升，每个行程为200mm，每个行程运行时间将要持续2min，可以保证精确到位。

② 水平误差控制，钢桁架提升到位后，提升千斤顶与桁架面之间保留大于1.5m的空间，使被提升的桁架到位后可以进行适当的移位，保证合拢的精度。

③ 桁架提升到位后，吊装钢丝绳为柔性工具，桁架本身存在晃动，采取侧向加限位板临时固定处理。

9）桁架的安装连接

钢桁架提升到位后，采用安装螺栓临时连接的措施，再通过焊接连接桁架弦杆及腹杆。

10）钢桁架顺序提升

① 将两边的桁架用塔吊安装到位。

安装均可以用已经安装好的钢梁进行固定，各段安装好后进行桁架的拼接连接，最后用提升方法安装中间部分段。

② 中间部分桁架顺序安装（提升部分）

根据现场施工流水的顺序，钢桁架的提升依次逐个进行，以后依次完成下一个桁架的次梁、楼承板安装，以保证流水的连续性。

（5）整体提升

1）连续提升千斤顶选择和布置

采用液压穿心千斤顶，两端有主动锚具，利用楔形夹片的逆向运动自锁性，卡紧钢绞线向上提升，提升速度控制在10m/h左右。

2）整体提升上、下锚点设计

① 提升上锚点

在提升支撑架上应焊接耳板连接。

② 提升下锚点

下锚点设在桁架的上弦的上方，与上弦杆进行焊接。耳板应与钢桁架上弦杆焊接。

3）整体提升施工

① 桁架的地面拼装

桁架分成两部分制作完成，现场拼装形成一个整体桁架，拼装在现场的轨道上进行。

② 整体提升设备安装

提升油缸的安装；钢绞线与地锚的安装；液压系统安装。

③ 正式整体提升前的准备工作

进行加载试验和计算评估；检查总结与确定试提升日期；试提升，监控各点的位置与负载等参数，并对出现的问题进行及时整改。

④ 正式整体提升过程控制

提升前对提升油缸和液压泵站进行检查；提升前对提升支撑结构的检查以及提升结构的检查；提升前天气等环境的检查；各种预案与应急措施的检查；提升过程监控措施的检查；提升记录各点压力和高度。

⑤ 整体提升合拢与就位

在动滑轮与钢桁架之间设置手拉葫芦，当桁架提升到位后，利用手拉葫芦对桁架的标高进行微调，保证就位的准确。

合拢焊接次序。在桁架就位后，在桁架的上弦杆面上临时焊接挂板，再进行合拢焊接。

连接顺序：上弦杆——下弦杆——立面腹杆。就位所有构件合拢焊接完毕后，经过超声波无损探伤质量检验验收合格后，进行整个连体结构的楼面安装。

⑥ 提升体系的安全保障措施

提升体系的安全保障措施详见表1。

提升设备安全保障措施 **表1**

序号	部位	安全措施
1	提升油缸	1. 在钢绞线承重系统中增设了多道锚具，如上锚、下锚（安全锚）、导向锚； 2. 每台提升油缸上装有逆向运动自锁锚具，防止失速下降；即使油管破裂，重物也不会下坠
2	液压泵站	液压泵站上安装有安全阀，通过调节安全阀的设定压力，限制每点的最高提升能力，确保不会因为提升力过大而破坏结构
3	提升结构体系	提升平台和地锚连接过渡结构必须经过精确的设计、计算、施工，确保安全

⑦ 整体提升设备拆除

设备拆除。拆除顺序：拆除手拉葫芦→拆除滑轮组→拆除卷扬机→拆除支撑架

设备拆除过程中的注意事项。注意吊装安全；注意钢结构的捆扎，防止滑出。

4.2 管状结构满堂扣件式钢管架高大支模施工技术

4.2.1 概述

以承建的汕头大学新医学院工程中的管状结构满堂扣件式钢管架高大支模施工工作为研究对象，开展科技研究，创新施工工艺，应用有限元软件Ansys对主体结构施工分阶段逐层施工加载实际工况进行模拟，选用典型单元来模拟高支模的立杆、水平杆和剪刀撑，建立实体有限元模型，运用成熟常用的扣件式钢管架搭拆工艺，最终满足管状结构满堂扣件式钢管架高大支模施工要求。

4.2.2 关键技术

1. 施工工艺流程（图9）

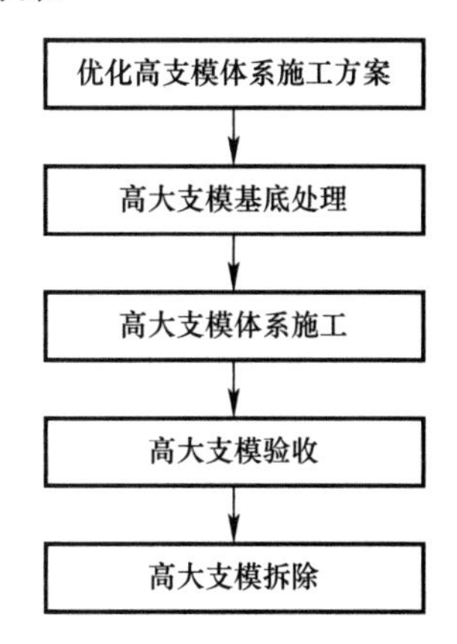

图9 施工工艺流程图

2. 操作要点

（1）优化高支模体系施工方案

1）结构施工加载有限元计算

采用有限元软件 Ansys 对主体结构施工分阶段逐层施工加载实际工况进行模拟。

2）有限元模型建立

选用典型单元来模拟高支模的立杆、水平杆和剪刀撑，根据方案高支模搭设尺寸，应用大型有限元计算软件 Ansys，建立实体有限元模型。

3）高支模有限元计算

根据现场施工方案，在有限元模型的立杆顶端施加荷载。用 Ansys 有限元计算软件计算实际施工荷载作用下的各杆件受力情况，分析高支模施工阶段高支模钢管支撑架与逐层施工形成的结构共同作用的受力，使楼层 Y 向侧移形态控制可偏差范围（图 10）。

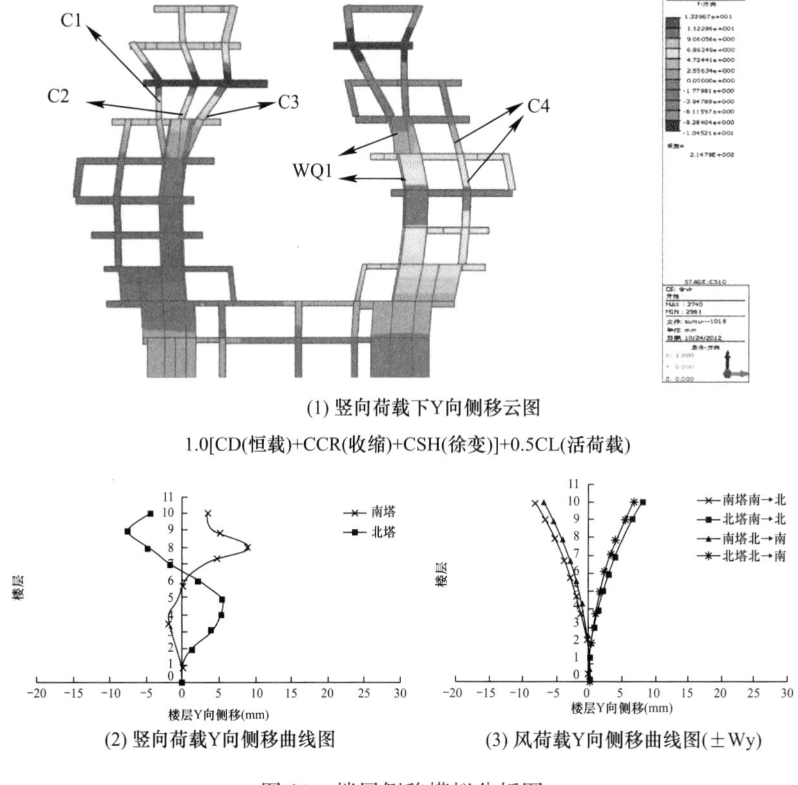

图 10　楼层侧移模拟分析图

（2）高大模板基底处理

满堂扣件式钢管架高大模板支撑落在基坑内，为能在基坑回填土后尽快提供稳定的基底，采用水泥搅拌桩加固措施使地基承载力和沉降稳定性满足要求。

1）布桩

1500×1500 梅花间距排布 Φ550 水泥土搅拌桩，有效桩长 6.5m。

2）搅喷

采用四搅四喷工艺，注浆材料为 P.O42.5R 普通硅酸盐水泥，水灰比 0.4～0.60，要求水泥用量 35kg/m，具体可根据配合比试验进行调整，外加剂为三乙醇胺，掺入比 0.03%，注浆泵出口压力控制在 0.5MPa 左右。

3）养护

水泥土桩成桩 14d 后，桩身强度不低于 0.4MPa，成桩 28d 后，桩身强度为 0.6MPa，采用浅部开挖桩头（深度宜超过停浆面下 0.5m），目测检查搅拌的均匀性，量测成桩直径。

（3）高大支模施工

1）高支模支撑系统搭设要点

① 放线定位：根据建筑物的控制轴线弹出悬挑结构、梁柱等重要构件的位置线及边线，弹出架体立杆中心位置十字线。

② 安装基础立杆：依照弹出的控制线，先根据立杆位置铺放 200mm×200mm×18mm 厚木夹垫板。垫板要与地面或楼板面紧密接触。

③ 安装扫地杆：纵横扫地杆设在离立柱脚 200mm 处。将扫地杆、横杆和斜杆锁定在立杆上，形成标准模块架体。

④ 架设斜拉杆、剪刀撑：竖向剪刀撑在支架四边连续布置，中间在纵横向每隔 3～5m 左右设由上至下的竖向剪刀撑，并在剪刀撑部位的顶部、扫地杆处设置水平剪刀撑，水平杆及剪刀撑的接长应采用两个扣件搭接，搭接长度不少于 1000mm，除满足以上规定外，还应在纵横向相邻的两竖向连续式剪刀撑之间增加之字斜撑，在有水平剪刀撑的部位，应在每个剪刀撑中间增加一道水平剪刀撑。高支模在搭设过程中要及时装设连墙件和剪刀撑，随时检查和校正架体的垂直度，垂直度控制在 3‰内。

⑤ 安装立杆顶托：支撑架体搭设完后，要在架体立杆顶部安装可调顶托，可调顶托既用于支撑模板主龙骨，又能实现模板按照设计进行起拱，顶托的自由高度要小于 200mm。

2）梁板模安装要点

① 支撑系统结构基本要点

高大支模的地基加固后随即展开满堂扣件式钢管架高大模板支撑施工的流水作业。两边采用逐层对称方式施工，从支撑悬挑结构开始，直至连体钢桁架合拢完成的整个主体结构施工过程，保证其强度、刚度和稳定性，即向外悬挑部分的钢管支撑架连同模板，及向内悬挑的钢管支撑架连同模板，都须在连体钢桁架合拢后方可拆除，且沉降变形须均匀稳定和水平位移受约束。

② 梁板支撑系统要点

采用 Φ48.3×3.6mm 钢管满堂钢管架，梁板模采用 18mm 厚夹板配置，以满足不同形状结构的配模，支撑采用 Φ48.3×3.6mm 钢管，立杆步距间距严格按照高支模专项方案计算配置。纵横向拉杆步距于不属于高支模区域一致，直接拉通或跨步距拉通。在支撑的柱头上插放上托杆，上托放置双钢管，之间采用放 80mm×80mm 木枋，然后在其上铺夹板模，对于深度大于 700mm 的梁，在梁中设置 ϕ12 的对拉螺杆，对拉螺杆的间距按 500mm 设置（此设置为水平方向，竖向按梁截面高度而计算配置），支模时按规定将梁板起拱，按跨度的 1‰～3‰起拱，待下一层混凝土强度等级达到设计强度的 100%才能浇筑本层混凝土。

（4）高支模体系的监测

1）监测方案

根据现场的管状结构高大模板施工方案和现场高大模板支架搭设实际情况，监测做法如下：

① 压力传感器设置在立杆的上下两端。

② 在立杆上设置应变片测点，测得立杆的应力。

③ 在横杆、剪刀撑等杆件设置测点，测得杆件的应力。

2）监测内容

① 检测一：测定立杆的轴力、应力。

检测内容：立杆的顶部与底部分别设置测点，测量在混凝土楼板浇筑前、混凝土楼板浇筑过程中、混凝土楼板养护过程中的轴力，应力变化。

② 检测二：测定横杆的应力。

检测内容：在纵横向横杆节点上设置测点，测量在混凝土楼板浇筑前、混凝土楼板浇筑过程中、混凝土楼板养护过程中的应力变化。

③ 检测三：测定剪刀撑的应力。

检测内容：在纵横剪刀撑上设置测点。测量混凝土楼板浇筑前、混凝土楼板浇筑过程、混凝土楼板养护过程的应力变化。

④ 测试时间

按现场混凝土浇筑的实际顺序，每隔不大于30min测试一次。

3）立杆的轴力数据采集

① 浇筑混凝土时，测试区域下面的立杆在混凝土浇筑靠近时，立杆的受力变化从受压到受拉情况；

② 先浇筑区域下面的立杆受到较大的荷载，立杆上轴力出现峰值的时间会早，后浇筑区域下面立杆受到的荷载晚，立杆上轴力出现峰值时间较晚；

③ 在测试阶段1：立杆轴力值先由小变大；在测试阶段2：混凝土养护过程初期，立杆的轴力增加，在混凝土强度提高以后，立杆的轴力变化不大。

（5）高大支模验收

高支模安装完毕后，必须经施工员、质量员、技术负责人及专业监理人员对悬挑部分进行重点检查，检查侧模的垂直度、平整度、标高及板缝等封闭情况，自检合格后通知公司相关部门进行验收，并报监理单位，在安（质）监站监督下进行验收，验收合格后才能绑扎钢筋、浇筑混凝土。

（6）支撑系统拆除

1）高支模拆除前，必须向监理单位申请拆模报告，监理单位签字同意后方可拆模。

2）高支模系统拆除顺序与安装顺序相反，遵循后搭设的先拆，先搭设的后拆原则。

拆除顺序：梁侧立档→梁侧模板→梁上主楞→梁底木方→梁底模板→板上主楞→板底木方→板底模板→纵横水平拉杆→剪刀撑→钢管立杆→垫木。

3）拆除全部支撑和模板需待上一层混凝土强度达到设计强度的75%以上时，但对于≥2m悬挑梁和≥8m跨梁拆模时间应控制混凝土强度达到100%时才能拆除。

4.3 复杂机电综合管线三维可视化布线安装施工技术

4.3.1 概述

以汕头大学新医学院项目的机电多专业综合管线作为研究对象，开展科技研究，创新施工工艺，采用三维建模技术搭建各专业的三维模型，通过优化管道布置、设计联合支、吊架及协调管线施工顺序，有效解决了管道空间布置、楼层净高控制等技术难题，完成了“复杂机电综合管线三维可视化布线安装施工技术”的研究和应用。

4.3.2 关键技术

1. 施工工艺流程（图11）

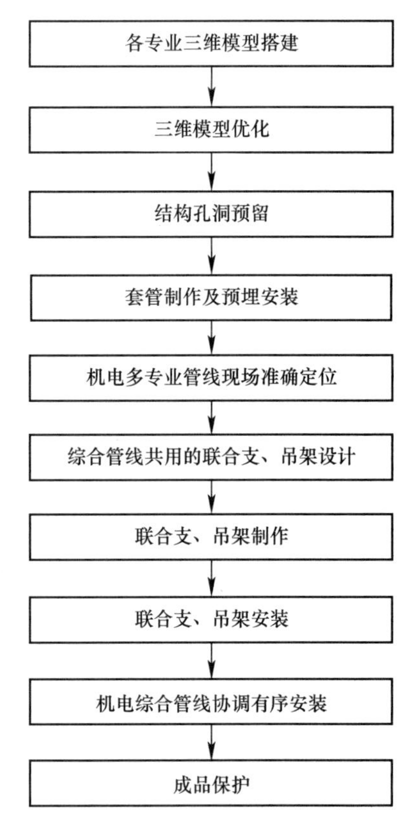

图11 施工工艺流程图

2. 操作要点

（1）各专业三维模型搭建

使用Revit软件根据二维设计图纸绘制三维模型，将复杂的二维图纸转换为真实的三维模型，为了方便后期模型整合优化，对各专业模型选定统一原点，并且对各层模型分别搭建。其中，二层机电综合管线、结构、建筑叠加模型如图12所示。

（2）三维模型优化

① 碰撞检测。将模型导入Navisworks软件进行机电模型之间和机电模型与建筑结构模型之间的碰撞检测，生成碰撞检测分析报告（图13、图14）。

② 模型优化。根据碰撞检测分析报告，遵循小管让大管，压力管让自流管，可弯管让不宜弯管，电走上，水走下的布线原则，进行

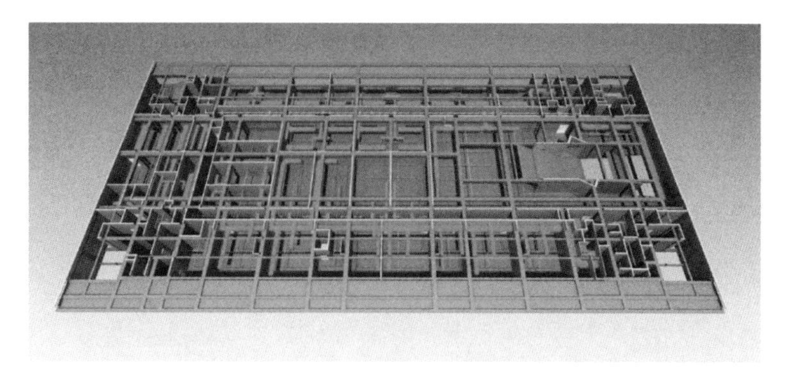

图 12　二层机电综合管线、结构、建筑叠加模型

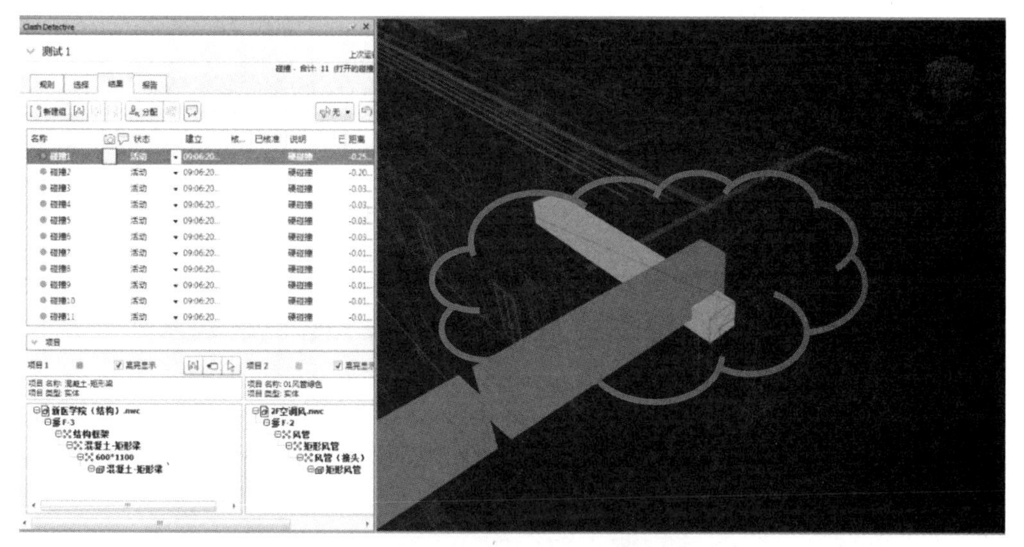

图 13　机电管线与结构碰撞情况

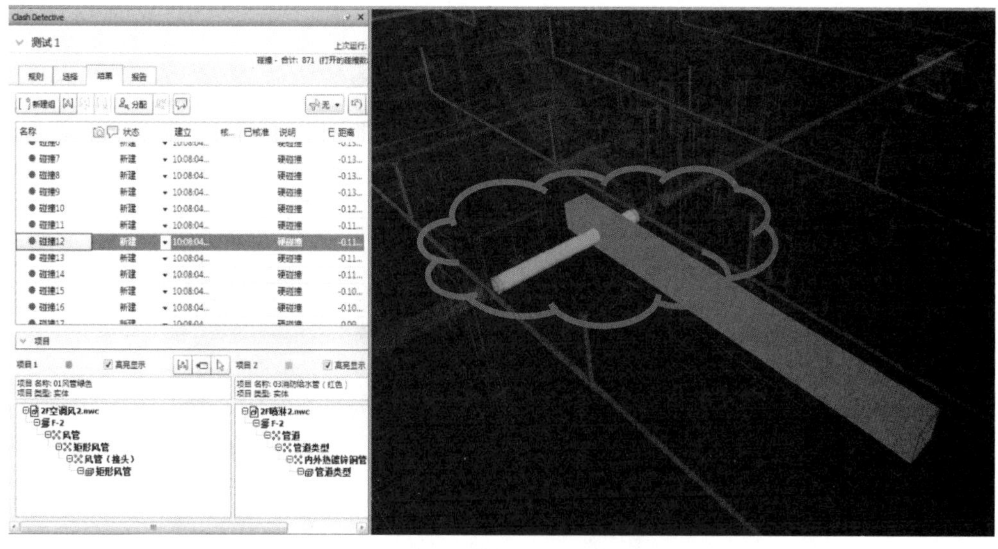

图 14　机电管线之间碰撞情况

管线的综合调整，严格按规范要求保证管道的间距及预留检修空间。走廊优化后综合模型效果如图 15 所示。

（3）结构孔洞预留

各专业优化调整后的模型，精度可达到指导施工要求，使用 Revit 软件根据机电管线位置，在结构模型中开洞，如图 16 所示。而根据结构模型中的洞口位置，导出精确的孔洞预留图，用于现场指导预留预埋施工。

图 15　走廊优化后综合模型效果图

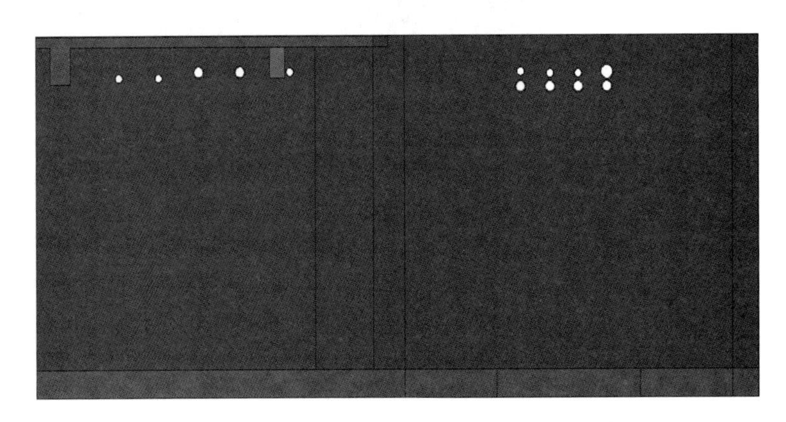

图 16　地下一层机电管线过混凝土墙孔洞示意图

（4）套管制作及预埋

利用 Revit 软件的模型算量功能，对地下二层防水套管的数量进行统计，并导出套管数据明细表，提供给工厂制作加工，再到现场安装（图 17）。

图 17　套管预埋

（5）机电多专业管线现场准确定位

根据机电管线的三维模型对各层公共走道的多专业管线进行现场 1∶1 放线定位，根据现场测量定位结果，对各个专业管线分布进行整合优化。

（6）综合管线共用的联合支、吊架设计

对可以做共用支、吊架的管道统一采用联合支、吊架固定，根据管线综合布置模型确定联合支、吊架的位置和形式，按每隔3m间距布置一个联合支、吊架，然后根据各专业规范及设计要求适当增加独立支、吊架，并建模出相应的联合支、吊架大样图，提供给作业人员准确下料（图18）。

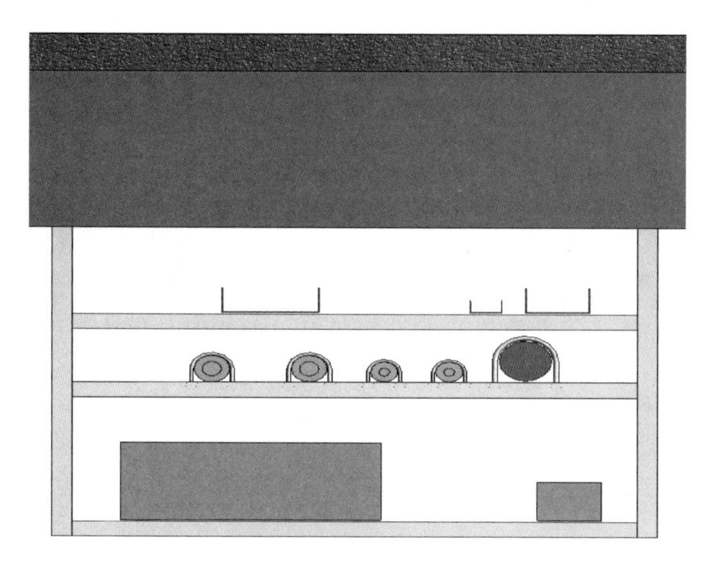

图18 走廊管道联合支架三维建模效果图

（7）联合支、吊架制作

① 下料。根据共用的联合支、吊架建模出的大样图以及现场测量的结果进行下料，采用砂轮切割机切割，切断时将刀具的一侧靠线，使下的料长度一致，切断后将断面边角的毛刺打磨干净。

② 钻孔。根据大样图在下好的型钢上划十字线，并在交点上打样冲眼，然后采用手电钻钻孔，钻孔一次钻透，钻后用锉刀将毛边锉平。

③ 组装焊接。根据支架形状进行组合并焊接，先组对点焊，然后用角尺校核组对角度，复查合格后再进行满焊，焊接完毕后清除焊渣（图19）。

④ 支架防腐。对焊接完的支架刷一道防锈漆，两道银粉漆，并做好标记。

（8）联合支、吊架安装

① 放线、定位。根据三维可视化模型中管道的走向和标高对支架进行放线定位，对于同一直线上的联合支、吊架采用激光放线定位，先在横担中心部位划十字线做好标记，再打开激光定位仪，激光处于第一个支、吊架的中心线，然后依次向后确定各个支、吊架的位置（图20）。

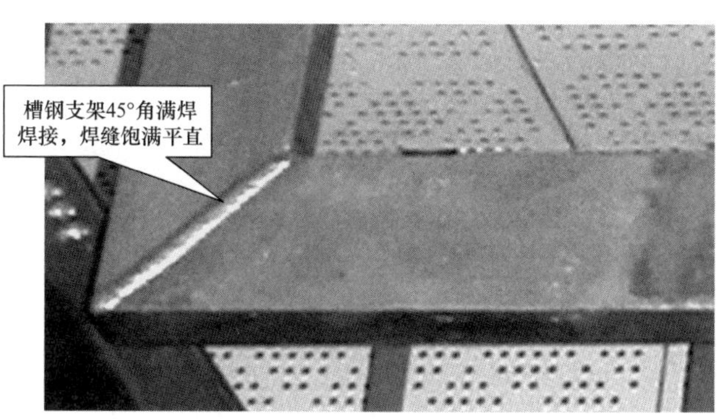

图19 槽钢支架焊接

② 支架安装。将支架摆放好，用水平尺确定横担处于水平后再将支架焊接固定在吊耳上，双面或三面满焊，焊渣清理干净后刷银粉漆两道（图21）。

③ 复核位置、标高。支架安装完毕后进行支架的数量、位置、标高复核，检查合格后进行下道工序。

（9）机电综合管线协调有序安装

利用Navisworks软件将机电管线、机电设备施工工序、施工进度计划加以模拟，制定合理的工序、施工进度计划。根据施工工序模拟结果，利用三维模型的可视化对各施工班组进行交底，合理安排人工、机械、材料，调各个专业管线的安装顺序，使机电安装施工有序进行。

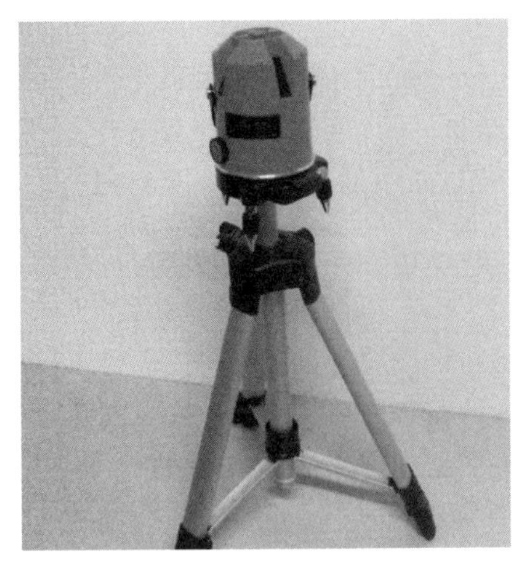

图 20　激光投线仪图

图 21　槽钢支架安装

(10) 成品保护

① 在脚手架的搭设和拆除过程中应注意不要碰撞或损坏管线、电气设施及其他已完工的成品。

② 给排水管道、水表、阀门、设备等安装完毕，采用塑料薄膜进行包裹，避免土建施工或涂刷工程对其造成污染。

③ 安装好的管道（含风管）、支吊架不得用作支撑或其他用途的受力点，不得攀拉或踩踏。

5　社会和经济效益

5.1　社会效益

本工程自竣工以来，成为汕头以至粤东民众健康教育的重要基地。经过多年的使用，保障了医学教研，还成功举办了大型灯光投射表演、科学技术讲座、参观交流等综合性社会活动，工程结构安全、设备运转良好，各项使用功能完好，受到业主和社会的一致好评，收到了良好的社会效益。

5.2　经济效益

本工程集约化设计，自然采光、自然通风和设备的智能化监控等。施工中应用推广了新技术、新工艺、新设备以及采用了新型双钢中空玻璃、新型砌体材料、高效节能灯具等。工程建设及使用以来，取得了良好的经济效益。

6　工程图片（图 22～图 26）

图 22　建筑立面与周围环境融合，人文特色明显图

图 23　外立面图

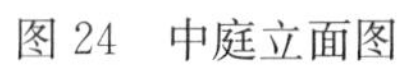

图 24　中庭立面图

图 25　走廊天花管线布置整齐合理顺畅图

图 26　各专业管道及设备布置整齐顺畅图

广州港南沙港区粮食及通用码头浅圆仓及配套工程

赵自亮　李慧莹　王　辉　梁智欣

第一部分　实例基本情况表

工程名称	广州港南沙港区粮食及通用码头浅圆仓及配套工程		
工程地点	广州南沙龙穴岛		
开工时间	2009年2月	竣工时间	2013年12月27日
工程造价	4亿元		
建筑规模	总仓容量32万t		
建筑类型	浅圆仓		
工程建设单位	广州港股份有限公司		
工程设计单位	中交第四航务工程勘察设计院有限公司		
工程监理单位	广州港工程管理有限公司		
工程施工单位	（主要施工单位）广州市恒盛建设工程有限公司、 广州市建筑集团有限公司		
项目已获奖项的情况			
1. 发明专利1项 2. 实用新型专利4项 3. 广东省省级工法3项 4. 发表论文2篇 5. 工程荣誉3项 6. 科技奖励4项 7. QC成果1项			

第二部分　关键技术名称

1. 拼装式大跨度空间桁架平台施工技术
2. 大直径筒仓非定型平台滑模施工技术
3. 大型锥斗仓胎架支模系统施工技术

第三部分　实 例 介 绍

1　工程概况

广州港南沙港区粮食及通用码头工程位于广州南沙龙穴岛，项目总投资4亿元，是目前华南地区最大的粮食码头项目，全国一次性投资规模最大的商业粮食项目，生产能力在世界范围也是名列前茅。

浅圆仓及配套工程：钢筋混凝土浅圆仓32个，呈8×4排列，仓内径25m，各仓独立布置，单仓容量1万t，总仓容量32万t。筒仓檐口标高33.6m，平台结构面标高38.5m，仓顶为圆台形混凝土现浇结构。浅圆仓规模国内罕见。

2　工程重点难点

工程环境特殊：珠江口浅海填土区施工，软土层深厚、海风海浪影响较大，一次性建设32个粮仓，对相应的工艺标准、工程材料创新和施工组织提出了高要求。

密布筒仓不仅体形大、数量多，规模国内罕见，对于“仓顶板高空支模”、“狭窄空间仓底锥斗支模”均无可靠的成熟工艺借鉴，需要技术创新。

3　技术创新点

3.1　拼装式大跨度空间桁架平台施工技术

技术水平：

《拼装式大跨度空间桁架平台施工技术》根据广东省住房与城乡建设厅《科学技术成果鉴定书》（粤建鉴字〔2011〕85号），技术上达到国内领先水平。

技术成果：

本技术已获得：

（1）发明专利1项：《用于圆形构筑物施工的空间桁架平台及利用其的施工方法》2014年9月10日获国家发明专利授权（专利号ZL201210411055.2）

（2）广东省省级工法1项：《拼装式大跨度空间桁架平台施工工法》获得2011年度广东省省级工法（编号GDGF 018—2011）

拼装式大跨度空间桁架平台可作为筒仓仓壁滑模施工内操作平台，与滑模装置同步安装，并随仓壁滑模同步提升；在滑模完毕后，又作为仓顶板施工高空支模平台，在其上面搭设支撑架、安装模板、绑扎钢筋、浇筑仓顶板混凝土；在仓顶板混凝土达到设计强度后，在将该平台下降至仓顶板，从而解体、拆除，周转至下一个筒仓再使用。因此，既解决了滑模内操作平台问题，又解决了仓顶椎板的支模施工难题，做到了“一台两用”。此外，它还具有以下特点：

1）与传统的“满堂红”支撑施工方法相比较，减少了大量的脚手架等材料用量，降低了施工成本，减轻了施工难度，加快了施工进度。做到了组装简单、拆卸快速、施工安全、技术可靠、成本低廉、周转性强，可满足工程质量要求。

2）荷载的传递路径与“满堂红”脚手架不同：由仓顶板传给模板及支撑，然后传给钢桁架平台，平台将受力传到筒壁，再传到地基上。由于直接利用仓壁作为支撑受力主体，因此，与“满堂红”脚手架相比，支撑体系具有更大的整体刚度和稳定性、更高的安全性。

3）利用环链电动葫芦提升机及控制装置，可将平台快速、安全降落到锥斗及仓底板面进行分解，操作人员不用高空进行作业，大大降低高空作业风险。

4）可进一步延伸应用于其他大跨度空间结构顶盖的施工领域。

3.2 大直径筒仓非定型平台滑模施工技术

技术水平：

《大直径筒仓非定型平台滑模施工技术研究》根据广东省住房与城乡建设厅《科学技术成果鉴定书》（粤建鉴字〔2011〕61号），技术上达到国内领先水平。

技术成果：

本技术已获得：

广东省省级工法1项：《大直径筒仓非定型平台滑模施工工法》已经获得2014年度广东省省级工法（编号GDGF 049—2014）。

1）本技术滑模施工采用非定型平台，克服了传统的定型滑模操作平台尺寸固定、通用性差、只适合于某一直径筒仓滑模的缺陷，可以适用于任意直径的筒仓，通用性强，安拆简易，周转方便，成本低廉。

2）非定型平台采用ϕ48×3.5mm钢管搭设而成，并可根据不同的筒仓直径灵活调整平台尺寸；为了提高滑模系统的整体性，采用56根辐射状的Φ16圆钢和M20花篮螺杆组合作内拉杆，在筒仓中心位置用一块方形钢板（截面尺寸500mm×500mm，厚16mm）将内拉杆焊接固定，并与内平台连接成形；调节花篮螺杆可以调节内拉杆的受力，确保滑模平台的整体性和筒仓的圆度。

3）非定型平台为施工现场制作，不需工厂定型专门生产。

3.3 大型锥斗仓胎架支模系统施工技术

技术水平：

《大型锥斗仓胎架支模施工技术研究》根据广东省住房与城乡建设厅《科学技术成果鉴定书》（粤建鉴字〔2012〕152号），技术上达到国内先进水平。

技术成果：

本技术已获得：

（1）实用新型专利2项：由该技术形成的《锥斗仓胎架支模》和《一种环向钢筋制作平台》2013年7月10日已经获得国家实用新型专利（专利号分别为ZL 201320015953.6和ZL 201320017051.6）。

（2）广东省省级工法1项：《大型锥斗仓胎架支模施工工法》已经获得广东省2012年度广东省级工法（编号GDGF 117—2012）

（3）在省级刊物上发表科技论文1篇：科技论文《浅圆仓锥斗支模胎架法施工技术》发表于《广州建筑》2012年第6期。

1）浅圆仓锥斗采用大型锥斗仓胎架支模系统，利用胎架平台进行环向钢筋弯曲，解决了锥斗支模定位的施工难题。

2）该胎架结构设计合理，整体性好，克服了传统的支撑系统整体性较差、易出现变形、圆度较难控制的问题。

3）胎架结构在现场加工一次成型，整体吊装，不需要工厂生产，施工技术可靠、工艺简单、操作方便、安装快速。

4）本技术中的胎架适用于Φ20m以内的锥斗，胎架尺寸可根据锥斗结构作相应调整。

4 工程主要关键技术

4.1 拼装式大跨度空间桁架平台施工技术

4.1.1 概述

本技术专门针对浅圆仓滑模操作平台和仓顶椎板施工。浅圆仓32个，呈8×4排列，仓内径25m，仓顶标高 38.50m。仓壁采用液压滑模施工，仓顶为圆台形现浇钢筋混凝土结构。仓顶施工时，将产生 $10kN/m^2$ 的荷载；如果用“满堂红”脚手架进行仓顶支模施工，不仅工期无法满足要求，经济效益也没有保障。为此我公司开展了“拼装式大跨度空间桁架平台施工技术”（子课题）的研究。

4.1.2 施工工艺流程

荷载分析→制作拼装式桁架平台→滑模到筒仓壁预定位置时预埋钢件→滑模结束在预埋件上焊接钢牛腿→拆除滑模模板、设备附件→加固支承杆→利用提升门架作葫芦吊点吊住桁架端头→拆除单边门架→利用葫芦降平台到牛腿上→利用平台搭设脚手架及模板→筒仓顶板施工其他工序→仓顶板预留吊装洞口→安装提升机架、提升机及降模控制装置→拆模后下降桁架平台至地面→拆除架体运出筒仓

4.1.3 关键技术内容及操作要点

（1）拼装式桁架平台的设计

1）桁架平台的设计和制作要达到下面的要求

①结构自重较轻；②受力全面、结构简单、构造合理；③受荷变形小，满足施工及安全要求；④可拼装重复使用；⑤经济合理。

2）计算结构荷载效应组合

利用有限元分析软件对结构进行受力和变形验算（图 1，图 2）。

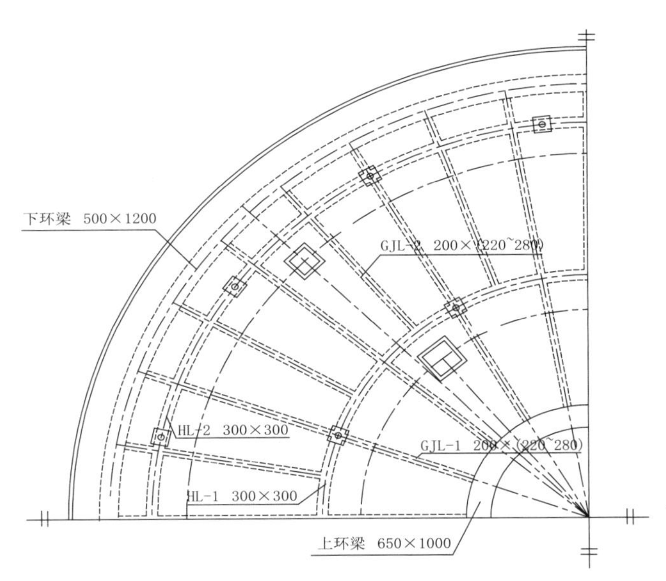

图 1 仓顶板平面图 1/4

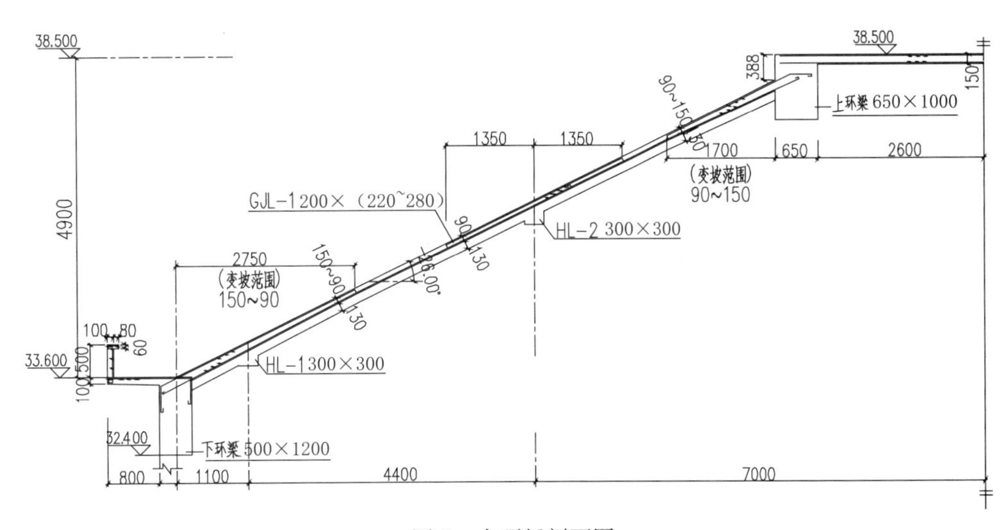

图 2 仓顶板剖面图

总荷载设计要求为 $10kN/m^2$。

平台架体结构为钢桁架，钢桁架架体截面为类似梯形形状，再结合整体组装制作考虑，梯形的上底边用等效圆环代替，整体以中心环、拉杆及支撑构件等组成，整个结构布置为上下两个圆环，上环连接上弦杆、下环连接下弦杆、上弦杆与下弦杆连接均为铰接，每榀桁架以圆环为中心沿圆周均等排列 20 个。每榀桁架单元侧向由环向杆件连接。上下弦杆、上下圆环设置腹杆连接，组成圆台体系。作滑模施工时，外环梁与滑模模板连接。荷载使上弦杆产生的水平推力应通过腹杆受力，下弦杆受拉力，转化成桁架的内力，整个构造不对筒壁产生水平推力。作支模平台时，桁架可以铰接在筒壁设置的支承牛腿上。

仓顶混凝土板的顶环梁及环向梁集中荷载较大，桁架杆件的节点对应仓顶的集中荷载点（仓顶环向梁），桁架上环杆件对应仓顶板的顶环梁，以利于承受集中荷载，减少支撑体系局部变形。桁架的高度参照圆台仓顶，从上环梁梁底到圆台底的高度。

3）钢桁架平台的制作及拆除设计

钢桁架平台制作考虑拆除完全要从仓内的漏斗洞口搬运出去，因此平台构件的尺寸要满足要求（图 3～图 6）。

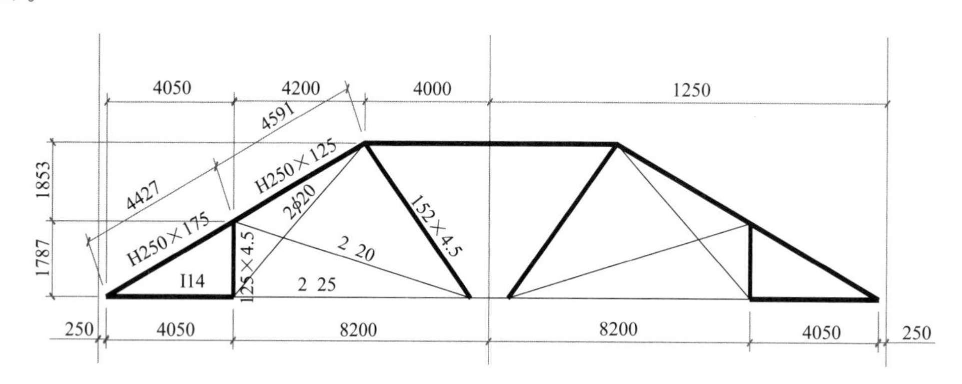

图 3　钢桁架分析剖面图

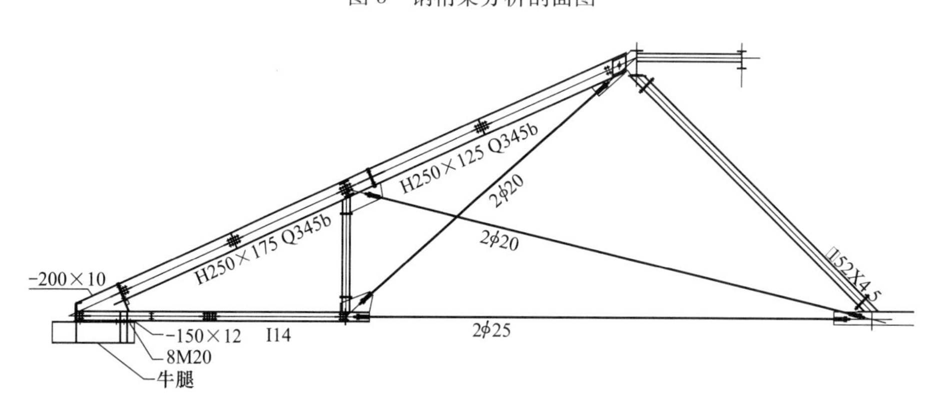

图 4　钢桁架结构剖面图

根据设计计算结果，加工制作钢桁架构件，构件的焊缝、节点板严格按照设计图纸制作。

（2）钢桁架平台的拼装

钢桁架架体在筒内进行安装。将钢桁架每榀的端部节点板与滑模模板的内围钢圈连接在一起，其实，模板的内围钢圈也即是钢桁架的最外环向连接杆件。滑模模板的内外围与提升架连接，滑模上升时，钢桁架与之上升。在钢桁架架上木板，作为滑模施工的平台。

钢桁架架体初次使用时，拼装完成后，暂不与模板连接，先进行荷载试验，检验是否达到安全要求。

（3）仓壁埋设预埋件及钢牛腿焊接

1）钢桁架平台作为支模平台，承受 $10kN/m^2$ 的荷载。

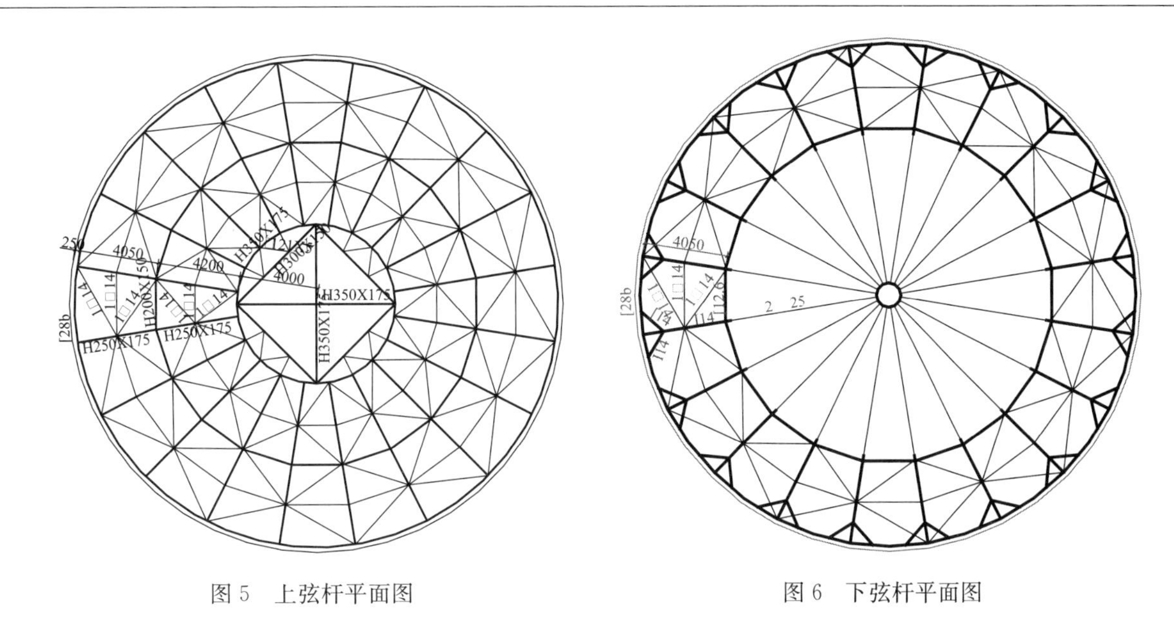

图 5 上弦杆平面图　　图 6 下弦杆平面图

牢固可靠的物体支承钢桁架，将其所受力传到仓壁再传到地基上。因而，通过在筒壁上制作钢板牛腿支撑的简单方法解决桁架支承。为了取得牛腿与筒壁较好的握裹力，在混凝土内进行预埋是最好的方法。

2）钢平台与仓顶需要有一定的空间，才能方便届时制作模板支撑体系。因此，牛腿到仓顶板底的高度不小于 1.8m，预埋件在滑模到仓顶时进行预埋，预埋件、牛腿由钢板及螺纹钢制作，牛腿在滑模结束后，拆掉模板后在预埋件上焊接。

预埋件在筒壁上的水平布置为 20 个，与钢桁架平台的每榀端部节点对应的。

（4）钢桁架平台的升降技术

当滑模施工滑到 32.4m 时，停止滑模施工，待混凝土达到设计强度 75％后，降到事先在仓壁上预留的牛腿埋件（31.82m）上进行加固，作为仓顶板施工的平台。平台上架设脚手架、安装筒顶模板。平台下降之前，在原位拆除内外模板、内提升架、千斤顶，同时关键的技术是要加固爬杆。加固后，利用滑模的支承杆件及 F 字架作葫芦的吊点，吊住每榀桁架的端部，将平台降到牛腿件上。

（5）仓顶板工程施工

筒身层滑模施工完成钢桁架降到筒壁支承牛腿上，平台作为仓顶板和环梁脚手架的搭设平台，进行仓顶板和环梁支撑脚手架的搭设进而进行模板支护、钢筋绑扎、混凝土浇筑。仓顶板混凝土浇捣时，需要在牛腿对应顶板的地方，预留 20 个孔洞，为钢架体拆除之用。

脚手架支撑体系：仓顶板脚手架搭设采用 $\phi48\times3.5$mm 钢管进行搭设，脚手架搭设时梁荷载只考虑主梁、环梁荷载，仓顶板连梁荷载不给予考虑。脚手架为双排脚手架，立杆采用单立管。

支模搭设尺寸为：

a. 上环梁（截面尺寸为 800mm×1100mm）：钢管支顶间距为 600mm×600mm，在可调顶托上架设 70mm×70mm 双木枋@600mm（主龙骨）；70mm×70mm 单木枋@200mm（次龙骨），立柱纵横设钢管水平拉杆@1200mm（离地面 200mm 设扫地杆）。

b. 仓顶板：板底模板均采用 18 厚夹板，在可调顶托上架设 70mm×70mm 双木枋@900（主龙骨），及 70mm×70mm 木枋@450（次龙骨），$\Phi48\times3.5$ 钢管配可调托作支顶，顶托伸出长度不大于 200mm，采用 $\Phi48\times3.0$ 钢管。$\Phi48\times3.5$ 钢管立杆横向间距 900mm，纵向间距为 900mm，离地 200mm 设扫地杆一道，以上每隔 1.20m 架设钢管纵横水平拉杆。

（6）钢桁架平台的拆除

1）仓顶板浇筑混凝土前在钢结构架体的 20 根径向梁（靠近仓壁）位置预留 20 个孔。混凝土浇筑完成，强度达到拆模要求后，方可拆除滑模钢结构架体。

2）滑模钢结构架体拆除技术

钢架体拆除时，使用20台环链电动葫芦提升机，每台提升机的钢铰链均穿过仓顶板预留孔，与钢结构架体连接牢固并保持钢结构架体的平衡，用气焊将预埋件（牛腿）切割掉。

3）在仓顶板上预留的洞口上搭设提升机支承架，共计20个。

4）滑模平台拆除方法

a. 利用20台提升机20点吊装缓缓降落到锥斗顶标高位置后，利用电焊工和工人操作扳手等工具，将整个滑模平台分解、切割从仓下运出。其中钢架体最大构件中心圆盘尺寸为R500，即最宽处为1m，将其切割成两半，一半最大尺寸即为500mm，而锥斗孔径尺寸为R400，即宽为800mm，可以从此孔将中心圆盘运出，其他构件尺寸均小于中心圆盘尺寸，故所有构件都可以从锥斗口运出。

b. 拆除顺序：先安装的后拆，后安装的先拆。钢平台采取单件依次拆除，拆除顺序：先安装的后拆，后安装的先拆。首先拆除①拉杆，其次拆除②中心圆盘，然后拆除③斜撑架杆，再拆除④主架杆，最后拆除⑤加固加杆。

4.2 大直径筒仓非定型平台滑模施工技术

4.2.1 概述

本技术专门针对浅圆仓滑模操作平台施工。传统的浅圆仓滑模施工内外工作平台均为定型平台，即平台尺寸固定不变，只适合某一种直径的筒仓，其他直径不能通用（通用性差）。此类平台一般采用槽钢、角钢等组合定型产品作为悬挑三角架支撑，内平台采用上承式桁架支撑，桁架的尺寸是固定的，俗称上承式桁架定型平台。这些平台一般是在专业工厂加工制作而成。当进行群仓施工时，为了兼顾工期与成本，常常需要制作多套定型平台，供周转使用。因此，平台的施工成本投入是非常巨大的；而一旦工程完毕，下一个工程的筒仓直径不同时，这些平台又不能使用了，需要重新制作新的滑模平台。这样，造成资源上不能充分和合理利用，经济上效益低下。本工程浅圆仓有32个，若全部采用传统的定型平台，是一笔巨大的投入。

4.2.2 施工工艺流程（图7）

4.2.3 施工关键技术及操作要点

1. 非定型平台的制作安装

非定型平台系统包括内外操作平台、吊架、辐射缆索、中心方钢板、栏杆、安全网等组成。

非定型平台的施工工艺流程：提升架就位→内外围圈、挑架制作（用ϕ48×3.5普通建筑钢管制作）→内外围圈安装→内外挑架安装→水平拉杆安装→千斤顶及液压系统安装→试压、插支承杆、提升一个行程及水平拉杆初步受力→调整提升架垂直度→提升架最后连接→安装内模板及操作平台板→水平钢筋绑扎至提升架下横梁以下→安装外模板及铺设平台板→其他水电管线及测量系统→组装验收合格→滑升2m后安装吊架及挂设安全网。

（1）围圈（图8～图11）

围圈又称围檩，用于固定模板，传递施工中产生的水平与垂直荷载和防止模板侧向变形。经过计算沿筒仓内外壁截面周长设置，上、下各一道。为了增强围圈和模板的侧向强度，可以加强支撑系统和调整提升架间距来满足，围圈采用ϕ48×3.5双钢管，因为有弧度的要求，所以利用杠杆原理在现场制作。

由于钢管的弯制是根据筒仓的不同直径来制作，属非定型产品，适应性强、周转性高。

（2）外操作平台（图12、图13）

挑出1.3m，连接在提升架外侧立柱上，挑架用ϕ48×3.5mm钢管搭设，外挑架间用环形钢管及扣件连接两道，檩条采用50×100方木，上铺2.5cm厚木板。

（3）内操作平台

在每榀提升架内侧设置挑架，挑出1.8m，也采用ϕ48×3.5mm钢管制作加工，80mm×80mm木方作龙骨，上铺设25mm厚木板。

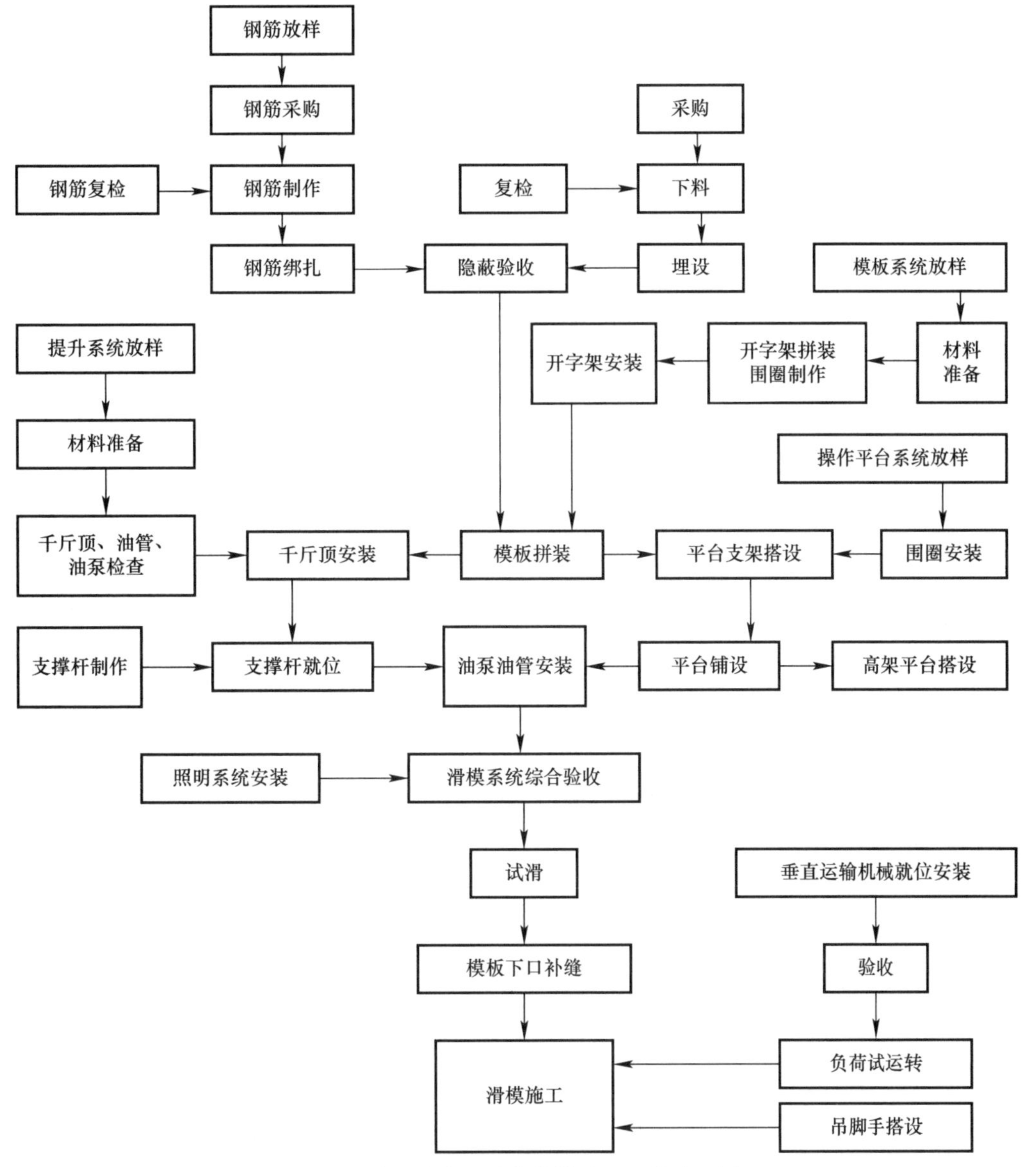

图 7　采用非定型平台滑模施工工艺流程图

图 8　ϕ48×3.5 钢管作柔性滑模平台围圈

图 9　现场将 ϕ48×3.5 钢管制作成弯管

（4）内拉杆

为了提高滑模系统的整体性，内操作平台的内拉杆采用 56 根辐射状的 Φ16 圆钢和 Φ20 花篮螺杆组合，钢筋在筒仓中心位置与一块方形钢板（截面尺寸 500mm×500mm，厚 16mm）焊接，与内平台一起形成非定型滑模平台。

图 10　弯管再通过人工作微调整

图 11　弯管与样板作比较

图 12　用 ϕ48×3.5 钢管搭设外挑架

图 13　外挑架上搭设木方

（5）支承杆

支承杆也称爬杆，是滑升模板滑升过程中千斤顶爬升的轨道，也是整个滑模装置及施工荷载的支承杆件，经计算采用 ϕ48×3.5 钢管（Q235），支承杆应加工成 2m、2.5m、4m、4.5m 四种不同长度，其他位置处的支承杆则统一加工成 3m。支承杆的连接采用丝扣连接，将钢管支承杆的上下段加工成公母丝，丝扣长度为 40mm。

（6）操作平台的空滑与加固

当筒下层滑模施工至漏斗环梁底标高时，停止浇筑混凝土，但操作平台仍继续上升（在保证混凝土出模强度的前提下）至门架腿高出漏斗环梁上标高 100mm 时停止滑升。在整个空滑过程中，对支承杆进行加固，保证空滑过程及空滑后的支承杆稳定。

（7）吊架设置（辅助操作平台）

吊架采用 ϕ18 钢筋制作，可减轻滑模体系重量，吊架辅助人行操作平台，以方便施工人员及时对出模混凝土表面进行抹面压光以及对一些表面缺陷进行处理，确保混凝土实体及外观质量。

2. 滑模施工操作

（1）滑模组装

将提升架就位，应径向对准中心，按 1.35m 间距布置，下横梁上表面应在同一水平面（使千斤顶同时起步），提升架之间以短钢管互联成一体。组装步骤如下：

1）绑扎模板范围内的竖向、水平钢筋接头按图纸要求错开。

2）组装内外模板，确保几何尺寸和模板锥度。

3）安装钢梁。

4）组装外挑平台、液压设备。

5）组装混凝土高架平台，设置混凝土集料斗。

6）内外吊脚手架待滑升一定高度时组装。

（2）模板滑升

1）初升

开始滑升前，必须先进行试滑升，试滑升时，应将全部千斤顶同时升起5～10cm，观察混凝土出模强度，符合要求即可将模板滑升到300mm高，对所有提升设备和模板系统进行全面检查。修整后，可转入正常滑升，正常混凝土脱模强度宜控制在0.1～0.3MPa。

2）正常滑升

两次滑升之间的时间间隔，以泵站提供的混凝土达到0.1～0.3MPa的时间来确定，一般控制在1.5h左右，每个浇筑层的控制浇筑高度为300mm，绑扎一层（浇筑层）钢筋、浇筑一层混凝土，混凝土正、反循环浇筑，气温较高时中途提升1～2个行程。

滑升过程中，操作平台应保持水平，千斤顶的相对高差不得大于50mm，相邻两个千斤顶的升差不得大于25mm。

3）末升

当模板滑升到距顶1m左右时，即应放慢滑升速度，并进行准确的抄平和找正工作。

（3）钢筋绑扎

1）钢筋加工：横向钢筋采用8m通长钢筋，竖向钢筋考虑过长弯绕不易固定，长度不宜大于6m。

2）钢筋堆放：预先加工好的钢筋按滑模施工顺序运至现场进行分类存放，根据滑模施工速度利用塔吊吊至操作平台上均匀堆放，一次吊运数量不宜过多，以免增加滑模本身重量。

3）钢筋绑扎：

① 滑模施工的钢筋在提升架下横梁与模板上口之间进行绑扎，滑模装置上设竖向定位钢筋，以保证钢筋绑扎位置准确；

② 每层混凝土浇筑完成后，在混凝土表面上至少留有一道绑扎好的横向钢筋，弯钩背向模板；

③ 在模板上口每2m焊ϕ12钢筋，保证钢筋有足够的保护层。

（4）预留洞口及预埋件

滑模施工中预留洞口和预埋件由专人负责，滑模施工前绘制预留洞口和预埋件平面图，详细注明其标高、位置、型号及数量，预埋件的固定用短钢筋与结构钢筋焊接牢固，滑模滑过预埋件后立即清除表面混凝土使其外露。

门洞模板先预制好后直接安装，两侧短钢筋焊接在结构钢筋上顶撑牢固，预留插筋，插筋先向上弯折150mm紧靠外模，待滑模滑升过门洞后再将表层混凝土凿除与门柱主筋焊接，门柱施工待滑模结束后进行。

（5）浇灌混凝土

滑模施工过程中每小时混凝土供应量在5～6m^{3}左右，而混凝土量又必须连续供应，采用泵送混凝土成本大，故采用非泵送C35混凝土用塔吊垂直运输。

混凝土早期强度增长根据滑模滑升速度的要求，由商品混凝土公司进行配比计算，根据本工程的混凝土量和塔吊的运输能力，混凝土在5～6h即可出模，出模强度控制在0.2～0.4MPa，坍落度以入模时为准，控制在4～6cm。

混凝土分层均匀浇筑，每一层浇筑的混凝土表面在同一水平面上，并有计划地变换浇筑方向；分层浇筑的厚度控制在30cm，各层浇筑的时间间隔控制在1.5h以内，以免由于间隔时间过长，混凝土表面初凝导致施工冷缝。

混凝土振捣时避免触及支承杆、钢筋及模板，振捣用普通插入式振动器，振捣时插入下层混凝土的深度不超过5cm，在滑模滑升过程中停止振捣。预留洞口处混凝土对称均衡下料，避免引起预留洞模板倾斜。

（6）混凝土的养护

筒壁滑模混凝土采用背包式喷雾器人工手压喷DY混凝土养护剂养护。该养护剂喷洒在混凝土表面能形成一层致密的薄膜，防止混凝土内部自由水过早蒸发以达到自养目的。使用养护剂养护的混凝土较之水管淋水养护的混凝土强度稍有提高，但收缩减小一半左右，表面耐磨性能提高40%左右，养护费用减少一半左右，而且施工操作简便，现场整洁。

3. 滑模系统拆除

当滑升至顶板上部仓顶钢支撑处预留提升架退孔，待顶板混凝土浇筑完毕后2天开始拆除脚手架，拆除人员必须服从指挥，并带好安全带，按顺序拆除，并应充分利用塔吊。

4.3　大型锥斗仓胎架支模系统施工技术

4.3.1　概述

作为为华南地区最大的粮食项目，浅圆仓共32个，平面按4×8排列，独立布置，单仓容量1万t，单仓直径25m，仓壁厚度270mm，仓间净距3000mm。仓内设漏斗平台（▽7.550m），仓顶盖结构面标高38.50m。仓壁采用滑模施工。

浅圆仓下设计设有4个卸粮锥斗，锥斗平台标高为7.550m，漏斗上、下口半径分别为4650mm、800mm，锥斗壁厚250～445mm，漏斗高度3835mm，锥斗锥度42℃。

锥斗特点：单仓多锥斗、圆仓圆锥斗、大截面大角度（图14、图15）。

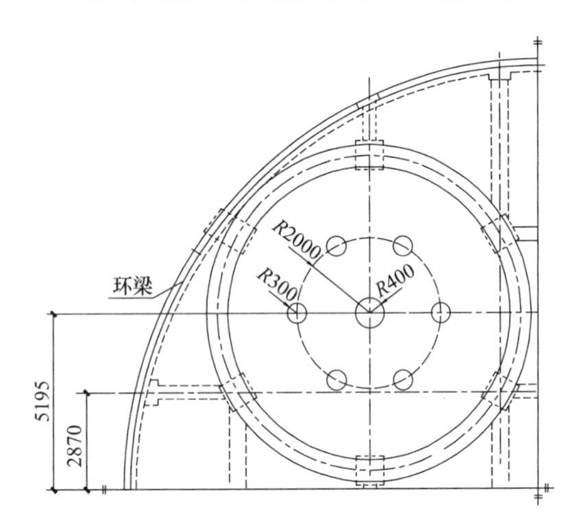

图14　仓内锥斗平面图

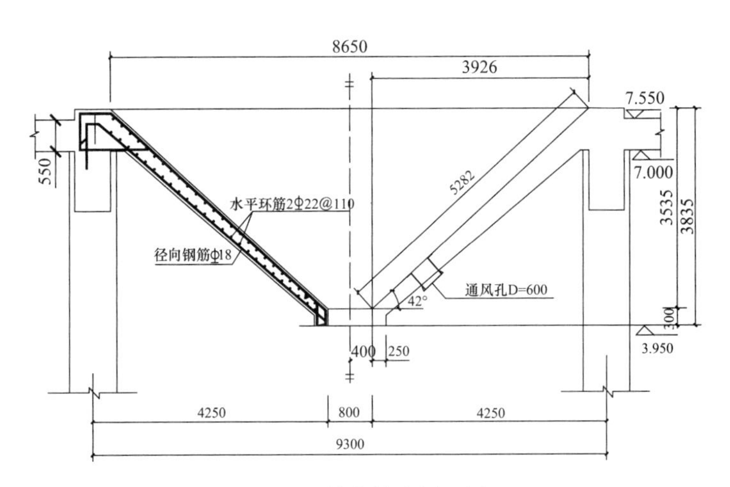

图15　单个锥斗剖面图

施工特点：构件多、钢筋密。

4.3.2　施工工艺流程

锥斗胎架法支模施工工艺流程详见图16。

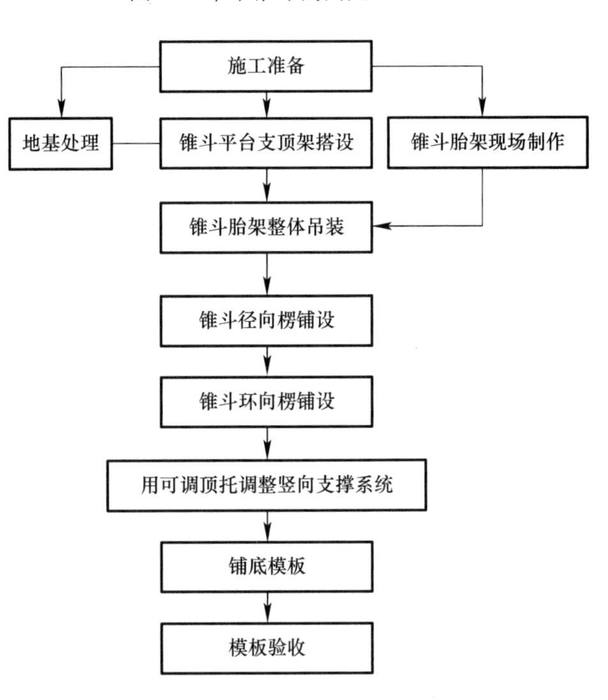

图16　锥斗胎架法支模施工工艺流程图

4.3.3　关键施工技术及操作要点

1. 地基处理

模板支撑系统搭设在浅圆仓基础承台之上，而承台间的空隙填砂用“水撼法”施工夯实，承载力要求达到10t。

2. 锥斗平台支顶架搭设（图17、图18）

“满堂红”支撑系统采取扣件式ϕ48×3.5脚手杆进行搭设。搭设高度7m，环梁和锥斗支撑平台立杆纵横距均为600mm，水平杆步距均为1800mm。锥斗和平台板的立杆纵横距均为600mm，水平杆步距均1800mm。水平支撑4道，竖向支撑间距4800～5400mm。

3. 锥斗胎架现场制作

锥斗胎架采用8道环向钢筋，均采用Φ20～25

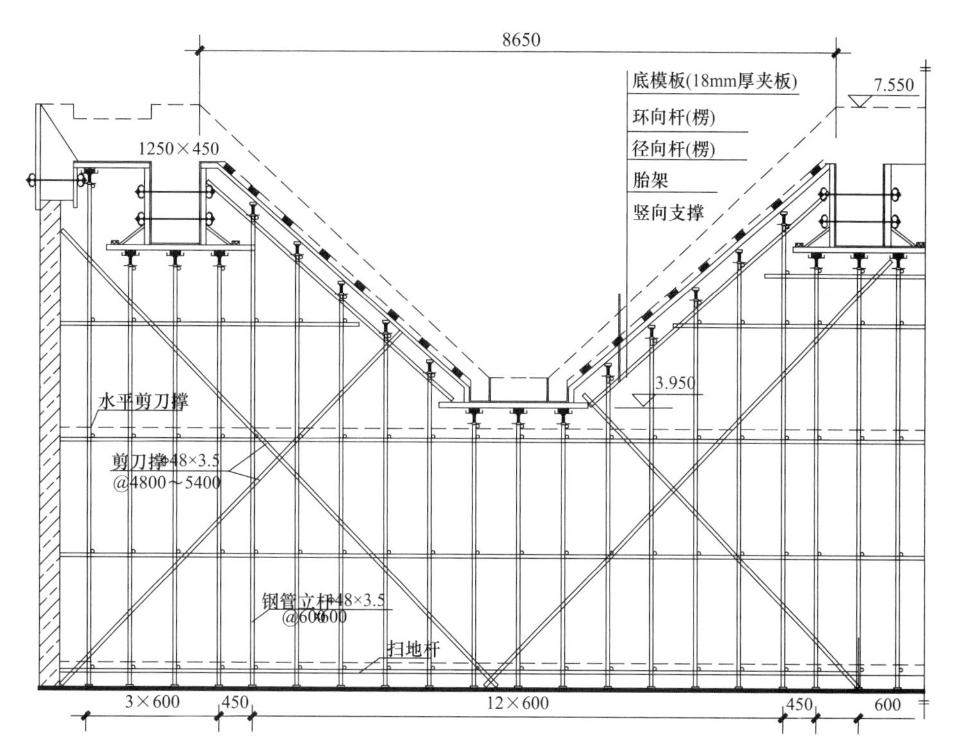

图 17　锥斗支模图

钢筋，钢筋圈分层安装以确定锥斗的空间位置，在锥斗上环梁底标高到锥斗下口处按锥斗的角度设置径向钢筋，径向钢筋与水平环向钢筋双面焊接，焊接长度为 $4d$，锥斗的胎架即完成。

经分析，锥斗胎架属于多次超静定结构，属于稳定结构。

（1）环向筋制作平台（Φ20～25）

环向筋制作需要在地面平台上进行。按 1∶1比例放样制作环向筋：素土夯实整平——100mm 厚素混凝土。环向筋制作平台由径向钢筋、环向钢筋和限位器组成。

图 18　环向筋制作平台

（2）胎架制作

"胎架"由径向和环向钢筋组成。径向钢筋直接下料。环向钢筋制作时，先利用钢筋弯曲机对直钢筋进行预弯，先形成一个大致的弧形钢筋，预弯后按照不同半径的需要，将预弯钢筋放置在所需半径的限位器上，人工用手扳子再按设计尺寸精确成型。

胎架尺寸根据锥斗结构尺寸和模板系统而定。

按锥斗设计的坡度（或锥度），先定出锥斗最小圆弧线（②环向钢筋）和最大圆弧线（②环向钢筋），再定出两条圆弧线和上下同心相互垂直两条半径相交的四个点。定好点后，先绑扎四点处的①径向钢筋，然后在等分对称绑扎其余四条①径向钢筋，最后绑扎环向钢筋。径向钢筋与环向钢筋采用搭接焊。其中绑扎顺序③～⑧的顺序可调整为间隔绑扎。

（3）胎架验收

验收按《混凝土结构工程施工规范》GB 50666—2011。

4. 锥斗胎架整体吊（安）装

（1）一个锥斗胎架的重量 0.915t，吊装设备选择用现场的塔吊，经复核满足要求，吊点设 4 个，吊点设在锥斗上口相互垂直的经线处，为防止胎架在吊装过程变形，用型钢或钢管在上口处对胎架进行水平（十字交叉型）加固。锥斗胎架吊入仓内，落位至锥斗下口支撑台上，检查找正后，先上下各四点固定，最后再整体固定。

（2）先确定锥斗下口支撑台的中心线，并用经纬仪确定标高。

（3）胎架吊入仓内，落位至锥斗下口支撑台，检查找正后上下各四点固定。

5. 锥斗径向楞的安装

沿锥斗胎架内侧，完成径向楞安装，调整可顶顶托，完成整个竖向支撑系统。

6. 锥斗底模板制作与安装

（1）锥斗底模板制作

经计算机优化后的配模方式配模并编号，用厚度为18mm的木夹板作底模板，依据单块模板制作大样图，将木模板按制作尺寸要求裁板，单块模板制作完成后，按模板设计图纸对模板外形、尺寸、平整度、对角线进行检查，分批平行叠放，底模板加固加垫木。

（2）锥斗底模板安装

以这锥斗胎架的下沿作为锥斗斜板面底模的基准，安装后，沿模板外边线外粘贴海棉条进行密封。

5　效益社会和经济效益

广州港南沙港区粮食及通用码头工程作为省、市重点工程、全国一次性投资规模最大的商业粮食项目、华南地区最大的粮食项目和国内规模最大的连体筒仓群，具有巨大的社会影响力。

1. 浅圆仓采用了拼装式大跨度空间桁架平台和大直径筒仓非定型平台，均为“一台两用”，即前期作为滑模施工内平台，后期作为仓顶板支模平台，解决了滑模平台和仓顶支模难题。减少了材料用量，降低了施工成本，减轻了施工难度，加快了施工进度。相对于传统“满堂红”支模方法，节省了69%的钢材用量。

2. 浅圆仓采用胎架平台和大型锥斗仓胎架支模系统，解决了锥斗支模难题，节省了64天工期；立筒仓采用筒仓内有限空间锥斗快速支模，解决了锥斗支模及陡壁混凝土浇筑难题，节省40%的木枋和钢管耗损量。

3. 采用了特制的钢筋定位和混凝土施工技术，确保了钢筋制安及清水混凝土质量。

总之，采用上述新技术后，共增收节支3000多万元，大大促进了工程的推进。工程质量符合设计要求，分项工程质量优良，项目获得广东省詹天佑故乡杯和省市新技术应用示范工程，得到了参建各方的肯定和赞扬，取得了显著经济效益和社会效益。

6　工程图片（图19～图24）

图19　工程概貌

图20　浅圆仓及配套工程外立面

图 21　浅圆仓及设备外景

图 22　软土地基大面积群桩施工技术

图 23　筒仓漏斗钢筋安装及混凝土浇筑施工

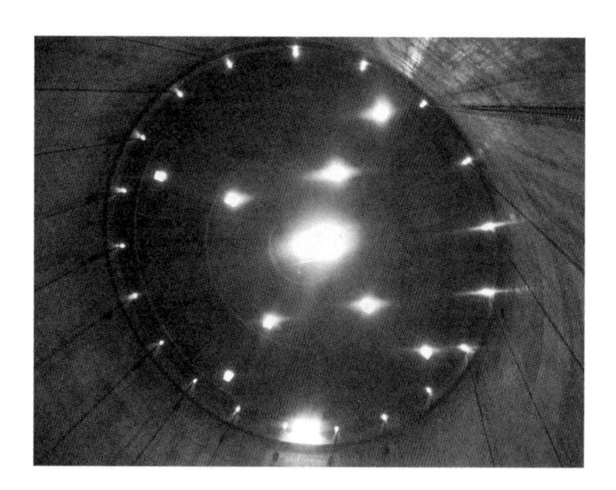

图 24　筒仓降模施工

东莞篮球中心工程

蔡庆军　白才仁　嵇康东　杨文军　王彩明

第一部分　实例基本情况表

工程名称	东莞篮球中心工程		
工程地点	广东省东莞市寮步镇长坑村		
开工时间	2009 年 11 月 6 日	竣工时间	2014 年 5 月 29 日
工程造价	6.39 亿		
建筑规模	占地面积为 267463m²，总建筑面积 56838m²，设观众席 1.6 万座，高 36.5m。		
建筑类型	公用建筑		
工程建设单位	东莞市城建工程管理局		
工程设计单位	中国建筑科学研究院		
工程监理单位	北京建工京精大房工程建设监理公司		
工程施工单位	中国建筑第八工程局有限公司		
项目获奖、知识产权情况			
工程类奖： 全国及北京市优秀工程设计一等奖、中国钢结构金奖、国家优质工程奖、AAA 级安全文明标准化诚信工地、全国优秀项目管理成果一等奖 科学技术奖： 1.《大型双曲面单索玻璃幕墙索网施工技术》中施协科学技术一等奖 2.《马鞍型屋面吊顶移动操作平台施工技术》中施协科学技术二等奖 知识产权（含工法）： 获国家级工法 2 项，省级工法 2 项，专利 10 项			

第二部分　关键创新技术名称

1. 大型双曲面单索玻璃幕墙施工技术
2. 大跨度预应力空间桁架马鞍形钢屋盖施工技术

3. 马鞍形屋面吊顶缆索式移动操作平台施工技术
4. 抗剪键的箱形钢柱脚支座施工技术
5. 马鞍形环梁精确度闭合的安装精度控制技术
6. 大跨度悬吊钢屋盖沙漏卸载技术
7. 自锁式马鞍形金属屋面施工技术
8. 40.8m 大跨度斜面预应力混凝土结构施工技术
9. 现浇钢筋混凝土送风静压箱的施工技术
10. 真冰溜冰场施工技术
11. 绿色施工技术

第三部分　实 例 介 绍

1　工程概况

东莞篮球中心位于松山湖大道与东部快线交汇处，是 2015 年苏迪曼杯羽毛球赛事主场馆，CBA 宏远队主场、展示东莞“全国篮球城市”称号和城市形象的重要工程，又是东莞市的一标志性建筑。本工程占地面积为 267463m²，总建筑面积 56838m²，设观众席 1.6 万座，高 36.5m。主场馆场地中心 40m×70m，可进行篮球、溜冰、羽毛球、举重、体操等国际比赛。主体育馆屋盖采用马鞍型钢屋盖及采用了铝镁锰金属屋面，室外为通透的单层索网玻璃幕墙，室内为预制清水装配式看台及座椅。幕墙采用环状曲面三向网格单层索网幕墙，为非线性大变形结构（图 1、图 2）。

图 1　立面图

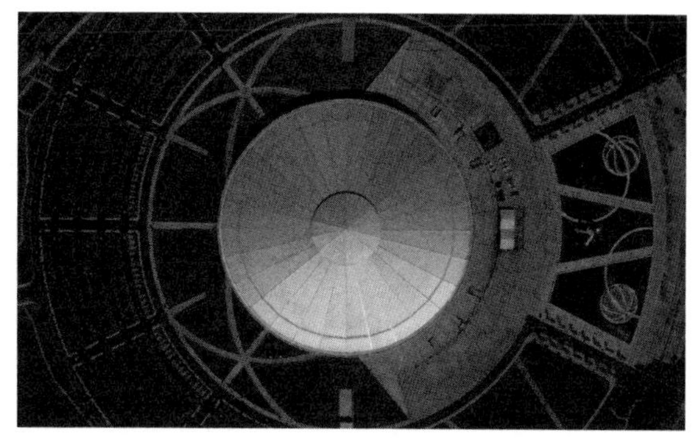

图 2　俯视图

2　工程重点与难点

2.1　钢结构属非常规超限大跨度结构形式，施工难度大

本工程钢结构体系新颖，为一种桁架、梁和悬吊屋盖的组合新型结构体系，非常规结构形式，跨度 128m，属超限大跨结构，涵盖了多种复杂钢结构及预应力钢拉杆体系。

2.2　钢结构用钢量偏低，关键节点深化设计、安装难度大

纯屋盖的重量为 2748t，折合 137.4kg/m²；外围 V 形柱子及支座节点用钢量 770.6t，折合 38.53kg/m²；二者相加后得到整个屋盖的用钢量为 173.2kg/m²。由于结构体系的新颖，造型复杂、形状各异，标准件少，造成了关键节点的深化设计复杂及安装时空间定位难度大。

2.3　施工阶段的结构及拉索应力、变形监测难度大

本工程钢结构卸载后变形直接影响到索网幕墙的建模、找形及玻璃尺寸变化；钢结构大跨度悬吊屋盖卸载过程应力、变形监控，索网幕墙拉索张拉过程应力、变形的时时监测，可随时掌控结构安全及指

导施工。钢结构卸载后的索网二次建模、索网找形分析、拉索张拉全过程分析均必须进行各施工过程的结构验算和分析，用以指导施工和控制施工。

2.4 钢屋盖安装完成后卸载难度大

本工程128m大跨度悬吊结构，钢结构施工完成后，需要对结构进行整体卸载，如何做到支撑点平稳均匀的过度、结构变形协调，卸载措施及卸载顺序的选择难度非常大。

2.5 三向网格曲面单索玻璃幕墙拉索安装及张拉难度大

本工程幕墙形式为一种首创的全新拉索幕墙形式——环状曲面三向网格单层索网幕墙，其结构为非线性大变形结构，高度16.75～26.65m，面积达1.05万m^2，为世界上周长和单体面积最大的三向网格曲面拉索幕墙。其优秀的受力特性和独特的幕墙施工张拉方案是此工程的难点和亮点。

3 技术创新点

3.1 大型双曲面单索玻璃幕墙施工技术

工艺原理：

本工程幕墙形式采用拉索幕墙形式——环状曲面三向单层索网幕墙，这种大规模、复杂边界条件、空间不规则曲面、三向交叉的索网幕墙结构的设计及施工国内尚无案例。本工程通过软件找形、张拉过程模拟分析，对拉索的连接装置和张拉辅助工装进行专门研制，采用“编花篮”的方式安装索网，并以张拉环索为主、张拉斜索为辅，环索分步分级上下对称的张拉方案，成功地完成了索网安装成形，且成形效果符合设计要求，结构稳定。

技术优点：

研发了‘三向索网幕墙施工方法’，采用复杂几何形状索网找形分析技术及对施工过程进行动态模拟分析和跟踪监测，实现了索网准确找形，保证了拉索下料精度、施工各阶段张拉控制力及坐标定位精准。

科技成果情况：

获实用新型专利3项，发明专利2项，国家级工法1项，论文1篇。

3.2 大跨度预应力空间桁架马鞍型钢屋盖施工技术

工艺原理：

本工程钢结构屋盖采用的是车辐式结构，28榀钢桁架按圆周分布，通过外侧28根V形钢管柱和看台上的28根摇摆柱支撑，最后汇交到中间节点，屋盖最大跨度158m。本工程针对大量厚壁钢管和复杂铸钢节点，在实体实验的基础上在工厂里面进行成批加工制作。吊装采用一台600t履带吊及一台220t汽车吊做为主吊设备。220t汽车吊先安装内环胎架、钢内环及内环帽顶构件等，完成后600t履带吊开始安装主桁架、V形柱。钢屋盖全部安装完成后，采用了沙漏分级整体卸载技术进行钢屋盖卸载。

技术优点：

专门研制了一种抗剪键箱形柱脚支座，以抵抗大跨度斜柱脚中巨大的水平剪力，防止混凝土受水平剪力而破坏。

科技成果情况：

获实用新型专利2项，省级工法1项，论文2篇。

3.3 马鞍型屋面吊顶移动操作平台施工技术

工艺原理：

本大跨度马鞍型屋面吊顶高度最高达36m，且结构异型，施工时需要辐射的半径较大，高空车无法满足全部范围的吊顶板安装。为此提出了缆索式移动操作平台施工方案进行屋面吊顶板的施工，专门研制了缆索式移动操作平台，该操作平台由4根不锈钢缆索、缆索锚固系统、移动单个小平台、吊挂构件、动力设备装置和2根用于栓系安全带的生命绳组成。缆索式移动操作平台施工技术，保证了大跨度屋面吊顶板的顺利安装。

技术优点：

采用本体系，以解决现有的移动操作平台适应性差、安全性低的问题。同时，该工艺从根本上解决了体育馆马鞍型屋面吊顶，结构跨度大，结构造型复杂等难点，施工效率高，安装方便快捷，有利于提高施工速度，可为同类屋面吊顶积累宝贵的施工经验，其成果具有重要的理论意义和工程实用价值，为以后工程中类似问题的解决积累了大量的宝贵的实践经验。

科技成果情况：

获发明专利授权1项，国家级工法1项，论文1篇。

3.4 V形斜钢柱抗剪预埋件施工技术

工艺原理：

本工程外环的28根环向布置的落地V形柱和支撑于大屋盖上的28根斜柱共同支承屋盖。外环V形柱为直径610mm的圆钢管柱，长度为22～31.5m；V形斜钢柱抗剪预埋件高精度的安装定位难度大，抗剪键定位精确度要求高。经过试验，研制了一种带抗剪键的钢柱脚支座，通过设置抗剪键、锚板底板与混凝土基础组合来抵抗大跨度外露式斜柱钢脚中巨大的水平剪力，以满足结构钢柱抗剪强度的需要，并且便于现场施工，提高了工程质量。

技术优点：

提供一种带抗剪键的钢柱脚支座，通过设置抗剪键、锚板底板与混凝土基础组合来抵抗大跨度外露式斜柱钢脚中巨大的水平剪力，以满足结构钢柱抗剪强度的需要，并且便于现场施工，提高了工程质量。

科技成果情况：

获广东省级工法1项，论文1篇。

4 工程主要关键技术

4.1 大型双曲面单索玻璃幕墙施工技术

4.1.1 概述

体育馆倒锥台侧面均为环状三向网格曲面单层索网幕墙，幕墙下端固定在直径128m的地面环形混凝土梁上，上端连接在直径155.2m屋盖外环梁上，幕墙高度为16.75～26.65m，幕墙面积约1万m^2。索网幕墙结构为双轴对称结构，按对称轴可分成四部分。每个部分内三角形玻璃板的大小各不相同。三角形单元尺寸约为高1.66～2.38m、宽1.20～1.44m，每块玻璃的最小夹角在33.5°～46.5°之间，采用XIR夹层节能玻璃（太阳能热反射环保夹层玻璃），规格为12mm钢化超白玻＋1.14PVB＋XIR＋0.76PVB＋8mm钢化在线LOW-E白玻，玻璃共计7800块（图3）。

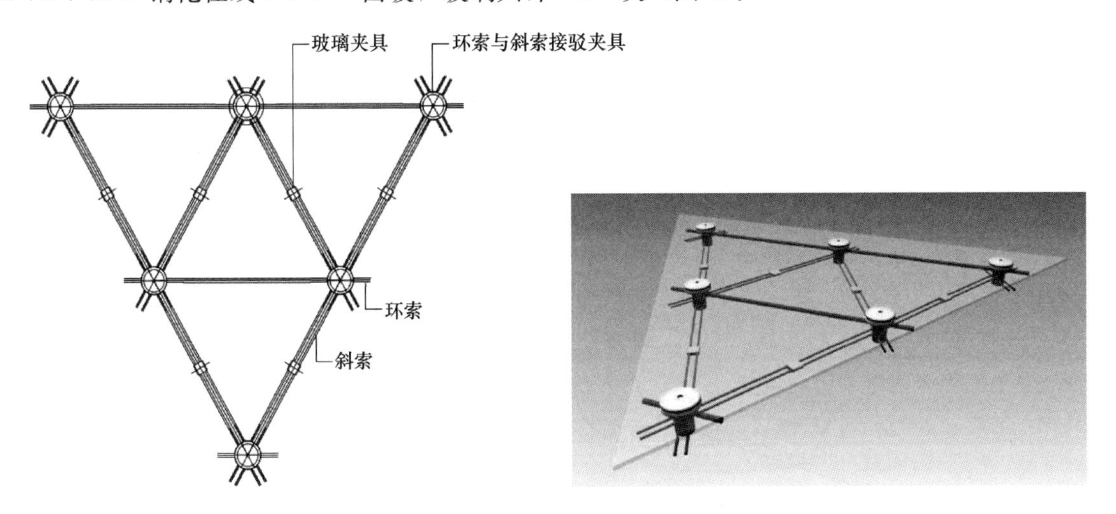

图3 索网幕墙结构单元示意

索网的上边界为屋盖结构中的一道环梁，该环梁是双曲马鞍面上的一条闭合曲线，具有复杂的几何特征。索网的下边界为位于同一标高位置的圆形，上下边界的相对位置关系如图4、图5所示。

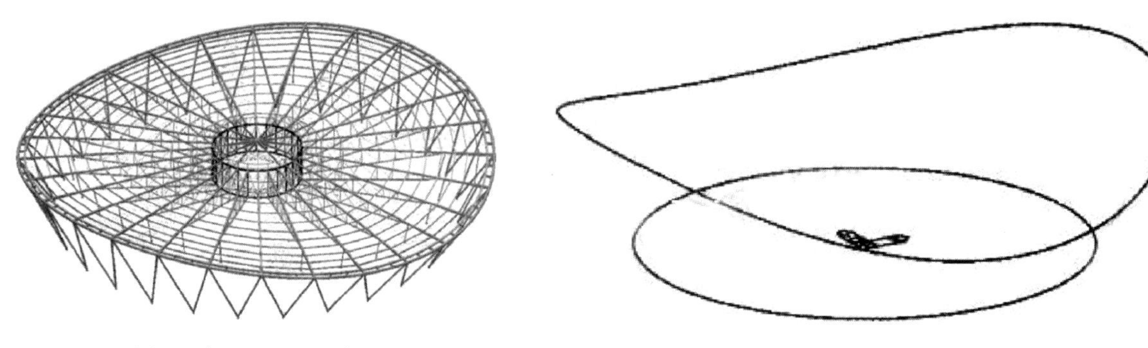

图 4 索网上边界示意图　　图 5 索网上下边界对应关系示意图

4.1.2 关键技术

1. 施工总体部署或施工工艺流程

(1) 索网找形建模

为了分析索网的受力及变形特点，必须为其建立一个合理的计算模型。根据设计意图，在屋盖与下部混凝土结构之间的幕墙结构用三向交叉索网围成，围成的幕墙曲面具有空间不规则、三向交叉、上部下部边界条件复杂等特点。索网上边界为投影直径 158.2m 的马鞍形曲线，下边界为直径 120m 的圆形。在该索网幕墙设计中，使用传统的 CAD 做图的方式很难实现这一复杂曲面的分割，在索网的建模过程中，按照如下思路来实现：

1) 为索网曲面构建一个统一参数方程；

2) 利用统一的曲面方程来创建有规律排布的控制点；

3) 将控制点作为索网的节点，连接各节点形成整片索网结构。

(2) 索网找形过程

索网几何模型的建立过程分两步：

1) 幕墙曲面上下边界曲面方程：

将上下边界两条曲线分别转化为以方位角 θ 为参数的方程；

$$\begin{cases} X=80\cos\theta \\ Y=80\sin\theta \\ Z=8\cos^2\theta-8\sin^2\theta+24 \end{cases} \quad \text{上边界参数方程}$$

$$\begin{cases} X=60\cos\theta \\ Y=60\sin\theta \\ Z=0 \end{cases} \quad \text{下边界参数方程}$$

2) 切割弧形在切割平面内的方程：

用过 Z 轴的平面来切割幕墙曲面，平面与 X 轴角度为 θ，所得到的切割线的曲率半径可表示为关于 θ 的函数 $\rho(\theta)$，切割线方程为 $(x-a)^2+(z-b)^2=[\rho(\theta)]^2$。本建模中取曲率半径为 150m，如图 6 所示。不同的切割线都有相同的曲率半径，但弧长各不相同。

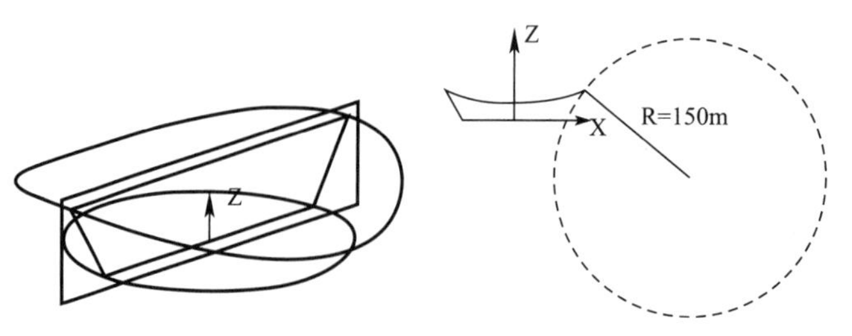

图 6 过 Z 轴的任意平面切割幕墙曲面的示意图

3) 控制点的选取原则及索网成形

通过以上求解方法，能够得到任意绕 Z 轴平面切割幕墙曲面得到的弧线的方程。从而得出控制节点的坐标。

4）程序编制及结果检验

上述求解控制节点坐标工作量巨大，手工完成困难，深化设计阶段采用生成节点程序 CalculateNode.exe，利用该程序批量高效的生成节点编号及坐标。如图 7、图 8 所示。

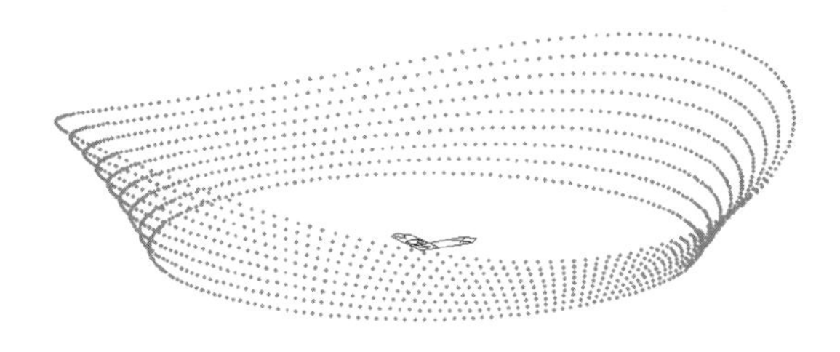

图 7 生成控制节点的示意图

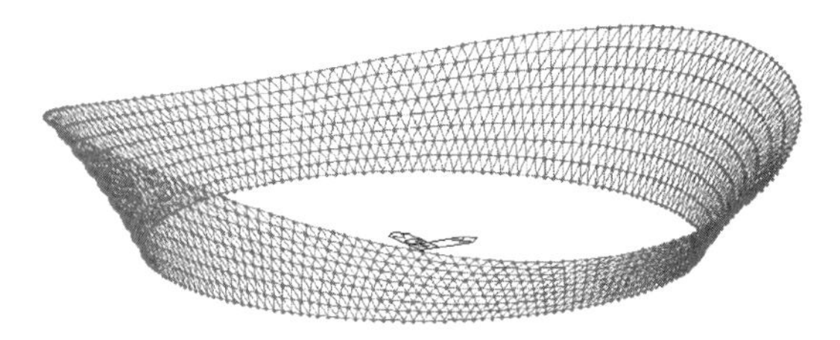

图 8 所有索网成形示意图

5）模型完成及集成

上述幕墙几何模型建立后，再对幕墙进行开洞及集成到整体结构模型中，具体如图 9 所示。

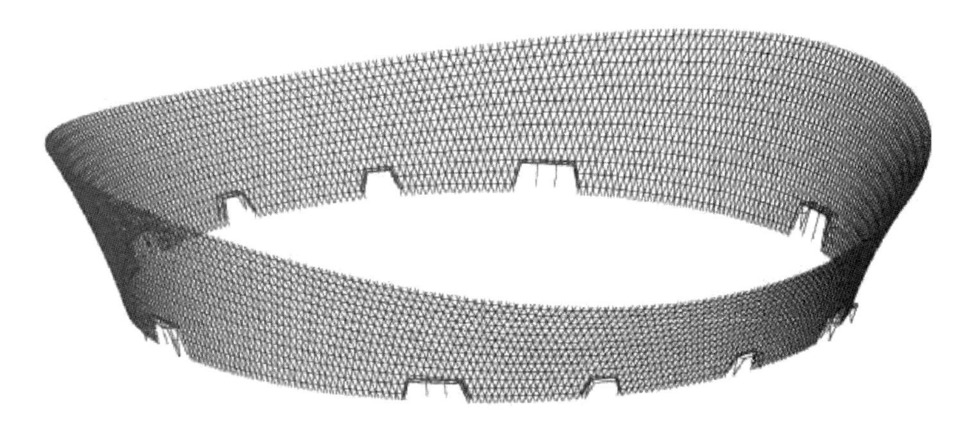

图 9 幕墙结构与屋盖结构整体连接图

2. 单索幕墙索网连接节点接驳件及玻璃夹具深化技术

（1）技术特点及难点

1）该幕墙网格具有多样化，空间性强等特点，研制出适应网格变化的节点连接，对方便施工及节约造价，意义重大；

2）通过特殊设计的夹具，保证在节点处斜向索不与节点的发生相对位移，而允许横向索与节点发生相对位移，位移方向沿横向索轴力方向；

3）钢索的三向交叉节点处的夹具深化设计，既要考虑夹具对任意玻璃夹角的通用性，又要方便施工，还要保证允许玻璃角部大的平面外转角变形的需要。

（2）斜索锚固端深化及研制

该技术包括借助压制套定位的钢索结构、在钢索结构两端分别设置的 2 根索头，索头与钢索结构之间设置调节套，斜索两端采用索杆连接锚固，最大调整范围为 100mm，详见图 10、图 11 所示。

（3）环索连接器深化及研制

每道环索的多束拉索由铸钢连接器连接而成，如图 12 所示。

（4）斜索与环索接驳夹具深化及研制（三向节点接驳件）

三向节点接驳件由三向拉索夹具和玻璃接驳件两部分组成。三向拉索夹具由压块一、压块二、压块三、压块四、压块五、压块六组成。压块一和压块二构成内侧斜索夹具，压块三和压块四构成外侧斜索夹具，压块五和压块六构成环向拉索夹具。每个玻璃夹具需夹住 6 块玻璃，相邻玻璃间存在一定角度，驳接抓可调角度不小于 1.2°。详见图 13、图 14 所示。

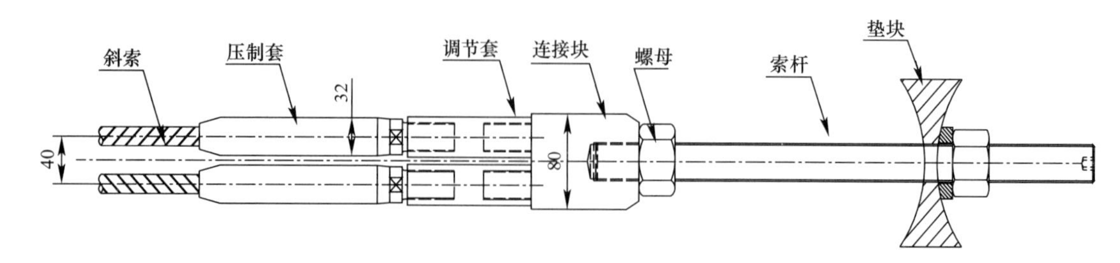

图 10　斜索下部锚固端示意图

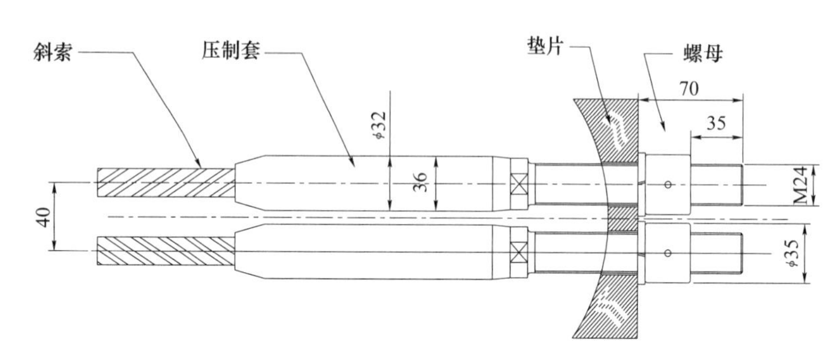

图 11　斜索上部锚固端示意图

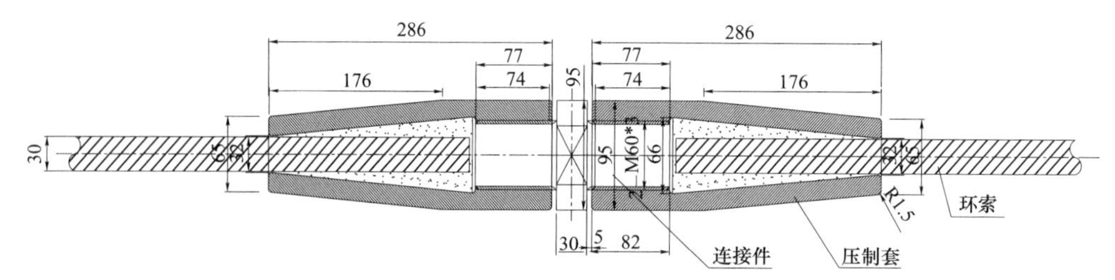

图 12　环索铸钢连接器示意图

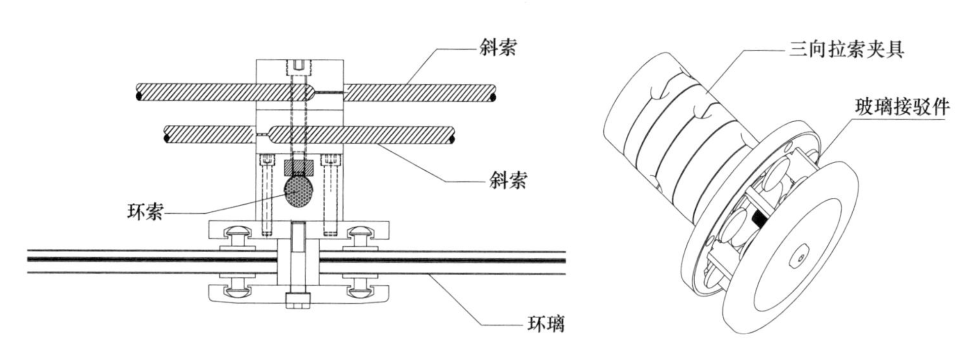

图 13　三向节点接驳件示意图

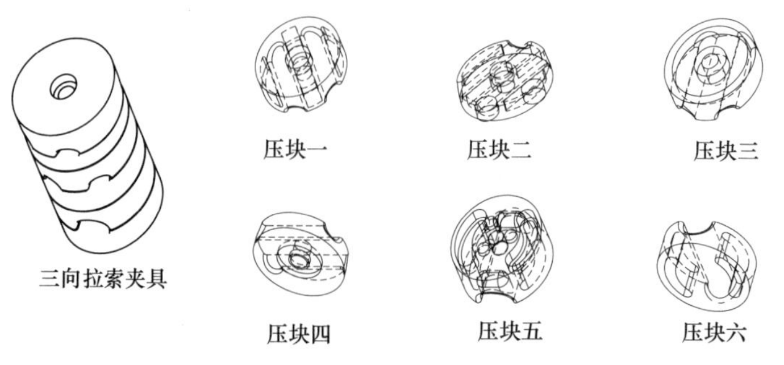

图 14　三向拉索夹具示意图

3. 三向网格曲面单索玻璃幕墙索网安装及张拉施工技术

(1) 技术特点及难点

索网结构的成型过程经历了零状态、预应力态以及荷载态，整个预应力的施加过程中受力状态和结构的几何改变较大，为了确保减少施工过程的反复的预应力调整以及施工过程安全和正常使用状态的可靠，索网结构的张拉过程模拟是关键重点。

(2) 索网张拉全过程模拟反分析

1) 分析方法

本工程采用倒拆法模拟施工全过程分析。

2) 索网施工全过程模拟分析结果

通过模拟分析输出每个步骤控制点的坐标值，每圈环索及部分斜索的轴力值。

各个张拉步骤下用倒拆法计算出的位移及轴力结果图示

a. Step1-1 倒拆结果如图 15、图 16 所示。

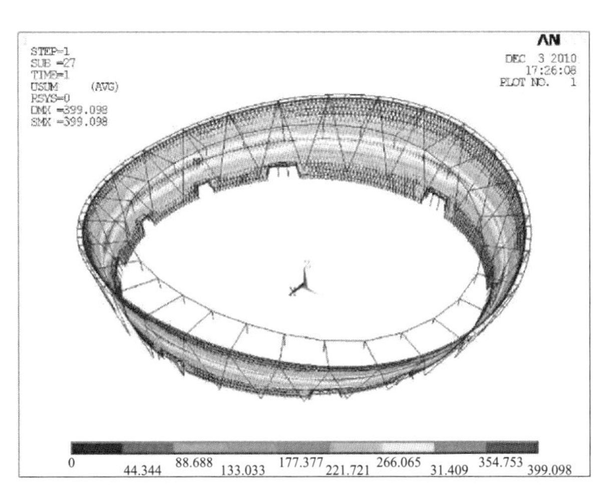

图 15 Step1-1 位移图

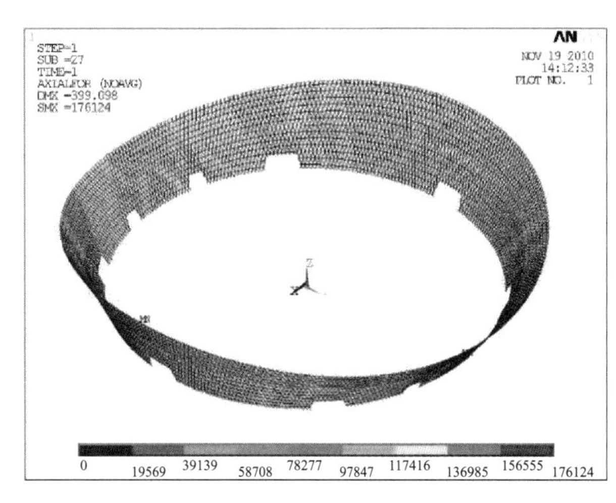

图 16 Step1-1 索网轴力图

b. Step1-2 倒拆结果如图 17、图 18 所示。

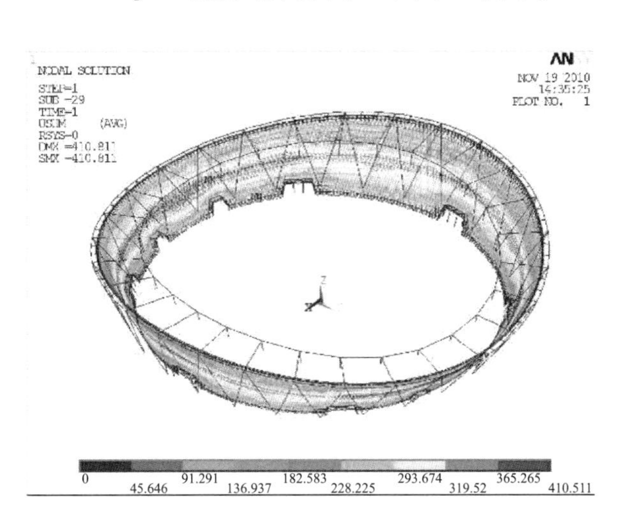

图 17 Step1-2 位移图

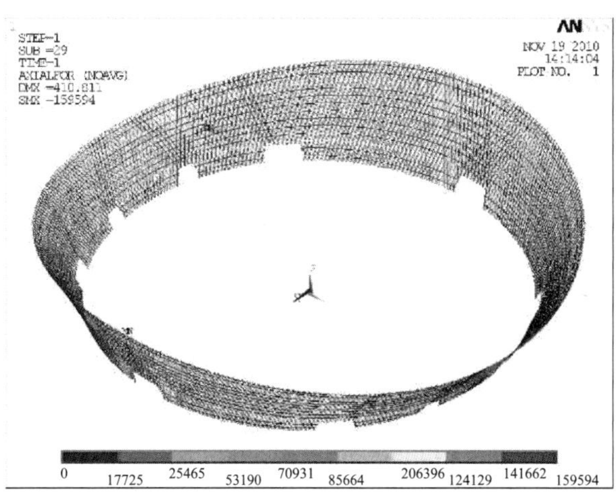

图 18 Step1-2 索网轴力图

c. Step1-3 倒拆结果如图 19、图 20 所示。

3) 倒拆法计算结果分析

通过对三个水平拉索平均轴力表的分析可知：在每一级预张力下，后张拉的水平拉索对先张拉的水平拉索有影响，会使先张的水平拉索轴力不断减小。这是因为，后张拉的水平拉索使索网结构变形增大，从而使先拉的水平拉索松弛，造成先拉的水平拉索轴力不断减小，这是符合实际情况的。

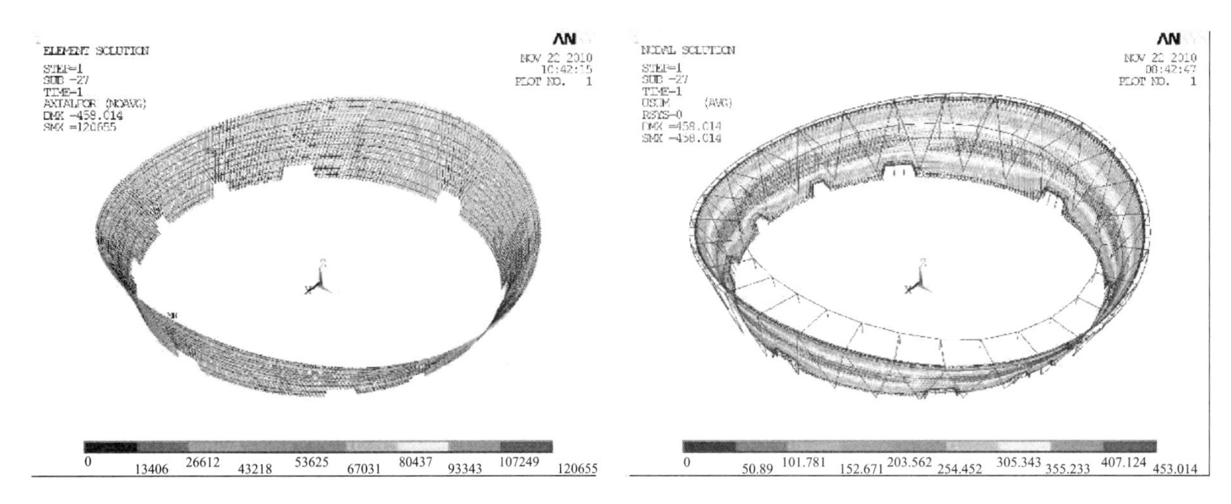

图 19　Step1-3 位移图　　　　图 20　Step1-3 轴力图

（3）索网安装

1）斜索安装

a. 标记锚固部位

在安装现场按斜索编号对主体结构上锚固部位进行标记。

b. 夹具安装

在地面把三向节点接驳件分解成 3 块，把其中内侧斜索夹具和外侧斜索夹具分别安装至内、外侧斜索上指定位置（所有斜索都是采用的定尺下料，节点处在工厂喷码）。

c. 单束斜索安装

按编号顺序依次把单束斜索安装至对应的主体结构锚固部位。

d. 斜索固定

当斜索固定端均安装至主体结构锚固处锚固后，把节点处内、外侧斜索卡具用穿心螺栓连接，固定好相交的内、外侧斜索。

e. 局部调整

斜索安装完成后观察整个织网是否顺直，若出现折角说明夹具位置有误，需进行局部调整。

斜索安装详见图 21。

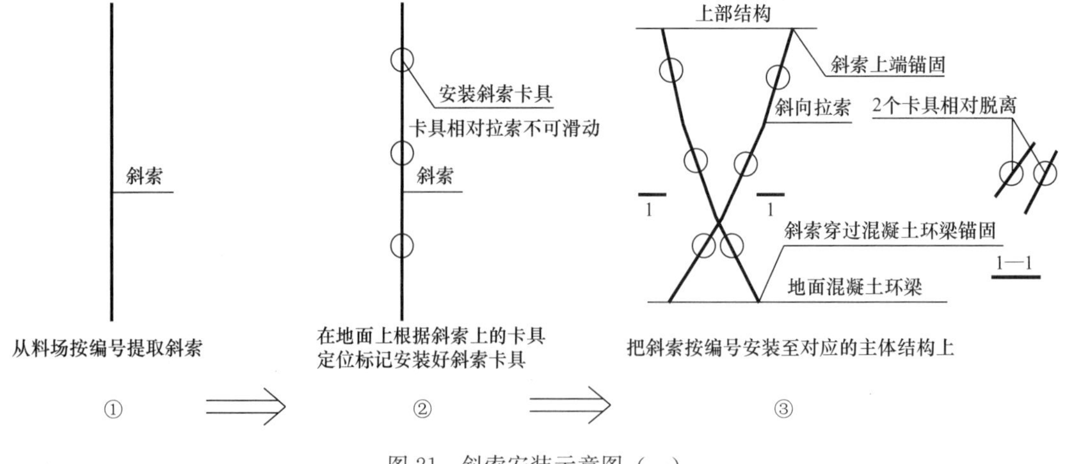

图 21　斜索安装示意图（一）

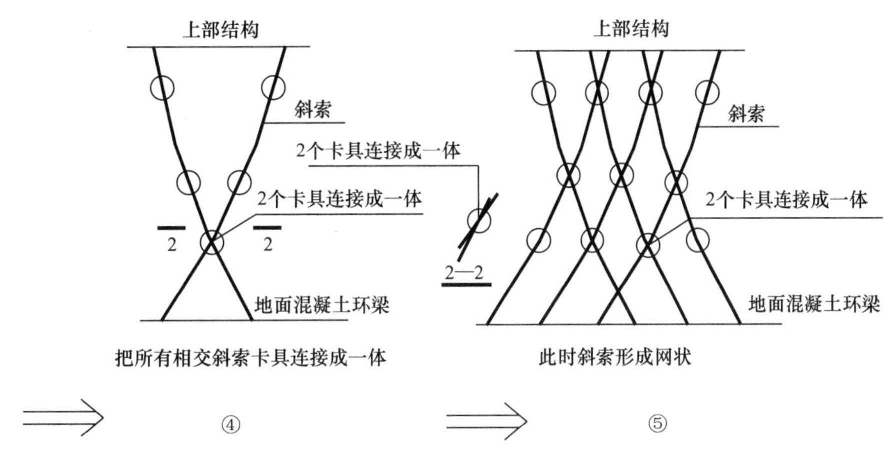

图 21 斜索安装示意图（二）

2）环索安装

对环索每隔 10m 设置一个吊点，通过上部锚固结构设置的滑轮牵引至环索标高处，临时固定各吊点的牵引绳，在环索上安装卡具，并和斜索卡具连接固定，环索与卡具间设置聚乙烯滑片。形成索网的零状态。环索安装详见图 22。

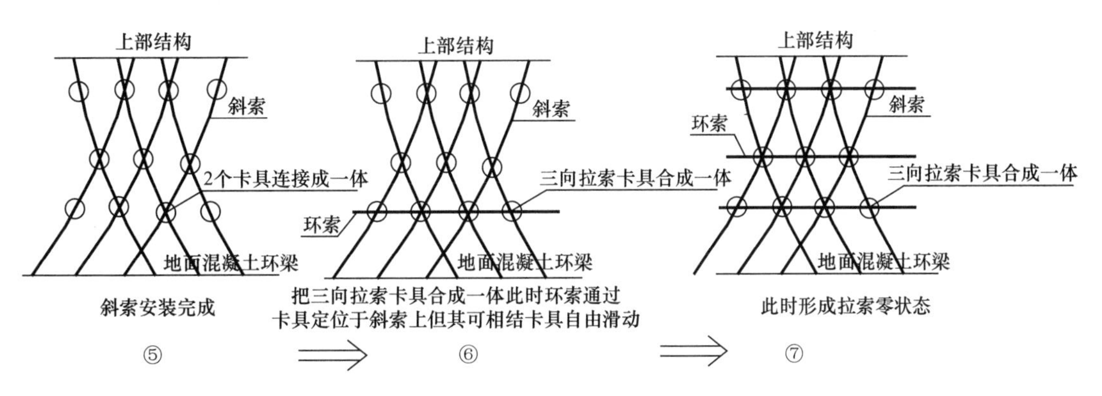

图 22 环索安装示意图

（4）索网张拉

环索第一级张拉

环索借用辅助张拉工装采用液压同步计算机控制系统分步分级张拉。分步张拉从中间道环索向上下两端环索对称进行，每完成一级张拉进行临时锚固，每级张拉均需持荷 3min 后拆卸千斤顶。第一级张拉方式为分组同步对称张拉，张拉力为设定预应力 50%。

第一级张拉顺序如下（为了便于阐述张拉过程，假设共 13 道环索，从下至上按 Ls1～Ls13 编号，如图 23 所示，每道环索由 8 段拉索连接而成）。

4. 柔性索网幕墙玻璃安装技术

（1）挂沙袋试验

在玻璃安装之前，先进行配重实验，在每根拉索交叉点的夹具上挂上相当于此处玻璃自重的 1.2 倍的沙袋，保持一定时间后，对各节点进行测点，确保每个节点的位移都在允许的范围内，沙袋重心应尽量安排在拉索的轴线上，并配合使用比较科学的测量仪器。

（2）玻璃安装流程

玻璃安装顺序可以从中间向上下两边、从上到下，或者从下到上安装，经过受力及试验分析，采取从下到上玻璃安装顺序对整个索网受力变形影响最小。

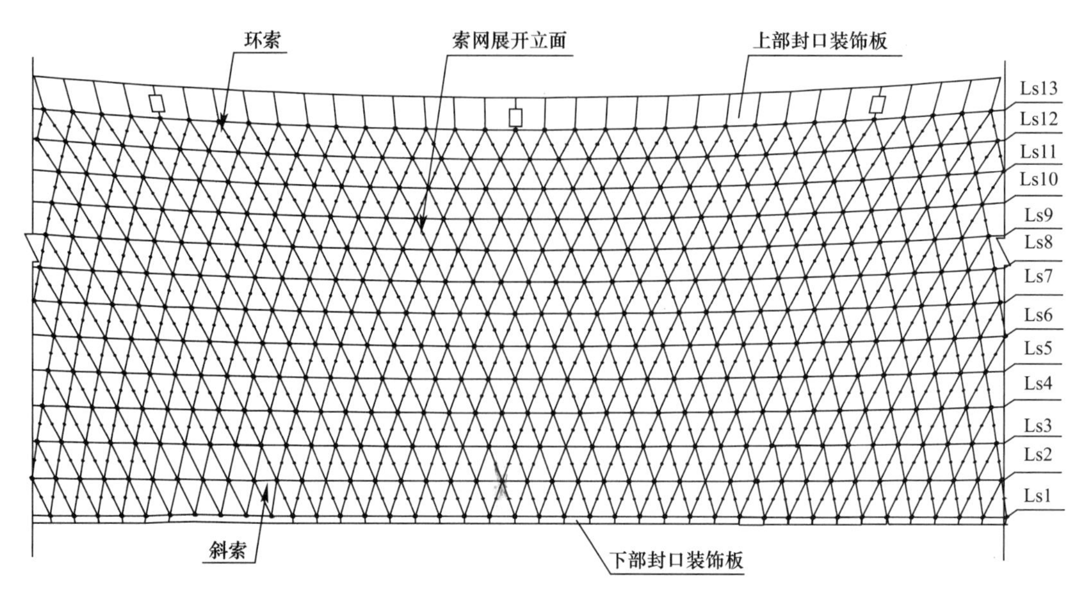

图 23　环索编号示意图

5. 拉索应力监测及变形监测技术

(1) 拉索施工应力监测范围

由于幕墙三向索网的预应力施加是以环索为主动预应力索，斜索为被动索。所以选择 7 道水平环索和 3 道斜索作为索力监测对象。具体位置可选一组水平环索连接接头两端的拉索索段、斜索选择下端地面附近索段，共 10 个测量点位。具体测量索好如下：

水平环索：HS0107、HS0308、HS0507、HS0708、HS0907、HS1208、HS1309。

斜向索：XL305、XL298、XR305（斜向索仅测一根 Φ16）。

每根索只测 1 个测点。

(2) 监测系统设计

监测系统设计的运行制度为离线定期连续监测，离线定期连续监测的时间为：监测索网张拉过程关键部位的应变变化，监测过程分为 3 个阶段：

① 索网张拉完毕预紧后安装传感器；

② 索网张拉过程中每隔 30min 采集数据一次；

③ 索网非张拉期间，每 1～4h 采集数据一次；

④ 索网张拉完毕稳定后每隔 6h 采集数据一次。

(3) 传感器选型。

选择振弦式应变计，其结构图及主要技术参数见图 24。

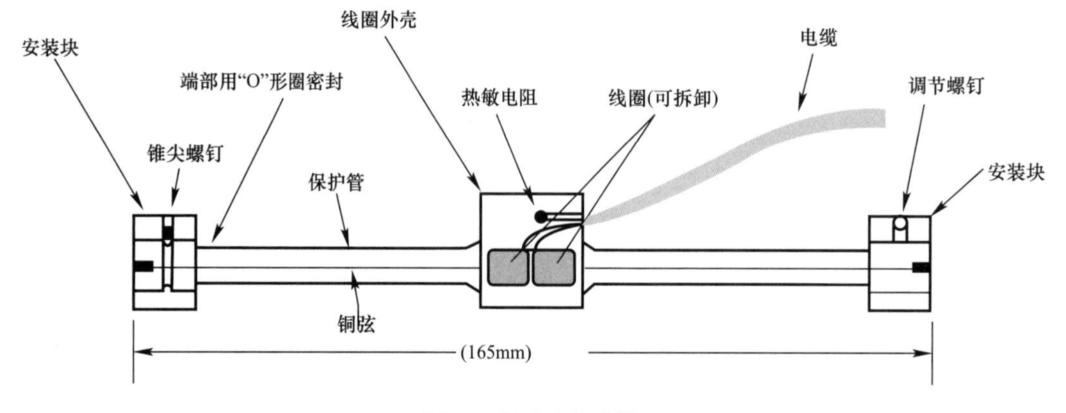

图 24　振弦式传感器

（4）数据收集系统

监测的数据采集系统包括振弦式传感器读数仪和计算机（用于安装 BGK-MICRO 安全监测系统软件）、BGK-MICRO-MCU 分布式网络测量单元（内置 BGK-MICRO 系列测量模块）、智能式仪器（可独立作为网络节点的仪器）等组成数据采集系统，详见图 25。

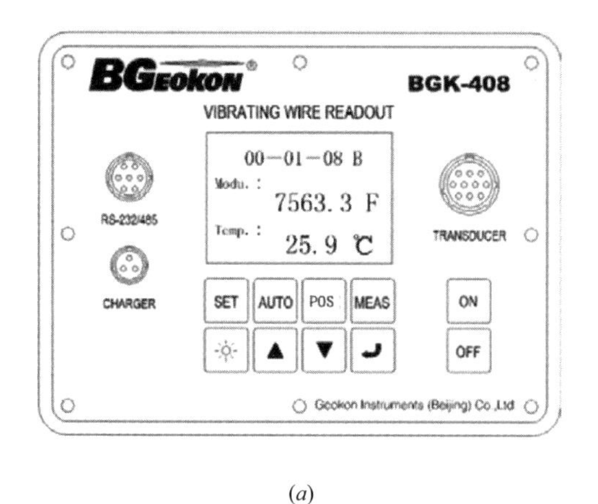

(a)

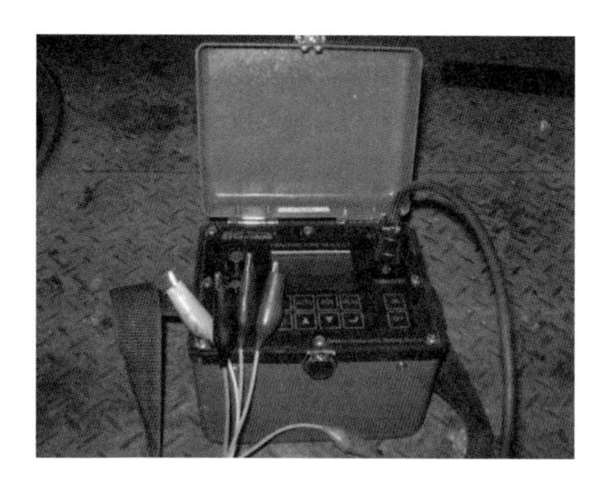

(b)

图 25 振弦式传感器读数仪

（a）振弦式传感器读数仪；（b）振弦式传感器读数仪实物图

（5）监测实施

应变仪的安装块需焊接在事先紧卡在不锈钢索上的索夹上，见图 26。

图 26 应变仪安装

在索网结构上安装时，通常采用焊接安装块的方式。传感器体不能通过焊接电流，否则将造成传感器的损坏。因此，传感器的安装应在焊接工作全部完成后进行。可利用一个根据仪器尺寸制作的安装杆定位和焊接安装块（安装杆可使用外径 ϕ12mm 的钢筋制作或车削，要求长度不低于 160mm，外表通直光滑）。安装块是成对提供的，其中带有锥尖固定螺钉，焊接表面应清理干净，焊接部位及顺序如图 27 所示。

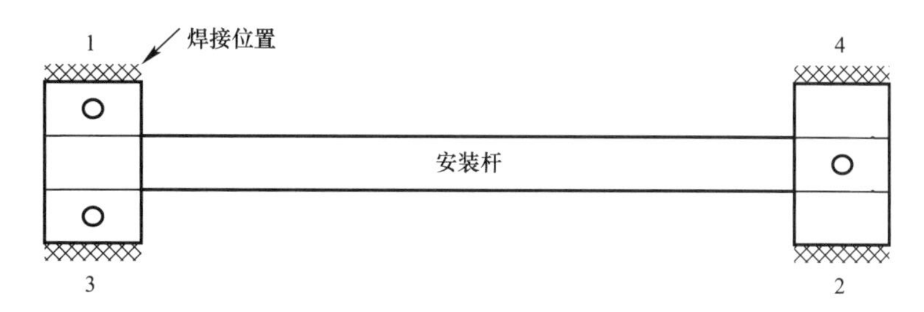

图 27 安装块的焊接顺序及部位示意图

监测从环索张拉开始，每 30min 采集一次，直至施工结束；张拉完成后，完整监测 48h 应变随环境的变化。若应力稳定则监测结束。

4.2 大跨度预应力空间桁架马鞍形钢屋盖施工技术

4.2.1 概述

屋盖结构平面直径为 158.55m，外环呈马鞍形。外环中心高度为 16.469m 到 26.789m，内环最大高度 27.22m。屋盖结构由外环的 28 根落地 V 形柱和位于直径 119.76～128.22m 近似椭圆的混凝土看台上的 28 根斜柱支承。屋盖由 3 部分组成：内外两排柱之间的径向单跨梁（跨度 15.165～19.39m）、跨度 44.88～49.11m 的平面桁架、直径 30m（高度 10m）的内环及其屋盖。屋盖的实际跨度为平面桁架和内环跨度之和，即 119.76～128.22m。屋盖结构形式为一种新型结构体系，可以看成是桁架、梁和悬吊屋盖的组合形式。为保持屋盖结构的整体稳定性，径向构件（结构）之间用刚性檩条连接，檩条间设水平交叉支撑。为保持内环结构的水平刚度，在内环下弦平面设置交叉拉索。径向桁架采用单向斜拉杆的三角桁架，这也是本工程钢结构的一大特点，截面最高 10m，如图 28 所示。

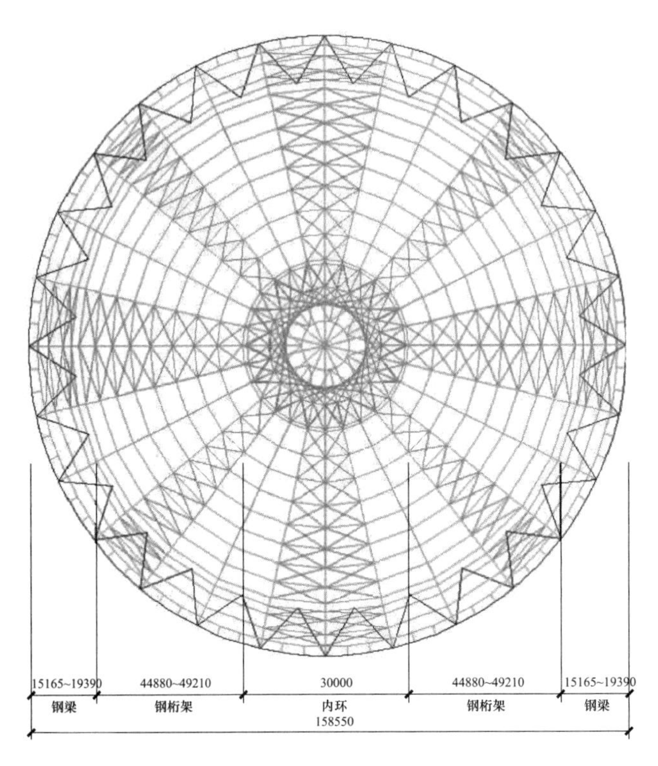

图 28　屋盖平面图

4.2.2　关键技术

1. 施工总体部署或施工工艺流程

建立测量轴线控制网→临时支撑胎架安装→钢内环安装→主桁架＋GZ2 安装→屋面钢檩条安装→V 形柱安装→外环梁安装→预应力钢拉杆张拉

2. 施工工艺

(1) 建立测量轴线控制网

根据测量控制网，用水准仪和经纬仪进行钢结构安装定位和校正测量，在相应层面测设轴线控制点。并进行钢柱预埋锚栓安装三维空间坐标放样及屋盖钢桁架安装节点三维空间坐标安装放样（图 29）。

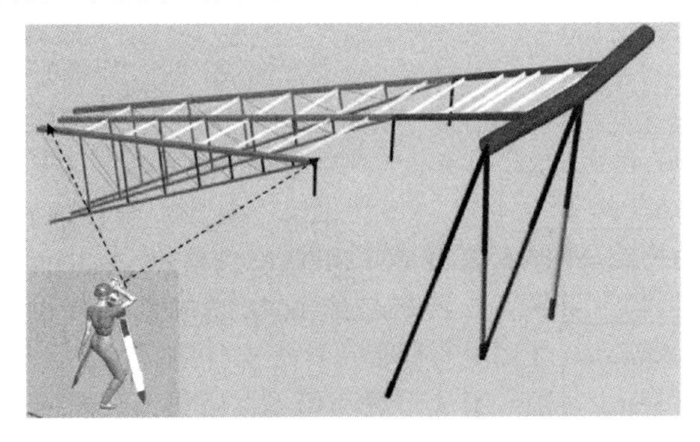

图 29　主桁架安装测量控制示意图

（2）临时支撑胎架安装

1）支撑胎架预埋件安装

对埋件位置进行放线定位，在每个支撑胎架底部埋设 4 个预埋件。

2）底部调节段安装

汽车吊将径向和环向胎架柱调节段吊至预埋件顶部，准确落在埋件中心定位线上后解钩，进行现场焊接，如图 30 所示。

3）标准节安装

汽车吊将第一节标准节吊至底部调节段顶部，测量复核无误后解钩，第一节标准节与底部调节段现场焊接，汽车吊继续完成上部标准节的安装，标准节之间通过销轴连接，如图 31 所示。

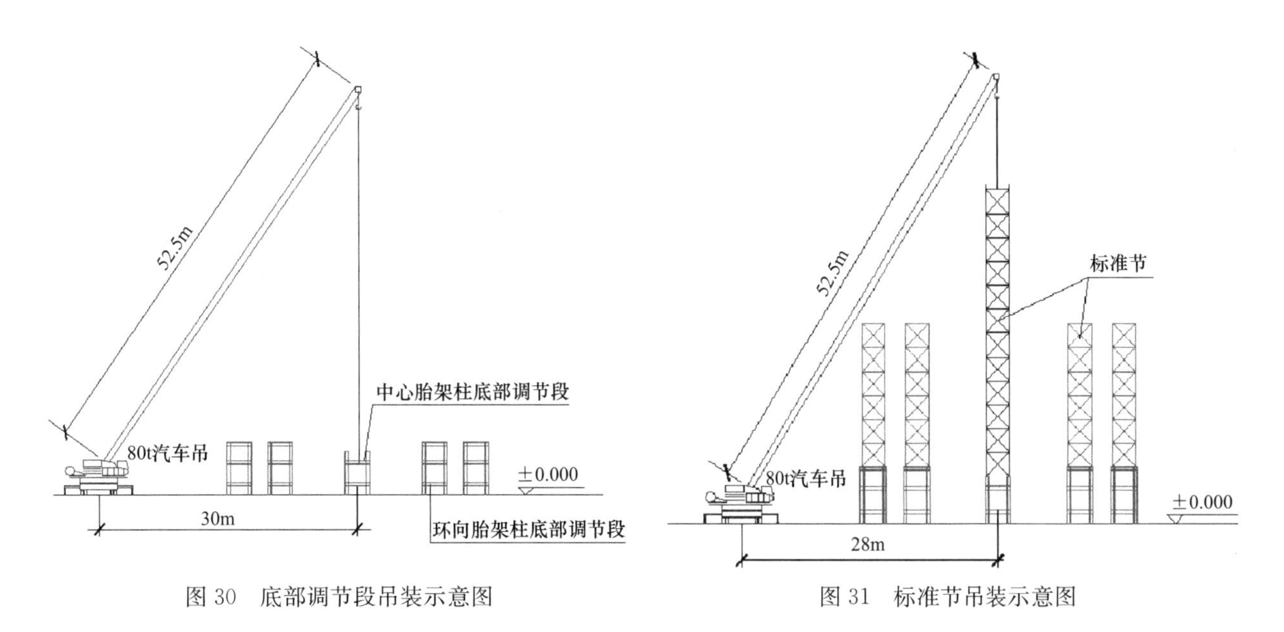

图 30　底部调节段吊装示意图　　图 31　标准节吊装示意图

4）水平联系桁架安装

汽车吊将水平联系桁架吊至安装位置；测量复核无误后，进行现场螺栓连接和焊接，如图 32 所示。

5）顶部操作平台安装

汽车吊将顶部操作平台吊至标准节顶部安装位置；测量复核无误后解钩，进行现场焊接，如图 33 所示。

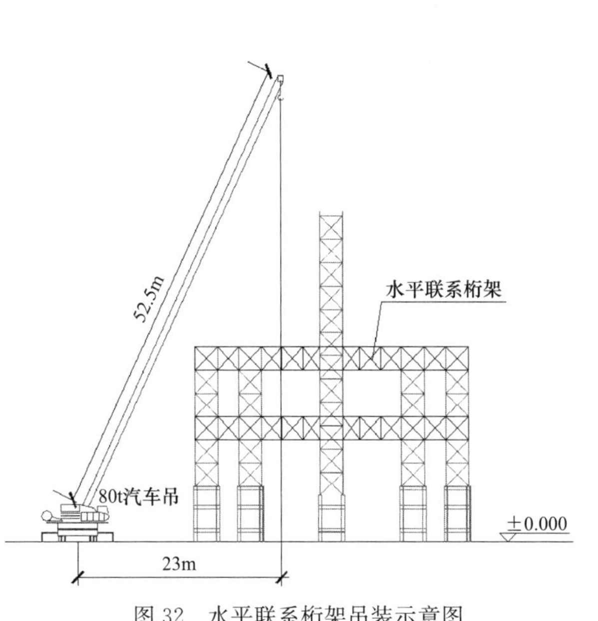

图 32　水平联系桁架吊装示意图

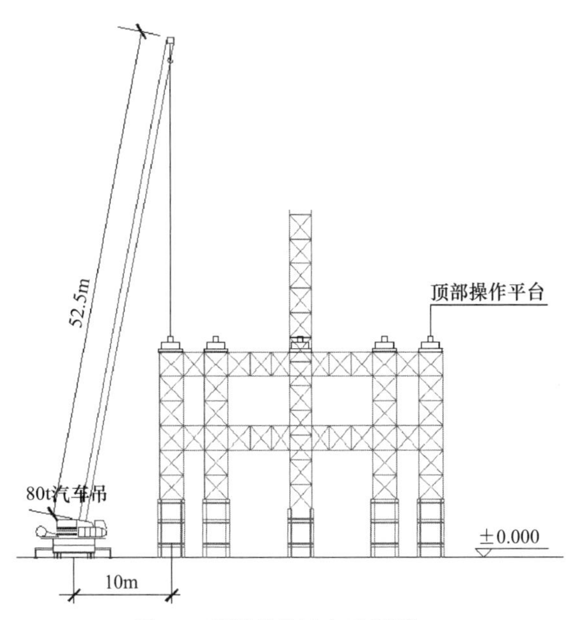

图 33　顶部操作平台示意图

6）钢内环桁架稳定体系安装

先吊装稳定立柱，吊装到位后底端焊接好；安装两立柱间稳定横梁，采用螺栓连接，如图 34 所示。

（3）钢内环安装

1）钢内环地面拼装

钢内环共分若干片进行地面拼装，采用卧拼法。在每个拼装单元上下弦杆下面搭设型钢拼装胎架，拼装流程如下：

① 搭设地面拼装胎架，测量找平，如图 35 所示；

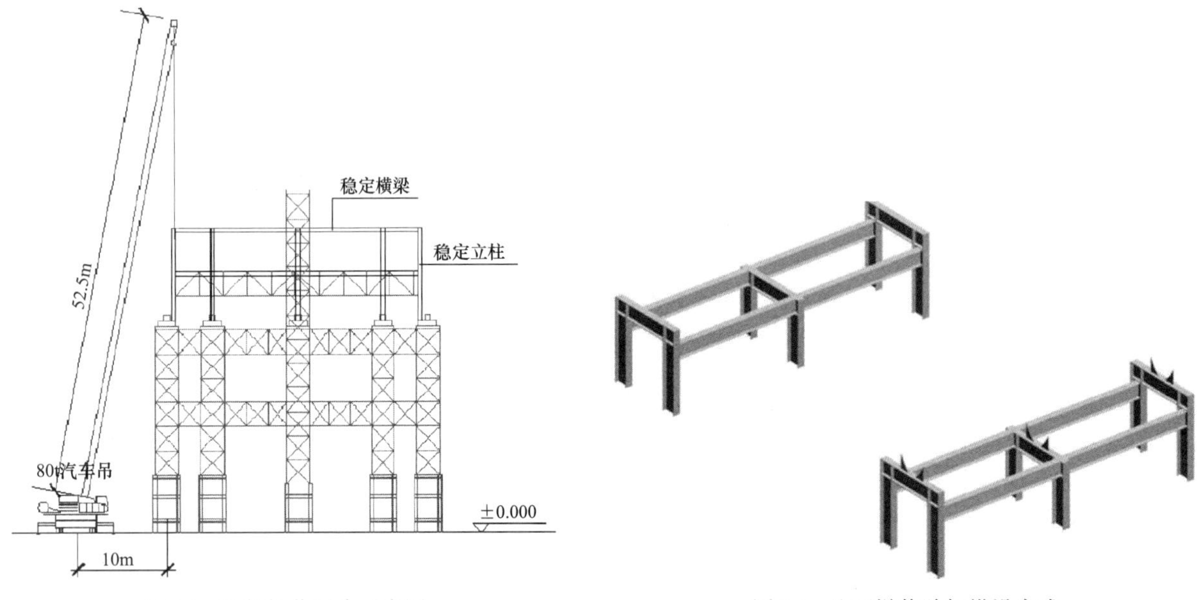

图 34　顶部操作平台示意图　　图 35　地面拼装胎架搭设完成

② 安放上下弦杆，同时测量校核，如图 36 所示；

③ 安装钢内环桁架直腹杆，同时临时固定好，如图 37 所示；

图 36　上下弦杆定位完成

图 37　安装桁架直腹杆

④ 安装钢内环桁架斜腹杆，同时完成所有对接口焊接，并完成斜腹杆张拉，如图 38 所示。

2）钢内环吊装

① 钢内环分段起吊点设置

直接采用钢丝绳绑扎起吊。分段单元带有三根直腹杆的绑扎点设在两边直腹杆与上弦杆相接的节点处；分段单元带有四根直腹杆的绑扎点设在中间两直腹杆与上弦杆相接的节点处。吊点设置示意图如图 39 所示。

图 38　拼装单元完成地面拼装

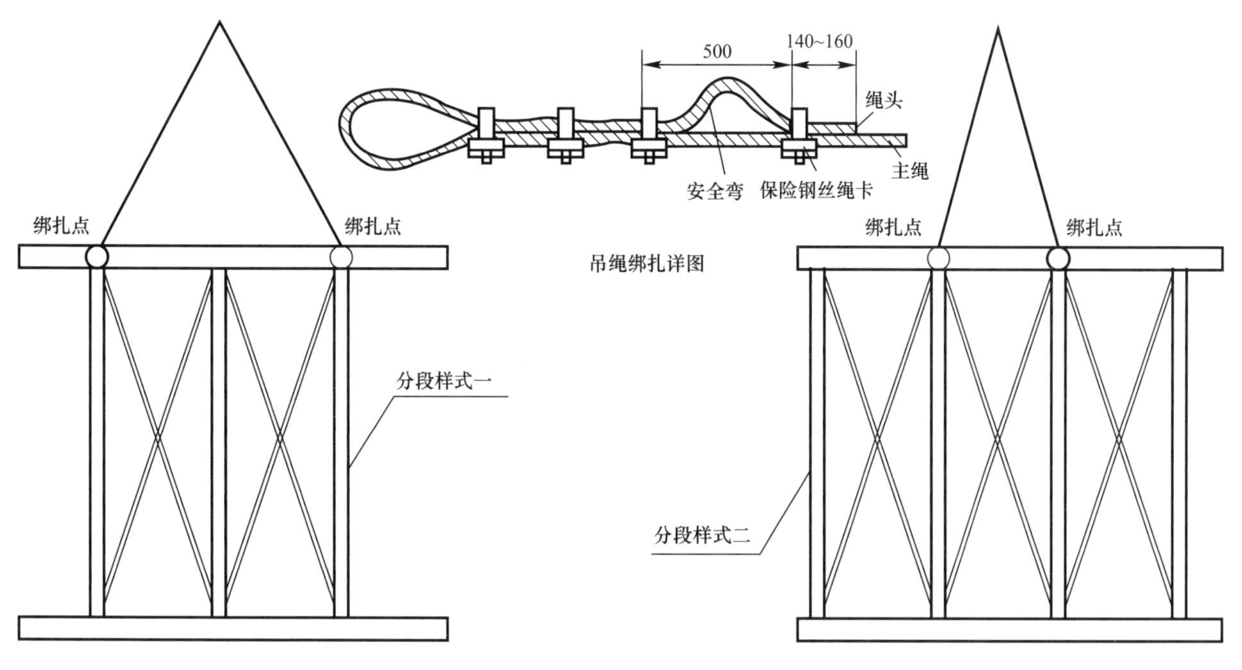

图 39 钢内环吊点设置示意图

② 每榀钢内环吊装

220t 汽车吊将拼装单元吊离拼装胎架，平放在底板上（底板面积应该足够构件翻身）；将吊装用钢丝绳绑扎好，同时挂好溜绳与缆风绳；缓慢起钩，将拼装单元翻身直立并起吊至安装位置；测量跟踪定位，校正完毕后将拼装单元与胎架临时点焊固定，同时拉设好缆风绳；先松钩，测量复核无误后解钩。其余各榀吊装与第一榀吊装方式相同，只在两榀桁架对接处增加临时连接。全部吊装完毕后，开始散件吊装后补桁架斜腹杆。钢内环桁架吊装示意图如图 40 所示。

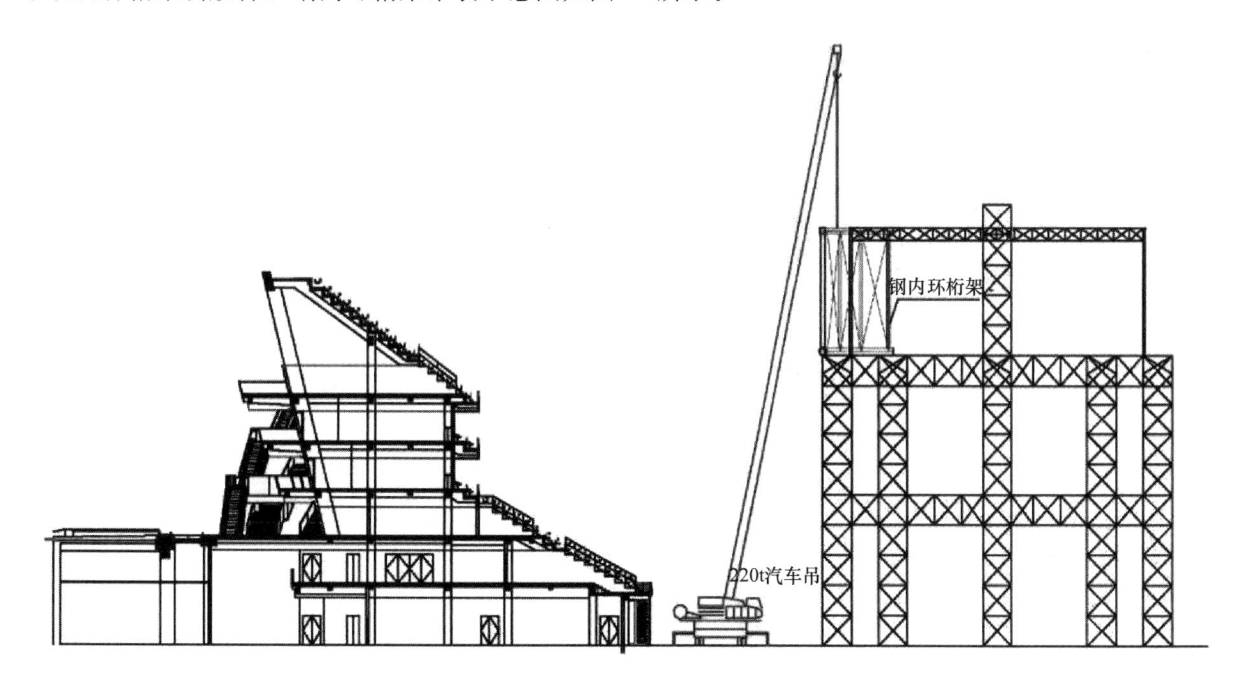

图 40 钢内环吊装示意图

(4) 主桁架＋GZ2 安装

1) 主桁架＋GZ2 地面拼装

主桁架＋GZ2 采用卧拼方式进行地面拼装，在桁架上下弦杆下面搭设拼装胎架，拼装流程如下：

① 搭设地面拼装胎架，测量找平，图 41；

② 拼装主桁架三角端上下弦杆，图 42；

③ 拼装主桁架中段上下弦杆，图 43；

④ 拼装主桁架与内环对接段上下弦杆，图 44。

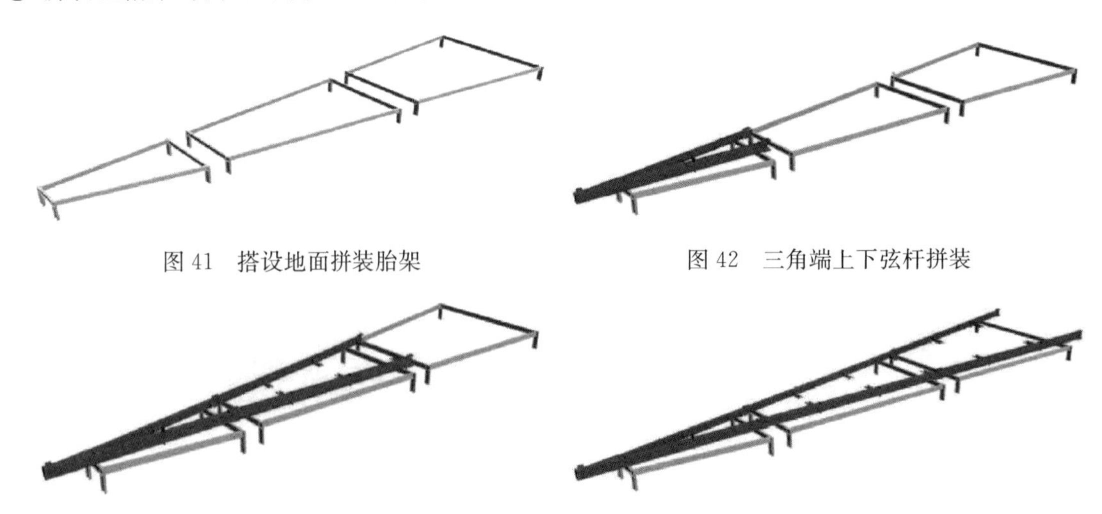

图 41　搭设地面拼装胎架　　图 42　三角端上下弦杆拼装

图 43　桁架中段上下弦杆拼装　　图 44　桁架剩余段上下弦杆拼装

2）主桁架＋GZ2 吊装

① 吊点设置：

主桁架＋GZ2 吊装单元重心约在离 GZ2 一端 2/3 处。设置 4 个吊点；吊点位置设在直腹杆与上弦杆交接处的节点上，采用绑扎的方式起吊。吊点设置如图 45 所示。

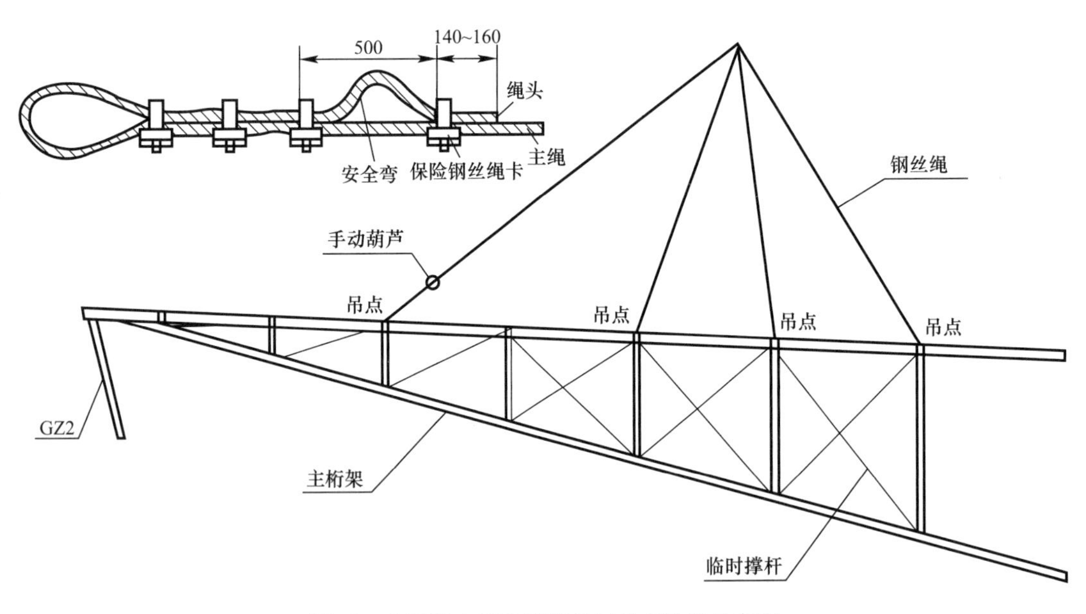

图 45　主桁架＋GZ2 吊装单元吊点设置示意图

② 每榀主桁架＋GZ2 吊装

安装第一榀主桁架临时侧向稳定支撑，600t 履带吊将主桁架吊离拼装胎架，平放在平整的地面上；将吊装用钢丝绳与吊耳绑扎牢固，并在桁架两端挂好溜绳，同时挂好缆风绳，如图 46 所示。起吊至安装位置，安排两人拉动绳索调整拼装单元在空中的方向，防止碰撞；先用临时连接耳板固定主桁架与内环桁架相接的一端，通过拉动手动葫芦，使带 GZ2 的一端缓慢下降，与其埋件对齐临时焊牢，并将 GZ2 两侧临时撑杆焊牢，同时拉设缆风绳。其余主桁架按顺时针方向吊装，方法与第一榀相同，但其余各榀主桁架不需搭设临时侧向稳定支撑。主桁架＋GZ2 吊装如图 47 所示。

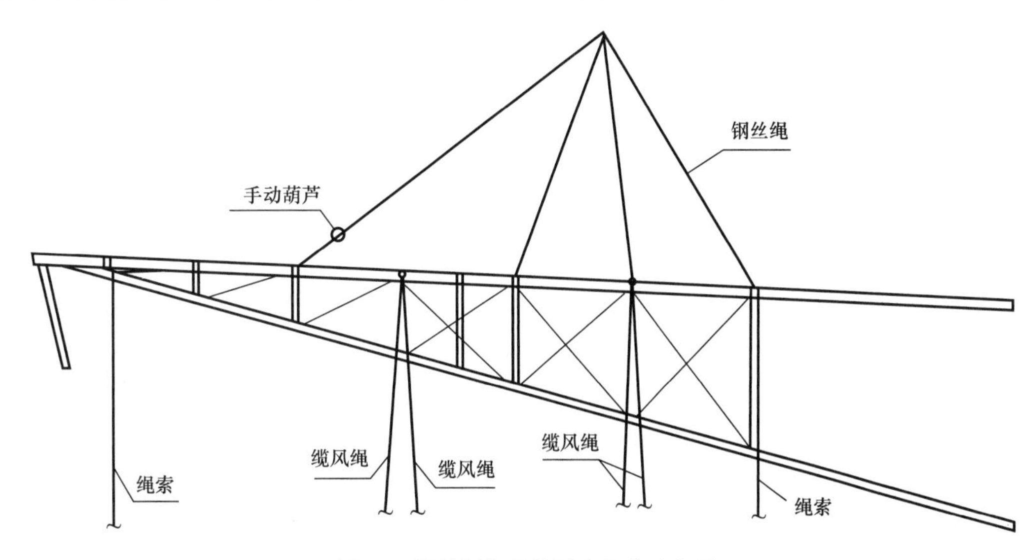

图 46　缆风绳与吊装绳索绑扎示意图

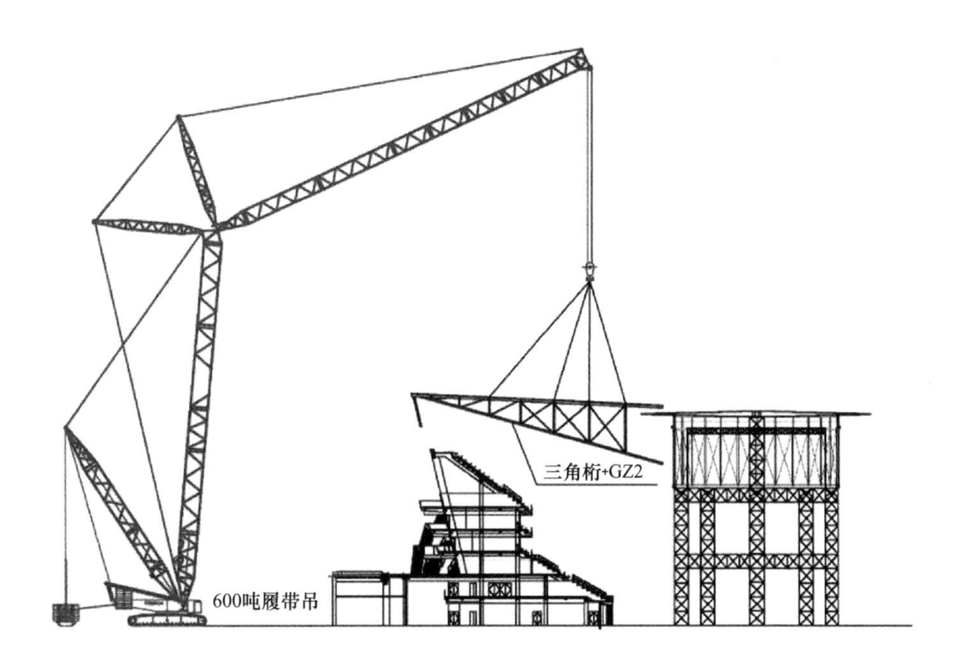

图 47　主桁架＋GZ2 吊装示意图

（5）屋面钢檩条安装

在主桁架吊装后具备作业面时屋面钢檩条开始安装，220t 汽车吊吊装内侧钢檩条，600t 履带吊吊装外侧钢檩条。采用散件吊装，吊点设置在钢檩条两侧的连接耳板孔。钢檩条吊装到位后，即用备好的螺栓拧紧。

（6）外环梁安装

外环梁采用 600t 履带吊馆外散件吊装。高空对接后先用临时连接耳板固定，测量复核无误后解钩。吊装示意图如图 48 所示。

（7）预应力钢拉杆张拉

采用一次张拉到位，多次调整的方法，从内环向外环张拉。

钢拉杆的张拉程序为：$0 \rightarrow 0.2\sigma_{con} \rightarrow 0.4\sigma_{con} \rightarrow 0.6\sigma_{con} \rightarrow 0.8\sigma_{con} \rightarrow 1.0\sigma_{con}$（锚固）。张拉时油压应缓慢、平稳，并且边张拉边拧紧调节套筒。

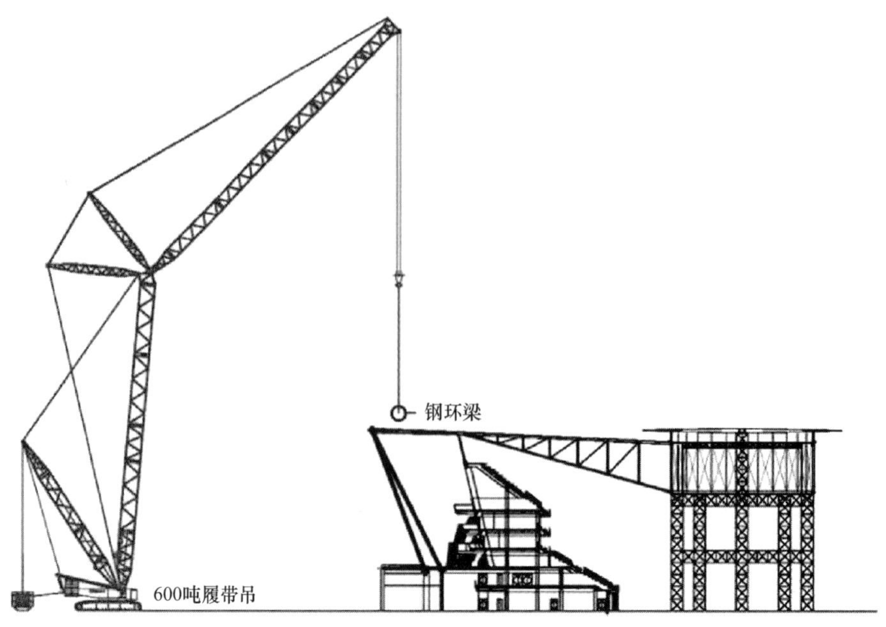

图 48　外环梁吊装示意图

利用通用有限元软件对钢结构进行分析，确定最终的张拉力和张拉顺序。

4.3　马鞍形屋面吊顶缆索式移动操作平台施工技术

4.3.1　概述

东莞篮球中心工程总建筑面积约 5.68 万 m^2，钢结构屋盖采用的是马鞍形结构，体育馆中心屋面采用吸音吊顶装饰板，吊顶板面积为 $12000m^2$，吊顶高度达 36m。

4.3.2　关键技术

1. 施工总体部署或施工工艺流程

操作平台设计与制作→栓系缆索及锚固系统→操作平台安装→牵引装置安装及调试→平台验收及试运行→操作平台水平运行（逐步拆分单元平台）→操作平台拆除

2. 施工工艺

(1) 操作平台设计与制作

移动操作平台由单个操作小平台、踢脚板、底部垫板、连接用高强螺栓、吊挂构件，动力装置构成，整个移动操作平台由两个单元构成，每个单元又由六个单个小平台组合而成，共计长约 12m，每个单元平台长 6m，两个单元间间距约 200mm，六个单个小平台通过高强度螺栓组合，可拆分组装，便于施工。各构件及连接件详见图 49。

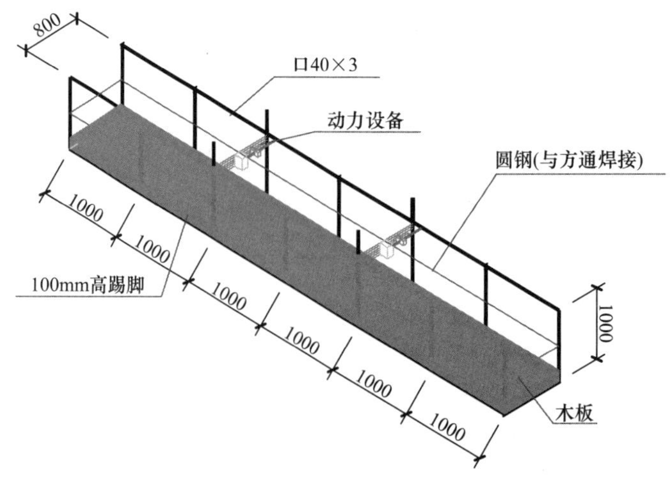

图 49　操作平台结构图

(2) 栓系缆索及锚固系统

缆索式移动操作平台由缆索系统与操作平台构成，其中缆索系统由四根直径为 26mm 的油绳、缆索锚固系统构成，移动操作平台由单个小平台、高强度螺栓、吊挂系统、动力系统等构成，缆索式移动操作平台详见图 50。

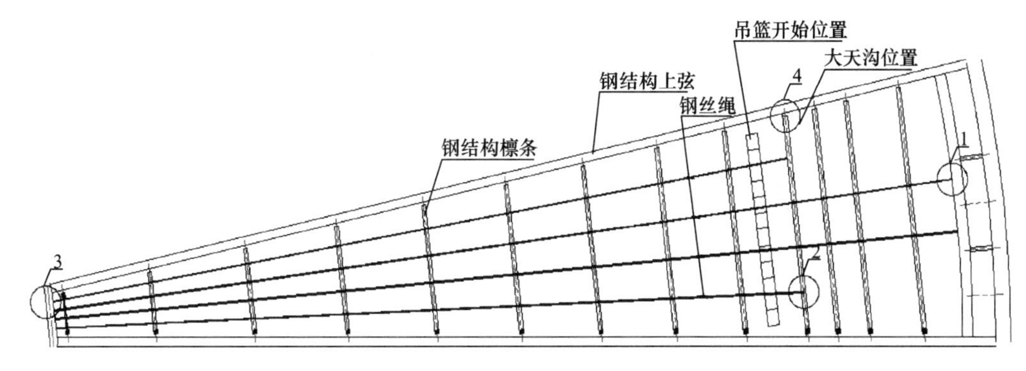

图 50 缆绳整体系统图

缆索系统由缆索、缆索锚固系统构成，其中缆索为直径 $D=26$mm 的油绳，共四根，均匀沿桁架纵向分布；锚固系统分为内环桁架锚固系统、檩条锚固系统、幕墙环梁锚固系统，其中檩条锚固系统与幕墙锚固系统相同，都是通过卡环对油绳进行卡锁来锚固，内环桁架锚固系统有辅助构造件，焊接于内环桁架上弦处，然后缆绳通过卡环固定其上，锚固系统具体设计详见图 51。

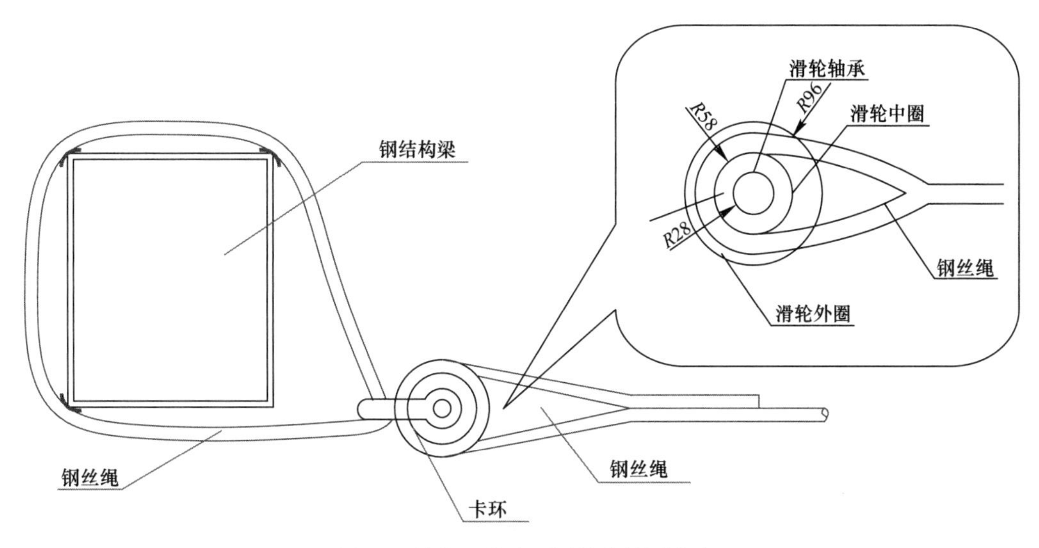

图 51 檩条、幕墙环梁缆索锚固节点

(3) 操作平台安装

移动操作平台，宽 800mm，高 1000mm，长 3000～7000mm，结构采用 40×3 方通焊接制作，每 1000mm 为一个单元平台，单元平台之间通过 4 个 M12 的高强度螺栓连接。

1) 将底板，各基本节对接处对齐，装上平台片，用螺栓连接，预紧后保证整个平台框架平直。

2) 将牵引设备安装在吊篮中间，安装时注意使安全锁支架朝向平台外侧。

3) 装成后均匀紧固全部连接螺栓。

(4) 牵引装置安装及调试

1) 将牵引设备安装在悬吊平台的安装架上，用手柄、锁销、螺栓固定。

2) 将安全锁安装在支架的安全锁安装板上，用螺栓紧固 (安全锁滚轮朝平台内侧)。

3) 拧下安全锁上的六角螺母，将牵引设备的上限位行程开关安装在该处。

（5）平台验收及试运行

1）安装完毕后，由缆索式移动操作平台施工单位、施工管理部、建设单位、监理单位共同进行各项检查、试验、验收，确认正常后，方可交付使用；

2）检查缆索式移动操作平台机构的安装，应配合良好，钢丝绳锚固是否可靠；

3）钢丝绳无扭结、挤伤、松散，磨损、断丝不超限。

（6）操作平台水平运行（逐步拆分单元平台）

1）吊件的过渡

本工程单元结构呈梯形，缆索式移动操作平台在水平移动时与钢丝绳间有一定的夹角，详见图 52。

图 52　缆索式移动操作平台运行图

吊件与操作平台间的过渡过程详见图 53。

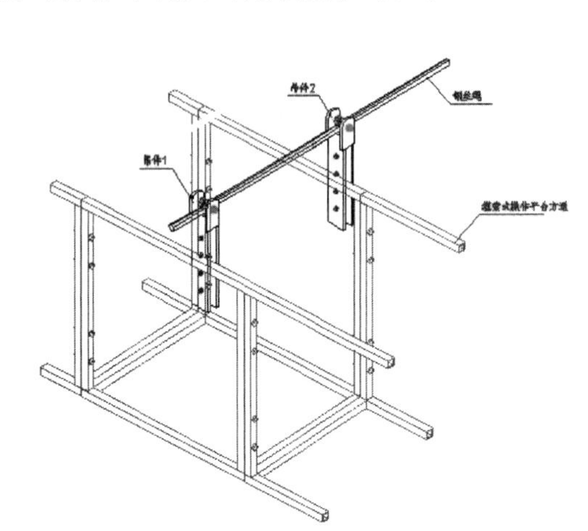

步骤1：当吊件滑移到平台竖杆时

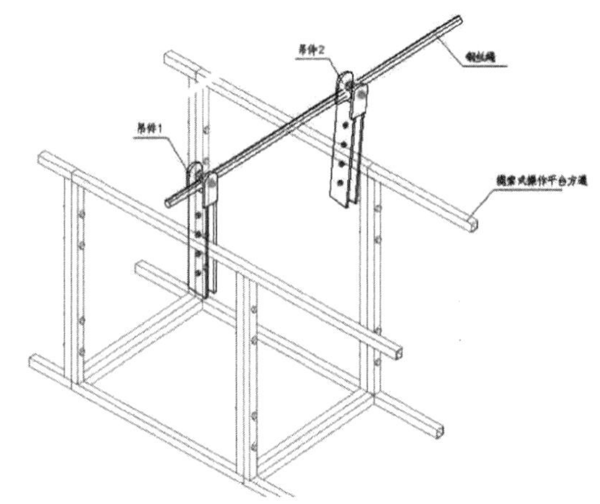

步骤2：缆索垂直平台竖杆，吊件就产生微倾斜

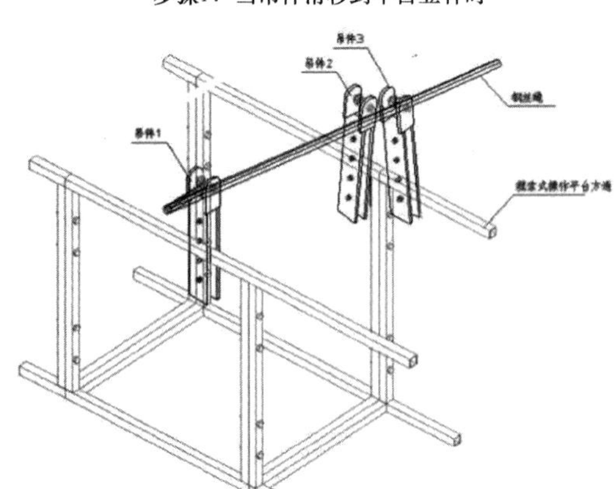

步骤3：利用吊件3使微倾斜在平台竖杆另一侧扣合住钢缆索与平台

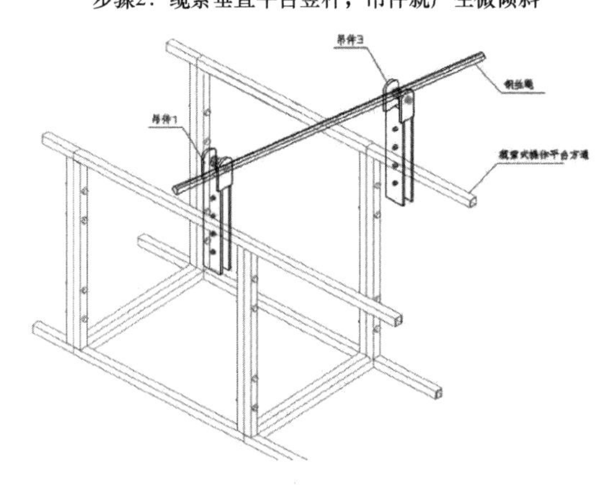

步骤4：拆除吊件2，达到吊件过渡平台竖杆的目的

图 53　缆索式移动操作平台吊杆过渡图

2）单节平台的拆分

因单元结构呈梯形，缆索式移动操作平台由外向内水平移动，也就是操作平台由大变小的过程，所以要拆分单节平台，单节平台过程如步骤详见图 54～图 57。

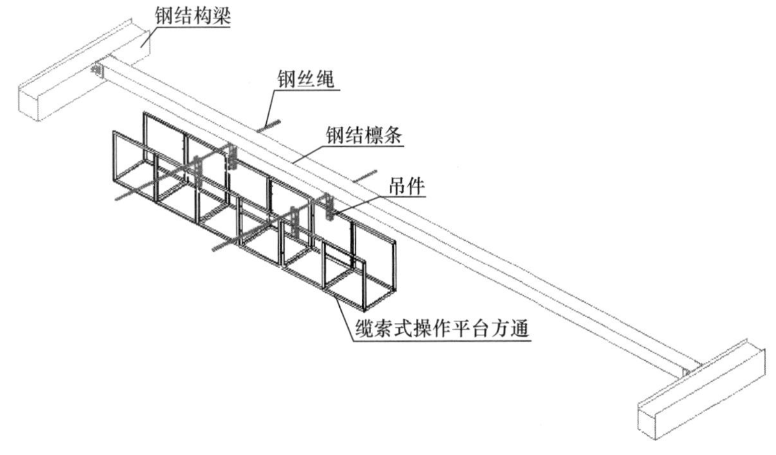

图 54　操作平台首先要运行在钢檩条的位置

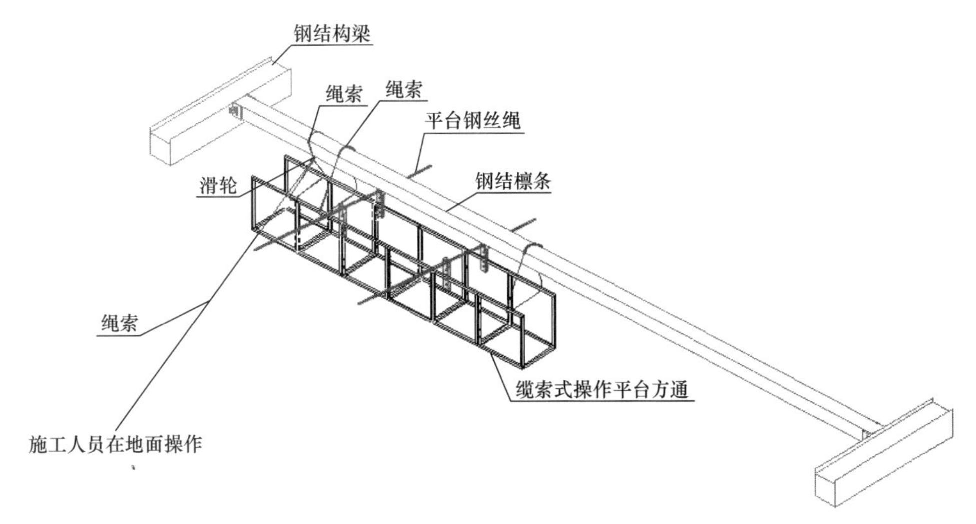

图 55　操作平台用钢索固定在钢檩条上面，防止在拆分过程中平台摇晃。
将要拆除的单元平台上方挂一个滑轮，麻绳通过滑轮与小单元平台相连

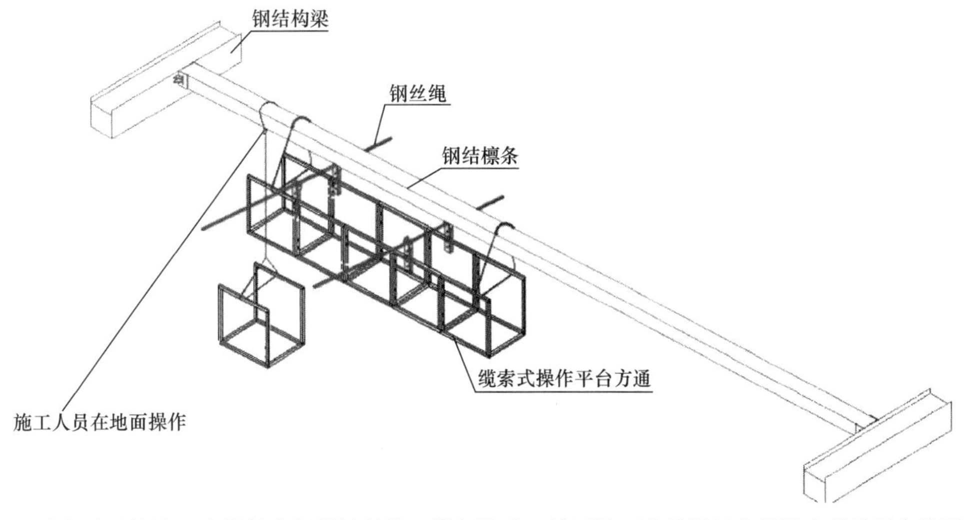

图 56　平台里面的施工人员首先把螺栓松掉，螺杆取出，地面施工人员通过麻绳把小单元平台放到地面

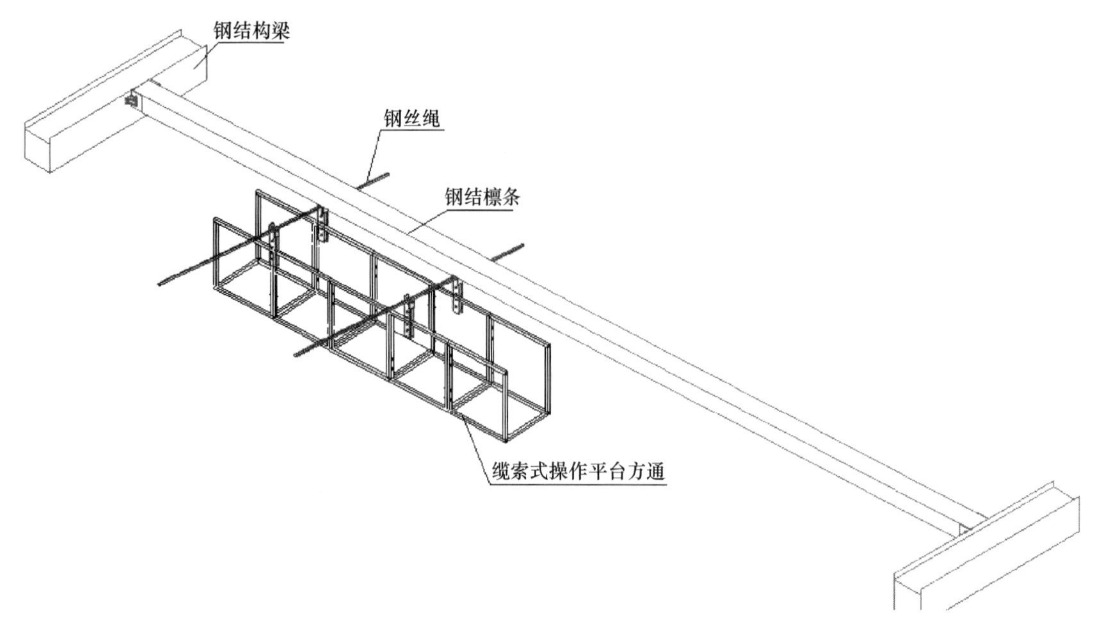

图 57　完成小单元平台的拆分

（7）操作平台拆除

1）拆除前对缆索式移动操作平台进行全面检查，记录损坏情况；在拆除部位的下方拉好警戒线并有专人进行在下面进行巡视。

2）缆索式移动操作平台的拆除步骤：

① 将平台停放在红墙部位，分节拆除；

② 将钢丝绳卸下拉到上方，并卷成圆盘扎紧；

③ 缆索式移动操作平台上拆下，并卷成圆盘。

4.4　大跨度悬吊钢屋盖沙漏卸载技术

4.4.1　概述

本工程临时支撑胎架设置在钢屋盖内环桁架下方，临时支撑主要采用格构式柱支撑形式，分型钢标准节及非标准节搭设。本工程临时支撑点位少，卸载精度要求高，将采用沙漏分级卸载的方式进行结构卸载。

4.4.2　关键技术

1. 施工总体部署或施工工艺流程

沙箱支撑点布置→确定沙箱卸载技术参数→卸载→卸载检测

2. 施工工艺

（1）沙箱支撑点布置

钢屋盖支撑胎架设置于内环桁架下弦处，根据节点在胎架上的水平投影位置，合理的布设沙箱，使其满足安装过程中稳定要求，同时还应满足卸载过程中的承载力要求，沙箱布设位置见图 58。

胎架顶部沙漏及楔铁、垫块钢板实物图 59。

（2）沙箱卸载技术参数

1）沙箱卸载技术参数

各技术参数如下：

① 活塞尺寸 Φ245×8、外筒尺寸 Φ299×20。

② 沙箱行程根据东莞篮球中心具体工程实际，帽顶起拱量为 210mm，内环桁架起拱量为 150mm，卸载后结构下沉余量为 50mm，沙箱卸载行程共 200mm。

③ 排沙速度：1.5～2mm/min。

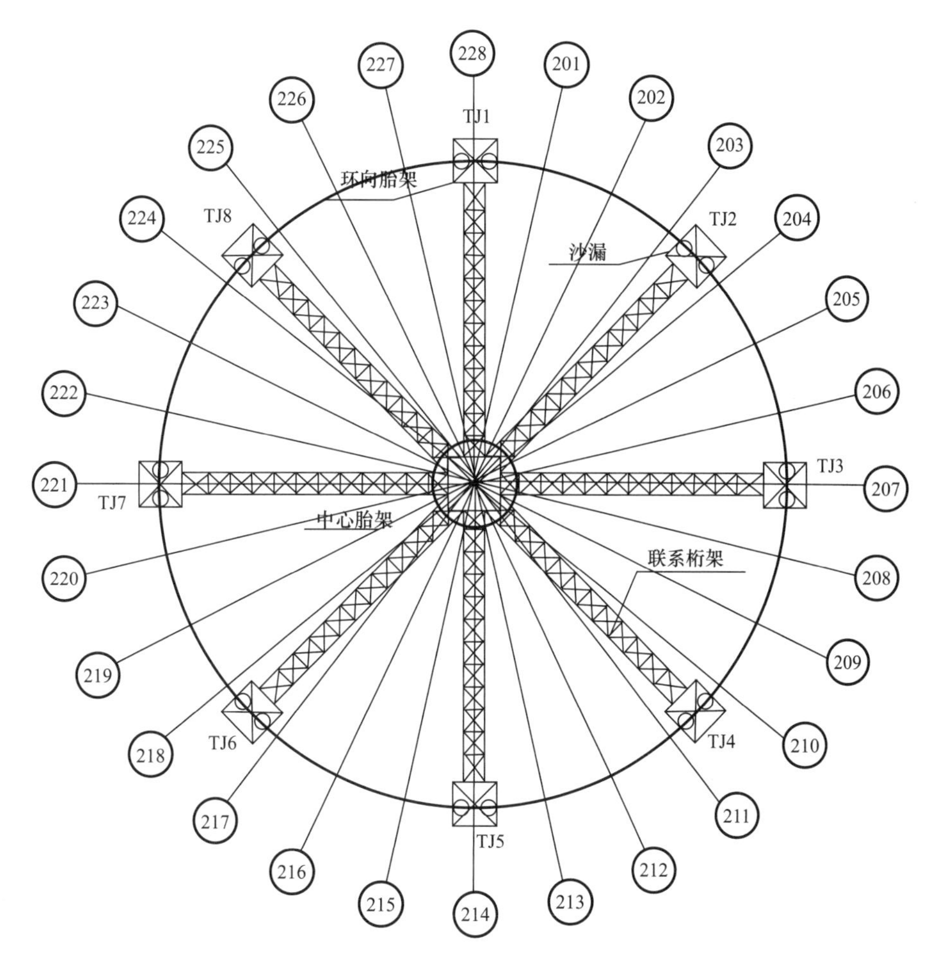

图 58 沙箱支撑点布置图

图 59 沙漏实物图

④ 卸载用沙：粒径 0.5～1mm 铸钢丸；排沙口数量 4 个；单个排沙口直径为 10mm。

⑤ 设计承载力 200t，试验荷载 320t 无损坏，变形。

2）卸载用沙流动性试验

沙箱试验计划进行二次，具体详见表 1。

沙箱试验计划 **表 1**

工作内容	目标	地点	计划时间	试验目标
流动性试验	第一组试验（铸钢丸）	工地现场	2010-10-20	确定试验用沙的流动性
同步试验	5 个沙箱同步（3 次）	工地现场	2010-10-20	确定沙箱同步情况

3）现场试验过程

1）取出沙箱活塞	2）检查沙漏状况

3）装入卸载用沙	4）安装沙漏活塞及加压千斤顶布置到位

5）千斤顶加压	6）排沙过程

4）试验结论

通过现场试验，卸载用沙流动性能满足卸载要求。

（3）卸载步骤

采用沙箱卸载装置，按照整体、同步、分级的方法进行。根据结构特点及设计要求，本工程钢屋盖帽顶起拱量为 210mm，在进行卸载之前，先进行中心胎架顶部支撑的拆除，使帽顶处于自由受力状态，解除中心支撑后，检查完毕，状态正常再进行沙漏的卸载；设计院给出的内环桁架预起拱量为 150mm，经过分析，整个卸载共计 8 步。具体卸载步骤如表 2 所示。

卸载步骤 **表 2**

施工步骤	卸载阶段	卸载点	沙箱下降高度	卸载量	备注
1 步	第一阶段	内环支撑胎架	约 20mm	13.3%竖向卸载量	
2 步	第二阶段	内环支撑胎架	约 20mm	13.3%竖向卸载量	
3 步	第三阶段	内环支撑胎架	约 20mm	13.3%竖向卸载量	
4 步	第四阶段	内环支撑胎架	约 20mm	13.3%竖向卸载量	
5 步	第五阶段	内环支撑胎架	约 20mm	13.3%竖向卸载量	
6 步	第六阶段	内环支撑胎架	约 20mm	13.3%竖向卸载量	
7 步	第七阶段	内环支撑胎架	约 20mm	13.3%竖向卸载量	
8 步	第八阶段	内环支撑胎架	约 10mm	6.67%竖向卸载量	
9 步	第九阶段	内环支撑胎架	自然流出	达到最终卸载位移量	进行钢内环沉降观测 2 天
10 步	第十阶段	内环支撑胎架	0	0	钢内环卸载完成

为确保沙箱卸载同步性，将各分级卸载步骤再次进行分解划分为若干个排沙动作。按照性质不同将排沙动作分为常规和调校两种，根据试验所得参数，具体为将各节点的卸载量按照每分钟沙漏活塞下沉量（2mm）进行平均划分，根据实际情况，节点的卸载量越大，排沙动作次数越多，每两个常规排沙动作后，各胎架上的操作手检查沙箱下沉的同步情况，若发现同步误差超过 1mm 偏差时，应进行第一个调校排沙动作，具体为排沙调整同级卸载高度偏高的沙箱活塞，至高度偏低沙箱活塞持平或误差达到 1mm 以内时，即完成调整工作；上述工作为一个循环，以此类推逐步卸载完成，确保整个卸载工作同步累计误差控制在 3mm 以内。

（4）卸载检测

为保证在卸载过程中的安全性，在整个卸载过程中，对关键构件进行了应变监测，确保在结构卸载后的初始应力在预设范围之内，实现结构设计的意图。

根据卸载情况，在卸载过程中的监测工作主要包括如下几个方面的内容：

1）钢内环桁架、三角桁架关键部位的应变监测。

2）钢内环桁架下弦下挠位移的监控。

3）支撑胎架应变和位移的监测。

4.5 真冰溜冰场施工技术

4.5.1 概述

本工程在篮球场木地板下增加了真冰溜冰场，即在举行溜冰运动时，仅需把篮球运动活动木地板拆卸后，提前 1 天进行真冰制冰即可进行溜冰。同时，在篮球活动前 1 天融化真冰，即可进行篮球比赛，实现了场馆多功能化效果，提供了实用性。

溜冰场结构设计如下：

1. 80mm 厚混凝土热水盘管层，内置直径 25PE 管间距 300mm；
2. 冰场防水层：1mm 厚冰场防水层；
3. 保温层：150mm 厚聚苯乙烯挤塑板；
4. 30mm 厚 1∶2.5 水泥砂浆保护层；
5. 防水层：1mm 厚冰场防水层；
6. 滑动层：SBS 改性沥青卷材层；
7. 30mm 厚 1∶2.5 水泥砂浆保护层；
8. 200mm 承压层：采用 C35、D200 抗冻防冻混凝土，内设直径 12@200 双向钢筋；
9. 60mm 冰场面层：直径 6@100 双向钢筋，内置直径 25PE 聚乙烯排管。

4.5.2 关键技术

1. 施工总体部署或施工工艺流程

（1）土建施工工艺

测量→热水盘管施工→防水涂层→挤塑板保温层的施工→水泥砂浆找平层施工

（2）安装施工工艺

Φ25PE 冰面排管及供、回液干管安装→制冷系统设备安装施工→水浸式融雪方案→电器设备安装→控制系统安装

2. 施工工艺

（1）土建工程施工技术

土建工程项目均采用商品混凝土，具体施工方法如下：

1）测量

施工平面控制基准点与标高控制基准点的建立，进场后首先根据图纸和上道工序的施工单位进行交接，由业主或业主代表指示确定工程的施工定位基点及标高基点，经确认后方可进行施工。

首先对上道工序进行验收，在整个场地上建立 24 个水平基准点，点的精确度达到±5mm；如现场不能达到此要求，请甲方负责配合校正。

测量方法：首先用水准仪进行测量定点，在定点结束之后再采用土法进行校正，即采用塑料水管装水进行测量，固定点复测校正之后进行固定保护。

2）热水盘管施工

主要施工工具：

PE 管材专业热熔机、切割机、管道试压泵

在施工界面上弹出每根管道的定位线，按图纸要求每根管道的间距为 300mm，所有的管道热熔焊接，保证不渗漏。

3）防水涂层

① 混凝土及水泥砂浆表面必须洁净，无灰尘、浮浆、油漆及其他杂质。不允许有凹凸不平窟窿、松动和起砂掉灰等缺陷存在。以便涂料施工。

② 施工前，先以铲刀和扫帚将基层表面的突起物，砂浆疙瘩等异物铲除，并将尘土杂物彻底清除干净。对阴阳角部位更应认真清理，如发现有油污、铁锈等，要用钢丝刷、砂纸和有机溶剂等将其彻底清洗干净。

③ 将混凝土及水泥砂浆表面用铲刀和扫帚将表面的空起物、浮浆、砂浆疙瘩等异物铲除，并将尘土杂物彻底清除干净。对阴阳角部位更应认真清理，如有油污、铁锈等，要用钢丝刷、砂纸和有机溶剂等将其彻底清洗干净。

④ 防水材料为双组分材料应随配随用，配置好的混合料宜在 1h 内用完。配置方法是将 A（液体）倒入干净的搅拌桶中，用电动搅拌器搅拌，然后把组分 B（粉末）缓缓加到组分 A 中，继续搅拌直到分散均匀无结块为止，时间约两 min。

4）挤塑板保温层的施工

① 材料选择

挤塑板，抗压强度为 300kPa，标准尺寸为 50mm×600mm×1800mm。

② 聚苯乙烯挤塑板的施工概述及注意要点

挤塑泡沫保温隔热板（XPS）的性能：挤塑泡沫保温隔热板是由硬质聚苯乙烯泡沫材料通过一套生产工艺挤压成型的保温隔热板，该产品具有连续平滑的表面及平均的闭孔蜂窝状内部结构，这种结构具有平均的蜂窝壁，且紧密相连，没有孔隙，厚度均匀。这种材料具有优越的抗湿、保温功能。导热系数为 0.030W/(m·K)、吸水率为 1%（本工程采用 300kPa 型），可加工性好，能用刀切、锯、刨、电热丝切割等方法加工成各种所需的形状。施工条件：由于是多层故采用错位铺设，保温层铺贴的基层应干燥、平整、整洁。

保温层可采用干铺或粘结剂粘贴铺贴施工两种。块体不应破碎、缺棱掉角，铺设是遇有缺棱掉角破碎不齐的，应锯平拼接使用，本工程采用错位粘结铺贴。

在铺贴前根据场地的大小，和保温块的大小进行弹线分格，然后将粘结剂均匀的涂刷在地上和保温

板上，然后铺贴保温板。铺贴的板应该达到平整，缝隙一致。

二层保温板和一层保温板错开 1/2 的缝，因此首先，铺贴的板的规格为一层的 1/2，保证将纵横缝均错开 1/2，以保证保温层的质量。

挤塑板铺设完毕后，用发泡剂将缝隙填充，以防冷量的泄露。

该施工工序中的挤塑板是起保温绝热作用，因是埋在地面混凝土中，故该材料无需具备阻燃特性。

5）水泥砂浆找平层施工

30mm 厚 1∶2.5 水泥砂浆找平层，在挤塑板上铺贴防水布层铺贴。

由于是在防水布上找平层，该层的水泥砂浆采用予拌砂浆、汽车泵输送；

水泥砂浆找平层施工应做到厚度按设计及规范要求施工。

6）200mm，D200 C35 抗冻混凝土内配 Φ12@200×200 钢筋单层双向。

滑动层施工完毕后，施工 200mm 厚 C35 抗冻混凝土，内配单层双向 Φ12@200×200 钢筋。

该层的施工主要注意点为控制好混凝土的厚度和平整度；

本层的施工特点：商品混凝土低水灰比掺引气剂技术，使混凝土的水灰比控制在 0.45 以下，坍落度为 10～12cm；混凝土拖平采用震捣大梁拖平技术；控制混凝土的水平度、密实度。

施工顺序：绑扎钢筋→安放钢筋支撑架，浇筑混凝土；该层混凝土采用防冻混凝土。

钢筋工程：

原材料进场，应及时会同监理工程师及业主代表进行验收，并根据吨位和批号进行抽样复检，验收并复检合格后经项目总工程师审批方可用于工程。

钢筋的制作：按照放样料单进行钢筋预制作，应注意尺寸准确，成行钢筋分类捆好，挂好料牌，按顺序堆放整齐。避免污染。

在找平层上弹线分格，钢筋按照分格线进行绑扎。

钢筋的绑扎：绑扎时应注意保护层厚度，搭接长度等。

钢筋绑扎应注意搭接接头的位置必须错开，钢筋间距、排距应满足设计与施工的要求。

钢筋接头：应按规范要求严格控制同一截面上的钢筋接头数量。在同截面上的钢筋接头数量应符合设计和规范的规定。

在钢筋绑扎完毕之后在钢筋下面垫水泥砂浆的垫块。

为了控制混凝土的平整和厚度，在该层混凝土中安放钢筋支架，在支架上架设钢管，作为混凝土高度的导轨，钢管支撑在支架上，在一段混凝土浇灌完毕之后，即将钢管抽掉。

抗冻混凝土的要求：

原材料：

抗冻混凝土，应满足混凝土泵送进的流动性与稳定性要求，即可泵性要求。

为提高混凝土可泵性、提高混凝土的裂温差裂缝性能，混凝土中掺入的外加剂、水泥品种及用量、砂石颗粒级配要严格控制。

应用外掺剂可增加混凝土坍落度和延长初凝时间，其技术标准均应按有关现行的国家标准《混凝土外加剂应用技术规范》GB 50119—2013 及行业标准执行。

抗冻、泵送混凝土的配比应按要求确定：

混凝土配比必须符合规定的强度等级及和易性，耐久性的要求。

应根据材料规格、输送管径、浇灌方法、浇筑部位、气候条件等确定。

混凝土配比应根据计算，试配和试泵送后确定。

泵送混凝土配比还应使混凝土具有运输过程中的质量稳定性，除符合一般混凝土要求外，尚应符合：

最少水泥用量宜为 42.5 水泥 460kg/m^3。

砂率宜为 40%左右，沙采用细模数中沙；并且含泥量不大于 1.0%，泥块含量不大于 0.5%。

坍落度控制在 10～12cm。

粗骨料粒径一般为5～31.5mm连续及配，含泥量不大于1.0%，泥块含量不大于0.5%，针片状颗粒含量不大于5.0%。

外掺剂的应用一般应与水泥做相关试验，本工程采用减水引气剂，减水率为20%，掺后混凝土的含气率符合规定标准，拟采用外加剂，UC-12引气减水剂，掺水泥用量的4.24%。

掺和料：优质Ⅰ级粉煤灰，掺量为15%。

水：自来水或深井水。抗冻、泵送混凝土的水灰比不得大于0.40。

该项目要求混凝土的平整度达到±5mm，严格保证该层混凝土的气密性。

(2) 安装工程施工技术

1) Φ25PE冰面排管及供、回液干管安装

① 排管安装间距、水平度保障措施

设计了专用管卡支架，精度高、易安装，确保了排管安装间距为65mm及水平度误差不超标。支架按1.3m间距用胶固定在基层上，再用专用工具，把Φ25排管固定地固定在管卡支架上。

② 工厂化PE排管加工方案

PE管道折弯、180°U形弯头加工，180°U形弯头的采用减少了界墙外侧多余制冷面积，节约能源。冰面端部折返处，采用工厂化预制，使用180°U形弯头，解决了冰场界墙外无多余排管并保证了排管布置在同一平面上，彻底解决了排管几层叠加的现象，更有利于冰面排管水平，实现满液供液，保证制冷效果，另外，由于减少了界墙外侧排管面积，使多余制冷面积减少近1/10，大大节约了资金。

③ 排管折弯加工及地沟调节站（支管与干管）施工

a. 排管折弯加工

冰场排管施工中，将会遇到各型折弯情况，我们采用特制管件连接，再用专用加热设备徐徐加热熔接排管，保证了排管尺寸一致，同时不出现扁管现象。

图60　特制管夹

b. 供、回液调节站总管施工

Φ250PE管与Φ25PE支管的连接，地沟供回液干管与Φ25支管连接，采用热融承插法连接，确保了强度要求，同时也确保了开孔位置、间距及支管向总管的埋入深度一致。特制管夹，保证管中间距一致为80mm，如图60所示。

④ 排管验收及压缩空气试验

排管安装完毕后，间距、水平度等有关质量验收合格后，对所有排管进行压力试验，0.6MPa，保压前6h允许因温度变化压力下降不超过0.02MPa，后18h压力保持不变方为合格。

⑤ 排管成品保护及为铺设面层混凝土施工开创方便条件

2) 制冷系统设备安装施工

① 设备选型

采用斯频德150T冷却塔2台，该塔具有风量大、能耗低、噪声小等特点。

② 冷却水循环水泵及阀门

冷却水泵采用符合乙二醇冷媒要求的威乐水泵三台，各型号阀门采用知名品牌。

③ 防腐、保温工程

按设计要求所有外露冷媒管道均需按规范及国家标准进行防腐、保温施工。

3) 水浸式融雪方案

由于浇冰车刮削的残雪完全倾倒在池中水里，被水浸没加速了化学速度，收到了很好的效果。

4）电器设备安装

按设计部门电气设计图纸内容施工，包括：配电箱安装、电缆及电缆桥架安装、钢管铺设、管内穿线及设备配电安装、电位接地等。

在原设计基础上按各种配电设备要求，我公司按总体要求进行配电设计，完成原电气图纸设计内容以上的配电施工。

5）控制系统安装

实现对制冷全套设备运行工况及参数和对冰场运行温度的集中监控和管理使冰场实现科学化管理的可靠保证，本系统使通过制冷剂机组先进的可编程控制器及标准的机组内设通信接口来实现对各个机组运行参数实现远程监控，而对冰场温度等参数使通过在冰场预埋高精度感温探头，再经过信号变送口把扩大的信号送到集中SBS控制室，用计算机实现对整个系统的远程控制功能，达到智能化管理（附感温探头预埋位置图）。

5 社会和经济效益

5.1 社会效益

通过一系列难题的攻克，东莞篮球中心工程得以成功实施，在攻克相关关键技术的基础上，进行全面总结，形成本成果，为大型复杂篮球馆结构施工提供依据、提供指导。

本成果的实施，不仅保证了东莞篮球中心工程的优质、高效、安全等目标的实现，而且解决了传统技术工艺无法完成的难题；节约了技术措施用料的投入及大量的人工，为以后类似工程施工提供了宝贵的技术积累，使建筑技术的发展又达到一个新的高点。成果取得了1218万元的经济效益；并荣获“全国钢结构金奖”、“全国工程建设优秀质量管理小组”、“全国AAA级安全文明施工诚信化标准工地”等荣誉称号，为企业赢得了荣誉。

由于本技术的成功应用，保证了安全，提高了工程质量。无论建设速度还是工程质量都受到社会各界的好评，取得了良好的社会效益。工程在建设期间，一直是社会各界关注的焦点，被媒体多次报道，倍受瞩目。

5.2 经济效益（表3）

经济效益表 表3

序号	项目名称	技术进步经济效益	备注
1	复合土钉墙支护技术	381.98	详见认证书
2	预制混凝土装配整体式结构施工技术	100.08	详见认证书
3	大直径钢筋直螺纹连接技术	21	详见认证书
4	有粘结预应力技术	18	详见认证书
5	索结构预应力施工技术	66	详见认证书
6	深化设计技术	63.4	详见认证书
7	管线综合布置技术	31	详见认证书
8	金属矩形风管薄钢板法兰连接技术	45	详见认证书
9	非金属复合板风管施工技术	28.98	详见认证书
10	硬泡聚氨酯外墙喷涂保温施工技术	23	详见认证书
11	缆索式移动操作平台施工技术	326	详见认证书
12	双曲面索网玻璃幕墙施工技术	100.5	详见认证书
13	大跨度V形斜钢柱抗剪预埋件施工技术	13.44	详见认证书
合计		1218	

6　工程图片（图 61～图 64）

图 61　索网幕墙内侧效果

图 62　大跨度预应力空间桁架马鞍形钢屋盖吊装完成

图 63　马鞍形屋面吊顶移动操作平台验收及试运行

图 64　自锁式马鞍形金属屋面板安装

君御海城国际酒店

陈景辉　张建基

第一部分　实例基本情况表

工程名称	君御海城国际酒店项目		
工程地点	佛山市高明区西江新城		
开工时间	2010.7.13	竣工时间	2018.1.13
工程造价	52000万元		
建筑规模	总建筑面积72831.25m²，塔楼总高158m、总宽122m		
建筑类型	酒店		
工程建设单位	佛山市高明富逸湾实业开发有限公司		
工程设计单位	佛山市顺德建筑设计院有限公司设计		
工程监理单位	广州龙达工程管理有限公司		
工程施工单位	广东省六建集团有限公司		
项目获奖、知识产权情况			
工程类奖： AAA级安全文明标准化工地、广东省建筑业新技术应用示范工程 科学技术奖： “风荷载及温度作用下的复杂造型钢结构及幕墙体系施工技术”获得2014年度第二届广东省土木建筑学会科学技术奖一等奖和中国施工企业管理协会科学技术奖科技创新成果二等奖。 知识产权（含工法）： 获五项广东省省级工法			

第二部分　关键创新技术名称

1. 风作用下复杂造型钢结构及幕墙体系实测分析及施工技术
2. 温度作用下复杂钢结构数值模拟及施工技术
3. 双向曲线网架施工卸载及安全控制施工工法

第三部分　实 例 介 绍

1　工程概况

君御海城国际酒店项目位于佛山市高明区西江新城北部生态核心，是一栋地下 1 层地上 28 层，总高 158m 的超高层酒店；地块东临江面开阔、环境优美的西江，隔江相望的是著名的西樵山风景区，南面和西面是市民公园。

该酒店工程立面呈跃出水面的鱼的形象，平面中部为“鱼身”塔楼（28 层）、南北两侧为荡漾的水波副楼（南 4 层、北 5 层），建筑混凝土天面高度＋114.6m 钢结构高度＋158m；建筑平面不规则，主体结构采用混凝土框架-核心筒结构体系，塔楼总高 158m、总宽 122m，总建筑面积 69878.99m^2。

本工程用钢量大，钢结构总重约 1123.8t，“鱼头”与“鱼尾”钢结构部分均使用了大量钢材。其中，西立面雨棚及隐框幕墙钢结构（“鱼尾”）用钢量约为 375t，塔楼西立面玻璃位置幕墙钢结构用钢量约为 182.2t，塔楼顶部钢结构（“鱼头”）用钢量约为 354.6t。除塔楼顶部的钢结构采用栓接，其他钢梁间的连接用对接焊接，单支钢梁长度最长为 23.67m，最重构件 12.48t。

本工程采用多种幕墙系统来塑造对整栋建筑的外观效果，塔楼采用的幕墙系统主要有：塔楼东、南、北面及转角位置的隐框玻璃幕墙系统、塔楼东面观光电梯位置的明框玻璃幕墙系统、塔楼顶部东、南、北立面及转角位置的半隐框玻璃幕墙系统（横明竖隐）、塔楼西面中间位置的半隐框玻璃幕墙系统（横隐竖明）、塔楼西面两侧的开敞式铝板幕墙系统。约 3.2 万 m^2。

2　工程重点与难点

2.1　本工程建筑物造型新颖，结构复杂，属于典型的复杂造型建筑。而就结构造型而言，“鱼头”部分为多层钢结构框架，并在 2～4 层之间制作了风车造型以象征“鱼眼”；“鱼尾”部分采用的是波浪形钢结构，上铺光伏幕墙板，下部采用 4 根大直径倾斜钢柱做支撑。钢结构上部设计为上翘的弧形，弧形分 3 段，每段半径均不同，给人以立体美感。

本工程采用多种幕墙系统来塑造对整栋建筑的外观效果，幕墙总面积及复杂的建筑外形决定了本工程幕墙安装不仅工程量大，而且安装难度系数非常高。工程地点位于四季多风的广东省佛山市高明区西江旁，风荷载作为主要的侧向荷载，对高层建筑结构影响大，特别是高层钢结构体系的固有频率有可能更加接近强风的频率，甚至可能损坏钢结构体系。

2.2　本高层建筑的体型复杂，钢结构跨度大，结构形式复杂，温度是影响钢结构体系受力状态的重要因素之一，随着跨度的增大，温度作用对结构带来的影响越发明显。酒店下部为钢筋混凝土结构，为了造型美观，顶部和尾部采用了比较轻盈的钢结构。由于酒店所处位置夏冬温差比较大，在钢筋混凝土结构和钢结构的交接处可能会产生比较大的温度应力，因此有必要对结构进行建模分析，以确定温度变化时，结构处在可靠的工作状态。

2.3　工程“鱼尾”“鱼背”“鱼头”造型为双向曲线网架，属于大跨度空间钢结构的结构，其最终的状态及其刚度与施工方法和施工过程有直接关系。可能出现施工过程中结构某些构件处于不安全状态，或是最终得到的结构形状不符合结构的设计状态。因此需要对双向曲线网架施工卸载及安全控制技术进行研究。

3 技术创新点

3.1 风作用下复杂造型钢结构及幕墙体系实测分析及施工技术

首次在施工期对复杂形体高层建筑风速及风振加速度进行了现场实测，在幕墙面板安装前，借助计算机采用数值风洞技术（计算风工程）对于风敏感复杂结构的风振响应分析和风振系数的求解，获取风荷载影响数据。结合风速及风振加速度数值分析结果，得到了施工期复杂形体高层建筑风振特性，分析了施工期高层建筑幕墙安装不同工况下建筑表面风压分布规律，为类似工程合理确定幕墙安装顺序提供了依据和借鉴。

鉴定情况及专利情况："风作用下复杂造型钢结构及幕墙体系实测分析及施工技术"2014年经广东省建设厅组织鉴定为国际先进水平（粤建鉴字〔2014〕11号）。

3.2 温度作用下复杂钢结构数值模拟及施工技术

根据本建筑体形复杂的特点通过对结构准确建立SAP2000模型，在SAP2000中计算结构的应力，以及应力的改变。设置温度梯度，找出在每个温度下，所有构件中的最大应力以及在不同温度梯度下的应力改变值，并作出比较。重点比较了钢桁架和混凝土结构交接出的应力以及应力改变，并以此指导施工。为钢结构工程测量、安装及卸载提供更完善、准确的施工参考。

鉴定情况："温度作用下复杂钢结构数值模拟及施工技术"2014年经广东省建设厅组织鉴定为国际领先水平（粤建鉴字〔2014〕14号）。

3.3 双向曲线网架施工卸载及安全控制施工技术

运用有限元软件，对复杂钢结构卸载进行了模拟，对比几种常见卸载方式的特点，并通过采用合理的测量手段，对复杂造型钢结构体系卸载全过程进行受荷实体应变监测，分析钢结构卸载过程中应变值变化特点，通过对不同的卸载方式进行数值模拟，分析其各自特点，并结合实测数据，提出复杂造型钢结构安全施工控制措施，形成了相应的施工新技术。

鉴定情况："双向曲线网架施工卸载及安全控制施工技术"2014年经广东省建设厅组织鉴定为国际领先水平（粤建鉴字〔2014〕13号）。

4 工程主要关键技术

4.1 风作用下复杂造型钢结构及幕墙体系实测分析及施工技术

4.1.1 概述

采用实测分析得出复杂造型钢结构在风荷载作用下的动力响应特性；采用数值模拟得出多种风向角下的风压分布规律和风荷载体型系数，得出了不同位置开洞下的建筑表面风压分布情况，保障了施工的质量及安全性。

4.1.2 工艺流程（图1）

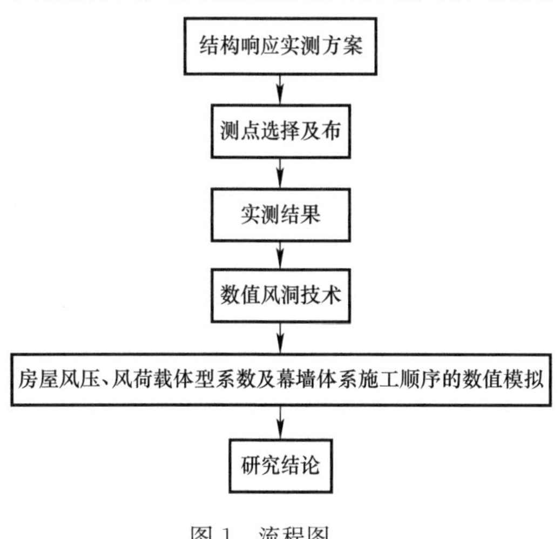

图1 流程图

4.1.3 结构响应实测方案

本次实测，采用风速风向和加速度同步实测的方式，这种方式的优点是能够直观地监测到施工期高层建筑结构在风场特性变化时结构风振加速度的变化，但缺点是采样频率的选择需要兼顾风速风向和加速度的采样要求，并且对数据采集仪的通道数有一定要求。参考以往实测经验，并经过现场试测，确定风速风向及风振加速度的采样频率为50Hz。

4.1.4　测点选择及布置

本次实测主要针对西面裙楼天窗及雨棚钢结构和塔楼顶部钢结构进行，其中由于裙楼天窗及雨棚钢结构属于复杂造型钢结构，其在风作用下的振动较上部钢结构来说更复杂、振动响应值更大，并且天窗和雨棚钢结构面积较大，测点布置较多，因此成为了本次测量工作的重点（图 2、图 3）。

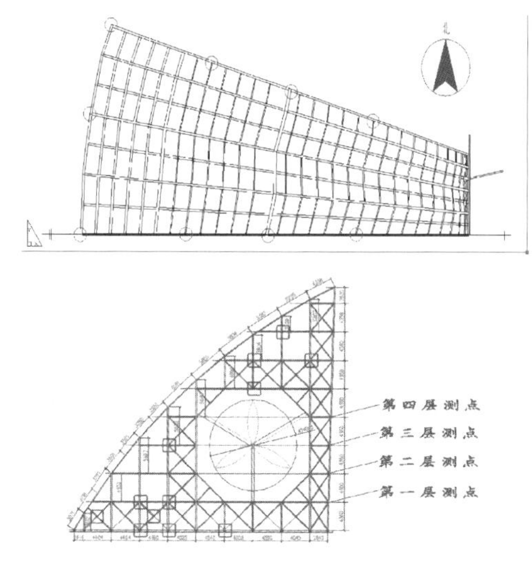

图 2　鱼尾、鱼头结构测点布置示意图

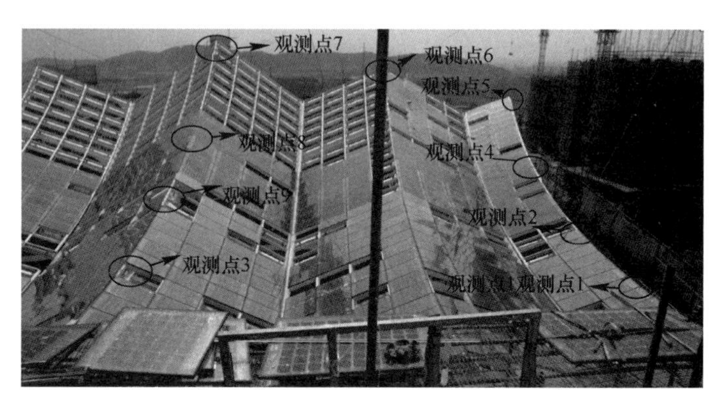

图 3　鱼尾结构现场测点布置示意图

其中在现场部分测点的具体布置情况见图 4。

本次测量鱼头和鱼尾钢结构共测量了 150 组数据，鱼尾钢结构 119 组，鱼头 31 组；其中鱼尾钢结构每组数据又包含了三个方向（X、Y、Z）的数据，鱼头钢结构每组数据包含有两个方向（X、Y）的数据；且每组数据在每个方向上的一次测量中有 91000 个测值。取其中一组对测量的加速度响应进行说明，其加速度谱如图 5、图 6 所示。

图 4　测点 3 实景图

4.1.5　数值风洞技术

课题采用数值风洞技术，建立该酒店主楼与裙房的模型并进行数值模拟，获得 16 个风向角下的建筑表面风压分布情况，并以风压为基础，求出各风向角下风压系数分布，各风向角下建筑表面的体形系数。同时，本工程幕墙较多，工程地点位于四季多风的广东省佛山市高明区西江旁，幕墙施工安装过程中可能受气流的影响较大，故在已有数值模型基础上，对模型进行局部开洞来近似考虑气流对幕墙施工顺序的影响，并提出合理的幕墙施工顺序，正确指导施工。

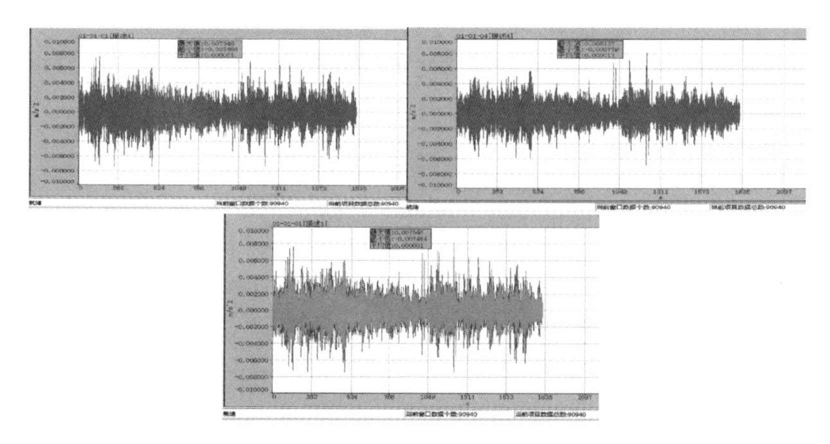

图 5　X 向、Y 向及 X、Y 向合成加速度谱

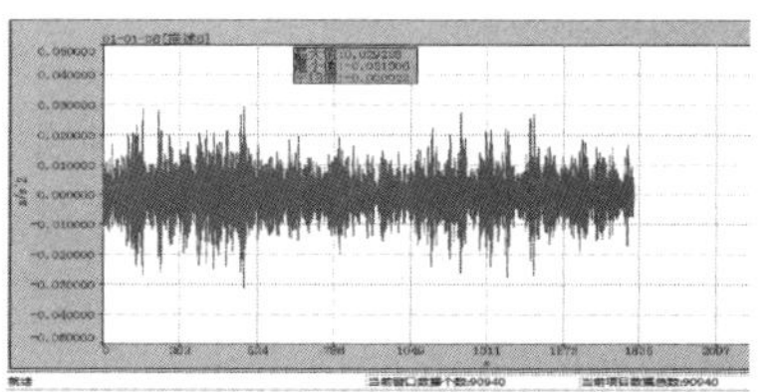

图 6　Z 向加速度谱

4.1.6 房屋风压、风荷载体型系数及幕墙体系施工顺序的数值模拟

采用 proeWildfire 5.0 软件建立复杂建筑模型，导入 Gambit2.4.6 软件生产需要的实体模型并进行网格划分，借助大型计算机上的 Fluent14.0 软件对生成的网格文件进行计算，模型与实际建筑尺寸比例为 1∶1（图 7）。

分别对复杂体型建筑进行 16 个风向角下的数值模拟，每两个风向角之间的夹角为 22.5，以建筑物正面为基准顺时针递增。风向角视角如图 8 所示。

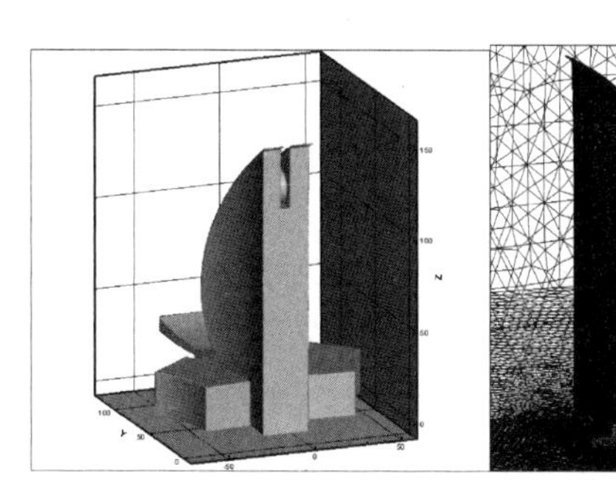

图 7 实体模型图

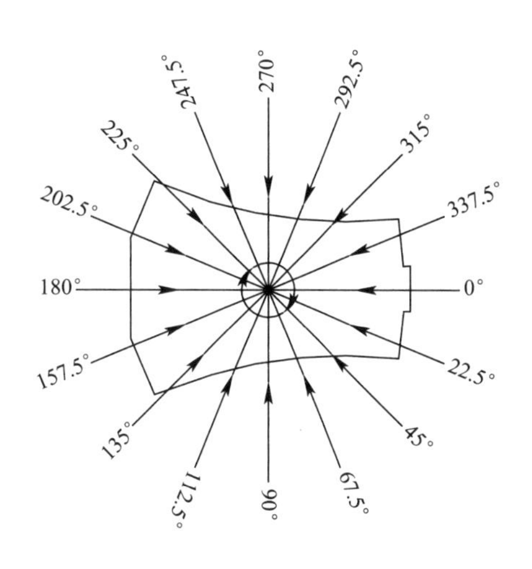

图 8 风向角是视角图

为考虑幕墙怎样安装才较安全，现将模型进行局部开洞近似等于幕墙未安装的情况，不开洞则为幕墙安装完成后，或投入使用后。分别进行了 23、24、25 层和 26、27、28 层整体开洞、鱼背附近开洞、鱼肚中间开洞、鱼腹附近开洞的数值模拟。因施工期主导风向为 315°，故只考虑该风向下幕墙安装的情况；又因幕墙安装时，已经砌筑好填充墙，气流不可能直接进入幕墙后直线穿出，故只选取气流进入的曲面进行分析。开洞情况说明见表 1。

幕墙开洞说明 **表 1**

开洞位置	开洞说明
23、24、25 层整体开洞	按建施图尺寸开洞，空口高度分别为 2.45m、2.45m、2.7m。洞底标高分别为 91.1m、94.75m、98.4m
26、27、28 层整体开洞	按建施图尺寸开洞，空口高度分别为 2.7m、2.7m、3.3m。洞底标高分别为 102.3m、106.2m、110.1m
23、24、25 层鱼腹附近开洞	按建施图尺寸开洞，空口高度分别为 2.45m、2.45m、2.7m。洞底标高分别为 91.1m、94.75m、98.4m。洞口长度约 15m
26、27、28 层鱼腹附近开洞	按建施图尺寸开洞，空口高度分别为 2.7m、2.7m、3.3m。洞底标高分别为 102.3m、106.2m、110.1m。洞口长度约 15m
23、24、25 层鱼肚中间开洞	按建施图尺寸开洞，空口高度分别为 2.45m、2.45m、2.7m。洞底标高分别为 91.1m、94.75m、98.4m。洞口长度约 15m
26、27、28 层鱼肚中间开洞	按建施图尺寸开洞，空口高度分别为 2.7m、2.7m、3.3m。洞底标高分别为 102.3m、106.2m、110.1m。洞口长度约 15m
23、24、25 层鱼背附近开洞	按建施图尺寸开洞，空口高度分别为 2.45m、2.45m、2.7m。洞底标高分别为 91.1m、94.75m、98.4m。洞口长度约 15m
26、27、28 层鱼背附近开洞	按建施图尺寸开洞，空口高度分别为 2.7m、2.7m、3.3m。洞底标高分别为 102.3m、106.2m、110.1m。洞口长度约 15m

4.1.7 研究结论

(1) 开洞与不开洞情况下，风压最值基本保持不变，开洞会使开洞附近风压数值减小，甚至从正压直接变为负压，风压梯度变大，风压急剧变化，究其原因可能是开洞使原来滞留的气流不再滞留，而是选择直接穿过洞口流出。但是洞口对风压的分布影响范围比较有限，离洞口较近时影响较大，离洞口较远时，影响渐渐消除，即洞口的效应具有局部性。

(2) 23、24、25 层和 26、27、28 层整体开洞比较（即先后整体安装 26、27、28 层和 23、24、25 层），两种情况的风压基本一致，低层开洞风压稍大，但不是很明显，两种情况均有洞口的局部效应。洞口短边方向风压梯度比洞口长度方向梯度变化大，在风压较大处显得尤为剧烈。

(3) 开大洞口与开小洞口的区别（整层一起安装与整层分段安装比较），洞口越小，洞口对风压分布的影响范围越小。分段开洞，当洞口位于风压较小区域时，洞口长度和高度方向风压梯度变化较小；当洞口位于风压较大区域时，洞口反而会在洞口长度方向增大周围局部风压数值和风压梯段面积，使风压较大区域扩大，风压与原来相比更不利。

(4) 23、24、25 层和 26、27、28 层分别从鱼背方向往鱼腹方向开洞（分别代表的安装方向分别为鱼腹往鱼背方向安装、鱼背鱼腹方向往中间安装、鱼背方向往鱼腹方向安装）。鱼背方向开洞时，由于鱼背处未开洞时风压较鱼腹和鱼肚处小，开洞造成的风压变化较小。开洞时洞口周围风压变化剧烈程度从鱼背往鱼腹方向逐渐增大。而且，在鱼腹开洞反而是风压较大区域面积有所扩张，故风压较大处局部开洞更不利。针对以上结论提出以下建议：

1) 有洞口处，在气流作用下，洞口附近建筑表面风压急剧变化，对有洞口处安装幕墙时候要注意检查周围幕墙是否有松动情况；单独安装洞口幕墙时，应该注意安装前后风压变化带来的安全隐患。

2) 上下各层分别安装幕墙时，风压区别不是很明显，开洞影响范围也相似，但是，鉴于气流在建筑物三分之二高度处形成滞留区，滞留区开洞会使洞口中间的峡谷效应加剧，建议滞留区先安装，然后分别向下向上安装。

3) 单个区段幕墙安装时候，建议整个区段横向分段安装，不采取整区段纵向安装，安装方向可根据风向，顺着风向安装。

4.2 温度作用下复杂钢结构数值模拟及施工的研究与应用

4.2.1 概述

酒店下部为钢筋混凝土结构，为了造型美观，顶部和尾部采用了比较轻盈的钢结构。由于酒店所处位置夏冬温差比较大，建筑结构复杂，在钢筋混凝土结构和钢结构的交接处可能会产生比较大的温度应力，因此有必要对结构进行建模分析，以确定温度变化时，结构处在可靠的工作状态。

4.2.2 工艺流程（图 9）

4.2.3 几何建模

按建筑物体型建模，在鱼腹腹部混凝土结构和鱼头钢桁架的交界处，由于结构形式的变化，温度作用产生的应力变化可能会更大，所以在建模和计算过程中对这部分给予了特别的关注。

4.2.4 温度工况分析

本文假定施工温度为 20℃，夏季结构能达到的最高温度为 40℃，冬季最低温度为零下 5℃，以 5℃ 为一个梯度，在 SAP2000 中计算结构的应力，以及应力的改变。并找出在每个温度下，所有构件中的最大应力以及在不同温度下的应力改变值，并作出比较。重点比较了钢桁架和混凝土结构交接出的应力以及应力改变。

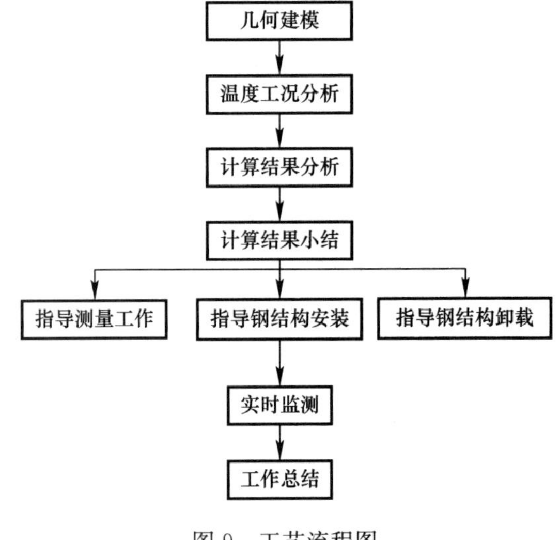

图 9 工艺流程图

4.2.5 计算结果分析

从－5℃至60℃逐一分析，结构不同部分的最大应力。水泥水化的温度可以达到60℃，而钢结构的正常状态下最高温度为40℃，所以，在45到60℃只考虑混凝土中的应力改变。

举例：在20℃温度下，混凝土结构与钢结构交接位置的最大应力如图10～图12所示。

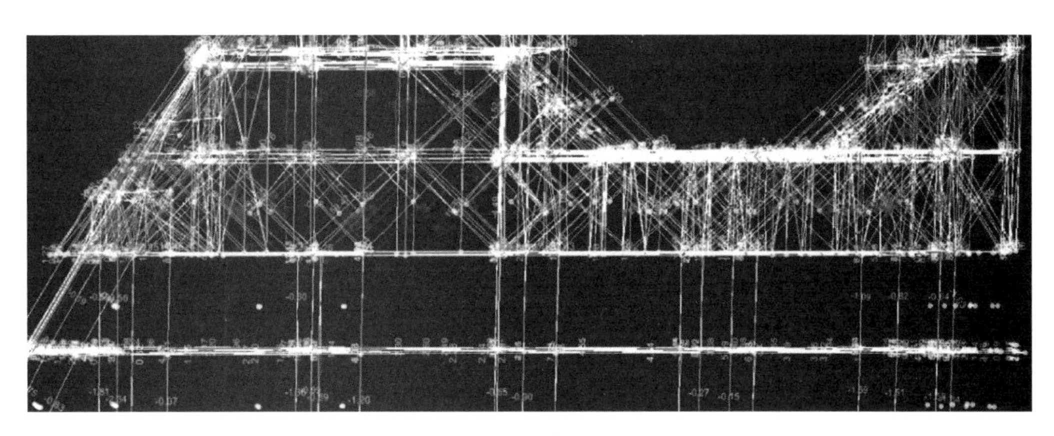

图10　混凝土结构与钢结构交接位置放大图

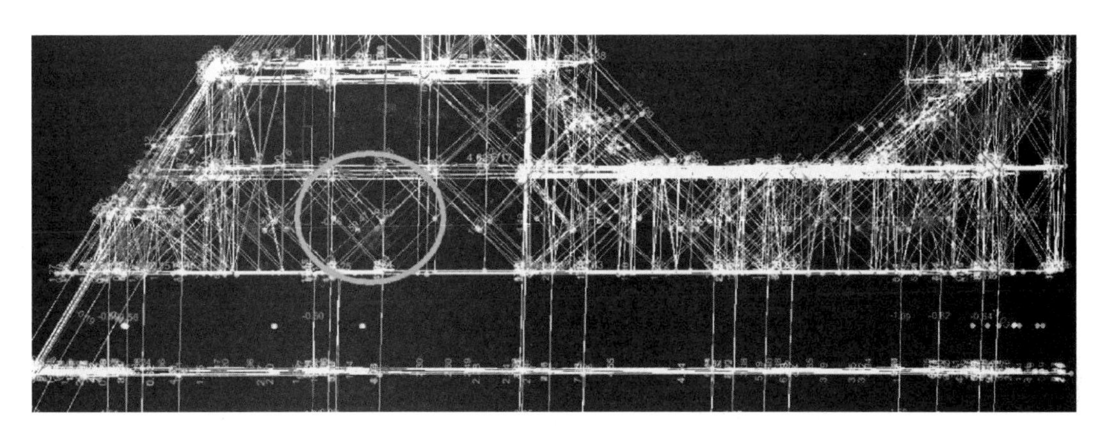

图11　交接位置最大压应力

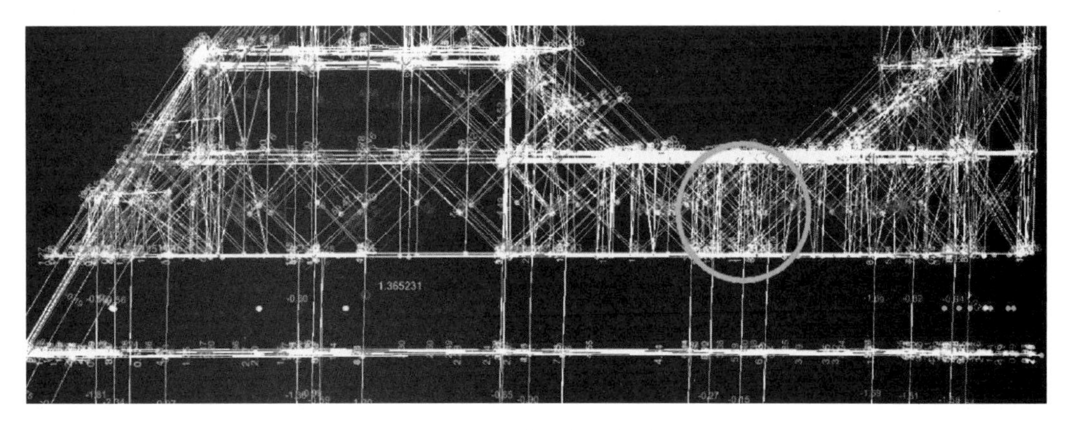

图12　交接位置最大拉应力

为了更清楚的显示结果，如表2所示。

由于以20℃为基准温度，当温度变化时，杆件最大的应力位置可能发生变化。因此，每组记录同一位置的应力和不同位置的最大应力。

20℃时构件中的最大应力和位置 **表 2**

温度（℃）	位置	杆件编号（位置变化）	应力（MPa）	杆件编号（位置固定）	应力（MPa）
20	鱼尾			6098	−108.71
				5398	68.05
	鱼头			3746	−103.28
				3310	87.53
	钢混凝土交界处			3746	−103.08
				3310	87.53
	底柱			2777	−20.39
	鱼背斜柱			2028	−5.97

4.2.6　计算结果小结

从以上对比可以看出，当温度变化时，温度作用产生的应力都没有超过钢结构和混凝土结构的允许应力，总体来说，结构在温度作用下仍然是安全的。

4.2.7　指导测量工作

测量施工前根据当天气温，按照在 SAP2000 中计算结果确定测量基准点、选择建筑物外形空中导线网，测量基准点应当是应力变化小的构件。必要时采用 GPS 构建空中导线网。

4.2.8　指导钢结构安装

按照在 SAP2000 中计算结果设计钢结构及编制施工方案，指导钢结构安装。钢结构安装中焊接温度、合拢温度应当符合设计要求。

4.2.9　指导钢结构卸载

在 SAP2000 中计算结构的应力，以及应力的改变。并找出在每个温度下，所有构件中的最大应力以及在不同温度下的应力改变值。针对不同部位（构件）不同温度确定卸载方式及每个卸载行程，提出复杂造型钢结构安全施工控制措施。

4.3　双向曲线网架施工卸载及安全控制施工技术

4.3.1　概述

工程“鱼尾”“鱼背”“鱼头”造型为双向曲线网架，属于大跨度空间钢结构的结构，其最终的状态及其刚度与施工方法和施工过程有直接关系。可能出现施工过程中结构某些构件处于不安全状态，或是最终得到的结构形状不符合结构的设计状态。

4.3.2　工艺流程（图 13）

4.3.3　卸载设备选择、布置

（1）最大顶升力计算。各卸载点最大顶升力确定需考虑结构自重、活荷载（0.1kN/m^2）、合龙温差（取±50℃）、卸载顺序和超临界顶升（1～3mm）各因素的共同作用，并取其最不利包络值，最终确定各卸载点最大顶升力。

（2）设备选择。按照分阶段整体分级同步卸载的原则，根据最大顶升力结合现场实际情况选择卸载设备，包括千斤顶的规格、数量及布置，卸载采用多个千斤顶的宜采用同步控制系统，包括主控台、分控台、液压泵站。

4.3.4　分阶段卸载

（1）施工流程（图 14）

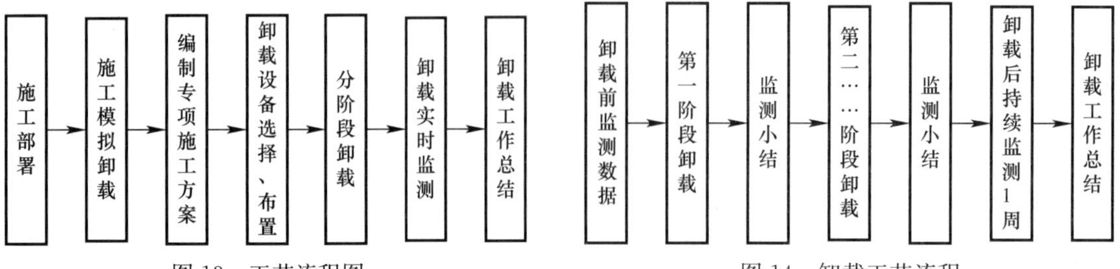

图 13　工艺流程图　　图 14　卸载工艺流程

(2) 具体卸载方式(分三段卸载):

首先逐一解除第一段承重脚手架上各段主梁上的液压千斤顶,使主梁受力从承重脚手架上逐渐过渡到钢立柱及10层钢横梁上,第一段卸荷完成后,过一段时间测量此部位钢梁的挠度,若高于此部位挠度限值,则组织设计人员、工程人员分析出现此情况的原因,找出原因并提出解决方案,若低于挠度限制,则开始下一段钢结构卸荷。第二段卸荷与第一段卸荷方法相同,逐一解除第二段承重脚手架上主梁上的液压千斤顶,如挠度满足要求,开始第三段卸荷。第三段卸荷与前两端卸荷方法一样。三段卸荷完成后,还要每天定时测量整个"鱼尾"钢结构的挠度,出现问题,及时解决,直至"鱼尾"钢结构完成(图15、图16)。

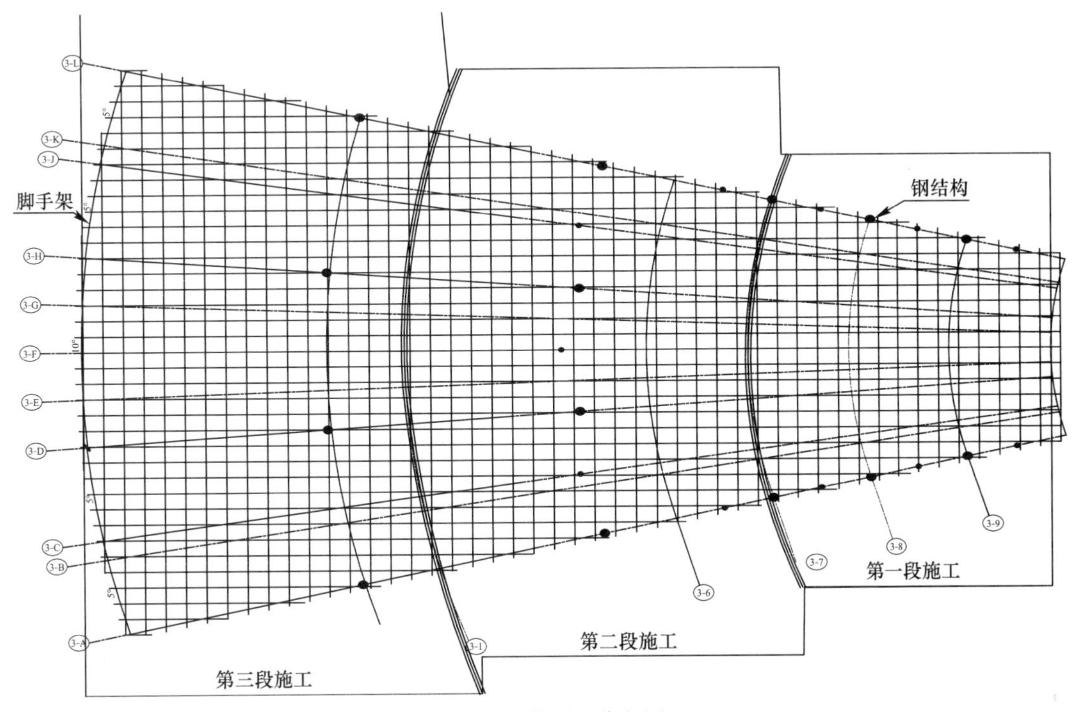

图15 卸载平面分段图

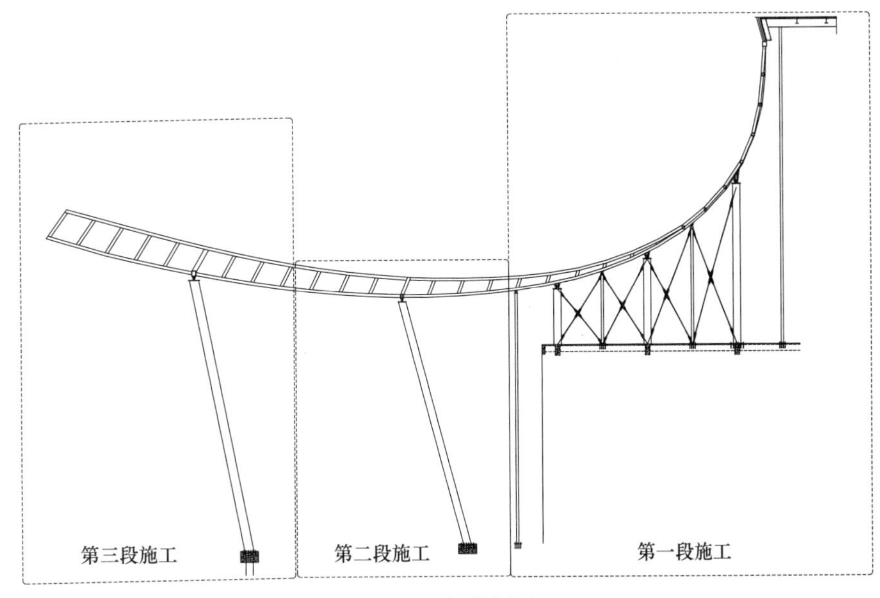

图16 卸载剖面

(3) 分阶段卸载要求卸载前监测数据,首先进行第一阶段卸载,卸载实时监测,根据监测进行小结,分析监测结果、评定卸载质量,找出卸载问题,提出改进措施,调整下一阶段卸载方法。之后第二阶段卸载、实时监测，第二阶段监测小结……至分阶段完成卸载。卸载后持续监测 1 周，监测符合设计、规范，变化趋于稳定后完成监测，最后进行卸载工作总结，对结构进行评价。

（4）消除水平位移对卸载设备影响的措施：应用 Ansys 有限软件分析其卸载过程，确定卸载过程中水平受力比较大的节点，采取在液压千斤顶顶部球铰支座上设置两块聚四氟乙烯。两块聚四氟乙烯之间的摩擦系数较小，可明显减弱千斤顶顶部水平力。

4.3.5　卸载实时监测

应变监测选用湖南长沙三智电子科技有限公司提供的 XHX-215W 型表面式应变计及配套 XHY-ZH 智能读数仪，主要节点采用磁粉检测。

4.3.6　卸载工作总结

模拟分析与实测数据吻合相对较好，证明钢屋盖卸载过程与应用 Ansys 有限软件分析采用的计算模型和方法正确。实测数据在结构设计及规范要求范围内证明钢屋盖结构安全。

5　社会和经济效益

5.1　社会效益

在生命财产安全越来越受到重视的今天，“风荷载及温度作用下的复杂造型钢结构及幕墙体系施工技术”的应用，对于保障建筑施工企业施工作业安全性、提高企业声誉具有重要的作用。

技术从安全、质量、效益这三个企业最关心、社会最关注的方面出发。利用先进的技术手段，实现了施工过程的安全可靠、质量可控、效益可观的“三可”。技术在为企业创造经济价值的同时，对于改善建筑企业安全形象，提高建筑业科技水平，实现绿色可持续发展也有着重要的作用。

通过新技术的推广应用，总结形成了一大批新颖的施工方法、方案，为今后施工类似工程提供借鉴。

5.2　经济效益

采用“风荷载及温度作用下的复杂造型钢结构及幕墙体系施工技术”可有效加快施工进度，保障施工安全，降低施工成本，提高施工质量，经济效益十分可观。获得经济效益 382 万元（包括工期效益、成本节约等），其中：“风作用下复杂造型钢结构及幕墙体系实测分析及施工技术”、“温度作用下复杂钢结构数值模拟及施工技术”对于保障施工质量、提高施工效率起到了关键作用，避免返工造成浪费具有良好的效果。

6　工程图片（图 17～图 21）

图 17　君御海城国际酒店项目施工过程（一）

图 18　君御海城国际酒店项目施工过程（二）

图 19 君御海城国际酒店项目施工过程（三）

图 20 君御海城国际酒店项目施工过程（四）

图 21 君御海城国际酒店项目正立面

新修隧道穿越既有桥梁基础托换的关键技术

吴如军　王　敏　陈　曦　唐　颖　张军宇

第一部分　实例基本情况表

工程名称	深圳地铁 7 号线彩虹桥桩基托换工程实例		
工程地点	深圳福田		
开工时间	2013.8	竣工时间	2014.4
工程造价	7833223 元		
建筑规模	16 根托换桩托换		
建筑类型	桩基托换		
工程建设单位	中国水电十四局深圳地铁 7 号线 7306 标项目经理部		
工程设计单位	深圳市市政设计研究院有限公司		
工程监理单位	/		
工程施工单位	广州市胜特建筑科技开发有限公司		
项目获奖、知识产权情况			
工程类奖： 2016 年获得广东省土木建筑学会科学技术奖励三等奖 2017 年被确认为广州市科学技术成果 知识产权（含工法）： 获得三项实用新型专利			

第二部分　关键创新技术名称

1. 采用“彐”或“日”（井字形）异形梁系结构托换施工技术
2. 信息化指导施工技术
3. 顶升控制装置施工技术

第三部分 实例介绍

1 工程概况

深圳地铁7号线笋岗站——洪湖站为双层盾构施工，地铁线路与彩虹桥的引桥墩台桩基发生冲突，需进行桩基托换，以下是彩虹桥与地铁线路的平面位置关系如图1所示。

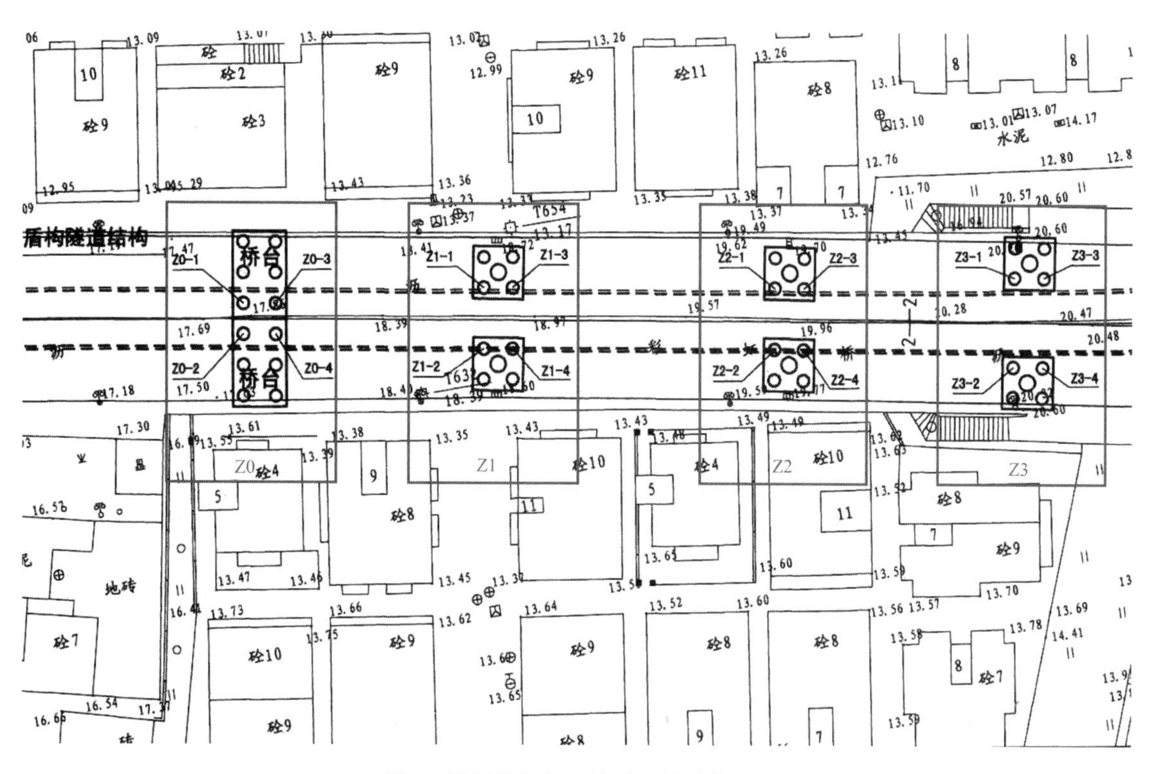

图1 需托换桩与地铁平面关系位置图

笋岗站～洪湖站区间采用盾构法施工，左右线隧道呈上下布置，形成双层盾构结构。盾构结构与彩虹桥Z0、Z1、Z2、Z3号桥墩发生冲突，为使盾构顺利通过，需对该四处的16跟桥墩桩基进行托换。本工程对侵入主体的16根桩基采用了桩基托换主动方案，新做16跟托换桩和异形托换梁，将原桩基托换掉，使盾构能够顺利通过。由于Z0号桥墩和桩基布置与其他三处不同，且桥下高度有限，所以需在台背后开挖施工横通道，以便施工托换梁和托换桩。托换桩施工采用小型机械，小型机械通过在承台下开槽运输到横通道内。

由于被托换桩基已侵入盾构隧道结构范围内，而桩基的主筋直径为25mm，已超出了盾构直接破桩的能力，因此需人工破除被托换桩基，人工破除桩基采取开挖竖井，自上而下分段拆除。

深圳地铁7号线笋岗站——洪湖站区间下穿彩虹桥，盾构从Z0、Z1、Z2、Z3处桥墩下穿过，设计对该四处桥墩的14根桩基采取了主动托换措施。

需被托换掉的桩基为ϕ1.2m的钻孔灌注桩，以中风化作为持力层。

托换梁采用钢筋混凝土结构，Z0处托换梁采用“H”形状，Z1、Z2、Z3处托换梁采用“日”形状，主托换梁截面尺寸为2.5m×2.5m，次托换梁截面尺寸为2.5m×2.0m，托换梁设置在既有桥墩之下，位置在盾构结构以上。

16根托换桩采用ϕ1.5m冲孔桩，入风化岩。本工程采用主动托换的方式，对Z0-1～Z0-4、Z1-1～Z1-4、Z2-1～Z2-4、Z3-1～Z3-4的桩基进行主动托换，通过托换梁，将被托换桥墩荷载转换至托换桩上，托换断面和平面图如图2～图5所示。

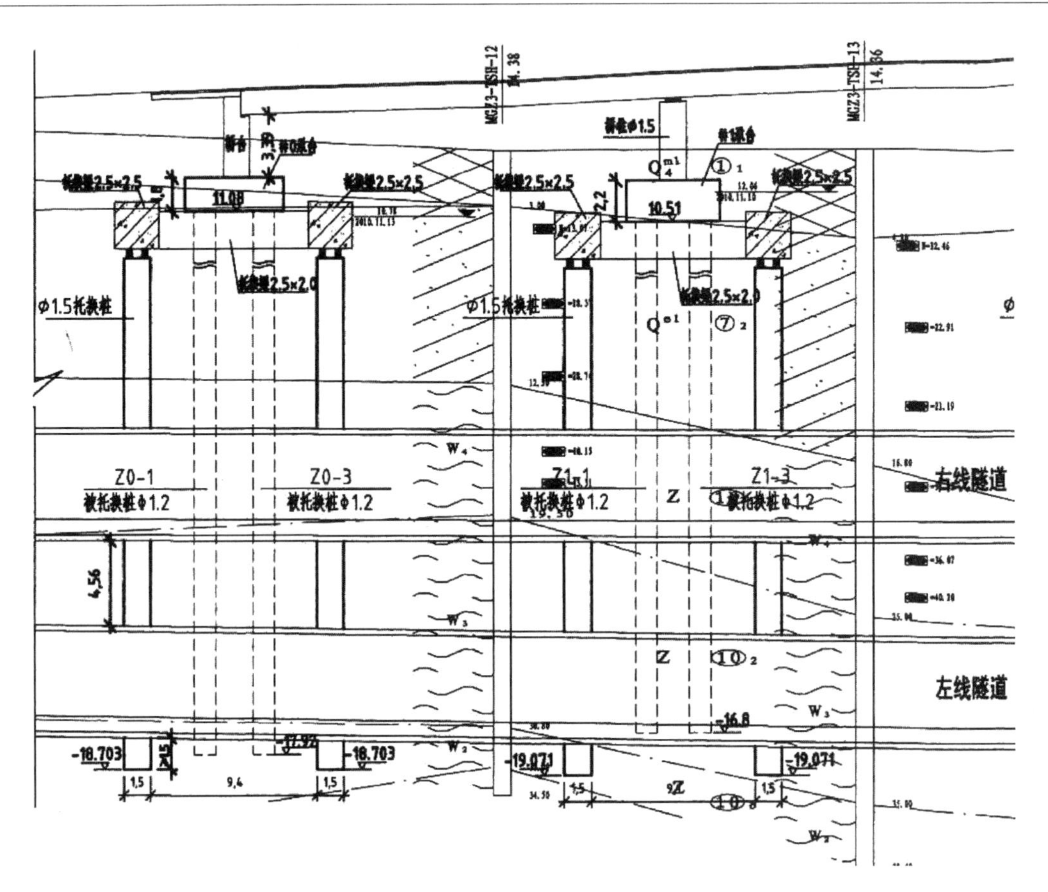

图 2　Z0-1～Z0-4、Z1-1～Z1-4 桩基托换纵断面图

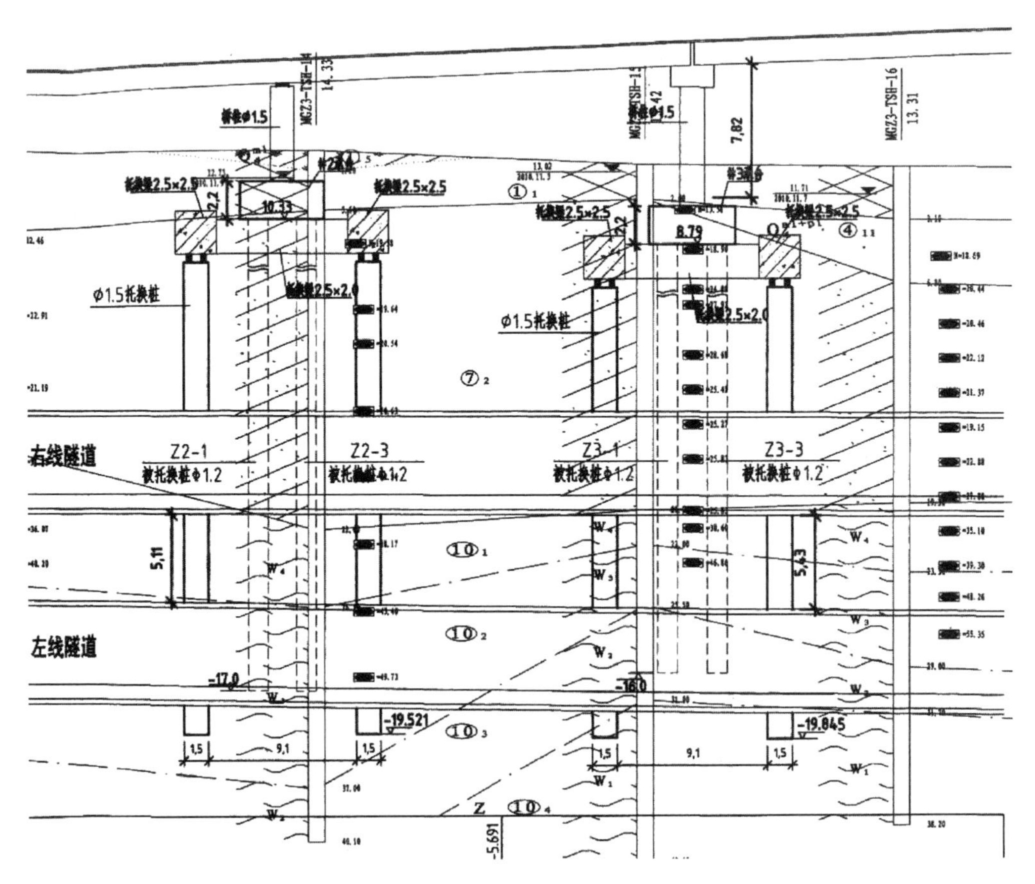

图 3　Z2-1～Z2-4、Z3-1～Z3-4 桩基托换纵断面图

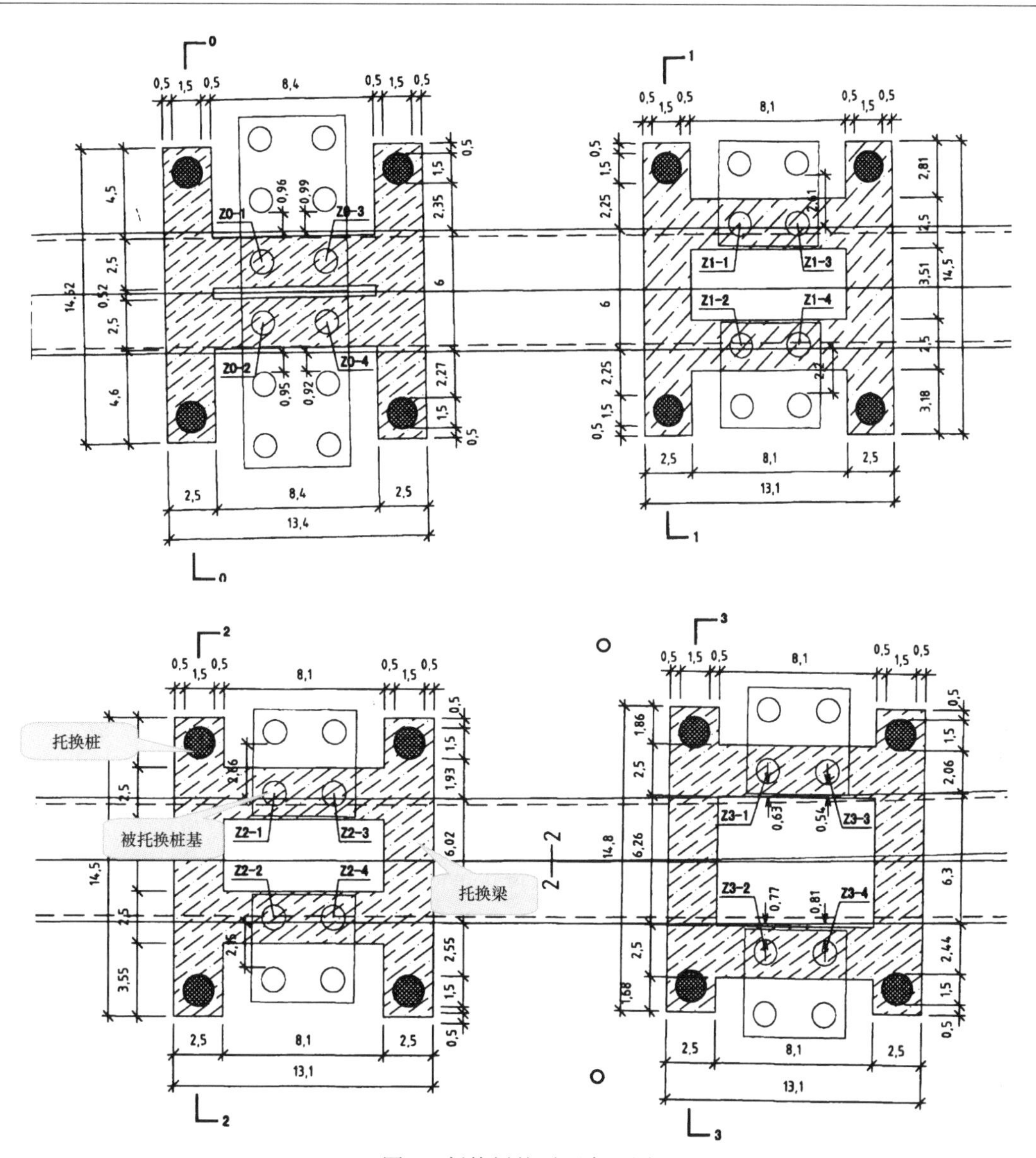

图 4　托换梁柱平面布置图

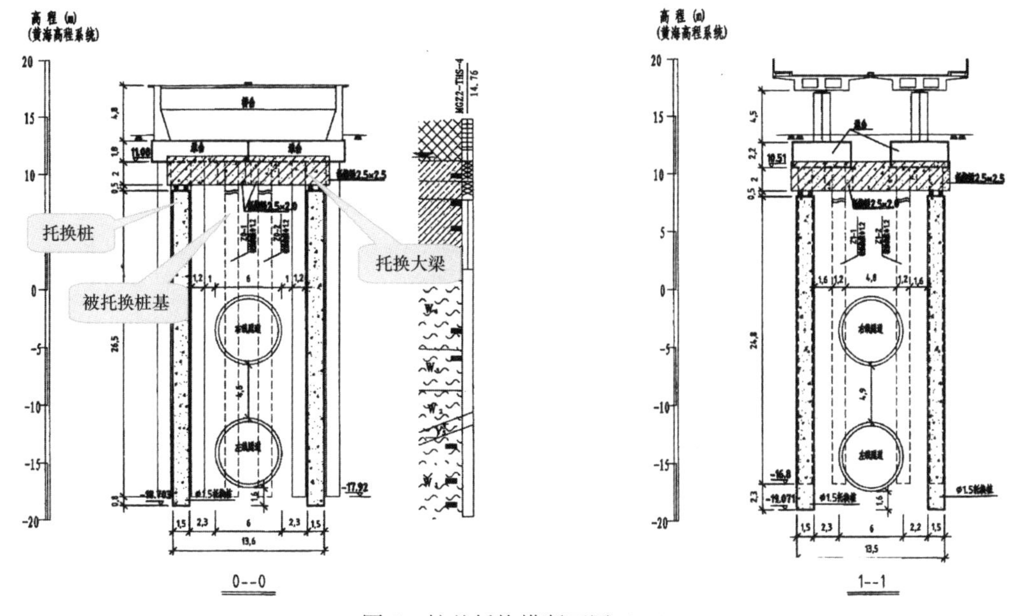

图 5　桩基托换横断面图（一）

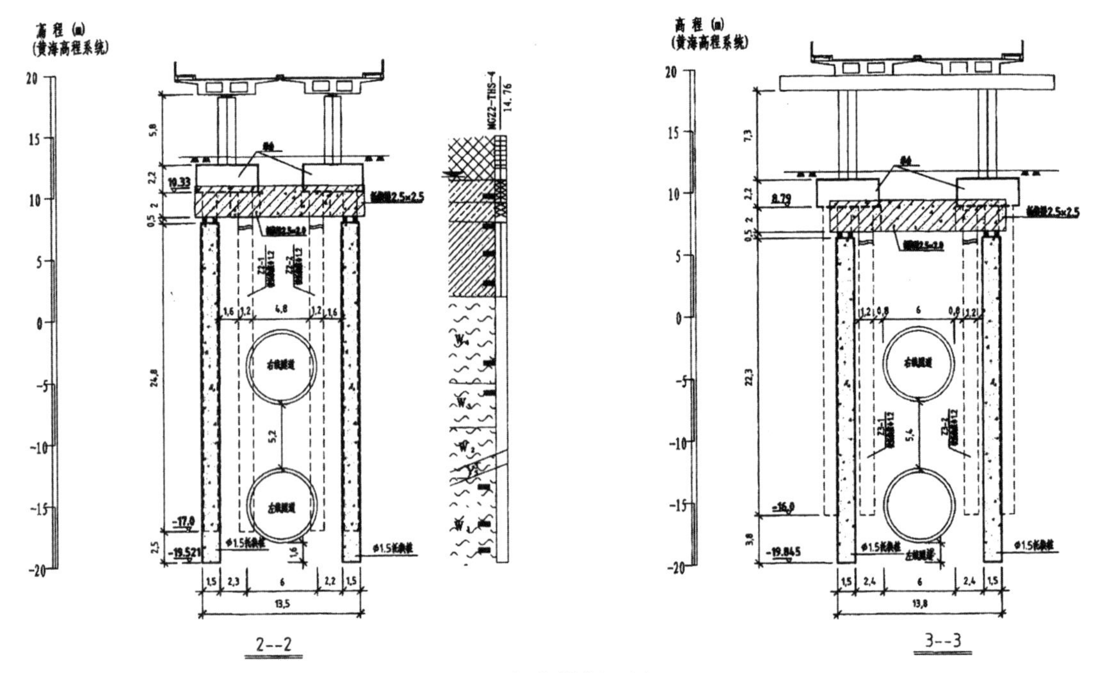

图 5　桩基托换横断面图（二）

2　工程特点、重点、难点

本工程实施托换的桥梁仍处于运作状态，桥面车流量较大，因而在实施主动托换、顶升等关键工序时需疏解交通的难度较大。整个托换施工桥面要保持正常的行车来往或限行，托换过程必须谨慎、专业并安全地进行，一旦关键工序出错将带来严重的人员伤亡与财产损失。

本工程桥梁单墩轴力大，墩柱位置偏心大，托换施工中大体积混凝土浇筑、顶升施工、连接部位进行可靠封接，0 号桥台下托换梁混凝土浇筑采用梁底倒灌、高压密实，托换梁与旧墩台节点处理，1、2、3 号基坑双墩 12 台千斤顶同步顶升等均为施工的重点与难点。

本工程施工工艺较新，因此实施预顶，进行体系转换是本工程的难点之一。隧道施工必然对托换新桩周边土体引起扰动，增大托换新桩的侧移，隧道开挖支护又将引起托换结构受力体系改变，如何减少隧道施工对托换桩的影响是本工程的难点之二。托换桩基的桥梁在桩基托换施工中仍继续使用，且车流量较大必定给体系转换及切桩安全带来影响为本工程难点之三。上部结构对新旧桩的不均匀沉降的适应力是相当有限的，旧桩的沉降变形应在没有新的影响因素情况下，认为已基本稳定，而新的托换桩在受荷后必然产生沉降变形，所以如何控制托换结构的沉降变形是桩基托换的一个核心问题。

为保证换桩与托换梁安全连接、完成托换桩变形、完成托换梁变形，必须要智能化静态应变测量系统对托换桩施工进行监测，监测贯穿于施工前、中、后，必须主动顶升，同时运用自锁装置保证顶升过程安全。

3　技术创新点

该项技术主要研究新修隧道穿越既有桥梁基础托换工艺，突破了常规桥梁基础托换“门字架、一字梁”工艺的局限性，研究出的以采用“彐”或“日”（井字形）异形梁系结构可以适应不同托换情况；对新修隧道穿越既有桥梁基础托换工艺进行的创新性研究，有效地推动了既有桥梁基础加固、改造、托换、置换领域的技术进步，从而能以较低的成本，顺利完成新修隧道的建设，动态电子监控及快速预顶技术确保了施工过程安全可靠。

随着以城市地下公共交通设施的建设大力发展，地下设施越来越拥挤，地下空间的利用不断立体化，城市建设呈现出地上至大深度地下的发展趋势。但受原先城市规划的制约，必然影响既有建筑物基础，因此基础托换技术在现代城市土木施工中占有越来越重要的位置，尤其新建隧道穿越既有桥梁基础托换。本文以深圳地铁7号线彩虹桥桩基托换工程为例，对桩基托换托换原理、施工方法及其关键工作等做了详细介绍，为在复杂环境下进行既有桥梁桩基托换和承载力转换积累了宝贵的经验。

当新修隧道遇到既有桥梁时，需要对桥梁基础进行托换，现有托换技术主要采用门字架、一字梁的托换方式：即采用两根托换桩支撑起托换梁，由托换桩及托换梁组成托换体系；当在托换桩与托换梁之间主动预顶时，将托换梁上部的荷载转移至托换桩，使原承重构件架空，使隧道顺利通过。但该托换技术先天存在极其致命的缺陷：当施工现场场地受限制或者待托换的桥梁基础平面布置比较特殊时，很有可能无法直接采用门字架、一字梁的托换方法；因而现有技术对新修隧道穿越既有桥梁基础托换具有局限性。公司研发团队为适应不同需要，对地下新修隧道穿过既有桥梁基础的托换工艺进行了创新性研究。结合我司研发的实用新型专利《新修隧道穿越既有建筑物的托换系统》（专利号ZL201220314077.2）、实用新型专利《调控桩头荷载纠倾装置》（专利号ZL03266414.1）、实用新型专利《一种可调节高度的永久支撑自锁装置》（专利号ZL20162069033.0），开发出了以采用“ヨ”或“日”（井字形）等异形梁系结构为主的新修隧道穿越既有桥梁基础托换工艺，并成功应用于3项工程实践：并新修隧道穿越既有桥梁基础托换的关键技术2016年获得广东省土木建筑学会科学技术奖励三等奖，2017年被确认为广州市科学技术成果。

① 深圳地铁七号线彩虹桥桩基托换工程（属中国水电十四局深圳地铁7号线7306标项目经理部桩基托换工程的一部分）；

② 成都青龙场立交桥桩基托换工程（成都地铁7号线初步勘察阶段八里小区站～东区医院站区间）；

③ 广州市轨道交通二、八号线延长线［施工14标］桩基托换工程。

我公司成立20年来一直注重新技术、新方法、新工艺、新设备的科研与应用，与多家国内著名院校（北京交通大学、华南理工大学、广州大学、广东工业大学）产学研技术合作，以科研推动施工技术进步，以施工技术实践转换科技成果，通过不断的技术创新，具有较强的开发与设计能力、较高的现场施工能力。每年完成各种加固与改造、托换与纠倾及边坡加固等工程二百余项，至今已完成三千余项特种工程设计与施工，攻克了一个又一个的技术难题。

4 工程主要关键技术

本工程关键技术与现有技术相比，新修隧道穿越既有桥梁基础托换关键技术主要包括三个部分的技术内容：

1. 根据实际设计和施工需要，灵活采用“ヨ”或“日”（井字形）等异形梁系结构。新修隧道穿越既有桥梁基础托换不采用常规的门字架、一字梁托换体系，而是根据现场场地情况、待托换桥梁基础分布情况等合理设计出符合需要的桥梁托换基础结构，以顺利完成既有桥梁基础托换，实现新修隧道的顺利穿越。

2. 信息化指导施工。采用电子位移计、裂缝宽度测试仪、裂缝深度测试仪、钢筋位置测定仪、智能化静态应变测量系统等进行监测，监测贯穿于施工前、中、后，确保建筑物的安全；为精确控制托换梁的顶升量，对顶升过程中各部件受力、位移等做好测量；隧道施工过程中，通过严密的监测，若托换构件有下沉迹象时，使用实用新型专利《调控桩头荷载纠倾装置》（专利号ZL03266414.1）将托换桩桩头快速主动预顶，可确保隧道穿过既有桥梁，而桥梁不产生下沉。

3. 精确的顶升控制装置。通过在托换桩的桩帽上设置调控桩头荷载装置来精确控制托换梁的顶升量。为保证顶升的连续性，调控桩头荷载装置中的抽板考虑用螺旋连续可调节的筒状体（自锁装置）来代替。顶升完成后的调控桩头荷载装置将永远埋置托梁、桩帽间的钢筋混凝土连接体内，安全可靠。

4.1 总体施工工艺流程图

Z0处桩基施工顺序为：①基槽开挖、通道开挖支护；②托换桩施工；③托换梁施工；④采用千斤顶主动托换，托换梁与桩节点连接；⑤开挖竖井，自上而下破除被托换桩基，并注浆加固既有桩基；⑥回填竖井、回填横通道、回填基槽；⑦盾构通过（图6）。

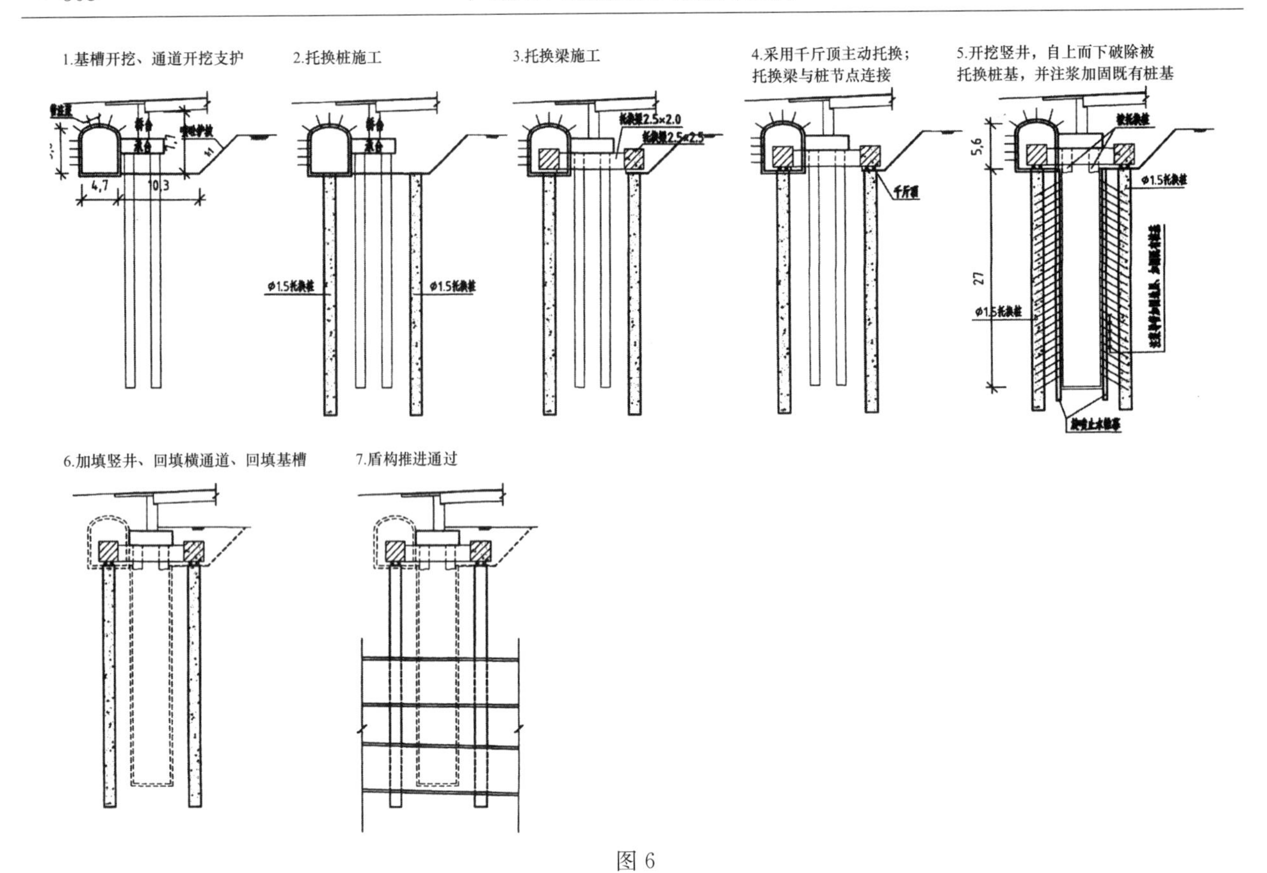

图 6

Z1、Z2、Z3 处桩基施工顺序为：①基槽开挖、护坡；②托换桩施工；③托换梁施工；④采用千斤顶主动托换，托换梁与桩节点连接；⑤开挖竖井，自上而下破除被托换桩基，并注浆加固既有桩基；⑥回填竖井、回填基坑；⑦盾构通过（图 7）。

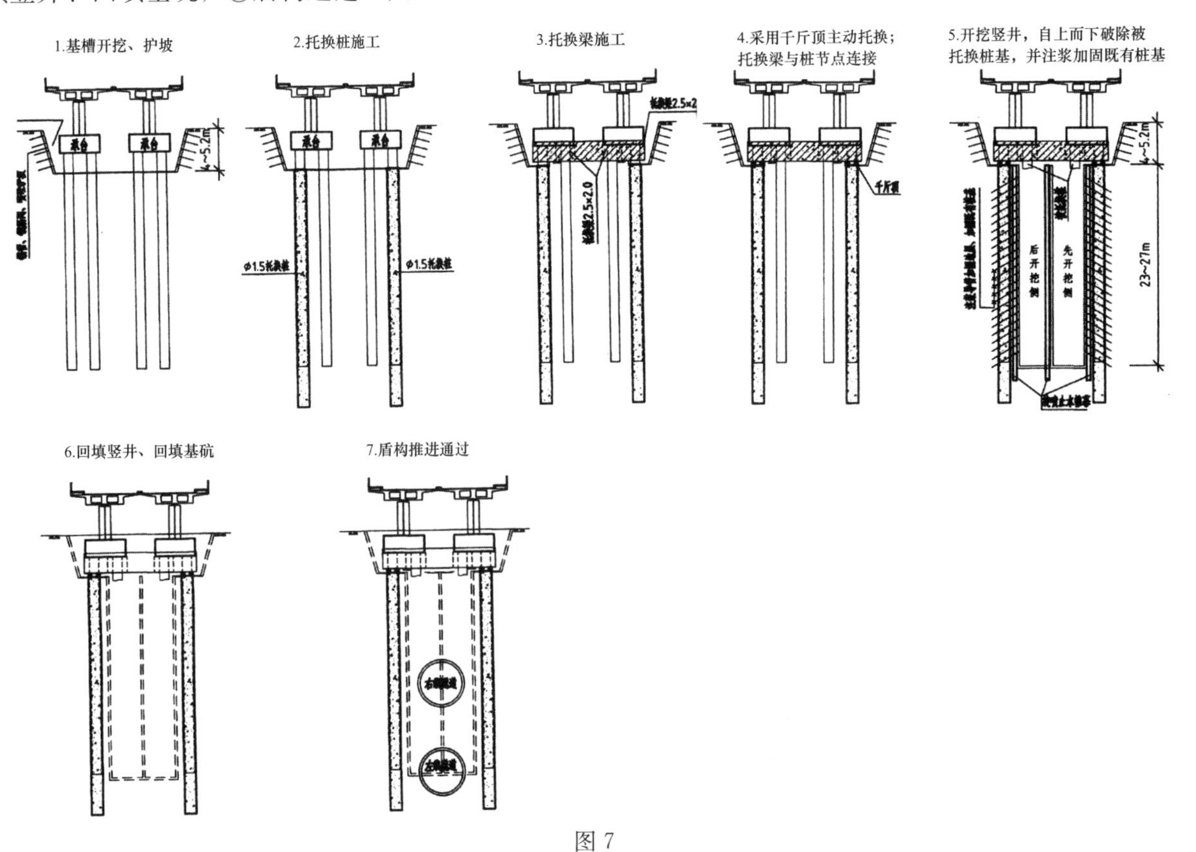

图 7

4.2 降水井施工

地铁车站布置12个负摩力纠倾降水井。降水井采用大直径工程回转钻机施工，钻孔施工时采用泥浆护壁。根据降水情况，可在适当部位加设抽水井，如图8所示。

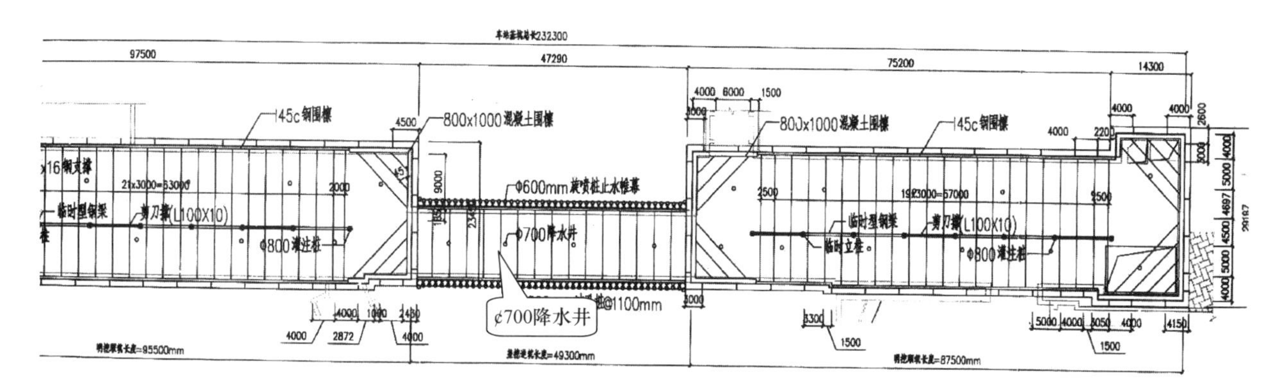

图8　降水井详图

根据既有桥梁下部净空情况及地质资料，我单位全部采用钻孔灌注桩施工。每根托换桩施工需埋设2个钢筋计，目的是监测桩基在托换过程中内力变化情况。托换桩施工尤其注意桩基底部成渣厚度控制，防止顶升过程中，桩基发生过大沉降。

4.3 托换大梁施工

托换梁施工前在桩帽顶部采用砂子回填至托换梁底部设计标高，施工托换梁底部垫层。钢筋绑扎前埋设托换梁底部钢板垫板。托换梁采用钢筋混凝土，混凝土强度等级为C50，主筋保护层厚度50mm。按照大体积混凝土浇筑标准浇筑养生。

垫层混凝土浇筑前应放出托换梁外轮廓线并复核基底标高，清除基坑积水和杂物，夯实地面。垫层混凝土采用C20混凝土，浇筑厚度10cm，浇筑时振捣密实并将垫层表面抹平。垫层尺寸四周应大于托换梁底尺寸1.2m左右。在桩帽混凝土面上测量放出两托换桩的中心点，将钢垫板粘贴在桩帽表面，钢垫板中心与托换桩中心对准同线，用水平尺校核钢垫板是否放置水平。垫板安放完毕，对钢垫板进行定位。

散热管安装采用$\phi50$的薄壁钢管，在梁底上800mm，梁面下900mm分两排布置安装。在托换大梁内$L/4$、$L/2$、$3L/4$处由下至上安装3条$\phi15$小型钢管，作为测温管。在桩帽中间对应大梁部位均布安装2～3条$\phi250$薄壁连接体混凝土浇筑管（图9、图10）。

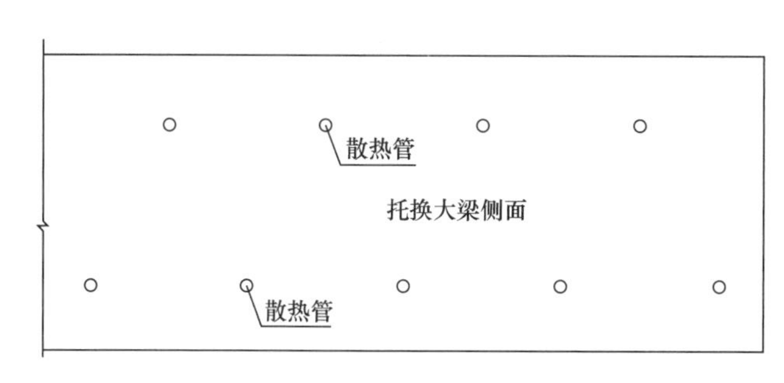

图9　散热管安装示意图

图10　某托换工程散热管使用图

4.4 桩帽连接部位预置

4.4.1 安全自锁装置及钢支撑安装

每一托换桩的桩帽上安装3个安全自锁装置及3个钢支撑，安全自锁装置与钢支撑将永远埋置托梁、桩帽间的钢筋混凝土连接体内。

保证顶升和后期施工的安全性，采用我司实用新型专利《一种可调节高度的永久支撑自锁装置》

（专利号 ZL20162069033.0），在每一托换桩的桩帽上安装的自锁装置将永远埋置托梁、桩帽间的钢筋混凝土连接体内形成群桩托换系统（图 11～图 13）。

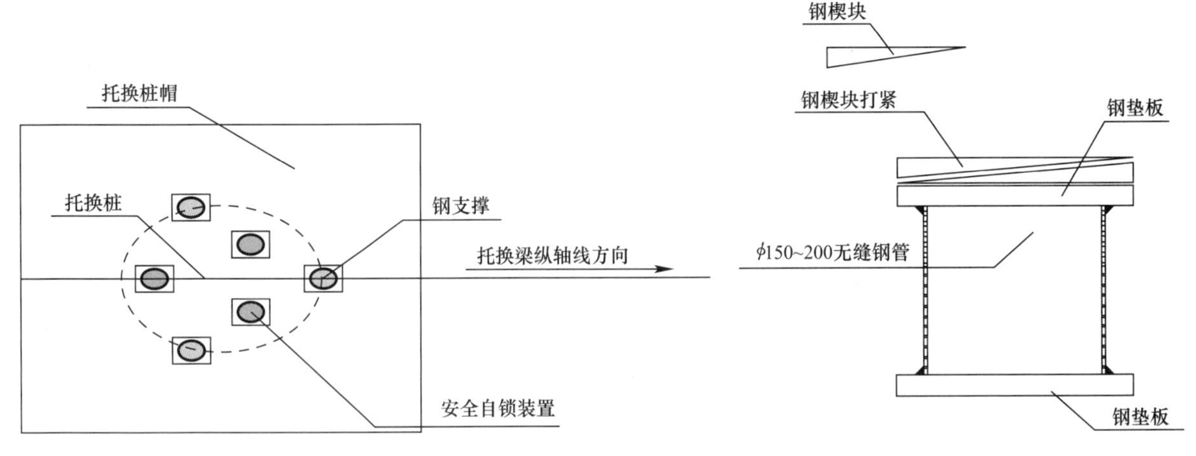

图 11　安全自锁装置及钢支撑安装布置图　　图 12　钢支撑制作示意图

4.4.2　桩帽及顶升操作空间回填砂

预顶桩帽处用含水细砂夯实回填，并用挤塑泡沫覆盖砂面，防止浇筑混凝土时水泥浆渗入砂层，上部再安装模板（图 14）。

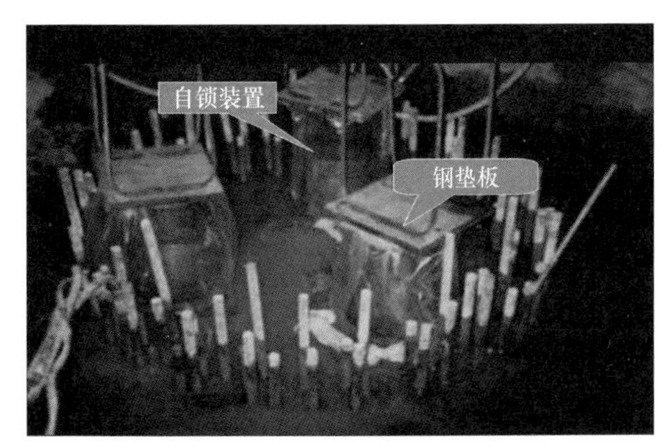

图 13　某现场自锁装置安装示意图

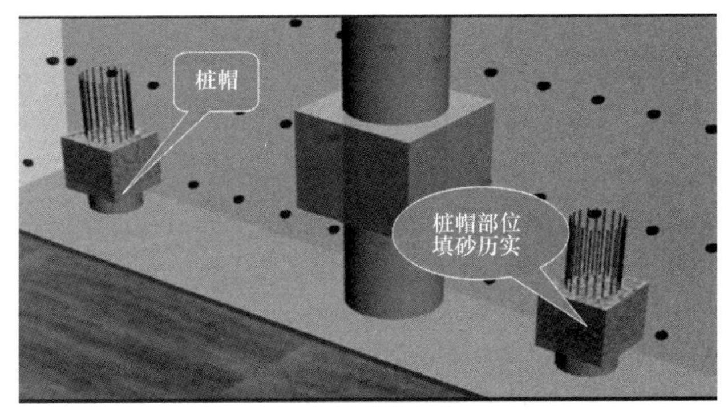

图 14　桩帽连接部位垫砂模型图

4.5　顶升

在托换梁与桩帽之间设置千斤顶进行加载，加载需要通过计算，并合理采用分级实施。在顶升前需进行预加载，消除托换桩与托换梁的变形。

根据设计顶升力的要求选择相应的千斤顶及自锁装置，油泵、千斤顶提前做好标定。千斤顶及自锁装置安装到位，在顶升过程中，千斤顶及自锁装置同步升降。

为保证顶升过程安全，采用分级顶升，调控桩头荷载装置与千斤顶要同步升降；顶升过程有严密的监测系统；待完成力的转换和桩的沉降变形后，及时调整调控桩头荷载装置的高度。

顶升时，必须严格控制千斤顶的顶升力和托换梁两端的位移，各千斤顶顶升力达到控制值而两端位移未达到位移范围值以内，或梁端位移值已达到控制值而顶升力未达到控制值时，立即通知设计人员，以便对施工参数进行调控。

通过各桩位的监控系统，与监控系统分析信息的反馈来控制油泵的工作系统，达到托换梁两端的定压平衡，消除或减少托换梁在顶升过程中所产生的纵向位移。

确定各桩位的轴力后再确定每个千斤顶允许顶升压力，在每级顶升操作中严格控制油泵的工作流量和压力。

完成预加顶力，即完成力的转换和桩的沉降变形，调整自锁予以锁定（图 15）。

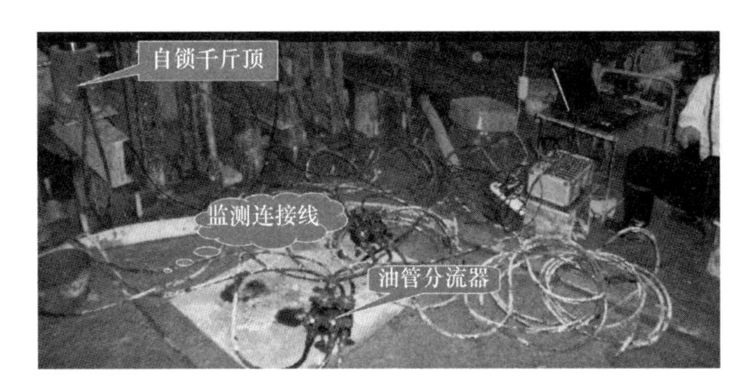

图 15　托换梁柱预顶及同步监测

4.6　桩帽与托换梁连接体施工

桩帽顶面及托换梁底面实施凿毛、清洗处理，确保与连接体混凝土的可靠结合。明显有锈斑的钢筋进行除锈处理，同时清除连接钢筋上的油渍、杂物等。连接体预埋钢筋采用冷挤压套筒连接法或绑条焊接法连接，主筋外增设钢筋网，从内至外依次施工。

对托换梁、新桩连接体的模板木质定型弧形模板，外加钢箍固定，在模板上部预留约 4 个 20cm 方形孔洞用于混凝土浇筑观察及振捣，利用托换梁中预留的 3 根直径 168mm 钢管孔道浇捣混凝土，直至浇满并振捣密实。在连接体混凝土养护 7d 后，在连接体上部周围设 V 形槽埋注浆咀，注入改性环氧树脂。必须确保安全装置及钢支撑安全可靠后才能拆除千斤顶。

4.7　破除原桩、加固托换桩

由于被托换桩基已侵入盾构隧道结构范围内，而桩基的主筋直径为 25mm，已超出了盾构直接破桩的能力，因此需人工破除被托换桩基。人工破除桩基采取开挖竖井，自上而下分段破除。

竖井支护采用格栅钢架网喷＋注浆锚管＋旋喷桩止水帷幕。另外还通过注浆锚管加固托换桩基。Z0-1～Z0-4 桩基托换采用一跨竖井，Z1-1～Z1-4、Z2-1～Z2-4、Z3-1～Z3-4 桩基托换采用两跨竖井，先施工一侧，凿除一侧桩基并回填后再施工另一侧（图 16）。

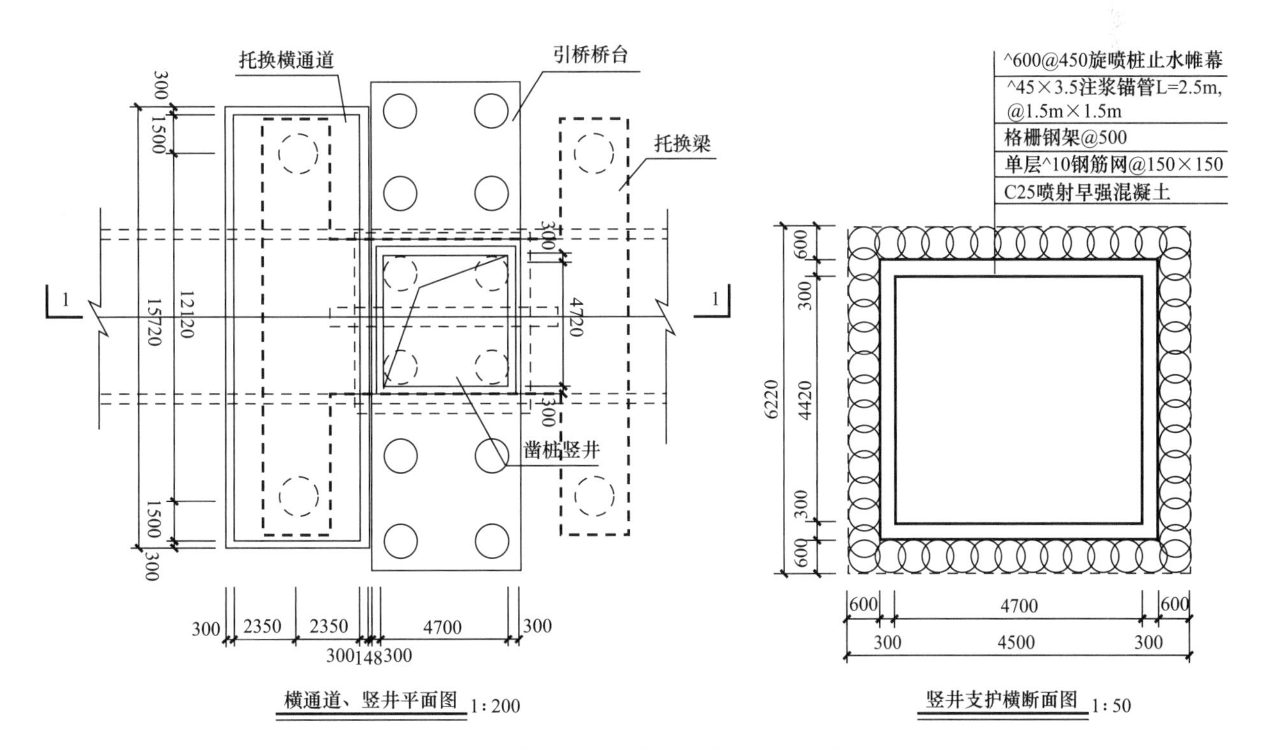

图 16　Z0-1～Z0-4 桩基托换竖井平面图

5　社会及经济效益

本技术已在我司3个工程中成功推广应用，2016以后将会在大量工程中运用。

① 深圳地铁七号线彩虹桥桩基托换工程

② 成都青龙场立交桥桩基托换工程

③ 广州市轨道交通二、八号线延长线［施工14标］桩基托换工程

这3项工程对社会影响极大。避免了大量桥梁拆迁，隧道改线。保护国家社会财富，还可节省建筑垃圾的运输和堆放垃圾的土地，有利于保护环境，节约再建时能源和人力物力耗费。施工期间不影响附近居民的正常生活，不影响桥梁上方的正常交通运行，对维护社会稳定起了重要的作用。

该技术可以广泛应用于各种新修隧道穿越既有桥梁基础托换的情况，新修隧道可以穿越任何桥梁基础，新建隧道不需改线，从而节约建设成本；

由于在整个施工过程中桥梁可以正常使用，四周道路上交通流量不会受到任何阻碍，保证了本地区经济、社会发展的和谐进行，体现了工程的人文主义和和谐原则。

本技术有效地推动了既有建（构）筑物加固改造领域的技术进步，本技术安全可靠，经济合理。

广州市兴丰生活垃圾卫生填埋场工程

郭一贤　陈建宁　颜　苓　焦世明　李　峥

第一部分　实例基本情况表

工程名称	广州市兴丰生活垃圾卫生填埋场工程		
工程地点	广州市白云区太和镇兴丰村		
开工时间	2000 年 11 月	竣工时间	2002 年 8 月
工程造价	6.83 亿元		
建筑规模	日平均处理生活垃圾 6650 吨		
建筑类型	环保工程		
工程建设单位	广州市市容环卫局		
工程设计单位	广东省建筑设计研究院		
工程监理单位	广东重工建设监理有限公司		
工程施工单位	广州市第三市政工程有限公司		
项目获奖、知识产权情况			
工程类奖： 1. 荣获建设部科技示范工程验收证书 2. 荣获第八届中国土木工程詹天佑奖 3. 被评为 2005 年度中国市政金杯示范工程 4. 荣获 2007 年度国家优质工程金质奖			

第二部分　关键创新技术名称

1. 高维填埋技术
2. “三布两膜”防渗结构及施工技术

3. 渗沥液处理及回用技术
4. 填埋气体收集及发电技术

第三部分　实 例 介 绍

1　工程概况

兴丰生活垃圾卫生填埋场于2000年11月动工兴建，2002年8月正式投入使用，总投资6.83亿元。该项目被列入国家环境保护“十五”重点工程项目。截至2007年底，该场累计填埋生活垃圾1107.4万t，现日平均处理生活垃圾6650t，是目前广州市生活垃圾处理的主要设施。该场的建设和管理在国内同行业创下了三个第一：第一个借鉴国际标准和规范设计、建设的特大型生活垃圾填埋场；第一个以商业模式通过国际招标的形式由境外公司承包设计、营运，由国内公司招标建设的生活垃圾填埋场；第一个采用双衬层防渗系统和采用反渗透工艺处理渗滤液等高新技术建设的生活垃圾填埋场，实现污水零排放。该场建设和管理的标准，目前已成为中国生活垃圾填埋场的标准，成为国内生活垃圾卫生填埋场的示范项目，被誉为“兴丰效应”。

该场先后获得国家、省、市18项荣誉，其中包括建设部科技示范工程、中国市政工程金杯奖、国家优质工程金奖、全国无害化填埋场评比第一名并授予一级填埋场等，目前正在申报世界大都市奖。此外，该场利用填埋气减排的CDM国际合作项目是国内同行业最大的温室气体减排项目（图1）。

图1　填埋区俯瞰图

2　工程重点与难点

2.1　确保工程总工期目标实现

招标文件规定本工程竣工日期按照招标文件要求，协调土建与渗滤液导排方配合工作，以施工质量、安全为着眼点，严格管理，以总进度计划为依据，确保阶段性工期按期完成，将圆满实现工程总工期目标作为本工程的重中之重。确保垃圾填埋场正常填埋，以便带来整洁幽雅的环境。

2.2　填埋区底部防渗系统施工

渗沥液导排渠、导排层（30cm）与铺设土工膜、防水毯，必须是技术处理的重中之重，是影响工程质量的关键。否则HDPE防渗膜在上卵石过程中极易破坏。因此预计采用，先铺设导排渠上土工膜、防水毯，然后上导排渠50～120mm卵石，这样以导排渠为轴，铺一条土工膜、防水毯，上一层20～40mm卵石，因此推进最终以马道退场。

2.3　填埋区生基坑高边坡施工安全

安全始终是放在第一位，填埋场施工的危险隐患切不可麻痹大意，对吊运HDPE土工膜时操作规程，放坡开挖时边坡支护、转挖施工现场有害气体防治，交错作业时的车辆流量、用电机械使用，临边防坠等隐患存在，要有确切的认识。

3 技术创新点

3.1 高维填埋技术

工艺原理：

在常规的生活垃圾填埋高度上，根据地形和生活垃圾本身的特性，通过合理的设计，改进传统的填埋工艺，使生活垃圾的填埋高度大于常规设计中允许的高度，提高填埋场的空间利用效率。而填埋场利用效率一般是用空间效率系数衡量：即每平方米土地可提供的垃圾填埋空间（m）。一般的填埋场空间效率系数一般为15～25，而高维填埋的空间效率系数可达30～60，采用高维填埋技术可以大规模节约土地资源。

技术优点：

（1）空间利用率高：常规的填埋场空间效率系数一般为15～25，而高维填埋的空间效率系数可达30～60，采用高维填埋技术，填埋深度达75m，大规模节约了土地资源。

（2）重视垃圾填埋场后期运营过程中需要逐步建设的工艺性工程：如垃圾压实与覆盖、不同填埋阶段临时行车道路的修建等。伴随这些流动的工艺性工程的建设，垃圾填埋可以实现填埋场内三维空间的综合利用，从而凸现高维填埋的优势。

3.2 “三布两膜”防渗结构及施工技术

工艺原理：本技术的防渗结构为土工布（①）＋HDPE膜（②）＋土工布（③）＋HDPE膜（④）＋土工布（⑤），其中主防渗层为①＋②＋③，主要用于隔绝渗沥液向周围土壤和地下渗水，防止渗沥液污染地下水和周围土壤；次防水层为③＋④＋⑤，当主防渗层发生渗漏时即可阻隔渗沥液向周围土壤和地下水的渗透，起到二次保障的作用。

技术优点：通过合理结构和高密度聚乙烯膜材料的采用体现了防渗系统的可靠性及科学性。这样的结构将填埋区内的垃圾堆体与外界完全隔离，不会对地下水造成污染，同时渗滤液亦能畅顺地从收集系统引流到渗滤液调节系统。

3.3 渗沥液处理及回用技术

工艺原理：采用了上流式厌氧处理（UASB），回流序批式好氧处理（SBR）、微滤（CMF）和反渗透（RO）等四道工艺，处理后的渗滤液达到中水回用标准，用作场内生产及作业用水

技术优点：垃圾渗滤液不仅水量变化大，其水质变化幅度也大，采用该技术可使渗滤液均匀按设计处理量进入污水处理系统，处理后的渗滤液达到中水回用标准，其工艺技术标准之高在国内尚属首例。

3.4 填埋气体收集及发电技术

工艺原理：填埋区内铺设了水平和垂直的沼气收集管道，提供沼气发电站能源，通过沼气发电机进行发电。

技术优点：利用沼气进行发电，不仅可改善周围大气环境，减少进入大气中的温室气体（主要是甲烷，其温室效应为二氧化碳的20倍以上）量，还能取得良好的经济效益，除了解决场内用电外，还能上网售电。

4 工程主要关键技术

4.1 高维填埋技术

4.1.1 概述

高维填埋技术就是通过提高填埋场地的空间使用效率实现节约土地资源并进行土地再造的技术。填埋土地利用效率的衡量尺度叫空间利用系数S值。在中国现有填埋场的S值在20～30之间，高维填埋技术的S值可达50～70。兴丰生活垃圾卫生填埋场采用土工膜取代土层覆盖垃圾面，以实现空间利用率最大化和雨水渗透最小化。填埋场的利用率达到了1.3t/m^3（国际最佳标准为：0.9/m^3）。填埋场组

成及平面布置兴丰生活垃圾卫生填埋场由六个填埋区、生活区、进场区、渗滤液调节池、地表水沉淀池、污水处理厂、填埋气发电厂及其他配套设施组成，其中填埋区可容纳垃圾 1800 万 t（图 2）。

4.1.2　工艺流程（图 3、图 4）

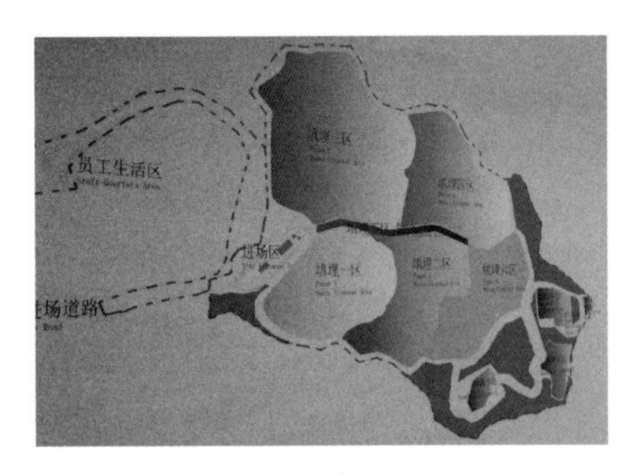

图 2　兴丰生活垃圾卫生填埋场平面布置图

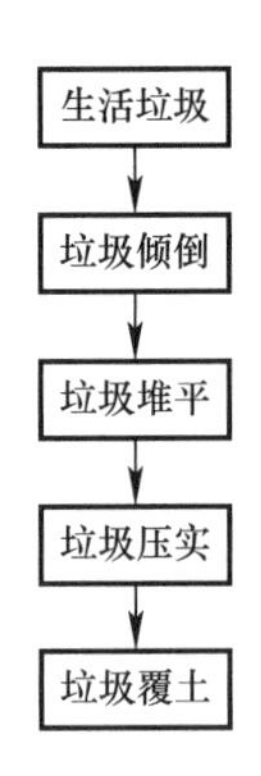

图 3　高维填埋工艺流程图

图 4　填埋作业

4.1.3　施工工艺

1. 根据地形制定分区分单元填埋作业计划，填埋垃圾时要分区，应采取有利于雨污分流的措施。

2. 垃圾进入填埋场必须进行检查和计量。垃圾运输车辆离开填埋场前宜冲洗轮胎和底盘。

3. 填埋应采用单元、分层作业，填埋单元作业工序为将垃圾车里面的垃圾卸车、用推土机分层摊铺、用压实机压实，并进行灭蚊除臭处理，达到规定高度后应进行覆盖、再压实。

4. 每层垃圾摊铺厚度应根据填埋作业设备的压实性能、压实次数及垃圾的可压缩性确定，厚度不宜超过 60cm，且宜从作业单元的边坡底部到顶部摊铺；垃圾压实密度应大于 $600kg/m^3$。

5. 每一单元的垃圾高度宜为 2～4m，最高不得超过 6m。单元作业宽度按填埋作业设备的宽度及高峰期同时进行作业的车辆数确定，最小宽度不宜小于 6m。单元的坡度不宜大于 1∶3。

6. 每一单元作业完成后，应进行覆盖，覆盖层厚度宜根据覆盖材料确定，土覆盖层厚度宜为 20～25cm；每一作业区完成阶段性高度后，暂时不在其上继续进行填埋时，应进行中间覆盖，覆盖层宜根据覆盖材料确定，土覆盖层厚度宜大于 30cm。

7. 填埋场填埋作业达到设计标高后，应及时进行封场和生态环境恢复。

4.2　填埋场防渗技术

4.2.1　概述

渗滤液是在城市固体废物填埋的过程中，由于压实和微生物的作用，垃圾中所含的污染物将随水分溶出，并与降雨、径流的等一起形成的污染水体。渗滤液不同于一般废水，其特征表现在：

1. 水质复杂，不仅含有好氧有机污染物、各类金属和植物营养素（氨氮等），还可能含有毒有害的有机污染物；

2. 污染物浓度高且变化范围大，*COD* 和 *BOD* 最高可到达几万；

3. 垃圾渗沥液中所含有机污染物种类多；

4. 金属含量高，其中重金属离子会对生物处理产生抑制作用；

5. 氨氮含量高，*C*/*N* 比例失调，给生物处理带来一定的困难。渗沥液是垃圾填埋过程中产生的二次污染，可使地面水体缺氧、水质恶化、富营养化，威胁饮用水和工农业用水水源，使地下水丧失利用价值，有机污染物进入食物链将直接威胁人类健康。兴丰生活垃圾卫生填埋场位于金坑水库的上游，是环境保护敏感地区。兴丰场填埋区采用双层高密度聚乙烯（5B86）膜、双排水的防渗系统。防渗系统结构如图5所示。

6. 填埋垃圾层

填埋垃圾层为厚度最小1m、并经过筛选的垃圾，垃圾中不能有金属和其他有可能刺破防渗层的物体。

渗滤液主收集层为600mm碎石层，碎石层上铺一层540g/cm² 土工布（具有过滤作用，防止堵塞收集层)，碎石层下安装类似“脊梁—肋骨”排水主干管和侧管。兴丰生活垃圾卫生填埋场的主、次防渗层均为从国外进口的1.5mm厚的织质毛面高密度聚乙烯（HDPE）土工膜。

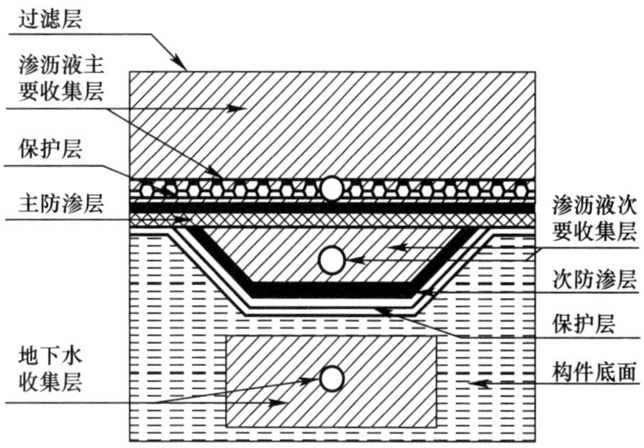

过滤层
渗沥液主要收集层
保护层
主防渗层
地下水收集层
渗沥液次要收集层
次防渗层
保护层
构件底面

图5 防渗系统结构

7. 渗滤液次收集层

渗滤液次收集层直接安装于主防渗层之下，它的作用有：监测主防渗层是否渗漏，若有渗漏，则可发现收集管中有渗沥液流出；一旦主防渗层发生渗漏，可收集渗沥液，从而避免污染地下水。自填埋场运行以来，至今未发现次渗沥液收集管中有渗沥液流出。

8. 基底

场地内的土壤经压实、平整并达到设计标高，其压实度达到90%以上。同时在基底设置地下水收集系统，以收集、排放填埋场下面的地下水。

4.2.2 土工膜关键技术

1. 施工工艺流程（图6）

2. 施工工艺

（1）施工前的准备工作

在正式焊接之前所要进行的准备工作包括以下几个方面：

1）对铺膜后的搭接宽度的检查：HDPE膜焊接接缝搭接长度为80～100mm。

2）在焊接前，要对搭接的200mm左右范围内的膜面进行清理，用湿抹布擦掉灰尘、污物，使这部分保持清洁、干燥。

3）焊接部位不得有划伤、污点、水分、灰尘以及其他妨碍焊接和影响施工质量的杂质。

4）试焊：

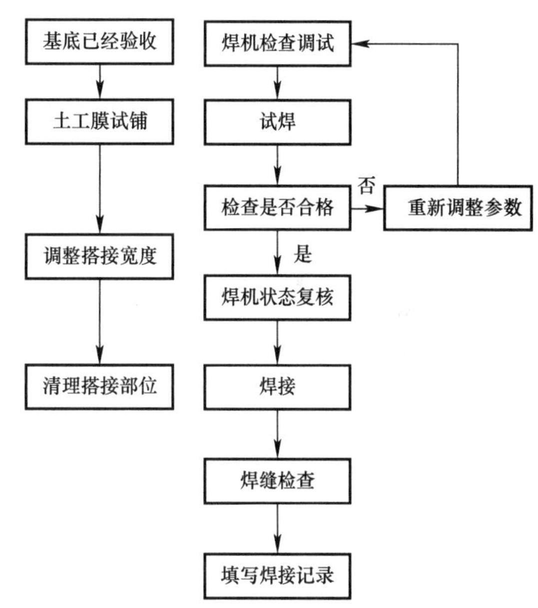

图6 HDPE膜双缝热合焊接施工工艺流程图

在正式焊接操作之前，应根据经验先设定设备参数，取300mm×600mm的小块膜进行试焊。然后在拉伸机上进行焊缝的剪切和剥离试验，如果不低于规定数值，则锁定参数，并以此为据开始正式焊接。否则，要重新确定参数，直到试验合格时为止。当温度、风速有较大变化时，亦应及时调整参数，重做试验，以确保用与施工的焊机性能、现场条件、产品质量符合规范要求。

5）当环境温度高于40℃或低于0℃时不能进行土工膜的焊接。

6）当日铺设的土工膜需在当天进行焊接（如果采取适当的保护措施以防止雨水进入下面地表，底部接驳焊缝，可以例外)，铺设过程中应避免土工膜产生皱纹和折痕；需避免土工膜卷材发生“粘连”现象。

7）水平接缝与坡脚和存有高压力地方的距离须大于1.5m。

(2) 热合机焊接的操作要点：

1) 开机后，仔细观察指示仪表显示的温升情况，使设备充分预热。

2) 向焊机中插入膜时，搭接尺寸要准确，动作要迅速。

3) 在焊接中，司焊人员要密切注视焊缝的状况，及时调整焊接速度，以确保焊接质量。

4) 在焊接中要保持焊缝的平直整齐，应及早对膜下不平整部分采取应对措施，避免影响焊机顺利自行。遇到特殊故障时，应及时停机，避免将膜烫坏。

5) 在坡度大于 1∶3 的坡面上安装（本工程坡度为 1∶3）时，司焊和辅助人员必须在软梯上操作，且系好安全带。(图 7、图 8)

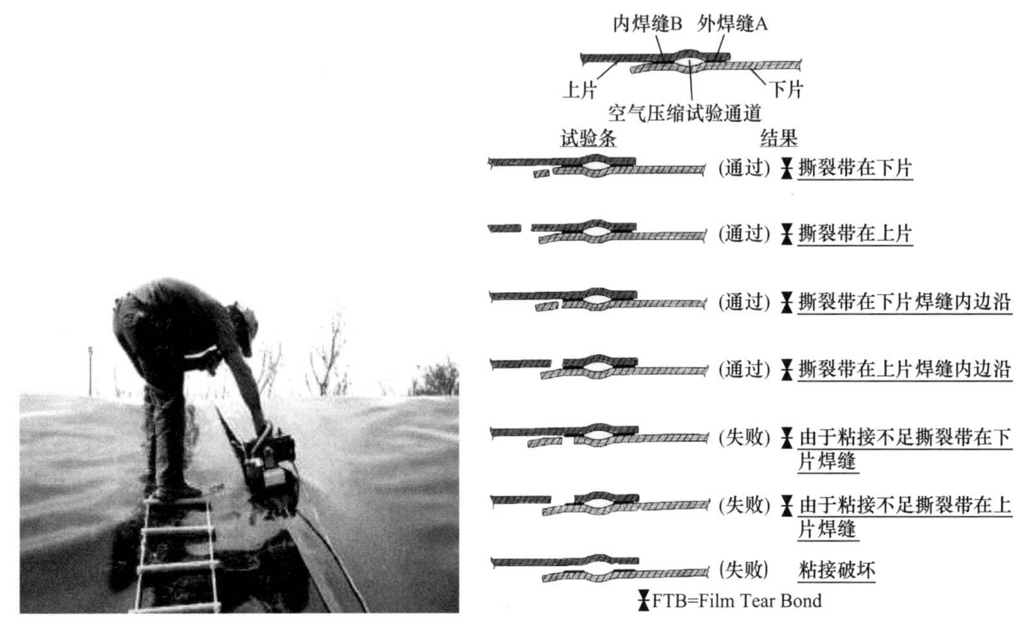

图 7　斜坡焊接施工图　　　图 8　热合焊试焊焊件质量评判示意图

6) 在陡坡或垂直面处作业时，司焊人员要在吊篮里或直梯上操作，均应系牢安全带。必要时，在坡顶处设置固定点，对焊机的升降进行辅助控制，以便于准确操作，并确保焊机的安全运行。

7) 司焊人员必须监控焊机的电源电压是在（220±11）V 之内，否则应即时停机检修。

8) 从事环境工程作业的 HDPE 土工膜焊接的司焊人员，必须是中级或中级以上的焊工。如果是初级焊工操作，必须有中级或中级以上焊工在一旁指导、监视，并由监视人签字。

9) 在从事热合焊接时，根据安装条件，一般为 2～3 个人为一组，其中至少有一名中级或中级以上焊工负责司焊。

4.2.3　膨润土关键技术

1. 施工工艺流程（图 9）

2. 施工工艺

(1) 铺设：GCL 垫衬材料自重较大，宜采用铲运机搬运、铺设，辅以人工调整位置；膨润土垫在大于 10% 的坡度上铺设时应尽量减少沿坡长方向的搭接数量，坡上的膨润土垫必须超过坡脚线 1500 以上。

(2) 搭接方式：GCL 垫衬材料的连接采用搭接的方式。

(3) 锚固：GCL 垫衬端头采用锚固沟方式锚固。

(4) 管道贯穿：膨润土垫的管道贯穿采用管道周边撒膨润土颗粒。

(5) GCL 膨润土衬垫施工前应检查基层，基层应平

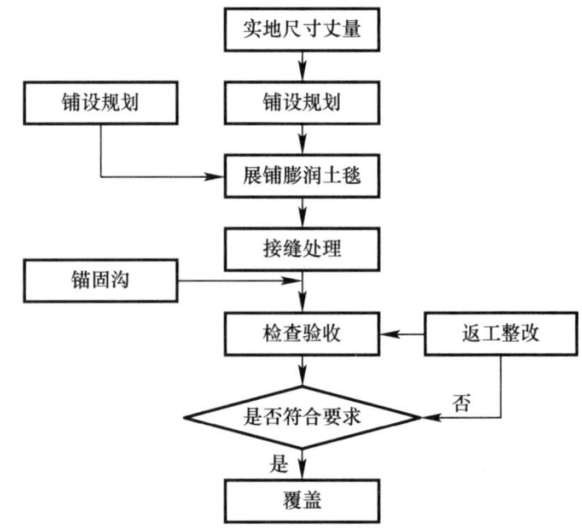

图 9　GCL 膨润土衬垫施工工艺流程图

整、无坑洼积水，无石子树根及其他尖锐物。

(6) GCL膨润土衬垫在搬运和施工过程中要尽量避免振动和冲击，最好一次到位。

(7) 在GCL安装、验收以后，要尽快进行HDPE土工膜的安装，以防被雨雪淋湿或弄破、弄脏。

(8) 按施工设计图要求：其搭接宽度为不少于300mm。在搭接区内撒入散装膨润土。

(9) 对于可能有管道穿越的部位，应将管口周围用GCL和散料进行妥善密封。

(10) GCL膨润土垫要按设计要求采用锚固沟的方式固定。

4.3 垃圾渗滤液处理

4.3.1 概况

兴丰垃圾卫生填埋场设计了大容量的渗沥液调节池，两个渗沥液调节池总容积为12万m^3。渗沥液处理流程采用高效生化处理与膜技术相结合，将垃圾渗沥液处理到回用水标准，用作填埋场内清洁道路、绿化等用途。实现了渗沥液零排放，减少对下游水源的污染，又解决了填埋场内生产用水紧缺的问题。

4.3.2 流程

渗滤液处理工艺流程图如图10所示。

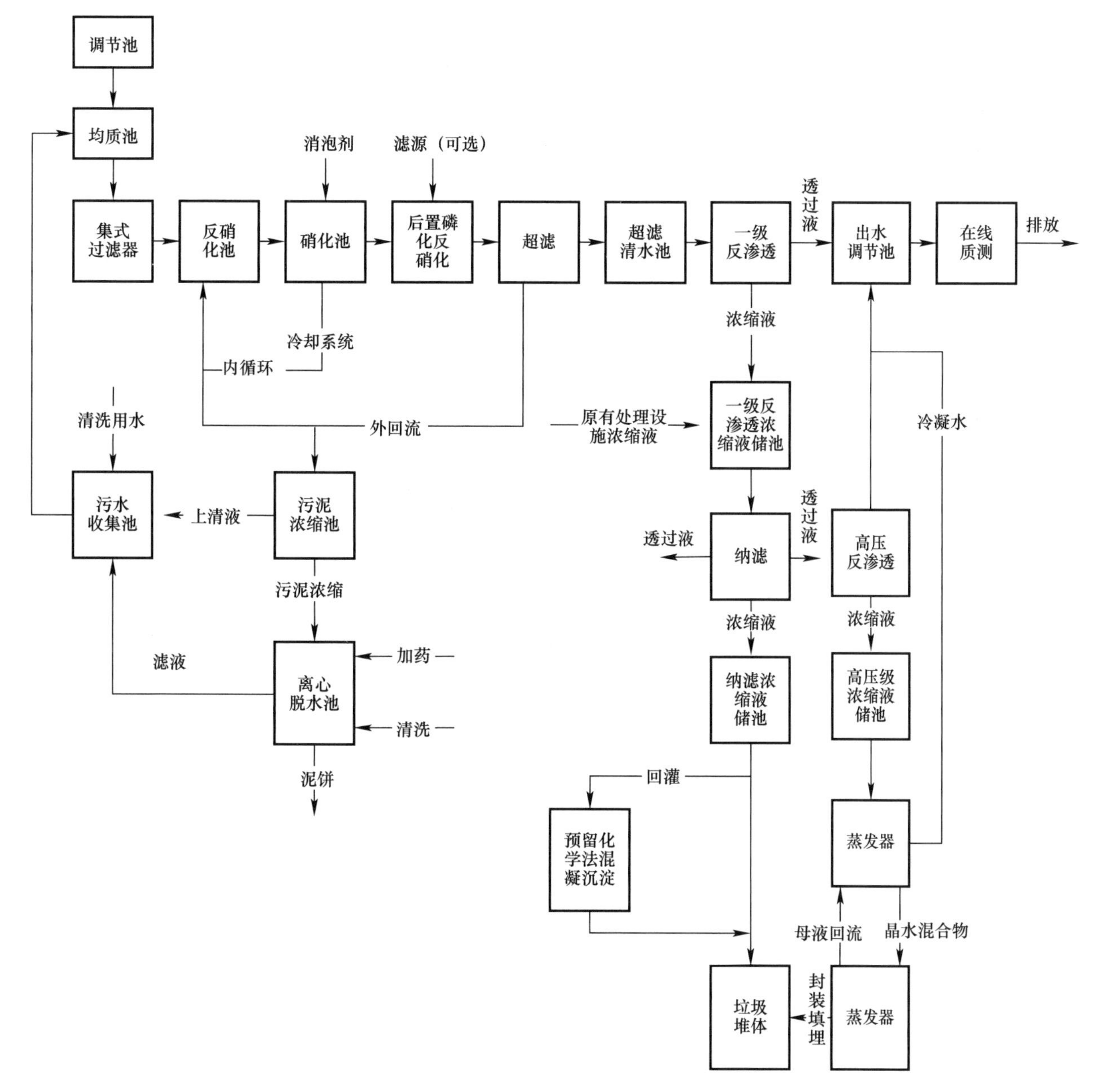

图10 渗滤液处理工艺流程图

4.3.3 工艺

1. 调节池

调节池指的是用以调节进、出水流量的构筑物。为了使管渠和构筑物正常工作，不受废水高峰流量或浓度变化的影响，需在废水处理设施之前设置调节池。由于填埋场渗滤液的产生受垃圾性质与成分、降雨情况、填埋场的防渗处理情况、场地的水文地质条件等影响，其产生具有随机及不均匀性，因此需要设置调节池控制水量及冲击负荷以减少对后续工序的影响。

2. 均质池

均质调节池的作用是克服污水排放的不均匀性，均衡调节污水的水质、水量、水温的变化，储存盈余、补充短缺，使生物处理设施的进水量均匀，从而降低污水的不一致性对后续二级生物处理设施的冲击性影响。填埋场渗滤液的浓度常因降雨及地下水的影响而不稳定，不利于后续的生化处理过程，设置均质池能够有效结局垃圾渗滤液水质水量经常性变化的问题。污水处理工艺（两级“硝化-反硝化”＋超滤＋单级反渗透）两级“硝化-反硝化”两级生物脱氮，即在原有的膜生化反应器中反硝化、硝化基础上增加后置（二级）反硝化和二级硝化工艺段。当一级反硝化和一级硝化脱氮不完全时，在二级反硝化和二级硝化反应器中通过进行深度脱氮反应。两级生物脱氮使脱氮效率由原来的50％～80％提高至98％～99％（图11、图12）。

图11 超滤集成装置

图12 反渗透集成装置

将两级生物脱氮技术与分体式膜生化反应器技术组合，同时综合了两级生物脱氮技术与MBR技术的优点：

（1）出水水质优质稳定，出水无细菌和固体悬浮物由于膜的高效分离作用，分离效果远好于传统沉淀池，处理出水极其清澈，悬浮物和浊度接近于零，细菌和病毒被大幅去除。同时，膜分离也使微生物被完全被截留在生物反应器内，使得系统内能够维持较高的微生物浓度，不但提高了反应装置对污染物的整体去除效率，保证了良好的出水水质，同时反应器对进水负荷（水质及水量）的各种变化具有很好的适应性，耐冲击负荷，能够稳定获得优质的出水水质。

（2）污泥负荷（F/M）低，剩余污泥产量少该工艺可以在高容积负荷、低污泥负荷下运行，剩余污泥产量低，降低了污泥处理费用。

（3）反应器高效集成，占地面积小，不受设置场合限制生物反应器内能维持高浓度的微生物量，处理装置容积负荷高，占地面积大大节省；该工艺流程简单、结构紧凑、占地面积小，不受设置场所限制，适合于任何场合，可做成地面式、半地下式。

（4）主要污染物COD、BOD有效降解，无二次污染由于微生物被完全截流在生物反应器内，从而有利于增殖缓慢的微生物的截留生长。同时，可增长一些难降解的有机物在系统中的水力停留时间，有利于难降解有机物降解效率的提高。

（5）操作管理方便，易于实现自动控制该工艺实现了水力停留时间（HRT）与污泥停留时间（SRT）的完全分离，运行控制更加灵活稳定，是污水处理中容易实现装备化的新技术，可实现微机自动控制，从而使操作管理更为方便。

（6）分体式管式超滤膜的应用避免了内置式膜生化反应膜容易污染、堵塞的缺点。

（7）特殊设计的曝气机构，即使污泥浓度在很高的情况也保证较高的氧利用率和氧转移率。

（8）两级生物脱氮的设计，使出水总氮达标得到保证。

4.4 填埋气发电

4.4.1 概况

兴丰生活垃圾卫生填埋场采用了填埋气导排、收集和利用系统。填埋气管理系统由填埋气收集系统、燃烧系统和气体发电等几部分组成。填埋气收集系统设置了纵横交错的沼气收集管和导渗井。其设计使每个井内会产生真空，便于抽气机从垃圾堆体抽气，经聚乙烯管输到储气柜后便可供发电机发电。

4.4.2 填埋场填埋气处理流程图 13 所示。

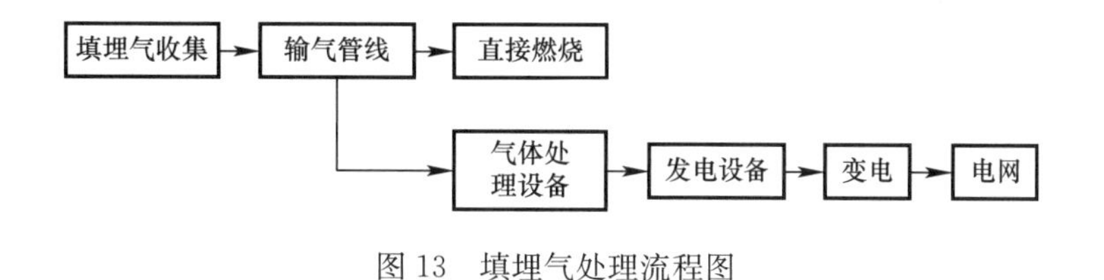

图 13 填埋气处理流程图

4.4.3 填埋场填埋气处理方法：

填埋气收集：填埋气收集系统由横向及纵向收集井组成；

输气管线：输气管线装有排冷凝水系统，除去气体的部分冷凝水；

直接燃烧：燃烧器用于直接燃烧发电设施用不完的多余气体；

气体处理设备：气体处理设备由过滤系统、除水系统、增压稳压系统组成，

主要功能为提供满足组机要求的气体；

发电设备：发电设备由内燃机及发电机组成，内燃机做功带动发电机产生电能；

变电：变电主要是将发电机电压升压，减少损耗；

电网：并入电网。

5 社会和经济效益

5.1 社会效益

广州市兴丰生活垃圾卫生填埋场一期工程自 2002 年 8 月正式投入营运以来，5 年来共处理近 980 万吨生活垃圾，目前日接纳生活垃圾 6000 多 t。由于兴丰场严格按照规范的要求对垃圾进行无害化处理，并实现垃圾作业面的日覆盖，大大减少对外围环境的影响。场区内卫生整洁，环境优美，是广州市环境卫生形象的示范窗口。

兴丰垃圾填埋场选址于远离市区的山谷中，对人群的不利影响较小。该项目严格执行了各项环保措施，未对填埋区两侧及下游水体水质产生影响。同时，兴丰垃圾填埋场填埋气通过完善的收集后集中进行发电利用，减少了温室气体的排放，对环境保护具有较大的意义。

5.2 经济效益

广州市兴丰生活垃圾卫生填埋场通过应用高维填埋技术，有效节约了土地资源；应用渗沥液处理及回用技术，处理后的中水用作场内生产及作业用水；应用填埋气体发电技术，除解决场内用电外，还能上网售电。

以上技术的成功应用，为本项目创造了明显的经济效益。

6　工程图片（图 14～图 18）

图 14　填埋区俯瞰图

图 15　填埋区图

图 16　HDPE 膜施工

图 17　渗滤液调节池图

图 18　渗滤液处理后的回用水储存池图

澳门大学横琴岛新校区工程

黄振超　樊凯斌　梁永科　郭　飞　蒋　晖

第一部分　实例基本情况表

工程名称	澳门大学横琴岛新校区工程		
工程地点	广东省珠海市横琴岛东部		
开工时间	2010年11月6日	竣工时间	2013年4月20日
工程造价	78.032亿元人民币		
建筑规模	工程占地1.0926km^2，新校区总建筑面积约94.5万m^2，教学区建筑面积约37.7万m^2，地上1～7层不等，部分带一层地下室。澳门与新校区之间由一条全长1570m的海底隧道连接，从澳门一方可全天候随时进出校园，没有边检阻隔。		
建筑类型	框架结构为主，建筑群体用现代的设计手法，提炼传统南欧和岭南建筑的“廊、骑楼、古典风格、园林环境、灰空间”等几大空间组织元素，予以灵活搭配。		
工程建设单位	广东南粤集团有限公司（澳方委托单位）		
工程设计单位	华南理工大学建筑设计研究院		
工程监理单位	广州珠江工程建设监理有限公司 广州市市政工程监理有限公司		
工程施工单位	广东中城建设集团有限公司、广州市第二市政工程有限公司		

项目获奖、知识产权情况

工程类奖

序号	奖项名称	颁奖单位	获奖年份	获奖单位
1	教育部优秀规划设计一等奖	中华人民共和国教育部	2013	华南理工大学建筑设计研究院
2	中国室内设计学会奖	中国建筑学会室内设计分会	2011	深圳市洪涛装饰股份有限公司
3	岭南特色园林设计奖	广东省住房和城乡建设厅	2014	深圳市北林苑景观及建筑规划设计院有限公司
4	广东省工程勘察设计行业协会评审意见	广东省工程勘察设计行业协会	2013	华南理工大学建筑设计研究院
5	中国建设工程鲁班奖（境外工程）（中央行政楼、文化及交流中心）	中国建筑业协会	2013	广东耀南建筑工程有限公司

续表

工程类奖				
序号	奖项名称	颁奖单位	获奖年份	获奖单位
6	国家优质工程奖（境外工程）（一期总承包工程）	中国施工企业管理协会	2014	广东中城建设集团有限公司
7	中国水运建设行业协会科学技术奖二等奖	中国水运建设行业协会	2013	中交四航局第一工程有限公司
8	詹天佑故乡杯（境外工程）	广东省土木建筑学会	2014	广东中城建设集团有限公司
9	广东省建设工程优质奖（一期总承包工程）	广东省建筑业协会	2014	广东中城建设集团有限公司
10	广东省建设工程优质奖（中央行政楼、文化及交流中心）	广东省建筑业协会	2013	广东耀南建筑工程有限公司
11	广东省建设工程优质奖（体育场、体育馆、科技学院、生命科学与健康学院）	广东省建筑业协会	2013	广东耀南建筑工程有限公司
12	广东省建设工程金匠奖（体育场、体育馆、科技学院、生命科学与健康学院）	广东省建筑业协会	2013	广东耀南建筑工程有限公司
13	广东省建设工程金匠奖（中央行政楼、文化及交流中心）	广东省建筑业协会	2013	广东耀南建筑工程有限公司
14	科学技术成果鉴定证书（粤建鉴字［2012］108 号）	广东省住房和城乡建设厅	2012	广东中城建设集团有限公司华南理工大学建筑设计研究院
15	科学技术成果鉴定证书（粤建鉴字［2012］109 号）	广东省住房和城乡建设厅	2012	广东中城建设集团有限公司华南理工大学建筑设计研究院
16	AAA 级安全文明标准化工地奖	中国建筑业协会	2013	广东耀南建筑工程有限公司
17	AA 级安全文明标准化诚信工地奖	广东省建筑安全协会	2013	广东耀南建筑工程有限公司
18	广东省房屋市政工程安全生产文明施工示范工地奖	广东省建筑安全协会	2013	广东耀南建筑工程有限公司
19	全国建筑业绿色施工示范工程奖	中国建筑业协会	2011	广东耀南建筑工程有限公司
20	广东省建筑业新技术应用示范工程奖（示范工程编号：SDSF 2012—031）	广东省住房和城乡建设厅	2012	广东耀南建筑工程有限公司
21	广东省建筑业新技术应用示范工程奖（示范工程编号：SDSF 2012—030）	广东省住房和城乡建设厅	2012	广东耀南建筑工程有限公司
本工程同时还获得国家发明专利 3 项，国家实用新型专利 6 项，国家级工法 2 项，省部级工法 2 项；获得广东省工程建设质量管理优秀 QC 小组（一等奖）4 项，广东省工程建设质量管理优秀 QC 小组（二等奖）3 项。				

第二部分　关键创新技术名称

1. 高水位地下室底板防水施工技术
2. 地下室附着式车道施工技术
3. 超深三轴搅拌桩一杆成桩施工关键技术
4. 堆载-真空联合预压法软弱地基加固处理技术

第三部分　实 例 介 绍

1　工程概况

澳门大学横琴岛新校区位于广东省珠海市横琴岛东部，与澳门一河相连，背倚葱绿秀美的横琴山，占地 1.0926km^2，新校区总建筑面积约 94.5 万 m^2，教学区建筑面积约 37.7 万 m^2。澳门与新校区之间由一条全长 1570m 的海底隧道连接，从澳门一方可全天候随时进出校园，没有边检阻隔。

包括中央教学楼、图书馆、校史展览厅、文化交流中心、中央行政楼、体育馆、体育场、生命科学及健康学院，还有各建筑之间的通道连廊，建筑群高度最高 47.6m，地下室一层，地面最高层 7 层（图 1）。

图 1　澳门大学横琴岛新校区全景图

1.1　图书馆、中央教学楼和校史展览厅

澳门大学新校园的标志性核心建筑组群，位于校园生态中心南面。图书馆为地下 1 层，地上 7 层，局部 3 层，建筑高度为 43.2m。校史展览厅为 2 层建筑，建筑高度为 13.9m。中央教学楼由 8 栋 3～5 层建筑，建筑围合而成（图 2～图 4）。

图 2　图书馆现场完工图

图 3　中央教学楼现场完工图

1.2　中央行政大楼及文化交流中心

位于澳门大学横琴岛新校区的西南角。为 6～7 层建筑，建筑高度为 47.6m，是集办公、大公堂、会议室、文化交流及宾馆于一体的多功能公共建筑（图 5）。

1.3　生命科学及健康学院

为 4～5 层建筑，由 3 栋建筑围合而成，生命科学及健康学院实验楼为四层内廊式建筑，楼高 19.80m。实验楼与办公楼各层在西侧皆有连廊连接（图 6）。

1.4　综合性室内体育馆、带看台体育场

位于澳门大学横琴岛新校区的西北角。综合性室内体育馆为 5 层建筑，带看台体育场为 3 层建筑。综合性室内体育馆、带看台体育场及位于两者中间的标准田径场，自然形成了澳大主要的体育设施（图 7、图 8）。

图 4　校史展览厅现场完工图

图 5　中央行政大楼及文化交流中心现场完工图

图 6　生命科学及健康学院现场完工图

图 7　综合性室内体育馆现场完工图

图 8　体育场看台现场完工图

2　工程重点与难点

2.1 “一国两制三体”中的建设工程管理探索

澳门大学横琴岛新校区工程是粤澳双方合作模式下第一项建设工程，得到内地各级政府部门及澳门政府的高度重视。

广东省珠海市横琴岛澳门大学新校区界址范围经全国人大常委会会议通过，授权澳门特别行政区管辖。根据粤澳两地政府签署的合作协议，项目开发过程中仍属内地管辖，为有效推动工程建设工作，澳方委托广东南粤集团有限公司作为项目的管理及建设单位。项目移交澳门大学后，遵循澳门特别行政区管理。

在工程监督管理方面，澳粤双方都派驻了成熟的经验丰富的团队。澳方的管理团队包含澳门特别行政区政府机构（GDI）、澳门大学工程研究及检测中心（CERT）、澳门发展及质量研究所（IDQ）、CAA以及中交国际航运有限公司（CCCC）、广东南粤集团建设有限公司；粤方的管理团队包含广州珠江工程建设监理有限公司、华南理工大学建筑设计研究院。

澳门政府委托 GDI 行使项目管理职责，广东南粤集团行使工程总体实施建设职能并协调广东地方政府，设计、监理及施工单位直接向广东南粤集团负责。

澳门政府委托 CERT、IDQ 行使土建、机电安装质控职责，行使类似内地政府监督部门功能，颁发质量控制手册，明确质量控制程序、要求及工程验收标准。

澳门政府委托 CAA、CCCC 作为工程监察单位，行使工程顾问功能。

澳门大学横琴岛新校区工程建设的顺利进行，为粤澳两地“一国两制三体”中的建设工程管理，提供了成功范例。

2.2 “一国两制三体”中的工程建设技术标准创新

澳门大学横琴岛新校区工程并按粤澳双方最高质量标准进行施工，在没前车可鉴的情况下，制定了《澳门大学横琴岛新校区工程质量保证及控制手册》，施工过程中克服两地建设及管理程序的差异，按照合同落实建设任务与质量控制的工作，确保了工程质量的高标准和可靠性，同时满足了粤澳两地的质量标准。

澳方建筑工程土建部分标准执行澳门大学工程研究及检测中心制定的《工程品质保证计划及程序控制手册》CERT 283/2009；机电部分执行澳门发展及质量研究所（IDQ）制定的《工程品质保证计划及程序控制手册——机电部分》；以及执行澳门政府颁布的《水泥标准》（澳门政府法令第 63/96/M 号）；《混凝土标准》（澳门政府法令第 42/97/M 号）；《钢筋混凝土用热轧钢筋标准》（澳门政府法令第 64/96/M 号）；《建筑钢结构规章》（澳门特别行政区第 29/2001 号）等行政法规。

同时，在工程建设中，满足国家及广东省相关的法律、法规、规范、规定及行业标准。在两地合作过程中，创新了思维与措施，采取了灵活快速、省时高效的运作方式，验证了《粤澳合作框架协议》在“一国两制”下成功推行，为日后其他项目的推进提供了示范作用及宝贵经验。

2.3 软地基处理

新校区位于原横琴排洪河上，工程地质为近海低洼冲积层，面层为 0.5～1m 人工回填沙土层，中间是 1～4m 冲填沙层，下为 25～65m 淤泥质土层，距澳门河最近仅 50m。故需要对校区场内全部地面进行软基加固。根据不同区域，分别采用真空预压法、堆载预压法、砂石桩法等软弱地基加固处理技术，使得整个场地满足施工需求。

3 技术创新点

第一篇 · 规划、建筑设计篇

总体理念（图 9）：

依托山海格局，重塑生态环境。

融汇中西文化，突显人文关怀。

承接传统肌理，弘扬时代精神。

（1）书院式发展的多中心簇群规划结构（图 10）

图 9 澳门大学新校园总体设计规划图

书院是西方和港澳地区大学普遍采用的学生生活建筑的布局方式，也是崇尚交往、共生与和谐的教育理念在规划和建筑设计上的综合体现，传达着深厚的学术和人文精神。澳门大学横琴岛新校区的规划设计将整体的空间格局和功能分布与学校“学院制”（Faculty）的学术管理单位和“书院制”（College）的学生管理单位相结合，以书院式的发展格局作为组团的核心模式，既是对现代校园可持续发展规划理念的呼应，也是对澳门大学人文精神传统的尊重。为亚洲最大规模的住宿式书院制大学。

（2）以“岭南水乡”为地域特色的岛屿式生态校园

水体的营造是校园生命与活力的象征，在展示岭南地区地域性环境特征的同时，也非常能够配合教育理念变革所必须具备的生态和人文环境氛围，是场所精神在宏观规划领域的重要体现。

规划地块水体资源丰富，所以生态型循环水体有条件成为规划设计的重要亮点。通过溪流、湖泊、湿地、岛屿的多重组合形成多层次的校园生态环境系统，各簇团中心在循环水系的环绕下，形成三大岛屿和若干半岛，既能够呼应澳门特区和横琴岛的地域性环境特点，又符合岭南地区特有的水乡情怀，同时能够带动生态湿地建设（图 11）。

（3）立体化多层次步行校园

系统化、立体化的步行空间体现了对教育理念中所倡导的交流和互动精神的充分尊重，是校园规划设计中兼具实际功能和人文价值的重要环节。一方面表达了深层次的人性化关怀和人文环境脉络体系的整体构建；另一方面也符合当今世界规划和建筑发展所倡导的节能、减排和环保的主题。主校园区内应该具备宁静、车流量低、以自行车及步行为主、尽量采用自然光和低碳排放的无障碍环境；在设计中充分体现人车分流、鼓励步行、无障碍校园的设计理念（图 12）。

（4）中西融汇的景观人文校园

视线的交融——视线通廊将澳门景色引入校区，河对岸就是澳门（图 13）。

（5）岭南建筑融入南欧风格的设计创新

1）空间特色的融合

通过架空层、连廊、骑楼、平台和空中花园等灰空间设计手法呼应岭南建筑和南欧建筑共同追求的“通”和“透”的空间品质。在此基础上，融合南欧建筑庭院的设计特色，将“凹”形回廊、轴线对称的规则水体、整齐布局的绿化等南欧式园林布置手法融合在错落有致、步移景异的岭南园林中，形成了独具一格的空间特色。两种风格的融合体现在不同的空间层次当中，相互间有分有合、有主有次（图 14）。

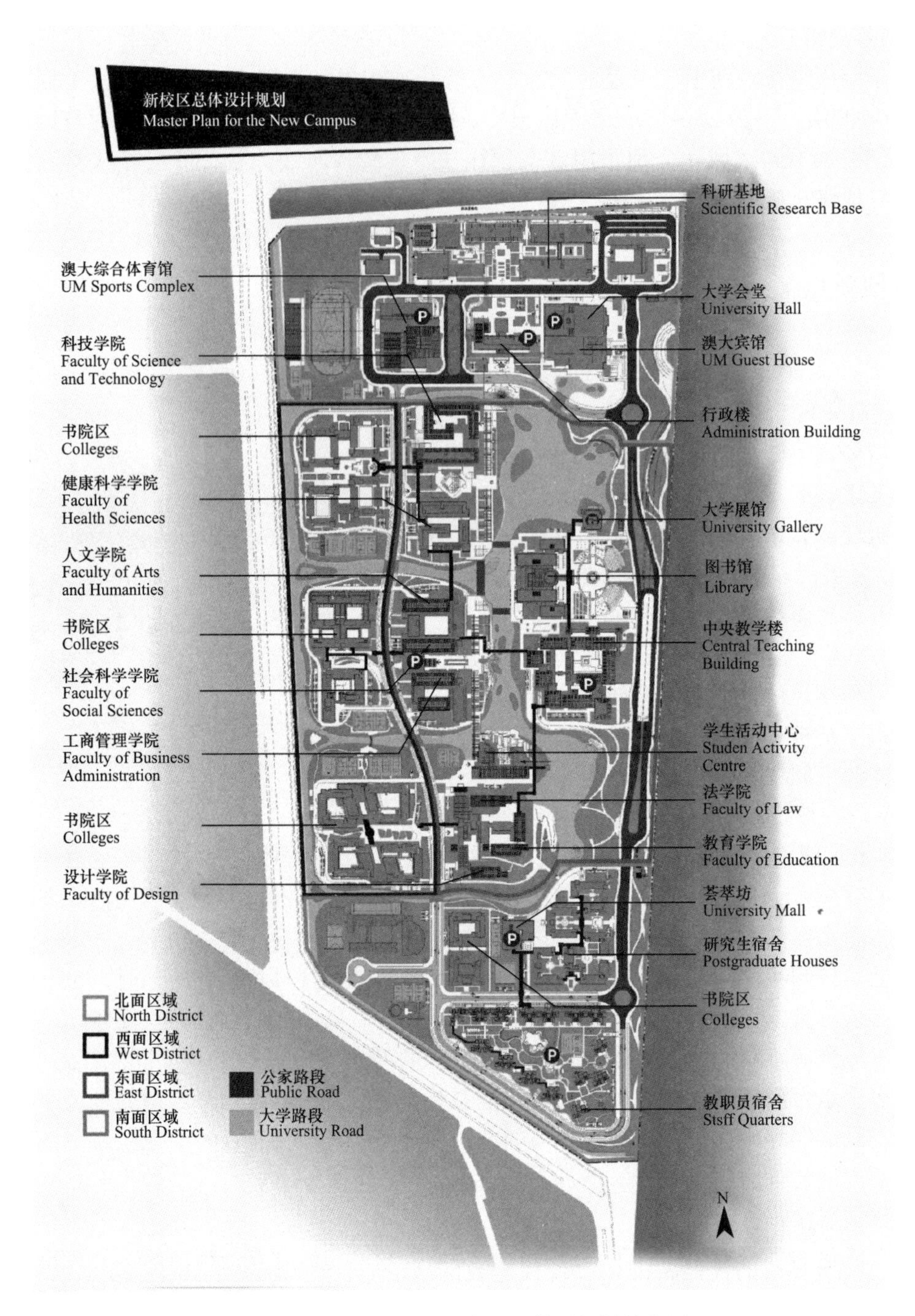

图 10　澳门大学新校园多中心簇群规划结构图

图 11　澳门大学特色的岛屿式生态校园完成图

图 12　澳门大学立体化多层次完工图

图 13　澳门大学实际完工鸟瞰图

图 14　澳门大学实际完工图

2）建筑形体特色的融合

岭南建筑和南欧建筑的形体特征差异不大，在组合方面更加趋于灵活，受到建筑形式的制约相对南欧建筑较为古典的形体特征而言会少一些。设计中既充分发挥了建筑形体组合灵活多样的特色，使建筑的体形表现出一定的层次感和空间变化，又借鉴了南欧建筑较为沉稳的形体表现手法，将历史的厚重和深度展现出来（图 15、图 16）。

图 15　澳门大学实际完工图

图 16　澳门大学图书馆实际完工图

3）建筑比例特色的融合

澳门的南欧建筑非常重视竖向三段式、横向五段式的比例关系。这一点在吸收了西方建筑文化的岭南建筑当中表现得也很明显。各个不同组团的建筑虽然拥有各自的特色，分段手法也各有差异，但是整体上都符合古典主义美学的构图原则和比例特点，立面的层次关系也是异曲同工。

4）建筑细部特色的融合

从门、窗、廊、柱、檐到屋顶、女儿墙和栏杆，南欧建筑的细部做法是非常丰富的，岭南建筑也曾经借鉴过其中不少元素。考虑到教学建筑朴素的性格特征以及现代建筑的简洁明快的设计理念，设计中强调对建筑细部内在神韵的抽象传承，提倡用现代设计手法诠释古典细部元素（图 17）。

图 17　澳门大学细部完工图

5）建筑色彩特色的融合

南欧建筑的色彩非常丰富，可谓不拘一格，红色、绿色、粉色、黄色这类鲜艳和亮丽的颜色都大胆地使用在墙身、屋顶和门窗等主体建筑构件当中。虽然岭南建筑当中也不乏此类例子，但是考虑到教学建筑含蓄内敛的特点，因此我们在实践当中以南欧建筑常用色中较为浅调的色彩作为主体用色，鲜艳明快的特征色彩则选择性地运用在部分体现特色的位置上作为亮点和标志，以表现建筑的鲜明性格（图 18）。

岭南水乡情怀的生态格局、书院式空间功能分布、立体化步行环境脉络、中西融汇的人文景观，成就了一个兼具生态和人文环境、尊重传统、可持续发展的现代校园（图 19）。

澳门大学横琴新校区规划设计，荣获 2013 年度“教育部优秀规划设计一等奖”。

横琴岛澳门大学新校区园林景观设计，荣获“广东省第二届岭南特色园林设计铜奖”。

图 18　澳门大学图书馆内部

图 19　澳门大学全景图

横琴岛澳门大学新校区精装修工程，入选 2011 年度“中国室内设计学会奖”。

第二篇·结构水电安装篇

（1）图书馆钢-混凝土混合体系设计

图书馆主体采用钢-混凝土混合结构体系，钢筋混凝土部分为 7 层钢筋混凝土框架结构，呈开口 U 形布置（图 20）；

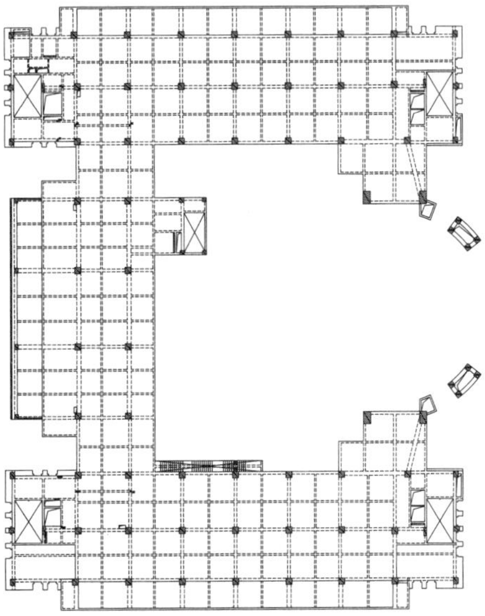

图 20　澳门大学横琴岛新校区图书馆混凝土部分典型结构平面

（2）环形钢桁架设计

学图书馆校史展览厅采用全新的环形钢桁架结构体系，直径 32.5m，楼面和屋面均采用受力均匀的环向（轮辐形）布置的 H 形钢梁，圆中心设置环形内环，环形钢桁架骑于下部混凝土结构，桁架上、下弦杆截面高度仅 500mm，构成悬于空中的校史展览厅；同时两端分别架设于 6 层楼面混凝土梁顶和环形桁架中弦的钢梁构成图书馆采光中庭，将结构构件和建筑造型完美地结合起来（图 21、图 22）。

由于校史展览厅正立面开窗要求，环形桁架设置三层弦杆，需要开窗位置的桁架斜腹杆抽除。环形钢桁架为全新的结构体系，对整体钢结构的稳定承载力进行了研究，进行了单独分析和与下部混凝土组装的总装分析，按最不利情况包络设计。

设计同时满足中国内地和澳门的相关设计规范，设计阶段对两种规范体系进行了系统的对比和研究，施工过程和建成后进行了变形监测研究，监测结果为今后该类工程提供了参考（图 23～图 28）。

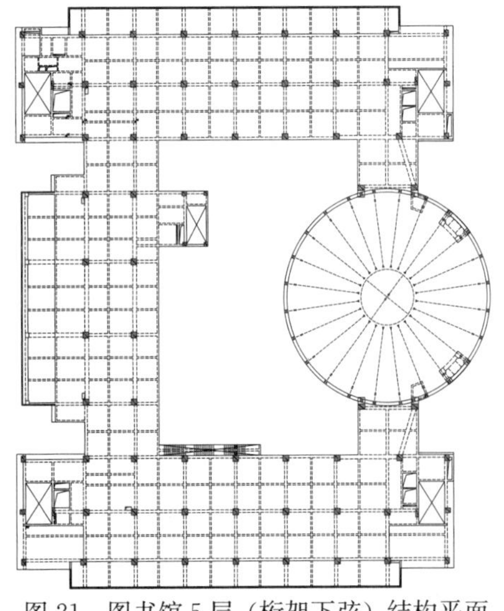

图 21　图书馆 5 层（桁架下弦）结构平面

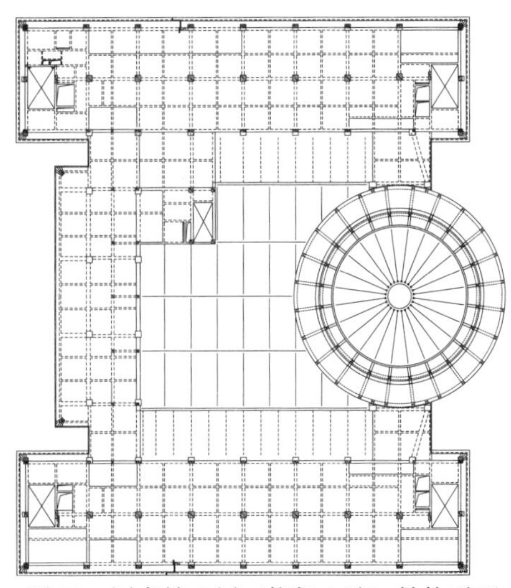

图 22　图书馆 6 层（桁架上弦）结构平面

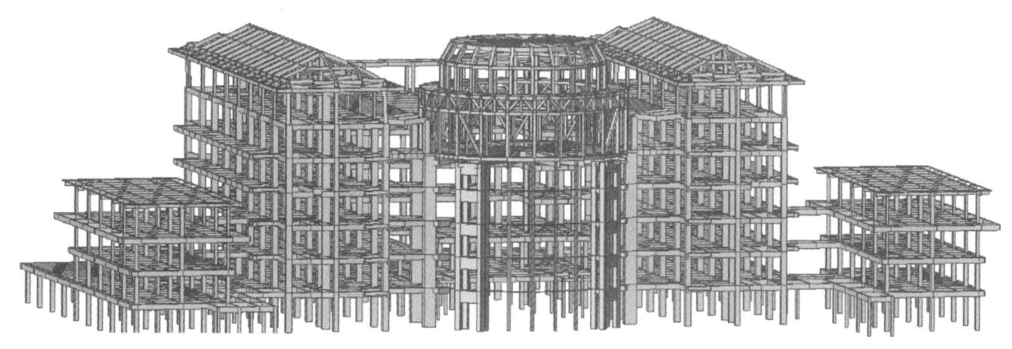

图 23　图书馆结构计算模型轴测图

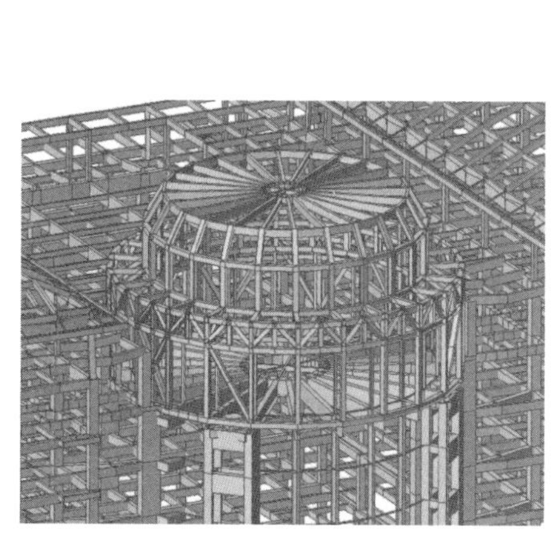

图 24　环形钢桁架局部

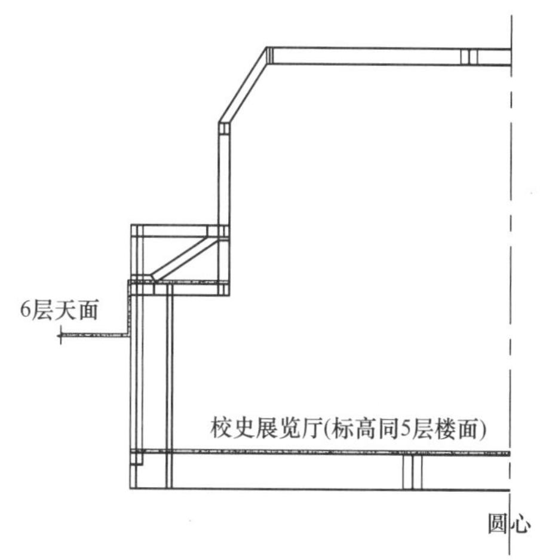

图 25　环形钢桁架结构剖面图

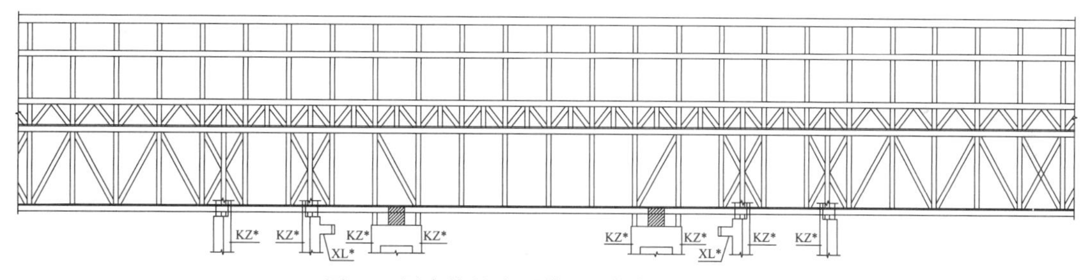

图 26　图书馆校史展览厅环桁架立面展开图

图 27　环形钢桁架吊装

图 28　施工中的横琴岛澳门大学图书馆

(3) 管线布置综合平衡技术

本工程机电专业齐全，在地下室通道内管线密集，空间有限。在有限的空间内将各种介质管道、桥架进行统筹布置，综合使用同一吊、支架，达到管线和吊支架整齐、美观，采用管线综合平衡技术的是本工程机电安装的关键。根据工程实际将各专业管线设备在图纸上通过计算机进行图纸上的预装配，将问题解决在施工之前，将返工率降低到零点的技术。采用管线综合平衡技术施工，能更好地落实和调整工程建设方、监理方及设计方的各项要求，尽可能全面发现施工图纸存在的技术问题，并在施工准备阶段全部解决。管线布置综合平衡技术的推行与应用，缩短施工工期，各种管线安装恰到多好处，互不干扰，既节约缩短了管线，又提供了最大的建筑空间，管线安装横平竖直、整齐划一、敷设规范、安装牢固。避免各专业管路（线）交叉重叠、衔接不当而造成的返工浪费，提高工程质量并创造一定的经济效益（图 29）。

图 29　综合布线图

（4）综合布线技术

综合布线系统采用标准化的语音、数据、图像、监控设备，各线综合配置在一套标准的布线系统上，统一布线设计、节约安装工期和后期方便集中管理维护。综合布线系统以无屏蔽双绞线和光缆为传输媒介，采用分层星型结构，传送速率高。还具有布线标准化、接线灵活性、设备兼容性、模块化信息插座、能与其他拓扑结构连接及扩充设备，安全可靠性高等优点（图 30）。

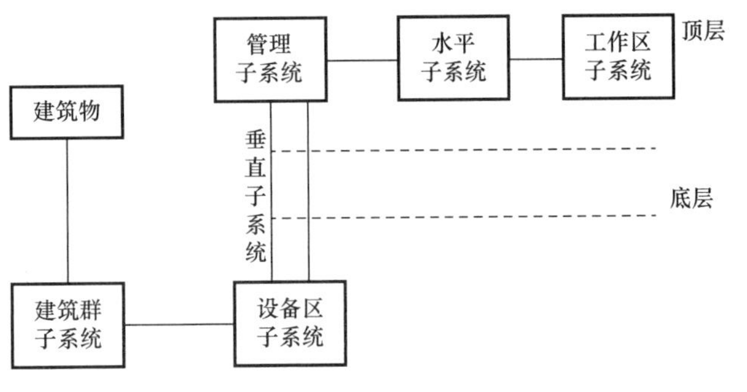

图 30　综合布线六个子系统的构成方框图

系统采用先进的数字化架构，结合学校教学与科研、生产与管理的实际应用特点，以满足目前应用需求为基础，同时考虑到今后技术发展趋势，建立一个具有技术先进、结构合理、扩展性强的系统，为校园高速信息传输和发展打下基础，将新校区建造成一个国内领先的数字校园（图 31）。

图 31　数字化综合布线

（5）智能照明控制技术

智能照明控制系统主要用于门厅、公共走廊、楼梯间等处的照明控制，采用先进的分布式控制系统，各功能模块安装在每层照明配电箱内，各分支线通过 KNX/EIB 专用电缆连接起来组成一个整体系统，系统通过干接点模块与消防信号进行联动。

系统采用中央监控和分区监控相结合的方式，利用办公及智能化网把整个校区的智明照明控制系统为一个整体。中央监控设于中央教学楼保安控制室，可以透过工作站对整个校区内的所有智能照明系统进行监控。校区内其他单体设区域分控，分控工作站设在各分区的保安控制室，可以透过工作站对该区内的所有智能照明系统进行监控；系统就地控制完全独立，互不干扰，一个就地控制停止工作不影响其他就地控制和设备的正常运行，系统中任意器件损坏也不影响其他器件正常工作，系统就地控制由独立的控制面板操作完成。

系统具有以下控制方式：控制室计算机程序设计自动控制、控制室计算机手动控制、现场控制台手动控制、万年历时钟控制、时钟设定自动场景控制、照度传感器、移动探测器自动场景控制等等；监控软件应具备时间设定功能，可根据需求任意设定时间自动控制照明的开关、场景等功能。

（6）电力监控技术

本工程电力监控系统设置在地面层的保安控制中心内。通过本系统对高、低压配电系统、直流屏、柴油发电机、变压器温控器等设备进行统一监控。实现电力系统的自动化，提高供配电系统运行可靠性，使管理科学化。

（7）超长牵引管接头控制

本项目过江管线包括污水管线与燃气管线各两条，其中污水管线采用 *DN*235×6mm 钢管，总长 1150m。燃气管线采用 *DN*219×6mm 钢管，管线全长 1198m，其管口连接方式均采用氩弧焊打底加电弧焊进行焊接，平均管长 6m，加上附属连接管段，其焊接接头总共多达 596 个（图 32）。

图 32　牵引管接头图

（8）小直径超长桩基础施工质量技术控制

澳门大学市政工程中的五座桥梁均为跨度小于 20m 的景观桥，且在完成后再开挖引水形成。但为保证桥梁的绝对沉降控制，采用的是在横琴岛超厚淤泥层上的端承桩设计，为此，1.2m 直径的桩要钻 60m 深。施工过程中为保证孔径不缩颈倾斜，我司采用超长钢护筒成孔，并采用膨润土造浆护壁，严格控制泥浆参数，对桩底沉渣循环清孔。为确保钢筋笼质量，均在陆地上预拼装超长钢筋笼，并采用钢筋套筒连接确保钢筋笼的直顺度和减少吊装过程中的钢筋笼连接时间（图 33、图 34）。

图 33　钢筋套筒连接图

图 34　超长钢筋笼成品图

第三篇・隧道篇

澳门大学横琴岛新校区海底专用隧道从横琴连通澳门，西起澳门大学横琴校区规划环岛路，下穿十字门水道，东至澳门路氹莲花海滨大马路，路线全长约 1570m，其中隧道段长度 1430m（图 35）。

（1）隧道设计形式新颖

澳大隧道遵循美观、实用和节地的原则，在下穿十字门水道后，采用“Z”字形与珠澳两岸连接，简约而和谐地与澳门大学横琴岛新校区、澳门侧莲花海滨大马路和红树林生态景观保护区融为一体（图 36）。

图 35　澳门大学横琴岛新校区海底专用隧道平面

图 36　澳门大学横琴岛新校区海底专用隧道立面

同时为了消除进隧道的“黑洞效应”及出隧道的“白洞效应”，确保行车安全，在隧道洞口暗埋段的两端，设置了 60m 长光过渡段。光过渡由自然光过渡及人工光过渡组成。自然光过渡段由隧道遮光带设计，采用混凝土结构。通过结构顶部开孔由敞开段向暗埋段洞口处逐渐加密，使隧道内透光率逐渐减少，光线自然过渡，提高行车驾驶的视觉舒适性。采光带形成的连续阴影产生的趣味性使驾驶员们精神放松，心情愉快。

（2）隧道设计技术创新

隧道采用一次围堰法明挖设计，需在十字门水道中间设置围堰，分隔出隧道施工区和十字门水道之水域，抽干两道围堰之间的海水，在两道围堰之间形成干作业状态，采用明挖法进行隧道基坑开挖和隧道结构施工，隧道结构施工完成后拆除围堰。

而在海中以淤泥和淤泥质黏土为主地质条件下进行长 530m、深 29m 的大型深基坑开挖，在国内尚属首次，是国内第一条海上软弱地质明挖隧道，某些关键技术无类似工程经验可借鉴。因此在开工前，邀请了全国专家对隧道的总体施工组织进行策划，施工过程中还多次组织专家进行评审，专家们认为该隧道设计难度高、技术复杂、多项技术成果均为国内罕见（图 37）。

图 37　两围堰之间形成干作业状态

（3）海中段密插钢管排桩围护结构为首创设计

深基坑围护结构通常采用地下连续墙方式，其具有刚度大、整体性好，基坑开挖过程中安全性高，支护结构变形较小和良好的抗渗能力等优点，但本工程海中段主体结构位移航道内，且埋深大，主体结构施工完成后还需拆除围护结构，恢复航道，若沿用地下连续墙则存在难以拆除、无法恢复航道的问题。为保证深基坑支护安全且拆除方便，设计采用了 ϕ1300mδ19mm 钢管桩作为围护结构，其强度、变形和稳定性均有效满足了基坑支护要求，同时钢管内径足以满足主体结构完工后施工人员进入其内进行快速割除，确保了航道的畅通（图 38）。

(4) 振动锤+柴油锤两种工艺结合施工长大钢管围护桩

为满足密插排桩施工精度高的要求，长大钢管桩常规的施打工艺采用振动锤，但本项目地质复杂，且需穿越较厚的砂层、砾砂层，即使用国内适合本桩径的最大功率的振动锤也不能保证振沉到位，而振动锤打桩性能优越，但精度却难以保证。

本工程钢管围护桩先采用振动锤完成首次沉桩，然后再换柴油锤复打到位，从而巧妙地将振动锤和柴油锤的优势结合，优势互补，实现顺利沉桩（图39、图40）。

图38 海中段钢管桩支护

(5) 先掏空桩内土体而后进行管内水下切割的深长钢管桩拆除工艺

本项目钢栈桥和围护钢管桩位于十字门水道，工程完工后必须拆除并恢复航道，而钢管桩长度为36～46m，施工区属于低水位，大型起重船及平板驳船难以进入拔桩区，且国内的大功率振动锤也难以直接拔除。经过在成本和可行性等方面进行综合比较，本工程选用回旋钻机掏空桩内泥土至可拔除深度，而后通过桩内水下切割将钢管桩切断，最后再拔除的工艺（图41～图46）。

图39 振动锤首次沉桩

图40 柴油锤复打到位

图41 旋挖钻掏孔管内土体

图42 第一次旱割、拔除冠梁以上钢管桩

图43 钢管桩内灌满水

图44 潜水员下潜至桩内拟切割位置

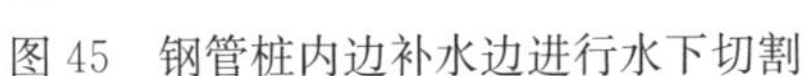

图 45　钢管桩内边补水边进行水下切割

图 46　将切割后的钢管桩拔除

本工程根据现场实际情况，从质量、成本、技术和工期等方面对深长钢管桩拆除方法进行综合分析，然后选定了总体科学性最高的先切割后拔除的工艺进行施工，该工艺实现了快速恢复航道和最大限度回收钢管桩的目的，实践证明该工艺经济实用，适合工程的实际情况。

4　工程主要关键技术

（1）高水位地下室底板防水施工关键技术

工程地质为近海低洼冲积层，面层 0.5～1m 人工回填沙土层，中间是 1～4m 冲填沙层，下为 25～65m 淤泥质土层，距澳门河最近仅 50m，地下水位高、水压力大，外防水施工难度大，是整个工程地下室施工的一个难点。

工程通过采用地下疏排水工艺，在地下室底板桩承台底以下 50～100cm 厚度土层设立疏排水工艺，将沙层淤泥层上涌地下排至地面周边集水井进行降水，使防水基层混凝土垫层及砖模的干燥度得以保持，保证柔性防水层高分子防水涂膜施工质量（图 47～图 52）。

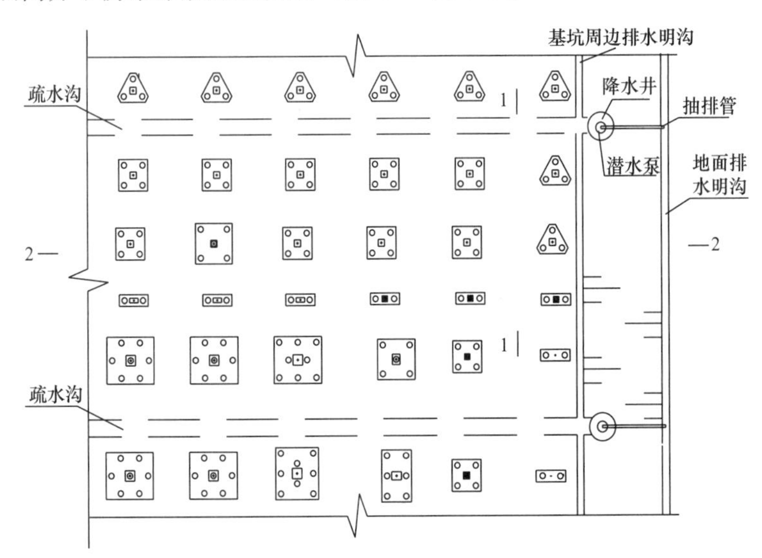

图 47　疏水沟方案平面图

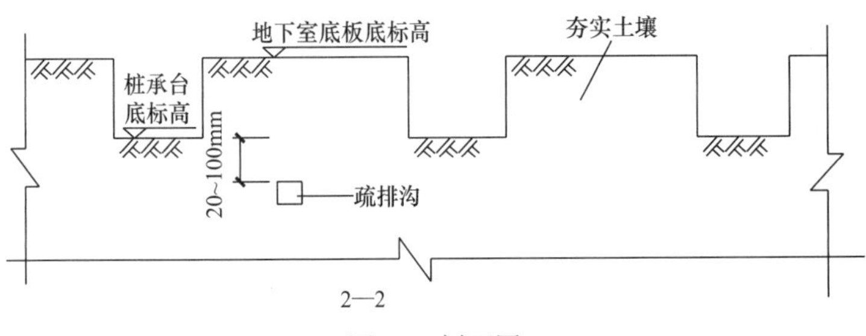

图 48　剖面图

图 49　疏排水沟开挖施工

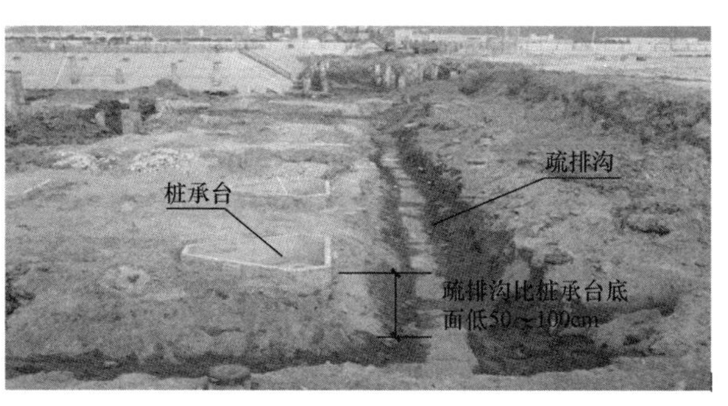

图 50　基坑疏排水施工图

图 51　地膜施工情况图

图 52　防水施工效果

（2）地下室附着式车道结构施工关键技术

设计时在地下室车库的出口与市政道路的入口符合交通枢纽车流要求外，巧妙地将车道设置在建筑平面的凹砖角位置，它们大多附着地下室周边外墙的外侧，利用地下室外墙作为车道一边侧墙，以获得车道布置占地面积小，美观实用的效果（图 53）。但地下室负一层越深，坡车道长度就越长，附着地下室外墙范围的水平长度尺寸就越大，施工难度也就越大。

地下室附着式入口车道布置与地下室外墙范围的长度内，其基坑支护系统分两排设置，靠近地下室外墙设一排，高度从基坑支护最底部至负一层入口车道底板底，另一排支护设置在车道地下室外墙的另一侧（车道外侧），高度从车道底板底至地面再加上挡土桩土深度。在此范围先进行地下室负一层车道底板以下的地下室外墙施工，充分利用基坑支护桩的稳定和垂直刚度以及应用预铺反粘防水卷材新技术，将地下室外墙结构及防水施工系统采用逆作法施工。按地下每层为一施工段，先在支护桩面按施工方案要求间隔植入 $\phi6$～$\phi8$ 拉结钢筋，然后紧贴着砌 120～180mm 厚砖墙并与植入支护桩的拉结筋拉结牢固，在墙面批荡一层水泥砂浆，作为防水保护层；跟着立铺预铺反粘法防水卷材，然后进行地下室外墙结构施工。每层地下室结构按此施工方法先施工至负一层楼，然后在负一层楼面至入口车道坡底面及车道的另一侧壁墙的基坑支护与防水层同样按上述逆作法完成。

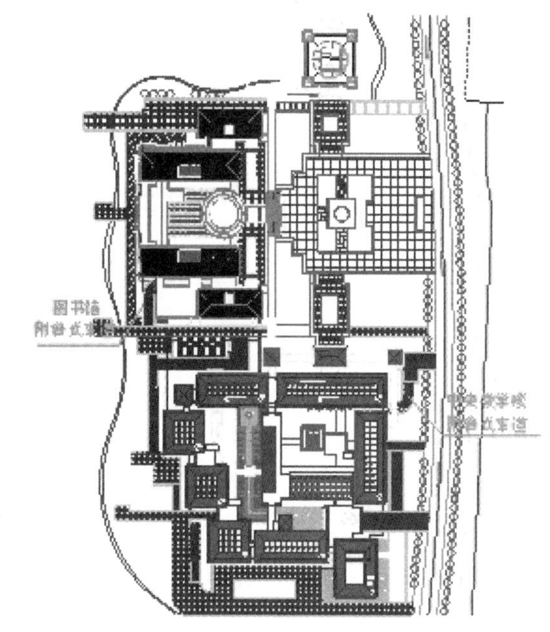

图 53　澳门大学一期平面图

车道坡底的防水基坑及预铺反粘防水层同样也按逆作法，这样将负一层的外壁墙与车道坡底面及车道的另一侧墙的防水层能连成整体并一次同时施工作业完成，跟着负一层的地下室外墙及附着式车道底板及外侧墙的结构也同时施工完成，以达到提高质量、缩短工期、降低成本的效果。

效益分析：本地下室附着式车道施工工法，能够充分利用地下室外墙与车道的结构、防水工艺同时施工的优势，消除了地下室与附着式车道分开施工的传统做法，从而大大地缩短施工周期。

附着式车道范围的地下室外墙的查到底板和车道外侧壁墙从结构、预铺反粘式防水卷材、防水保护层砖墙采用逆作法施工和使用预铺反粘法防水卷材新技术，节省了防水卷材面水泥砂浆保护层工料、节省地下室外壁墙边至基坑支护边工作空间的土方挖填；同时负一层地下室外壁墙与坡车道的防水基层、防水层、结构同时完成，大大减少因传统做法留施工缝的工料（图 54～图 56）。

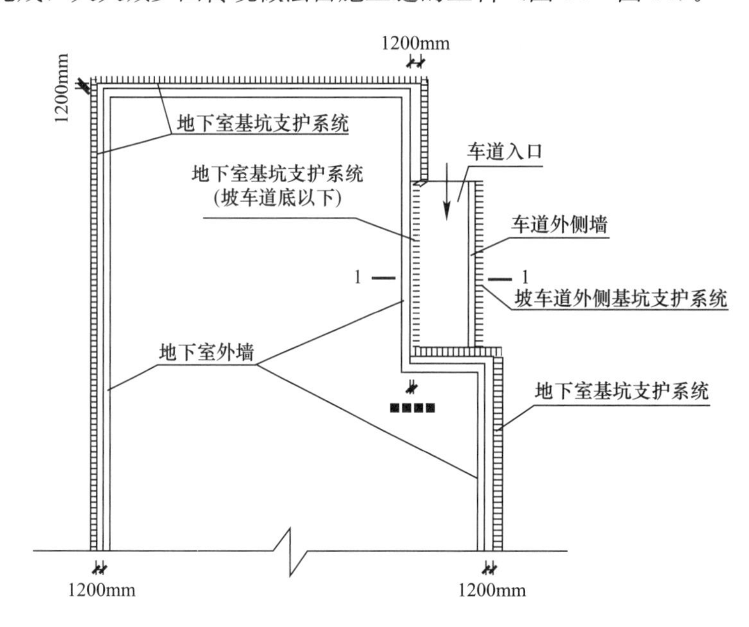

图 54　附着式车道施工平面图

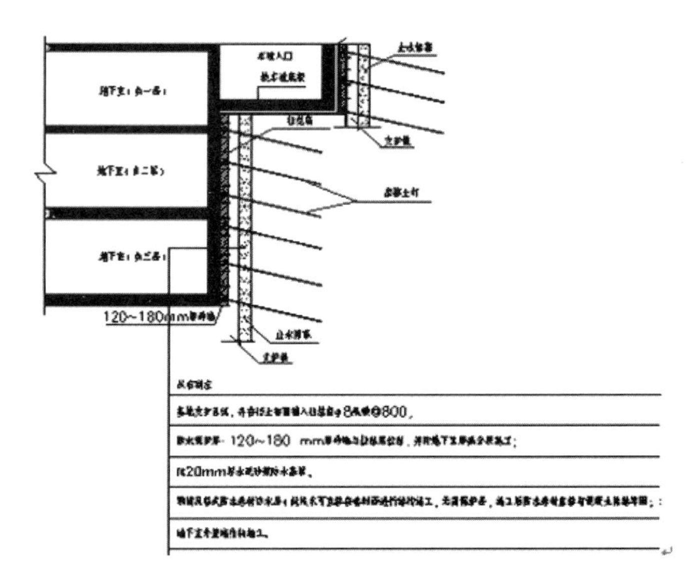

图 55　附着式车道施工剖面图

（3）超 50m 深三轴搅拌桩一杆成桩创新施工技术

超深三轴搅拌桩是利用钻机在原地层中切削土体，同时钻机前端低压注入水泥浆液、压缩空气与切碎土体充分搅拌，然后在各施工单元间采取套接一孔法施工，形成隔水性较高的水泥土柱列式挡墙。常规工艺下当三轴搅拌桩施工深度超过 30m，一次施工的桩长受制于桩架的高度、稳定性和钻头动力及钻杆强度等因素，国内目前主要通过加接钻杆方式施工。其缺点是受桩架高度限制，在施工 30～50m 桩时至少需接、拆杆一次，每完成一次接、拆钻杆所需时间长，增加埋钻风险且工程成本高（图 57～图 66）。

图 56　附着式车道施工完成图

图 57　桩架拼装

图 58　钻机就位

图 59　精确定位

图 60　钻杆钻进

图 61　压浆注入

图 62　搅拌下沉

图 63　一杆到位

图 64　反转提升　　图 65　移机，准备下一幅施工

本项目采用的超深三轴搅拌桩一杆成桩工艺在传统接杆工艺的基础上，通过对机械设备加以改进，增加桩架配重与接地面积，提高立柱刚度，解决了桩架过高带来的易倾覆，立杆易弯曲造成桩体垂直度无法保证的难题，使桩架高度得以突破 60m，然后再悬挂相应的动力装置和钻杆，实现了 50m 以内超深搅拌桩可不接杆一次成桩的技术条件。经本工程实践，超深三轴搅拌桩一杆成桩工艺较接杆工艺具有投资省、速度快、质量好和可操作性强等优点。

（4）堆载-真空联合预压法软弱地基加固处理技术

澳门大学新校区场区岩土层按成因可划分为：①人工填土层（Qml）；②第四系全新世海陆交互相冲积层（Q4mc）；③第四系残积土层（Qel）；④基岩（花岗岩 γ52（3））4 个成因层（图 67）。

图 66　基坑开挖后止水效果　　图 67　澳门大学新校区场区地基

其中人工填筑土层层厚 0.50～7.00m，平均 3.16m，均位于地表层，主要由吹填的粉细砂组成，松散状。

第四系全新世海陆交互相冲积层（Q4mc）：按土性物质组分及沉积层序自上而下可分为 7 个单元层：①淤泥层；②粉质黏土层；③淤泥质土层；④粉质黏土层；⑤中、粗砂层；⑥砾砂层；⑦粉质黏土层。其中：

淤泥层：层厚 1.6～16.30m，平均厚度 9.54m，层顶埋深 0.50～21.60m。灰色、深灰色，饱和，流塑，含有机质或腐殖质，土质较细腻，切面光滑，为高压缩性土。

粉质黏土层：层厚 0.60～17.90m，平均厚度 4.32m，层顶埋深 6.00～56.00m。灰黄色、砖红色灰白色等花斑色，很湿，可塑状。

淤泥质土层：层厚 1.00～25.10m，平均厚度 6.65m，层顶埋深 7.70～45.00m。深灰色，饱和，软塑状，含有机质或腐殖质，土质较细腻，切面光滑。

淤泥层和淤泥质土层属于软土且较厚，场地作为建筑用地，必须对软弱地基进行加固处理。

根据地质情况及场地现状，除新修排洪渠外整个建筑场区面积约 105 万 m^2，分 A、B、C、D、E 五个区域。针对不同的地质状况，分别采取不同的工艺，进行软弱地基加固处理。

1）堆载-真空联合预压法软弱地基加固处理（A、B区）

堆载预压、真空预压是目前进行淤泥质软土处理较为普遍的两种方法。当土源充裕、预压时间足够，采用堆载预压法是最经济的方法。鉴于本工程土源较少，施工工期紧张的现状，采用真空预压会更为经济可行。而且，适当提高真空度，加大超载量，可以减少预压时间，减少工后沉降量。因现场地面标高距完成面标高 2～3m，该部分回填可作为堆载，因此采用堆载-真空联合预压法以加快软基处理时间。

为便于排水及取走真空膜，采用先填土后真空预压。预压后真空膜必须取走，以免影响水处理工程及绿化工程的实施（图 68）。

滤水管安装

密封膜铺设

图 68　堆载-真空联合预压法加固地基

堆载预压回填土 4.5m，地面超载 80kPa。

塑料排水板深度 A 区 22m，B 区 12m。A 区排水板穿透淤泥层，进入黏土层或淤泥质土层，考虑到从现地面起 20m 深以下的淤泥土层标贯数达到 5 左右且与黏土层互为夹层，在地面超载 80kPa 时其土层压缩已经很小，因此没必要进一步增加打设深度；B 区从现地面起 10m 深处大部分有粗砂层，排水板无法穿透该层，粗砂层以下的土层压缩量较少且可以通过粗砂层排水，达到固结目的。

为满足施工组织顺序的要求，且便于真空预压的实施和确保加固效果，将 A 区 72.0 万 m^2、B 区 5.4 万 m^2 为 18 个加固单元，每个单元面积约 2.6～5.5 万 m^2（图 69、图 70）。

图 69　堆载-真空联合预压法加固地基（一）

抽真空与进入恒载

图 70　堆载-真空联合预压法加固地基（二）

2）砂石桩法软弱地基加固处理（C 区）

工程建设的三年期间巡逻道路的行车功能需暂保留，且道路旁的通信缆沟尚未迁移，因此 C 区无法与 A、B 区同时预压处理。结合规划总平面，巡逻路与规划路靠得比较近，部分重合，采用砂层桩法进行巡逻及规划路的软基处理。该法可分段灵活进行，先部分处理规划路，接着巡逻路部分改道，然后再处理改道后原巡逻路段，重复该法直至全部处理完毕。在巡逻期间，砂石桩既能保证道路有一定承载力供汽车通行，又能作为一个排水通道使道路下的软土进行排水固结。在经济性上，砂石桩法比预压法稍贵，但相对于采用搅拌桩处理软土要经济得多。

加固区域：C 区 7.0 万 m^2。

3）堆载预压法软弱地基加固处理（D、E 区）

D、E 区因靠近海堤且场地细长，不宜采用真空预压法，该区作为绿化区域，对沉降及场地基强度要求不是太高，且三年期间场地对工程建设进度不影响，不必采用真空预压加速固结处理。因此，可采用经济的堆载预压法。

加固区域：D 区 6.0 万 m^2；E 区 14.2 万 m^2。

5　社会和经济效益

澳门大学横琴岛新校区作为推进粤澳深化合作的首个示范性项目，为粤澳实现跨境基础设施对接，探索“一国两制三体”的创新体制，提供了成功范例。

澳门特别行政区政府以租赁方式取得澳门大学横琴岛新校区的土地使用权，在工程建设管理上，粤澳政府均派驻了经验丰富的管理团队，创新工程监督思维。质量和设计标准按内地和澳门规范的最高标准为执行原则，克服两地建设及管理程序的差异，确保了工程质量的高标准和可靠性。

该项目总体规划立足山海环境资源和生态自然条件，强调簇群式生长的建筑布局，融合南欧和岭南建筑风格，创造性的赋予了校园国际化的独特魅力。新校区设立八大学院，三个开放式科研基地，并引入“住宿式书院制度”，十个住宿式书院为亚洲之最。

该项目工程设计需同时满足中国内地和澳门的相关设计规范，设计阶段对两种规范体系进行了系统的对比和研究。

新校区位于原横琴排洪河上，地质复杂，淤泥等软土厚达 60 多 m。校区场内全面进行软基加固。根据不同区域，分别采用真空预压法、堆载预压法、砂石桩法等软弱地基加固处理技术，并首次采用堆载-真空联合预压法。

新校区图书馆主体采用钢-混凝土混合结构体系。钢结构部分的环形钢桁架是一种全新的结构体系。整体稳定承载力研究和建成后变形监测研究，表明该类结构具有优异的稳定性和承载能力。为今后该类工程提供了可借鉴的参考数据。

针对高水位地下室底板防水施工、钢筋混凝土框架结构高空间大截面结构柱施工和地下室附着式车道结构施工等关键技术的研究，通过广东省科学技术成果鉴定，达到国内领先水平，并取得国家专利。超深三轴搅拌桩一杆成桩施工技术获得中国水运建设行业协会科学技术奖二等奖。

全长1570m的海底专用隧道，采用”Z“字造型，美观、实用、节地。隧道洞口两端，设置了60m长的自然光过渡及人工光过渡段，消除进隧道的“黑洞效应”及出隧道的“白洞效应”，具有较大的推广价值。

整个校园的规划、设计、施工注重节能、环保。该项目充分利用地下空间实现节地；立面设计注重虚实结合，最大限度实现自然通风和自然采光；设置室内空气品质监测与新风系统连锁，并设置排风热回收装置，降低新风能耗；屋面设置太阳能光伏发电系统，选用高效低耗节能灯具，减少能源消耗；建立中水系统，将雨水调蓄与校区内的人工湖结合，室外杂用水和室内冲厕采用雨水收集和市政中水；工程大量采用中空LOW-E玻璃、高强钢筋、轻骨料和轻质墙体材料等节能、降耗、低噪材料。

澳门大学横琴岛新校区凝聚了粤澳两地建设人的心血。分别获得教育部优秀工程勘察设计优秀规划设计一等奖、中国室内设计大奖赛学会奖、岭南特色园林设计奖、中国建设工程鲁班奖、国家优质工程奖、中国水运建设行业协会科学技术二等奖、全国工程建设优秀QC小组活动成果二等奖等荣誉。取得国家发明专利3项、实用新型专利6项。通过国家二级工法2项，省部级工法2项，达到国内领先水平省级科技成果2项。

澳门大学横琴岛新校区于2010年11月5日工程正式开工，2013年4月20日竣工验收，2013年7月20日零时，移交澳门特别行政区政府管理。

6 工程图片（图71～图75）

图71 教学区全景

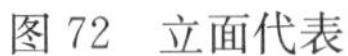

图72 立面代表

图73 立体连廊

图 74　校区水景

图 75　图书馆中庭